裂变径迹热年代学
及其在地质学中的应用

[意] Marco G. Malusà　　[美] Paul G. Fitzgerald　著
于　强　任战利　崔军平　译

石 油 工 业 出 版 社

内 容 提 要

本书在介绍裂变径迹热年代学相关概念及其分类体系的基础上，分别详细讨论了该方法在多种地质问题方面的应用。

本书可作为高等院校地质学、资源勘查工程、勘查技术与工程、地球物理学等专业的教材，还可供从事地质年代学、常规及非常规油气资源勘探与开发的生产人员和科研人员参考。

图书在版编目（CIP）数据

裂变径迹热年代学及其在地质学中的应用/（意）马可·G. 马鲁萨（Marco G. Malusà），（美）保罗·G. 菲茨杰拉德（Paul G. Fitzgerald）著；于强，任战利，崔军平译. —北京：石油工业出版社，2022.6

ISBN 978-7-5183-5407-8

Ⅰ.①裂… Ⅱ.①马…②保…③于…④任…⑤崔… Ⅲ.①裂变径迹年龄-应用-地质学-高等学校-教材 Ⅳ.①P5

中国版本图书馆 CIP 数据核字（2022）第 094013 号

First published in English under the title
Fission-Track Thermochronology and its Application to Geology
by Marco G. Malusà and Paul G. Fitzgerald

北京市版权局著作合同登记号：01-2022-3454

出版发行：石油工业出版社
（北京市朝阳区安定门外安华里 2 区 1 号楼 100011）
网 址：www. petropub. com
编辑部：（010）64523694 图书营销中心：（010）64523633
经 销：全国新华书店
排 版：三河市燕郊三山科普发展有限公司
印 刷：北京中石油彩色印刷有限责任公司

2022 年 6 月第 1 版 2022 年 6 月第 1 次印刷
787 毫米×1092 毫米 开本：1/16 印张：23.5
字数：592 千字

定价：120.00 元
（如发现印装质量问题，我社图书营销中心负责调换）

译者的话

裂变径迹分析是20世纪80年代以来发展起来的一种低温热年代学方法，被广泛应用于地质研究各个领域，在盆地热历史恢复及油气勘探方面发挥着重要作用。我自2005年本科三年级在西北大学地质学系跟随导师任战利教授参与科研项目起，在攻读西北大学硕士学位、博士学位及在长安大学地球科学与资源学院工作期间，科研方向均为沉积盆地构造热演化史及低温热年代学在地质学中的应用，在利用裂变径迹技术恢复鄂尔多斯盆地及周缘古地温、烃源岩受热历史及油页岩冷却历史等方面积累了大量的科研经验。我于2017年初主持国家自然科学基金“热年代学约束下鄂尔多斯盆地西南缘构造复合带的古地温及抬升冷却历史恢复”科研项目，对鄂尔多斯盆地西南缘固原—平凉—岐山一带中生代以来古地温的演化，尤其是后期多阶段的抬升冷却历史进行了详细的刻画，在此过程中也深刻体会到地质科研工作不仅要重视数据处理、反演模拟及地质解释，更为重要的是对样品的采集与制备、实验过程及数据精度与可靠性等细节的把控。因此，当年我便积极申请国际权威裂变径迹实验室的访问计划。

澳大利亚墨尔本大学地球科学学院在热年代学研究方面有着雄厚的科研实力和先进的裂变径迹、$^{40}Ar/^{39}Ar$和（U-Th）/He实验平台，该机构Andrew Gleadow教授和Barry Kohn教授长期从事裂变径迹及（U-Th）/He测试与地质解释方面的教学与科研工作，在热年代学领域享有盛誉。2002年9月，Andrew Gleadow院士、Barry Kohn教授等3人受任战利教授邀请到西北大学地质学系举办了裂变径迹分析原理新进展专家讲座并专门为该讲座编写了*Fission track dating and methods principles and techniques*教材，对西北大学建立的裂变径迹实验室进行了具体的指导。全国从事裂变径迹研究的专家及有关人员参加了这次学习讲座。Andrew Gleadow和Barry Kohn两位教授也是西北大学兼职教授，在任战利教授的介绍及推荐下，我有幸获得Barry Kohn教授的访问邀请和国家留学基金委的全额资助，于2018年11月至2019年11月对该学院低温热年代学实验室进行了学术访问。

本书的写作初衷来源于到墨尔本大学访学的第一天。我清楚地记得第一次在墨尔本大学McCoy楼拜访外籍导师Barry Kohn教授是在2018年11月26日早上8：00，他从办公室书架上拿出了原版英文书*Fission-Track Thermochronology and its Application to Geology*，并向我介绍了该书的基本情况。该书是由国际50多位低温热年代学权威学者共同撰写、评审和修改，在2018年正式出版的磷灰石裂变径迹领域的最新、最权威的学术著作（研究生教材）。我当时就被这本书的权威性、系统性和全面性吸引，该书内容丰富、表述详细，介绍了该技术方法的理论及应用，是该领域国际多位权威专家们的倾心之作。出于教师的职业习惯，我第一感觉就是它一定能成为我国地质学热年代学领域的一本好教材，我一定要在这一年的访学中好好研读，并尽可能地将书中的内容和科研思想吸收、整理，贯穿于回国后的研究生教学环节中。在后来的不断阅读和课程讲义、多媒体及教学方案的编制过程中，我越来越深刻地感觉很有必要将这本书翻译成中文，便于全面而准确地将磷灰石裂变径迹这一理论与方法介绍给我国广大科研工作者和地质类专业的研究生们。

本书的翻译离不开这一年的访学和回国后的实验室建设经历。访学期间，在导师 Barry Kohn 教授和实验室 Ling Chung 实验员手把手地指导下，我学习并掌握了地质样品的前期处理与矿物分选、胶埋、剖光、蚀刻、^{252}Cf 照射、镜下特征识别（晶格缺陷、杂质、裂隙、包裹体、半径迹和封闭径迹端点）、封闭径迹长度测量、密度计算、Dpar 测量及基于 LA-ICP-MS 的磷灰石^{238}U 含量测试与计算、磷灰石裂变径迹年龄（表观年龄、中值年龄、池年龄）的计算、抬升冷却历史恢复等多项专业技能，并完成了自己的地质样品的实际测试工作，测试数据和解释结果均并得到了导师的高度肯定。我还参加了由多位热年代学专家主讲的 *Geochronology and Thermochronology* 课程。除此之外，访学期间我也获得了很多有用的实验室建设建议、标样及裂变径迹全自动化测试方面最新仪器和软件的进展等前沿信息。上述国外交流经历对本书的翻译打下了坚实的基础。回国后，我积极参与西北大学石油热年代实验室建设并主导了长安大学裂变径迹实验室的建设，这两个实验室基于 LA-ICP-MS 的磷灰石裂变径迹测试平台都已建成，具备了矿物颗粒的胶埋、剖光、蚀刻条件、径迹统计、年龄计算及热史恢复等全套实验条件，测试数据国内外认可度高。这些实验室建设过程的付出与收获，也在一定程度上对本书中一些细节的表述有所帮助。

本书内容丰富，从裂变径迹技术的发展历史、样品采集、实验流程、镜下特征观察、测试分析、数据处理等介绍出发，到未来发展趋势、多定年方法综合分析、碎屑岩热年代学等基本概念及原理讲解，进一步介绍了该技术方法在样品冷却与剥露、基岩与碎屑岩分析、构造特征及演化、断层、地壳尺度侵入岩变质岩、沉积学、造山带、砾岩、油气勘探、地形地貌、大陆板块边缘、克拉通演化等方面的应用。该项专业翻译及写作工作，并非一朝一夕能完成，按 Barry 教授的话来说，这是一项“Big Project”。幸运的是，我们团队拥有多位长期从事该领域的专业教师和年轻的科研人员，大家采取“整—分—整”的分工方案，在保证原书内容准确的基础上，表述更具中文特色，尽可能地便于我国学者和广大学生理解、学习和交流。

本书可以看作是本人这一年访学和近几年来科研工作的成果，离不开家人、科研团队和朋友们的帮助。感谢父母和妻子的支持。感谢本书的作者之一——西北大学任战利教授，任老师长期从事沉积盆地裂变径迹方法应用及盆地热史恢复研究，对全书翻译风格、专业词汇、地质解释、各章节之间的衔接等方面进行了多次修改及指导，对本书的高质量完成起到了关键性作用。感谢本书另一位作者——西北大学崔军平副教授，崔老师对本书部分章节做了详细的翻译和修改，为全书的顺利完成打下了坚实基础。感谢墨尔本大学 Barry Kohn、Andrew Gleadow、Ling Chung、李广伟（现为南京大学教授）、Abaz Alimanović、Song Lu 在热年代学实验方面的指导；感谢西北大学刘健，长安大学雷亨和、孙现瑶、祁凯、杨琪可、何丽娟等研究生对部分文字的翻译和查漏补缺；感谢同年在墨尔本大学访学的成都理工大学李智武教授、武文慧副教授，西安交通大学许威副教授，东华理工大学孙岳、邵崇建等优秀教师和墨尔本大学杨海斌、林合雨、陆能、Sean jones、Samuel Boone 等博士生的鼓励和帮助。

本书在编写的过程中，也得到了长安大学李荣西教授的帮助和支持，他在百忙中抽出时间认真审查，提出宝贵修改意见，对保证教材质量起了重要的作用；感谢石油工业出版社高赞编辑在版权引进、图书立项、文字表述及语义核对、图件美观等方面的帮助；感谢长安大学地球科学与资源学院李佐臣、焦建刚、程宏飞、黄喜峰、吴小力、陶霓、西昌学院王宝江及西北大学地质学系部分老师的支持和帮助；最后还要感谢从事磷灰石裂变径迹研究的国内外专家，他们的专业著作、教材、科研报告及学术论文等成果和认识为本书的编译提供了保障。

本书是长安大学研究生教育教学改革项目资助的立项教材，也是西北大学矿产普查与勘探国家重点学科研究生教学建设教材，获得到了国家自然科学基金（编号 41630312，41602128，42073054）和长安大学中央高校基本科研业务费专项资金（编号 300102272205）共同资助，适用于地质学、矿业类、地质资源与地质工程等学科研究生教学及相关科研工作。

由于译者专业水平有限，书中不足、错漏之处在所难免，希望各位专家、学者及广大读者不吝赐教，给予批评指正。

于强

2022 年 6 月 31 日

前　言

由 Marco G. Malusà 和 Paul G. Fitzgerald 所著的 *Fission-Track Thermochronology and its Application to Geology* 一书是全球多位权威学者及青年专家共同努力的结果。所有作者都为如何提高人们对裂变径迹的认识和如何结合其他热年代学技术共同解决地质问题做出了贡献。我们很幸运，热年代学学术界曾出版过许多关于裂变径迹的书籍，从 1975 年由 Robert Fleischer、Buford Price 和 Robert Walker 编写的 *Nuclear Tracks in Solids* 到 1992 年由 Günther Wagner 和 Peter van den Haute 编写的 *Fission-Track Dating*。近十几年来，一批“热年代学主题”的书籍相继问世，如 2004 年由 Matthias Bernet 和 Cornelia Spiegel 编写的 *Detrital Thermochronology—Provenance Analysis, Exhumation and Landscape Evolution of Mountain Belts* 出版在 *Geological Society of America* 特刊第 378 卷上，2005 年由 Peter Reiners 和 Todd Ehlers 在 MSA 第 58 卷撰写的 *Low Temperature Thermochronology, Techniques, Interpretations and Applications*，以及 2006 年由 Jean Braun、Peter van der Beek 和 Geoff Batt 撰写的 *Quantitative Thermochronology: Numerical Methods for the Interpretation of Thermochronological Data*。除此之外，还有一些优秀的评论性文章，如 Reiners 和 Brandon（2006）在 *Earth* 和 *Planetary Sciences* 期刊第 34 卷上发表的 *Using Thermochronology to Understand Orogenic Erosion*。

本书并没有简单重复这些已出版物中的内容，而是侧重于介绍如何将热年代学基础知识应用于地质和构造问题分析，并着重讲解裂变径迹热年代学方法。由于不同热年代学方法具有互补性，因此本书还讨论了其他地质定年技术。所有技术的概念和方法近乎相似，具体见各章所述。本书的目的是通过多个综述性的章节介绍，在地质框架下讲解裂变径迹热年代学的基础、概念和应用。各章的主要内容包括：样品采集策略的重要性以及数据筛选的依据；不同热年代学方法的互补性，以及将多种技术应用于样品或单个碎屑颗粒的优势；使用热动力学参数的好处；并非所有年龄都可以直接被解释为封闭温度对应的年龄，特别是对于碎屑岩研究而言；热年代学方法在各种地质问题中的应用创新。低温热年代学的应用价值被越来越多的论文所证实，可以更好地了解地质过程并约束地质演化历史。

在本书中，我们并未整合关于热史模拟的有关章节，而是将重点放在强调数据收集和数据解释及对地质假设的验证方面。模拟程序在不断发展，多位软件发明人，如 HeFTy-Rich Ketcham，QTQt-Kerry Gallagher 和 PeCube-Jean Braun 在软件更新方面做得非常出色，在进行正演和反演模拟时，提供更广泛的变量。本书是面向从事热年代学的工程人员及经验丰富的科研学者的一本专业书籍。从本质上讲，通过本书中介绍的一些典型的实例和相关文献的学习，科研工作者可以很好地了解裂变径迹方法的潜力和局限性，更好地开展热年代学研究及其数据解释。

本书分为两个部分。第一部分专门介绍裂变径迹热年代学的发展历史（第 1 章），裂变径迹方法的基本原理（第 2 章至第 4 章）及其与其他地质年代学方法在单矿物测试方面的结合（第 5 章）。第一部分还包括裂变径迹统计的基本原理（第 6 章）和适用于碎屑岩热年代学的沉积学知识（第 7 章）。第二部分专门研究裂变径迹热年代学的地质解释。第 8 章至第 10 章分析了地质框架内裂变径迹数据解释的基本原理、概念和方法。第 11 章至第 21 章介绍了相关概念和实例，从不同学科（如构造学、岩石学、地层学、油气勘探、地貌学）等特定角度阐述了裂变径迹热年代学的潜力，并介绍了如何将该技术应用于造山带基岩、被动大陆边缘和克拉通内部以及碎屑岩热年代学等研究中。

本书的第一部分——基本原理，从介绍本书中所讨论的裂变径迹方法的演化历史开始，包含第 1 章到第 7 章。

第 1 章由 Anthory J. Hurford 编写，回顾了从 20 世纪 40 年代发现铀元素的自发裂变开始的裂变径迹方法的背景、起源和早期发展，举例说明了裂变径迹年龄方程的推导、对测年方法校准的逐步发展以及目前使用的外探测器方法和 Zeta 比较法的发展。

第 2 章由 Barry Kohn、Ling Chung 和 Andrew Gleadow 编写，主要围绕磷灰石、锆石和榍石进行裂变径迹热年代学的实验操作。这是基于墨尔本大学实验室的方法，该方法与世界各地的许多实验室都类似。初学者和有经验的科学家可以使用本章内容作为该方法实验参考。本章从介绍现场采样、矿物分离和分析准备开始，然后根据外探测器和 LA-ICP-MS 方法，获取裂变径迹定年中必不可少的基本数据。

第 3 章由 Rich A. Ketcham 编写，根据理论、实验和地质观测资料回顾了有关裂变径迹退火知识的发展历程。介绍了自发径迹、诱发径迹的退火、蚀刻及测量，并将其与地质预测进行了对比；描述了基于透射电子显微镜、小角度 X 射线散射、原子力显微镜和分子动力学计算机模拟的裂变径迹的结构、形成及演化，并讨论了热历史模拟的意义；概述了未来的研究领域，提高人们的理解并改进了模型。

第 4 章由 Andrew Gleadow、Barry Kohn 和 Christian Seiler 编写，结合过去的发展趋势和新技术的进步，提供了有关裂变径迹定年技术的未来方向和研究想法。这些方法包括了省略中子辐照环节的基于 LA-ICP-MS 分析获取 ^{238}U 浓度的新型电动数字显微镜及用于显微镜控制和图像分析的新软件系统，为裂变径迹提供了基于图像和高度自动化的新方法。

第 5 章由 Martin Danišík 编写，介绍了如何将裂变径迹热年代学与单矿物的 U-Pb 和 (U-Th)/He 测年相结合，形成三重定年测试方法。该组合方法结合了 LA-ICP-MS 裂变径迹分析和原位（U-Th)/He 测年，其中通过 LA-ICP-MS 得到 U-Th 分析获得 U-Pb 年龄。该流程允许同时收集 U-Pb 数据、微量元素和 REE 数据，用作退火动力学参数或用作物源和成岩的指示。

第 6 章由 Pieter Vermeesch 编写，介绍了一种统计工具，用于从外探测器和 LA-ICP-MS 方法收集的裂变径迹数据中提取具有地质意义的信息。本章介绍了累积年龄分布图、密度分布和径向图，进而直观地分析多矿物的裂变径迹数据集。还介绍了池年龄、中值年龄和过度分散的概念，描述了有限和连续混合模型在碎屑裂变径迹数据中的应用，并为基于 LA-ICP-MS 的裂变径迹定年提供了统计基础。

第 7 章由 Marco G. Malusà 和 Eduardo Garzanti 编写，描述了碎屑热年代学研究中沉积学基本原理，以便充分挖掘单矿物方法的潜力。该章阐述了水力分选的基本原理，如何将其用于改进实验室中的矿物分离流程，并讨论了从源到汇的环境中一系列潜在偏差对碎屑热年代学记录的影响及降低偏差的策略方法。

本书的第二部分——热年代学记录的地质解释，包含第 8 章至第 21 章。第 8 章至第 10 章概述了热年代学数据解释的概念框架，并为后续的章节奠定了基础。

由 Marco Malusà 和 Paul Fitzgerald 撰写的第 8 章回顾了与冷却、隆起和剥露有关的术语及其相互关系。本章探讨了用于解释热年代学数据的热参考系的特征，并说明了在剥露分析时限制古地热梯度的策略。该章还讨论了低温测温仪记录的年龄与剥露无关的情况，但反映了地壳区域热结构的瞬态变化、岩浆结晶过程或由于水热流体循环、摩擦加热而引起的局部瞬态热变化或野火的热作用。

在第 9 章中，Paul Fitzgerald 和 Marco Malusà 讨论了在一定海拔范围内收集样本的方法，以限制剥露的时间和速度。还说明了剥露出部分退火（或保留）带的概念，并使用了一些来自阿拉斯加、跨南极山脉和金巴特块的著名例子来说明抽样策略、常见错误、因素和假设在解释年龄—海拔剖面的热年代学数据时的重要性。

在第 10 章中，Marco Malusà 和 Paul Fitzgerald 概述了基岩和碎屑岩热年代学研究的不同方法和采样策略。作者描述了对同一基岩样本的多种热年代学方法，多个样本的单一方法和多种方法，说明了利用现代沉积物和沉积岩进行碎屑热年代学研究的不同方法，并讨论了地质假设对数据解释的影响。

第 11 章至第 13 章论述了在日益复杂的地质框架内如何应用基岩其他年代学方法。

第 11 章由 Dave Foster 编写，针对构造地质学和构造学，回顾了在伸展构造环境中裂变径迹热年代学的应用；举例说明了如何利用裂变径迹数据来限制正断层的位移、滑移率、古地温梯度和低角度正断层的原始倾角。

第 12 章由 Takahiro Tagami 编写，讨论了裂变径迹热年代学在断层带中的应用，他描述了控制断裂带地热结构的因素，重点是摩擦加热和热流体流动，举例说明了人们对断层运动的时间和热效应的认识是如何被断层岩石的裂变径迹热年代学及其他热年代学分析所限制的。

第 13 章由 Suzanne Baldwin、Paul Fitzgerald 和 Marco Malusà 编写，总结了深成岩和变质岩在上地壳的热演化可能被揭示的情况，以及裂变径迹热年代学与其他方法，如变质岩石学的结合。如果违反了基于整体封闭温度的假设，例如在涉及流体流动和低于封闭温度的再结晶的情况，就可能无法用单一冷却来简单解释热演化历史的时代。结果表明，地质条件良好的采样策略和多种热年代学方法的综合应用，为地壳演化的时间、速率和机制提供了可靠的约束条件。综合方法提供了关于高压变质地体、伸展造山运动、挤压造山运动和转换挤压板块边界带的实例研究。

第 14 章至第 18 章以更复杂的实例和研究思路来说明碎屑热年代学的应用，目的是在分析地层中保存的热年代学记录的基础上，推断出现实的地质情况。

第 14 章由 Andy Carter 编写，回顾了其他年代学在解决地层和物源问题上的发展和应用，还描述了基于双重和三重定年测定策略的物源分析方法，以及结合矿物微量元素数据的改进。

第 15 章由 Matthias Bernet 编写，介绍了裂变径迹测年法在研究挤压型造山带的剥露历史中的应用。演示了如何利用时差概念将已知沉积年龄的沉积物及其裂变径迹年龄转化为平均剥露率或侵蚀率，以及如何利用单矿物颗粒双重定年法分析可能掩盖剥露信息的火山活动产物。

第 16 章由 Marco Malusà 编写，为解释沉积地层中碎屑岩的复杂年龄模式提供了指南。本章阐述了不同的地质过程如何在碎屑岩中产生不同的热年代学年龄，以及这些年龄的不同组合；还讨论了影响侵蚀基岩热年代学信号偏差的原因，以及如何在取样、实验室处理和数据解释期间最小化这种偏差。

第 17 章由 Paul Fitzgerald、Marco Malusà 和 Josep-Anton Muñoz 编写，阐述了碎屑热年代学分析的优势，利用来自现代沉积物或盆地地层学的砾岩，来约束相邻造山带或腹地的剥露历史。砾岩是有用的，因为所有颗粒都经历过相同的热历史。因此，对裂变径迹数据进行反演，结合滞后时间的概念方法，可以约束腹地的冷却/剥露速率及时间。本章还展示了多种技术共同应用于同一砾岩的潜力。

第 18 章由 David Schneider 和 Dale Issler 编写，回顾了低温热年代学的基础知识，这些基础知识可用于限制含烃沉积盆地的热演化历史。该章介绍了从采样到模拟的整个工作流程。在此框架下，阐明了动力学的磷灰石裂变径迹测年法的应用，以及 r_{mr0} 参数在解释沉积岩中常见的复杂磷灰石年龄组合方面的实用性。

第 19 章至第 21 章的主要内容为运用裂变径迹和其他低温热年代学方法来调查地质和地貌造山系统、被动大陆边缘和克拉通的演化。

第 19 章由 Taylor Schildgen 和 Peter van der Beek 编写，讨论了低温热年代学在造山系统地貌演化中的应用，回顾了最近的一些研究，旨在量化与河流切割、冰川景观变化和山脉划分位置变化相关的地形发育和地形改变。这方面的研究指明这些数据集的解释是非唯一的，并强调了可能影响景观形态学全部过程的重要性，以及这些过程如何影响热年代学年龄的空间模式。

第 20 章由 Mark Wildman、Nathan Cogné 和 Romain Beucher 编写，回顾了裂变径迹热年代学的应用，以解释被动大陆边缘的长期发展，并解决相邻近海盆地的大陆侵蚀和沉积物聚集之间的空间与时间关系。本章的实例表明，这些边缘可能经历了明显的裂谷后活动，在裂谷作用后，陆地边缘几千米范围内的物质可能被移走。

第 21 章由 Barry Kohn 和 Andy Gleadowx 编写，主要介绍了低温热年代学在长期克拉通演化中的应用。讨论了克拉通的加热和冷却过程，重点是低导电性覆盖沉积物的影响，从其他地质年代学推断出的冷却历史与陆地和海洋地质证据联系的重要性、动态地形的影响以及较远板块构造作用力的影响。

本书的第二部分介绍了许多实例，包括：东非裂谷（第 11 章）、北美的盆地和山脉（第 9 章、第 11 章）；共轭被动大陆边缘的北大西洋和南大西洋（第 20 章）；加拿大西北部的北极大陆边缘（第 18 章）；芬诺斯堪底亚的克拉通地区、西澳大利亚、南非和加拿大西部（第 21 章）；裂痕侧面横贯山脉（第 9 章、第 13 章）；新西兰的转换挤压板块边界区（第 13 章）；（超）高压带如巴布亚新几内亚东部和西部山脉（第 13 章）；挤压造山带和相关的前陆盆地的例子如比利牛斯山（第 13 章、第 17 章）；欧洲阿尔卑斯山（第 15 章、第 17 章）；喜马拉雅山（第 15 章）和北美的阿拉斯加山脉中部（第 9 章）；对日本主要地震断层的研究（第 12 章）和对安第斯山脉、西藏东部和北美峡谷的具体分析（第 19 章）。鉴于所涵盖地球动力学范围较广，所选实例分布在全球各个区域，本书的第二部分可视为多个独立章节的集合，从热年代学的角度概述了大陆构造。

本书受到以下多位专家及学者的认真评审和帮助：Owen Anfinson（Sonoma State University），Phil Armstrong（California State University，Fullerton），Suzanne Baldwin（Syracuse University），Maria Laura Balestrieri（CNR-IGG，Florence），Mauricio Bermúdez（Universidad Central de Venezuela），Ann Blythe（Occidental College），Stéphanie Brichau（Université de Toulouse），Barbara Carrapa（University of Arizona），Andy Carter（Birkbeck，University of London），David Chew（Trinity College，Dublin），Martin Danišík（Curtin University），Alison Duvall（University of Washington），Eva Enkeμmann（University of Cincinnati），Rex Galbraith（University College London），Ulrich Glasmacher（Universität Heidelberg），Andy Gleadow（University of Melbourne），Noriko Hasebe（Kanazawa University），Raymond Jonckheere（TU Bergakademie Freiberg），Shari Kelley（New Mexico Tech），Scott Miller（University of Utah），Paul O'Sullivan（GeoSep Services），Jeffrey Rahl（Washington 和 Lee University），Meinert Rahn（Universität Freiburg），Alberto Resentini（Università di Milano-Bicocca），Diane Seward（Victoria University of Wellington），Kurt Stüwe（Universität Graz），Takahiro Tagami（Kyoto University），Peter van der Beek（Université Grenoble Alpes），Pieter Vermeesch（University College London），Mark Wildman（Université de Rennes）和 Massimiliano Zattin（Università di Padova）。感谢本书作者和审稿人所作的贡献以及他们深刻的见解和建议，这些意见和建议极大程度地提高了本书的可读性和专业理论的完整性。

我们相信，本书的概念和思想将为基于热年代学的研究和对地质记录的深刻理解提供理论基础。

Milan，Italy	**Marco G. Malusà**
Syracuse，USA	**Paul G. Fitzgerald**

关于作者

Marco G. Malusà 是来自 University of Milano-Bicocca 的地质学家，主要研究造山带的构造演化和剥露过程以及沉积盆地的碎屑岩，并在都灵大学获得理学硕士学位和博士学位。他与意大利国家研究委员会（National Research Council of Italy）一起为西阿尔卑斯山地质测绘项目做出了贡献。他的研究将基岩和碎屑岩热年代学与地质学（沉积学、地层学、构造地质学）及地球物理学相结合，研究领域包括造山带、沉积盆地、地中海和北非。

Paul G. Fitzgerald 是 Syracuse University 地球科学教授，在新西兰 Victoria University of Wellington 获得理学学士学位和荣誉理学士学位，并在澳大利亚 University of Melbourne 获得博士学位。任 Arizona State University 研究员、University of Arizona 研究科学家，主要研究将低温热年代学应用于地质和构造问题的分析，涉及美国西南部的南极洲、阿拉斯加的盆地和山脉、巴布亚新几内亚和比利牛斯山脉等地造山带的形成及对地质过程的认识。

谨以此书献给西北大学建校 120 周年

目 录

第一部分 基本原理

第二部分 热年代记录的地质解释

第一部分　基本原理

第1章　裂变径迹热年代学的发展历史

Anthony J. Hurford

摘　要

本章回顾了裂变径迹热年代学的背景、起源和早期发展。20世纪30年代，人们发现铀在受到中子轰击时会分解成两个较轻的产物，随后发生自发的裂变。裂变过程在固态外探测器中产生损伤径迹，可以通过化学蚀刻显示出径迹，并在电子观测或光学显微镜下观察。通用电气研发实验室的Fleischer，Price和Walker开发了多种径迹蚀刻流程，不同材料的径迹配准和稳定性尝试，对^{238}U自发裂变径迹的形成模式，陆地、月球和陨石样品中的铀测定，中子剂量和矿物定年方法等进行了详细研究。低铀含量和相对简单的径迹衰退（退火）阻碍了在天然玻璃和人造玻璃中进行裂变径迹定年研究。20世纪70至80年代，大多数裂变径迹分析都使用磷灰石、锆石和榍石对火山碎屑和酸性侵入岩进行了定年，人们认识到每种矿物中径迹的退火敏感性不同。在阿尔卑斯山进行的研究表明，具有高退火性的磷灰石，可以估计出剥露时间和剥露速率。1980年Pisa裂变径迹研究小组指出了裂变径迹系统校准的问题，并强调了磷灰石退火作用以揭示热历史的价值，这具有里程碑意义。系统校准最终于1988年在Besançon裂变径迹研讨会上达成共识，大多数分析师采用Zeta比较方法。多个实验室和钻孔研究已经确定了磷灰石中径迹退火的条件，从而使其在剥露、沉积盆地、油气勘探和其他领域中得到广泛应用。

1.1　裂变径迹热年代学的基本原理

如果在室温下将磷灰石晶体［$Ca_5(PO_4)_3(F,Cl,OH)$］浸入稀硝酸中约20s，则会显示出微小的蚀刻痕迹，可以在高倍光学显微镜下观察并计数［图1.1(a)］。如果将锆石（$ZrSiO_4$）和榍石（$CaTiSiO_5$）浸入不同的化学蚀刻剂中适当的时间和温度，则发现相似的蚀刻痕迹［图1.1(b)和(c)］，具体操作流程参见本书第2章。这些随时间累积的径迹，是由于矿物晶体晶格中的^{238}U原子自发裂变而产生的❶。每条径迹都是由单个原子的裂变产生的。这些自发径迹的数量还取决于磷灰石中铀的含量，这通常是通过用低能中子辐照样品来确定的。辐照会引起一部分不那么丰富的^{235}U同位素裂变，从而产生第二代诱发径迹，这些径迹会在磷灰石中或更常见地在矿物的外探测器中显示并计数。自发径迹与诱发径迹之比提供了裂变衰减的原子与剩余铀总量的量度。计算中必须考虑到α衰变引起的铀的额外衰减。这个自发径迹与诱发径迹的比率，当与自发裂变衰减率（物理常数）一起使用时，可得出

❶　自发裂变也发生在^{234}U、^{235}U和^{232}Th中。与可产生大量自发径迹的^{238}U相比，^{234}U，^{235}U和^{232}Th也发生自发裂变，但它们的自发裂变半衰期太长，并且丰度过低，无法产生大量自发径迹。

裂变径迹在矿物中积累的时间，在某些情况下可能相当于样品的年龄。这种方法称为裂变径迹测年。

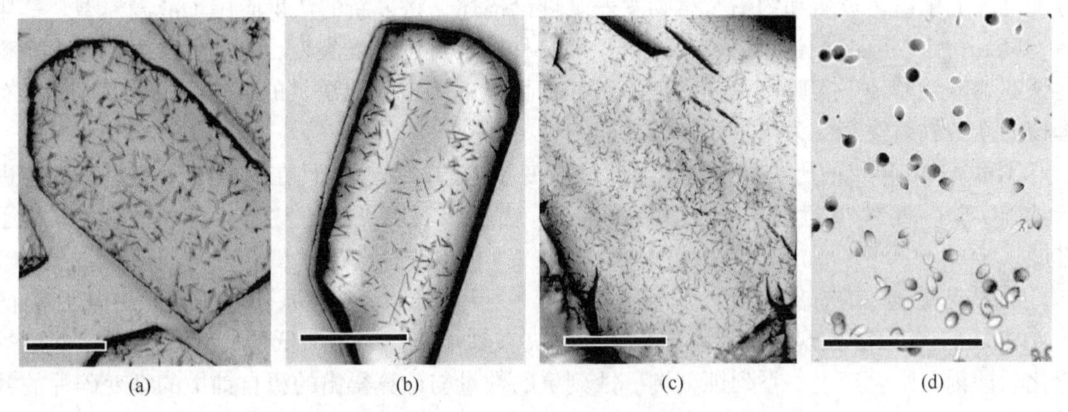

(a)　(b)　(c)　(d)

图 1.1　常见矿物中蚀刻的裂变径迹（比例尺约为 50μm）

（a）美国宾夕法尼亚州 Tioga 火山石灰岩层中的磷灰石自发 ^{238}U 径迹（Roden et al.，1990），在 20℃下 5mol/L HNO_3 中蚀刻持续 20s；（b）Fish Canyon 凝灰岩中锆石的自发 ^{238}U 径迹。在 220℃的 100mol/L NaOH 中蚀刻 6h（这些样品早于使用 NaOH-KOH 共晶蚀刻剂）；（c）爱尔兰 Donegal 的 Thorr 花岗岩中的榍石自发 ^{238}U 径迹。在 20℃下 1HF：2HCl：$3HNO_3$：$6H_2O$ 混合物中蚀刻 6min；（d）19 世纪人工制造的 ^{235}U 径迹：康宁公司 Robert Brill 的 U 形玻璃（Brill 等，1964）在 20℃的 40%HF 中蚀刻 5s。图片由 Andy Gleadow 和 Andy Carter 提供

在高于某一特定温度下，自发径迹会自然愈合或退火，此过程称为退火。早期对天然玻璃和人造玻璃研究时发现径迹的退火（以及低铀含量）是其地质应用时面临的主要问题。磷灰石比玻璃更耐径迹退火，但比锆石或榍石更易受蚀刻，特别是在地壳上部几千米的温度带内。因此，计算出的裂变径迹年龄可能与样品形成的年龄无关，而与随后的受热历史有关。在地质解释时，应将测得的裂变径迹年龄与所有可用的地质信息一起考虑。

退火参数为解释样品的热历史和裂变径迹年龄提供了手段。磷灰石对退火的特殊敏感性使其在恢复受热过程中有用，特别是通过将自发径迹长度的减少与温度和时间相关联。每条径迹是在不同时期形成的，指示着该样品热历史的不同阶段特征。因此，整个径迹长度分布保留了该样品的综合温度记录。事实证明，这种裂变径迹热年代学在沉积盆地分析、油气勘探和认识地壳岩石剥露方面尤其有价值。这些是后续章节的基础。

1.2　裂变径迹的起源

20 世纪 30 年代，Enrico Fermi 及其合作者用中子轰击了铀，得出的结论是所产生的颗粒是新元素，比铀轻但比铅重。Ida Noddack（1934）评论了 Fermi 的著作，因为他未能分解到比铅更轻的元素，这表明："可以想象（铀）核分裂成几个大碎片，这些碎片当然是已知元素的同位素，但不会是被辐射元素的相邻元素。"

尽管他的论文在很大程度上未被重视，但 Noddack 有效地预测了核裂变。1939 年，Otto Hahn 和 Fritz Strassman 试图再现 Fermi 的结果，明确肯定了该反应将铀分解成两个原子序数较轻的产物。Lise Meitner 和她的侄子 Otto Frisch 于 1939 年首次证实了这些发现，因为该过程与生物细胞分裂的相似性创造了"裂变"一词。这些研究者于 1938 年 7 月前往德国，先

到荷兰，然后到斯德哥尔摩和哥本哈根，对裂变过程进行了第一次定性讨论，将其与液滴模型进行了类比，并对比了液滴的破坏作用。库仑斥力具有表面张力的稳定作用。1939 年 9 月 1 日，尼尔斯·玻尔和约翰·惠勒发表了理论描述，将最新的认识应用于液滴模型。一年后，Flerov 和 Petrjak 报告了第一个证据，即一种核素自然自发裂变，即^{238}U，通过在莫斯科地铁迪纳摩站的地下实验室工作，消除了任何可能的宇宙射线诱发的裂变，并声明："具有母核的新型放射性衰变为两个核，其动能约为 160meV。"

20 世纪 40 年代的历史事件决定了发展裂变技术的意义，并且在之后的十年里一直在进行基础实验。直到 20 世纪 50 年代和 60 年代，由于核辐射设施的发展，基本理论才取得了进展。

铀裂变径迹首次被认可，源于 1958 年在英国哈威尔的原子能研究机构工作的 D. A. Young。Young 发现，如果将氟化锂晶体夹在铀箔上，用热（低能）中子照射，然后进行化学蚀刻，则会产生一系列蚀刻坑。蚀刻坑的数量与计算得出的源自铀箔的裂变碎片的数量密切相关。因此，似乎每个蚀刻坑都与裂变碎片通过的固态损伤有关。一年后，同样在 Harwell 工作的 Silk 和 Barnes 发表了第一个透射电子显微照片，显示通过^{235}U 裂变碎片形成的云母中的损伤径迹。这些发现利用电子显微镜观察各种材料中重电荷粒子径迹的链式反应，尽管径迹的外观在很大程度上取决于测试样品的结构和厚度。

1.3　GEC Schenectady 的 Fleischer、Price 和 Walker

1961 年，P. Buford Price 和 R. M. Walker 在纽约通用电气研究实验室研究核径迹分析，第二年 R. L. Fleischer 加入。根据 Fleischer（1998）的报道，他们尝试探索在核研究中使用固态径迹探测器的方法，并希望在陨石中找到宇宙射线引发的径迹。Price 和 Walker（1962a）使用电子显微镜观察云母中的锆石和磷灰石包裹体，首先发现了由^{238}U 的自发裂变引起的裂变径迹。Price 和 Walker（1962b）发现云母中的径迹可以通过化学蚀刻"显影"，在光学显微镜下提供永久的可见径迹，从而避免了在电子显微镜下观察样品时常见的径迹退火问题。长期以来困扰着晶体学家的异常蚀刻图形（Baumhauer，1894；Honess，1927）现在被确定为蚀刻的自发裂变径迹（Fleischer，1964a）。由于相对于材料的总体（或整体）蚀刻速率（v_G），沿着损坏的径迹区域的蚀刻速率（v_T）更快，从而显示了径迹。在矿物中，对于某些晶体学取向（例如磷灰石和锆石的棱柱形 c 轴平行截面），$v_T \gg v_G$ 给出了线性蚀刻图（图 1.2）。在玻璃中，v_T 近似于 v_G，形成具有圆形到椭圆形轮廓的圆锥形蚀刻坑［图 1.1(d)］。有关蚀刻几何形状的详细说明，可参见 Fleischer 等（1975），Wagner 和 van den Haute（1992）的第 2 章。随后，Fleischer、Price 和 Walker 将核径迹技术应用于其他材料，包括矿物、玻璃和塑料，发现不同材料对不同质量和电荷的粒子的敏感性差异很大。这些研究者及其同事们在 20 世纪 60 年代中后期发表了大量论文，其中包括径迹蚀刻配方，径迹在不同介质中的稳定性估计，不同探测器的配准特性，径迹形成模型，在陆地、陨石和月球样品中铀的测定以及中子剂量测定的应用。三位科学家在其开创性著作《固体中的核径迹》（Fleischer，1975）中对他们的工作进行了全面回顾。

Price 和 Walker（1963）首次提出^{238}U 的自发裂变可以有效地用作放射性岩石和矿物测年方法。白云母的裂变径迹年龄为 3.5×10^8 年，加拿大 Renfrew 和 Madagascar 的 5×10^8 年金云母被证实适用于该方法，并建议也可使用其他矿物。裂变径迹测年从此诞生了！

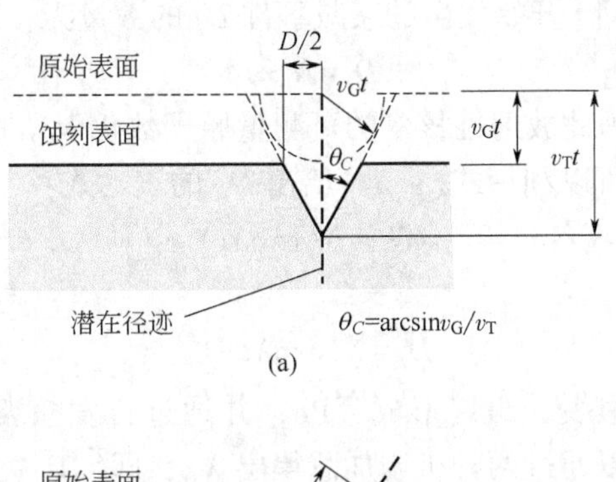

(a)

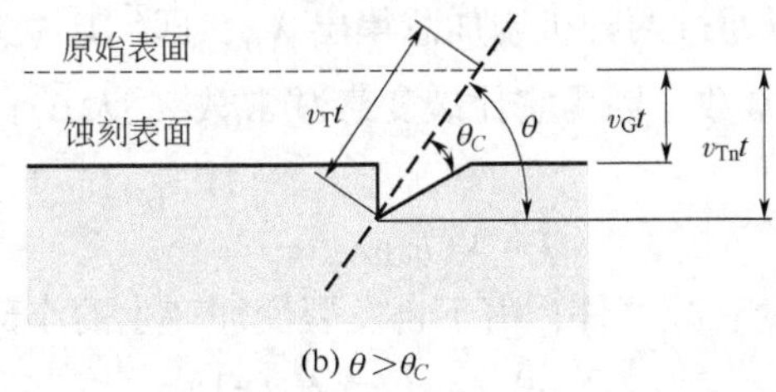

(b) $\theta>\theta_C$

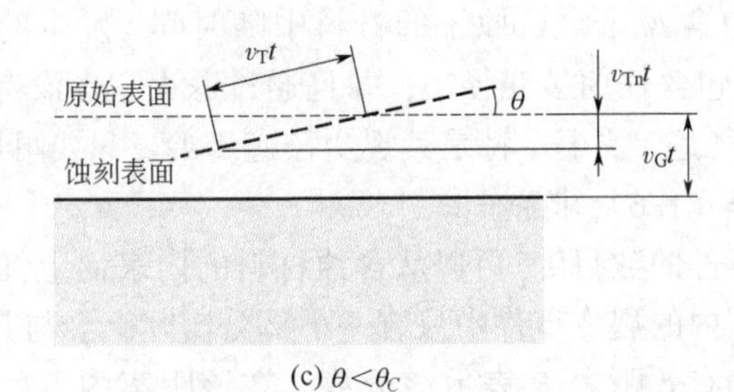

(c) $\theta<\theta_C$

图 1.2　基本径迹对准和蚀刻几何形状

(a) 在时间 t 之后，相对于材料的总体（或整体）蚀刻速率（v_G），沿着损坏的径迹区域的蚀刻速率（v_T）会显示出潜在的裂变径迹。径迹形状取决于两种蚀刻速率的差异。与许多矿物中的 $v_T \gg v_G$ 一样，径迹是线性的，如玻璃中的 v_T 略大于 v_G，则径迹为椭圆形凹坑。（b）以大于临界值 h_c 的入射角 h 放置的径迹记录在蚀刻和观察的表面上。（c）对于小于临界角 h_c 的径迹，蚀刻过程中材料的表面去除速度比 v_T 的法向分量更快，径迹被完全去除。v_T/v_G 定义了材料的蚀刻效率，即在特定条件下与给定表面相交的径迹在特定条件下被蚀刻的比例（Fleischer，1975）

1.4　裂变径迹年龄的衍生

与其他同位素测年方法一样，裂变径迹年龄取决于自然放射性母体同位素向稳定子产物的衰减（即裂变损伤径迹）。根据 Rutherford 和 Soddy 的放射性衰变定律，衰变速率与任意时间 t 之后剩余的不稳定母体原子 N 的数量成正比：

$$dN/dt=-\lambda N \tag{1.1}$$

式中，λ 是衰减常数（每个放射性核素的特定值），以时间的倒数为单位表示，表示原子核在给定时间段内衰减的概率。假设在时间 $t=0$ 时没有原始母体原子衰变给出：

$$N=N_o\exp(-\lambda t) \tag{1.2}$$

式(1.2) 是用于描述在时间 t 之后剩余的放射性核数目 N 的通用公式，其中 N_o 是存在的原子的初始数目。从时间 t 开始发生的衰减事件 D_t 的数量为：

$$D_t = N_o - N \tag{1.3}$$

由于更容易处理 N，因此放射性核素的可测量原子数仍保留在系统中，不是估计的 N_o，而是存在的原始原子数。可以利用式(1.2) 给出 N_o 的表达式：

$$N_o = N(\exp\lambda t)$$

代入式(1.3)，得出：

$$D_t = N(\exp\lambda t - 1) \tag{1.4}$$

^{238}U 会通过 α 发射而衰变，最终形成 ^{206}Pb，并通过自发核裂变而衰变。每个过程都有一个特定的衰减常数，可以通过两种机制加总得出 λ_D，即 ^{238}U 衰减的总常数。

λ_D 本质上只是 α 衰减常数，因为它比裂变衰减常数 λ_f 大 6 个数量级。因此对于 ^{238}U 的总衰减，式(1.4) 取：

$$D_t = N(\exp\lambda_D t - 1) \tag{1.5}$$

D_t 包括衰变和自发裂变衰减事件，由于自发裂变而产生的小部分 D_s 由下式给出：

$$D_s = \lambda_f / \lambda_D (\exp\lambda_D t - 1) \tag{1.6}$$

式(1.6) 给出了在包含 N 个 ^{238}U 原子的材料中随时间 t 发生的裂变事件的数量。假设材料在时间 t 的开始处不包含任何裂变径迹，并且通过退火它也没有损失任何裂变径迹，那么它将包含 D_s 自发裂变径迹，并且 t 将是其裂变径迹年龄。只要可以评估 D_s 并将其表示为 N 的比例，就可以用方程（1.6）求解 t。

单位体积中的裂变事件的数目 D_s 可以从含铀材料的内表面上蚀刻的裂变径迹的面积密度测量。表面的某一范围内的裂变事件中只有一小部分实际上会与其相交以提供可蚀刻的径迹。可以用距蚀刻表面的有效距离 R 表示该分数，在该距离内，虽然并非所有裂变事件都可以记录为可蚀刻径迹，但每个裂变事件都可以到达该表面。R 是通过考虑所有距离的蚀刻径迹而确定的，即直到最大的裂变碎片范围 R_o。可以对该积分进行评估，得到 R 等于一个裂变碎片的可蚀刻范围，即内表面任一侧的径迹范围的一半。因此，穿过内表面的裂变径迹的数目为 D_sR。

在任何表面上实际观察到的径迹密度 ρ 由蚀刻效率 η 决定，该效率是通过蚀刻揭示的穿过表面的径迹比例。因此，对于任意内表面上的蚀刻裂变径迹密度，可以写为：

$$\rho = D_s R\eta \tag{1.7}$$

对于 ^{238}U 自发裂变径迹密度 ρ_s，是由单位体积的 D_s 裂变而产生的。联立式(1.6) 和式(1.7) 可得出：

$$\rho_s = \lambda_f / \lambda_D [^{238}U](\exp\lambda_D t - 1)R\eta \tag{1.8}$$

式中，N 已被［^{238}U］代替，即含铀材料中每单位体积剩余的 ^{238}U 原子数。铀的常规评估使用中子活化，但是直接测定［^{238}U］需要更高能的中子，这还会引起其他铀和同位素的裂变。较低能量的热中子辐照仅导致 ^{235}U 裂变，从而在基质材料中产生第二次蚀刻径迹密度。每单位体积由热中子引起的 ^{235}U 裂变数目 D_i 可表示为：

$$D_i = [^{235}U]\sigma\phi \tag{1.9}$$

式中，［^{235}U］是每单位体积的 ^{235}U 原子数；$\sigma^{235}U$ 为核横截面，用于中子热裂变；ϕ 为样品接收的中子注量，以每平方厘米中子数为单位。

这些诱发的裂变径迹可以与自发径迹完全相同的方式蚀刻在材料的内表面上。用 D_i 替换式(1.7) 中的 D_s，给出在内表面上观察到的激发径迹密度 ρ_i：

$$\rho_i = [^{235}\mathrm{U}]\sigma R\phi\eta \tag{1.10}$$

在合理的假设下，对于^{238}U 和^{235}U 裂变碎片径迹，R 和 η 基本相同。通过从等式中计算两个径迹密度的比率。式(1.8) 和式(1.10) 中，这些范围和蚀刻效率项被抵消，从而得到：

$$\rho_s/\rho_i = (\lambda_f[^{238}\mathrm{U}]\exp\lambda_D t-1)/(\lambda_D[^{235}\mathrm{U}]\sigma\phi) \tag{1.11}$$

假定天然铀的原子比 $[^{235}\mathrm{U}]/[^{238}\mathrm{U}]$ 本质上是恒定的，则可以用同位素丰度比 I 表示。式(1.11) 中的 t 给出了裂变径迹年龄方程的一般形式(Price 和 Walker，1963；Naeser，1967)：

$$t = 1/\lambda_D \ln[1+(\lambda_D\sigma I\phi\rho_s)/(\lambda_f\rho_i)] \tag{1.12}$$

式(1.12) 假设在具有相似几何形状或通过适当系数校正的表面上测量了自发和诱发径迹密度 ρ_s 和 ρ_i。当 $x \ll 1$，则 ln (1+x) 可近似为 x。如果裂变径迹年龄小于几亿年，则可以将近似值应用于等式(1.12)，可简化为：

$$t = (\sigma I\phi\rho_s)/(\lambda_f\rho_i) \tag{1.13}$$

这种近似意味着，在这段与^{238}U 的半衰期相比非常短的过程中，由于放射性衰变，^{238}U 的总量减少得很慢，可视为不变。因此，总衰减常数 λ_D 可以简化。

1.5 裂变径迹方法的应用

Price 和 Walker (1963) 的论文引发了迄今为止对许多火成岩普遍存在的云母的一系列研究 (Fleischer et al.，1964a；Bigazzi，1967；Miller，1968)。人们还投入了大量精力来确定蚀刻各种矿物径迹的配方，包括电气石、绿帘石和石榴子石，这些径迹是通过注入重离子获得的 (Fleischer et al.，1975；Wagner 和 van den Haute，1992)。

该方法应用初期，火山玻璃和其他玻璃也受到了相当大的关注。在洋底玄武岩中，K-Ar 年龄与保留的磁性反转特征的相关性为当时新的海底扩张理论提供了支持。这促使人们尝试测量从大西洋中脊扩散中心喷出的枕形玄武岩熔岩的玻璃物质的裂变径迹数据(Aumento，1969；Fleischer et al.，1971)。根据坦桑尼亚 (Fleischer et al.，1965a)、新西兰(Seward，1974，1975) 和育空地区 (Briggs 和 Westgate，1978) 的研究数据，酸性火山玻璃碎片的年龄被认为是确定火山喷发年代的直接手段。裂变径迹测年被用来补充由陨石确定的 K-Ar 年龄，这些陨石可能是由陨石撞击引起的神秘玻璃状物体 (Wagner 和 van den IIautc，1992)。在考古学中，裂变径迹测年技术引起了人们的关注及应用，涉及对受明火等加热的文物、陶瓷碗上的釉和人造玻璃测年等研究 (Wagner，1978；Wagner 和 van den Haute，1992；Bigazzi，1993)。

玻璃中的铀含量低，需要观察很长时间才能找到几条径迹，从而产生非常差的统计数据和很高的分析误差，还特别容易在远低于 100℃的温度下发生径迹退火。大多数关于玻璃的裂变径迹研究都是在该方法的早期，而现在如果直接应用于测年，通常被认为是不准确的。同样，自 20 世纪 70 年代以来，几乎没有关于定型后的云母或其他低铀质矿物的定年报道。相比之下，在铀矿石中，由于铀和钍衰变造成的 α 型反冲破坏，晶体结构变成了半致密的（有效破坏），并且无法发现裂变径迹。要采用裂变径迹方法，应重点关注对矿物的分析。

1.6　副矿物：磷灰石、锆石和榍石

矿物磷灰石、锆石和榍石中的微量铀含量在百万分之几的范围内，从而可分辨出自发径迹，可作为常规裂变径迹分析的理想材料。Charles（Chuck）Naeser 和 Günther Wagner 率先使用了矿物来解决地质问题。Naeser 曾在得克萨斯州达拉斯市的南方卫理公会大学以及美国丹佛的美国地质调查局工作，建立了基本的制备方法和分析技术，并传给了下一代科研工作者。最初，人们分析磷灰石和榍石这种处理流程简单的矿物（参见本书第 2 章）。Naeser（1969）已经确定了锆石的裂变径迹年龄，但是他的样品处理技术很复杂，不易复制。根据 Naeser 的早期实验，经过修订的技术方法（Gleadow，1976）提供了锆石的裂变径迹测年技术，锆石的年龄通常等于榍石的年龄。Wagner 在宾夕法尼亚大学和海德堡的麦克斯普朗克化学研究所进行了相似的磷灰石的研究（Wagner，1968，1969）。

20 世纪 60 年代和 70 年代，使用裂变径迹技术作为一种年代测定工具，类似于 K-Ar 和 Rb-Sr 方法，通过结晶年龄来确定样品的年龄。研究集中在酸性火山岩和侵入岩的年代。一项来自内华达中部古近—新近系灰泥凝灰岩的重要研究（Naeser 和 McKee，1970）进一步促进了裂变径迹年龄学在年代学上的应用，提供了地层序列信息，如英国奥陶系、志留系中的凝灰岩和膨润土中的锆石、磷灰石（Ross et al.，1982）。早期对酸性侵入岩的研究得出了磷灰石裂变径迹（AFT）和榍石裂变径迹年龄与 K-Ar 和 Rb-Sr 年龄相等，并且同样代表了结晶时间（Naeser，1967；Christopher，1969）。但是，认识到磷灰石和榍石具有不同的退火特性，Wagner（1968）、Naeser 和 Faul（1969）研制了一种用于检测热事件的工具，通过该工具，成对共存矿物的不协调年龄清楚地表明了曾受到轻微的加热。Calk 和 Naeser（1973）研究了直径为 100m 的玄武岩（10Ma）侵入加利福尼亚州 80Ma 的 Cathedral Park 石英蒙脱石中的情况。距接触面 150m 处，它们在围岩中的 AFT 年龄全部或部分退火，而距玄武岩仅 10m 的 TFT 年龄未受影响。

Wagner（1968）报告了德国 Odenwald 基底中相同的花岗岩、花岗闪长岩和辉长岩样品裂变径迹及 K-Ar 黑云母和角闪石年龄之间的明显差异：磷灰石年龄介于 69~105Ma 之间，而 K-Ar 为 315~340Ma。由于不能推断出海西后期的热事件影响了这些岩石，因此 Wagner 认为裂变径迹年龄指示约 100℃的冷却时间，从而揭示了 Odennald 北部和南部之间的隆升速率存在差异。这可能是从剥蚀中解释裂变径迹数据的第一种方法。

Church 和 Bickford（1971）讨论了科罗拉多州萨沃克山脉一系列火成岩的裂变径迹年龄为 45~50Ma（Rb-Sr 全岩石等时年龄 1650±35Ma），同时其他类似的 AFT 和 TFT 年龄由拉拉米德火成岩活动所造成。Stuckless 和 Naeser（1972）、Naeser 和 Faul（1969）报告了亚利桑那 Superstition 火山周围的前寒武纪岩溶基底演化过程中的三个时间—温度事件。Rb-Sr 全岩等时线和 TFT 系统记录的约 1390Ma 花岗岩侵入，使榍石完全重置，并扰乱了较早侵入的石英闪长岩中的 Rb-Sr 系统（Rb-Sr 全岩时代为 1540Ma±45Ma；TFT 年龄为 1390Ma±60Ma）。花岗岩的 AFT 年龄在约 50Ma 处记录的第三次事件表示由于拉拉米德造山作用之后隆升和侵蚀引起的冷却。

在波兰的塔特拉山中，海西花岗岩和变质基底中的 AFT 年龄从 10 到 36Ma 明显晚于

约 80Ma 的主要推覆式褶皱，导致 Burchart（1972）得出结论，AFT 年龄与中新世有关——造山带隆起和侵蚀。

AFT 是一种计时器，能够在比其他矿物和同位素系统低得多的温度下记录“事件”。Wagner 和 Reimer（1972）出版的开创性著作 *The tectonic interpretation of fission track ages* 是对活跃造山地带 AFT 年龄认识和应用的重大进步。研究表明，考虑到海拔高度，中欧和南欧阿尔卑斯山的 AFT 年龄分布与区域构造要素一致：AFT 年龄通常随海拔升高而增加，这被解释为较早地将上部样品冷却到低于裂变径迹保持温度的温度。因此，对于有限的横向距离，样品高程的差异除以 AFT 年龄的差异使直接测量隆起成为可能。Wagner 和 Reimer 指出，Monte Rosa 推覆体的上升速度为 0.4mm/yr，并且在 Simplon Pass 周围上升速度最快的一次发生在最近。这项研究成果（Wagner et al. 1977）可以作为随后在世界范围内造山带构造隆升和剥露研究的基础，尽管在现代思想中，随着年龄增长可能反映了局部隆升的退火区间（见本书第 8 章和第 9 章）。

1.7　问题与复兴：Pisa，1980 年

尽管这是一个充满希望的开端，越来越多的研究者使用新兴方法来确定年龄，但裂变径迹测年在 20 世纪 70 年代遭到了严重质疑。一些使用质谱仪测量同位素丰度的知名地质学家指出裂变径迹方法的分析精度较低，观察到的裂变铀原子数量相对较少，而且人工计数的能力有限，可能会出现错误。这与使用同位素自动计数、许多精确已知质量的离子的其他同位素方法形成对比。由于裂变径迹对退火（特别是在磷灰石中）的高度敏感性，认为该方法在确定年龄方面几乎没有价值，因为当时的主流思想仍是形成或结晶年龄。另一质疑是缺乏校准裂变径迹的系统，特别是没有恒定的衰减常数 λ_f，这使得对来自不同实验人员和实验室的结果进行比较的信心不足。这些明显的缺陷共同导致一位杰出的英国同位素地质学家以“测年方法的灰姑娘”的身份驳斥了裂变径迹。到 20 世纪 70 年代后期，地球科学界已经听说了裂变径迹，他们想知道这种方法是否可能为解决地质问题提供一些帮助，并对该技术是否可行表示怀疑。

直到 1978 年第四届 ICOG[1] 上，英国裂变径迹研究者开会讨论了该方法的基本原理和解释方面的共同问题。他们决定举办一个研讨会，专门解决“悬而未决”的问题。1980 年 9 月，来自 15 个国家的 44 个裂变径迹研究者在意大利比萨[2]召开的 Domus Galilaeana 会议上提出了这一建议，该组织成立于 1942 年，以纪念 Galileo Galilei 逝世一百周年。比萨研讨会在裂变径迹定年法历史中至关重要，它真正代表了该方法的复兴，会议主要围绕以下四个问题展开：

（1）方法论：不同的实验室采用什么实验方法？

（2）校准：裂变径迹测年系统如何校准？

（3）统计资料：该方法的不确定性是什么？不同的实验室如何比较？

（4）解释：退火意味着什么？降低的年龄可以纠正吗？

---

[1] 于 1978 年 8 月在美国科罗拉多州阿斯彭斯诺马斯举行的第四届国际地球年代学、宇宙年代学和同位素地质学国际会议（ICOG）。

[2] 需注意，比萨工作室有时被视为首个裂变径迹测年工作室，在论文集中也有这样的称呼。但严格来说，第一次应该是在 1978 年的第四届 ICOG 中发起的比萨讲习班。随后的裂变径迹讲习班遵循了后一种编号惯例。

在比萨对这些问题的思想碰撞有助于从事裂变径迹研究的学者们提出有效的解决方案。最重要的是人们认识到，退火过程及解释提供了揭示热历史的独特方法（Gleadow 和 Duddy，1981；Green，1981a）。这就是今天地球科学应用多样性的基础，包括在油气勘探中的应用（Gleadow 等，1983）。关于裂变径迹校准，该问题随后由 IUGS 年代学小组委员会处理，并进行了广泛的讨论，从而提出了建议（见 1.9 节）。

1.8 实验方法

理想情况下，应该在完全相同的条件下对铀含量完全相同的区域测量自发和诱发的径迹密度。在比萨研讨会上，Andrew Gleadow 强调，英国 IUGS 的分析师正在采用各种不同可靠性的方法，而样本也进行折衷处理。方法之间的差异主要源于几何形状和对径迹进行计数的表面的蚀刻效率的差异，可以区分出两组不同的流程（图 1.3）（Gleadow，1981；Hurford 和 Green，1982）。

多颗粒方法使用单独的样本等分试样确定自发和诱发的径迹，将每条径迹的计数加总到所计数的颗粒总数中（Price 和 Walker，1963；Naeser，1967，1979）。对于每条径迹计数，通常以 100 粒度测量大小相等的区域。该方法已被广泛使用，需要等分试样加热以完全退火自发径迹，然后再进行辐照以在^{235}U 原子的一部分中诱发径迹。然后，对两个等分试样进行相同处理并按顺序计数，一个等分试样仅包含自发径迹，而另一个仅包含诱发径迹。减法省去了加热步骤，使辐照部分既包含诱发径迹，也包含自发径迹，通过减去自发密度来计算诱发径迹密度，此方法的精度较低，因为确定诱发径迹密度涉及两个不确定性。

使用多颗粒方法时，在相同材料的内表面上都具有相同的条件和蚀刻特性，可以对两类径迹进行计数。但是，假定这两个等分试样中的铀浓度在统计上是相等的，这假定铀在样品颗粒内部和之间的分布相对均一，通常是不准确的。多颗粒方法也假定单个年龄的种群，对于快速冷却的火山岩可能是正确的，但对于具有多个年龄种群的样本（例如受“污染”的火山碎屑）。此外，实验室退火可以消除由于铀和钍的衰变而在晶格中积累的 α-反冲辐射损伤。这似乎对磷灰石没有影响（可能是因为未保留 α-反冲辐射损坏），但是对于锆石和榍石，蚀刻特性可能会发生实质性改变，从而使多颗粒方法的主要优势失效。

单颗粒法甚至可以在较小尺寸（约 100μm）的情况下测量每种合适颗粒的年龄，并且对于包含多个种群的样品必不可少。过去，每个样本分析 6~10 个颗粒。如今，当使用样本的年龄结构来揭示来源和热史时，将检查更多的颗粒（参见本书第 2 章）。重抛光和重蚀刻方法是变化的，在辐照后对样品进行重抛光、重蚀刻和重计数以确定诱发的径迹密度（Fleischer 和 Price，1963）；这些方法增加了不确定性，因此不再使用。相反，几十年来，外探测器方法（EDM）（Fleischer 等，1964b；Naeser 和 Dodge，1969）一直被用作裂变径迹实验方法。在 EDM 中，^{238}U 自发裂变径迹在晶体中被蚀刻，而^{235}U 诱发的径迹在辐照过程中被固定在晶体胶体上的低铀白云母外探测器中记录和蚀刻。分析检查蚀刻剂中由^{235}U 诱发的径迹记录的蚀刻晶体及其镜像，从而可以精确比较相同的铀含量。EDM 记录具有不同形状的径迹。自发径迹具有 4π 几何面积，其径迹起源于位于观察表面下方晶体中裂变的铀原子，并且源自上方在抛光过程中去除的部分晶体中的裂变铀原子。相比之下，外探测器具有 2π 几何面积，且仅从下方提供径迹。因此，必须对自发/诱发比率应用校正系数，该比率在

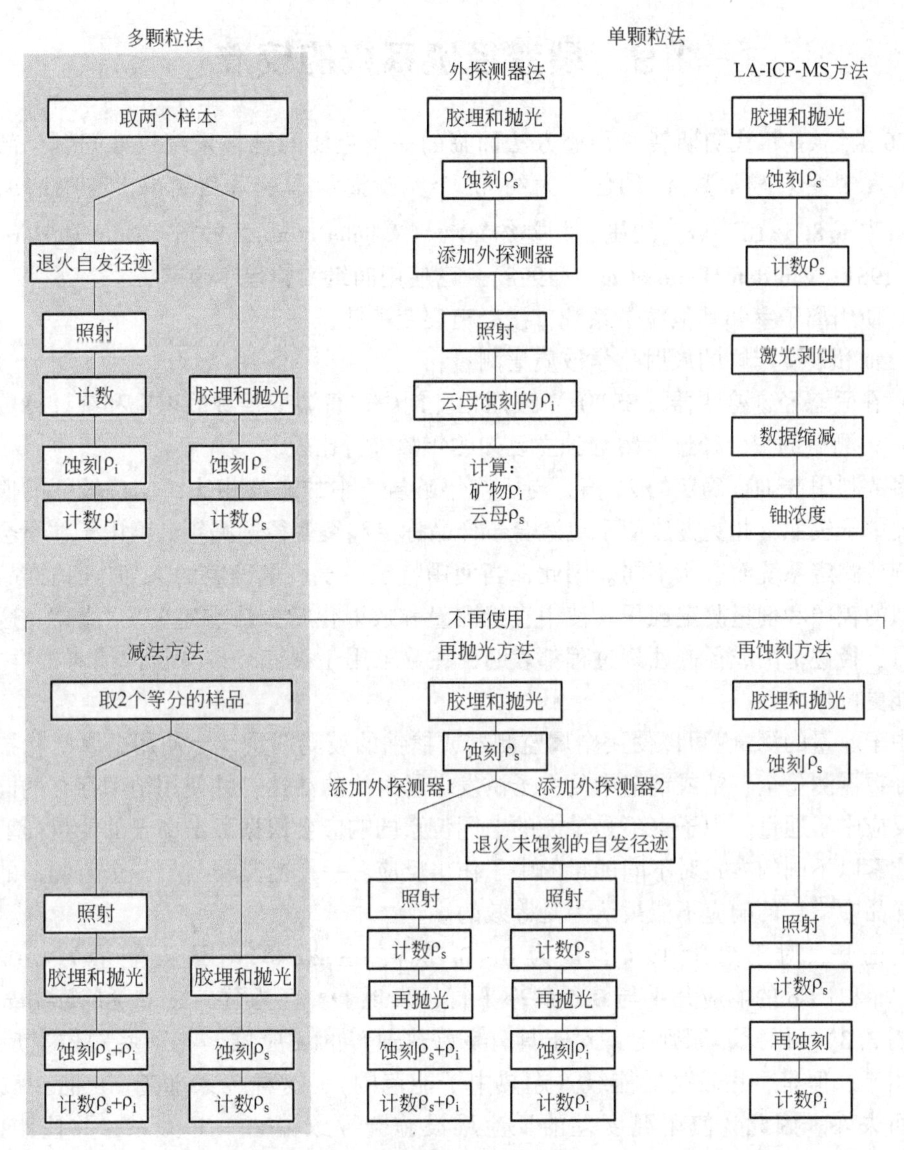

图 1.3　裂变径迹测年方法的实验方法（据 Hurford 和 Green，1982）
在本章描述的方法中，如今仅使用外探测器（很少用于检测）方法；现在一些
实验室使用 LA-ICP-MS 测定铀含量（Hasebe et al.，2004）

理想情况下为 0.5。如果在任一晶体和外探测器中总体蚀刻速率（图 1.2）都很高，则会出现与该值的偏差，从而可能去除与蚀刻和观察表面成低角度的径迹。幸运的是，常用的矿物磷灰石、锆石和榍石对棱柱形（*c* 轴平行）面都具有很高的蚀刻效率，主要用作外探测器的白云母也是如此，因此理想的校正系数 0.5 是合适的（Gleadow 和 Lovering，1977；Green 和 Durrani，1978）。需注意的是，蚀刻速率取决于晶体晶型方向，并且其他面可能表现出不同且各向异性的蚀刻。一些早期的研究使用聚碳酸酯塑料作为检测器。这种塑料的径迹套准机制可能大不相同（Fleischer et al.，1975），校正系数 0.5 也可能不合适。因此，大多数分析人员优选用低铀白云母作为外探测器。

1.9 裂变径迹系统的校准

到20世纪80年代初期裂变径迹方法面临的一个主要问题是系统校准问题，部分取决于^{238}U自发裂变衰减常数λ_f的值。大约45个实验揭示了一系列结果，这些结果集中在$7\times10^{-17}yr^{-1}$或$8.5\times10^{-17}yr^{-1}$周围，相差约20%（Wagner et al.，1975；Thiel和Herr，1976；Bigazzi，1981；van den Haute et al.，1998）。已使用四组实验程序确定λ_f：

（1）使用离子室和其他粒子系统直接确定裂变事件；

（2）铀和裂变产物的放射化学或质谱测量；

（3）在固态径迹检测器（SSTDs）或照相乳剂中进行裂变径迹的识别和统计计数；

（4）将测得的裂变径迹年龄与独立已知的年龄进行比较。

大多数利用SSTDs确定的λ_f值，与已知年龄岩石中的矿物相比，支持较低的值。这些实验需要中子辐照，此类方法似乎更适合于样品标定和裂变径迹测年，但中子注量会根据所使用的剂量测定系统而有所不同。因此，当使用特定中子剂量确定的λ_f值评估样品时，应遵循类似的辐照和剂量测定规程。使用直接测量和放射化学方法测定的λ_f值高。这些值与中子剂量、径迹范围或径迹蚀刻过程都表明，在寻求用于裂变径迹分析的绝对校准方法时，它们可能更可靠。

对中子注量的测量❶可以使用金属监测器或掺铀的玻璃剂量计。使用金属活化技术，通过闪烁计数器测量金、钴或铜箔中的中子诱发伽马射线的活性，并使用箔中存在的同位素质量计算反应中子通量。中子束不是单能的，同位素的响应会根据轰击中子的能量而变化。不同的同位素以不同的方式对不同能量的中子作出反应：一个监测器与另一个监测器的比较以及测年样品中^{235}U的响应不能被认为是等效的。

幸运的是，对于热中子（能量为0～0.25eV，在20.4℃时最大能量为0.0253eV），^{235}U、^{197}Au和^{59}Co的响应几乎与0.5斜率平行，表现$1/V$行为（Wagner和van den Haute，1992；图3.3）。因此，原则上，对于具有良好热通量的反应堆，与这些同位素反应的通量应该相等。但是，在较高的能级（超热中子能范围），这种关系随着Au捕获截面中的大共振而失效。因此，使用温度差的反应堆设施会导致偏离$1/V$关系，并使^{235}U、^{197}Au和^{59}Co响应更复杂，需要进行校正。此外，虽然热中子仅在^{235}U中引起裂变，但超热中子在^{235}U和^{238}U中均引起裂变。快中子在铀同位素和^{232}Th中均引起裂变，因此所产生的径迹无法区分。Green和Hurford（1984）对中子剂量学进行了详细研究，他们提出用于裂变径迹工作的反应堆设施的最低规格，以Au、Co和Cu❷的镉比分别用3、24和48表示。

掺杂铀的玻璃可用于通过计数玻璃（通常是在照射过程中紧贴玻璃的探测器中）的径迹结果来监测中子诱发的^{235}U裂变事件。低铀云母外探测器是最佳的，因为它们可以永久保留辐照记录，同时不会使剂量计玻璃受损且可重复用于多种辐照（Hurford和Green，

---

❶ 中子辐照会在样品中以一定比例的^{235}U诱发裂变，以测量其铀含量，并需要确定样品所暴露的中子总数，这被称为中子通量。通量是相对于照射时间积分的中子通量（或剂量），以每平方厘米中子数表示。

❷ 镉吸收热中子（<0.4eV），同时允许更高能量的中子通过。镉比率可以得出裸露的监测器的活动—带有镉的监测器，从而记录能量大于0.5eV的所有中子；镉比率越高，反应器设备的加热效果越好。

1983)。作为剂量测定方法，其吸引力在于标准玻璃和未知样品均使用中子诱发的^{235}U 裂变。由于需要评估系统的检测和蚀刻效率，因此需要定量化确定注量。但是，如果始终使用相同的剂量计和实验条件，则通量与剂量计（或其检测器）中测得的激发径迹密度 ρ_d 有关，其计算方法如下：

$$\phi = B\rho_d \tag{1.14}$$

式中，B 是剂量计特有的常数（Fleischer，1975；Hurford 和 Green，1981a）。

为了避免对裂变碎片范围和蚀刻效率进行评估（Wagner 和 van den Haute，1992），一些实验人员经常使用金属活化监测仪评估 B，通常是在多次辐照下。Hurford 和 Green（1983）在 5 年内测量两副剂量计玻璃的 B 值，再用 B 得出后续辐照中的注量值，最后将其代入年龄公式以计算样品年龄。

Hurford（1998）给出了用作中子剂量计的掺铀玻璃的详细数据（表 1.1）。两组使用最广泛的玻璃是 NIST（NBS）SRM 600 系列，以及随后由 Jan Schreurs 在康宁玻璃厂准备的六种玻璃，分别表示为 CN1～CN6。SRM 600 系列中的编号为 SRM 961-964，是通过辐射监测仪在 NBS 上测量的具有中子注量的预辐射玻璃（Carpenter 和 Reimer，1974）。这些预辐照的玻璃为所有实验人员提供了一个共同的标准，从而可以在未知的反应堆设施中辐照相同系列的原始 SRM 玻璃晶片，然后与等效的 NBS 辐照玻璃同时进行蚀刻。在计算了两个玻璃的径迹密度之后，可以通过与引用的 NBS 能量 ϕ_{NBS} 进行比较，直接计算未知反应堆中的 ϕ_{UNK}：

$$\phi_{UNK} = \phi_{NBS}\rho_{d2}/\rho_{d1} \tag{1.15}$$

式中，ρ_{d1} 是在 NBS 预辐照玻璃中测得的^{235}U 诱发径迹密度；ρ_{d2} 是在未知反应堆中辐照的等效玻璃中测得的^{235}U 诱发径迹密度。

表 1.1　裂变径迹中最常用的年龄标样

Fish Canyon Tuff 磷灰石和锆石(27.8±0.5Ma) 描述：在加州南部 San Juan mountains，富含晶体火山灰单元，厚度最大为 1000m。斜长石斑晶、透长石、黑云母和角闪石的 K-Ar、^{40}Ar-^{39}Ar 年龄一致；U-Pb 锆石年龄(Steven et al.，1967；Hurford 和 Hammerschmidt，1985；Cebula et al.，1986；Lanphere 和 Baadsgaard，2001；Philips 和 Matchan，2013)
Durango 磷灰石(31.4±0.5Ma) 墨西哥 Durango 的 Cerro de Mercado 矿床铁矿中的脉石矿物中含浅褐色、浅黄色、宝石级磷灰石(直径达 3cm)，(Paulick 和 Newesely，1968；Young et al.，1969)。K/Ar 和^{40}Ar/^{39}Ar 透长石——钠斜微长石年龄由潜在的 Aguila 组凝灰岩和火山角砾岩以及上覆的 Santuario 晶体—玻璃灰流凝灰岩给出(Swanson et al.，1978；McDowell 和 Keizer，1977；McDowell et al.，2005。易于识别的晶面已被证明可用于裂变径迹退火和径迹长度研究
Buluk 成员凝灰岩(FTBM)锆石(16.4±0.2Ma) 中新世 Bakate 火山，火山碎屑沉积物，易碎黏土、淤泥和沙土。混合物位于肯尼亚北部图尔卡纳湖以东 45km 处(Key 和 Watkins，1988)。K-Ar 高温长石和斜长石的内部年龄基本与 Buluk 岩石和上覆的 Gum Dura 岩石一致(McDougall 和 Watkins，1985)。锆石与 5 个快速重制并重新沉积的凝灰岩分离，不含结晶的锆石(Hurford 和 Watkins，1987)。
Dromedary 山变质杂岩榍石(锆石和磷灰石)(98.7±0.6Ma) 澳大利亚新南威尔士州纳鲁马以南；由二长岩包裹的直径 6km 的石英蒙脱石和石英正长石，可能位于高处并快速冷却，来自 K/Ar 角闪石和黑云母以及 Rb-Sr 黑云母年龄加权平均值为 98.7±0.6Ma(Green，1985；McDougall 和 Welμman，1976；McDougall 和 Roksandic，1974；Williams，1982)，包含丰富的榍石、锆石和磷灰石

尽管此校准实验在概念上已被广泛接受，但对于相同的 NBS 辐照，金和铜激活监测器所测量的注量差异高达 11%，影响了其有效性。与 SRM 600 系列不同，康宁玻璃的准备工

作如下：

(1) 使用具有天然铀同位素比的铀盐——盐是在1939年之前制备的，也就是在开始消耗^{235}U之前。

(2) 在不添加其他微量元素的情况下，辐照后会产生不必要的附加活性，并（或）干扰中子注量，如Gd，能吸收中子。

重复的分析表明，在康宁玻璃晶片内部和晶片之间铀的分布较均匀。因此，对于大多数分析人员而言，CN1、CN2和CN5具有分别成为（39.81±0.69）ppm、（36.5±1.4）ppm和（12.17±0.62）ppm铀的首选剂量计玻璃（Hurford，1990；Bellemans，1995）。

比利时Geel测量研究所还生产了另一系列的未辐照和辐照的铀掺杂玻璃IRMM-540，使用^{97}Au和^{59}Co进行了注量测量监控器（De Corte，1998；Roebben，2006）。

λ_f与ϕ的相互依赖关系。20世纪70年代至80年代初，分析人员使用不同的λ_f发布了裂变径迹年龄值和中子剂量。在年龄方程（1.13）中，λ_f的变化或可以通过其他变化来补偿。此类变化不是巧合，而是由分析人员选择λ_f值和中子辐照方案决定的，该方案给出了标准材料的正确年龄（参见下文）。Khan和Durrani（1973）、Wagner等（1975）、Thiel和Herr（1976）、Hurford和Green（1981a，1982，1983）讨论了λ_f和中子剂量学的这种相互关系。λ_f有效地给出了一致的结果，表明不能采用具有独立年龄的简单方法来验证中子剂量学或λ_f的值。不能通过随意选择λ_f和中子注量剂量方案来计算样本年龄。式(1.13)可以用来区分哪种参数组合在已知年龄的标准上给出了正确的答案。

标准对于所有分析方法，可评估测量的可再现性，分析人员、设备和实验室的比较以及不同方法的比较都是至关重要的。年龄标样已在年代学中使用，帮助地质人员增强对数据的信心，并满足严格的标准：

(1) 便于采集且记录重要地质信息的样品；

(2) 足以满足研究的需求；

(3) 年龄均匀，如果分离出矿物，则应该是单代矿物，且不含较古老的次生矿物；

(4) 具有明确、精确的独立校准年龄（例如^{40}Ar-^{39}Ar、K-Ar、U-Pb和Rb-Sr），最好在多个实验室中确定并且与已知地层协调；

(5) 不需要根据径迹尺寸对裂变径迹密度进行校正（Wagner和Green，1981b，1983）。

尽管预期可能符合标准，但如果裂变径迹和单个矿物年龄不相等，则裂变径迹校准会带来系统误差。如果样品已被加热到足以引起部分径迹退火，但又不足以影响独立的系统(如Ar系统)，则可能存在这种差异，即这种裂变径迹校准随后会导致样品年龄偏老。相反，与标准相比，在裂变径迹校准分析中包含较老的次生矿物将使裂变径迹结果不成比例地偏高，从而导致随后计算的样品年龄太小。从广泛的空间、时间和铀浓度按一系列假定的年龄标样获得的结果矛盾，可以避免这样的系统性误差，因为这种误差对于广泛分布的每一个样品都可能具有恒定的可能性。理想的标样是快速冷却火山岩或较小的高程度的侵入体，它们迅速冷却并未受后期温度大幅度变化的影响。很少有样品能够完全满足年龄标样的要求。表1.1列出了裂变径迹分析中使用最广泛的标样。

需要注意的是，IUGS（Hurford，1990）分析了包括来自Tardree流纹岩的锆石（Fitch和Hurford，1977）。来自北爱尔兰的古近—新近纪（Danian）流纹岩中的许多锆石斑晶表现出不均匀的铀分布并具有明显的分区（Tagami et al.，2003），因此，Tardree锆石不适合作为年龄标样。还有年龄为15.1±0.7Ma的摩尔达维亚玻璃（Gentner et al.，1963）。

Zeta 和 Besançon 协议。Fleischer 和 Hart（1972）提出了另一种裂变径迹校准方法，该方法避免了对 λ_f 进行明确评估和确定中子剂量的需求，但后来被淘汰了。该方法建议简化的年龄方程［式(1.13)］可以用三个径迹密度和一个比例因子 ζ 改写：

$$t=\zeta(\rho_s/\rho_i)\rho_d \tag{1.16}$$

中子剂量由特定剂量计玻璃或相邻云母外探测器中的径迹密度 ρ_d 表示。剂量计玻璃的 ζ 可以根据矿物标样进行评估，该矿物标样的 t_{std} 年龄是通过独立年龄确定的（或合理推断的）：

$$\zeta=(t_{std}\rho_i)/(\rho_s\rho_d) \tag{1.17}$$

将 ζ 代入完整的裂变径迹年龄公式(1.12) 并引入适当的几何因了 G，得出：

$$t=1/\lambda_D\ln(1+G\lambda_D\zeta\rho_d\rho_s/\rho_i) \tag{1.18}$$

其中，给定玻璃剂量计的 ζ 根据年龄标样进行评估并提出：

$$\zeta=[\exp(\lambda_D t_{std})-1]/[\lambda_D(\rho_s/\rho_i)_{std}\rho_d] \tag{1.19}$$

对于外探测器法，$G=0.5$；对于数量方法（population method），$G=1$。

Paul Green 和本人发布了玻璃 SRM 612、CN1 和 CN2 的第一个 Zeta 值，这些值在 7 年的时间内使用来自四个物源的锆石进行了测量（Hurford 和 Green，1983）。Green（1985）将最初的 Zeta 研究扩展到了更多的锆石样品，并且首次将其扩展到了磷灰石和榍石。在他的研究中使用了三个剂量计玻璃，尽管将结果重新计算为玻璃 SRM 612 的常见基线值，并且总加权平均 Zeta 值分别为锆石 381.8±10.3、磷灰石 353.5±7.8、榍石 320.0±12.4。Green 指出，该研究表明需要根据年龄标样从校准量表得出所有裂变径迹年龄，并且必须在受控实验中实现一致的裂变径迹计数，然后才能确定未知样品的可靠年龄。与 Green 的结果相反，Takahiro Tagami（1987）发现锆石之间的分析不确定性没有差异，他使用锆石、磷灰石和榍石年龄标样对玻璃 SRM 612 进行了测量，得到 ζ 值分别为：锆石 348.4±8.3（2σ）、磷灰石 330.1±15.2 和榍石 335.7±11.5 的结果。

20 世纪 80 年代，IUGS 认识到 Zeta 方法规避了裂变径迹校准的不确定性，年龄标样为所有分析师提供了一个共同的基线。出现了更多的 Zeta 值，而之前早已被遗忘的 Fleischer 和 Hart（1972）方法被广泛接受。在 IUGS 年代学小组委员会的建议下，按照国际地质科学联合会商定其他地质年代学方法的衰减常数的先例，向所有已知的 FT 工作者询问其校准方法（Steiger 和 Jäger，1977）。经过长时间广泛的讨论，最终于 1988 年在法国贝桑松举行的第六届国际裂变径迹研讨会上，提出了两种校准方法的共识性建议（Hurford，1986a，1990）：

（1）建议使用表 1.1 中列出的年龄标样将 Zeta 方法用于所有矿物和分析技术中。

（2）建议仅采用磷灰石的数量分析方法，选择 λ_f 的绝对方法和中子注量的测量方法。

自 1988 年以来，裂变径迹研究者几乎完全遵循了 IUGS 的建议，绝大多数人选择了 Zeta 校准方法来发布其 Zeta 值或参考其博士论文中的数据。裂变径迹方法在随后的几十年中迅速发展起来，并且在 20 世纪 70 年代克服了困扰该方法的难题，从而确保了该方法在整个地球科学界被广泛接受。Zeta 使裂变径迹研究能够得出分析员之间可比的结果，而这些结果直接与其他辐射年龄有关。“灰姑娘已经去参加舞会了！”——反驳了 70 年代英国著名同位素地质学家的评论。

Zeta 值将物理常数与经验因素结合在一起。正如 Peter van den Haute 和他的同事们指出的那样，精密中子计量学可以精确地确定 λ_f（van den Haute，1998）。或许将来可通过 λ_f 值和相关测试流程和方法，对 Zeta 进行反卷积求值。但对于大多数实验室而言，目前的 Zeta 方法仍是首选的校准方法。

1.10　不确定性和数据报告

所有分析方法都需要确定实验的不确定性，以便为实验人员提供对测量结果的约束。裂变径迹热年代学部分取决于个人技术和经验，因此需要证明测试的可重复性。Besançon 协议建议分析人员在至少 3 次辐照下，对每个矿物相至少进行 5 次测量，以建立校准（Hurford，1990）。在大多数实验室中，经验较少的研究人员需要分析至少 30 个年龄样品，以建立其平均 Zeta 值，这些样品被包含在辐照包中，用以确定辐照和实验的各项条件。

结果和数据报告的一致性使实验工作人员可以查看所使用的技术和参数，并可以比较来自不同实验室的数据（Naeser et al.，1979，Hurford，1990）。目前学者们都建议在具体研究中包括或引用用于校准分析的数据，并给出数据的离散程度分析。通常假设裂变径迹计数可以用泊松分布来描述，这一假设得到了 Gold 等（1968）的支持，在与铀箔接触的超过 345 个云母片中，对 4053 条径迹进行了计数。径迹数 N 的标准偏差 σ 近似为：

$$\sigma(N)=N^{0.5} \tag{1.20}$$

它可以应用于自发和诱发径迹密度的计算。由于大多数分析人员使用铀剂量计玻璃来监控中子剂量，因此，也可以将式(1.20) 应用于剂量计径迹密度。可以将年龄 t 的误差写为：

$$\sigma(t)=t(1/N_s+1/N_i+1/N_d)^{0.5} \tag{1.21}$$

式中，N_s 是所有晶体中计数的自发径迹的总和，N_i 是所有晶体中计数的所有诱发径迹的总和，N_d 是剂量计玻璃探测器（或玻璃）中所有径迹之和。

这种误差估算 [在 Green（1981b）之后常被称为常规误差分析] 已被大多数实验人员用于 EDM 分析。因其多种来源（如径迹的误识别、铀含量高的云母外探测器的使用、不适当的蚀刻、显微镜或辐射制备技术或反应堆通量梯度）（Burchart，1981；Green，1981b），对沉积物中不同裂变径迹年龄种群的分析可以提供有关沉积物来源的重要信息。使用概率密度曲线（Clarke 和 Carter，1987）和峰拟合分析流程，如 BinonomFit（Br，1996），可以区分不同的年龄模式(Hurford，1984)。

Rex Galbraith（1981）建议使用χ^2 来检测不确定性的存在，此不确定性在径迹计数的泊松变异误差范围内，它已成为报告结果的标准。考虑到每个年龄的不同标准误差，通过构建径向图（一种显示单颗粒年龄估计的图形方法），可以得到另一种数据分散性的度量（Galbraith，1988，1990）。除了放射状图，Galbraith 和 Laslett（1993）还针对样本中测得的单颗粒年龄群体制定了中值年龄分析计算方法，每个年龄根据所计数的径迹数进行加权。

1.11　裂变径迹退火及数据解释

裂变径迹退火使地层年龄的计算出现问题，因为它违反了所有同位素测年系统通用的保留子产物的情况。尽管考虑了其他参数，但退火基本上是时间和温度的函数❶。在一定温度范围内累积放射源子产物是封闭温度的概念，在该温度以上，系统是开放的，放射源产物丢失（Dodson，1973）。这样的闭合不可能是瞬时的，并且存在一个过渡温度范围，即部分稳定区，其中子产物部分丢失并部分保留。Wagner（1972）提出了四个示意性的热历史，这些历史同样适用于所有矿物同位素系统，在这些系统中，样品在具有不同稳定性的温度区域之间以不同方式通过［图 1.4(a)］。部分径迹稳定对应的时间和温度区域（通常称为部分退火带）代表了退火过程数值描述的开始，该描述可用于根据样品的热历史来解释测得的裂变径迹年龄。

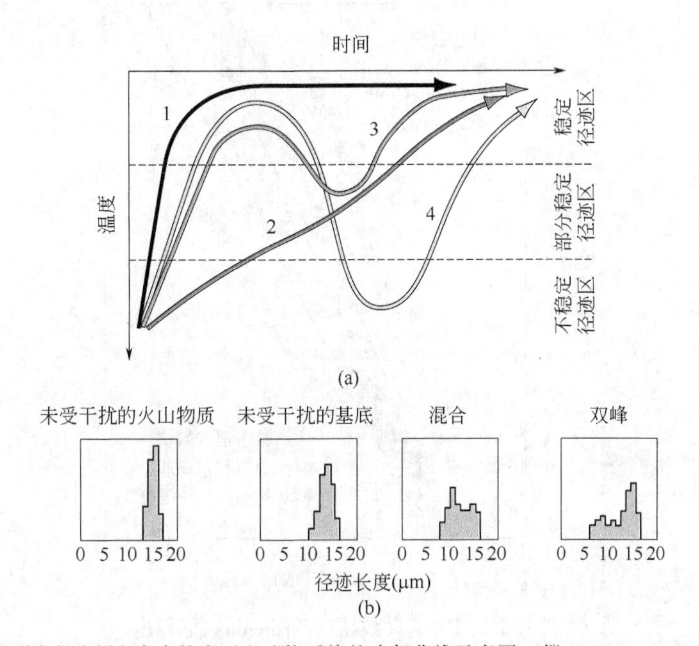

图 1.4　(a) 根据裂变径迹累积考虑的岩石和矿物系统的冷却曲线示意图（据 Wagner，1972，有修改）曲线 1 快速冷却（如 Fish Canyon 凝灰岩），所有径迹稳定且测得的年龄接近冷却年龄。曲线 2 缓慢冷却（如 Alpine 片麻岩），形成后一段时间达到稳定；在部分稳定（或部分退火）区域停留期间形成的径迹被部分退火。曲线 1 和 2 仅考虑径迹初始累积的差异，曲线 3 和 4 显示已冷却样品的再加热。曲线 3 给出了一个混合的年龄，较早形成的径迹部分退火至部分稳定区域所经历的时间和温度的水平；第二组径迹在重新进入稳定区时被记录。侵入花岗岩脉体可能会导致接触附近的花岗岩样品发生这种部分重置。曲线 4 表示重新设定的年龄：首先冷却到稳定区域，然后再加热回到不稳定区域。裂变径迹年龄仅与重新进入径迹稳定区的时间有关。(b) 为磷灰石中封闭径迹长度分布的比较（Gleadow et al.，1986）。未受干扰的火山产物具有快速冷却（曲线 1）的特点，长度大、狭窄分布、平均径迹长度约 14μm。未扰动的基底分布较宽，平均径迹长度为 12~13μm，可以在冷却曲线 2 之后的样本中找到。部分重置的样本（冷却曲线 3）还将显示宽的径迹长度混合分布，有时会分解为双峰。总退火（冷却曲线 4）显示火山或基底类型的分布，具体取决于稳定区的冷却速率

实验室退火实验是在较短的退火时间内以较高的温度人工加热样品的不同等分。将测得的裂变径迹参数与未退火样品中的裂变径迹参数进行比较，以确定每个温度下径迹长度降低的百分比，实验数据绘制在 Arrhenius 曲线上（图 1.5）。对于单个样品，表示相似退火程度

❶　静水压力、静态剪应力、流体、非径迹形成颗粒的辐射和风化似乎对结晶材料中的径迹退火没有影响或影响很小，尽管可能会导致玻璃变形。化学成分在径迹退火速率上可能会发生重大变化，尤其是磷灰石 F/Cl 比率的变化（参见本书第 3 章）。

(即相似径迹减少率) 的点确定了形成扇形阵列的直线，斜率的增加表示径迹减短的增加。Fleischer 等（1965b）的实验研究了锆石、橄榄石、云母和玻璃中径迹的退火，而 Wagner (1968)、Naeser 和 Faul（1969）报告了磷灰石的第一批退火数据。其他早期退火研究可以在 Green（1980）以及 Wagner 和 van den Haute（1992）中找到。磷灰石一直是大多数退火研究的重点（Green et al.，1986；Carlson et al.，1999；Barbarand et al.，2003），将在本书第 3 章中详细论述。

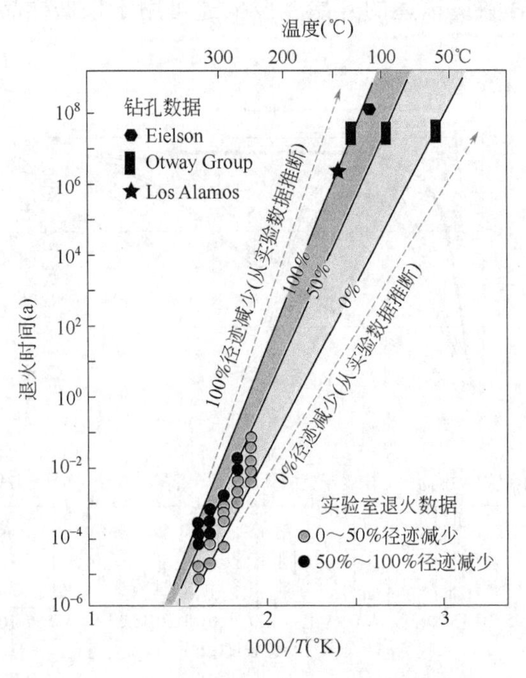

图 1.5 AFT 退火数据的 Arrhenius 曲线图

结合了 Naeser 和 Faul（1969）的实验室结果以及 Eielson 和 Los Alamos 钻孔（Naeser，1979）和 Otway 组（Gleadow 和 Duddy，1981）的数据。虚线表示从实验室数据推断出的 0% 和 100% 径迹减短界线。50% 的退火曲线有很好的一致性

经验退火数据的线性特征使它们可以推断地质时间。对于磷灰石外推，Wagner 和 Reimer（1972）提出了 70～125℃ 的“闭合温度”，冷却速率为 1～100Ma（Haack，1977；Gleadow 和 Lovering，1978）。需要注意的是，虽然提供了随时间变化的径迹稳定性的近似值，但是对于经历了复杂热历史的样品中，闭合温度的概念几乎没有价值：多个埋藏和停留在上地壳，岩浆活动，接触热变质作用或热流体通过都可能发生在磷灰石中的径迹部分稳定的温度下。

锆石和榍石中的径迹对退火的抵抗力更高。根据相关的实验室研究推断，锆石部分退火带为 390～170℃（Yamada et al.，1995）或 300～200℃（Tagami，2005）。

在钻孔样品中，由于磷灰石中的径迹受极低的地质温度影响，因此在深钻孔中应观察到明显的退火效果。Naeser（1979）指出，自中生代以来，阿拉斯加 Eielson 美国空军基地变质复合体中一个 2.9km 钻孔（及其相关井）的磷灰石年龄开始缓慢上升。推断年龄的下降趋势显示，当前温度为 105℃ 时，年龄为零，估计加热时间为 10^8 年的 100% 磷灰石退火温度。

新墨西哥州洛斯阿拉莫斯的地热测试井 GT1 和 GT2 位于更新世火山中心的侧面，深度为 2.9km 的井中 2.2km 以下穿透了前寒武纪的晶体复合体。当前温度为 135℃时，AFT 年龄达到了零，尽管 TFT 年龄在温度超过 177℃才受到影响。这里的样品已被加热，因此 135℃代表仅 10^6 年加热时间的磷灰石中 100%径迹减少温度的估计值。

Andrew Gleadow 和 Ian Duddy（1981）对澳大利亚维多利亚州南部 Otway 盆地露头和钻孔样品进行了研究，这是在澳大利亚和南极洲之间早期大陆裂谷期间形成的一系列地堑之一。白垩纪早期沉积了 3km 的砂岩，其中 Otway 组由砂岩形成，具有丰富的火山岩碎片、新鲜的斑晶和一些玻璃质碎屑。Otway 组在该盆地的两个地区大面积出露，其他地方被平坦的白垩纪晚期和古近—新近纪早期海相沉积物覆盖。露头样品的磷灰石、榍石和锆石裂变径迹年龄约为 120Ma，无法区分，表明冷却历史与图 1.4(a) 的曲线 1 类似，120Ma 代表刚沉积前的火山作用年龄。来自不同矿物的裂变径迹年龄的相似性还表明，自沉积以来，露头样品并未得到明显加热。在 3.4km（124℃）深度的所有钻孔样品中发现的榍石裂变径迹的年龄将近 120Ma，这表明 Otway 组的砂岩在埋深之前具有相近的裂变径迹年龄。发现近地表井眼样品的 AFT 年龄约为 120Ma，年龄降低始于约 60℃，在温度为 120℃深度段年龄为零。表观年龄在 60~120℃之间的下降为磷灰石退火区［大致等于图 1.4(a) 中 Wagner 的局部稳定区］，这是埋深导致温度升高超过 120℃所致。地层证据表明，沉积物在 30Ma 以前达到最大埋藏深度，并且之后基本上保持恒定的深度。因此，这些样品的有效加热时间约为 10~40Ma。图 1.5（Gleadow 和 Duddy，1981）将 Eielson 和 Los Alamos 研究的结果与 Naeser 和 Faul（1969）的实验室退火结果相结合。

也有学者曾尝试对钻孔锆石中的退火进行研究，但除非构造作用使得局部退火带隆起，否则很少会遇到足以引起径迹完全退火的温度（超过 300℃）。据报道，维也纳盆地（Tagami，1996）和巴伐利亚州 KTB（Coyle 和 Wagner，1996）的钻孔中有一些锆石结果。Rahn 等（2004）考虑了铀和 Th 衰变累积的 α 损伤对裂变径迹稳定性的影响。将测出的裂变径迹年龄与剥露造山带中其他矿物同位素系统的年龄进行比较，也为锆石的径迹稳定性提供了限制（Harrison，1979；Hurford 1986b）。

到目前为止，关于裂变径迹大小，我们主要考虑了径迹密度、样本存储、显示和计数的径迹数量，作为时间的度量。但是，早期的实验人员认识到裂变径迹可能会随温度而缩小，从而为检测退火提供了第二个参数。Bigazzi（1967）以及 Mehta 和 Rama（1969）研究发现，在一系列白云母样品中，自发径迹比诱发径迹短。对于磷灰石（Wagner 和 Storzer，1970；Bhandari，1971；Märk，1973）和天然玻璃（Storzer 和 Wagner，1969；Durrani 和 Khan，1970）也发现了类似的尺寸减小现象。

径迹尺寸是什么意思？需要区分两种类型的径迹［图 1.6(a)］。半径迹在查看的剖光面上出露，是确定年龄的径迹计数。之所以称为半径迹，是因为在抛光和蚀刻过程中已除去了径迹的上部。可以通过投影到观察表面的 2D 图像（投影长度）来测量长度，也可以通过仔细地聚焦显微镜和使用校准的千分尺将深度域包括在内来测量真长度。相反，封闭径迹则完全存在于矿物颗粒内部，并且由于它们穿过半径迹或裂缝或劈开平面而接触到蚀刻剂，因此被显示出来。Bhandari 等（1971）称之为“TINTs”（track-in-track）或“TINCLEs”（track-in-cleavage）。与半径迹不同，封闭径迹保留着全部长度，可提供径迹退火更完整的信息。需要注意的是，所有径迹长度测量都会产生误差（Laslett，1982）。退火也可以是各向异性的。Green 和 Durrani（1977）发现磷灰石中投射径迹长度存在明显的各向异性，与 *c*

轴平行的径迹对退火的抵抗力最大。随后对磷灰石中封闭径迹的测量证实了这一发现（Green，1981a），并进行了更详细的研究，表明各向异性随退火程度的增加而直接增加（Green，1986）。

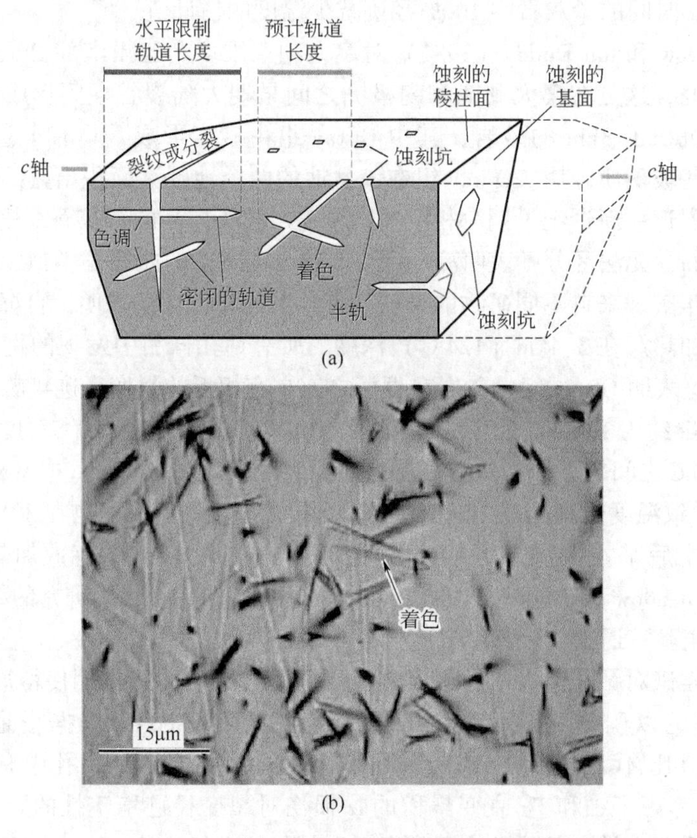

图 1.6　磷灰石晶体径迹示意图和显微照片

（a）磷灰石晶体中的半径迹和封闭径迹的示意图半径迹的投影长度不能反映其真实长度，并且会产生复杂的偏差。水平封闭径迹（平行于或近似平行于观察到的表面）可精确测量长度。TINCLE 是与裂缝或劈裂相交的封闭径迹；TINT 是与半径迹相交的封闭径迹。（b）是磷灰石的显微照片（由 Paul Green 提供），显示半径迹中接近水平的封闭径迹（TINT）。计算半径迹以确定裂变径迹年龄；测量水平封闭径迹以确定径迹真实长度

两种方法尝试使用减小径迹大小或长度来查看“部分热史信息叠置事件”［如图 1.4（a）中的曲线 3］并恢复原始裂变径迹年龄。这两种方法都非常耗时。径迹尺寸校正将自发径迹尺寸与诱发径迹尺寸进行比较，并使用尺寸减小的程度来校正测得的年龄。减小不是 1∶1 的关系，需要为每种矿场建立经验校准曲线，这些曲线是通过一系列实验室退火实验测得的径迹尺寸和径迹密度的减小而得出的，已应用于测玻璃、云母和磷灰石年龄（Durrani 和 Khan，1970；Selo 和 Storzer，1981；Wagner 和 Storzer，1970）。对于近代以来经历过加热事件的玻璃，发现校正后的裂变径迹年龄与独立的年龄约束之间存在一定的一致性，但这种方法无法解决较旧的“事件”或更复杂的热历史。高位校正方法致力于通过人工加热诱发径迹来模仿自发径迹所经历的退火。成对的样品等分试样（一个含自发径迹，另一个含诱发径迹）在增加的温度及持续时间下分步加热。自发径迹与诱发径迹的密度比

ρ_s/ρ_i 不断增加，直到诱发等分试样中的实验退火程度等于部分退火的自发径迹所经历的水平。从这一点出发，假定退火速率相等，达到 ρ_s/ρ_i 的稳定值，并用于计算针对部分径迹减少校正的年龄。据报道，火山玻璃（Storzer 和 Poupeau，1973；Seward，1980）和磷灰石（Poupeau，1980）的高位校正年龄值。自发径迹密度和诱发径迹密度的测量需要采用多颗粒方法，该方法对铀含量的变化和径迹蚀刻的各向异性分析起到了一定的约束作用。两种校正方法都存在缺陷，与现代裂变径迹分析测试没有任何关系。

与预计的长度形成鲜明对比的是，磷灰石中水平封闭径迹长度可以诊断出样品的热历史。每条径迹的长度大致相同（所有新生的径迹均为16~16.5μm），在经历一定的温度热历史之后，会缩短为一定长度。由于样品中铀原子的裂变是一个持续的过程，每条径迹的形成年龄不同，因此经历的温度记录也不同，组合的径迹长度分布记录了整个样品的热历史。自发径迹长度显示了与地质环境的明确关系，在快速冷却的火山岩样品，缓慢剥露的结晶基底样品和已被较早形成的径迹部分退火的双峰样品之间存在明显差异［图 1.4(b)］，近年来在磷灰石中进行的退火研究已将封闭径迹长度用作径迹退火的定量度量。来自墨尔本大学的论文（Green，1986；Laslett，1987；Duddy，1988；Green，1989）对磷灰石径迹退火的理解具有里程碑意义。退火参数强调成分对退火的影响，并模拟特定时间—温度路径的退火过程，以预测年龄和长度，从而恢复热历史（Ketcham，1999，2007）。第 3 章将详细讨论退火和建模。

致谢：本章回顾了科学家们在裂变径迹现象的发现及理论的形成与发展方面的众多尝试，强调了该方法发展过程中的关键点与进步，并提及了一些权威专家。本章内容概述了裂变径迹方法的发展，希望能促使更多人使用和发展裂变径迹方法来帮助理解各种地球科学问题。请记住，没有一种年代学方法可以提供所有地质问题的答案，应该对照其他地质信息来综合分析热历史。我向那些没有提及或表述有误的人表示歉意。感谢 Andy Carter、Paul Green、Andy Gleadow、Diane Seward 和 Pieter Vermeesch，他们对初稿提供了宝贵的意见！Fleischer 等（1975）的著作及 Wagner 和 van den Haute（1992）提供了有关径迹形成、配准和蚀刻的更多信息，我对此表示衷心的赞扬。在过去的 45 年中，我在裂变径迹研究区中建立了许多良好的友谊，并感谢所有同事的支持、讨论、启发和纠正。特别感谢三位已逝的人：Frank Fitch，他使我开始思考裂变径迹；Bob Fleischer 和 Chuck Naeser，他们花了很多时间指导我。感谢 Günther Wagner 为我在瑞士伯尔尼的短期生活提供便利；感谢与 Andy Gleadow、Paul Greenand 和 Andy Carter 的长期合作和个人友谊；以及过去与现在在伦敦大学学院和伦敦大学伯贝克学院的同事、学生和朋友，特别是 Rex Galbraith。谢谢大家！

第2章 裂变径迹分析：野外采集、样品制备和数据采集

Barry Kohn，Ling Chung 和 Andrew Gleadow

摘 要

用于地质应用的裂变径迹分析涉及一系列实际考虑因素，其中包括现场采样，最常用矿物（磷灰石、锆石和榍石）的分离，这些矿物的制备（包括对同一颗粒的两次或三次测年）以及所需基本参数的测量。本章描述了两种主要的分析方法，即外探测器法（EDM）和激光剥蚀—电感耦合等离子体质谱法（LA-ICP-MS）。尽管从样品选择到矿物分离等前期步骤对于这两种方法都是通用的，但接下来的实际步骤会随着所采用的特定测年方法而变化。本章概述的用于样品制备和数据采集方面的工作流程遵循广泛使用的标准工作流程，其中描述的某些具体细节是由墨尔本热年代学小组多年开发的。尽管这些协议可以广泛应用，但许多实验室可能已经开发了适合自身的实验流程与方法。

2.1 引 言

本章重点介绍用于地质应用的裂变径迹分析的实用细节。已有多部着重于裂变径迹热年代学的基本原理、数据解释、统计数据以及在地质问题中的应用专著，如 Fleischer 等（1975）、Wagner 和 van den Haute（1992）、Gallagher 等（1998）、Dumitru（2000）、Gleadow 等（2002）、Tagami 和 O'Sullivan（2005）、Donelick 等（2005）、Kohn 等（2005）、Galbraith（2005）、Braun 等（2006）和 Lisker 等（2009）。本章内容包括现场采样和合适矿物种类的识别，矿物分离和样品制备（包括相同颗粒的双定年或多次定年）以及定年所需的关键参数。墨尔本热年代学小组多年来专门开发的流程和细节更适用于目前进行常规裂变径迹分析的大多数实验室。但这里描述的方法决不是规定性的，因为其他实验室通常会针对样品制备和数据采集的某些方面制定自己的操作细则。通常，由实验室主管进行的有关入职过程的适当培训应涵盖相关程序并熟悉职业、健康与安全（OH&S）要求（尤其是处理强力化学药品、重液和放射性物质），这是必不可少的步骤。

2.2 裂变径迹定年方法

对于裂变径迹定年，最常见方法是外探测器方法（EDM），该方法涉及将抛光的矿物颗胶体座送至核反应堆中的热中子辐照（见第1章）。然而近年来，激光剥蚀—电感耦合等离子体质谱法（LA-ICP-MS）成为直接获取目标矿物中铀含量的替代方法（Hasebe et al.，2004）。本章仅考虑这两种技术，因为它们在大多数裂变径迹定年情况下仍是最佳选择。与

使用这些方法有关的年龄计算的基本年龄方程已经由 Wagner 和 van den Haute（1992）、Gleadow 等（2002）。Hasebe 等（2004）、Tagami 和 O'Sullivan（2005）、Donelick 等（2005）进行了综述（本书第 1 章有介绍）。

在 EDM 裂变径迹定年中，可以选择其他方法来测量年龄所依赖的自发（ρ_s）与诱发（ρ_i）径迹密度的比率。并非在所有情况下所有这些定年方法都同样可靠，因此需要注意确保选择适当的方法。实际上，在为特定样品选择合适的裂变径迹定年方法时，必须考虑多种因素，例如蚀刻表面的几何形状、累积的辐射损伤、各向异性蚀刻和不均匀的晶体内铀分布。各种裂变径迹定年方法的主要区别在于用于计数自发和诱发径迹的蚀刻表面的几何形状以及校正。但是，所有这些方法首先都要求将含铀矿物颗粒与主岩物理分离，如图 2.1 所示。之后步骤取决于所采用的特定定年方法。

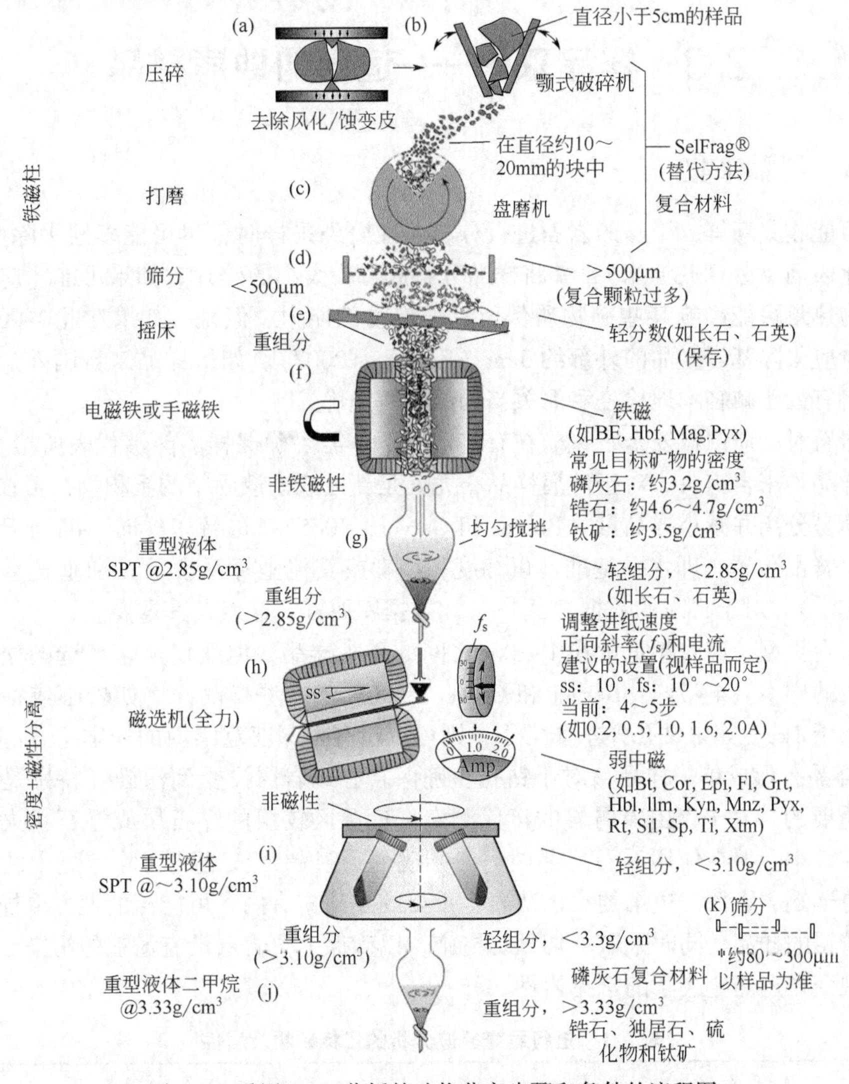

图 2.1　适用于 FT 分析的矿物分离步骤和条件的流程图

Bt—黑云母；Mag—磁铁矿；Cor—刚玉；Mnz—独居石；Epi—绿帘石；Pyx—辉石；Feld—长石；Qtz—石英；Grt—石榴子石；Rt—金红石；Hbl—角闪石；Sil—硅线石；Ilm—钛铁矿；Sp—尖晶石；Kyn—蓝晶石；Ti—钛矿；Xtm—磷钇矿；（e）洗去灰尘和细小颗粒可大大减少样品量；（f）减少重矿物，便于日后分离；高磁性样品应进行处理；系统地使用小电流增量；（g）用比重计监测重液体的密度；不要装得太多；搅拌均匀，约 30min；（i）更清洁的浓缩物（可选）

先前的研究详细描述了用于裂变径迹分析的不同实验室程序，包括 Naeser（1976）、Hurford 和 Green（1982）、Gleadow（1984）、Wagner 和 van den Haute（1992）、Ravenhurst 和 Donelick（1992）、Dumitru（2000）、Gleadow 等（2002）、Donelick 等（2005）、Tagami（2005）、Bernet 和 Garver（2005）。本章简要回顾了裂变径迹分析所需的一些主要步骤，重点介绍了过去十多年成熟的实验流程。

对于火山玻璃，在碎片之间或大块样品（如黑曜石）中会出现相对均一的铀浓度。在各节中概述了矿物的分离步骤、胶埋和蚀刻条件（见本书 2.4 至 2.6 节）。在大多数类型的天然玻璃中，裂变径迹在地质时间内的环境温度下并不完全稳定，因此，与上述两种方法不同，用于确定年龄的方法也不同。这些将不在此处进一步讨论，相关信息参见 Dumitru（2000）以及年龄校正程序与 LA-ICP-MS 程序。

2.3　样品采集——适用的地质样品

2.3.1　样品采集

应尽可能收集新鲜、干净的岩石进行分析。在野外采样时，尽可能多地去除生物材料、土壤和风化表面（外部几厘米），并将样品分解成拳头大小的碎片。如果可能，应避免易燃区域，因为热量可能影响某些矿物质保留其子产物的能力。但是，如果在此类区域进行采样，则至少应去除基岩样品的外部约 3cm（Reiners，2007）。如果样品来自国外，则上面概述的步骤将有助于减轻本地检疫和海关当局的任何担忧。

锤击岩石时，应佩戴安全眼镜。在有些情况下，需要确保样品能够代表所检查的岩性，并且所有样品均来自露头。对于碎屑样品，尤其是新近或松散固结的沉积物，可在野外进行重矿物的简易分离并减小样品量（Bernet 和 Garver，2005）。进行采样时，准确记录（通常使用 GPS）样品位置，即水平基准（以纬度和经度或其他坐标系表示）和垂直基准（以高程或深度表示）。对于将来的数据“用户”和数据库而言，这点尤其重要。

根据岩石类型，应收集重量在 1～3kg 之间的露头样品，但建议从未淘选的松散沉积物中采集更大的样本（4～7kg；Bernet 和 Garver，2005）。一些样品，例如岩心或钻孔中的岩屑，总是小于 1kg。如果钻孔样本非常小，则可以将有限深度范围内的样本组合起来，即超过 10m 的样品，形成单一样品。对于钻孔，确保岩心或岩屑没受到污染（特别是来自钻井液）是很重要的。对于火山碎屑岩的年代测定，近源区较粗的浮石块或浮石状火山砾受污染的可能性较小，但在使用浮石样品时，必须确保通过超声波清洗去除泡囊中的潜在污染物。对于更远端、更薄、更细的火山灰岩，重要的是从露头内尽可能深的地方取样，寻找可用的粒度较粗的样品，同时采取一切预防措施，以确保上覆岩层没有潜在的污染。表 2.1 总结了用于裂变径迹热年代学的常见岩性。

表 2.1　进行裂变径迹分析的目标矿物及岩性

首选	次选
(1)火成岩：硅质至中级侵入岩（花岗岩、花岗闪长岩、闪长岩、斜方岩）和火山岩（熔岩和火山碎屑岩），以及较不常见的基性侵入岩（辉石）。	(1)镁铁质火山岩； (2)超镁铁质岩石； (3)石榴子石； (4)镁铁质片岩（通常含有变质的榍石和磷灰石，但 U 含量低）；

续表

首选	次选
(2)变质岩:片麻岩、花岗石、角闪石、变质砂岩、一些片岩。 (3)沉积岩:未成熟的砂岩、红层、长石砂岩、砾岩和灰泥岩,偶尔还有更成熟的砂岩和石英岩。	(5)页岩,板岩和片岩; (6)粉砂岩和黏土岩; (7)糜棱岩; (8)蒸发物和碳酸盐岩(Arne,1989); (9)高度蚀变或矿化的岩石(Gleadow 和 Lovering,1974)

2.3.2　合适的矿物

蚀刻研究发现了 100 多种含铀的矿物和玻璃的裂变径迹（Fleischer，1975；Wagner 和 van den Haute，1992）。但是，铀含量、径迹稳定性特征和矿物质丰度之类的因素导致只有少量矿物种类可作用裂变径迹测试对象。目前常用的矿物是磷灰石、锆石和榍石。在许多火成岩和变质岩中，它们通常作为主要的副矿物存在，在某些沉积岩中，它们作为碎屑成分存在（表 2.1）。裂变径迹研究中可能会使用其他矿物，如绿帘石族矿物以及一些类型的石榴子石和云母，其铀含量可能非常低且易变，通常不适合用于严格的研究。同样研究过火山玻璃、假玄武玻璃、冲击玻璃和人造玻璃（Wagner 和 van den Haute，1992；6.2.11 节）。

2.4　矿物分离

裂变径迹测年矿物的分离旨在回收相对干净、合适的含铀矿物精矿。这是通过碎石、破碎和使用振动台，然后利用重液利用矿物质密度差异和磁化率差异来实现的。此处描述的步骤和图 2.1 中概述的步骤是通用的，被国际多个实验室广泛接受。某些实验室在工作流程中可能会使用不同的特定程序（Donelick，2005；本书第 7 章）。

许多要点很难描述，因此需在实验室中才能掌握这些要点。需要强调的是，在岩石破碎和矿物分离的每个阶段绝对清洁至关重要，要特别注意外来矿物颗粒的污染。

2.4.1　岩石破碎

在开始碎石之前，尽量先使用金刚砂锯、钢丝刷或碎石机清除所有残留的风化外皮或可能暴露于火的表面（外表面 3cm 以内）。如果可能的话，在现场采样时，最好去除这些外层并将样品分解成拳头大小的碎片。首先必须使用锤子或机械分离器将硬岩石样品切成小块，然后再通过颚式破碎机进行处理以产生较小的岩石碎片。可以使用各种各样的破碎和粉碎设备来进一步减小颗粒大小并分解颗粒。这通常是带有旋转板磨机的圆盘粉碎机。在这种情况下，至关重要的是适当调整磨机板，使矿物复合材料的产量最小化（主要是大于 500μm 的组分中），但同时要防止晶体过度研磨，这可能会导致晶体过小和过大，不适合进行裂变径迹分析。一旦样品的粒径充分小，就应筛分样品以产生小于 500μm 的组分，然后将其通过振动台。此过程可以大大加快分离过程，处理大样品（几千克）并精筒重矿物成分。但是，如果样品是细颗粒或非常小，最好避免使用振动台；对于前者，用自来水彻底清洗以倾倒出较细的物质［Donelick et al.，2005；图 2.1(a)—(e)］。然后用重质浓缩物继续分离，需要通过低温（约 50℃）加热或在丙酮中漂洗来干燥。

如上所述，对岩石进行机械破碎和矿物分离的另一种方法是通过电动分解方法，但这需要在设备和基础设施上进行大量的投资。该流程寻求沿其边界或内部晶体不连续地破坏晶体。近年来，通过 selFrag Lab®的开发已经实现了这种可能性。使用该方案释放的磷灰石和锆石晶体的研究与通过常规机械制备方法分离的样品进行了比较，结果表明对裂变径迹热年代学无有不利影响（Giese，2009；Sperner，2014）。

2.4.2　使用重液和磁选进行重力分离

大多数目标矿物通常具有较高密度（大于 3.2g/cm^3），并且具有非磁性或弱磁性，因此重液和磁性的组合（使用 Frantz®等动力磁分离器）可以精炼和去除矿物精矿中不需要较小密度的矿物。图 2.1(f)—(j)总结了重液和磁分离的常用步骤，这些步骤会随样品粒度和矿物成分而变化。重复进行重液和磁分离［使用磁化率不同的设置，图 2.1(h)］可以进一步纯化。

过去，许多实验室使用的重液易挥发，并被归类为有毒化学物质，例如三溴甲烷（密度为2.89g/cm^3）和四溴乙烷（TBE；密度为2.96g/cm^3）。但是，现在这些已被无毒的偏钨酸锂（LMT）、杂多钨酸锂（LST，25℃时密度约为 2.9g/cm^3）和聚钨酸钠（SPT）取代（Callahan，1987；Torresan，1987；Chishoμm，201）以及二吲哚基甲烷（DIM），也称为亚甲基碘（25℃下密度约为 3.31g/cm^3）。

有效使用重液体进行矿物分离的另外两种方法是：

（1）使用有机液体稀释重液体（三溴甲烷和 DIM）以产生一定密度范围的液体，保持相对恒定的密度以及回收重液有效的方法（Ijlst，1973）。

（2）在粉碎和筛分的沙粒级矿物馏分的浮选时采用的化学物质会改变矿物的电表面性质，并使其具有选择性疏水性。当空气被吹入悬浮液中时，疏水性颗粒会黏附在上升的气泡上，并集中在浮选池表面的泡沫中。Hejl（1998）概述了从硅酸盐岩中成功分离磷灰石和锆石的低成本的实际步骤。

对于磁分离，要确保仪器和操作环境绝对干净。在进料斗、馏槽和收集桶上使用压缩空气，并用酒精擦拭。将 Frantz 的前倾角度设置为 10°~20°（取决于样品），而将侧面倾斜度（顶部朝后）设置为“+10°”。这些设置可以有所变化，有经验的条件下可以用于特殊应用。较低的坡度便于后期清理。

使用机械振动器和适中的供给速度，以多个步骤处理 SPT 通过 Frantz 沉降重的矿物组分，从而增加了每个阶段的电流。次数取决于样品的性质，也可以随经验而变化。在每个阶段之后，应将对磁性最不敏感的样品重新处理。通常，使用含 0.4A、0.8A、1.2A 的电流和满量程（1.6A）进行四遍测试，足以适合含榍石的样品。如果在 0.4A 或 0.8A 的馏分中不存在榍石，则可使用较少的步骤。图 2.1 列出了在各种电流条件下通常具有磁性的矿物。

榍石通常会在 0.8A 和 1.2A，但可能被多种矿物污染，例如角闪石和辉石。通常，在不同的电流设置（斜率和倾斜度）可以提供相对干净的分离效果。否则，可以使用手工挑选。另一个 DIM 步骤也可能有用。

在上面概述的四次通过之后，磷灰石和锆石倾向于在非磁性面上分离出来。要清理磷灰石部分，须将 Frantz 上的边坡减小至“+5°”，并在满量程电流下运行，然后在“+2°”下运行，但需注意，在小于“+2°”的坡度上，某些磷灰石具有磁性。要清理锆石，请将弗朗茨上的边坡减小至“-2°”（顶部朝前），并以满量程电流运行。这应该逐步进行，即“+5°”，然后从 0°到-1°，如果仍然混有杂质，则为“-2°”。该程序可以去除硫化物、铝榍石（菱铁矿）和准锆石，但并不总是成功的。

在完成磷灰石和锆石的常规分离后，其他矿物质仍会污染这些馏分。在磷灰石部分中，这些包括：

（1）重晶石：通常发生在油井的钻屑样品中，在钻井液中使用的重晶石。如果清洗岩屑并足够大以便筛分，可以避免重晶石污染，保留大于 500μm 的组分。然后将这部分研磨并以常规方式进行处理。

（2）萤石：通常发生在特定的花岗岩，例如一些 S 形花岗岩和含锡花岗岩以及这些母体来源的沉积物中。由于萤石具有与磷灰石几乎相同的物理特性，并且无法通过任何常规技术进行分离，因此这种磷灰石的分离通常不可实现。但是，磷灰石在这种岩石中的丰度很低。

（3）硫化物/石英复合颗粒：由于其复合特性，因此可能很难处理。由于复合材料往往比磷灰石大，因此有时可以使用尺寸为 200μm 或 300μm 筛网的清理此类分离物，否则手工摘除可能是去除此类颗粒的唯一方法。

在锆石馏分中，污染物可能包括非磁性硫化物。如果硫化物晶体大，则首先以与磷灰石相同的上述方式进行筛分。否则将硫化物在加热灯下的小烧杯中溶解于硝基盐酸（俗称王水）中。这可能需要重复几次，以除去所有硫化物。然后，对回收的颗粒将需要进行进一步的重液分离（例如 SPT），以去除从硫化物复合颗粒中释放的轻质矿物。

DIM 通常用于矿物分离处理的最后阶段，以从锆石和榍石（水槽）中分离磷灰石（浮选物），如图 2. 1(j) 所示。

通常使用 Frantz®等动力磁分离器分离火山玻璃。气泡结玻璃碎片是计算裂变径迹的最佳表面，并且具有弱磁性，在 1. 2~1. 6A 电流之间分离，坡度在 5°~10°之间。略带磁性的玻璃通常是囊状的，通常不提供理想的表面来计算裂变径迹。需注意，火山锆石通常会过度生长，可能导致它们漂浮在重液体中。为了溶解玻璃以使锆石下沉，应将重矿物精矿在浓 HF 中浸泡 1~3min（注意不要溶解其他可能感兴趣的矿物）。

2. 4. 3 进一步处理

图 2. 1 中的最后三个步骤（步骤 i—k）可以选择性地与手工拣选结合使用，特别是如果在步骤 h 之后仅剩下少量的重质和非磁性部分的情况下。

步骤 i 涉及另一种重液分离方法，用于进一步纯化和减少样品量。这可以通过在形成最大可实现密度的 SPT 的另一种溶液中离心非磁性矿物馏分的混合物来实现，该混合物在 SPT 中形成了水槽碎裂（密度为 2. 85g/cm^3）。

最终筛分步骤 k。通常通过限制最佳晶体尺寸而用于裂变径迹晶体胶埋制备。这涉及使用固定在小塑料杯上的小黄铜筛或一次性筛布（例如尼龙螺栓布）筛分少量颗粒。矿物分离物中存在的晶体尺寸范围取决于多种因素，并且变化很大，但是通常用于裂变径迹分析的最合适的晶体为 80~300μm。

但是，在任何特定的分离中，最大的晶体通常最适合于提供较大的透明区域进行分析，因此可能需要进一步细分为更严格的尺寸范围。此外，用于颗粒胶埋的理想方案是将所有颗粒磨碎并抛光至所需的内表面。在研磨和抛光过程中，使用相似尺寸的矿物颗粒可以使所有颗粒获得共同的表面/深度。但是，应谨慎进行最终筛分，因为对于一些研究，例如碎屑颗粒，它可能会对不同粒级的矿物颗粒群的代表性产生偏差（见第 16 章）。

2.5 样品的制备和抛光

在此步骤之前，如果还计划对样品进行（U-Th）/He 测年，则建议首先从最终的精矿中手动挑出最优质的颗粒（考虑尺寸、形状和净度方面）。因为裂变径迹分析对晶体形态要求不那么严格。

本节内容（图 2.2）讲解的目的是在合适的晶体学方向上建立平整且抛光良好的表面，即通过去除足够的外部颗粒物质而暴露出内部晶体表面而实现的（即 4π 的面积，Wagner 和 van den Haute，1992；第 1 章，Hurford，2018）。

重要的是在矿物颗粒胶埋的每个阶段都要小心，以产生最优质的抛光表面。抛光时间因单个样品而异，因此需要定期进行检查。在每个抛光阶段之间正确清洗对于防止不同等级的金刚石抛光液或所使用的任何其他抛光介质（例如抛光液）之间的交叉污染也至关重要。氧化铝粉，胶体二氧化硅或其他悬浮液。导致抛光效果差的因素可能包括：由于岩石破碎引起的晶体开裂，树脂混合或固化不足以及在研磨过程中晶体破碎。应避免过度研磨和抛光（导致产生过多的划痕）。将晶体磨得太薄或胶体的厚度不足以固定晶体，可能会导致晶体在抛光或蚀刻过程中掉落，并导致污染或损坏抛光布。

2.5.1 磷灰石

制作适用于磷灰石或火山玻璃的环氧树脂，务必严格采用材料制造商说明的树脂与固化剂的比例、固化时间和温度。在固化结束后，环氧树脂固化不当可能会导致胶体的质地柔软或胶黏，并导致颗粒开裂或抛光垫污染，以及一些晶体损失。

有几种不同的胶埋介质可用。两种合适的树脂是用于室温下使用的 EpoFix™（来自 Struers 公司）和用于高温下胶埋（建议 135℃）的 Petropoxy 154™（挥发性和毒性极低，可从 Burnham Petrographics 购买）。使用这些树脂，既可以制作仅含环氧的测样（图 2.2 中的 A 型），也可以将晶体直接胶埋在玻璃上（图 2.2 中的 B 型）。许多实验室更采用后者，并在玻璃上使用这些胶体，因此它们可以制作在辐照罐中以进行 EDM 协议的中子辐照。对于 LA-ICP-MS 方法，样品直接胶埋在仅含环氧树脂或玻璃载玻片上，而无需对载玻片额外加工。火山玻璃通常胶埋在环氧树脂（冷固）按钮胶埋中，并以与磷灰石类似的方式研磨和抛光。

在 A 类型的研磨和抛光时颗粒已经暴露在表面或附近，而 B 类型中的颗粒则完全封闭在环氧树脂中。这两种类型的胶体都可以进一步加工，方法是先用 SiC 砂纸（例如 1200#或 600#）在玻璃板上手动研磨，然后用不同等级的金刚石膏（如 6μm、3μm 和 1μm）在旋转研磨盘上抛光。然而，对于 B 类型而言，更快捷的是在 SiC 研磨之前，使用自动切割机（如 Struers Accutom™）直接切除多余胶体。

2.5.2 锆石和榍石

Gleadow 等（1976）研发了使用 FEPTeflon 材料（图 2.2 中的 C 型）胶埋锆石进行蚀刻的方法。然而，长时间的蚀刻会使得锆石晶体从胶体中脱落。在 Tagami（1987）的工作之后，许多实验室改用 PFA Teflon 材料。这种 Telflon 具有较高的熔化温度，即使经过长时间的蚀刻也可以保持其透明性。对于使用 PFA Teflon 材料的安装，建议使用石英玻璃或脱模剂，因为通常很难从其他类型的玻璃载玻片上卸下 Teflon 材料片。然而，PFA Teflon 的一个问题是，它经常成批出售，而且可能更难以商业获得。

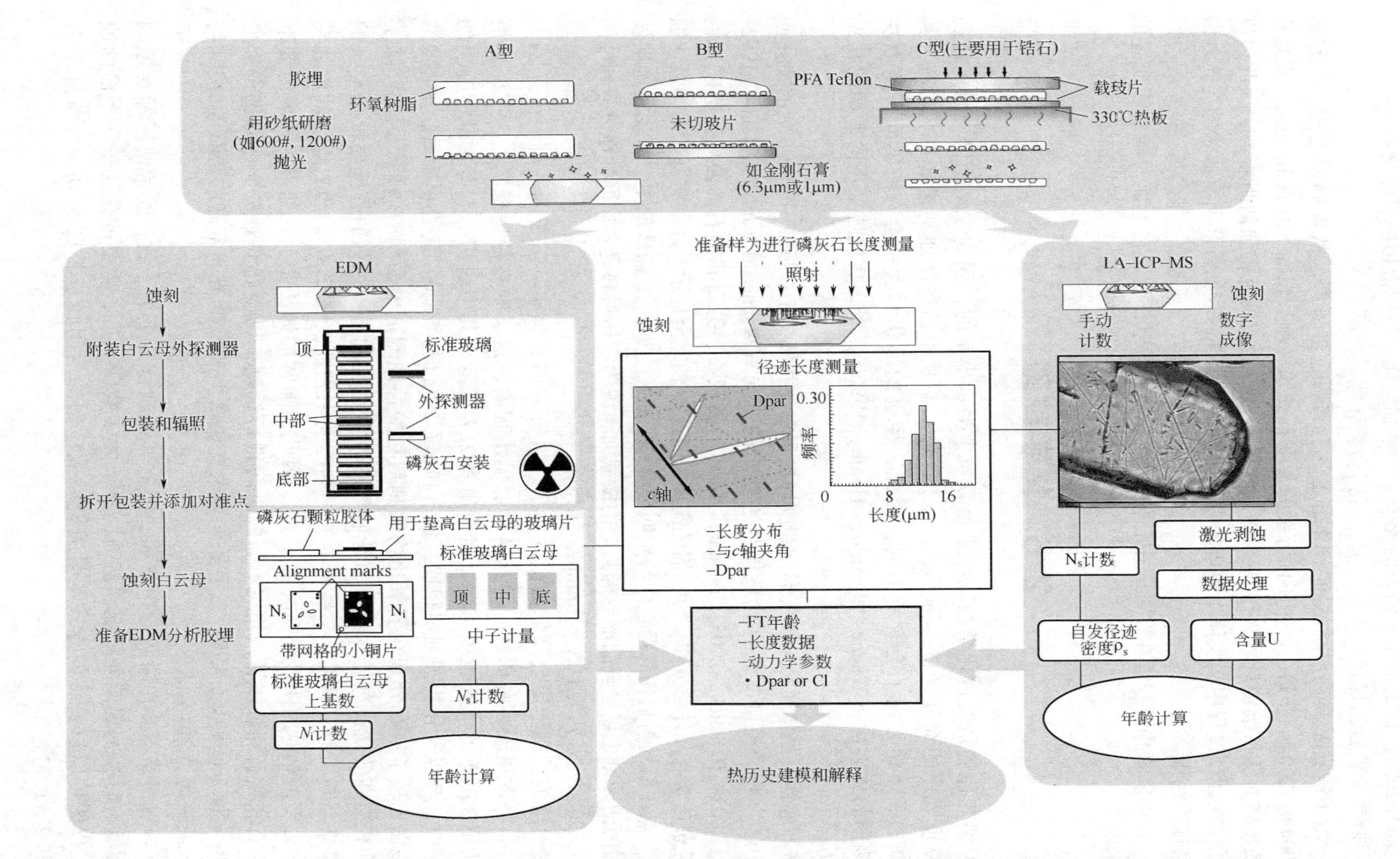

图 2.2　使用外探测器方法（EDM）和 LA–ICP–MS 方法从矿物分离物中制备和收集数据以进行裂变径迹分析的替代方法，以及磷灰石抛光面上 Dpar 径迹长度和动力学参数 C1。平行于晶体学 c 轴测量 Dpar。在颗粒胶埋上，N_s 为在颗粒胶埋上计数的自发裂变径迹，N_i 为在云母外探测器上计算出的诱发裂变径迹，q_s 为通过计算得出的自发裂变径迹密度

Tagami（2005）详细描述了锆石的胶埋、研磨和抛光。特别值得注意的是：

（1）避免聚四氟乙烯过热产生气泡，否则会破坏测试样品。

（2）由于锆石暴露在胶体表面，因此几乎不需要过多研磨。从玻璃板上的 SiC 砂纸（例如 600#或 1200#）开始，使用不同等级的金刚石膏体（例如 6μm、3μm 和 1μm）或某些其他介质旋转时，每级别只能磨约 2~3 倍。胶体和锆石之间没有很强的附着力，因此过度研磨是晶体在蚀刻过程中从胶体中掉落的常见原因。从 Teflon 表面去除所有原始的光亮划痕表明研磨即将结束。

（3）也可以将榍石胶埋在 Teflon 中，但最常见的是将榍石胶埋在上面对磷灰石所述的环氧树脂中。

2.6 化学蚀刻

自发裂变径迹是通过化学蚀刻在矿物颗粒中揭示出来的，因为蚀刻剂优先蚀刻径迹核心中高度无序的部分（Fleischer et al.，1975）。矿物中的整体蚀刻速率并不均匀，并且在不同的晶体学方向上会有所不同，因此，径迹的形状和大小会有所不同，这取决于所蚀刻的晶体表面（Wagner 和 van den Haute，1992）。表 2.2 概述了不同矿物的常见蚀刻配方。

磷灰石和锆石晶体通常呈棱柱形，在胶埋过程中往往倾向于在近似平行于 *c* 轴的棱柱面上对齐。这为裂变径迹测量寻找最佳径迹揭示的方向（Wagner 和 van den Haute，1992；Gleadow，2002；Donelick，2005；Tagami，2005）。磷灰石、锆石和榍石的蚀刻是各向异性的（即径迹通常与晶体学 *c* 轴平行，但还需要垂直于该轴完全显示，才能将其判断为最佳蚀刻），这一点在低辐射损伤的颗粒中特别明显（Gleadow，1981）。在玻璃中，裂变径迹即使经过长时间的蚀刻也仅呈现圆形或椭圆形的横截面，因为主体材料是各向同性地进行刻蚀的（Dumitru，2000；另见第 1 章，Hurford，2018）。

蚀刻过度或蚀刻不足会降低数据的质量。锆石和榍石等矿物需要的蚀刻时间是不固定的，并且将取决于多种因素，尤其是辐射损伤程度，这反映在径迹密度上。在许多情况下，所用蚀刻剂的优选也很重要。当使用表 2.2 所示或其中引用的参考文献中列出的酸蚀刻剂时，与氢氧化物蚀刻剂相比，锆石和榍石的各向异性蚀刻特性更明显，如图 2.3 所示，该图比较了锆石分别在氢氧化物蚀刻剂和酸性蚀刻剂中蚀刻的效果。因此，除了辐射损伤相当高的情况外，优选氢氧化物蚀刻剂，重要的是，蚀刻的程度要根据径迹的观测效果来判断，而不是根据某些标准的蚀刻时间来判断（图 2.4）。辐射损伤的增加导致所需的合理蚀刻时间明显缩短（图 2.5）。因此，通常的做法是，在处理沉积岩时要准备多个锆石和榍石测试样品，并在不同的时间进行蚀刻，以便能够对整个种群进行裂变径迹分析（Naeser et al.，1987）。有关处理裂变径密度非常低或非常高的锆石的方法时，可参阅 Naeser 等（2016）。

由于辐射损伤不会在磷灰石中累积，因此其蚀刻行为更加一致，通常使用标准蚀刻时间，尽管有时会发现例外情况。然而，对于大多数磷灰石，重要的是要遵守严格的蚀刻方案，以便可以以一致的方式测量关键参数，例如封闭径迹长度和 Dpar（参见本书 2.11.5 和 2.11.7）。

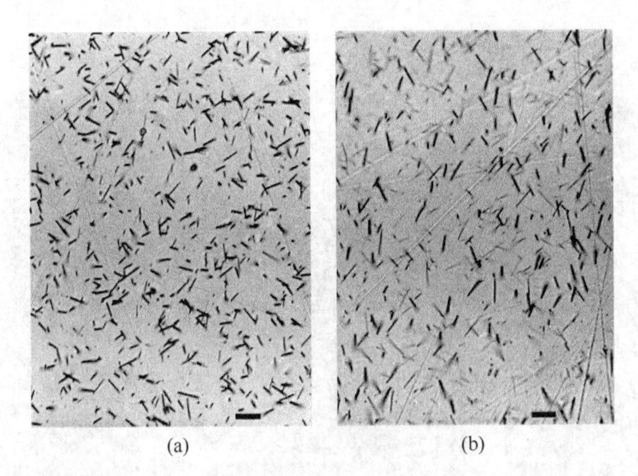

图 2.3　（a）在 KOH：NaOH 共晶蚀刻剂中蚀刻的来自澳大利亚中部碳酸盐岩中锆石中的自发裂变径迹（Gleadow，1976）；（b）在等体积 HF：H_2SO_4 蚀刻剂（Krishnaswami，1974）中，共晶蚀刻比酸蚀刻剂更具有各向同性的径迹，且是锆石的首选蚀刻剂。抛光的表面与［010］的晶面平行，且延伸穿过每个区域的淡淡线条是抛光刮痕。每个框架上的比例尺约为 10μm

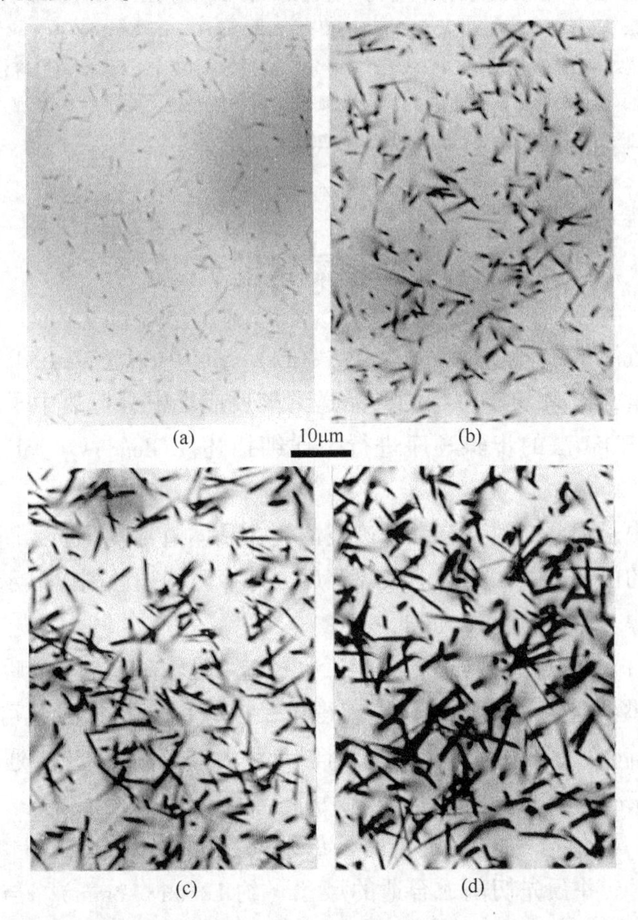

图 2.4　各种蚀刻时间后榍石中的自发径迹

（a）—（d）显示了在混合酸蚀刻剂（1HF：2HCl：$3HNO_3$：$6H_2O$）中分别蚀刻了 5min、10min、15min 和 20min 的径迹；（b）的径迹代表可以获得可靠径迹密度的最小蚀刻程度

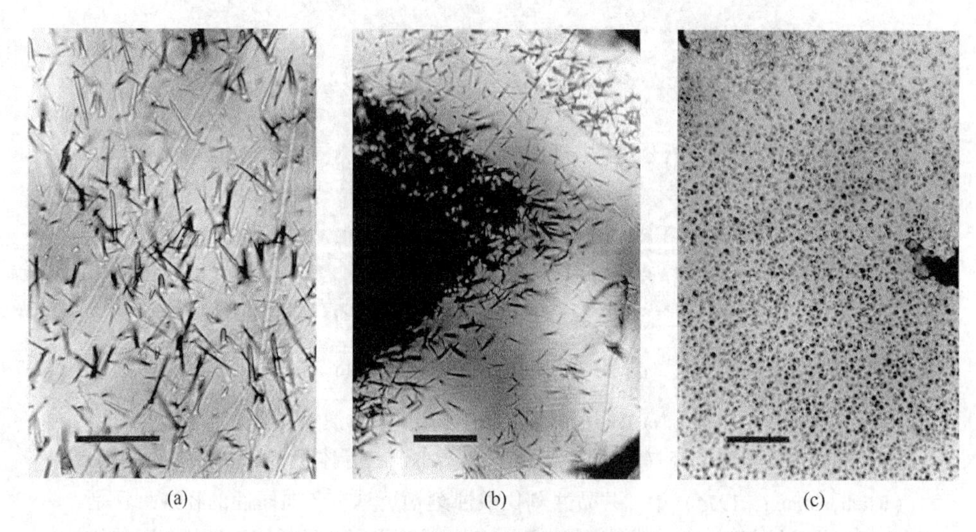

图 2.5　榍石在不同阶段的蚀刻

（a）显示了在退火的榍石中激发径迹的高度各向异性蚀刻，在20℃的 1HF：2HCl：$3HNO_3$：$6H_2O$ 溶液中蚀刻 25min（参见本书 2.6 节）；（b）显示了在有分区性的榍石中，在中等辐射损伤水平下各向异性较小但蚀刻变化很大的效果，范围从在低铀区到高铀区，即分区域被蚀刻 12min，因中被过度蚀刻而无法分辨径迹信息；（c）显示了较小的圆形圆锥形蚀刻坑，类似于玻璃中的径迹，在榍石中发现，其径迹密度约为 $8\times10^7 cm^{-2}$，并且蚀刻了 1min。这三个图的比例尺为 20μm

2.7　外探测器方法

常见的裂变径迹测试方法是外探测器方法（External Detector Method，EDM）。为了确定矿物颗粒的^{238}U 含量，EDM 要求将待测样品送到核反应堆中进行热中子辐照。本书中引用的许多文献中已对 EDM 法的步骤顺序进行了详细描述（Gleadow et al.，2002；Tagami 和 O′Sullivan，2005）。

简而言之，在中子辐照期间，自发径迹被蚀刻在晶体抛光表面上，而诱发径迹则被蚀刻在附着于晶体表面的白云母外探测器上。辐照后，外探测器被蚀刻以显示与样品颗粒相对应的诱发径迹镜像图像（第 1 章；Hurford，2018）。

虽然这会导致在晶体自身内部产生第二次径迹，但由于在辐照后未对其进行蚀刻，因此不会检测到这些径迹。由于可以计算获得单个晶体的年龄，因此可以仔细选择晶体，以避免蚀刻严重或晶格缺陷的晶体。外探测器是一片低铀白云母（通常是巴西红宝石，ASTM 表观质量为 V-1，被指定为透明且无污渍、无包裹体、无裂缝、波纹和其他缺陷，大约 5ppb 铀元素含量）。合适的高质量白云母外探测器可以在市场上购买，已经切割成约 45～55μm 的厚度，并预先切割成合适的尺寸（约 12mm×12mm）。与如 Lexan 等塑料相比，白云母更适合用作测年中的外探测器，因为白云母的径迹配准和蚀刻特性与进行比较的矿物更加接近。

表 2.2　各种矿物和玻璃的常用蚀刻条件和注意事项

矿物	蚀刻剂	条件	注释
磷灰石	5mol/L HNO_3 (Gleadow 和 Lovering，1978)	(20±1)℃ 20s	还介绍了不同的 HNO_3 强度，例如 HNO_3 在 25℃（或室温）下的蚀刻时间为 10~30s（Fleischer 和 Price，1964）和 1.6mol/L（7%），蚀刻时间为 20~40s（Naeser，1976）。左侧列出的是最常用的蚀刻剂及条件（Seward et al.，2000；Sobel 和 Seward，2010）。 蚀刻后，在水龙头下彻底清洗，用干净的纸巾擦干，并在空气中放置几个小时，以确保所有蚀刻剂在固定架上干燥后再在显微镜下检查。如果需要更长的蚀刻时间，应在重新蚀刻之前湿型胶埋。这有助于蚀刻剂再次进入已蚀刻过的径迹，因为通常任何蚀刻需几秒钟的时间
	5.5mol/L HNO_3 (Carlson et al.，1999；Donelick et al.，2005)	(21±1)℃ (20±0.5)s	
锆石	KOH：NaOH 的二元共晶混合物（按重量比例：8.0g KOH 和 11.2g NaOH。Gleadow et al.，1976) 另一种比例是 NaOH：KOH：LiOH 为 6：14：1)，据报道，在较低的蚀刻温度下，可提高蚀刻效率（Zaun 和 Wagner，1985)。	225~230℃ 4~120h（或更多)	容器：陶瓷，铂或 Tefion，放在电炉上（用温度计监控温度)，并用倒置的烧杯盖住，防止在顶部附近形成结皮，用热电偶装置检查蚀刻液的温度。 将锆石胶埋面朝下放在蚀刻剂中（它们会漂浮)，最初放置 4h，然后检查蚀刻进度。注意：具有最高刻蚀效率的晶体表面是那些显示出尖锐抛光划痕的表面。刻蚀后，将胶埋放在 48%HF 的 Teflon 盘中放置 15~30min，以清理晶体。这不会影响蚀刻晶体的品质。 蚀刻后，胶埋几乎总是会轻微变形。为了弄平胶体，以便后续与白云母外探测器良好接触，应保证不熔化 Teflon 或将颗粒进一步推入胶体中。 通常，在锆石中进行适当裂变径迹揭示所需的时间与累积辐射损伤成反比，而辐射损伤与铀的浓度和晶体颗粒的年龄有关。因此，蚀刻时间在很宽的范围内变化
	有关其他可能性，另请参考 Garver（2003）和 Tagami (2005)		
榍石	37%HCl (Naeser 和 Dodge，1969)	90℃ 15~60min	容器：不锈钢，聚四氟乙烯或耐碱陶瓷烧杯。 准备酸蚀刻剂会产生放热反应，因此请整夜冷却。 蚀刻时间通常在 10~60min 之间变化，具体取决于辐射损坏的程度（图 2.4)。10min 后检查径迹蚀刻速率和特性。在显微镜下观察之前，应彻底清洗胶埋。返回蚀刻剂，完成蚀刻，根据需要在不同的时间重复进行以上步骤。 当使用酸性蚀刻剂时（尤其是对低辐射损伤的晶体而言)，榍石的各向异性蚀刻特性会显着提高。因此，对于此类晶体，优选使用 NaOH 蚀刻剂。这种蚀刻也适用于石榴子石和绿帘石的径迹曝光（Naeser 和 Dodge，1969)，但是所需的蚀刻时间可能大于 1h。某些石榴子石成分的蚀刻可能需要 75M NaOH（Haack 和 Gramse，1972)。在较长的蚀刻时间内，NaOH 溶液可能会脱水并降低效率，因此使用该蚀刻剂时冷凝器可能会有用
	1HF：2HCl：3HNO_3：6H_2O (Naeser 和 McKee 1970)	(20±1)℃ 10~60min	
	50mol/L NaOH 溶液（40g NaOH：20g H_2O) (Calk 和 Naeser，1973)	130℃ 10~60min	
白云母	HF（Fleischer 和 Price，1964)，强度分别为 48%和 40%	(20±1)℃，5~45min，常用 20~25min	容器：Teflon 材料盘。 蚀刻后，在温水中彻底清洗白云母。然后将白云母放在约 100℃的热板上的玻璃载玻片上，以驱除在切割平面之间吸收的任何 HF，这样可以防止以后意外蚀刻显微镜物镜
玻璃	HF（Fleischer 和 Price，1964)，强度从 48%~12%不等	23℃，5~90s（部分取决于酸强度)	容器：Teflon 材料盘。 蚀刻后，将 HF 中和并在温水中彻底冲洗，注意黑曜石的蚀刻时间通常比玻璃碎片要长

通过 EDM 法获取裂变径迹年龄，需要确定选定颗粒中的自发径迹密度，并在白云母外探测器上找到镜像区域，在该区域中，诱发径迹密度在完全相同的区域进行计数。由于在测量自发径迹的内表面（4π）和用于诱发径迹的外探测器表面（2π）上，径迹配准的几何面积不同，因此必须引入几何因数以校正此差异（Wagner 和 van den Haute，1992）。几何因数约为 0.5，但这不是很精确的，因为两个表面的检测效率差异很小，并且两种不同材料的裂变径迹范围也不同（Iwano 和 Danhara，1998；Gleadow，2002）。诸如锆石或榍石等存在各向异性蚀刻速率的结果是，胶体中的某些晶体表面的蚀刻效率可能较低（图 2.4）。在蚀刻效率接近 100%的情况下，将此类表面上的自发径迹与相邻白云母外探测器中的诱发径迹进行比较，显然会得出错误的结果。因此，对于 EDM，必须仔细选择只有最高刻蚀效率的表面，如尖锐的抛光划痕［图 2.3、图 2.5(a)；Gleadow，1978］。当处理各向异性蚀刻的矿物中的低径迹密度时，也必须小心，以确保对于最弱的蚀刻径迹也足以显示出来（图 2.3）。在一些样品中，例如年轻的锆石或榍石，要在特定方向上显示径迹是极其困难的。累积辐射损伤会减轻这种影响，因此 EDM 可以轻松分析径迹密度在 10^5 ~ $10^7 cm^{-2}$ 之间的大多数锆石和榍石（Gleadow，1981；Naeser et al.，2016）。Montario 和 Garver（2009）研发了一种扫描电子显微镜技术，该技术可以对高达 $2\times10^8 cm^{-2}$ 的径迹密度进行计数，从而对更大范围密度的锆石径迹进行计数，特别是以前被认为是不可数的、含有非常古老的（前寒武纪）矿物颗粒的岩石。

值得注意的是，对含中—高铀的锆石矿物，可结合电子探针微分析（EMPA）进行 EDM 裂变径迹定年。该方法涉及使用电子反向散射检测器确定铀浓度，并成像与表面相交的自发径迹的数量（Gombosi et al.，2014）。Dias 等（2017）报道了锆石裂变径迹测年的另一种方法，但也使用 EMPA 来测量铀浓度。

由于操作简单（参考本书 2.11.4 和 2.12）以及能提供单颗粒年龄信息，因此 EDM 是目前大多数裂变径迹中首选的磷灰石、锆石和榍石的定年方法。

2.7.1 用于 EDM 年龄求取和中子辐照的测样的制备

2.7.1.1 辐照包裹

（1）切下蚀刻后的磷灰石测样，尺寸要适合辐照（例如 1cm×1.5cm），用温肥皂水彻底清洗并在酒精中干燥。

（2）用镊子取预切割无尘的低铀白云母叠层，通过将其放在一块胶带上并提起薄薄的白云母片来形成干净的白云母表面。为了确保在辐照期间与颗粒的良好接触，应确保白云母不会延伸到胶体的边缘之外。

（3）准备一个有足够开口的热收缩塑料袋，便于轻松地将白云母和测样对放入。

（4）将白云母固定袋放入袋中，并用镊子将其内容物牢牢固定。使用厨房用的封口机，将开口尽可能靠近白云母。修剪袋子的边缘，提供逸出空气的通道。将两个干净的微型玻璃载玻片在加热板上加热到 100℃。将袋子及其内容物放在一张载玻片上，使白云母面朝上，并立即用另一张载玻片覆盖。用镊子用力按压以实现良好的接触。一些实验室使用低氯含量的反应堆 Scotch 3M®魔术胶带或 Parafiμm M 将白云母固定。

（5）用与上述相同的方法包裹标准的玻璃—白云母对。

（6）将测样放在辐照罐中，记录样品在堆叠中的顺序。可放入辐照堆中的样本数量取决于具体的反应堆情况。在每个辐照组件中使用两个标准玻璃，分别放在堆的顶部和底部，以监测该空间中子通量梯度。第三个标准玻璃可插入堆中间（图 2.2）。如有可能，建议在辐照包中插入适当的标样年龄矿物（如 Durango 磷灰石或 Fish Canyon 凝灰岩锆石；Hurford，2018）。

(7) 如果将辐照罐吸入在到达辐照位置时，有必要在罐的每个端部添加填充材料（如铝箔填料），该填充材料可作为减震器，防止撞击时玻璃破裂。

(8) 注意：由于同位素年龄短，辐照会导致较高的放射，这主要与常规玻璃载玻片中的 Na 含量有关，也与手指印的汗液有关（因此在准备辐照材料时应始终戴手套）。在这方面，二氧化硅玻璃载玻片的问题较少。

2.7.1.2　标准玻璃

Hurford 和 Green（1983）、Wagner 和 van den Haute（1992）以及 Bellemans 等（1995）提供了有关不同标准玻璃的信息，并评估了它们对监测中子剂和确定单个颗粒中^{238}U 含量的适用性。在裂变径迹测年的早期，美国国家标准与技术研究院（NIST）生产的玻璃（Carpenter 和 Reimer，1974）SRM 系列用于监测。后来，这些元素已被^{235}U 耗尽，包含多种微量元素，并已逐渐被具有自然^{235}U/^{238}U 比例和较少微量元素的康宁 CN1—CN6 系列所取代（Bellemans，1995）。CN1 和 CN2 通常适用于锆石和榍石，CN5 适用于磷灰石。全世界的 CN5 库存已经用尽，但是欧洲委员会参考材料和测量研究所（IRRM）生产的掺铀氧化物玻璃 IRMM-540R（15ppm 铀含量）已被证明是有效的替代品（De Corte et al.，1998）。另外，掺有氧化铀的玻璃 IRMM-541（50ppm 铀含量）也适合作为替代标准，如锆石和榍石，由于它们通常具有较高的铀含量，因此需要较短的辐照时间。

对标准玻璃上白云母中使用诱发径迹的方法，在通过其他技术进行的地质年龄标样分析（Hurford 和 Green，1983；Hurford，2018）的基础上，有助于获得 Zeta（ζ）标定。该流程解决了关于^{238}U 自发裂变衰减常数，中子剂学校准和在测量不同表面和不同材料中的自发和诱发径迹的校正中的早期分歧，并且被认为是一些长期存在的问题的解决方案（Hurford，1990）。ζ 方法校准是当今裂变径迹实验室中最广泛用于年龄确定的方法。但是这种方法也有一些缺点，因为它产生的校准因子在一定程度上因矿物种类的不同而不同，并且结合了已知和未知的因子（Wagner 和 van den Haute，1992；Hurford，1998）。ϕ 方法是使用标准玻璃的一种替代方法，但不是广泛使用的。该方法通过测量辐照罐中中子诱发的伽马活性以及样品来绝对确定热中子注量（van den Haute，1998；Enkeμmann，2005）

2.7.1.3　中子辐照

在核反应堆中，总中子通量包括三个不同能量范围的中子分量，它们可以是不同的：快速、超热和热。在选择用于样品辐照的反应堆时，关键是只有温度条件良好的中子设施才会被使用（Wagner 和 van den Haute，1992）。为了避免来自^{235}U 裂变的超热中子或来自^{238}U 和^{232}Th 裂变的快中子产生的径迹，该设施是必需的。这样的径迹将与所需的热中子引起的^{235}U 裂变径迹没有区别。由于用于裂变径迹分析的材料的 Th/U 比率变化很大，因此重要的是，在所使用的照射位置中，中子通量的性质要明确。热中子与超热中子、热中子与快中子的比值分别大于 100 和大于 80，这提供了一定的确定性，即白云母外探测器中测量到的所有诱发径迹实际上都来自^{235}U 裂变（Green 和 Hurford，1984；Wagner 和 van den Haute，1992）。

不同矿物对中子剂量的要求各不相同，并由特定矿物的铀含量决定。过去几年，墨尔本大学用于裂变径迹研究最常见矿物的中子剂量为磷灰石 $1\times10^{16}\times n\ cm^{-2}$，锆石 $1\times10^{15}\times n\ cm^{-2}$，榍石（4~5）$\times 10^{15}\times n$ cm^{-2}。这些值不是绝对的，注量可能因反应器而异。

2.7.1.4　辐照后样品的处理和载玻片制备

（1）收到被辐照的包裹后，将其放在适当的铅屏蔽存储中，直到定期监控的辐射水平安全为止。

（2）在解开样品之前，使用锋利的销钉在玻璃—白云母对的每个角上打孔，确保一个角上有两个孔。

（3）如果使用胶带将白云母固定在玻璃胶体上，应非常小心地移开，以免剥离大量白云母薄片，或者用手术刀在检测器周围切开，并放置在蚀刻剂中，所有剩余的胶带都会掉落。

（4）如表 2.2 所示，在 HF 中蚀刻白云母。

每种磷灰石、锆石和榍石的颗粒胶埋物和白云母可以一起胶埋在标准的玻璃载玻片上（尺寸通常为 26mm×76mm×1.5mm），这样就实现了镜像胶埋。可以使用少量 Petropoxy® 154 进行胶埋，但是需注意，如果在 Teflon 材料中胶埋了颗粒，则可以使用双面胶带进行固定。为了最大程度地减少径迹计数时的聚焦要求，应将云母胶粘在薄的玻璃载玻片上，使其与颗粒胶埋处于同一水平。确保样品编号标记在玻璃片的背面。参考点应放置在颗粒胶体和白云母之间。最方便的是带有网格的金属（铜）圆盘（用于在透射和扫描电子显微镜中查找和参考特定区域），用作中心协调点进行对准操作，便于对特定区域之间的针孔颗粒及其在白云母上的镜像分析（图 2.2）。如果需要，这些定位点也可以稍后用于进行电子微探针分析（参考本书 2.11.7 节）。

2.8　LA-ICP-MS 方法

LA-ICP-MS 是第一种能够与传统中子辐照方法竞争的技术，该技术可在高空间分辨率和 ppm 灵敏度方面确定^{238}U 含量。这种分析发展为裂变径迹分析增加了一种新方法，即可以直接在矿物颗粒中确定^{238}U 含量，而不是按照 EDM 的要求使用^{235}U 诱发的裂变径迹作为代理。LA-ICP-MS 设施现在变得越来越普及，并且这种分析模式比传统的 EDM 具有相当大的优势，因为它不再需要中子辐照并且不需要长时间的样品处理（通常需要数周）。这种方法的其他优点是它消除了对放射性物质的处理，并且仅需要一次径迹密度测量（自发径迹密度），因此降低了对裂变径迹计数的总体要求（Hasebe，2004；Donelick，2005；Vermeesch，2017；第 4 章，Gleadow，2018）。

Hasebe（2004）第一次使用 LA-ICP-MS 进行裂变径迹分析的系统研究，这是 Cox（2000）以及 Košler 和 Svojtka（2003）等提出的方法。Donelick 等（2005）、Hasebe（2009，2013）、Chew 和 Donelick（2012）提供了更多的实验细节，并证明了这种方法的有效性。

LA-ICP-MS 的步骤如图 2.2 所示。前三个步骤与 EDM 相同，即晶体胶埋，将其抛光，然后蚀刻以显示自发径迹。但是，在准备胶埋之前，重要的是要确认显微镜台和激光池都可以容纳载玻片的尺寸，因为每个激光池可能都有特定的样品尺寸要求。然后，手动计数自发径迹，或在数字图像集上计数，这些图像是使用自动图像捕获系统获取的，该系统是由三个小金属铜片组成的坐标系统来定义的（参考本书 2.12 节和第 1 章；Gleadow，2018）。然后将晶体坐标和载玻片转移到激光剥蚀池中，并通过 LA-ICP-MS 进行分析。进行的大多数研究都使用了直径约为 20~30μm 的单个激光剥蚀点或以计数径迹的区域为中心的光栅扫描。

由于所有在锆石和磷灰石表面上蚀刻的径迹分别起源于表面的约 5.5～8.5μm 之内（Hasebe，2009），因此重要的是仅将表面剥蚀至大约该深度。

^{238}U 的浓度是根据已知的铀丰度均匀的合适外部标准物质（例如 NIST610 和 NIST612 玻璃）确定的，并测量合适的内部标准物、^{43}Ca（磷灰石）、^{29}Si（锆石），以校正烧蚀量的变化（Hasebe，2004，2009，2013；Chew 和 Donelick，2012）。这些文献也列出了工作条件，但绝不是通用的，可能会因所使用的特定仪器而异。

用于直接测定^{238}U 的 LA-ICP-MS 是相对较新的裂变径迹分析方法。通常使用 Zeta 校准方法的变量进行校准（Hurford 和 Green，1983；Donelick，2005），也可以使用年龄方程中所有常数的值计算绝对年龄（Hasebe，2004；Gleadow，2018）。目前专家们正在寻找一些特性良好且与基质匹配的矿物，这些矿物具有相对均一的铀含量，以校正激光剥蚀过程中的元素分离（Soares，2014；Chew，2016）。Vermeesch（2017）概述了对 LA-ICP-MS 裂变径迹测年的引起的不确定性的统计处理（另见第6章，Vermeesch，2018）。

如前所述，通过 LA-ICP-MS 对^{238}U 含量进行测量是裂变径迹测年的一种相对较新的方法。迄今为止，学术界主要报道了有关磷灰石、锆石和火山玻璃的 LA-ICP-MS 数据，样品制备与先前针对这些矿物的描述相似。

2.9 双定年和三定年

随着仪器技术的进步以及对不同磷灰石或锆石更深入了解，使用独立的同位素系统，即 FT、U/Pb 和（U-Th）/He 的组合，可以对等分试样中的单个颗粒进行测年分析。这种所谓的双定年和三定年方法是热年代学领域中的一项突破性的新进展，因为这些系统的放射性衰变方案具有不同的温度敏感范围，并且可以为计算时间—温度历史提供更强大的约束条件（Danišík，2018）。

Carter 和 Moss（1999）、Carrapa（2009）较早地对特定样品等分试样使用不同方法组合。将裂变径迹测年与其他技术结合使用在单个颗粒上，主要是通过使用 LA-ICP-MS，在样品制备中可能需要对实际步骤进行一些修改。Chew 和 Donelick（2012）描述了使用裂变径迹和 U-Pb 方法对单个磷灰石晶体进行的双定年，而 Hasebe 等（2012）则对磷灰石进行了定年，也概述了磷灰石和锆石测年的类似方法。使用 LA-ICP-MS 可以获得两项研究中的所有数据（除了自发径迹的计数），测样的制备从本质上讲类似于本书第 2.5 和 2.6 节中所述。对于磷灰石的三定年（U-Pb、FT 和 U-Th/He），Danišík 等（2010）分析了晚古生代流纹岩中孔隙和脉体中沉积的磷灰石聚集体。前文所述的实验流程可适用于每种测年方法的样品制备。Reiners 等（2007）报道了磷灰石裂变径迹和（U-Th）/He 双重测年的联合研究。其中磷灰石的裂变径迹测试是通过将颗粒胶埋至环氧树脂中，在显微镜下统计自发径迹密度（q_s）并通过 LA-ICP-MS 对相同晶体上的和铀含量进行计数，然后从胶埋中拔出晶体再做（U-Th）/He 测试。

注意：随着技术的不断发展，磷灰石裂变径迹测年可能会在将来与原位（U-Th）/He 测年相结合，在这种情况下，由于环氧树脂胶体的过度脱气，因此需要将样品胶埋 Telfon 中。达到所需的超高真空度（Evansetal，2015）。类似的操作流程也适用于采用这种原位（U-Th）/He 测年法对锆石进行两重或三重定年。

2.10　显微镜要求

显微镜是裂变径迹测年实验室中最重要的分析组件，但是对于设备的选择却很少有规范，对于较老显微镜的配置更缺乏这方面的工作。该项工作需要配备物镜、聚光镜和高照明系统的研究级显微镜，以便在最高放大倍率（至少1000倍）下提供高精度的径迹观察与测量。径迹计数不需要偏光设备和旋转台，具有机械滑动性能的载物台比旋转载物台更坚固。

对于高倍放大观测工作，重要的是要有高强度的照明，最好是50W或更高的光源。近年来，与传统的弧光灯照明光源相比，使用发光二极管（LED）的光学显微镜照明已显示出可观的前景。该系统是一种在空间和时间上稳定且具有效益的技术。必须在显微镜上同时配备反射和透射光照明，以便用户可以轻松地在两者之间来回切换。径迹通常以透射光进行计数，但是反射光可用于解决复杂的径迹重叠、定位与抛光面相交的径迹末端以及计算非常高的径迹密度计算等问题。反射光对于测量近水平封闭径迹也非常有用（参见本书2.11.5节）。

通常，平场物镜（例如平消色差物镜）比具有高色彩校正的物镜更重要。某些镜头在这两个特性上都很高。在保证物镜相互齐焦的情况下，应将它们安装在多个旋转物镜转盘上，而不是在单个卡口型物镜架上，使用起来更加方便。

一个重要的问题是要使用干燥物镜还是油浸物镜来获得最高的放大倍率。这是个人选择的问题，并且这两个系统在裂变径迹实验室中都有使用。从技术上讲，油浸物镜具有较高的分辨率，但其缺点通常胜过此优点。在锆石和榍石中浸油后，可以获得非常精细的图像，它们都具有高折射率。但是，对于其他某些矿物而言，油浸物镜具有明显的缺点，因为浸入油的折射率（1.515）与矿物的折射率几乎相同。在磷灰石和白云母中，这导致径迹与周围矿物的镜下特征变得很难区分。通过使用不同的浸没介质无法避免此问题，因为这些物镜只能与对应的油一起使用。因此，通常最好使用干燥的物镜，对于没有覆盖玻璃的物镜也必须进行校正。

双目目镜筒被认为是用于观察和测量裂变径迹的显微镜的基本要求。常用的目镜的放大倍率为10，还有放大倍数更高，如12.5倍或15倍的也有使用。

为便于裂变径迹测量，应配备一个装有刻度的聚焦型目镜，通常镜下可见为10×10格的刻度区。通常，每个格子统计网格在载体盘上的尺寸为1mm。对于径迹长度测量，必不可少的是配备有比例尺或目镜微米的目镜。刻度尺和刻度线的标定是通过相对于平台测量尺寸而进行的，可以通过最小2μm的分度来实现。如果没有这样的校准载玻片，可使用一块光学衍射光栅。由于光栅的金属涂层是不透明的，因此需要在入射光照射下进行观察。衍射光栅精确地以非常细的线标出，已知的间距为1μm。

现代研究显微镜都配备了一个次级聚光镜以及产生科勒照明所需的视场和孔径光阑（请参阅http：//zeiss-campus.magnet.fsu.edu/articles/basics/kohler.html），以提供整个视场中最均匀和最佳的样品照明，以及特定物镜的最大光学分辨率。为要使用的特定物镜设置最佳照明条件尤为重要，尤其是对于自动化图像捕获而言（参见本书2.12节）。这几乎总是使用100倍的物镜镜头，这是目前倍数最高的镜头。

2.11 数据收集

2.11.1 裂变径迹的识别

为了计算裂变径迹，需要可靠地识别它们并将其与蚀刻坑或其他来源的特征（例如晶格缺陷或包裹体）区分开。蚀刻裂变径迹具有某些特性（Fleischer 和 Price，1964），这使它们能够与伪晶格缺陷蚀刻坑区分开（表 2.3）。

表 2.3　裂变径迹和晶格缺陷的属性

裂变径迹
蚀刻裂变径迹： (1) 直线特征，裂变碎片基本上沿直线传播； (2) 具有有限的长度，因为裂变碎片的限制范围大约为 5-10μm（取决于主体材料），最大径迹长度达到两个裂变碎片的最大蚀刻范围，且在不同的矿物中的变化范围约为 10~20μm； (3) 随机分布，尽管高度退火的径迹优先在磷灰石中平行于 *c* 轴排列； (4) 自发径迹的分布与铀的分布基本相同，因此在特定材料中诱发径迹的分布必须相同； (5) 未蚀刻的裂变径迹具有有限的热稳定性，这是配准材料的特征，通常不同于晶格缺陷或包裹体。
晶格缺陷
(1) 经常弯曲，分支或波浪形； (2) 通常发生在群体中，其分布与铀的分布无关（Gleadow et al.，2002）； (3) 长度通常彼此相似，并且通常比裂变径迹的长度大得多； (4) 通常以首选方向出现，要么是次平行群，要么是平行蚀刻通道线； (5) 可能作为主材料中杂质沉淀的成核点，在这种情况下，它们很容易被识别出来

晶格缺陷在相对年轻的火山岩磷灰石中最常见。缓慢冷却的深成岩中的磷灰石通常很少（如果有的话）出现晶格缺陷，并且辨别非常简单。锆石和榍石倾向于具有相对较少的晶格缺陷蚀刻坑。锆石可能包含微小的晶体包裹体，但是有时可能会误认为是径迹，尤其是在化石径迹密度非常低的地方。通常，这种包裹体相对于晶体学方向显示出规则分布。

通常，将裂变径迹与其他特征区分开来并不难，但是在对径迹密度非常低的晶体进行测年时可能会变得更重要。经验和适当的测年技术优选显得很重要，另外如果有平行样品可供测试，能更好地分析问题。

2.11.2 计数技术

使用 ζ 校准方法进行 EDM 裂变径迹年龄时显微镜工作涉及对三种径迹密度的计数：自发（ρ_s），诱发（ρ_i）和标准玻璃（ρ_d）。在透射光下通常以 1000 倍或更大的放大倍数对径迹进行计数。在计数过程中需要多次调整显微镜对焦，对这些端点进行三维空间的识别。

径迹相对于计数刻度的位置由径迹与剖光面的交点定义。凭经验可以一眼识别出径迹的表面端，但首先应根据以下特征进行判断：所有径迹将仅在抛光面聚焦，当焦点向下移动到纹理中时，将逐渐看到更少的径迹。因此，可以使用上下移动焦点来识别径迹的表面末端。同样，在反射光下，每条径迹与抛光面的交点都清晰可见为黑色蚀刻坑。即使在透射光下，径迹的两端看起来也不一样，但是仍然可以识别。

在裸露的晶体表面和外探测器表面上，径迹的长度从零变化到具体矿物中裂变径迹对应的的最大长度。不要忽略最短的径迹，要使用一致的标准来确定哪些短径迹将包含在最终径迹密度中。径迹计数需要系统地扫描适当数量的目镜网格区域，以便每条径迹仅被统计一次。如果径迹的开口恰好位于网格线上，则须采取一致的统计方案。例如，如果一条径迹位于顶部或右侧边缘，则可能包含在统计网格中，但如果位于底部或左侧边缘则不包含在统计网格中。此外，如果在网格中未观察到任何径迹，则必须相应地记录零，并将其包括在总表面积的最终计数径迹中。Jonckheere 等（2003）描述了一种新定位技术，可用于在低铀和非均质铀浓度的晶体中的白云母外探测器中获得更准确的诱发径迹数。

通常，如果可能的话，统计数应超过 20 粒，然后将结果相加用于样品的年龄计算。在具有复杂年龄谱的样品或碎屑样品中，应统计更多数量的晶体，以约 50~100 个甚至更多的晶体为目标，因为更高的数量对于区分不同年龄群体尤其重要（Garver，1999；Bernet 和 Garver，2005；Coutand et al.，2006；本书第 16 章）。

2.11.3　标准玻璃

用于中子剂量测定的标准玻璃具有统一的铀浓度，因此，作为辐照的结果，其相应的白云母外探测器通常在大约 1cm^2 的大面积上会产生均匀的径迹密度。每个白云母外探测器中的径迹应使用与 N_s 相同的计数标准。最简单的方法是在规则的 1mm 或 0.5mm 网格上围绕白云母移动，在每个位置对刻度区域中的径迹进行计数。位置的数量和在每个位置计算的网格统计网格的数量将取决于径迹密度。通常，在多个位置对径迹进行计数，以使总径迹计数至少 1000。最好在不同区域上对每个玻璃至少计数两次，以验证获得的径迹密度并提高组合测量的精度。径迹密度是由径迹总数和计数的总面积确定。如果在辐照罐中的标准玻璃上发现径迹密度的差异，则中子通量梯度和中间值应针对包装中的每个待测载玻片进行插值。可以通过测量在标准玻璃上的诱发径迹密度与外探测器在标准玻璃上的诱发径迹密度之比乘以标准玻璃的已知铀含量，近似估算出矿物晶体的铀浓度。

2.11.4　EDM 的自动化

为了确定自发径迹与诱发径迹的比率，在每个矿物颗粒及其白云母外探测器镜像上需有相同的面积。通常使用的步骤顺序是选择合适的颗粒，计算自发径迹，将其镜像定位在白云母上并计算诱发径迹。在对外探测器进行计数之前，建议以低功率扫描白云母，以检查探测器在辐照期间是否与胶埋保持紧密接触。接触良好，铀和 N_i 充足的晶体在白云母中将具有清晰的镜像和边界。应当避免接触不良的区域，如散布的、圆形的颗粒图像边界，这些区域会低估诱发径迹密度。

仅在完成大量训练以能识别可识别特征之后，才能选择合适的颗粒进行计数。合适的晶体包括具有良好蚀刻的径迹、清晰的抛光划痕、合理的均匀径迹密度以及最小的包裹体、裂纹和晶格缺陷干扰的晶体。自发径迹数（N_s）低的情况下，每个晶体中的径迹数和表观年龄差别很大。仅选择那些具有较高径迹密度的晶体是很容易的，但这会导致年龄严重偏差。在这种情况下，重要的是要选择的颗粒覆盖径迹密度变化的整个范围。选择了合适的颗粒后，将对自发径迹进行计数，但应避免颗粒边缘的一定范围内的区域。

过程非常繁琐且容易出错，从而导致年龄不准，因此一般需要手动在白云母上定位相应区域。可以通过计算机控制的显微镜载物台系统来自动化地定位矿物颗粒及其外探测器上对应的匹配度（Smith 和 Leigh-Jones，1985）。

这种自动平台系统已普遍用于 EDM 中，它提供了一种更快、更可靠的技术，用于准确、重复地在白云母外探测器上定位匹配点。这种自动化方法的另一个优点是，它们为裂变径迹数据的系统收集和组织提供了框架。

使用自动平台系统遵循的序列示例包括以下步骤：

（1）找到并标记参考原点（如图2.2中的铜盘）。

（2）使用至少两个不同的针刺位置（对准标记），最好是在载玻片的相对角之间，进行载玻片和外探测器的粗对准。

（3）使用矿物颗粒及其诱发的径迹图像进一步对准。

（4）选择并标记合适的颗粒进行计数。

（5）计算每个颗粒上的自发径迹和诱发径迹。

（6）测量封闭径迹长度。

（7）为每个用于年龄或长度分析的矿物颗粒测量Dpar（参见本书2.11.7节）仅使用自发径迹上的蚀刻坑。

（8）将所有数据保存到计算机文件。

大多数系统能够在三个轴上运行，因此可以通过平台的自动移动来校正x，y和z的相对偏移以及白云母相对于胶体的旋转。对准过程完成后，平台系统将确定矿物固定架上的匹配点的位置及其在白云母上的镜像位置，并可以根据需要在它们之间切换。

2.11.5　裂变径迹长度测量

为了对样品进行热历史模拟，测量水平或接近水平的封闭径迹长度（即矿物剖光面以下）的分布，是裂变径迹年龄所必需的关键参数（Gleadow，1986）。在裂变径迹测年研究中已经使用了多种测量方法来估计径迹长度的分布（Bhandari，1971；Wagner和Storzer，1972；Dakowski，1978）。其中一些测量（如投影长度）并不能反应径迹的真实长度（Dakowski，1978；Green，1981；Laslett et al.，1982）。正确的做法是测量不与表面相交且完全位于晶体内部的径迹的真三维长度，它们是从与表面处的径迹或在表面处出现裂缝或劈裂面的相交处蚀刻的结果（参见本书第1章；Hurford，2018）。在Lal等（1969）之后，这些径迹被称为TINT（与径迹相交的径迹）和TINCLE（与裂缝相交的径迹）。对TINCLE裂变径迹的测量可能会导致数据不可靠，因此应避免统计它们（Donelick，2005）。半径迹指径迹与抛光面相交的保留部分（Laslett和Galbraith，1996），可由自动化软件系统统计实现（见本书第4章；Gleadow，2018）。有关磷灰石中裂变径迹长度测量的更多信息，参考Gleadow等（2002）和Donelick等（2005），锆石方面参考Tagami（2005）。

应测量端点为圆形或针状的径迹，因为蚀刻剂已完全渗透到径迹的末端。在测量封闭径迹之前，应注意应保持载玻片清洁干燥，因为液体（尤其是油脂产生的油）会滞留在封闭径迹的末端，导致很难看到径迹的尖端。用强力清洁剂清洗载玻片通常会清除封闭径迹中的所有液体。磷灰石中蚀刻良好的封闭径迹如图2.6所示。

原则上，可以测量封闭径迹长度的水平和垂直分量，以给出其实际长度，而与它们的方向无关。然而，实际上在大多数较老的显微镜上，垂直分量很难测量，从而降低了测量整体的精度。建议只选择那些与水平方向成±10℃的封闭径迹（Ketcham，2009）并直接测量其水平投影。该长度与真实长度分布关系最密切，比其他参数的影响要小（Laslett，1982）。水平径迹很容易识别，在高倍物镜下会沿整条径迹对焦。在反射光中，水平径迹非常明显，因为它们具有非常明亮的反射，而没有衍射带，具有浅倾斜径迹的特征。在反射光下，扫描

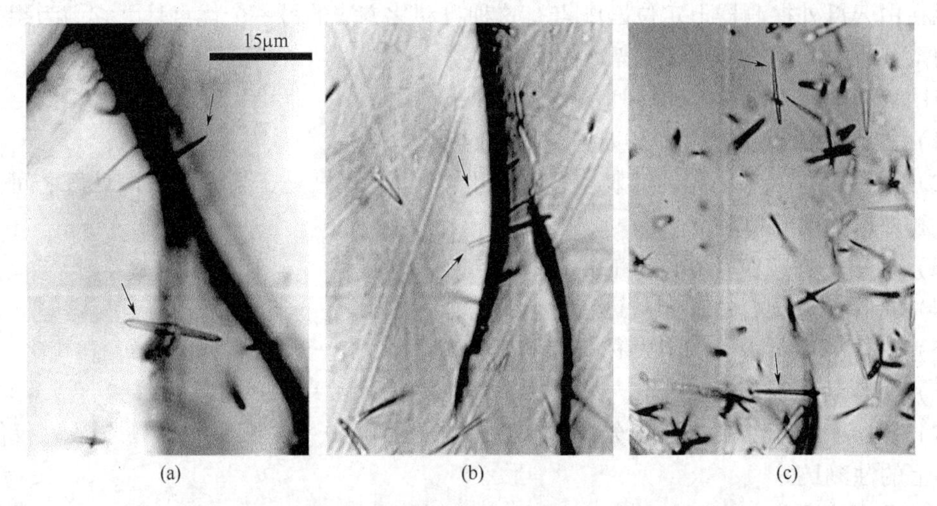

图 2.6 磷灰石中封闭自发裂变径迹，适合长度测量

（a）和（b）中的箭头指示了 TINCLE（底部），而（c）则显示了一个 TINT（顶部）和一个 TINCLE（底部）。每个图的比例尺相似

合适的水平封闭径迹进行测量非常有用。大部分情况下，水平径迹可以非常明显地显示出来，因为它们具有明亮的反射而没有衍射带，而衍射带通常是浅倾斜径迹的特征。

大多数实验室使用附在显微镜上的绘图管以及连接在计算机上的数字化面板来执行封闭径迹长度的测量。绘图管将数字化面板的光标叠加在普通显微镜图像上。光标带有明亮的发光二极管以标记光学图像中的测量点。找到合适的径迹后，只需简单地将光标依次移到径迹图像的每一端，并标记位置。径迹末端的坐标信息被转换为长度测量数据，并被传输到计算机进行存储和统计分析。对于每一个被测量的径迹，通常同时进行从蚀刻坑伸长的 c 轴方位角方向的测量，作为封闭径迹方向的参考框架。应当对载玻片进行系统扫描，并测量封闭径迹的长度。

在径迹长度分析过程中，大部分时间都用于对合适径迹的定位。没有规定径迹的最小测量长度。但是，同时包含长径迹和短径迹的样品通常会反映更复杂的热历史，因此应收集尽可能多的长度数据。平均径迹在 50~120 次测量后，磷灰石中的碳纳米管长度值通常保持稳定（Barbarand et al.，2003a）。但是，通过 c 轴投影可以从晶体学角度对测得径迹长度相对于进行归一化处理，这归因于退火特性与各向异性，与未投影的径迹相比，可以提高测量的再现性，并且平均长度值更稳定（Ketcham et al.，2007）。由于辐射损伤的差异（Bernet 和 Garver，2005），碎屑锆石晶体的蚀刻条件和过程复杂，因此通常不进行长度测量。在碎屑磷灰石中，仅在用于定年的矿物晶体中测量封闭径迹长度很重要，可以确定离散的年龄分布做合理的地质解释。分解裂变径迹年龄的方法可参考 Brandon（1992）、Galbraith 和 Laslett（1993）、Vermeesch（2009）和 Vermeesch（2018）的第 6 章。

2.11.6 ^{252}Cf 辐照

^{252}Cf 辐照是一种用于增加磷灰石中可测量封闭径迹长度的技术（Donelick 和 Miller，1991），还可以减少观察者的偏见（Ketcham，2005）。在化学蚀刻之前进行的这种辐照可以在颗粒载玻片遮盖区域或其平行样品上进行。或者，可以使用与 N_s 相同的载玻片，并在计

算 N_s 后重新蚀刻以进行长度测量（Donelick，2005）。通过将晶体放置在真空中，与 ^{252}Cf 自发裂变碎片源（$T_{1/2}$=2.645yr）相距几毫米，会产生大量裂变粒子，这些粒子会穿透暴露的抛光面。所产生的辐射损伤可以充当通往抛光面下深处封闭径迹的“路径”，有效地增加了可用于测量的封闭径迹长度的数量（Donelick，2005）。此方法已广泛应用于低铀浓度的样品，或年龄较小且 TINTs 较少的样品。在锆石这种密度较大的矿物中，^{252}Cf 辐照不能很好地植入长的径迹，Yamada 等（1998）对增加可测量的封闭径迹的其他技术进行了分析，如重核素辐照和人工压裂等技术。

2.11.7　动力学参数

磷灰石裂变径迹退火是一个复杂的非线性过程，虽尚未完全了解，但已知主要受温度（明显高于 60℃的温度），加热持续时间和晶体方向的控制程度较低等（Donelick，2005）。该退火还与阴离子（Cl、F、OH）和阳离子（如 REE、Mn、Sr、Fe、Si）的复杂相互作用有关，其中 Cl 起主要作用（Green et al.，1985）。有人建议在富含 F 的磷灰石中使用 REE 来分析退火程度（Barbarand，2003b），正如 Donelick 等（2005）和 Spiegel 等（2007）所概述的那样，还有一些其他可能的化学因素。还提出了磷灰石的整体径迹蚀刻速率，以代替整体化学成分，这涉及 Dpar 的测量—平行于晶体学 *c* 轴测量的裂变径迹蚀刻凹坑长度的算术平均值（Donelick，1993；Burtner，1994）。

Dpar 长度和 Cl 含量是最常的两个动力学参数，可用于后期年龄和径迹长度分析。对于单个磷灰石晶体或晶体群的热历史模拟，与裂变径迹年龄和长度数据类似，Dpar 和 Cl 含量这两个参数也是必不可少的。常用的热历史模型可以应用上述任何一个参数。但是，应该选择哪种测量仍然是一个争论的问题（Barbarand，2003b；Green，2005；Hurford，2005；Donelick，2005）。

年龄和长度的数据只能在平行于晶体学 *c* 轴的棱柱形截面上获取，并且可以通过存在尖锐的抛光划痕以及光下平行于 *c* 轴的蚀刻坑开口的方向进行检查（Donelick，2005）。

传统显微镜设置的 Dpar 测量与径迹长度测量基本相同，但是在这种情况下，测量范围小得多。利用数字成像技术（参见本书第 2.12 节和第 4 章，Gleadow et al.，2018），现在可以在几秒钟内以较低的分辨率自动测量多个 Dpar 值，几乎可以达到像素水平，结合参数 Dper 与 *c* 轴垂直的凹坑短轴的测量结果，可以精确且完整地定量表征蚀刻凹坑的几何形状。

目前，对磷灰石 Cl 含量的测量已成为常规测试项目。该测试涉及到另一个更昂贵、更耗时的分析步骤，即将用于裂变径迹年龄和径迹长度而分析的晶体 *x*-*y* 坐标转化为电子探针卤素分析（F 和 Cl 含量）的坐标系统。在磷灰石上进行此类分析时，应格外小心，因为卤素 X 射线强度会随操作条件，晶体取向以及整体 F 和 Cl 含量而剧烈波动（Goldoff，2012；Stock，2015）。Siddall 和 Hurford（1998）已描述了使用红外显微技术半定量测定磷灰石阴离子组成，但并未广泛使用。使用 LA-ICP-MS 测量磷灰石中 Cl 的含量（Chew，2014）是朝着收集动力学信息以及 ^{238}U 和 REE）含量方向发展的重要进展，从而为裂变径迹分析提供了更为综合的数据采集方法。

2.12　数字成像和自动裂变径迹分析

常规的裂变径迹计数非常耗时耗力。但是，新分析方法有望在裂变径迹分析中显著提高数据质量和分析效率。Gleadow 等（2009，2015）研发了一种结合了自动化数字显微镜和自动图像分析技术的方法，用于识别和计数磷灰石等矿物中的裂变径迹，以及 Dpar 和裂变径迹长度测量的新方法。这项新技术充分利用了如 Zeiss Axio-Imager 系列之类的新一代数字显微镜的功能。由于新一代显微镜软件系统可以自动捕获和处理图像，因此以前与微镜有关的大部分操作时间现在都可以节省出来做其他事情。可以在一夜之间获得多个载玻片测试样品的系列图像资料，并且可以使用分析软件在计算机上离线分析处理后的图像。除此之外，显微镜坐标系统可以被导出至其他电子设备中，如激光剥蚀台或电子探针其他分析仪，以进行进一步分析。第 4 章中将详细介绍这种新方法（Gleadow et al.，2018）。

第3章　裂变径迹退火：从地质观测到热史模拟

Richard A. Ketcham

摘　要

本章根据理论、实验和地质观测资料，回顾了磷灰石和锆石裂变径迹退火知识的发展。透射电子显微镜、小角度X射线散射，原子显微镜和分子动力学计算机模拟对径迹的结构、形成和演化有多种解释。目前主要认识来自对自发或诱发径迹进行退火、蚀刻、测量、统计拟合以及预测与地质标准比较等实验。尽管对退火的物理学机制的理解是最终研究目标，但受多种因素制约，目前主要采用上述已被证明是有效且灵活的经验方法。晶格损伤的退火机理以及它在矿物和损伤类型之间的变化方式仍然未知。磷灰石和锆石之间的多重相似性表明存在相同的潜在过程。两种矿物均表现出退火各向异性，其特征对于理解径迹缩短和密度降低至关重要。扇形曲线公式在Arrhenius型图上具有弯曲的等温退火线，可以很好地匹配从几秒到几亿年的时间范围内的数据。具有一组等值退火线的超级模型描述了迄今为止所有的磷灰石实验数据。退火速率随阴离子和阳离子取代而变化，需进一步的工作来确定这些如何相互作用。其他需要进一步研究的领域包括自发和诱发径迹之间的差异，以及可能影响长度和密度演变的其他过程。热历史反演与地质类型相互依赖且互为验证，其中动力学参数与取值是关键。

3.1　简　介

裂变径迹能用于地质调查是因为其具有一定的温度敏感性。裂变径迹方法在热年代学中是独特的，因为自岩石形成后，每个矿物颗粒都有可能成为其经历热历史的敏感记录载体。如果能够成功地恢复在较长时间间隔内形成的大量径迹中的温度信息，则可以将该信息与其他地质约束条件整合，以确定详细的热历史（Green，1989；Gallagher，1995，2012；Issler，1996；Ketcham，2005）。

从裂变径迹获得可靠的热历史信息的关键取决于对退火过程的理解和表征。目前还存在以下困难：裂变损伤和辐射损伤的退火通常是一个复杂的物理过程，尚未得到完全的理解；能量沉积到晶格中的机制仍然是一个有争议的问题，并且在矿物和损伤类型之间可能会有所不同，难以确定且不可避免地会改变被取代原子的排列和构型。裂变损伤区的形状不统一，直径为5~10nm，长度为12~20μm，因此纳米分析方法很难得到应用。考虑到以上这些困难，退火机制以及它在矿物或损伤类型之间是否有别仍然是一个问题。最后，对地质时间尺度上的裂变径迹的行为，我们无法确定现有理论是完全正确的，或者实验室实验或分子模型是否抓住了在这些时间尺度上运作的过程，除非用地质观察结果来检验它们的含义。

对裂变径迹退火的描述和量化分析取决于多方面的共同工作，包括理论、实验和地质应用。在过去的五十年中，所有这些共同发展，将进一步提高对裂变径迹退火的理解以及利用它来获取热历史信息的能力。

3.2　辐射损伤

讨论退火作用之前，首先需要明白重离子如何造成辐射损伤的，以及在测量中会反映出损伤的哪些方面。有关重离子径迹形成和损伤的最新综述，请参阅 Wesch 和 Wedler (2016)。本章仅考虑晶格损伤。含 U 和 Th 矿物中的两种主要晶格损伤类型是裂变和 α 反冲。两者都需要考虑，后者会造成更多的晶格损伤，影响更大，例如锆石裂变径迹蚀刻和退火速率（Rahn，2004）以及氦扩散率等（Flowers，2009；Gautheron，2009；Guenthner，2013）。

3.2.1　裂变与 α 粒子反冲径迹和损伤

裂变碎片很重（质量为 80～155amu）且能量很高（约 160MeV/decay），常见矿物中裂变停止距离约为 8～11μm（Jonckheere，2003b）。来自 U 和 Th 链的 α 衰变能量为 3～9MeV，但大部分能量流向 α 粒子（^{4}He 离子），目前认为该粒子造成的破坏相对较小，沿 α 反冲有数百个原子发生位移，路径可达 20μm（Weber，1990），由于体积小和电荷小，大约 70～140keV 的衰变能量被赋予反冲的原子，由于其体积大、速度低，它与沿途的原子发生了更强烈的相互作用，一般的停止距离和由此产生的潜伏径迹长度在 25nm 左右，并具有成千上万的位移。但是，尽管每个反冲核所沉积的能量比一对错乱碎片的能量少约 10^3 倍，但^{238}U 及其子产物的 α 衰变比自发裂变的频率高约 10^7 倍，因此，α 粒子反冲径迹（ART）比裂变径迹要多 10^7，并向晶格中增加 10^4 的能量。

裂变粒子和 α 反冲核传递能量并造成破坏的机制是不同的（Fleischer，1975）。裂变过程中释放的能量足够高，以至于子核以高电荷离子（+30～+50）的形式通过晶体，在其尾部留下晶格电荷，通过电子排斥来置换原子，即“离子尖峰”模型（Fleischer，1965b）。相反，反冲核的相对较低的能量和电荷可能会导致动力学或“破坏球”（刚性核和电子云）的相互作用和破坏。用于裂变径迹形成的离子尖峰模型的主要替代方法是热尖峰，它将能量传递作为一个热过程。这些过程不是互相排斥的，并且已经提出了对离子径迹的“复合尖峰”理解（Chadderton，2003）。尽管大多数关于径迹相互作用的计算都使用了电子模型（如：Rabone，2008；Li，2012），但热尖峰更有助于做出一些预测，例如径迹半径（Szenes，1995）。对检查锆石中裂变径迹的 TEM 观测很有用（Li，2014）。

辐射损伤对 U-Th 退火很重要，以相同的方式或在相同的温度下从裂变和 α 粒子反冲退火中引出损伤是当前研究的热点。数据是混杂且稀疏的，可以在云母中进行直接比较，因为它们是唯一可以直接蚀刻和观察到 α 粒子反冲径迹的矿物（Huang 和 Walker，1967；Gögen 和 Wagner，2000；Stübner，2015）。Yuan 等（2009）的退火实验表明，在 10℃/Ma 冷却下，金云母中的 ARTs 的封闭温度（T_c）约为 26℃，然而 Parshad 等（1978）的研究表明，金云母中的裂变径迹在百万年级别上一直持续到 200℃。先前关于黑云母的研究也表明，ARTs 的保留温度比裂变径迹的保留温度低约 100℃（Saini 和 Nagpaul，1979；Hashemi-Nezhad 和

Durrani, 1983）。

在锆石中，非裂变晶格损伤的某些成分被认为是导致颜色变化的原因，这种颜色变化在地质时间尺度上比裂变径迹存在更高的持续温度（Garver 和 Kamp，2002）和更高蚀刻速率（Gleadow，1976），并且可能降低对裂变径迹退火的抵抗力（Rahn et al.，2004）。但是在短时间内，Braddy 等（1975）发现，短暂的预退火过程可以降低因辐射损伤引起的成矿作用所增强的蚀刻速率，同时保持裂变径迹密度。这表明“动力学交叉”（Reiners，2009），其中相对退火速率从实验室到地质时间尺度内变化。另外，拉曼光谱分析表明从近半金属状态的破坏恢复比从较低的破坏程度恢复的速度要快（Zhang，2000；Geisler，2001），这表明 Braddy 等（1975）的结果反映了一个整体过程，而不是单个反冲径迹的特性。Tagami 等（1990）和 Yamada 等（1995b）报道了在实验室时间尺度上仅在裂变径迹退火的初始阶段，损伤不严重的锆石的蚀刻速率大大降低，这归因于消除了 α 反冲损伤。上述分析表明，大量的 α 粒子反冲在锆石裂变径迹发生之前就已部分退火，但最终残余物仍持续较高的温度。

3.2.2　蚀刻启示

裂变粒子的停止距离比蚀刻所揭示的径迹长度大得多。例如，据估计，磷灰石中的两个裂变核彼此相距 21.2μm±0.9μm（Jonckheere，2003b），而事实上裂变径迹的可蚀刻长度约为 16μm（例如，Ketcham，2015），长度缺陷为 25%。同样，在锆石中，裂变碎片的传播距离为 16.7μm±0.8μm，但蚀刻后的长度约为 11μm（Tagami，1990；Yamada，1995a），长度缺陷约为 34%。TEM 观测（Li，2012）证实，原子级损伤的确存在于可蚀刻长度之外，显然存在一定程度的损伤，未得到充分蚀刻。相关观察结果是，在高度退火的情况下，一些径迹会形成“不可蚀刻的间隙”（Green et al.，1986），缓慢蚀刻区将被快速蚀刻区分隔开。

因此，当从蚀刻的裂变径迹推断出原子级的退火过程和径迹缩短之间没有联系。描述长度减小的退火公式是按照可蚀刻长度来进行的，描述密度减小的公式是按照与蚀刻后的内表面相交的可蚀刻性区域来进行的。因此，它们反映了退火后的损伤到某些蚀刻能力极限以下，通常由蚀刻协议定义，而不是完全消除损伤。类似地，缓慢蚀刻间隙的形成可以使可蚀刻性增强的区域看起来比实际区域更短，从而导致退火的最后阶段径迹明显缩短，该缩短随径迹的晶体学方向而变化。在磷灰石中，通过表征平行于晶体 C 轴的径迹的退火，可以避免问题，这是经过最后加速退火作用后的径迹（Donelick，1999；Ketcham，2007a）。另一个要点是长度测量取决于所使用的蚀刻方案。在磷灰石中，通常的步骤是使用 HNO_3 在一定的浓度和温度下进行一定时间的蚀刻（参见本书第 2 章）。最常见的方案是在 20℃下使用 5.0mol/L 或 5.5mol/L HNO_3 持续蚀刻 20s，并将它们与 Barbar（2003）和 Carlson（1999）产生的退火数据集结合使用。另外，一些实验室人员更喜欢使用弱酸，并通过更长的蚀刻时间来补偿（如 Crowley，1991），并使用相关规程（Ketcham，2015）。最近研究表明，增强的蚀刻能力逐渐下降而不是逐步降低，并且标准的单步蚀刻协议可能会省略蚀刻径迹末端之外的区域，在该区域中蚀刻速率会降低，但仍然大于块状晶体（Jonckheere，2017）。锆石比磷灰石更难蚀刻，通常需要在 210～250℃的条件下使用 KOH 和 NaOH 混合溶液，蚀刻时间从数小时到数天不等（Gleadow，1976；Garver，2003）。蚀刻速率甚至可以逐粒变化。

磷灰石蚀刻速率随 Cl^- 和 OH^- 含量的增加而增加，因此应改变蚀刻时间以实现恒定的蚀刻光学宽度（Ravenhurst，2003）。磷灰石尚未采用上述规范，因为通过处理所有样品可提高效率。相反，在锆石中，蚀刻速率随辐射损伤而变化很大（Gleadow，1976），并且一直优先选择蚀刻，直到径迹达到一定的宽度，通常为1μm±0.5μm（Yamada，1995a）。在给定的测试样品中，不同的锆石晶体可以以不同的速率蚀刻，从而需要分散测量进行多次蚀刻，或者在不同的持续时间蚀刻出多个等分试样（Garver，2005）。从发现热历史和研究热退火行为的角度来看，这些复杂性使得锆石裂变径迹长度更难以解释。

3.3 退火实验

对退火的大部分知识来自实验室。通过实验及详细统计，确定径迹的各项参数以揭示其相对于“未退火”参考径迹的变化程度。这些研究所使用的径迹要么来自经历足够低温的地质历史的样本自发径迹，现有的径迹已通过加热消除，要么是在核反应堆中诱发的径迹。实际上，在近地表温度下，甚至在辐照后的几秒钟到几天内，磷灰石在一定的地质时间范围内都会发生一定程度的退火（Donelick，1990），但是要解释这一初始成分并不容易，因此通常被忽略。从形变的角度来看，可以安全地考虑自发径迹和诱发径迹，因为^{238}U和^{236}U裂变释放的能量和衰变产物几乎相等。

退火实验通常优选使用诱发径迹，它们提供了最清晰的解释，因为颗粒中的所有径迹具有几乎相同的历史，而自然样品中自发径迹的年龄会相差很大。在某些情况下，若担心预退火步骤可能会改变矿物，例如通过消除α粒子反冲对背景辐射的损伤，则建议使用自发径迹。

3.3.1　早期研究工作

对裂变径迹退火原因的初步研究很快以温度为主要分析因素。Fleischer 等（1965a）基于锆石、橄榄石、云母和玻璃的实验，排除了诸如压力和电离辐射等其他可能性。裂变径迹的第一个热退火研究是由 Fleischer 和 Price（1964）进行的，他们测量了裂变径迹密度（在抛光表面上每单位面积观察到的径迹）的降低（见第1章；Hurford，2018）。他们发现，火山玻璃中未退火和完全退火的裂变径迹之间的过渡在 $\ln t$ 与 $1/T$ 的 Arrhenius 图上遵循线性关系［图3.1(a)］，关系如下：

$$\tau_a = A e^{E/kT} \tag{3.1}$$

式中，τ_a 是在绝对温度 T 下获得一定程度的径迹密度降低所需的时间，A 是指数常数，E 是活化能，k 是玻尔兹曼常数。

随后对磷灰石和榍石的研究（如：Naeser 和 Faul，1969；Wagner 和 Reimer，1972）发现，随着退火的进行，描述密度降低程度的直线斜率会变陡［图3.1(b)］。随后在其他矿物中也观察到了这种模式，如石榴子石（Haack 和 Potts，1972；Lal，1977）、绿帘石（Naeser，1970；Haack，1978）和金云母（Parshad，1978）以及火山玻璃（Storzer，1970）。

式(3.1) 并不是严格意义上的 Arrhenius 公式，因为它描述了一定程度的反应进行所需的时间，而不是反应速率。因此，图3.1中所示类型的曲线在本章中称为“Arrhenius 型”图，而不是 Arrhenius 图。根据退火过程从位移斜率推断出活化能的变化是不确定的。这可能意味着随着径迹的缩短，进一步退火所需的活化能更多，或者意味着不同的径迹可能具有不同的活化能。以这种方式获得的矿物活化能通常在初次退火和完成之间相差2~3倍，从而导致广泛的热敏性。例如，Haack（1978）对绿帘石的研究结果表明，在204℃下，1000Ma 后裂变径迹密度将下降10%，但在相同时间间隔内降低90%则需要460℃的温度。

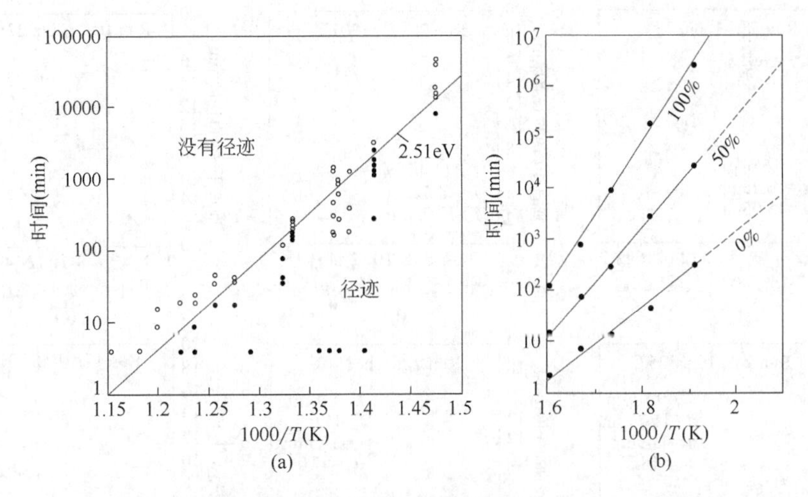

图 3.1　基于径迹密度的裂变径迹退火的 Arrhenius 型图

（a）时间和温度对印支岩火山玻璃中径迹影响的实验观察（据 Fleischer 和 Price，1964），实心圆圈表示观察到的径迹，空圆圈表示没有径迹；（b）磷灰石的 100%、50%、0%径迹减少曲线（据 Naeser 和 Faul，1969）

3.3.2　基于长度的方法

认识到磷灰石中水平封闭径迹的长度包含详细的热信息（Bertagnolli，1983；Gleadow，1986），引发了人们对退火实验，更重视长度而不是密度（Green，1985，1986；Crowley，1991；Donelick，1991；Carlson，1999；Barbar et al.，2003；Ravenhurst，2003）。基于长度的实验优点是尽管仍可能需要影响退火速率的其他化学成分的均质性，但不需要样品材料中的 U 均质性。总体而言，基于长度的实验与基于密度的实验以相似的方式进行，并以相似的方式进行评估。

基于长度的实验的一个主要优点是，它们提供了有关退火过程的更详细信息，每条径迹的长度都显示出缩短的程度。从图 3.2 所示的长度数据中可以获得一些关键的观察数据，总结了一组随着退火程度提高以及磷灰石晶体方向的影响而进行的磷灰石实验（Donelick，1999）。在较低的退火程度下，径迹会持续地逐渐缩短，表明此阶段的退火过程是从尖端向内进行的。尽管未退火的径迹长度几乎是各向同性的［图 3.2(a)］，但与同低角度的径迹相比，与磷灰石晶体 C 轴夹角更大的径迹退火更快［图 3.2（b）和（c）］。一旦径迹退火至大约 10.5μm［图 3.2(d)-(f)］，它们的退火速度就会加快，从而导致椭圆关系破裂。这种现象至少一部分原因是由慢蚀刻间隙的形成引起的，在一定程度下可以防止整条径迹被蚀刻掉。这种现象表明，通过从径迹侧面进行退火可以增强径迹尖端的退火（Carlson，1990）。

除磷灰石外，唯一进行过基于长度的退火实验的矿物是锆石（Tagami，1990，1998；Yamada，1995b；Murakami，2006）。如上所述，尽管蚀刻技术不同，但锆石裂变径迹退火的一般模式类似于磷灰石（图 3.3），包括蚀刻和退火行为方面的各向异性。一个有趣的区别是，尽管各个径迹似乎都经历了加速退火，但椭圆关系似乎并未破裂。为了抵消过度蚀刻，Yamada（1995a）建议仅使用与 c 轴夹角大于 60°的裂变径迹进行分析，大多数后续研究都遵循了这一建议。

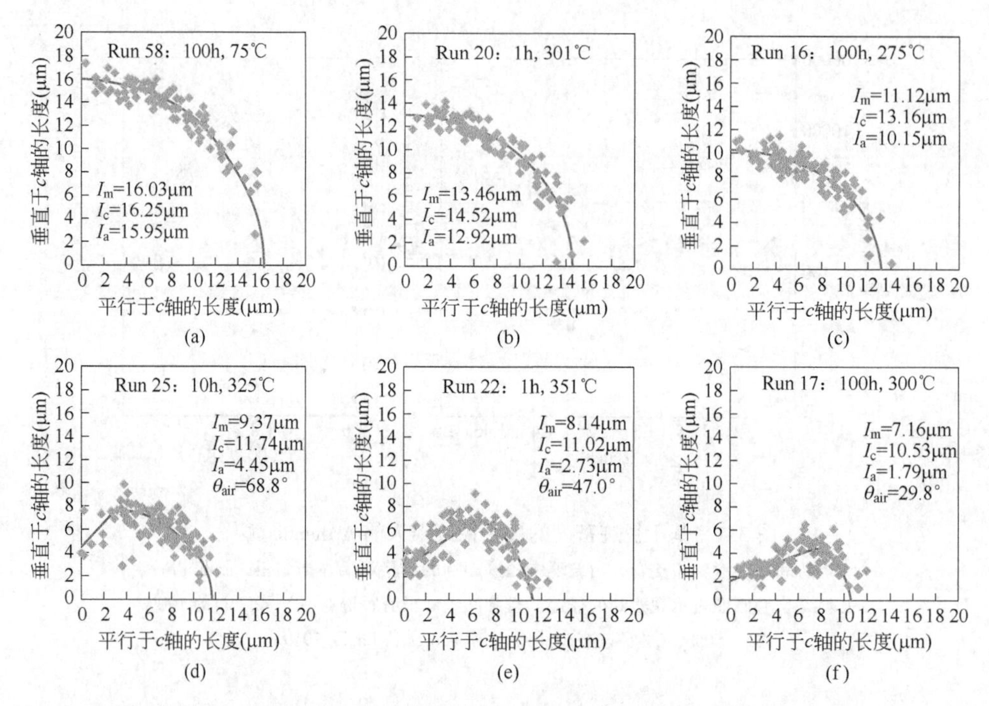

图 3.2　极坐标图显示了磷灰石中水平封闭径迹长度的退火各向异性（据 Donelick et al.，1999）

在低退火条件下仍能很好观察到长度分布。I_c 和 I_a 的拟合长度分别平行于晶体 c 轴和 a 轴，随着平均长度的下降，其下降速率不同。在较高退火条件下，椭圆关系破裂，在 θ_{air} 以上的角度处的径迹显示出加速缩短的证据，这表示为在截距 I_a 处将椭圆连接到 a 轴的线段

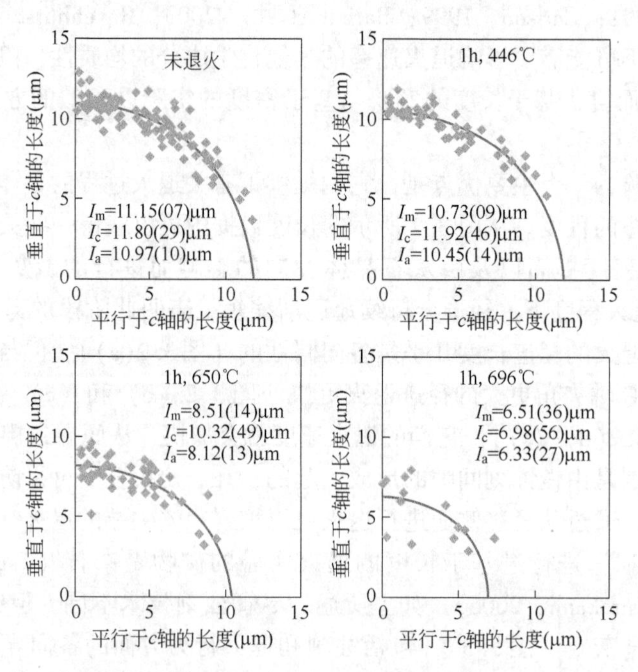

图 3.3　锆石中水平封闭径迹退火各向异性（数据来自 R. Yamada 和 T. Tagami）

括号中的数字为 1σ 不确定性。本图与磷灰石的相似，不同之处在于没有明显的边界，快速缩短开始占主导地位

3.3.3 长度和密度之间的联系

随着从对密度的研究向对长度的研究转变，需要表征和理解两者之间的关系。关于该问题最权威的认识来自 Green（1988）的研究，其中对自发径迹和诱发径迹进行了退火，并在多个磷灰石样品中进行了比较。密度减小和长度减小之间的关系（图 3.4）并不简单，有趣的现象出现在退火的早期和晚期。

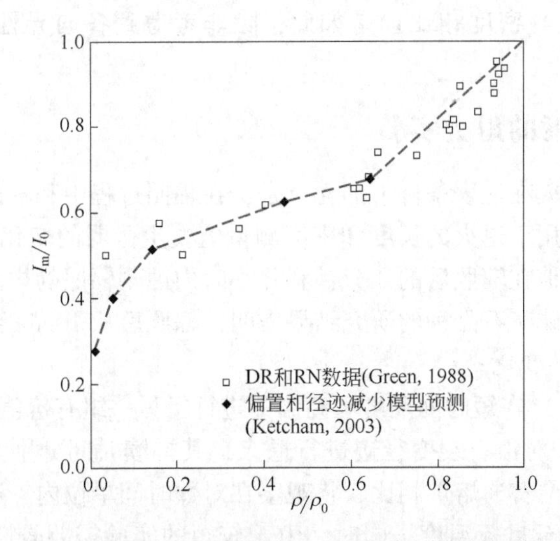

图 3.4 基于 Green（1988）的诱发径迹数据以及径迹减少模型的预测（Ketcham，2003），磷灰石的裂变径迹长度减小与密度减小之间的关系

Green（1988）推荐的方法中一个关键点是，自从和诱发径迹进行比较以来，由于大多数裂变径迹研究者都采用了这种方法，因此需要将长度和密度值归一化为与初始条件相对应的诱发径迹。由于磷灰石中的自发径迹总是比诱发的短 4%~11%（Green，1986；Carlson，1999；Spiegel，2007），这意味着所有自发径迹都已被轻微退火，即使在地球表面或海底的条件下（Vrolijk，1992；Spiegel，2007）。如果是这种情况，则根据线段理论，与抛光（蚀刻）晶体表面的单位面积相交的径迹数量（即半径迹密度）也应减少相似的量（Fleischer，1975；Parker 和 Cowan，1976；Laslett，1982，1984），并且自发径迹密度应重新归一化为与不进行这种退火时的密度相对应的值。然而，这种说法具有启发性，因为它假定绝对的磷灰石裂变径迹年龄（即在未使用 Zeta 校准的情况下获得）永远不会重现结晶年龄。因此，对于那些研究绝对测年的可行性的人来说仍然是有意义的（Enkeμmann，2005；Jonckheere，2015），并且也影响着热历史逆模型的假设。这一点将在本章后面再讨论。

在低退火程度下，Green（1988）的重新归一化导致自发径迹数据在减少的长度和密度值之间出现 0.9~1.0 的差距（图 3.4）。该区域的诱导径迹数据通常遵循接近 1∶1 的关系，正如适应退火各向异性的线段理论所预测的那样（Laslett，1984；Ketcham，2003）。

随着退火的进行，在减少的长度和约 0.65 的密度值处会突然出现偏差，其中密度的减小相对于长度的减小更快。Green（1988）通过退火各向异性和长度分析（Laslett et al.，1984）的结果正确地但不完全地确定了其背后的机理，因为更短的封闭径迹不太可能与蚀刻剂的路径相交。在抛光面上，它们不太可能被观察到。因此，在由各向异性形成的径迹长度分布中，平均长度将保持较长，而密度下降得更快。但是，在重新检查 Carlson（1999）的退火数据时，Ketcham（2003）发现仅靠长度分析是不够的。随着退火的进行，较长的低角度径迹和较短的高角度径迹之间的观测频率发生了明显的变化，即测量低角度径迹和高角度径迹的相对机会增加了 100 倍以上。仅当高角度径迹变得不可检测或出于实际目的为零时，才能解释此观察结果。由于长度为零的径迹无法确定平均径迹长度，因此平均长度会偏大，而这些值无法反映整个统计对象的真实退火程度。这使平均径迹长度数据不能作为衡量退火进度的指标，即使与密度相比也是如此，除非考虑到各向异性的影响，这将在后面讨论。

3.3.4 短时尺度的退火实验

磷灰石裂变径迹退火在地表条件下的含义是，在辐照过程中和辐照后可能会发生诱发径迹的某种程度退火，使用于退火的长度和密度测量值发生微弱的变化。Donelick（1990）进行了一项重要的实验，他在辐照后的几分钟和几小时内蚀刻辐照的样品，基本上进行了室温退火实验。对四种不同磷灰石品种的研究结果表明，辐照后从 10min 到 3 周的时间间隔内确实发生了 0.3~0.5μm 的变化。

Murakami 等（2006）在短时间尺度和高温下进行了另一组有价值的实验，其中在 500~900℃下使用高速石墨炉对锆石裂变径迹进行退火，其持续时间分别为 4s、10s 和 100s。此类实验的重要性在于，与普通熔炉相比，将观察在对数时间单位内，通常在导入样品后需要花费几分钟将样品加热至目标温度。同时，由于较短的实验需要较高的温度，因此存在危险，即某些操作可能会影响退火速率。例如，Murakami（2006）报告了在 4s 和 10s 之后获得的一些径迹长度分布，显示出异常高的标准偏差，与在较短时间、较低温度的实验中观察到的相比，相对于尖端缩短，它们归因于更早的分段开始。Girstmair（1984）对 Durango 磷灰石进行了类似的实验，但仅测量了径迹密度。

3.4 地质观测

理解裂变径迹退火的信息可以来自地质实际情况，或者是根据独立信息建立热历史的研究，因此可以用来测试退火模型是否能充分再现地质特征。通常，无论温度高（如井或钻孔）还是低（如海洋底部或地球表面温度），最容易识别和利用的情况是样品在当前温度下长期停留的时间。

3.4.1 高温基准

高温基准是测试退火点附近裂变径迹行为的必要条件，长期以来人们一直认为井下是达到此目的的自然环境（如：Naeser 和 Forbes，1976；Naeser，1981）。可惜的是，要满足深层岩体 10Ma 以来保持近乎恒定的温度这一要求并不容易。从地质学上讲，它要求边界条件（如基底热流和地表温度）以及对流因素（如侵蚀或沉积、断层、侵入性活动和流体流动）忽略不计（见第 8 章；Malusà 和 Fitzgerald，2018）。这些条件很难满足百万年以上。例如，始新世的全球平均地表温度相对现代可能大约高出 14℃，此后一直稳定地下降（Zachos，2008）。实际情况不受地下干扰的环境最可能是大陆板块的深孔，但我们所举的几个例子并没有任何帮助。Scandinavian 地盾上的 Kola 超深井在 9km 的深度遇到了出乎意料的高温和活跃的流体流动（Kozlovsky，1984）。同样，德国的 Kontientale Tiefbohrung（KTB）大陆深钻探项目也由于深层高温远远超出了预测而不得不提早停止钻探（O'Nions，1989），而支持对流流动的渗透率发现在深度 9km 的地方（Clauser et al.，1997）。用于研究裂变径迹系统的两个重要的井下数据集来自澳大利亚南部被动边缘的 Otway 盆地和 Bavarian 地盾的 KTB 井。Otway 盆地始于侏罗纪晚期至白垩纪，当时是澳大利亚和南极洲的大陆破裂，裂谷过程中迅速沉降，导致 Otway 层系 3~5km 的沉积物沉积在大约 123~106Ma 之间，Otway 盆地西部自沉积以来经历了近乎单调的埋深，自 30Ma 以来几乎没有构造活动，因此温度接近稳态（Gleadow 和 Duddy，1981；Duddy，1997）。Green（1985）报道，Flaxmans-1 井中的氟磷灰石在当今井下温度为 92℃时完全退火，而 Cl 含量为 0.6apfu（约 2.2%）的磷灰石保留了它们的沉积年龄，表明 Cl 含量对退火动力学产生一定影响。

KTB 深层钻探工程由两个钻孔组成，分别达到 4001m 和 9101m 的深度，并通过 Variscan 结晶岩穿透 Bohemian 地块的西缘。这些岩石具有一系列配套相，这使其成为评估和比较地质热年代指标的有用试验场所（Wauschkuhn et al.，2015a）。

KTB 钻探地区的新生代地质历史一直是一个争议。基于磷灰石的裂变径迹年龄和长度，在剖面的顶部 2km 处几乎没有变化（图 3.5），Coyle（1997）认为，新生代逆断层使该段增厚了 1000m，导致了年龄和长度的重复。Wauschkuhn 等（2015a）对此结论提出了质疑，他认为这种情况没有“来自地质证据的支持”，而是赞成另一种假设：自白垩纪末以来，该区块一直处于静态演化，并测试了各种退火模型。

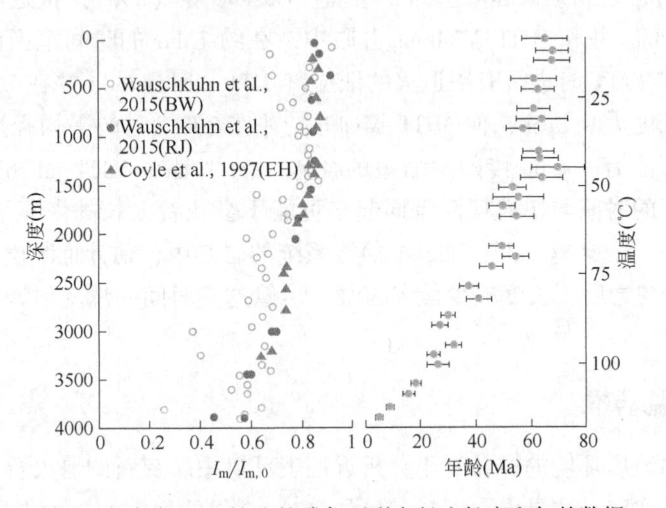

图 3.5　来自 KTB 钻孔的磷灰石裂变径迹长度和年龄数据

长度数据来自 Coyle 等（1997）和 Wauschkuhn 等（2015a，b）；分析员 EH 为 E. Heijl，RJ 为 R. Jonckheere，BW 为 B. Wauschkuhn。年龄数据来自 Wauschkuhn 等（2015a，b）

Corrigan（1993）分析了得克萨斯州南部一系列表面和地下样品中的磷灰石，并报告了在 Frio 生长断层中具有裂变径迹的井下样品持续高达 130℃。这些数据对磷灰石径迹退火的传统观点提出了挑战，因为这些温度超过了人们认为 F-磷灰石在整个地质时间内都保留有径迹，而裂变径迹将倾向于反映最高温度。因此，与最近的加热相比，最近的冷却更有可能提供井下热历史的误导性信息。对这些数据的解释并不简单。这些井位于天然气田中，各地之间的井下温度变化很大。国家地热数据系统数据库（http：//geothermal. smu. edu/gtda）显示的温度比 Corrigan（1993）使用的最热井的井温度低 10～20℃。同样，尽管 Corrigan（1993）测量了 Cl 的组成来衡量退火动力学的可变性，但仅分析了 300 个随机晶体，而未使组成与特定的密度和长度测量相匹配。当观察到一些 Cl 含量变化时，存在选择偏差的可能性，并且更深、更热的测量值反映出更多的耐蚀晶体。除 Cl 以外的其他化学成分均可增加抗退火性，下面将详细介绍。

锆石中裂变径迹的一系列研究提供了对各种高温历史的研究约束。Hurford（1986）通过比较锆石裂变径迹年龄与磷灰石裂变径迹和云母 Rb-Sr、K-Ar 系统的反应，推测该系统在 Lepontine 阿尔卑斯山的各个地方处于连续剥离的历史，Hurford（1986）得出了被广泛引用的 T_c 估计值为（240±50）℃（约 15℃/Ma 冷却），这在 Brandon（1998）和 Bernet（2009）等的后续分析中得到了证实。随后推断的云母 T_c 的修正（Villa 和 Puxeddu，1994；Grove 和 Harrison，1996；Jenkin，2001；Harrison，2009）表明，其中一些估计可能会增加数十度。此外，在 Lepontine 阿尔卑斯山地区某些具有广泛的流体流动和变形的高温同位素系统的热年代学解释也受到了挑战（Villa，1998；Challandes et al.，2008）。

对锆石的研究更具挑战性，而且必须比磷灰石更深入、更热才能观察到退火效应。Tagami 等（1996）在维也纳盆地的一个钻孔中直到 197℃的温度下仅有很小的长度缩短（平均长度为 10. 5μm），达到最大埋藏量约 5 年前。Hasebe 等（2003）报道了在日本南部和中部的 MITI-Nishikubiki 井和 MITI-Mishima 井眼中，在约 1Myr 的时间范围内，只有有限的锆石裂变径迹退火在 200℃时进行有限退火的证据。MITI-Nishikubiki 井在 205℃时的锆石径迹略微缩短，平均长度为 9. 8μm，而 MITI-Mishima 井在 200℃时的平均径迹长度为 10. 5μm。在这些研究中，可能有一些遗传的、缩短的径迹（特别是在 MITI-Mishima 井中很明显），并且将峰值温度下的时间与快速埋深等同起来可能不会花费太长的恢复平衡的时间。Ito 和 Tanaka（1995）在一个穿越 Vales Caldera 热液系统的岩心中，估计推断出在 256℃加热 1Myr 和在 294℃加热 56%之后，长度减少最多 30%，尽管这些时间—温度估计值取决于预期不稳定的系统的稳定性。

3. 4. 2 低温基准

长期处于低温地质环境的样品对于分析近地表环境中磷灰石的退火行为至关重要。此类研究的最佳地区是洋底，这是由 Hansen 等（2013）提供的稳定的热边界层。基于 Zachos 等（2008）的数据，估计新生代期间仅约 4℃的长期深海变化。Vrolijk 和 Spiegel 等（2007）对 ODP 样品中磷灰石裂变径迹长度的研究证实，低温条件下在地质时间内累积的自发径迹比诱发径迹短 4%～11%。尽管由于它们的年龄，重构的热历史和成分不同而无法直接比较，但可以将这种变化理解为在峰值温度和 Cl 含量方面的一级（图 3. 6）。F-磷灰石（较小的圆圈）形成了一致趋势的较低温度部分（虚线），这表明随着古温度从 10℃升高到 25℃，缩短时间从 4%增大到 11%。Spiegel 等（2007）的数据还显示出一些具有较高 Cl 含量的磷灰石，更耐退火。如果它们是 F-磷灰石，则图 3. 6 中的效果是将它们推向与其预期响应相比更高的位置。

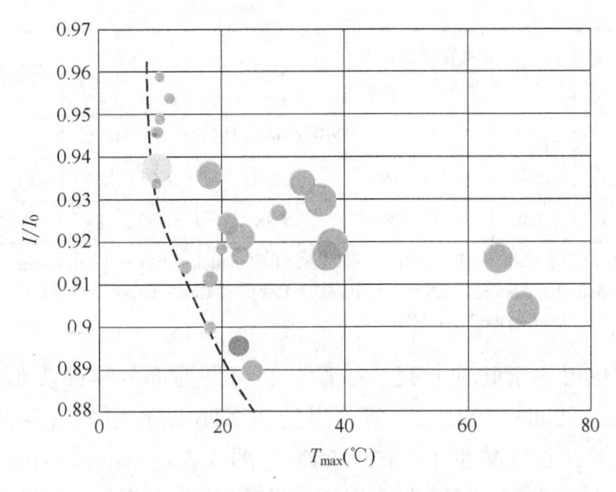

彩图 3.6

图3.6 低温退火数据，来自Spiegel（2007）等介绍的海底岩心样本（蓝色圆圈）。Ketcham（1999）等和Durango（橙色）、Fish Canyon（灰色）标准报告。圆的尺寸对应Cl含量，最大的圆代表1%（质量分数），最小的圆代表0.03%（质量分数）。虚线表示在地质时间尺度上磷灰石裂变径迹长度缩短的最小值

洋底样品的主要缺点是数量有限，并且可能包含多种来源，因此可能无法直接根据未退火的诱发径迹长度［即使在近端成员F-磷灰石之间也可以相差0.64μm（Carlson，1999）］或退火特性进行表征。因此，通过检查诸如Durango和Fish Canyon之类的标准对它们进行补充是有意义的，尽管它们的退火特性很难控制，但Durango和Fish Canyon等退火特性已被广泛研究，并且自形成以来就很可能一直在地球表面附近。Gleadow（2015）、Carlson（1999）和Ketcham（1999）等报道了来自Durango和Fish Canyon的数据。如图3.6所示，很明显它们与洋底数据基本一致。表3.1给出了文献中数据的比较，表明Durango磷灰石的平均自发径迹长度比诱发径迹长度短11%，而Fish Canyon磷灰石的自发径迹长度仅短6%左右，这与实验确定它们具有更高的抗退火性相一致（Ketcham，1999）。

表3.1 具有低温历史的磷灰石中自发和诱发的径迹长度的测量

磷灰石	自发径迹长度平均值（μm）	资源	诱发径迹长度平均值（μm）	来源	l/l_0	分析员	刻蚀
Durango	14.24（08）	G88	15.91（09）	G88	0.895（7）	PFG	5.0mol/L，20℃，20s
Durango	14.47（06）	K&99	16.21（07）	C&99	0.893（5）	RAD	5.5mol/L，21℃，20s
Durango	14.58（13）	G&86	16.24（09）	G&86	0.898（9）	RJ	5.0mol/L，20℃，20s
Durango	14.68（09）	G&86	16.49（10）	G&86	0.890（8）	IRD	5.0mol/L，20℃，20s
Durango	14.20（10）	J&07	16.30（10）	J&07	0.871（8）	RJ	4.0mol/L，25℃，25s
				Durango 均值	0.889		
Fish Canyon	15.35（06）	K&99	16.38（09）	C&99	0.937（6）	RAD	5.5mol/L，21℃，20s
Fish Canyon	15.60（09）	G&86	16.27（09）	G&86	0.959（8）	AJWG	5.0mol/L，20℃，20s
Fish Canyon	15.00（11）	G&86	16.16（09）	G&86	0.928（9）	PFG	5.0mol/L，20℃，20s

续表

磷灰石	自发径迹长度平均值（μm）	资源	诱发径迹长度平均值（μm）	来源	l/l_0	分析员	刻蚀
				Fish Canyon 均值	0.941		
Mt. Dromedary	14.57（86）	G&86	15.89（09）	G&86	0.917（8）	PFG	5.0mol/L，20℃，20s
Otway	14.58（11）	G88	16.17（09）	G88	0.902（8）	PFG	5.0mol/L，20℃，20s

注：括号中的数字为1SE（标准误差）。RAD—Raymond Donelick；PFG—Paul Green；AJWG—Andrew Gleadow；IRD—Ian Duddy；RJ—Raymond Jonckheere。C&99—Carlson（1999）；G88—Green（1988）；G&86—Gleadow（1986）；J&07—Jonckheere（2007）；K&99—Ketcham（1999）。

深井的低温部分也可用于此项研究，尽管它们与高温部分样品类似，也面临不确定性。Coyle（1997）和Wauschkuhn（2015a）等报道的在KTB钻孔中的浅层测量的研究工作，指出在溶液不变的情况下，长度减少了15%~20%（图3.5），Wauschkuhn将其解释为保持在10~15℃的低温，这显然与洋底和标准数据不一致如图3.6所示。例如，Durango磷灰石的长度减少仅约11%，该地区近代年平均地表温度为18℃，中新世可能更高。Wauschkuhn等（2015a）彻底分析了几个样品中的磷灰石成分，未发现预期会影响退火速率的异常现象。因此，对于该作者而言，最可能的解释是，KTB中最浅的样品比目前的温度状态要高一些，并且整个新生代的温度并未保持不变。

对于锆石，来自近地表的自发径迹长度与诱发径迹长度是无法区分的（Kasuya和Naeser，1988；Tagami，1990；Hasebe，1994；Yamada，1995b），实例数据在表3.2中给出。最简单的解释是，对于锆石，在地表温度下的长度退火可以忽略不计。

表3.2　具有低温历史记录的锆石中自发和诱发径迹长度的测量

锆石	自发径迹长度平均值（μm）	诱发径迹长度平均值（μm）	来源	蚀刻温度（℃）	备注
Koto Rhyolite	10.89（14）	10.94（15）	Tagami（1990）	225	所有
Nisatai Dacite	11.05（08）	11.03（10）	Yamada（1995b）	248	>60°
Bulk Member Tuff	10.48（14）	10.78（09）	Hasebe（1994）	225	>60°
Fish Canyon	10.67（11）	10.61（10）	Hasebe（1994）	225	>60°
Mt. Dromedary	10.45（18）	10.65（13）	Hasebe（1994）	225	>60°

注：括号中的数字为1SE（标准误差）；所有径迹或仅c轴角度大于60°的径迹均包含在平均值中。

3.5　其他观察方式

除化学蚀刻外，还使用了许多其他技术来研究裂变径迹的结构和退火机理，包括实验和计算方法。

3.5.1　透射电子显微镜

透射电子显微镜（TEM）可以直接观察裂变径迹（Paul和Fitzgerald，1992）和粒子加速器产生的离子径迹（Jaskierowicz，2004；Lang，2008；Li，2010，2011，2012，2014），并且可以提供有关原子尺度结构和退火的重要信息。加速离子被认为是裂变粒子在径迹形成方面的良好指示，关键参数是单位路径长度的能量损失（Lang，2008），并提供对实验设计参数（例如径迹密度和方向）的精确控制。TEM 数据显示，径迹具有清晰的边界，在磷灰石中某些晶向具有刻面（Paul 和 Fitzgerald，1992；Li，2014）。Paul 和 Fitzgerald（1992）的早期数据表明，潜在的裂变径迹在晶体学 c 轴方向上比垂直于它，但后来 Li（2014）等进行了分析。使用离子径迹没有发现这种区别。一个重要结果是，磷灰石裂变径迹半径从起始点（为 4.5nm，80MeV Xe 离子径迹的半径）到其终点连续下降，在大约中点处有拐点（图 3.7），可能对应着尖端缩短和退火段的转折（Li，2012）。Li 等（2012）还观察到了 SRIM 计算（Ziegler，2008）预测的离子从其原始径迹的分散度为± 15°，证明了裂变径迹偶尔可能呈弯曲特征。TEM 成像显示的磷灰石热退火似乎是通过分割径迹而进行的，径迹的分割取决于径迹的半径（Li，2011，2012）。

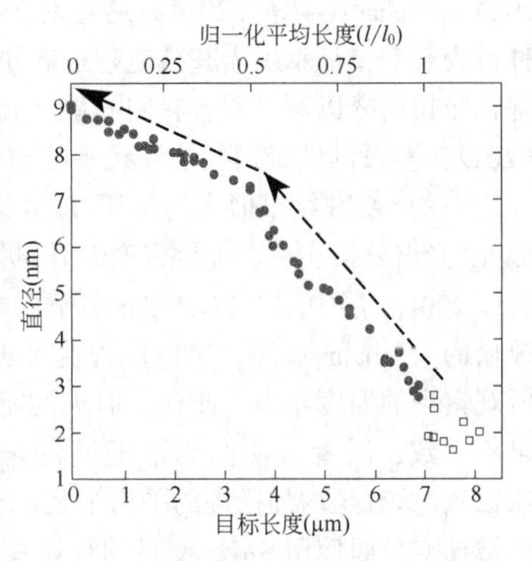

图 3.7　径迹直径与沿 80meV Xe 离子通过 TEM 测量的磷灰石靶的距离（据 Li et al.，2012）

圆点标记在 TEM 图像中径迹连续出现的位置；方框表示径迹以不连续的液滴形式出现

TEM 观察到磷灰石径迹存在一些令人困惑的特征是，与填充材料的锆石径迹相反，它们看起来是空心的或多孔的（Li，2010）。TEM 观察到磷灰石中的径迹退火还显示出在退火条件下持续存在显著破坏，远高于那些不再通过蚀刻显示径迹的条件（例如，在 700℃下 2h），这是液滴的不连续链（Li，2010），而锆石径迹中的径迹似乎在与蚀刻径迹所观察到的温度下于 TEM 数据中退火（Li，2011）。Li（2011，2012）等指出磷灰石和锆石之间的径迹结构和退火行为方面存在明显的二分法，并得出结论：必须通过不同的机制进行退火；通过消除缺陷来进行锆石退火；通过空位的热发射和由高表面能和高扩散率驱动的机制（例如瑞利不稳定性、布朗效应）进行某种组合的退火。

磷灰石中多孔径迹的观察结果自然而然地产生了一个问题，即原来占据径迹体积的原子去了哪里，对此没有一个显而易见的答案。在 TEM 图像中，没有证据表明紧邻径迹的晶体结构中存在过大的应变或过高的密度。Li 等（2010）假定，挥发性成分可能会穿过平面缺陷，但没有残留非挥发性元素。虽然 Li 等（2010）在确定径迹是中空的时候考虑了许多证据，这些观察可能通过其创造和成像方法的某种组合来解释。Jaskierowicz 等（2004）研究了由 30meV C_{60} 注入产生的径迹，观察到大致球形的黑暗特征，他们将其解释为喷射材料的液滴，大概是在轰击过程中产生的。已知氟即使在磷灰石晶体结构中结合，也会在电子束中快速迁移（Stormer，1993；Li，2010）。在无定形、束缚力差的物体中，它甚至可能更具移动性，可能导致径迹在 TEM 操作条件下迅速撤离。

3.5.2　小角度 X 射线散射

前人使用同步加速器辐射的小角度 X 射线散射（SAXS）进行了一系列有趣的离子注入实验（Dartyge，1981；Afra，2011，2012，2014；Schauries，2013，2014）。来自离子径迹的 X 射线散射图通常适合圆柱形状的径迹模型，尽管导出的半径代表沿其长度的平均值（Afra，2011）。径迹半径随能量损失率的变化而变化，但是在最大能量损失率的布拉格峰的任一侧都在 600~800MeV 附近变化。较低能量的粒子会以相同的能量损失率形成更宽的破坏区域，因为较高能量的粒子会将其破坏分散在更大的区域中（Afra，2012；Schauries，2014）。Schauries 等（2014）通过对 2.2GeV Au 粒子减速的影响进行模拟和测量，证明了这种行为转变，显示了当其减速超过布拉格峰时，它们的损坏区域如何扩大。裂变粒子的能量都在布拉格峰以下，并且它们的能量损失率随着减速至最终停止而降低，从而证实了 Li 等（2012）测量的圆锥形径迹形状中的 80MeV Xe 离子。

一些 SAXS 结果似乎与基于 TEM 观测的多孔径迹模型不一致。除了测量径迹尺寸外，SAXS 光谱分析还可以提供密度对比的估算值。Schauries 等（2013）报道，在 Durango 磷灰石厚 200μm 层中用 2.2GeV Au 离子形成的径迹密度仅比周围的晶体材料小 0.5%，这似乎是疏松的。Schauries 等（2013）的退火研究表明，磷灰石退火中的径迹温度与使用蚀刻径迹所观察到的温度相当，此外，退火的特征是径迹半径突然单调下降。这似乎与 TEM 观察结果不一致，后者表明圆锥形径迹的末端逐渐溶解成液滴，而其内部几乎没有变化（Li，2012），这有望增加径迹的平均半径。对于这种差异的可能解释是，通过 TEM 观察到的径迹已被抽空，而使用 SAXS 测量的径迹并未被抽空。

3.5.3　原子显微镜

原子显微镜（AFM）用于测量表面的原子尺度形貌，已用于研究锆石中的蚀刻径迹（Ohishi 和 Hasebe，2012），以及通过^{129}I 离子轰击锆石、磷灰石和氢氧根生成的未蚀刻径迹。后一项研究值得注意，因为所有离子径迹在矿物表面上均显示为“小丘”，其直径大于 TEM 所显示的直径，在磷灰石中为（52±2）nm 至（27±2）nm，在锆石中为（64±3）nm 至（28±1）nm。作者将他们的观察结果归因于径迹中心的非晶化，这是由于热尖峰熔化后，材料从抛光的自由表面部分膨胀所致。这些观察似乎与 Li 等（2010）的观察相矛盾。在 TEM 上使用电子能量损失谱图，显示磷灰石径迹为类似于聚焦电子束所钻的孔而非小丘，这再次表明 TEM 可能已经分散了径迹。

3.5.4　拉曼光谱

拉曼光谱虽然未直接用于裂变径迹研究，但已被用作锆石中辐射损伤的量度（Geisler，2001；Nasdala，2001，2004；Marsellos 和 Garver，2010），目前认为它主要反映了 α 粒子剂量，特别是随着有效 α 粒子剂量的增加，在约 1000cm^{-1} 处的 ν_3（SiO_4）拉曼谱带变宽。该信息已被用于估计辐射损伤可能影响氦扩散的程度（Reiners，2002；Guenthner，2013），并且可能在锆石裂变径迹退火速率研究中有价值，该速率可能随 α 的变化而变化。另外，Zattin 等（2006）研究了拉曼光谱年作为估算磷灰石晶体参数的方法，该参数与某些磷灰石的裂变径迹退火动力学相关（Barbarand，2003）。

3.5.5　分子动力学模拟

尽管受裂变径迹干扰的整个区域包含了太多的原子，无法包含在分子动力学（MD）模型中，但 Rabone 等（2008）能够通过使用周期性边界条件模拟几个单位厚度的圆柱形横截面的形成过程。径迹形成的高能和离子尖峰机制超出了 MD 的工作范围，需要进行许多近似和简化，但总体结果似乎与观察结果一致。能量损失率为 500eV Å^{-1} 的模型，对应于裂变离子行进距离约一半时的损失率，所产生的破裂区域直径为 5~6nm，这与 Li 等（2012）的观察一致。破裂区域（图 3.8）的特征是在形成 30ps 后的形成过程中，有一个无定形的、贫化中心和更高密度的边缘，然后允许其平衡为一个玻璃状的核心，周围是受力的晶体（Rabone et al.，2008）。每原子行进的 Å 在核心附近破坏程度最高，并沿 S 形趋势向边缘下降。重新平衡的一个有趣的结果是在径迹中心形成了萤石（CaF_2）团块，这在某些方面让人联想到在高度损坏的锆石退火过程中形成的 ZrO_2 亚晶（Weber，1994）。遗憾的是，退火所需的长时间段对 MD 方法可达到的 ps 级时间段提出了严峻挑战（Rabone 和 de Leeuw，2007）。

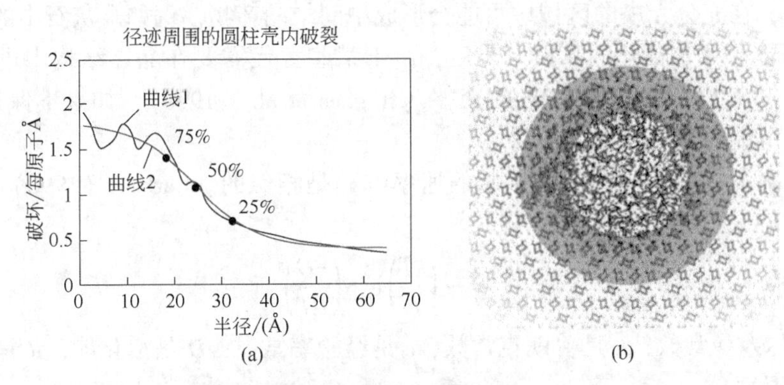

图 3.8　MD 裂变破坏的模拟（据 Rabone et al.，2008）
（a）对与径迹中心的原子破坏趋势（曲线 1）拟合的曲线（曲线 2）；
（b）带有位移的径迹横截面的可视化。（a）中上下四分位数为灰色圆圈所示的界面区域提供了良好的定义

3.5.6　对裂变径迹结构的影响

磷灰石的 TEM 数据与 SAXS 和 AFM 数据的不相容使人们怀疑磷灰石中的径迹是“多孔的”，因此在结构和退火机理上与锆石中的径迹大不相同。类似地，在退火之前清除径迹可能会影响磷灰石中径迹退火的 TEM 观察。TEM 观察到的径迹很长且呈细锥状，在沿着每个裂变径迹的中点处有裂痕，这可能是理解径迹结构及其对退火的影响的关键。同样，TEM 观察到的非常尖锐的，有时自形径迹的边界很可能代表了径迹核心（及其中的任何东西）与不受干扰的晶体之间的真实过渡。通过 MD 模拟推断出的分段性和从径迹中心到边缘的破坏程度也是关键，这为径迹的不同部分如何以不同的速率退火提供了分析条件。

3.6　退火机制

一般而言，构想这个区域的正确方法并不简单，不同的概念导致了不同的潜在退火机制。Carlson（1990）认为破坏区是充满了以空位和间隙为主的缺陷，然后通过原子的短距离平移（也许在 5~10Å 级别或更短的范围内）从异常位置进入其适当的位置来进行修复。这意味着一个部分完整的晶格，其损伤程度可以量化为缺陷密度，对于它来说，退火包括将缺陷密度降低到某个阈值以下，并且可以在整个损伤区发生（Carlson，1990）。另外，根据 MD 模拟（Trachenko et al.，2002；Rabone et al.，2008）的建议，将损伤区设想为部分或完全无定形，结合 TEM 成像显示的尖锐边界，可能表明边界控制的机制，例如从区域边缘向内的外延再结晶，或者通过表面能量最小化过程使损伤区断裂和迁移（Li et al.，2011，

2012)。

如果人们认为退火是重结晶的一种形式，那么与结晶反应相比，裂变径迹对于任何原子的迁移和重排而言可能都是一个独特的挑战性环境。如果破坏的结构是部分非晶体，那么它的密度应该比晶体小得多，但是任何膨胀只能以晶格中的局部弹性应变为代价。与迁移相比，这种结构可能会增加被破坏区域的自由能，可能会阻止原子和分子迁移到附着位点。另一个复杂的因素可能是结晶表面在横截面上是紧密凹陷的。MD 模拟和退火实验提出的另一种复杂情况是，在充分无序的区域中可能会形成中间结晶产物，例如磷灰石中的萤石或锆石中的 ZrO_2，可能会增加活化的障碍。最后，由于某些替代需要在晶体结构中进行一定的排序，例如卤素位点上的 F、Cl 和 OH 的交替（Hughes et al.，1990），如果不保持这种排序，一些重新附着可能对进一步退火不利。

在许多情况下，用来描述各种机制的速率方程是相似的。Carlson（1990）使用的缺陷消除率（$\mathrm{d}N/\mathrm{d}t$）公式为：

$$\frac{\mathrm{d}N}{\mathrm{d}t}=-c\left(\frac{kT}{h}\right)\exp\left(\frac{-Q}{RT}\right) \tag{3.2}$$

式中，k 是玻尔兹曼常数，h 是普朗克常数，c 是经验率常数，Q 是活化能，R 是通用气体常数，T 是绝对温度。

式(3.2) 是原子在相干界面上运动的动力学方程的简化形式(Turnbull，1956)，易于表示重结晶过程。第一个温度项表示温度对频率因子或相关反应尝试速率的影响，而第二个温度项则表示成功尝试的比例。在许多应用中，与第二个温度项相比，第一个温度项的影响微不足道，简化起见通常将其省略。单一活化能 Q 表示裂变径迹中的所有缺陷在动力学上都是等效的。Carlson（1990）对 Turnbull（1956）省略了逆反应条件，如果包括在内，可以为“消除”不利的中间反应提供一条途径。

3.7　经验退火模型

退火和蚀刻的复杂性使得 Green 等（1988）提出，最好对实验数据进行拟合，而不是强加一个“物理意义上的”模型，该模型可用于描述一个假设的基础过程，但完全遵循实验过程。尽管仅仅是“经验性的”（Wendt，2002；Li，2010)，这种拟合已被证明是一种实用且灵活的方法。在某些方面经验具有误导性，因为即使是假定的物理模型也已简化并理想化地描述了复杂机制，通常需要进行经验调整以匹配观察值，例如等式中的 c 参数。此外，经验公式类似于用来表示物理过程的理论公式，可以为过程的有效性或重要性分析提供证据。

因此，可以通过检查 Carlson（1990）模型，根据 $\ln t$ 与 $1/T$ 的 Arrhenius 型图上的等温退火线，得出经验公式与物理模型之间的对应关系，并用来解释退火数据（图 3.9）。Carlson（1990）将等温实验后的缺陷消除率转化为退火程度：

$$l_{\mathrm{as}}=l_0-A\left(\frac{kT}{h}\right)^n\exp\left(\frac{-nQ}{RT}\right)t^n \tag{3.3}$$

式中，l_{as} 是轴向（即尖端）缩短后的可蚀刻长度，l_0 是初始可蚀刻长度，t 是时间，n 是描述径向缺陷密度分布的幂律指数，A 是修正的速率常数，它是结合缺陷分布和破坏区域而确定的。该公式可以重新排列为：

$$\ln(1-r)=\ln\left(\frac{A}{l_0}\right)+n\ln\left(\frac{kT}{h}\right)+n\left(\ln t-\frac{Q}{R}T^{-1}\right) \tag{3.4}$$

式中，r 是缩减的径迹长度 l/l_0。频率因子项中的温度是标准 Arrhenius 型图中退火等值线的曲率，而激活项的等温线对应于直线。单一的活化能意味着等温退火线是平行的。在基于密度和长度的退火研究中，认为观察到的等温退火线的扇形化是一定范围的活化能。

平行、扇形和弯曲的等温退火线在实验的时间范围内有相当大的重叠，但是地质时间范围行为却大不相同（图 3.9）。

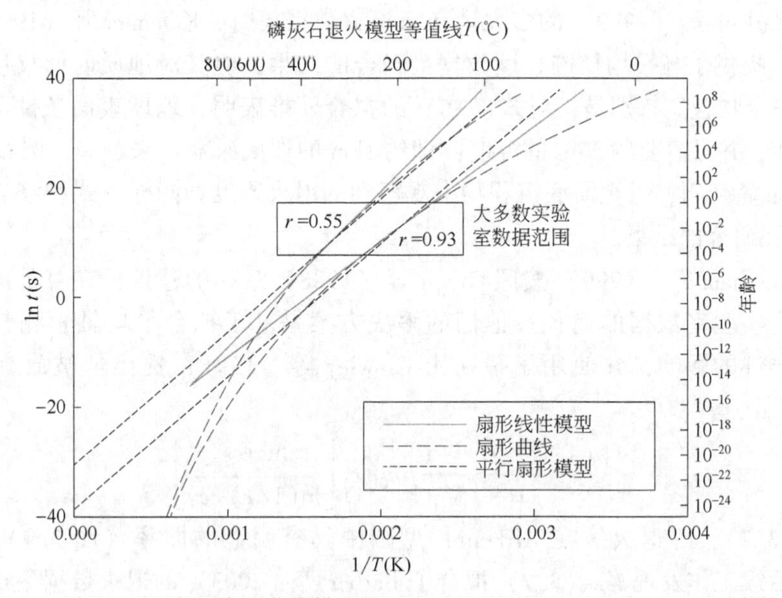

图 3.9　平行和扇形曲线模型的 Arrhenius 型图（Ketcham，2005）

3.7.1　并行模型

Green 等（1985）的退火模型拟合 Durango 磷灰石退火数据的形式为：

$$\ln(1-r)=c_0+c_1\ln t+c_2T^{-1} \tag{3.5}$$

简化式(3.4）并省略温度对频率因数的影响。参数 c_2 对应于一个激活能量，平行 Arrhenius 型图中的线性等退火线。最终，由于构造时间残差，推断到地质时间尺度上，上述平行模型和 Carlson（1990）的近似平行模型都不再使用。

3.7.2　扇形 Arrhenius 模型

Laslett 等（1987）将扩展的 Durango 数据集与更复杂的模型拟合，其形式为：

$$\frac{[(1-r^{\beta})/\beta]^{\alpha}-1}{\alpha}=c_0+c_1\left(\frac{\ln t-c_2}{1/T-c_3}\right) \tag{3.6}$$

式(3.6）中，恒定退火线从 Arrhenius 型图中坐标点（c_2，c_3）的点发出。Laslett 等（1987）发现，当拟合 Green 等（1986）的数据时，可以将 c_3 设置为零，但后来的数据集由克劳利等（1991）、Carlson 等（1999）、Barbarand 等（2003）要求将 c_3 设置为非零值以达到最佳拟合。

式(3.6) 是Box和Cox（1964）提出的一种变换，Laslett等（1987）使用了这种变换。作为“超级模型”，其中包含了许多可能的形式，ln（1-γ）假如$\alpha=0$和$\beta=1$。从实际意义上讲，它为变换增加了几个自由度 Crowley 等也使用了变量 γ（1991）和 Ketcham 等(1999)，以优化数据拟合，之后的工作试图重新简化 γ 变换（Laslett 和 Galbraith，1996；Ketcham，2007b）。

3.7.3 扇形曲线模型

在检查Carlson等（1999）的多元磷灰石退火数据集时，Ketcham等（1999）发现，尽管等式(3.6) 提供了与平均径迹长度数据最吻合的结果，但其对地质时间尺度预测与实际地质过程不完全吻合。特别是，对式(3.6) 的拟合外推表明，地球表面条件下的低温退火可以忽略不计，并且需要约20℃的温度（即约1km的埋藏深度）来解释，例如，在Durango和Fish Canyon磷灰石，甚至海底沉积物中观察到的退火程度。同样，式(3.6) 的拟合意味着 T_c 高于钻孔研究的结果。

因此，Ketcham等（1999）按照Green等（1988）最初的建议，在尊重地质观测的同时，寻找适合实验室数据的途径。他们的解决方案是基于拟合平均轴预测长度，基本上消除了各向异性的影响，并使用了最初由Crowley等（1991）提出但被放弃的不同模型形式：

$$\frac{[(1-r^{\beta})/\beta]^{\alpha}-1}{\alpha}=c_0+c_1\left[\frac{\ln t-c_2}{\ln(1/T)-c_3}\right] \tag{3.7}$$

利用式(3.7)，等退火线在Arrhenius型图中具有明显的曲率（图3.9）。Ketcham等(2007b) 的后续工作发现等式(3.7) 拟合了Barbar等（2003）的退火数据集或稍好于方程(3.6) 并与地质实际情况保持良好的一致性。Ketcham等（2007b）还发现，通过将β设置为-1，可以简化左式，而对两个数据集的拟合仅进行最小程度的简化。结果是：

$$(1/r-1)^{\alpha}=c_0+c_1\left[\frac{\ln t-c_2}{\ln(1/T)-c_3}\right] \tag{3.8}$$

式(3.8) 是当前最常用的磷灰石退火模型的基础。表3.3提供了理论上最耐退火的磷灰石的方程参数，接近挪威Bamble的F-Cl-OH-磷灰石B2（Carlson et al.，1999）。

表3.3 本章中退火模型的拟合参数

数据	l_0（μm）	N	模型	c_0	c_1	c_2	c_3	α	χ_t^2
1	various	579	FC	0.39528	0.01073	-65.130	-7.9171	0.04672	3.10
2	11.04	38	FA	-12.216	0.00028	32.125	7.54e-05	-0.02904	1.49
			FC	-91.659	2.09366	-314.94	-14.287	-0.05721	1.15
3A	16.66	75	FA	-16.266	0.00057	-21.856	0.00047	-0.59154	3.47
			FC	-899.07	19.871	-1614.3	-42.712	-0.77735	3.23
3B	17.08	81	FA	-19.422	0.00069	-27.200	0.00027	-0.81075	3.52
			FC	-999.56	22.291	-1828.7	-47.453	-0.77955	3.17

注：数据1来自Carlson（1999）、Barbar（2003）和Ketcham（2007b）；数据2，NST锆石来自Yamada（1995b）、Tagami（1998）和Murakami（2006）；数据3来自Donelick（1991）和Donelick（1990），其中A为高温T，B为T+23℃。c_0，c_1，c_2，c_3，α为等式的参数。N为拟合的实验数量，χ_t^2为拟合卡方值。

3.7.4　多相动力学

Green 等（1985）首次报道了 Otway 盆地井样品中磷灰石的裂变径迹年龄随 Cl 含量的增加而增加，表明磷灰石的组成会影响退火速率。随后，Crowley 等（1991）进行了退火研究。Raven-hurst 等（2003）、Carlson 等（1999）和 Barbarand 等（2003）证明了一系列的化学取代可以影响退火动力学。最好考虑 Cl 对卤素位置的影响，因为 OH 也会影响退火速率（Ketcham，2007b；Powell，2017），而三元 F-Cl-OH 体系更是如此，比端员成员 Cl-磷灰石具有更好的抗退火性（Carlson，1999；Gleadow，2002）。在实验中，包括 Sr，Mn，Fe 和 Si 在内的阳离子取代也已被证明会影响退火速率（Crowley，1991；Carlson，1999；Ravenhurst，2003；Tello，2006）。磷灰石的溶解度（以平行于 c 轴的蚀刻直径 D_{par} 表示）也与退火动力学相关，其中高 D_{par} 值的磷灰石更耐退火（Burtner，1994；Carlson，1999）。

Ketcham 等（1999）发现，在相同条件下任何两种磷灰石的退火结果可以用以下关系式来描述：

$$r_{lr}=\left(\frac{r_{mr}-r_{mr0}}{1-r_{mr0}}\right)^{\kappa} \tag{3.9}$$

式中，r_{lr} 和 r_{mr} 分别为低抗性和高抗性磷灰石品种的径迹缩减长度，r_{mr0} 和 κ 为拟合参数［图 3.10(a)］。参数 r_{mr0} 具有物理意义，即在低电阻磷灰石首次完全退火的条件下，电阻较大的磷灰石的径迹长度减小 r_{mr0}。

图 3.10(b) 显示了由 Carlson（1999）和 Barbar 等研究的 26 个磷灰石品种的 r_{mr0} 和 κ 值，如 Ketcham 等（2007b）所述随着从右向左移动，退火电阻和 T_c 升高。迄今研究的最耐退火的磷灰石 B2（挪威，Bamble）在 $r_{mr0}=0$ 轴上，假定冷却 10℃/Myr，其估计 T_c 为 160℃。B2 磷灰石可能是由于其在阴离子位点附近的三元 F-Cl-OH 组成而分开的。第二耐退火的磷灰石［PC（康涅狄格州波特兰）］在 158℃时具有大约 T_c 的估计值，但由于完全不同的原因：它是端基 F-磷灰石，但含量为 7.0%（1.0apfu）MnO。电阻第三高宾夕法尼亚州的 Tioga 其 T_c 估计值为 149℃，它具有少量的 Cl，但在阴离子位点上的 F 和 OH 之间几乎均分，并且 MnO 和 FeO 含量分别为 0.1apfu 和 0.2apfu。

值得指出的是，r_{mr0} 和 κ 的温度影响是非线性的。图 3.10(b) 右下方的磷灰石簇估计的 T_c 值在 90～127℃范围内，因为 r_{mr0} 从 0.857（HS－Holly Springs OH）降至 0.757（FC-Fish Canyon 凝灰岩），T_c 跨度相当于从 0.757 到零。F-磷灰石的 T_c 值在 95～105℃的 10℃范围内变化，这限制了我们希望获得的热信息精度，Durango 磷灰石的 T_c 估计更高，为 112℃。

磷灰石在图 3.10(b) 上的排列表明，这是一个有用的简化，因为两个拟合参数紧密相关，这表明：

$$r_{mr0}+\kappa\approx1 \tag{3.10}$$

Ketcham 等（2007b）允许从 r_{mr0} 估算 κ。综上所述，这些关系可以创建一个“超级模型”，其中使用退火公式来表征最耐退火的磷灰石，而耐性较低的磷灰石可以通过确定 r_{mr0} 的值来表征。除组成和 D_{par} 外，还包括总离子孔隙率（Carlson，1990）和晶体参数（Barbar，2003），但没有一个能够解释迄今为止收集的全部实验结果。Ketcham 等（2007b）提出的关系包括：

$$r_{mr0}=0.83[(Cl^{*}-0.13)/0.87]^{0.23} \tag{3.11a}$$

$$r_{mr0}=0.84[(4.58-D_{par})/2.98]^{0.21} \quad (3.11b)$$

$$r_{mr0}=0.84[(9.509-a)/0.162]^{0.175} \quad (3.11c)$$

$$r_{mr0}=\begin{pmatrix}-0.0495-0.0348F+0.3528Cl^{*}+0.0701OH^{*}\\-0.8592Mn-1.2252Fe-0.1721\mathit{Others}\end{pmatrix}^{0.1433} \quad (3.11d)$$

其中元素组成基于 $Ca_{10}(PO_4)_6(F,Cl,OH)_2$ 表示的每个式(apfu) 原子，而带 * 的元素组成计算为 abs (apfu-1)。其他是除 Mn 和 Fe 以外的所有阳离子的总和，D_{par} 以 μm 为单位，而 a 以 Å 为单位。

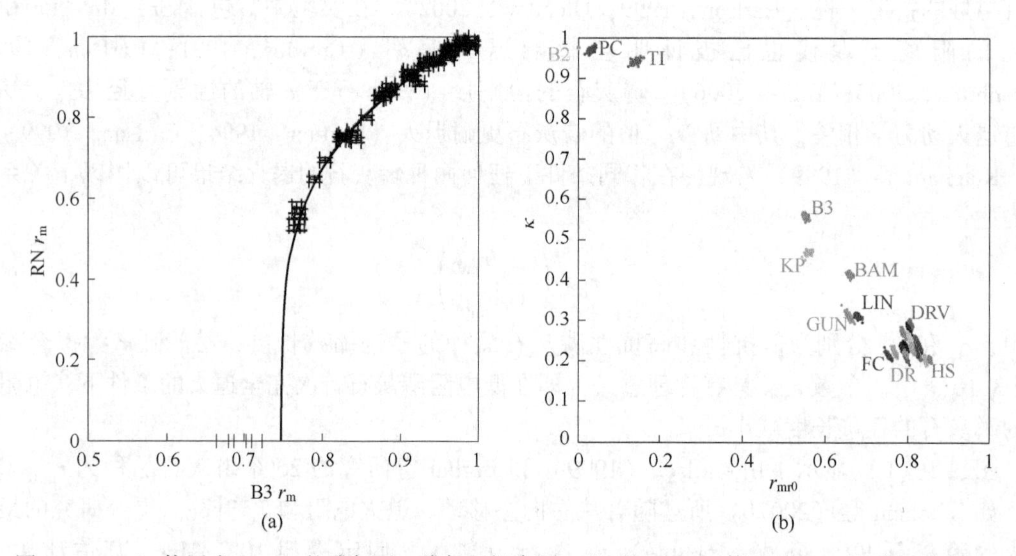

图 3.10　(a) 使用式(3.9) 的磷灰石—磷灰石拟合图，基于 Ketcham 等 (1999) 的磷灰石 RN 和磷灰石 B3 的平均长度；(b) 26 个磷灰石 r_{mr0} 和 κ 的关系（数据来自 Ketcham et al., 2007b)。每个磷灰石都显示为通过蒙特卡洛分析生成的一组值

从数学上讲，超级模型假定只有一个扇形点和由方程定义的扇形点以及由此产生的一组等值退火轮廓。式(3.8) 和式(3.9) 至式(3.11) 将这些轮廓指定向特定的退火程度。这可能是一个极度的简化，Ketcham 等 (2007b) 指出与单个磷灰石模型相比，还未发现对地质预测有显著影响的证据。

在此阶段，没有物理模型可以解释成分如何影响退火速率。尽管曲线模型中的激活能的含义尚不清楚，但对一组同等退火轮廓的超模型解释表明，成分会影响退火的激活能。在等式中将 Cl 和 OH 合并到 r_{mr0} 方程中。式(3.11a) 和式(3.11d) 表明，虽然 Cl 会增加对退火的抵抗力，但在给定的晶体学位置上混合成分可能至关重要，Carlson 等的近三元 F-Cl-OH-磷灰石 B2 样品 (1999) 比最终成员 Cl-磷灰石 B3 样品更具抗退火性。当磷灰石的卤素位点混合时，不同的组分不是随机的，而是以有序的顺序出现 (Hughes et al., 1989, 1990)。这种有序可能会最小化晶体结构中的局部畸变，反过来又会抑制退火，特别是如果置换的卤素重新以最佳顺序重新结合时。类似的推理可能适用于阳离子取代情况。

3.8　锆石的退火模型

如前所述，锆石裂变径迹长度的测量因 α 粒子反冲（可能还有粒子）的损伤而导致的蚀刻速率的变化而变得复杂。另外一个问题是α损伤是否会影响退火速率，进而影响退火实验的进行和解释。Kasuya和Naeser（1988）对锆石样品中自发裂变径迹进行了1h退火实验，其范围为裂变径迹的自发径迹密度（9×10^5径迹/cm^2、1.5×10^6径迹/cm^2、4×10^6径迹/cm^2、1×10^7径迹/cm^2），因此具有α剂量，并且发现退火速率没有显著差异。但是，许多地质研究发现，铀含量与锆石裂变径迹年龄之间存在很强的负相关性，表明增加的辐射损伤会降低抗退火性（Garver和Kamp，2002；Garver et al.，2005）。Rahn等（2004）注意到Tagami等（1990）和Yamada等（1995b）测量的自发径迹之间退火速率的显著变化，并将其归因于α损伤（自发的裂变径迹密度为7×10^6径迹/cm^2和4×10^6径迹/cm^2），尽管Yamada等（1995a）认为蚀刻条件的不同是这些差异产生的主要原因。Tagami等（1990）研究了在450~500℃的温度下蚀刻速率变化的情况。Yamada等（1995b）的1-h实验讨论了在550~600℃范围下的情况。发现诱发径迹比自发径迹更耐退火。值得注意的是，Carpéna（1992）对带有诱发径迹的锆石进行基于密度的退火实验发现，耐退火性的证据与U含量呈负相关，不包括辐射损伤，这表明与微量元素组成有关的组合效应。可用的实验数据，很难量化具体的辐射损伤效应。因此，如果不同的损伤类型以不同的速率进行退火，则实验室热退火实验可推断地质时间尺度上的退火。目前，学术界已经提出了两种量化退火速率的方法。Rahn等（2004）提出了一种基于“预退火锆石”中诱发径迹的“零损伤”模型，认为一旦量化了α反冲损伤的退火行为及其对裂变径迹退火的影响，就可以对其进行修改，包括损伤影响。该模型同时适用于平行模型和扇形模型，并且后者更适合。该模型得出，在10℃/Myr的冷却速率下的T_c为325℃，大大高于基于现场数据和与其他测温仪比较得出的估计值，这表明，为此需要进行辐射破坏。这对于除年代晚的岩石外的热历史分析很有用。

大多数锆石退火模型（Yamada，1995b，2007；Tagami，1998；Guedes，2013）都是基于来自Nisatai达克特的自发径迹数据（Yamada，1995b；Tagami，1998；Murakami，2006），其K-Ar黑云母年龄为20.5Ma±0.5Ma，自发裂变径迹密度为4×10^6径迹/cm^2。如前所述，Murakami等（2006）将实验数据在对数空间中的时间覆盖范围扩大了三个数量级。与磷灰石类似，锆石中的退火是各向异性的，但分析方法与磷灰石的方法有所不同：不是将径迹长度投影到c轴，而是仅通过考虑高c轴角（>60°）来分析各向异性（Hasebe，1994；Yamada，1995a）。

Yamada等（2007）的分析没有找到一个令人满意的单一模型来涵盖所有实验时间范围内的数据，他们的首选解决方案是将低T值和高T值数据分别拟合并合并这两个拟合结果的混合方法。使用扇形线性形式外推到地质时间尺度的分量预测，在10℃/Myr的冷却速率下，T_c最高为317℃，大大高于基于实地质情况的估计值（Br，1998；Bernet，2009）。使用扇形模型的其他尝试也存在相同的问题（Yamada，1995b；Tagami，1998）。Yamada等（2007）还考虑了平行曲线和扇形曲线模型形式，但无法使后者收敛为解，并且前者不适用地质分析。

可以将扇形曲线模型拟合到完整的Nisatai Dacite锆石数据集，其结果符合磷灰石退火获得的结果。使用Ketcham等（1999，附录A）描述的方法拟合的模型和Guenthner等（2013）锆石（U-Th）/He的扩散模型，试图结合辐射损伤和退火效应。该模型预测10℃/Myr时的T_c冷却至281℃，如果先前使用了云母K/Ar和Rb/Sr较高的T_c值，则与早期结果基本一致，但比以前的温度低了约40℃。图3.11(a)将该模型与采用相同方法（表3.3中的参数）的扇形线性模型进行了比较。通常，扇形曲线模型可以更好地匹配退火程度更高的基准，并且这两个模型会分割低温基准，扇形曲线更接近退火程度更高的 MITI-Nishikubiki 数据，扇形曲线更接近 MITI-Mishima 和 Vienna。残差更加明显［图 3.11(b) 和 (c)］，扇形线性模型的特征是结构化残差非常大，表明对地质时间尺度的推断效果差（Yamada 等，2007）。相反，扇形曲线模型没有任何结构，它包含 Murakami 等（2006）提供的扩展时间范围数据集。Guedes 等（2013）还拟合并讨论了各种扇形曲线的形式。

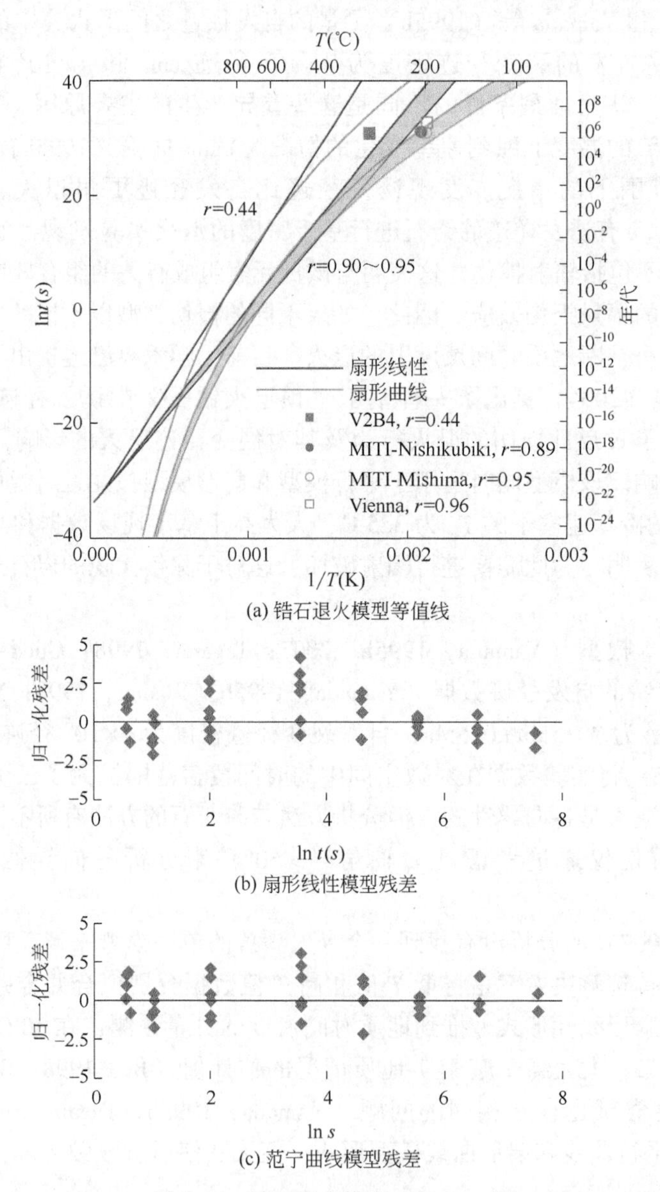

图 3.11　锆石退火模型 Arrhenius 图

（a）显示了 Yamada（1995b）、Tagami（1998）和 Murakami（2006）的数据的扇形线性拟合和扇形曲线拟合，并选择了地质基准；（b）标准化时间残差作为扇形线性模型的标准误差；（c）扇形曲线模型的归一化时间残差

该模型在有些情况下有一定作用，但仍需要改进。为更好地理解 α 粒子反冲破坏的影

响，可使用 c 轴投影方案或类似方法考虑径迹角度，这比简单地排除低角度径迹的方式更好。假设磷灰石数量足够多，大于60°径迹的“专有使用”实际上可能适得其反，因为它混合了尖端缩短和分段的退火模式，可能会使实验工作过度。我们可以用这些方程来拟合实验室规模的观测并预测地质历史尺度的行为。

3.9 替代退火机制

人们已经提出了许多认识，裂变径迹退火的某些组成部分是不受热作用影响的，且受实验室中不容易观察到的过程所控制，不能通过提高热量来加速退火速率。主要的候选材料是低温环境退火（也称为“间歇性调整”）、压力驱动的退火和辐射效应。

3.9.1 辅助材料

“辅助材料”（Durrani 和 Bull，1987）是一个通用且含糊的术语，它连同“定年”和“硬化”，已被应用在各种假定一个低温机制一定程度的退火或径迹发生并不反映在更高的温度退火实验。例如，Durrani 和 Bull（1987）认为，月球物质中裂变径迹的“硬化”（即退火阻力的增加）可能是由于环境辐射场引起的。辅助材料最近已被用于可能导致封闭径迹的可蚀刻长度缩短，但不会导致径迹密度（成比例）降低的过程（Jonckheere，2017）。

辅助材料的典型实例是 Donelick 等（1990）观察到的约 0.5μm 磷灰石退火在室温下辐射后几秒钟到几小时。随后的分析表明，通过观察过去几十年来被辐射的磷灰石，可以发现辐射后几年中退火的某些组成部分（Gleadow，2014）。还是在地质时间尺度上运行的同一热过程的一个方面？

Laslett 和 Galbraith（1996）观察到，如果 Donelick 等（1990）的数据是正确的，并且所观察到的退火过程与在地质时间尺度的热过程是相同的，那就说明可能对裂变径迹长度使用了不合适的归一化值。他们认为，在辐射后几个月，没有对所谓的“未退火”长度进行测量，但在此过程中，径迹已经进行了一定程度的自然环境温度退火，较长的初始长度值可能是更可靠的起点。他们尝试基于这种假设来更好地拟合 Crowley 等（1991）的两个磷灰石品种的数据。通过使真实的初始径迹长度合适的值是成功的，但他们获得的值（F-磷灰石为 16.71+0.577/-0.45μm，Sr-F 磷灰石为 18.96+2.08/-1.12μm），远比 Crowley 等（1991）的实际测量结果（16.34μm±0.09μm 和 16.29μm±0.10μm）差异更大。这两个磷灰石必须以截然不同的长度开始，恰好汇聚并且在统计上无法区分。Ketcham 等（1999，附录B）试图确定 Carlson 等（1999）研究的15个磷灰石中是否允许初始长度变化，发现初始长度调整4%~14%是不合理的。

衡量低温、短时退火效果的另一种方法是将 Donelick 等（1990）的方法考虑在内，将数据转化为完整的退火模型，该模型还采取了更长的实验时间。目前，只能使用 Donelick（1991）发布的 Tioga 磷灰石数据来进行此试验，因为这是使用相同蚀刻方案（5mol/L HNO_3 在 21℃ 持续 25s 时获得的唯一数据集）。扇形线性和曲线模型的参数见表 3.3，图 3.12 为退火等温线比较。所有型号均具有较高的 χ_r^2 值，表明存在较大的分散性，但并没有考虑合并 23℃ 时数据的代价。但是，尽管扇形点（两种模型类型均为 c_2 和 c_3）是偏移的，但是在有和没有 23℃ 数据的情况下，模型的地质时间尺度预测几乎无法区分。这支持了以下结论：Donelick 等（1990）观察到高温退火是相同的过程，可以用相同的公式描述，就像地质时间尺度退火一样；如 Carlson（1999）等所讨论的，由于 Donelick（1991）的高温退火实验受到不当校准的影响，这一发现在某种程度上受到了抑制。

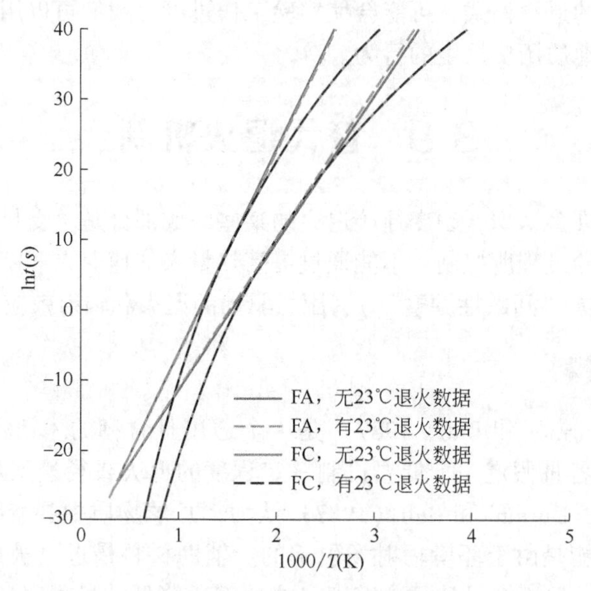

图 3.12　Arrhenius 模型图

比较了 Tioga 磷灰石扇形 Arrhenius（FA）模型和曲线（FC）模型，这些模型基于 Donelick（1991）的数据，以及有和没有 Donelick 等（1990）的 23℃退火数据。每个模型的左侧退火等值线为 $r=0.41$，右侧为 $r=0.90$

辅助材料也被用来解释为什么 Durango 磷灰石可以用来进行绝对定年（即不使用年龄标样的 Zeta 法定年）。由于与诱发径迹相比，Durango 的自发裂变径迹缩短了约 10%，因此可以预期，由于径迹与抛光内表面的相交概率降低，因此绝对裂变径迹年龄应该小 10%（Fleischer，1975）。但是，如果认真考虑所有实验和偏见因素，则显然无需采取这一步骤（Enkeμmann，2005；Jonckheere，2015）。另一个证实缺乏长度缩短作用的观察结果是，Durango 磷灰石方法确定的年龄为 31.4Ma（Jonckheere，2003a），$^{40}Ar/^{39}Ar$ 参考年龄为 31.44Ma±0.18Ma（McDowell，2005）。

Wauschkuhn 等（2015a）观察到，Durango 磷灰石中自发径迹和诱发径迹的并排退火情况不一样，并在早期工作中有所预见（Naeser 和 Fleischer，1975）。总体而言，已显示出诱发径迹比自发径迹退火的速度要快一些，但是由于其起点更长，因此可以保持更长的时间，直到达到完全退火的条件为止。如果对诱发的径迹进行预退火以匹配自发径迹的初始平均长度，则其随后的退火要比自发径迹慢。这些结果表明，诱发径迹比自发径迹对退火的抵抗力稍强，这让人联想到锆石的观测结果（Yamada，1995b）。与这些观察结果相反的是，基于诱发径迹的扇形曲线模型（Ketcham，2007b）成功地再现了 Durango 和 Fish Canyon 磷灰石以及许多洋底样品中封闭径迹的缩短量（图 3.6）。这种契合度不太可能是巧合。

这些不一致反映了封闭径迹长度与可用于预测裂变径迹密度的长度之间的联系不像最初考虑的那么简单。最近一项研究表明自发径迹和诱发径迹的尖端以不同的速率蚀刻（Jonckheere，2017），此外，径迹蚀刻的模型只基于径迹的两个端点的蚀刻率，这是很久以前对锆石提出的观点（Yamada，1993）。这导致在密度确定期间用于蚀刻的自发径迹的有效长度可能比封闭径迹长度更长（Wauschkuhn，2015b）。

3.9.2 α衰减和损伤的影响

Hendricks 和 Redfield（2005）指出，α粒子可能导致磷灰石中辐射损伤的明显退火。通过研究 Fennoscandian 地盾中的磷灰石，注意到裂变径迹年龄与铀浓度之间存在负相关关系，并认为主要原因是高铀磷灰石中裂变径迹将经历更高的α粒子通量。Rutherford 反向散射光谱数据表明，足够数量的α粒子将使辐射损伤的某些成分退火（Ouchani，1997；Soulet，2001）。Hendricks 和 Redfield 还发现，样本中的加权平均磷灰石（U-Th)/He 年龄通常比其 AFT 年龄大。

Kohn 等（2009）质疑这些观点。在加拿大南部和澳大利亚西部地盾中类似的古老岩石中发现年龄与铀之间的关系不一致，不同的样品显示出弱的正负相关性，或者根本没有相关性。他们还发现，在芬兰南部的数据中包括钍的α剂量贡献显然削弱了 Hendricks 和 Redfield（2005）观察到的相关性，并指出 Cl 含量可能与观察到的年龄变化有关。

可以通过α粒子的相对通量来建立实验观察的α诱发退火与现场条件之间的联系。为了能够与实验数据进行比较，可以计算出自然产生的穿过内部平面的α粒子的通量（即每平方厘米的粒子数），对于紧邻的衰变事件，由衰减生成的 He 原子撞击该平面的概率为 0.5，并且随着距该平面的距离增加而下降，在约 20μm（α粒子停止距离）处达到零。与平面的距离为 d 时，与平面相交的部分 p 对应于与该平面相交的 20μm 球体的表面积的一部分，计算公式为：

$$p=\frac{2\pi Rh}{4\pi R^2}=\frac{h}{2R} \tag{3.12}$$

其中
$$h=R-d$$

式中，R 是停止距离，取 20μm。在该平面到 0~20μm 的区间内，α粒子交叉的积分总数对应于以下厚度：

$$\int_0^{20}\frac{h}{40}\mathrm{d}h=\frac{h^2}{80}\bigg|_{20}=5 \tag{3.13}$$

因此，假设 U+Th 浓度均匀，则从一侧横穿该平面的α粒子的总数对应于在其 5μm 内生成的总数，因此等效总剂量为 1cm×1cm×10μm 的矿物体积内生成的α粒子的数量考虑到了磷灰石和铀的密度，该楔形物在 1Ga 中产生约 $1.1\times10^{11}\alpha/\mathrm{cm}^2$/ppm U 的剂量。假设典型的 Th/U 值为 3.8，则该估计值可以加倍（考虑到 Th 衰减）。那么，在芬诺斯堪底亚样品的范围内，对于 1Ga 的历史，可以估计出剂量约为 $4.4\times10^{12}\alpha/\mathrm{cm}^2$。

相反，Ouchani 等（1997）和 Soulet 等（2001）分别使用 $(0.25\sim15)\times10^{15}\mathrm{He/cm}^2$ 和 $3.2\times10^{15}\mathrm{He/cm}^2$ 的剂量研究α粒子诱发的退火。在这些研究中，即使是最低剂量的实验也比天然存在的内部α剂量高 100 倍。结合后来形成的自发径迹将经历更低的剂量这一事实，显然，尽管可以确定α诱发的退火是一个真实过程，但现有的实验数据并不支持它在地质上是重要的。

值得注意的是，Hendricks 和 Redfield（2005）指出的磷灰石年龄 U 含量的负模仿了（Garver，2005）报告的锆石系统，这些观察结果可能以不同的方式解释。如锆石所建议的那样，受损严重的磷灰石可能比受损程度较低的磷灰石具有更低的退火抵抗力，而不是α

粒子引起退火。为了实现 U 年龄负相关性，热历史必须以适当的再加热程度为特征，以引起差异退火，从而解释了为什么有时可能存在这种相关性而有时却没有。

3.9.3　压力影响

Wendt 等（2002）报道了磷灰石中裂变径迹退火的地质压力效应，这与 Fleischer 等（1965a）的早期实验相矛盾，尤其是 Naeser 和 Faul（1969）的研究结果。他们的方法遭到了 Kohn 等（2003）的反对，Kohn 在先前的实验工作和多个钻井研究中都引用了缺乏这种效果的证据。Wendt 等（2002）使用不同的高温炉子在不同的压力下进行退火实验，增加了校准中的潜在危害。随后为重现这些结果所做的努力均未成功（例如 Donelick，2003），而是支持了较早的发现，即尽管压力对退火有作用，但在地质环境中并不重要；只要不经历特高压力，与任何合理的地热梯度相关的温度升高都将会对裂变径迹进行热退火。

3.10　热历史模拟

将退火模型应用于地质环境时，可用来进行最终的测试。Green 等（1989）提出了这样做的方法。对于任何可能的热历史，模型都能预测要测量的年龄和长度分布。此预测需要退火方程、长度—密度转换以及对观察偏差的适当考虑。另一个重要的组成部分是等效时间假说，该假说指出径迹的退火行为仅取决于其当前长度，而不取决于其达到该长度的具体历史（Duddy，1988）。将这些假设输入计算机程序中，可以生成一系列地质上合理的热历史，并查看哪些与测量结果相匹配（Issler，1996；Gallagher，2012；Ketcham，2016）。此方法已在数百项研究中使用，以帮助从裂变径迹测量中提取更多地质信息，证明了其稳定性。

大多数研究者使用裂变径迹热年代学和模型来解决地质问题，同时他们也证实了这种方法的灵活性。裂变径迹热年代学的另一个“特征”是该方法有一定的不确定性，即通过研究少数自发裂变衰变的结果恢复数百万年的地质历史。裂变径迹年龄的不确定性源于成百上千径迹计数的泊松统计，并且等效时间假设与数十个至上百个径迹长度的组合通常可确保许多时间—温度路径与数据一致。如果地质上的其他定量约束很少，则可以找到许多与测量结果一致的热历史。尽管在理论、计算和统计方法上有独到之处，但在粗略的不确定评价方面，可能会得到不准确的答案。即使模拟的拟合度较高，也不能保证恢复的热历史完全准确，因为有一些不确定性。

使用磷灰石裂变径迹进行模拟的最大问题在于其可变的退火动力学，这可能是规则而不是沉积岩中的异常，甚至在火成岩中也是如此，甚至在单个岩体中也是如此（O'Sullivan 和 Parrish，1995）。从 F-磷灰石到 Durango 再到 Fish Canyon，其 T_c 范围约为 30℃。巨大的不确定性使人们倾向于在不同的晶体组合为一个整体中进行建模，并且软件通常会找到看似合理的拟合路径。然而，使用一组动力学模型对多样化的种群进行建模的方法也存在一些争议。

鲍威尔等（2017）提供了一个很好的例子，充分说明了可变退火动力学的潜力（图 3.13）。加拿大西北地区 Mackenzie 平原上白垩统司兰特河地层中膨润土层的磷灰石单颗粒年龄未通过卡方检验，Cl^- 含量和蚀刻图均未区分它们。但是，使用 r_{mr0} ［方程（3.11d）］

进行的多成分分析提供了一种可将其测量值分离为两个具有统计学意义的具有不同径迹长度分布的动力学种群的方法［图3.13(a)］，主要原因是F-OH混合。这种分离使他们能够使用HeFTy（Ketcham，2005）以合理的可信度估计最大埋深对应的时间和范围［图3.13(b)］。即使如此，分解仍存在异常值，需要进一步了解磷灰石退火动力学。

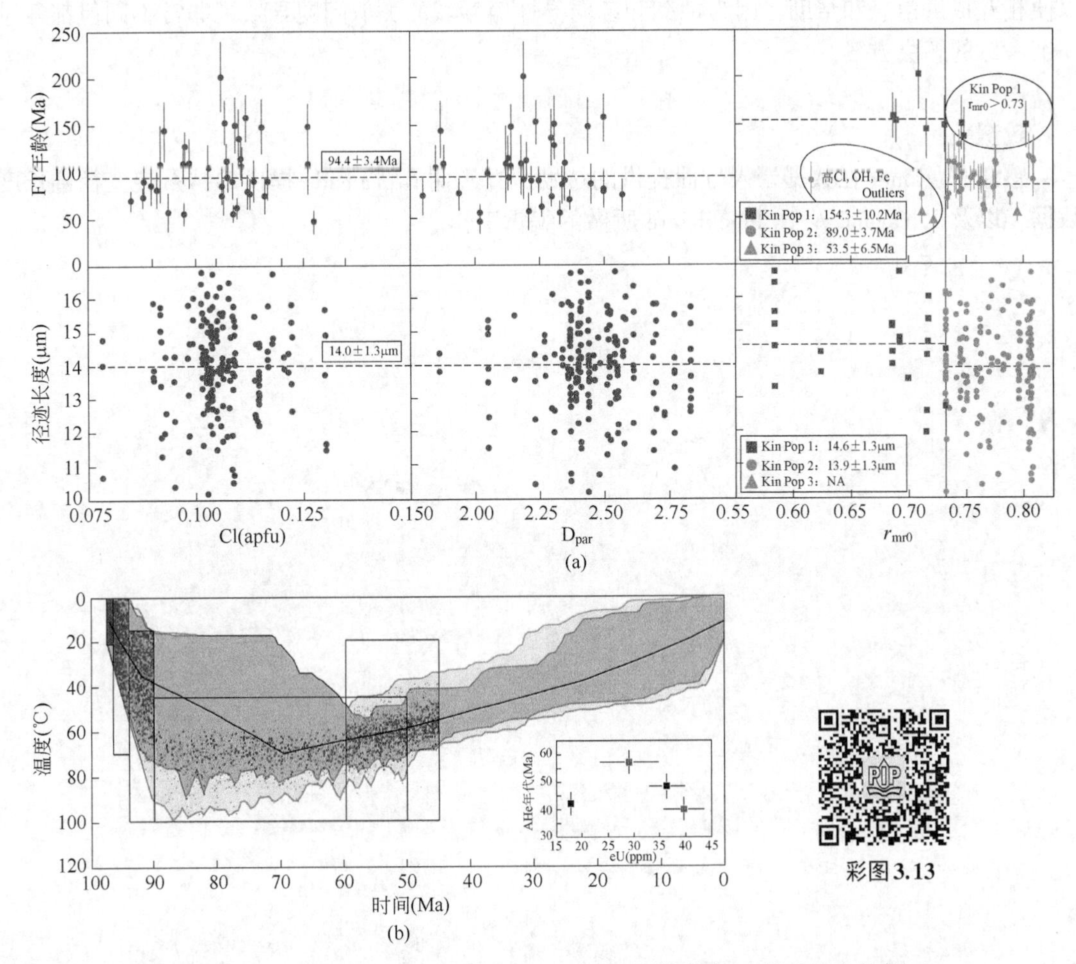

图3.13　(a) 加拿大西北地区Mackenzie平原Slater River组的磷灰石裂变径迹数据（Powell et al.，2017）。(b) HeFTy热史反演显示了可能的热历史范围（粉红色和绿色的包络线，分别表示良好和可接受的历史）和最大埋藏温度（90~60Ma的红点和绿点）。小图显示了相关磷灰石的He年龄与有效铀含量的关系；拟合中包括黑点（Powell，2017）

利用磷灰石（U-Th）/He（AHe）数据进行热历史模拟的常用方法如图3.13(b)所示。由于AHe单颗粒年龄的误差很小，基于目前对热年代学原理的认识，不可能有单一模型将它们全部包含在内。显然，对某些过程或因素的不了解，且在模型中未考虑这些因素，这是造成这种现象的原因。因此，完全放弃AHe数据还是有依据地选择适合的数据点，或是选择所有数据并容忍不匹配，是个问题。不可能有完全令人满意的选择，尽管经常选择第三种，但它可以说是最差的选择。如果这些年龄是磷灰石裂变径迹单颗粒年龄，则年龄的不确定性会更大，甚至我们可能还没有意识到情况，如α衰减和反冲，以及各种伤害类型如何演变和相互作用。

我们可以从本章所述的研究中得出的一个有趣且未得到充分认识的见解是，磷灰石和锆石中的裂变径迹退火具有相似性，从各向异性的影响到扇形曲线模型在描述和从实验数据外推诱发和自发径迹之间的差异方面的成功。这些相似性与它们的结构或退火机制存在差异的论点相矛盾。事实上，这可能是由于在专门研究每种矿物的不同群中，没有充分利用储层，以便相互提供信息和帮助，因为蚀刻和各向异性等领域的类似问题导致了非常不同但都经过仔细考虑的解决方案。

致谢

感谢 M. Tamer 在数据录入方面提供的帮助，并感谢 R. Yamada 提供的锆石裂变径迹长度数据，以及 T. Tagami 及 R. Jonckheere 所做的编辑工作。

第 4 章　裂变径迹热年代学的未来

Andrew Gleadow，Barry Kohn，Christian Seiler

摘　要

在过去的 25 年中，基于外探测器方法，针对独立年龄标样的 Zeta 校准以及水平封闭径迹长度的测量，裂变径迹（FT）热年代学方法的变化相对较小。这种常规方法非常成功，并为重要的热历史反演方法奠定了基础，在地质中应用得越来越广泛。但是，近年来出现了几项重要的新技术，这些新技术可能会对这种相对稳定的方法产生破坏性影响，包括用于^{238}U浓度的 LA-ICP-MS 分析、新的电动数字显微镜和新的显微镜软件系统控制、数字成像和图像分析。这些技术为裂变径迹测年提供了基于图像的高度自动化方法，并消除了对中子辐照的需求。它们可能一起对裂变径迹分析的未来产生重大影响，并逐渐取代过时且费力的手动方法。自动化技术将有助于获取更大、更全面的数据集，有助于实现标准化，并且对基于图像共享的训练和分布式分析具有重要意义。径迹长度测量更加难以自动化，但是 3D 测量和自动半径迹长度测量可能会成为未来裂变径迹方法的一部分。裂变径迹分析将越来越多地与同一种颗粒上的其他同位素测年方法以及共存矿物的多系统方法相结合，以更全面地说明岩石的热演化。裂变径迹分析中仍然存在一系列重要的基本问题，人们对此知之甚少，例如全面了解成分和辐射损伤对不同矿物退火性能的影响，这可能是未来研究的热点。

4.1 引　言

在裂变径迹测距的早期发展过程中出现了各种实验方法，用于测量^{238}U自发裂变径迹密度与母体铀浓度的基本比率。大多数情况下，无法精准测量铀浓度，而是将由热中子辐照产生的^{235}U裂变径迹的径迹密度作为替代值（Fleischer et al.，1975）。到 1980 年代末，仅是这些实验方法之一，外探测器方法（EDM）（Naeser 和 Dodge，1969；Gleadow 1981；详见第 2 章）开始主导了裂变径迹的实践。最重要的是，该方法提供了 100～200μm 单个矿粒的年龄信息，这是常规地质年代学技术中的第一个。

EDM 已成为常规裂变径迹分析的核心，这种方法的组合逐渐成为世界范围内裂变径迹测年的标准方法，几乎已被普遍采用。在这种方法中，FT 年龄是由 EDM 根据一套独立的年龄标准，使用经验的 Zeta 校准来确定的（Fleischer 和 Hart，1972；Hurford 和 Green，1983），并结合水平封闭径迹长度的测量（Gleadow et al.，1986），通常使用显微镜拉管和数字板进行测量。从本质上讲，这两个互补数据集包括裂变径迹密度分布和裂变径迹长度分布，分别包含时间信息和温度信息，这些信息是正演热历史模拟所需的（图 4.1）。这种方法已被广泛应用于常见的含铀副矿物磷灰石、榍石和锆石的研究中，其中磷灰石由于其普遍存在、简单且一致的蚀刻行为以及已明确的退火方式而成为最主要的测试矿物。因此，磷灰石将是本

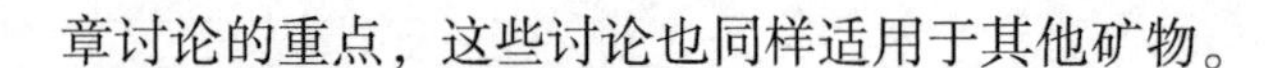

章讨论的重点，这些讨论也同样适用于其他矿物。

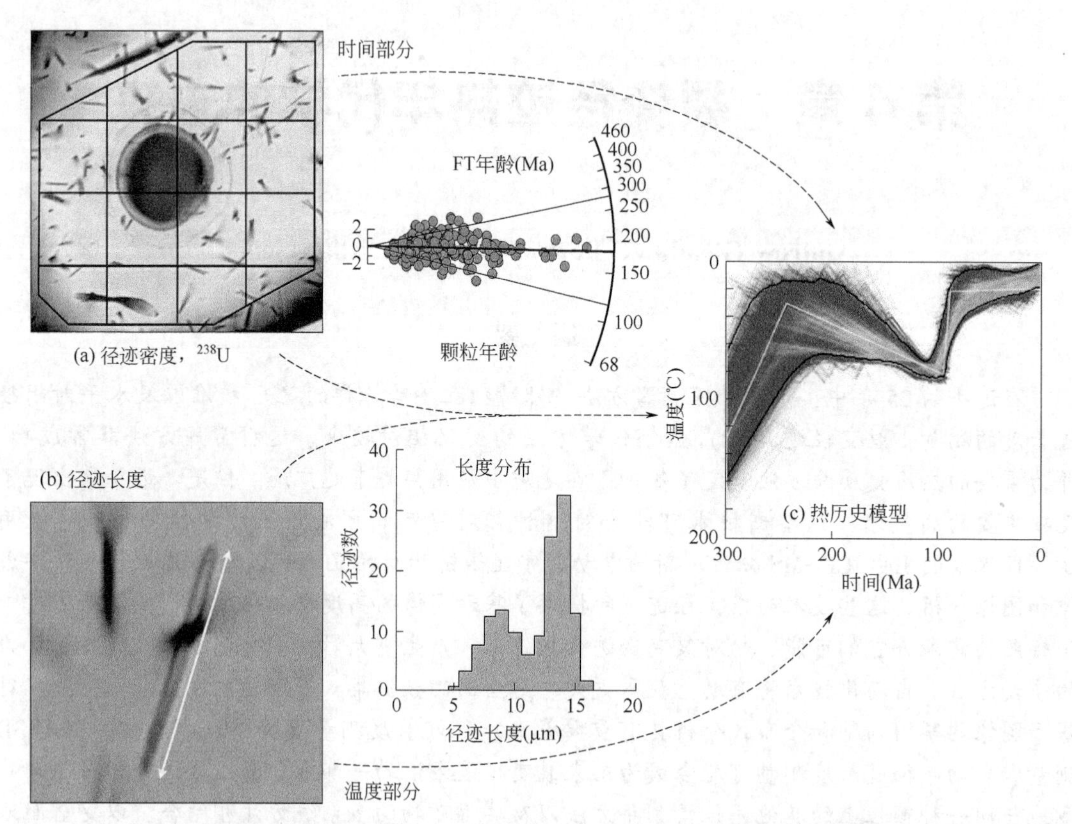

图 4.1　裂变径迹的长度以及^{238}U 浓度（圆形激光剥蚀区域）重建热历史所需的分析过程

图（a）包括一个要计数的区域并配有网格帮助计数；图（b）显示了一个狭窄的裂变径迹及其测量的长度。径向图显示了所有颗粒年龄的分布，而直方图则显示了在样品中测得的所有长度的分布，这些结果分别反映了热历史的时间分量和温度分量；图（c）为根据此类数据重建的热历史记录（温度—时间图）。实际上，目前这种裂变径迹分析流程仅针对磷灰石，是本文所述常规方法的基础，但裂变径迹年代学的未来可能会遵循类似的流程发展，还将包括用于收集数据的新技术，更多地使用自动化、更丰富的数据集以及将结果与其他测温仪进行综合分析

尽管在这段时间里人们对裂变径迹退火的理解和多组分退火模型的研究取得了重要进展，同时对裂变径迹进行了全面的描述，但是在裂变径迹热年代学的这种传统方法至今已有 25 年，几乎没有改变。裂变径迹分析的统计数据（Galbraith，2005；详见本书第 6 章）。总之，这些进展被应用到了从裂变径迹数据重建热历史的反演模拟技术中（Ketcham，2005；Gallagher，2012）。磷灰石裂变径迹退火性能随组成的变化而变化（Green，1985；Barbar，2003），这意味着现在还需要对每种晶体进行一些特定的“动力学参数”测量。常用的两个动力学参数是平行于 c 轴的径迹蚀刻坑的平均直径 D_{par}（Donelick，1993；Donelick et al.，2005）和磷灰石中 Cl 元素的含量，通常可使用电子探针显微分析（EPMA；Green，1985）。通过这些改进，传统方法提供了一个稳定的平台，为该领域的发展和应用奠定了基础。

在普遍采用这种标准化方法之后，过去十多年，大多数裂变径迹研究的重点都放在了地质应用上，而不是方法本身的不断发展或探索。在这种情况下，无法以公式化的方式应用裂变径迹分析，对某些基本假设以及作为技术基础的未解决问题知之甚少。继续采用这种模式不利于发展，幸运的是，在过去的十年中出现了重要的发展新趋势，很可能对裂变径迹分析

产生重大影响。最终，这些变化有可能提高裂变径迹数据的质量和一致性，从而为陆壳的热年代学研究提供新的认识。21 世纪初期，几种重要的新技术相继问世，其中包括：（1）激光剥蚀电感耦合等离子体质谱（LA-ICP-MS）；（2）完全电动的数字显微镜，所有显微镜功能都在于计算机控制之下；（3）基于使用（2）获得的捕获和存储数字图像的图像分析技术。当然，这些新技术都离不开计算机计算能力的稳步提高，至关重要的是可以使用大量经济的存储介质来保存数字图像。这些发展可能会对裂变径迹分析的未来产生重大影响，并且将占主导地位，这也是本章的重点。下面还将讨论使用裂变径迹数据并将其与其他温度计组合方面的重要进展。

4.2　裂变径迹分析的现状

常规裂变径迹分析方法具有稳定性和便利性等重要优势，特别是在提供单一颗粒年龄信息和统计检验抽样年龄群体的一致性方面（Galbraith，1990）。可以在与自发径迹完全相同的区域上测量诱发的径迹，并且 Zeta 校准在很大程度上解决了（至少避免了）关于^{238}U 自发裂变衰减常数和中子剂量校准的争议。Laslett 等（1982）显示了水平封闭径迹长度，给出了最接近的未蚀刻裂变径迹长度的真实分布。尽管该方法的普遍实现程度令人怀疑，但这种方法的广泛采用也有助于数据产生的一致性。

然而，传统方法也有许多缺点。其中最重要的是中子辐照需要非常长的样品周转时间（通常为数月），以及伴随处理放射性物质而引起的实验室安全问题。此外，该过程非常费力，在显微镜上需要很长时间才能测量每个样品所需的三个径迹密度和封闭径迹长度。即使这样，计数和长度的数量还是相对有限的，降低了测量的精度。该方法还要求对操作员进行几个月时间的培训，才能具备相应的专业知识。此外，测量质量很大程度上取决于操作员的经验，并且需要进行单独的校准。最后，Zeta 校准意味着该技术依赖于其他方法，其本身并不是一种绝对的测年方法。

广泛使用的年龄标样已使不同研究者之间的裂变径迹年龄确定方法具有一致性，但最近的比较实验表明，在径迹长度测量方面缺乏一致性（Ketcham，2015）。造成这种情况的因素多样，一个关键问题是缺乏可比的“长度标准”，实际上，目前很难获得独立的裂变径迹长度参考值。迫切需要解决此问题的方法，以便测量径迹长度以及基于它们的热历史模型。对于未来的裂变径迹分析，这必须是主要的短期目标。

4.3　铀元素含量的 LA-ICP-MS 分析

20 世纪 90 年代，LA-ICP-MS 技术的使用逐步完善并降低了成本，导致其在 21 世纪越来越广泛使用。该技术为中子辐照提供了一种替代方法，用于分析矿物颗粒中的铀浓度，拥有 ppm 级别精度和与裂变径迹尺寸相当的空间分辨率。这项技术对裂变径迹技术的重大变革（Hasebe，2004，2013）表明，这是一种实用且高效的方法，因此，越来越多的裂变径迹测试人员正在逐步采用该技术。该方法的主要优点包括分析速度快，直接分析母体^{238}U 而不是使用^{235}U 含量间接推算，与传统方法具有相当的精度和准确性以及无需处理辐射材料。毫无疑问，LA-ICP-MS 方法将成为裂变径迹热年代学未来的主要操作方法，随着全球许多核反应堆的关闭，使用合适的中子辐照设施的难度越来越大，这种变化正在加速。

使用 LA-ICP-MS 方法的最重要优势之一是仅需要分析一种径迹密度测量自发径迹密度 ρ_s，而 EDM 则需要分析三种径迹密度。鉴于不确定性较大，未来可能使用与大多数径迹密度测量相关的新方法提高测量的精度。同时使用这两种方法可以获得相当的精度（Seiler，2014）。随着测试技术的提高，LA-ICP-MS 技术的进一步发展很可能会使得这种方法的精度超过传统分析方法。

采用 LA-ICP-MS 方法进行裂变径迹分析会引起的一个重要问题是，人们需要重新思考裂变径迹年龄公式(Hasebe，2004；Donelick，2005；Gleadow，2015；本书第 2 章)。与大多数新技术一样，这种方法最初倾向于遵循较早方法的思路，大多数测量都基于参照年龄标样使用了“修正的 Zeta”校准（Hasebe，2013；Gleadow 和 Seiler，2015）。然而，从一开始就很明显，这项新技术的出现为重新利用绝对校准提供了重要的机会，这是基于明确使用构成“修正的 Zeta”的组成常数的基础（Hurford，1998；Soares，2014；Gleadow，2015）。

其中许多常数（如 Avogadro 数或磷灰石密度）是众所周知的，而其他一些常数（例如不同材料中的裂变径迹检测效率）以及自发^{238}U 衰减常数并不是众所周知的。因此，在不久的将来可能会出现为确定这些常数值的新的实验工作（Jonckheere 和 van den Haute，2002；Soares，2014）。该方法的未来发展必不可少的另一个重要考虑因素是，开发一系列可广泛使用、基质匹配的组成标准，用于分析磷灰石和其他矿物的裂变径迹。

本书第 6 章裂变径迹年龄方程［式(6.25)］明确要求单个裂变碎片的平均可蚀刻范围，可近似为封闭径迹长度的一半。这是将平面 2D 自发裂变径迹密度与矿物中^{238}U 原子的 3D 体积浓度相关联所需的关键几何参数。应该为该长度因子使用哪个值呢？如果使用修正的 Zeta 校准，则该因子被隐式假定为所用年龄标样中的典型径迹长度，通常约为 14.5～15.0μm。用这种方法获得的结果可以直接与传统的 Zeta 校准的 EDM 进行比较，后者也对径迹长度分量做出了相同的假设。

随之产生的问题是，当将平均测距长度与 Zeta 校准所使用的标样应用于传统方式时，裂变径迹年龄的重要性是什么？在这种情况下，使用常规方法计算的裂变径迹年龄实际上是一种“模型年龄”，而不是在裂变径迹年龄公式推导的“真实”裂变径迹年龄。如果模型年龄与所使用的年龄标样具有相同的长度分布，则该模型年龄为样本的裂变径迹年龄。然而，在大多数样本中，该假设是无效的，因为平均径迹长度通常比年龄标样短，有时甚至明显短。因此，在几乎所有样品中，如果在公式中使用了实际的可蚀刻裂变碎片范围，则由于年龄因子的分母上出现了这个长度因子，因此会导致更老的年龄。在 LA-ICP-MS 方法中，Zeta 校准掩盖了长度分量的重要性，基于实际平均径迹长度，计算出的“模型”年龄几乎总是比“真实”裂变径迹年龄小。

这是一个重要的问题，有关裂变径迹热年代学的讨论中很可能会对其有所争论，尤其是裂变径迹的结果越来越多地与其他热年代学结合，而可比较的假设和“模型年龄”计算均不适用。这对于重建热历史不是主要问题，因为这些历史是从实际长度分布中得出的。毫无疑问，这种“模型年龄”的计算也可导致在预期的磷灰石裂变径迹和磷灰石（U-Th)/He 年龄昂地序列许多结果出现明显地倒转，因为这两个年龄计算方法并不相同。广泛采用 LA-ICP-MS 方法的一个优势在于对“裂变径迹年龄”的实际含义有了更清晰的了解。

当然，采用 LA-ICP-MS 会引发一系列新的考虑因素和自身的校准问题，这些问题仍在解决中。与常规方法一样，开发标准分析流程和用于 U 含量分析的合适标样需要时间，并且可能在不久的将来成为一个广阔的研究领域。目前，这主要是在逐个实验的基础上进行的，需要加强实验室间的标准化和采用更统一的方法。诸如最佳烧蚀参数（功率水平、脉冲频率和烧蚀模式）、潜在的异质烧蚀、控制烧蚀坑深度以及检测和监测成分分区等问题，尚未充分探讨它们对裂变径迹年龄的潜在影响。使用LA-ICP-MS进行裂变径迹测年的统计数据也落后于EDM，逐渐受到了很多关注（本书第6章）。

传统方法与LA-ICP-MS方法的比较数量非常有限，尽管两者之间的一致性通常非常好（Hasebeetal，2004；Seileretal，2014；Gleadow，2015）。LA-ICP-MS方法可以同时分析许多元素，可以逐步建立有关磷灰石成分和蚀刻性能的分析数据库，这对于将来磷灰石和其他矿物的退火模型对此分析具有重要价值。LA-ICP-MS方法的校准良好，均质且与基质匹配的标样是当前限制该方法有效利用的关键。

该方法优势是，可在测量^{238}U同时，测量Cl含量和其他可能影响磷灰石退火动力学的元素含量。氯具有极高的离子化潜力，因此在磷灰石中具有更高的检测极限（Chew和Donelick，2012），但早期实验（Chew，2014）显示出它很可能成为未来的标准方法。这对于裂变径迹分析将具有极大的意义，因为它消除了目前需要用于测量磷灰石中卤素含量的整个电子探针微分析（EPMA）测试程序。EPMA用于氟和较小程度的氯分析时可能会产生问题，需要非常仔细的分析流程才能产生令人满意的结果（Goldoff，2012）。不难想象，在不久的将来，这一繁琐的分析测试将被LA-ICP-MS方法取代。无论使用哪种方法，都需要经过良好校准的标准物质才能产生令人满意的结果，但是该方法仍然缺乏合适的国际标样（Chew et al.，2016）。

4.4　计算机控制的数字显微镜

在过去的十年中，出现了新一代的完全由电动机驱动的研究级别显微镜，这是一项重大进步，有望用计算机控制裂变径迹显微镜的各个方面。目前最先进的研究型显微镜可以帮助操作员完成几乎所有常规显微镜任务。结合高质量的数字成像和适当的控制软件，这些仪器可提供全自动显微镜和多种载玻片处理功能，从而在很大程度上减少了传统方法所需要的在显微镜下进行的繁琐工作。这种电动显微镜还允许使用手动系统对较难发现径迹测量（Jonckheere，2017）。

这种自动显微镜始于Gleadowet等（1982）参与研发的三轴位移载物台系统，大大提高了外探测器方法中颗粒胶体和白云母径迹检测器之间镜像匹配的效率。还发现了针对EDM中镜像匹配问题的其他手动解决方案，包括在安装之前以网格图案定义晶体，以及将蚀刻后的检测器精确地重新定位在晶体载玻片上，并对两组径迹进行计数。两个不同的焦点级别—所谓的三明治技术（Jonckheere，2003）。两者都需要分析师具有相当大的手动操作技巧和耐心，并且两者都没有被广泛采用。在大多数实验室中，两轴或三轴电动平台系统已成为传统EDM方法的一部分（Smith和Leigh-Jones，1985；Dumitru，1993）。

现代数字化为精确控制和基于图像的分析奠定了基础，这些可以改变裂变径迹显微镜的执行方式。这些组件包括电动机驱动的物镜架、反射镜转盘、光阑、滤光片轮、照明百叶窗、聚光镜组件、移动和聚焦平台。聚焦马达组件尤为重要，可以以几十纳米的精度在垂直或z轴上进行控制，从而可以捕获间距仅为1μm的垂直图像栈（z栈）。在该方式下，可以极高的放大倍率在透射光中对蚀刻裂变径迹的完整3D结构以及在反射光中的蚀刻表面进行成像。目前，基本上可以以数字形式永久捕获常规显微镜中分析人员可获得的所有信息，然后显示在高分辨率显示器上，并进行数字图像分析。

精确控制显微镜台的垂直运动对于自动聚焦和裂变径迹的数字成像至关重要。可精确到亚微米间距（通常为100~300nm）的平面图像捕获能力意味着，可以在高倍率下方便快捷地捕获蚀刻径迹的完整3D形态。在这种情况下，显微镜必须能抵抗工作台的振动和显微镜主体的热膨胀。在某些情况下，可能需要使用某种形式的阻尼台或平板将显微镜与胶体的振动隔离开来，尽管大多数情况下不需要这样做。

对于精确的亚微米焦点控制，显微镜主体的热膨胀可能是一个重大问题。特别是随着引入越来越多的电子设备和强大的白炽灯光源，大型研究型显微镜可以显示出在操作温度范围内的热膨胀。如果这个因素没有得到控制，那么在大分辨率显微镜中，平台上的样品与物镜之间的距离可能会随时间变化的差别高达20μm，这仅仅是由于显微镜镜架的膨胀，如图4.2所示。最先进的显微镜目前可以补偿这种热膨胀并在成像过程中保持稳定。分析人员需要注意的是，并非所有电动显微镜都能成功控制此问题。目前出现了高强度的LED灯，它大大减少了靠近显微镜的热量的产生，并且还具有在其整个功率范围内呈现恒定色温的优点，从而在捕获的图像中提供了恒定的白平衡。

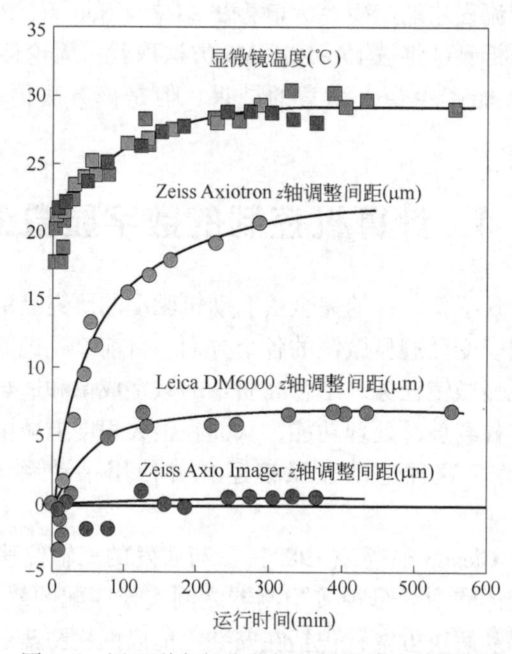

图4.2　用于裂变径迹分析的显微镜中的热膨胀

上方的第一条曲线表示自打开显微镜以来，使用红外非接触式温度计测得的显微镜座架温度随时间的变化。三种显微镜都经历了非常相似的温度升高，从室温20℃到大约4h后达到了近30℃的稳定工作温度。每一个显微镜在开始时都聚焦样品，然后记录不同时间使样品重新聚焦所需的以μm为单位的z轴调整。下方的三条曲线显示了由于显微镜胶理的这种热膨胀而需要的调节量。1990年代初期的Axiotron显微镜显示出超过20μm的膨胀，这与铝显微镜在该温度范围内预期的热膨胀一致。相比之下，两个现代电动显微镜（DM6000和Axio Imager）在温度升高时显示的膨胀程度很小，或者可以忽略不计，尽管在稳定之前它们都具有一些初始的不稳定性。这与振动稳定性一起，是为了自动进行裂变径迹分析而可靠地捕获亚微米间距的图像栈的重要考虑因素

除了对显微镜本身进行自动控制外，近几年来，显微镜数码相机也有了重大改进。在过去的十年中，大多数显微镜相机都使用了CCD传感器，该传感器可以产生高质量和高分辨

率的图像，但是帧速率却很慢，仅为每秒几帧。这是对自动聚焦和数字成像等功能执行速度的主要限制，并且已经成为用于裂变径迹图像捕获速率步骤。然而在最近几年中，这种情况已经发生了显着变化，因为出现了具有相似图像质量和分辨率的新一代 CMOS 传感器，可达每秒数十帧甚至数百帧的极高帧速率，并且利用了更快的数据传输协议（如 USB3.0 和 GigE）。这项技术进步极大地减少了在裂变径迹分析中获取数字图像所需的时间。

4.5　裂变径迹分析的自动化

实现自动化裂变径迹分析的目标一直是人们努力的方向，手动化所需的镜下操作强度大且依赖操作员的特性使得自动化尤为可取。自动化系统的优点，除了使操作员无需长时间在显微镜下工作外，还可以提供更一致的数据收集，减少对操作员经验的依赖性，加快对新从业者的培训。推动变革需求的另一个因素是，微型示波器抽气管（用于常规径迹长度测量的关键硬件组件）现在已过时，不再可用。任何自动化系统的目标都是能显著提高分析效率并提高所获得数据的质量。与传统的分析方法相比，许多热年代学研究也需要更多的数据。直到最近，实现裂变径迹分析的全面自动化的目标仍然很困难且不切实际，尤其是尚无完全满足需求的硬件。因此，对自动化系统的早期研发需要专门的硬件（Wadatsumi，1988；Wadatsumi 和 Masumoto，1990），对该领域的后续影响很小。随着新的数字显微镜和计算算法的出现，这种情况发生了变化，在过去的十年中，自动化分析系统的开发取得了重大进展。正在取得重要的认识和软件改进（Gleadow，2009a，2015），从而可以充分利用这些硬件开发成果。随着硬件和软件的快速发展，几乎可以肯定的是，自动化裂变径迹分析将在该领域未来发展中扮演重要角色。

一些研究小组正在努力实现裂变径迹自动化的目标，包括自动径迹计数（Gleadow，2009a，2015；Kumar，2015）、自动或辅助定位合适的颗粒计数（Gleadow，2009b；Booth，2015）、晶体方向（Peternell，2009；Gleadow，2009b，2015）以及裂变径迹蚀刻坑的表征（Reed，2014；Gleadow，2015）。为了平均个体之间裂变径迹计数的差异，Vermeesch 和 He（2016）尝试用众包方式对拍摄的数字图像中的轨迹进行计数，得出了比单独分析人员所能产生的更大的数据集。这些方法仍处于开发试验阶段，唯一可以作为综合裂变径迹分析系统全面运行的方法由墨尔本大学开发，下面进行详细介绍。

墨尔本大学开发的方法分为两个部分：第一个是显微镜控制系统（TrackWorks），它可以自动捕获标记的矿物颗粒上的数字图像集；第二个是图像分析和计算系统（FastTracks），可以在计算机上离线处理捕获和存储的图像。研究人员主要工作为调整显微镜的设置，在计算机上查看图像，分析获得的数据和结果，并进行所需的校正或调整。

在该系统中，自动径迹计数是通过称为“重合映射”的图像分析技术实现的，基于透射和反射光图像的数字叠加，Gleadow 等（2009a）对此进行了详细介绍。在应用快速傅里叶变换带通滤波器以平整背景变化之后，通过应用自动阈值对两幅图像进行分割，生成将“特征”与“背景”分开的二进制图像。这些图像既包含径迹特征，也包含非径迹特征，但是透射图像和反射图像之间的“巧合”几乎完全是裂变径迹。在反射和透射光图像中很少会同时观察到虚假的非径迹特征（如尘粒、抛光划痕和包裹体），在快速手动查看结果时很容易将错误计数去除。

对于制样效果好的测试样品，使用这种图像分析技术可获得最佳结果。最合适的测样要具有平整的抛光表面，几乎没有晶体起伏，这是通过使用金刚石而不是氧化铝抛光液获得的。一个更重要的因素是，抛光的磷灰石晶体在入射光中观察时通常会表现出强烈的内部反射，这是因为它们的表面反射率非常低，这会降低重合映射所需的反射光图像。

对这类样品通常通过在蚀刻后的剖光面上镀一层薄（约 10nm）的金粉，来涂覆一层薄的金属涂层，可以消除这些内部反射的光学信息干扰。该涂覆步骤是重要的磷灰石裂变径迹分析步骤，但是锆石、榍石和白云母外探测器的反射光成像可以通过反射涂层得到改善。使用溅射镀膜机或真空蒸发单元可轻松实施金属镀膜，并且无需依赖操作人员的技能或经验即可大大提高自动径迹计数。

当前的墨尔本大学系统为可与常规 EDM 或 LA-ICP-MS 方法一起使用，但在与激光剥蚀结合使用时具有特殊优势，因为它会产生蚀刻后的颗粒表面的永久数字副本。以前只能在显微镜下实时观察烧蚀坑、透射光和反射光中的光学信息，但仍可用于以后通过存储的图像进行观察和分析。配位标记和分析晶体的位置也可以导出到 LA-ICP-MS 仪器中，便于进一步的地球化学分析。

早期显微镜平台系统中（Gleaow et al.，1982；Smith 和 Leigh-Jones，1985；Dumitru，1993），颗粒坐标需要与内部参照系相关，该内部参照系由附着在或刻在每个载玻片上的配位标记定义滑动或颗粒安装。在墨尔本大学系统中，通常在每个载玻片上安装三个铜格栅片。定位这些标记并使其准确居中的过程本身可以自动进行，因此可以将多个载玻片装载到显微镜载物台上并自动进行协调（图 4.3）。

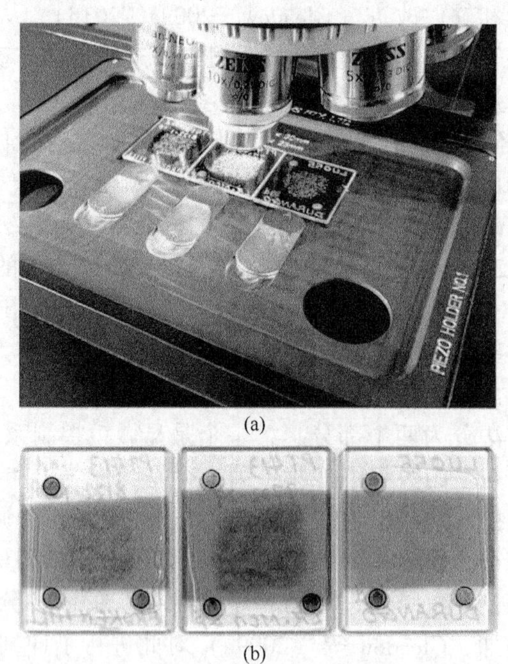

(a)

(b)

图 4.3　图（a）为一个显微镜载物台上来自 Autoscan Systems 的多个载玻片，带有 3 个裂变径迹测样，用于自动载玻片协调、自动颗粒检测和自动颗粒成像。该插入件安装在 Zeiss Axio Imager 显微镜上的电控平台上。（b）是相同的 3 个磷灰石载玻片的放大图，每个上面有 3 个 Cu 栅格，用作协调标记。每个区域上的灰色带是使用溅射镀膜机镀在表面上的薄金膜，以增强表面反射率，同时仍允许在透射光下进行观察和成像（Gleadow et al.，2009a）。这些定制的显微镜载玻片的尺寸为 25mm×30mm，能更好地在标准尺寸的载物台上进行多次载玻片处理和成像。此平台插件一次携带 6 张该尺寸的载玻片

可以在圆偏振光下对颗粒进行数字成像（Gleadow et al.，2009b），并自动确定合适尺寸的最佳方向晶体（*c* 轴平行）以进行裂变径迹分析（Gleadow et al.，2009b），其中尺寸相似的晶体的亮度由其大小控制方向。在这种观察模式下，最亮的晶体将是抛光表面的晶体平行于 *c* 轴。颗粒自动检测的一个优点是，它提供了用于分析的颗粒的无偏选择，而与径迹的分布及多少无关。这个因素对于低径迹密度尤其重要，在这种情况下，不适当的晶体选择会严重影响年龄的确定。一旦选择了合适的一组颗粒进行分析，就可以自动对 40~80 个颗粒进行自动图像捕获，而无需操作员进一步操作和监控。然后将在载玻片上捕获的数字图像集进行存档至磁盘或光盘供以后检索和图像分析。

4.5.1 裂变径迹自动计数

对捕获的图像进行处理的自动图像分析系统，其优点在于，可以独立于显微镜在另一台计算机上进行处理。在墨尔本大学系统中，图像分析通常是一个交互式软件，首先运行径迹计数的自动整合，再根据需要调整测量参数和过滤器设置，然后查看结果。图 4.4 示意性地展示了使用 FastTracks 系统进行所有参数的完整分析所涉及的典型工作流程。图 4.5 显示了代表性结果覆盖在 Durango 磷灰石样品的某些透射光图像上。

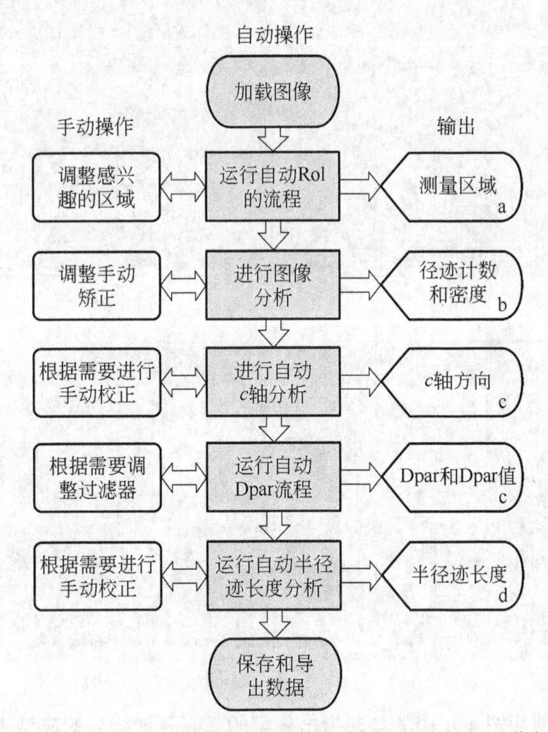

图 4.4 使用 FastTracks 图像处理系统进行自动裂变径迹分析流程图

该系统对使用电动数字显微镜自动捕获的一组图像进行操作，这些图像使用 TrackWorks 软件在透射和反射的光中拍摄。即使大部分分析是自动进行的，通常也需要操作员进行输入或检查（图中左侧列）。输出显示在右侧，并且 a—d 对应于图 4.5 中图像叠加的结果。如果使用 EDM，则过程基本相同，还会在配对的云母外探测器图像上对径迹进行计数。可以使用 3D 测量工具通过此序列在任何时候测量封闭径迹长度，但是通常在单独的一组捕获图像上进行测量，无论是否植入 ^{252}Cf 裂变径迹

第一步，在每个颗粒上设置目标区域（ROI），如图 4.5(a)所示，定义要分析的区域，

并排除不适合计数的区域，例如颗粒边界以外的区域，与传统显微镜使用的目镜栅格所规定的简单矩形形状不同，自动化系统可以使用任意大小或形状的 ROI，甚至多个 ROI。在特定的视场内，为避免受到裂缝或包裹体等的干扰，可以从包含的像素数中简单地确定 ROI 的面积，以便为每个颗粒计算出精确的径迹密度。

一旦完成了用于自动径迹计数的图像分析［图 4.5(b)］，通常使用 FastTracks 处理 30~40 粒颗粒不到 1min，操作员可以根据需要对结果进行检查和校正，以便发现任何误识别的特征或未计数的径迹（Gleadow，2009a）。此类功能通常仅占总数的百分之几，且手动审核可以很快进行。未来研究的一个值得关注的焦点是开发其他图像分析例程，以正确识别小比例的径迹，主要是很浅的倾角径迹，这些径迹可能会被忽略或错误识别。在这方面，机器学习技术（Kumar，2015；Donelick 和 Donelick，2015）或许有所帮助。自动计数完成后，可以使用其他自动图像分析例程从存储的图像集中确定其他参数，例如 c 轴方向和 D_{par} 值［图 4.5(c)］。一旦执行了初始图像处理，该二次分析通常只需要几秒钟，由于在选定的棱柱形晶面内已知 c 轴方向，因此可以自动引用所有其他特征的方向。

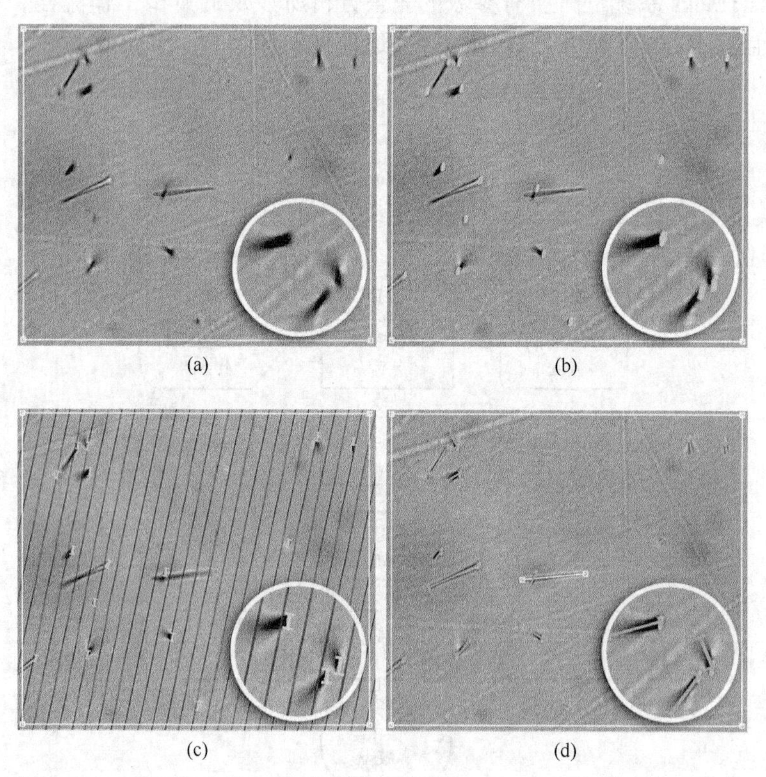

图 4.5　使用图 4.4 中的自动指出获得的具有叠加结果的典型图像序列

每幅图像显示过程中的不同步骤，每帧中的放大圆圈显示右下区域的更多细节。(a) 显示了在 Durango 磷灰石样品的表面透射光图像中蚀刻的自发裂变径迹，白框是感兴趣的区域（ROI），定义了分析区域；(b) 显示了通过重合映射算法自动计数的径迹，并突出显示了它们的表面相交；(c) 以深蓝色平行线突出显示自动检测到的 c 轴方位，每条径迹刻蚀坑上的小条表示自动确定的 D_{par} 值；(d) 为自动半径迹长度测量工具的结果，重叠线是在 3D 中确定的半径迹长度的表面投影。对于这些半径迹中的每一个，系统都会确定从表面蚀刻坑的中心到径迹末端的实际长度、与 c 轴的实际角度、投影长度、末端的深度以及实际位置。该图像中心还显示了一个水平封闭径迹的长度，该径迹是通过以高倍率单击径迹的两端来手动测量的。(b) 至 (d) 中的自动测量均未进行任何手动校正

4.5.2　封闭裂变径迹长度的测量

测量封闭径迹的长度最耗时的部分实际上不是长度测量本身，而是合适的水平封闭径迹的位置。因此，长度测量的自动化比自动计数困难得多。手动测量径迹末端的位置比较简单，但与使用绘图管和数字化仪进行的实时显微镜图像相比，在放大的数字图像上可以更精确地进行测量。自动化显微镜系统可以在此过程中提供很大帮助，但是到目前为止，还没有出现任何全自动系统。一种解决方案是：操作员可以找到合适的封闭径迹进行长度测量，并简单地标记其位置；通过手动单击屏幕上3D图像堆叠中封闭径迹的每一端上的光标，可以很容易地自动捕获这些位置周围的裁剪图像栈，以便以后进行测量（Gleadow，2015）；自动记录长度，以及与c轴的夹角和倾角［图4.5(d)］。尽管不是完全自动化，相对于在显微镜下进行手动测量，这种基于图像的系统可以对测量的径迹进行永久记录，并且具有更高的精度和一致性。

与传统的“水平”封闭径迹相比，用系统在透射光图像栈中记录径迹末端的位置和深度，可以在更大的倾角范围内准确进行长度测量。可以根据磷灰石的折射率自动校正实际长度的深度分量（Laslett，1982；Gleadow，2015）。这样的3D长度可能会带来额外的采样偏差，仍需进一步研究，因为倾斜径迹更可能与表面相交，因此长径迹比短径迹更不适合作为封闭径迹。3D测量导致的样本量可能会增加，因此了解偏差的存在及测量有一定的价值。即使将实际的倾角限制在通常的“水平”标准（$<10°\sim15°$；Ketcham，2009；Laslett，1982），也可以通过校正该倾角使测量更加精确，从而提高数据的质量和一致性。确实，由于常规“水平”径迹长度的实际倾角受到的约束较弱，且由于折射率的原因而大于实际出现的倾角，因此，未考虑倾角而记录的投影长度的误差高达百分之几甚至更多。

未来径迹长度测量的一个重要目标是找到自动定位封闭径迹以进行测量的方法，并开发全自动测量工具。迄今为止，这无疑是裂变径迹分析自动化中遇到的最具挑战性的图像分析问题，但是还未找到解决方案。

4.5.3　自动半径迹长度测量

最近，在对Laslett和Galbraith（1996）、Galbraith（2005）关于“半径迹”真实长度的理论的基础上，出现了一种自动获得径迹长度数据的新途径。半径迹是与蚀刻表面相交的径迹，其特征与自发径迹密度测量（本书第1章）相同。这些径迹具有很大的优势，与封闭径迹不同，它们的位置已从自动计数结果中得知，其蚀刻坑精确地定义了径迹的表面末端。然后可以通过对捕获的图像堆叠进行数字分析，从表面蚀刻坑开始，直到到达径迹的末端，从而确定径迹的终止位置。当前研究该过程自动化非常有前景［图4.5(d)］。可用于测量的半径迹数大大超过了固有的封闭径迹数（约50~100），因此可以自动收集更长的数据集。半径迹的另一个优点是它们都被蚀刻到相同的程度，这不同于封闭径迹通常会由于其蚀刻通道的几何形状变化而导致蚀刻程度发生显著变化。

Laslett和Galbraith（1996）指出，尽管半径迹长度不如封闭径迹长度有用，但它们对于不同的热历史样式却表现出截然不同的长度分布，并且比“预计”径迹长度具有更多的意义。因此，这种新的径迹长度信息源可以潜在地用于热历史模拟。通过对Laslett和Galbraith（1996）、Galbraith（2005）的统计评估，可以计算出与任何特定约束长度分布相对应的半径迹长度分布，这也提出了通过蒙特卡洛实现反演模拟方法。对基本的封闭径迹长度分布进行模拟的能力也将意味着，可以将封闭径迹和半径迹长度测量的结果结合起来以重建热历史。

4.5.4　自动化裂变径迹分析的其他好处

到目前为止，尽管没有那么方便，但是此讨论一直与以前手动进行的测量自动化有关。其他测量也可以通过自动化系统进行，这超出了以前的测量范围。一种可能是常规评估封闭径迹和蚀刻出它们的半径迹的宽度和其他尺寸。原则上，可以允许对每个单独径迹的蚀刻程度进行校正，然后在蚀刻开始之前计算径迹的可蚀刻范围。封闭径迹的“未蚀刻”长度可以精确地表示真实径迹长度的分布，并消除可变的蚀刻作用，该蚀刻程度模糊了封闭径迹长度分布的细节，并暗示了热历史开始。另一优点是基于数字图像的系统，尤其是其培训模块。先前处理的图像集为新操作人员提供了一种新颖而高效的方法，使他们可以从经验丰富的观察员那里获得详细的结果。例如，最新版的 FastTracks 系统包含一个“培训扩展”，该培训扩展允许新的分析人员导入和覆盖以前对同一图像集进行分析的结果。该系统与之前的结果进行了数字比较，并突出了任何需要考虑、更正或讨论的差异。墨尔本实验室的经验表明，这种基于图像的自动化系统可以大大减少新学生和其他新手分析师的培训时间，仅需几周时间。以前，使用手动方法时，新分析师要花费数月才能达到类似的水平。因此，在实验室之间广泛共享这种处理过的数字图像集可能在培训新一代裂变径迹分析人员，以及分析标准化方面起关键作用。在相同的径迹长度图像上进行常规测量可以为径迹长度提供分布广泛的标准参考材料（Ketcham，2015）。

通过网络快速传输数字裂变径迹图像集的能力意味着全新的分布式分析模式。这样，单个集中式数字显微成像设备就可以被分散在偏远地区的许多不同分析人员使用。因此，一个设备齐全的实验室可以为世界各地的许多研究人员和小组提供支持，他们只需要连接互联网和一台带有适配软件的计算机，就可以对下载的图像进行裂变径迹分析。当前使用的综合数字图像包占用磁盘空间非常大，每个样本通常为 5~10GB，这影响了这些图像的传输容易程度。但是，目前已经成功下载了类似大小的文件，因此这种传输不太可能成为重大问题。可以使用某些图像压缩技术来压缩文件大小，并且将来实施的高效“无损”图像压缩技术可能会进一步减小要传输的文件大小。最好避免使用所谓的有损压缩格式(例如 . jpeg)，因为它们会在图像处理过程中引入图像噪点和细节损失。当然，网络带宽的不断改进也将有助于大文件的有效传输。

4.6　未来技术发展

裂变径迹热年代学中的新方法（例如此处所述的方法）通常紧随重要的新技术之后或与之同时发生。与裂变径迹分析有关的所有硬件组件都可以预见到重要的发展，包括数字显微镜、成像系统、计算能力、通信以及用于微量元素和同位素分析的质谱仪器。这种不断发展的技术进步可能会对裂变径迹分析的未来发展产生显著影响。

当前，自动数字显微镜正在迅速发展，并可能导致新一代功能强大的自主仪器，将需要越来越少的操作员监督。另一个重要趋势是新一代“无头”显微镜的出现，该显微镜可全自动扫描大量载玻片，以供离线检查和分析。几家主要的显微镜制造商已经在生产完全用于屏幕检查和图像捕获的数字显微镜系统。其中一些可一次性自动扫描多达100张载玻片，并捕获高分辨率的数字图像，应用于生物医学甚至岩石学。这些系统无需人工干预即可操作，因此无需配备双目镜头和目镜，从而大大简化了设计。未来的显微镜系统看起来可能与现在使用的显微镜系统大不相同，并且可以想象为一种专门针对裂变径迹分析要求而构建的专用数字显微成像系统。与当今的通用仪器相比，这种系统将需要更少的组件和选件，有可能降低成本并提高成像能力。

当前一代数字显微镜的中间步骤是能够自动扫描多张载玻片上的磷灰石颗粒并对其成像，大大节省了操作时间。设置好后，当前的TrackWorks显微镜控制系统可以自动定位载玻片协调标记，检测合适的颗粒并一次捕获3个裂变径迹载玻片上的图像集。提高摄像头速度意味着该捕获时间从之前的几个小时减少到了不到1h。新一代更大规格的电动载物台意味着应该很快就可以将这种自动捕获能力一次增加到6个载玻片，并且可以预见到更进一步的增加。

显微技术的发展对裂变径迹分析产生影响的另一个领域是各种所谓的超分辨率成像技术的出现。这些技术能够超过常规光学器件的正常衍射极限分辨率，并可能为裂变径迹分析提供更清晰的图像。当前有几种这样的系统，几乎专门针对生物医学应用，尤其是荧光显微镜。目前，似乎没有一种方法适用于对裂变径迹进行成像，这是目前非常活跃的创新领域，未来可能会出现合适的技术。

计算能力和显示技术仍在持续快速发展，将有更大的计算能力的电子设备替代当前的台式机和笔记本电脑，从而实现越来越强大的图像分析程序。通过利用图形处理器卡的大规模并行处理能力来极大地提高性能，以及来自非常规计算体系结构（例如神经网络，甚至是量子计算），也可能出现其他高级图像分析的情况。迫切需要更快的分析速度，这些新技术可能会极大地扩展可以自动收集和处理的数据的种类和质量。例如，可以捕获和分析更高分辨率的图像和更紧密间隔的图像栈。这对必要的图像存储有重大影响，计算机存储的容量也在不断增加，并且越来越便宜（基本上遵循了“摩尔定律”）。同样，能够在实验室之间传输非常大的数据集的全球通信的容量和速度将继续提高。这些发展将加快实验室间合作、标准化、培训和分布式分析的发展。

使用当前的LA-ICP-MS仪器测量铀浓度的准确性通常在百分之几。但是，纵观这项技术在过去20年中的快速发展，我们相信它以及其他种类的质谱系统，例如ICP飞行时间（TOF）质谱仪将持续发展，使将来裂变径迹分析的精度和灵敏度得到提高。直接用于裂变径迹分析的快速测量^{238}U的方法还具有更高水平的自动化、更快的分析速度、更好的集成软件，以及更多同位素和更多系统测年，所有这些对操作员时间的需求更少。

最后的结果是，所有这些在裂变径迹分析最先进水平上的进展仍然取决于粉碎岩石样品和分离其组成矿物的基本要求。以上研究成果仍然大部分是使用较原始的机械破碎、重液和磁分离技术进行的，不环保、操作缓慢并且有潜在危险。尽管无毒重液体的出现推动了一定发展，但在20世纪中，这些方法在很大程度上没有改变。一种新技术是使用Selfrag装置对岩石进行电动分解（Giese，2010），这种装置开始出现在一些较大的群体中，其高昂的成本对于大多数实验室来说都是遥不可及的。作为集中式裂变径迹样品制备和数字成像设备的一部分，这种分解设备可能会得到更广泛的应用。即便如此，持续进行大规模矿物分离的必要性表明，为这项艰巨的任务开发新的、高度自动化方法的研究必将对分析界带来极大的好处。

4.7 裂变径迹分析的其他趋势

在更广泛的裂变径迹热年代学领域中，还可以看到许多其他重要趋势，其中有些超出了本文强调的数据采集技术的进展。如热年代学研究中磷灰石和锆石的裂变径迹分析与共生矿物的$^{40}Ar/^{39}Ar$测年的集成度越来越高（Carrapa，2009；本书第5章）。另一个是对多个裂变径迹样本的同时模拟，这些样本彼此之间具有已知的空间关系，如在钻孔中或整个地形起伏的垂直采样剖面中。在这种情况下，热历史反演将受到更强大的约束，并且通过在模拟中添加多样本功能（Gallagher，2012）来促进这种方法的发展。通过PECUBE之类的软件将热历史模型与热动力学模型和地表过程模型相集成（Braun，2012），从而为地质问题提供了更好约束且相互一致的解决方案。

同样，在所谓的双重定年法中，如裂变径迹和U-Pb或（U-Th）/He和U-Pb，裂变径迹分析可以与应用于相同矿物颗粒的其他U衰变方案结合使用测年（本书第5章）。这是另一个重要趋势，随着LA-ICP-MS技术的广泛采用，这种技术很可能会在未来几年加速发展。该技术能同时测量多个同位素系统以及同时进行裂变径迹分析的^{238}U含量测试（Carrapa，2009；Shen，2012）。随着质谱技术的进步，甚至可以想象，一个系统能同时或顺序进行单个晶体中裂变径迹、（U-Th）/He、U-Th-Pb甚至U-Xe的原位测量。

在裂变径迹热年代学领域，另一个趋势是分析样品中大量晶体，特别是对于碎屑应用（Bernet和Garver，2005；Carrapa，2009）。这需要更高的分析效率和样品通量，而自动化的应用可极大地提高效率。特别是自动颗粒检测有助于确保在碎屑组中对不同年龄群进行代表性采样，并减少操作人员在颗粒选择中产生偏见的可能性。采用LA-ICP-MS进行^{238}U含量测量还提供了同时分析一系列其他微量元素的机会，例如稀土元素，这可能有助于识别不同的碎屑来源并表征其成岩起源。另一个可能的趋势是经过几十年的磷灰石占主导地位的裂变径迹分析之后，人们对多矿物裂变径迹研究（包括榍石、锆石和其他先前研究的矿物）以及对其他矿物（例如独居石）的潜力的研究重新产生了兴趣，它们用于超低温温度计时研究（Gleadow，2002，2005）。

新方法和新技术的开发为重新审视裂变径迹分析中的许多基本问题、进行新的校准以及开发新的模拟方法提供了支持，以利用其他种类的数据。如果裂变径迹分析要摆脱纯粹的经验校准并成为独立的绝对测年方法，则需要对磷灰石和其他矿物的径迹探测效率进行新的分析（Jonckheere和van den Haute，2002；Soares，2014）。需要进行新的统计研究，以充分了解3D径迹长度测量的含义。如果自动进行半径迹长度的测量成为常规选项，那么就需要开发直接基于此类测量的新的裂变径迹退火模型，或者使用可靠的反演方法从半径迹数据中得出封闭径迹长度分布。辐射损伤对锆石、榍石和其他矿物的退火性能的影响是另一个需要进一步研究的领域。尽管这一因素在热年代学中已被认为是重要的影响，但对它的了解却很少。矿物成分对裂变径迹退火的影响也有很多方面几乎没有引起人们的注意，值得进一步探讨，其中包括氟代磷灰石中OH^-取代的潜在影响。不易测量该阴离子导致迄今为止它已被很大程度上忽略，并且羟基磷灰石的退火特性几乎是未知的。然而，一项重要的观察结果是，成岩羟基磷灰石的蚀刻速率与氯磷灰石的蚀刻速率相当，因此可能是OH^-取代导致观察到的Dpar值有向组成光谱的F-磷灰石末端增加的趋势（Green，2005；Spiegel，2007）。尽管磷灰石中的阴离子（尤其是Cl^-）对退火性能起主要控制作用，但各种阳离子取代也可能会产生影响，例如REE、Sr和Mn（Carlsonetal，1999；Barbar et al.，2003），有待进一步研究。在如锆石和榍石的其他矿物中，几乎没有开始评估组成因素对其退火性能的影响，以及这些因素如何与累积的辐射损伤相互作用。一些研究（Haack，1972；Dahl，1997；Carlson，1999）表明，退火性能与裂变径迹矿物的基本晶体化学之间的系统关系反映在离子孔隙率等参数上。原则上，如果充分理解这种关系，则可以根据其组成预测未知矿物的退火性能，这将是非常有益的。目前对基本机制的了解还远远不能达到这种能力，但显然有必要对其中一些基本问题进行进一步研究，可能会极大地影响裂变径迹研究的未来。

另一个尚不为人所知的领域是原子级裂变径迹退火的基本机制与蚀刻径迹特征之间的关系。最近的一些研究为未蚀刻裂变径迹的退火行为提供了重要的新的见解（Li，2011，2012；Afra，2011）。潜裂变径迹特性与刻蚀径迹特性的研究之间的完全融合仍遥遥无期，但这必定是裂变径迹热年代学未来重要的研究目标。

4.8 结 论

在裂变径迹热年代学方法长期保持相对稳定性之后，目前出现了许多突破性发展，这些发展将对该领域的未来产生重大影响。重要的是，它们可以加快分析速度，改善数据质量，可应用到更可靠的热历史重建过程中。这些变化包括逐步采用LA-ICP-MS分析法直接测定矿物颗粒中的^{238}U浓度，而不是使用诱发的^{235}U裂变径迹作为替代，以及采用基于剥蚀的自动分析方法，即由新一代计算机控制、电动驱动的显微镜捕获的图像。捕获的图像分析可提供裂变径迹的自动计数和相关功能，包括自动滑动协调、自动颗粒检测以及对多个颗粒载玻片的批处理。可自动确定磷灰石和锆石等单轴矿物中的C轴方向和径迹蚀刻坑尺寸参数Dpar及Dper，可自动将封闭径迹3D长度测量与晶体学方向相关。目前正在开发自动测量径迹长度的新方法，该方法将完成自动裂变径迹分析工作。可以预测，这些方法都将得到显著改善，越来越多的研究团队将参与相关研发。这种越来越有效的自动化趋势可能是裂变径迹分析未来发展的主要组成部分。

重要的是，这些新方法不仅是与以前相同的新方法，而且还包括获得新的和更丰富的数据集的机会，这些数据集以前无法手动测量。这可能会导致比以前更丰富、更一致、更标准化的分析，并为新分析人员提供更完善的培训。共享数字图像集将有可能实现更大程度的实验室间标准化，以及新的分布式分析模式，一个设备完善的实验室可以为不同地方的其他分析人员提供捕获的图像。当与激光剥蚀分析结合使用时，处理蚀刻的矿物颗粒的捕获的数字图像具有特别的优势，因为激光剥蚀分析会在微观尺度上破坏晶体表面。LA-ICP-MS还可以与^{238}U同时分析一系列其他同位素，包括^{232}Th、Pb同位素和^{35}Cl作为磷灰石的动力学参数，这不仅适用于更快速、更简化的分析方法，也适用于将多个测年系统同时应用于单个颗粒的情况。因此，磷灰石和锆石中所谓的双重和三重测年很可能成为裂变径迹热年代学的重要组成部分。

仪器、计算能力和软件的持续发展有望为裂变径迹热年代学带来进一步的发展机遇。作为更广泛的多矿物、多系统热年代学方法的一部分，预计结果将是基于更多综合数据集、更好的标准化和更可靠的热历史反演的未来裂变径迹分析。

致谢

多年来，这里提出的许多见解来自与墨尔本大学研究团队成员的讨论，特别感谢 David Belton、Rod Brown、Asaf Raza 和 Ling Chung 在不同时期的研究。该团队多年来一直受澳大利亚研究委员会（ARC）的资金支持，其中包括 Autoscan Systems Pty Ltd 的资助，支持自动裂变径迹计数的初步开发。还要感谢软件工程师 Stewart Gleadow、Artem Nicolayevski、Josh Torrance、Sumeet Ekbote 和 Tom Church，他们开发了大部分的自动裂变径迹分析系统。该小组还获得了由国家合作研究基础设施战略和教育投资基金资助的 AuScope 计划的支持，该计划提供了专用的 LA-ICP-MS 设施以及持续的维护和运营。ARC 还提供了用于显微镜和激光剥蚀的主要设备。感谢 Pieter Vermeesch 和 Noriko Hasebe 的指导，极大地丰富了本章的内容。

第5章　单矿物裂变径迹热年代学与其他地质年代学方法的整合

Martin Danišík

摘　要

裂变径迹（FT）热年代学可以与U-Pb和（U-Th）/He测年方法结合在一起。所有这三种辐射测年法都可以应用于单晶（以下称为“三定年”），从而可以从单个晶体中约束更完整、更精确的热历史。这种方法在无数的地质应用中都是有用的。三定年已成功应用于锆石和磷灰石。但是，通常使用单一方法标定年龄的其他含U矿物（如榍石和独居石）也是该方法的候选对象。可以使用几种分析程序来生成U-Pb—FT—(U-Th)/He。这里介绍的程序结合了LA-ICP-MS的裂变径迹测年和原位（U-Th）/He的测年方法，从而通过LA-ICP-MS的U-Th分析获得了U-Pb年龄。在这种情况下，可以同时收集铀、铅、微量元素和稀土元素数据，并用作退火动力学参数或物源和成岩指示剂。这种新颖的程序避免了在核反应堆中进行耗时的辐照，减少了多个样品处理步骤，并实现了高样品通量（预计在2周内达到100个三重晶体的数量级）。这些属性以及能够进行三重测年的设施数量的增加表明，这种方法在不久的将来可能会变得更加普遍。

5.1　简　介

裂变径迹方法是一项功能强大的测年技术，可用于限制在地壳最上部几千米、60~350℃温度范围内发生的各种地质过程的时间和速率。该方法的主要应用包括描述岩石剥蚀的时间（集中于了解造山系统和克拉通地区的动力学）、盆地研究（揭示物质的来源和埋深的历史）、火山喷发的年代、断层活动、经济矿化的成因和保存潜力等（本书第二部分；Wagner和van den Haute，1992；Bernet和Spiegel，2004；Reiners和Ehlers，2005；Lisker，2009；Wagner和Reimer，1972；Gleadow，1983；Hurford 1986；Gleadow和Fitzgerald，1987；Green，1989a，b；Gallagher，1998；Ketcham，1999；Kohn和Green，2002）。

裂变径迹方法基于^{238}U（Price和Walker，1963；Fleischer，1975）在锆石、磷灰石和榍石等矿物中的自发裂变（本书第1章；Hurford，2018）。自发裂变只是几种衰变机制中的一种［如U-Pb、（U-Th）/He、Lu/Hf和Sm/Nd］，可以用作这些矿物的地质年代计，并提供有关冷却历史的信息。直到1990年代后期，由于技术上的限制，将裂变径迹和其他地质年代计结合应用到同一晶体是不可行的，尽管经常使用不同的技术来分析同一岩石中的矿物以限制时温历史。因此，在大多数研究中，裂变径迹（FT）方法被用作独立技术，仅专注于低温地质过程。在随后的几年中，技术和方法学的进步为所谓的原位多年代学发展铺平了道路。这些功能包括分析较小样品量的能力，原位分析技术的进步（如激光剥蚀电感耦合等离子体质谱，LA-ICP-MS），通过二次离子质谱（SIMS）进行离子微探针测年或灵敏的高分辨离子探针（SHRIMP）仪器，采用LA-ICP-MS的互补裂变径迹测年方法的引入（Cox et al.，2000；Svojtka和Košler，2002；Hasebe et al.，2004）以及U-Th作为一种辅助的低温方法（Zeitler，1987；Farley，2002）。在原位多年龄法中，通过裂变径迹方法结合U-Pb或(U-Th)/He分析单一矿物。（以下称为双定年；Carter和Moss，1999；Carter和Bristow，2003；Donelick et al.，2005；Chew和Donelick，2012）或同时使用这三种方法（以下称为三定年；Reiners et al.，2004a；Carrapa et al.，2009；Danišík et al.，2010a；Zattin et al.，2012）。与单定年法相比，多定年方法具有多个优点。例如，它允许对单个晶体的热历史进行史无前例的详细重建。这些历史可能涵盖从晶体形成、变质叠印到最终剥露的整个地质过程。这在地球科学中具有巨大的应用潜力，尤其是在碎屑地球年代学方面。但是，这种在单晶晶体上的多年代测量方法很少被采用，但仍然相对较新。因此，本章，将简要介绍涉及裂变径迹方法的多重测年的历史，并说明其基本原理和理论背景以及潜力和局限性；将描述现有的三重测年分析程序，并简要介绍科廷大学当前正在开发的新的三重测年方法。

5.2　历史观点

Carter和Moss（1999）首次引入了双重测年（将裂变径迹和U-Pb方法应用于同一晶体）。这些作者使用外探测器方法EDM（Gleadow，1981）通过裂变径迹分析了（泰国）Khorat盆地的碎屑锆石，以揭示物源地的低温热构造演化。然后，使用SHRIMP对相同晶体进行U—Pb测年，以确定其结晶年龄。除了引入双重测年概念外，这项研究还强调，如果没有互补的U—Pb数据，仅裂变径迹数据将导致对源区和其他错误结论的误解（Carter和Moss，1999；Carter和Bristow，2000）。尽管已证明了其在物源研究和剥蚀研究中的潜力(本书第14章和第15章)，但SIMSS/SHRIMP U—Pb和EDM裂变径迹相结合的双测年方法随后仅使用了两次（Carter和Bristow，2003；Bernet，2006），可能是因为通过离子微探针对U-Pb进行测年是一项耗时且昂贵的技术，并且更适合其他应用。不久之后，锆石U-Pb-(U-Th)/He进行了两次测年（Rahl，2003；Campbell，2005；Reiners，2005；McInnes，2009；Evans，2013）。还介绍了用（U-Th)/He热年代学代替锆石裂变径迹方法，该温度计具有相似的温度范围，前者的劳动强度较小、样品通量较高。

对U—Pb—FT裂变径迹双重测年始于2000年代中期，这与LA-ICP-MS进入热年代学领域有关。首先，人们引入了一种新的裂变径迹测年方法，该方法采用LA-ICP-MS直接测量^{238}U，取代了常规的热中子辐照方法（Cox，2000；Svojtka和Košler，2002；Hasebe，2004），大大提高了裂变径迹分析的速度和样品通量。不久之后，每个裂变径迹标年龄锆石晶体的U-Pb年龄的能力，LA-ICP-MS锆石裂变径迹定年方法得到了增强（Donelick et al.，2005）。此外，相对较新的基质匹配标样的引入和常见铅校正的新方法使得通过LA-ICP-MS进行的结合裂变径迹和U-Pb测年可以应用于磷灰石分析中（Chew，2011；Chew和Donelick，2012；Thomson，2012）。因此，LA-ICP-MS为常规的U-Pb测年提供了一种更加方便、快速、便宜且足够精确的方法（Košler和Sylvester，2003）。如今，在使用LA-ICP-MS方法进行的裂变径迹研究中，在单个颗粒上同时提供裂变径迹和U-Pb年龄是常规做法，很多文献都介绍了FT—U-Pb双重测年的应用（Shen，2012；Liu，2014；Moore，2015）。

在撰写本文时，学术界仅发表了一篇会议摘要和涉及裂变径迹方法的三重测年的三篇研究论文（Reiners，2004a；Carrapa，2009；Danišík，2010a；Zattin，2012）。锆石三重测年的概念最早由Reiners等（2004a）提出。作者将EDM裂变径迹、LA-ICP-MS-U-Pb和常规(U-Th)/He的组合应用于碎屑锆石颗粒。假设测得的年龄记录了通过封闭温度的冷却时间(Dodson，1973；查阅第10章；Malusà和Fitzgerald，2018a，b)，他们重建了受结晶年龄限制的冷却径迹，这些冷却年龄标志着通过~240℃和~180℃等温线［即锆石裂变径迹和锆石(U-Th)/He的封闭温度)；Hurford，1986；Reiners et al.，2004b）适用于单颗粒锆石晶体。这证明了三定年方法比双定年方法［U-Pb—FT和U-Pb—(U-Th)/He］具有提供更多信息的潜力。Carrapa等（2009）和Zattin等（2012）利用EDM裂变径迹，多收集器LA-ICP-MS（LA-MC-ICPMS）U-Pb和常规（U-Th)/He测年的相似概念对碎屑磷灰石进行了研究。两项研究均表明，该方法具有获得作者解释为代表通过500℃、110℃和65℃等温线表示冷却的年龄的能力（即U-Pb、FT和（U-Th)/He的标称封闭温度）在磷灰石体系(Cherniak et al.，1991；Wagner和van den Haute，1992；Farley，2000)。作者使用三重年龄，以比使用单一测年方法可能的更高的时空分辨率阐明了颗粒的起源及其热历史。Danišík等（2010a）提出了磷灰石三重测年的替代方法和应用。他们应用了ID-TIMS U-Pb，EDM裂变径迹和常规（U-Th)/He方法对热液磷灰石聚集体进行测年，试图限制基底岩石的热构造演化，并研究裂变径迹和（U-Th)/He单一方法获得的数据之间的差异。

当前，上述三重测年方法的主要障碍为具有多个处理步骤的相对复杂、费时、费力的分析过程，且分析仪器尚不具有普及性。仅有少数机构在进行了高温和低温年代学方面的研究，配备了裂变径迹实验室、LA-ICP-MS和稀有气体质谱仪。裂变径迹计数和数据处理自动化的最新进展（Gleadow，2009)，可访问的LA-ICP-MS实验室的数量不断增加，以及现场快速通量的开发（U-Th)/He技术（Boyce，2006；van Soest，2011；Vermeesch，2012；Tripathy-Lang，2013；Evans，2015；Horne，2016）有助于解决这些问题，并有望在将来进行三重测年。

5.3　多重测年的需求

双定年和三定年方法的基本原理是对同一晶体而言，将具有不同温度敏感性的测年方法的组合应用，这使地球科学家能够提取出更完整、更详细的冷却历史。在几本综合性的著作和论文中已经描述了在双定年和三定年方法中对裂变径迹进行补充的辐射测年技术的原理(Farley，2002；Reiners，2005；Hanchar和Hoskin，2003；Schaltegger，2015)。对于U-Pb测年，这里不作详细介绍。简而言之，裂变径迹方法是基于^{238}U自发裂变产生的线性损伤(裂变径迹）的累积和退火)。U-Pb方法基于 系列U的α衰变和β衰变产生的Pb积累；(U-Th)/He方法基于U、Th和Sm的α衰变产生的^{4}He的累积。

U-Pb、FT和（U-Th)/He系统在大多数普通矿物中适用于双定年和三定年的温度敏感范围，如图5.1所示。通常，U-Pb系统对高温（即350~1000℃）区间敏感，通常记录上地幔至中地壳发生的浓度变化过程（Chew，2011；Cochrane，2014；Schaltegger，2015)。相比之下，裂变径迹和（U-Th)/He系统对较低温度（40~350℃）敏感，通常记录上地壳过程（Ehlers和Farley，2003；Danišík，2007；Malusà，2016)。

应该注意的是，对来自同一块岩石的相同矿物的不同等分试样采用多种方法已不是

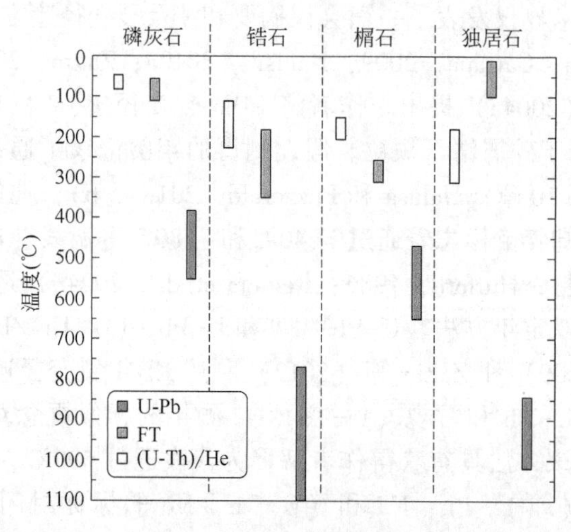

图 5.1　U-Pb、FT 和（U-Th）/He 系统在大多数常见矿物中的温度灵敏度范围

使用 Closure 软件（Brandon et al.，1998）和一些数据确定部分退火/保留带。来源于 Cherniak 等（1991）、Ketcham 等（1999）、Chamberlain 和 Bowring（2001）、Farley 等（2000）的磷灰石数据；Brandon 等（1998）、Cherniak 和 Watson（2001，2003）、Cherniak（2010）、Rahn 等（2004）、Guenthner 等（2013）的锆石数据；Cherniak（1993，2010）、Coyle 和 Wagner（1998）、Hawkins 和 Bowring（1999）、Reiners 和 Farley（1999）的榍石数据；Cherniak 等（2004）、Gardés 等（2006）、Boyce 等（2005）、Weise 等（2009）的独居石数据

什么新概念（McInnes，2005；Vermeesch，2006；Siebel，2009）。因此，将裂变径迹测年与 U-Pb 和/或（U-Th）/He 方法结合并应用于单个晶体有什么好处呢？为了回答这个问题，有必要考虑裂变径迹方法的优点和局限性，并理解某些裂变径迹数据中可能存在的歧义。U-Pb 和（U-Th）/He 方法也具有优势和局限性，但本章不涉及这部分内容。

裂变径迹方法的主要优势在于它不仅能够区分冷却时间，而且能够区分部分退火区域（PAZ）内的冷却方式，如径迹长度分布所记录的信息（Gleadow，1986a）。可以通过正演化和反演化对磷灰石中的裂变径迹年龄和径迹长度数据进行模拟（Ketcham，2005；Gallagher，2012）进行可靠的最佳拟合，即它们是否记录了独特的地质事件，或者是它们的结果。更复杂的路径见第 3 章和第 8 章。尽管可以使用锎辐照技术使蚀刻剂到达更多的径迹（Donelick 和 Miller，1991；本书第 2 章），但仍可以测量统计上可靠的径迹长度分布（每个样品通常为 100 径迹长度）。不一定每次都可以找到 100 条，特别是较小（晚新生代）裂变径迹年龄和铀浓度低的样品中。封闭径迹长度分布使得难以解释具有多个年龄数量的未重置碎屑样品。无论能否获得径迹长度数据，添加 U-Pb 和/或（U-Th）/He 年龄都会对冷却径迹提供额外的高温和低温约束，从而可以大大提高对裂变径迹年龄的理解和解释。当可获得径迹长度数据时，记录 U-Pb 和（U-Th）/He 数据的添加将极大地有利于解释，从而更精确地重建时间—温度历史 U-Pb 的年龄限制了高温部分，而（U-Th）/He 数据为低温过程提供了约束（Stockli，2005；Green，2006；Emmel，2007）。

由于每个晶体中的裂变径迹数量相对较少，因此裂变径迹方法在单颗粒年龄上的精度较低。例如，年轻样品的标准误差通常在 1σ 时大于 20%，而通过 LA-ICP-MS 和常规（U-

Th)/He方法的U-Pb误差分别为小于2%和2%~5%。此外，即使在快速冷却的岩石中产生的磷灰石中，也普遍存在单晶体裂变径迹年龄的分散。例如，通过定期测量Zeta校准的年龄标样获得的25~50个单矿物EDM裂变径迹的年龄范围在17~55Ma（Durango磷灰石）和15~50Ma（Fish canyon锆石）（M. Danišík，未公开数据）。分散是由于如上所述计算的径迹数量相对较少，以及单个晶体的组成和结构变化，以及热演化，其中通过PAZ进出的缓慢或复杂冷却导致单晶年龄的散布增加（Gleadowetal，1986b）。在裂变径迹应用中，预计单颗粒裂变径迹年龄会形成单一年龄的数量（如快速冷却的火成岩或快速冷却、完全重置的沉积物），这些问题可以通过分析多于20个晶体并计算总体几何平均年龄来解决（又称为中值年龄，见第6章；Vermeesch，2018），具有相应的标准误差，通常在1σ时为3%~5%（Galbraith和Laslett，1993）。但是，在诸如碎屑测年研究之类的应用中，晶体来自多种来源，并且通常会产生复杂的裂变径迹年龄分布，单颗粒裂变径迹年龄的分散性会更大。在碎屑研究中，由于不同来源的颗粒数量不同，局限的径迹长度分布通常不能代表集体的冷却历史，因此对数据集的解释具有挑战性。因此用U-Pb和/或（U-Th)/He来补充裂变径迹年龄，用三重测年法解决这些问题具有以下优势。

首先，三种年龄的组合可以直接进行内部数据质量检查，其中磷灰石、锆石和榍石的年龄应遵循U-Pb年龄裂变径迹年龄（U-Th)/He的总体趋势（Hendriks，2003；Lorencak，2003；Belton，2004；Hendriks和Redfield，2005；Greenetal，2006；Ksienzyk，2014），尽管有例外，但由封闭温度概念（Dodson，1973）规定。例如，在古老的、缓慢冷却的地形中，磷灰石的裂变径迹年龄可能小于（U-Th)/He年龄，如第2章所述（Kohn和Gleadow，2018）。因此，多方法可以识别并分析异常值，可提高数据集的可靠性，且能分析那些单独使用裂变径迹方法无法检测到的杂质、成岩或自生矿物中的重要地质信息。

其次，缺乏地质背景会不利于对单个年龄进行准确解释，而同一晶体上的多个年龄可能会解决这一问题。例如，在没有U-Pb和裂变径迹数据的情况下，无法区分“表观”（U-Th)/He的较大年龄是由于复杂的热历史而导致（U-Th)/He的系统和“冷却”（U-Th)/He的较大年龄是由于采用了封闭温度概念的单一冷却过程所致（Stockli，2000；Danišík，2015）。

第三，这三种年龄的结合会更好地限制单晶的冷却历史，即从结晶（或高级变质）到最终冷却。详细的冷却历史可以提供源地形的分析，与单独使用一种方法相比，可以更可靠地解释碎屑岩的数据。

最后，一些学者提出，应该采用单颗粒多年龄法，尤其是用于碎屑演的研究，因为它在技术上是可行的，且效率更高。与传统的裂变径迹定年技术相比，现代的LA-ICP-MS、U-Pb和（U-Th)/He测年程序在很大程度上是自动化的，不需要操作员的长期照看。鉴于最近的技术和方法创新（如通过使用LA-ICP-MS进行裂变径迹测年和U-Pb测年（Donelick，2005；Chew和Donelick，2012），裂变径迹计数的自动化（Gleadow，2012），高通量原位U-Pb和（U-Th)/He测年技术的发展（Boyce，2006，2009；van Soest，2011；Vermeesch，2012；Tripathy-Lang，2013；Evans，2015），所需仪器的性能得到改善（如LA-ICP-MS、裂变径迹和He实验室数量的增加，远程控制分析测量的可能性，异地数据的减少等），单晶上的双年龄和三年龄数据更具实用性，并可能很快成为常态。

5.4　FT、U-Pb 和（U-Th）/He 相结合的分析技术

在同一晶体中，结合使用 U-Pb、裂变径迹和（U-Th）/He 进行三测年的分析方法涉及测量母核素（U、Th、Sm）及其子产物（分别为 Pb 同位素、自发裂变径迹和 He）。图 5.2 总结了已发布和新提出的三重测年工作流程。

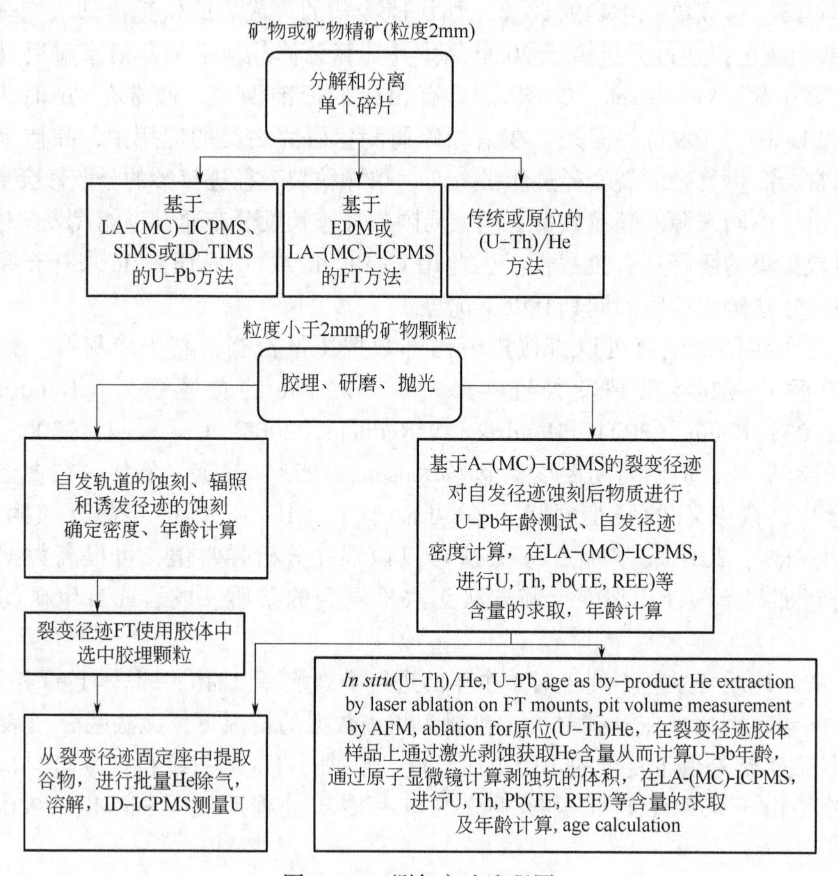

图 5.2　三测年方法流程图

分析方法的选择取决于多种因素，例如矿物的大小和数量、分析仪器的可用性、分析工作的时间以及在精度和准确性方面所需的数据质量。可以在研钵中将大的（粒度大于 2mm）单晶或晶体聚集体（具有相同的岩浆和冷却历史）破碎或分解，以获得小的碎片（最好大于 50μm），并且可以使用完全破坏性的方法分别注明年龄［如 ID-TIMS U-Pb、常规（U-Th）/He 测量］或半破坏性方法［SIMS 或 US-LA-(MC)-ICPMS 进行 U-Pb、原位（U-Th）/He 测量，裂变径迹通过 EDM 或 LA-ICPMS 进行测量］。这种方法的主要优点是可以在使用 ID-TIMS（Parrish 和 Noble，2003）并获得常规（U-Th）/He 矿石高精度的 U-Pb 数据。当分析颗粒内部的碎片或进行机械磨蚀以去除颗粒表面的 20μm 外时进行 α 喷射校正（Farley，1996；Krogh，1982；Danišík，2008）。这种方法的主要局限性在于，适合三重测年的大型含 U 的晶体很少见。Danišík 等（2010a）利用 TIMS U-Pb、EDM 裂变径迹和常规（U-Th）/He 组合方法发现了厘米大小的热液磷灰石的 He 年龄。

通常在中间测年阶段，需要使用半破坏性技术分析<250μm 粒度级的辅助重矿物。这三项研究报告了磷灰石的三重测年（Carrapa，2009；Zattin，2012）和锆石三重测年（Reiners，2004a），遵循了几乎相同的方案，其中首先通过传统的 EDM 裂变径迹方法对晶体进行了定年，包括胶埋、研磨、抛光、自发裂变径迹的蚀刻、核反应堆中的辐照、云母外探测器中诱发径迹的蚀刻以及径迹计数（可计算年龄）。然后，使用 LA-(MC)-ICP-MS 确定颗粒的 U-Pb 年龄，最后，从裂变径迹胶体中取出已做 FT+U-Pb 标定的颗粒并通过常规 (U-Th)/He 方法标定年龄，其中涉及使用稀有气体质谱法测定大量 He 含量，在酸中溶解晶体以及通过溶液同位素稀释 ICP-MS 分析 U-Th（Reiners，2004a；Carrapa，2009；Zattin，2012）。这种方法适用于普通尺寸（通常大于 50μm）的碎屑晶体，并具有额外的优势，即可以在 LA-(MC)-ICP-MS 分析期间同时收集地球化学数据（如 Cl、F、微量元素、REE 或 Hf 同位素）。作为烃源岩岩性的指标（如磷灰石中的微量元素；Morton 和 Yaxley，2007；Malusà et al.，2017），成岩示踪剂（如锆石中的 REE；Schoene et al.，2010；Jennings et al.，2011），或主岩成因示踪物（锆石中的 Hf；Kinny 和 Maas，2003；Flowerdew et al.，2007），这些数据对于表征磷灰石进行热动力学模拟的退火动力学非常有用（Barbarand，2003；Ketcham，2007a，b）。这种方法的主要局限性在于在核反应堆中进行样品辐照，这在一些情况下可能很耗时，在某些国家有时可能需要长达三个月的时间。对辐照样品也需要很多的处理步骤。在从裂变径迹胶体中提取过程中还存在晶体损失的风险（通常使用尖锐的针头或镊子尖锐的末端将晶体从裂变径迹胶体浸没在乙醇中），并在氦气分析之前装入微管。此外，当使用四极杆 ICPMS 进行 U-Pb 测年时，很难校正年轻的低 U 磷灰石中高含量的 Pb（Chew et al.，2011；Thomson et al.，2012）。

上述一些问题可以使用一种新的三重测年方法来规避，该方法目前正在约翰·德莱特中心（科廷大学）开发。这种方法结合了 LA-ICP-MS 的裂变径迹测年（Hasebe，2004；Donelick，2005；Chew 和 Donelick，2012）和原位 (U-Th)/He（Evans，2015），同时获得了 LA-(MC)-ICP-MS、U-Pb 年龄作为两种方法之一的副产物。在 Durango 磷灰石上获得的初步结果（图 5.3）与预期值非常吻合，对未来具有广阔的前景。这种新方法简要描述如下。

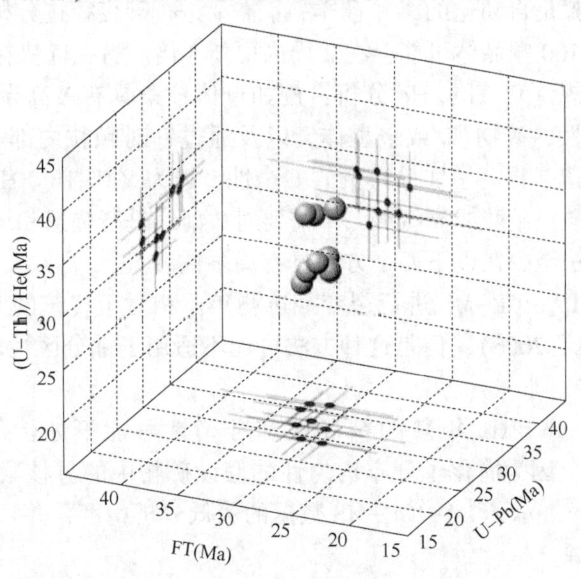

图 5.3　使用新方法在 Durango 磷灰石上获得的初步结果

目标晶体（磷灰石或锆石）都胶埋 PFA（6000LP 型）中，因为它与环氧树脂不同，不会过度脱气，并且可以在 UHV 电池中获得所需的压力。然后将晶体研磨至 4p 的几何形状，并依次使用 9μm、3μm、1μm 金刚石和 0.3μm 胶体二氧化硅悬浮液进行抛光。彻底清洁胶体后，通过使用标准蚀刻方案进行蚀刻，可以发现抛光晶体中的自发裂变径迹。然后在配备高分辨率相机的光学显微镜下，针对选定的颗粒测量自发径迹密度（即每个已知区域的径迹数）、封闭径迹长度和 Dpar 值（Burtner et al.，1994）。然后通过 LA-(MC)-ICP-MS（Agilent 7700s 或 NU Plasma II ICPMS 直接连接到 193nm ArF RESOlution COMPexPro 102 准分子激光器和 S155 Laurin Technic 激光剥蚀流通池）直接测定颗粒中^{238}U 的浓度，并根据 Hasebe 等（2004）、Donelick 等（2005）、Chew 和 Donelick（2012）的规则确定每种颗粒的裂变径迹年龄。除了^{238}U 外，LA-(MC)-ICP-MS 还可以测量 Pb 含量（若需要，还可测量一系列微量元素和 REE），从而计算副产物 U-Pb 的年龄（Donelick et al.，2005；Chew 和 Donelick，2012）。通过 LA-ICP-MS，利用 23~50μm 圆形激光光斑进行无损裂变径迹分析，在抛光晶体表面上保留足够的空间用于原位（U-Th）/He 分析。

原位分析（U-Th）/He 测年遵循 Evans 等（2015）的方法，将具有目标晶体的 Teflon 胶体装入 RESOchron 仪器的 UHV 电池，然后通过激光剥蚀（使用 33μm 或 50μm 斑点）从完整的抛光表面上提取 He。在四极质谱仪（Pfeiffer PrismaPlusTM）上，通过使用已知体积的^{3}He 尖峰进行同位素稀释来测定 He 的含量。从 UHV 池中取出胶埋，并使用原子显微镜测量 He 烧蚀坑的体积（也可以使用共聚焦激光扫描显微镜；Boyce et al.，2006），这样就可以确定原位（U-Th）/He 所需的 He 浓度及 He 年龄计算（Boyce et al.，2006；Vermeesch et al.，2012）。接着将胶体重新装入流通池（S155）中进行第三次烧蚀，通过 LA-(MC)-ICP-MS 确定 U、Th 和 Sm 含量，从而最终计算（U-Th）/He 年龄。类似于第一个用于裂变径迹测年的激光剥蚀，此阶段的 LA-(MC)-ICP-MS 分析可以确定副产物 U-Pb 的年龄（Boyce et al.，2006；Vermeesch et al.，2012；Evans et al.，2015）。

这种方法的主要优点在于：简化了三种方法的样品处理程序，大大缩短分析时间并提高样品通量；无需从裂变径迹胶体中提取已分析过的颗粒并将其装载到用于常规 He 提取的微管中，大多数分析步骤是自动化的，并且样品不需要进行裂变径迹分析即可进行辐照。实际的工作流程表明，约 100 颗晶体可能会在 2 周内更新 3 倍。另一优势在于能够标定“有问题的”晶体，不适合常规（U-Th）/He 分析，例如母体核素具有极高带状的晶体，由辐射损伤引起的结构不均匀性，矿物和/或包裹体，以及通过针对颗粒内部（Boyce，2006）实现了对 α 喷射校正的规避，提高了实验人员的安全性，因为（U-Th）/He 测年无需溶解颗粒，从而避免了使用氢氟酸、硝酸或高氯酸，不需要对放射线进行辐射和培训实验人员使用放射性样品。但是，此方法至少在以下四个方面具有局限性。

首先，尽管通过 LA-ICP-MS 进行裂变径迹测年比相对于传统的 EDM 方法具有更高的铀相对浓度（Donelick，2006），但是这种方法可能不适用于铀分区性较强的晶体（Hasebe，2004；Donelick，2005）。

其次，原位（U-Th）/He 年龄的精确度和准确性可能不如传统（U-Th）/He 年龄（Horne et al.，2016），因为简化了分布均匀性的假设矿物中的母核素的分析，与同位素稀释 ICP-MS 数据相比，继承了 LA-ICP-MS 数据的较低分析精度，并且与烧蚀坑体积测量有关的其他不确定性来源。

第三，与之前的“EDM 裂变径迹+LA-ICP-MS U-Pb+常规（U-Th）/He”方法一样，

由于高 Pb 含量和低 Pb 含量，年轻的低 U 磷灰石的三重测年可能会出现问题，导致大量的放射性 Pb 和 He。

第四，目前只有四个实验室发表了原位（U-Th)/He 测试数据。因此该方法的实验条件有限。

尽管如此，使用三重测年的优势超过了许多应用的局限性，例如需要分析大量晶体的情况。预计将来，将会出现更多具有类似原位分析能力的实验室；因此，在未来几年中，三重测年可能会应用得更加广泛。

化学蚀刻对（U-Th)/He 系统的影响是成功进行三重测年的关键要求之一，在多个分析步骤中，所使用的所有辐射衰减方案均应不受干扰。虽然通过准分子激光进行的样品胶埋、研磨、抛光、裂变径迹计数和“冷”烧蚀不应改变母子系统，但化学蚀刻（需要揭示自发裂变径迹）对（U-Th)/He 的影响值得关注。在这方面，磷灰石、榍石和独居石的蚀刻是安全的，因为在这些矿物中进行的蚀刻温度远低于（U-Th)/He 系统的温度敏感性。常用流程包括在 21℃ 的 5mol/L 或 5.5mol/L HNO_3 溶液中蚀刻 20s 的磷灰石（Donelick，1999），在 23℃ 的 HF-HNO_3-HCl-H_2O 溶液中蚀刻榍石持续 6～30min（Gleadow 和 Lovering，1974），在沸腾（约 50℃）的 37%HCl 溶液中蚀刻独居石 45min（Fayon，2011）。但是，锆石中裂变径迹的长时间蚀刻（在 215～230℃ 的 KOH-NaOH 共熔混合物中 10～100h；Zaun 和 Wagner，1985；Garver，2003；Bernet 和 Garver，2005）可能对 He 扩散产生影响。由于蚀刻温度高于锆石 He 部分保留区的下限（约 150℃；Guenthner et al.，2013），因此值得关注。为了验证这一假设，进行了一项实验，将 Fish Canyon 凝灰岩中的 15 个锆石晶体在 215℃ 的共晶 KOH-NaOH 混合物中蚀刻 100h，这时所有晶体都显示出自发裂变径迹。然后，通过常规（U-Th)/He 方法对蚀刻的晶体和 15 个未蚀刻的 Fish Canyon Tuff 锆石进行分析。比较结果（图 5.4）表明，(U-Th)/He 的蚀刻和未蚀刻晶体的年龄没有显著差异，这表明锆石中自发裂变径迹的长而激进的蚀刻对于亚锆石而言不是问题。

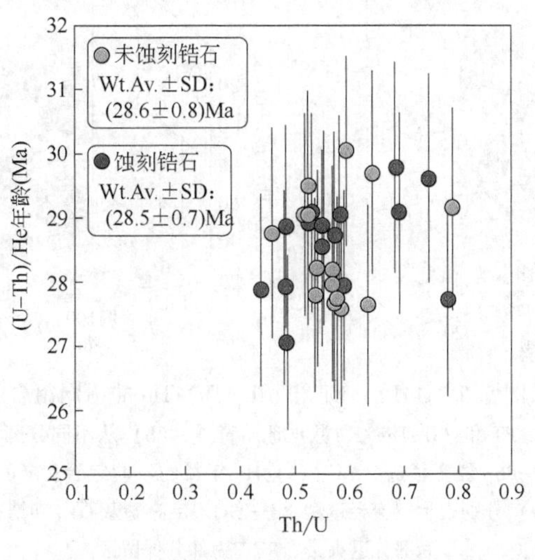

图 5.4

(U-Th)/He 年龄是从 Fish Canyon Tuff 中未经化学处理和蚀刻的锆石晶体获得的 He 年龄（28.3Ma±1.3Ma；Reiners，2005）。未蚀刻和已蚀刻锆石的加权平均值相似，表明蚀刻对（U-Th)/He 系统没有显著影响。蚀刻条件为：NaOH-KOH 共晶熔体，215℃，100h（Zaun 和 Wagner，1985；Garver，2003；Bernet 和 Garver，2005）

5.5 应 用

单晶的三重测年可产生系列地质年代信息，非常适合于碎屑岩测年研究（Carrapa，2010），在该研究中需要分析大量的晶体以便确定具有统计学意义的年龄成分（Vermeesch，2004）。对于定年的矿物，单晶三定年可以解析源地的岩浆、变质和剥露历史，确定最大沉积年龄并检测沉积后的加热事件。经历过（构造）热事件的碎屑颗粒会产生不同颗粒的 U-Pb、裂变径迹和（U-Th）/He 的独特组合（图 5.5）。

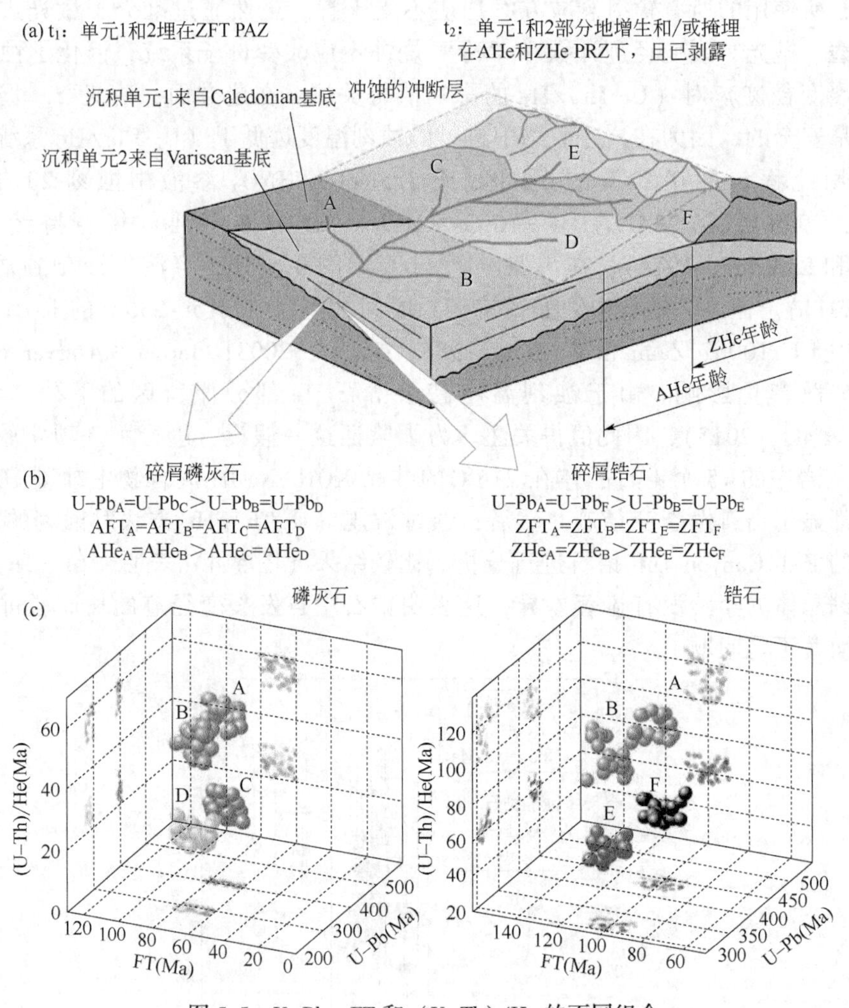

图 5.5 U-Pb、FT 和（U-Th）/He 的不同组合

（a）碎屑岩的 U-Pb、FT 和（U-Th）/He 数据地质背景；（b）从不同分区（A 到 F）碎屑磷灰石和锆石晶体产生 U-Pb-裂变径迹-（U-Th）/He 年龄的不同组合；（c）三维气泡图。AFT（ZFT）和 AHe（ZHe）分别表示裂变径迹和（U-Th）/He 在磷灰石（和锆石）上的年龄。PAZ 为部分退火带，PRZ 为部分保留区

如上所述，三重测年提供了优于单测年方法的显著优势。卡拉帕等（2009）和 Zattin 等（2012）的研究表明，用相对较少数量的晶体获得的三重年龄比从单一方法测得的 100 个晶

体（碎屑研究中通常采用的数量）可获得的信息要多。关于确定年龄成分的三重测年的可靠性评估超出了本研究的范围，因此将来需要进一步测试。但是，与用于大量颗粒的单定年方法相比，更少的颗粒将提供至少相同（或更多）的详细地质信息。

除适用于锆石和磷灰石外，还适用于其他常见的碎屑矿物，如榍石和独居石，可以通过U-Pb、裂变径迹和（U-Th)/He方法测定（Reiners 和 Farley，1999；Stockli 和 Farley，2004；Boyce，2005；Siebel，2009；Fayon，2011；Weisheit，2014；Kirkland，2016a，b）。除了给定的封闭温度不同（图5.1）之外，这些矿物中的每一种都可以代表不同的源岩性，并且具有不同的机械和化学特性，这些特性在沉积物运移过程中会转换为不同的稳定性（本书第5章；Malusà 和 Garzanti，2018）。因此，对不同矿物进行三重测年可以实现更可靠的源区识别和重构其热历史，并可以在矿物回收过程的不同阶段提供有关热事件的重要信息。例如，相对高熔点的锆石可以在多个造山带和沉积循环中保留下来，并且可以在极长的距离内运移，但耐用性较低的磷灰石更可能代表第一循环碎屑，并且会记录相对近端的热史。

除用于区分物源的碎屑研究外，多重测年对于构造研究也是有用的，因为它可以更完整、更准确地重建不同矿物的热史，从而为探索深部矿物和浅层之间的联系提供强大帮助。裂变径迹和（U-Th)/He的组合应用可以在相应的局部退火带中更稳定、更详细地重建热历史。通常使用热史模拟软件（如HeFTy或QTQt；Ketcham，2005；Gallagher，2012）来实现此目的，它们提供了广泛的选项和参数，能实现可靠的结果。尽管许多研究证明该模型对于重建热历史是可行的，但在对裂变径迹和（U-Th)/He数据进行组合模拟时，仍应谨慎，特别是在某些情况下，即使模型有裂变径迹数据（年龄和长度）和（U-Th)/He数据（如年龄、大小、母核素的区域划分、扩散参数）（例如Danišík等2010b，2012）。尽管反演模拟的应用通常会产生地质上最合理的最佳演化路径，但仍然存在需要改进的地方，如在自然校准地点或具有已知热历史的特征明确的样品上，通过组合模拟方法获得的模拟结果的可靠性和可重复性（House et al.，2002）。

最后，三重测年有助于提高对裂变径迹和（U-Th)/He数据以及这两种方法的理解。除独居石外，（U-Th)/He方法的温度敏感性通常略低于裂变径迹方法对类似矿物的敏感性（图5.1）。因此，（U-Th)/He的年龄理想上应该与在相同矿物上获得的裂变径迹年龄相同或更小。除了有时会观察到晶体尺寸与（U-Th）之间的相关性外（Reiners 和 Farley，2001），（U-Th)/He年龄通常不提供有关通过He部分保留区冷却方式的信息。因此，在没有其他信息的情况下，尚不清楚（U-Th)/He的年龄是否与明显的、地质上重要的降温事件有关，因此可以称为“降温”年龄或“明显年龄”，而没有直接地质意义的年龄（Stockli et al.，2000；Danišík et al.，2015；本书第8章）。此外，单颗粒（U-Th)/He的年龄通常表现出较高的分散性，这可能反映了多种情况：通过He部分保留区的长时间冷却（Fitzgerald et al.，2006），不准确的α射出校正（Farley et al.，1996；Hourigan et al.，2005），辐射损伤影响He的保持性和封闭温度（Hurley，1952；Flowers，2009；Guenthner，2013；Danišík，2017）或较老的晶体缺陷（例如未发现的包裹体导致年龄超过预期年龄；Farley，2002；Ehlers 和 Farley，2003；Danišík et al.，2017）。部分这些条件反映了地质过程，而另一些则表明我们应仔细评估甚至辩证地使用数据。在这种情况下，在（U-Th)/He上标明了U-Pb和裂变径迹年龄的定年矿物对冷却方式和色散起源提供了进一步的约束。

现代低温热力学的挑战之一是“倒置”裂变径迹和（U-Th)/He年龄，即前者小于后者的问题。缓慢冷却的地形（Hendriks，2003；Lorencak，2003；Belton，2004；Hendriks 和 Redfield，2005；Green，2006；Danišík，2008；Ksienzyk，2014）。这种“倒置”的关系似乎与封闭温度的概念（Dodson，1973）相矛盾，使人们对裂变径迹退火和 He 扩散的基本概念以及方法的可靠性提出了质疑，并促使人们对尝试解释的方法学重新产生了兴趣。由于这些磷灰石裂变径迹年龄相对于（U-Th）/He 年龄明显偏小，并且（U-Th）/He 通常来自同一样本的单颗粒年龄差异很大，因此对（U-Th）/He 的系统学已经实现。这项工作揭示了诸如辐射损伤等现象的重要性（Reiners，2005；Shuster，2006；Shuster 和 Farley，2009；Flowers，2009；Flowers，2007，2009；Guenthner，2013；Danišík，2017），亲本核素的区域划分（Meesters 和 Dunai，2002a，b；Hourigan，2005；Fitzgerald，2006；Danišík，2017）或化学成分（Djimbi，2015）。同时，裂变径迹热年代学在方法论和模拟方面也取得了相当大的进步（Donelick，2005；Enkeμmann，2005；Ketcham，2005；Ketcham，2007a，b，2009；Zattin，2008；Jonckheere 和 Ratschbacher，2015；本书第 4 章）。研究结果可以解释许多以前被认为是差异的（U-Th）/He 数据集。研究表明，辐射损伤的积累可以使（U-Th）/He 系统的封闭温度提高到比裂变径迹系统的封闭温度更高的水平（Shuster，2006；Guenthner，2013；Gautheron 和 Tassan-Got，2010；Ketcham，2013）。此外，由于裂变径迹系统对温度变化的响应更快，因此 FT-(U-Th)/He 的逆关系与氦的关系可能是短期加热事件（如沿断层的剪切加热）的诊断指标（Tagami，2005）或野火（Reiners，2004）(参阅第 8 章；Malusà 和 Fitzgerald，2018a，b)。然而，在某些情况下，FT-(U-Th)/He 的年龄关系仍然是一个持续讨论的问题（本书第 3 章、第 21 章；Kohn，2018；Kohn 和 Gleadow，2018；Hendriks 和 Redfield，2005，2006；Söderlund et al.，2005；Green 和 Duddy，2006；Green et al.，2006；Shuster et al.，2006；Hansen 和 Reiners，2006；Flowers 和 Kelley，2011；Flowers 和 Farley，2012，2013；Lee et al.，2013；Karlstrom et al.，2013；Fox 和 Shuster，2014；Flowers et al.，2015，2016；Gallagher，2016；Danišík et al.，2017）。存在几个例子，其中“倒置”裂变径迹和（U-Th）/He 的年龄没有得到令人满意的解释，除了对裂变径迹退火、He 扩散或数据质量外，可能还存在其他原因（Hendriks 和 Redfield，2005，2006；Green 和 Duddy，2006；Green et al.，2006；Kohn et al.，2009；Danišík et al.，2017）。应该注意的是，这些研究举例了“倒置”裂变径迹和（U-Th）/He 年龄，对不同的颗粒采用了一种或两种方法，这可能会给结果带来一些偏差。在其他情况下，很明显（U-Th）/He 的年龄被计算为“平均年龄”，它们比磷灰石裂变径迹中值年龄要大，而不是单颗粒（U-Th）/He 的总和。结合各种因素进行评估，如晶体尺寸、[eU] 和冷却时间长。原位三重测年方法的应用表明，裂变径迹和（U-Th）/He 年龄之间的明显差异确实是由常规数据处理中的统计误差引起的，在常规数据处理中，均值或单颗粒（U-Th）/He 将年龄与磷灰石裂变径迹中值年龄进行比较，而不是将单颗粒裂变径迹年龄范围进行比较（Danišík et al.，2010a）。

除了加强数据解释外，裂变径迹测年中使用的例程还可用于提高（U-Th）/He 测年结果的质量。在某些裂变径迹实验室中，通常的做法是评估晶体对（U-Th）/He 和 U-Pb 的年龄基于高分辨率（约 1250×）的裂变径迹胶埋中的样品质量。高分辨率的裂变径迹图像提供有关晶体的尺寸、形态、包裹体的外观和组成、辐射损伤程度等信息（Garver 和 Kamp，2002)，最重要的是 U 的分布信息（Jolivet，2003；Meesters 和 Dunai，2002a；Fitzgerald，2006；Danišík，2010a），这对于可靠的 α 射出校正至关重要（Farleyetal，1996；Houriganetal，2005）。尽管对于磷灰石，U 带通常在云母外探测器的诱发径迹中显示得更好，而不是在磷灰石晶体中自发裂变径迹中。随机选择颗粒可用于进一步的年代学分析，可以将此类信息用于目标颗粒选择方法，以表示样品中存在的所有子群，尽管减少了颗粒的数量这将更实际。最后，长期的经验表明，用裂变径迹方法测定的样品（U-Th)/He 数据的质量要好于在双目或低倍镜下手工挑选和检查的晶体上获得的数据质量。

Evans 等（2013）报道了简化双重测年方法的裂变径迹成像的应用。他们应用 SHRIMP U-Pb 和常规（U-Th)/He 对含钻石的钾长花岗岩和其围岩中的碎屑锆石进行了双重测年，测试是否可以鉴定出萤石锆石晶体，根据其独特的 U-Pb、(U-Th)/He 年龄模式来确定碎屑的数量情况。该实验成功证明，双定年法是可行的钻石勘探方法，唯一不足是耗时长、所需精力大。通过对锆石中裂变径迹进行化学刻蚀，可以大大减少这种方法的分析时间。基于其不同的刻蚀特性，该工艺将萤石锆石与大多数围岩锆石区分开来，从而更节省时间和成本。

5.6　结束语和展望

本章介绍了在单晶中采用裂变径迹、U-Pb 和/或（U-Th)/He 多方法的原位多测年方法的原理、方法、应用和优势。值得注意的是，对于碎屑样品，与采用单一方法相比，在单个晶体中进行多次测年的第一个主要优点是，来自多种技术的数据对热历史提供了更多限制。高温 U-Pb 定年通常记录在较高温度和更大岩石圈深度处的过程，而低温裂变径迹和(U-Th)/He 地温计对上地壳的热变化敏感。第二个主要优点是，对单个颗粒的独立辐射系统默认提供三个年龄，可以直接对结果进行内部一致性检查，这使研究人员可以识别分析异常值，从而显著提高地质解释数据的质量。

在碎屑测年研究中，多定年技术已被证明是一种可行且极为强大的工具，因为当通过单年龄方法获得碎屑晶体的年代学数据时，可能会因缺乏地质背景而产生某些的歧义。多次测年可以通过提供有关烃源岩的出处、剥露、沉积和沉积后热历史的重要信息来克服这一限制。最后，三重测年方法可能有助于解决明显的“倒置”裂变径迹和（U-Th)/He 年龄关系问题，因此提供了一个有用的工具来解决裂变径迹和（U-Th)/He 数据之间的不一致，一般而言，这可以帮助提高对裂变径迹和（U-Th)/He 方法的理解。

可以使用多种分析程序来获得单个晶体上的 U-Pb、FT 和（U-Th)/He 等信息。最常用的方法是使用 EDM 裂变径迹测年，通过 LA-(MC)-ICP-MS 进行的 U-Pb 测年和传统的(U-Th)/He 测年。当使用 LA-ICP-MS 进行裂变径迹测年而不是在核反应堆中辐照样品的 EDM 裂变径迹方法时，此流程效率更高。一种具有更高样品通量的更有效的方法是，将 LA-ICP-MS 的裂变径迹测年与原位（U-Th)/He 的测年相结合，从而获得了 U-Pb 年龄作为 LA-ICP-MS 分析的副产物。该创新正在发展中，Durango 磷灰石标样的初步结果令人鼓舞，这表明该方法在将来是可行的。

三重测年方法的未来方向应包括方法和分析工具的开发和优化，以便更快速地生成高质量数据。到目前为止，三重测年已成功应用于锆石和磷灰石。但是，尚未开发和测试其他矿物（如榍石、独居石、褐帘石）的多重测年方法。对碎屑样品的三重测年的研究，促使人们开发新统计方法以进行数据去卷积和识别多维空间中的主要成分。更重要的是，在广泛应用三重测年之前，应在人工合成物质或特征明确的待测矿物点上严格测试三重测年数据集的可靠性，并综合分析碎屑颗粒中提取所需地质年代信息的能力。

致谢

这项工作得到了 AuScope NCRIS2 计划和澳大利亚科学仪器有限公司的支持。在此感谢 MGMalusà 和 PG Fitzgerald 在文字编辑和图 5.5 的帮助，I. Dunkl 介绍了裂变径迹学科，Evans 对（U-Th）/He 分析、手稿的改进内容完善、磷灰石 U-Pb 数据方面进行了指导，D. Patterson 指导进行了氦气分析和故障排除，C. Kirkl 帮助处理了。磷灰石的 U-Pb 数据，B. McDonald 对 RESOchron 方法的开发和 LA-ICP-MS 分析有所帮助，T. Becker 进行了 AFM 工作，TSW Analytical 的 C. May 和 C. Scadding 用于访问解决方案 ICP-MS 实验室。感谢 B. McInnes、M. Shelley、B. Godfrey、D. Gibbs、C. Gabay、A. Norris、P. Lanc 和 M. Hamel 在 RESOchron 仪器的整个开发过程中的支持。感谢 M. Zattin、B. Carrapa 和本书的编辑的有益建议。

第6章　裂变径迹热年代学的数据统计

Pieter Vermeesch

摘　要

本章介绍使用外探测器和LA-ICP-MS方法从裂变径迹（FT）数据中提取具有地质意义的信息的统计工具。^{238}U的自发裂变符合泊松过程，导致单颗粒年龄具有一定的不确定性。为了克服这种不确定性，通常需要对每个样品分析多个晶体，通过径向图进行直观地分析，解释观察到的单颗粒数据的散布程度，并通过卡方检验客观地量化。对经过于卡方统计后获得的，所有颗粒年龄值的汇总可以对潜在的“真实”年龄进行适当描述。样品可能由于多种原因而未通过卡方检验。第一种可能性是真实年龄不包含单个离散年龄，而是以连续的年龄范围为特征。在这种情况下，“随机效应”模型可以使用两个参数约束“真实年龄”分布，即：“中值年龄”和“（过度）分散”。第二种可能性是它们是否受多模或年龄分布的影响，这种分布可能由离散的年龄成分、连续的年龄分布或两者的组合组成。如卡方的形式化统计测试可用于防止相对较小的数据集过拟合。但是，将它们应用于大数据集（包括长度测量）时应谨慎使用，这些数据集会产生足够的统计“功效”以拒绝任何简单但在地质上合理的假设。

6.1 简　介

^{238}U是太阳系中最重的天然核素。与所有比^{208}Pb重的核素一样，它在物理上不稳定，并且会放射性衰变成更小、更稳定的核素。通过分解成8个He核（α粒子）和一个^{206}Pb原子，构成了U-Pb和（U-Th)/He年代学的基础，^{238}U核的重量下降了99.9998%。其余的0.0002%经历自发裂变，形成了裂变径迹年龄学的基础（Price和Walker，1963；Fleischer，1965）。由于^{238}U的自发裂变非常罕见，因此裂变径迹的表面密度（单位面积计数）分别比^{238}U和^{4}He的原子丰度低10~11个数量级。因此，虽然U-Pb和（U-Th)/He方法是基于对Pb和He原子的十亿个原子进行质谱分析，但裂变径迹年龄通常是基于对最多几十个特征的人工计数。由于数量少，裂变径迹方法是一种低精度技术。U-Pb和（U-Th)/He年龄的分析不确定性以%或‰单位表示，单颗粒裂变径迹年龄不确定性超过10%甚至100%的情况并不罕见（6.2节）。Green（1981a，b）对早期量化这些不确定性的研究提出了质疑（McGee和Johnson，1979；Johnson，1979），他后来与两位统计学家Geoff Laslett和Rex Galbraith进行了卓有成效的合作，最终解决了这个问题。裂变径迹方法的统计数据比其他任何地质年代学技术的统计数据都更好。最初为裂变径迹方法开发的几种统计工具随后在其他测年方法中得到了应用，例如：径向图（6.3节）通常用于发光测年（Galbraith，2010b），随机效应模型（见6.4.2）已推广到（U-Th)/He（Vermeesch，2010）和U-Pb测年

(Rioux et al., 2012),有限混合模型(6.5 节)适用于碎屑 U-Pb 年代学(Sambridge 和 Compston 1994)。裂变径迹的统计分析是一个广泛而多样的研究领域，这一简短的章节不可能涵盖其所有复杂性。读者可以参考 Galbraith(2005)的著作 *Statistics for fission track analysis*，该书提供了全面、详细、独立的综述。本章包括五个部分：6.2 节介绍了使用外探测器法(EDM)的裂变径迹年龄方程，该方法提供了最直接、最简洁的方法来估计单颗粒年龄不确定性，即使在没有自发裂变径迹的颗粒中也是如此；6.3 节比较了以不同方式直观地表示裂变径迹数据的多颗粒组合的各种方式，包括密度估计、累积年龄分布和径向图；6.4 节回顾了估算此类多颗粒组合的"平均"年龄的各种方法，包括算术平均年龄、合并年龄和中值年龄，本节还将介绍年龄均一性的卡方检验，该检验用于评估单颗粒年龄的散布超过从 6.2 节获得的形式分析不确定性的程度，从而引出"过度分散"(6.4.2)的概念，以及由一个或几个连续的或不连续的年龄成分组成的更复杂的分布；6.5 节讨论了三类混合效果模型，分别用于解析离散混合物、连续混合物和最小年龄，这些模型遵循经典的偏差—方差理论，这将导致有关使用裂变径迹解释的正式统计假设检验；6.6 节将对热历史模拟的某些统计方面进行简单介绍，更全面的讨论详见本书第 2 章。近年来，为了方便基于 ICP-MS 的测量，世界各地的一些裂变径迹实验室已经放弃了 EDM 方法。但与 EDM 相比，后者的统计数据不那么直接，需要完善，6.7 节提出了解决此问题的方法。

6.2 年龄方程

裂变径迹的基本年龄方程为：

$$t=\frac{1}{\lambda_D}\ln\left(1+\frac{\lambda_D}{\lambda_f}\frac{\rho_s}{[^{238}U]R}\right) \tag{6.1}$$

式中，λ_D 是 ^{238}U 的总衰变常数($1.55125\times10^{-10}a^{-1}$；Jaffey et al., 1971)；$\lambda_f$ 是裂变衰减常数($7.9\sim8.7\times10^{-17}a^{-1}$；Holden and Hoffman, 2000)[1]；ρ_s 是晶体内部表面自发裂变径迹的密度(单位面积径迹)；[^{238}U] 是 ^{238}U 原子每单位体积；R 是裂变径迹的可蚀刻范围，等效各向同性裂变径迹长度的一半。^{238}U 可以通过在反应堆中用热中子照射(蚀刻的)样品来确定。这种辐照会在矿物中诱发 ^{235}U 的合成裂变，产生径迹，可以通过将云母外探测器附着到抛光的矿物表面上并在辐照后蚀刻来观察与统计。使用这种外探测器方法(EDM)，式(6.1)可以写为：

$$t=\frac{1}{\lambda_D}\ln\left(1+\frac{1}{2}\lambda_D\zeta\rho_d\frac{\rho_s}{\rho_i}\right) \tag{6.2}$$

式中，ζ 是校准因子(Hurford 和 Green, 1983)；ρ_i 是云母外探测器中诱发裂变径迹的表面密度；ρ_d 是已知(且恒定)U 浓度的剂量计玻璃中诱发裂变径迹的表面密度。后一个值是将校准常数从一个照射批次"循环"到下一个照射批次所需要的，因为中子注量可能随时间或在样品中变化。ρ_s、ρ_i 和 ρ_d 未知，但可以通过计算给定区域 A_* 上的径迹数 N_* 来估算

[1] 当将 λ_f 折算成 ζ 校准常数时，与裂变衰减常数相关的不确定性消失。这是开发 ζ 方法的主要原因之一(参见本书第 1 章；Hurford, 2018)。

（其中自发时 * 为“s”，诱发时为“i”或“d”）：

$$\hat{\rho}_s=\frac{N_s}{A_s},\hat{\rho}_i=\frac{N_i}{A_i},\hat{\rho}_d=\frac{N_d}{A_d} \tag{6.3}$$

通常使用自动载物台（Smith 和 Leigh-Jones，1985；Dumitru，1993）或通过简单地重新定位，在同一区域（即 $A_s=A_i$）对自发裂变径迹和诱发裂变径迹进行计数—蚀刻后在晶体胶体上安装云母外探测器（Jonckheere et al.，2003）。使用这些测量，给出了估计的裂变径迹年龄$\hat{t}$为：

$$\hat{t}=\frac{1}{\lambda_D}\ln\left(1+\frac{1}{2}\lambda_D\hat{\zeta}\hat{\rho}_d\frac{N_s}{N_i}\right) \tag{6.4}$$

式中，$\hat{\zeta}$通过应用公式获得。式(6.2) 和式(6.4) 假定对于样品和标样，颗粒与云母外探测器之间的可蚀刻范围$\hat{R}$之比是相同的。

若与此假设不符，则的裂变径迹年龄，但地质意义不明确。这是一个重要的警告，因为径迹较短的样本非常常见。参见本书 6.6 和第 1 章了解有关如何处理这种情况的更多详细信息。单颗粒年龄估计的标准误差 $s[\hat{t}]$ 由标准一阶泰勒展开式给出：

$$s[\hat{t}]^2\approx\left(\frac{\partial\hat{t}}{\partial\hat{\zeta}}\right)^2 s[\hat{\zeta}]^2+\left(\frac{\partial\hat{t}}{\partial N_s}\right)^2 s[N_s]^2+\left(\frac{\partial\hat{t}}{\partial N_i}\right)^2 s[N_i]^2+\left(\frac{\partial\hat{t}}{\partial N_d}\right)^2 s[N_d]^2 \tag{6.5}$$

需要指出的是所有协方差项均为零，因为$\hat{\zeta}$、N_s、N_i 和 N_d 是自变量[1]。为简化偏导数的计算，注意 $\ln(1+x)\approx x(x\ll 1)$，因此，对于相当低的 N_s/N_i 值，式(6.4) 简化为：

$$\hat{t}\approx\frac{1}{2}\hat{\zeta}\hat{\rho}_d\frac{N_s}{N_i} \tag{6.6}$$

使用这种线性逼近，方程（6.5）变为：

$$\left(\frac{s[\hat{t}]}{\hat{t}}\right)^2\approx\left(\frac{s[\hat{\zeta}]}{\hat{\zeta}}\right)^2+\left(\frac{s[N_s]}{N_s}\right)^2+\left(\frac{s[N_i]}{N_i}\right)^2+\left(\frac{s[N_d]}{N_d}\right)^2 \tag{6.7}$$

校准常数的标准误差是通过重复测量标样得出的，不再赘述。N_s、N_i 和 N_d 的标准由泊松分布控制，泊松分布的均值等于方差。可以用一个物理示例来说明这一关键特性，将附着在辐射计玻璃上的陶瓷印记细分为多个相等大小的统计网格［图 6.1(a)］。计算每个统计网格中诱发裂变径迹 N_d 的数量及其频率分布，其平均值确实等于其方差。将这一事实应用于等式，可以用 N_s 替换 $s[N_s]^2$，用 N_i 替换 $s[N_i]^2$，将 $s[N_d]^2$ 替换为 N，得出估计的裂变径迹年龄的标准误差为：

$$s[\hat{t}]\approx\hat{t}\sqrt{\left(\frac{s[\hat{\zeta}]}{\hat{\zeta}}\right)^2+\frac{1}{N_s}+\frac{1}{N_i}+\frac{1}{N_d}} \tag{6.8}$$

需要注意的是，如果 $N_s=0$，则式(6.8) 分解。有两个解决方案：第一种方法，也是最简单的方法是分别用 $N_s+1/2$ 和 $N_i+1/2$ 替换 N_s 和 N_i（Galbraith，2005）；第二种，也是首选的方法是计算准确的（和非对称的）置信区间。有关此过程的更多详细信息参见 Galbraith（2005，第 50 页）。

---

[1] N_s、N_i 在单个晶体内是独立的，但在同一样品的不同晶体之间当然不是独立的，因为自发和诱发的径迹数均取决于 U 浓度，U 浓度往往随晶体的不同而显着变化（McGee 和 Johnson，1979；Johnson et al.，1979；Green，1981b；Galbraith，1981；Carter，1990）。

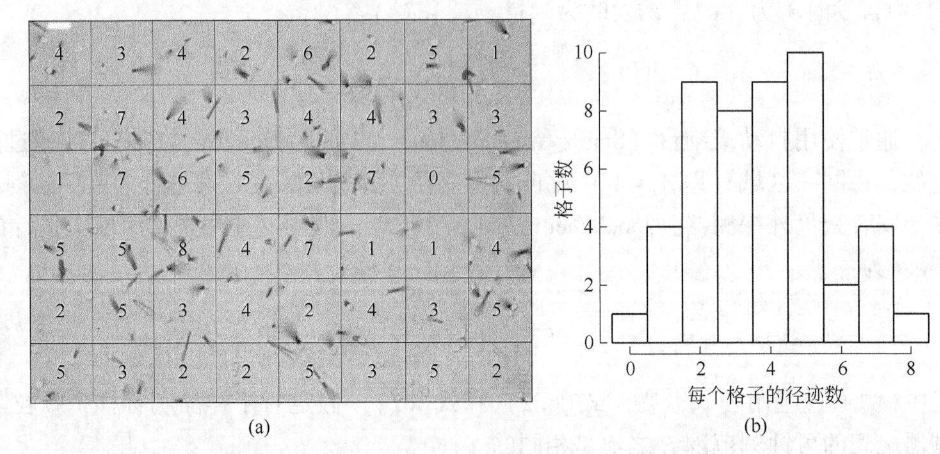

彩图 6.1

图 6.1 （a）云母外探测器中记录的诱发裂变径迹，数字表示在 48 个 150μm×150μm 大小的区域中计数的径迹数，颜色表示单（黄色），双（蓝色）和三（红色）蚀刻坑，剂量计玻璃显示出均匀的 U 浓度，因此观察到的径迹数变化仅归因于泊松统计，使用 FastTracks 图像识别软件对裂变径迹进行计数（参见本书第 4 章）；（b）裂变径迹计数的频率分布，每个刻度的平均值为 3.7，方差为 3.5 计数，与泊松分布一致

6.3　裂变径迹图

上述公式给出的单颗粒不确定性往往会很大。例如，仅包含四个自发裂变径迹（即 $N_s=4$）的晶体，即使忽略了与校准常数、剂量计玻璃或诱发裂变径迹计数相关的不确定性外，也具有$\sqrt{4}/4=50\%$的不确定性。因此，裂变径迹方法的单颗粒年龄精度要比其他已建立的地质年代（如$^{40}Ar/^{39}Ar$或$^{206}Pb/^{238}U$）的精度低几个数量级，后者可实现百分比或千分比级的不确定性。为了克服此限制并消除“§-极准常数”，使用样本中描述的方法对样本中的多个颗粒进行分析并取平均值非常重要。裂变径迹数据的多粒度组合对于沉积物的物源分析也很有用，并且构成了名为“碎屑热年代学”的新研究领域的基础（Bernet，2018；Carter，2018）。无论哪种应用程序，首先通过评估多颗粒裂变径迹数据集是有用的。本节将介绍用于执行此操作的三种图形：累积年龄分布、密度估计和径向图。图 6.2 列出了四种不同地质情况：

（1）急速冷却的火山岩在 15Ma 喷出。

（2）缓慢冷却的侵入岩表现出一系列的 Cl/F，导致裂变径迹表观年龄为 150Ma±20%。

（3）从一条河流中收集的碎屑样品，该河流排水了分别在 15Ma 和 75Ma 下挤压的两个火山层。

（4）从第一种和第二种情况中收集的碎屑样品。

6.3.1　年龄累积分布（CAD）

累积分布函数 cdf（x）描述了年龄小于或等于 x 的碎屑年龄数量的比例：

$$\mathrm{cdf}(x)=P(t\leqslant x) \tag{6.9}$$

在方案 I 下，cdf 由一个简单的阶跃函数组成，表示 0%的颗粒较年轻，而 100%的颗粒比挤出年龄大（图 6.2，Ⅰ-a）。在方案Ⅱ下，cdf 分布在更大的范围内，因此 90%的年龄在 90~210Ma 之间（图 6.2，Ⅱ-a）。在方案Ⅲ下（图 6.2，Ⅲ-a），cdf 由 15Ma 和 75Ma 处的两个离散台阶组成，其相对高度取决于河流集水区的测压法和侵蚀的空间分布（Vermeesch，2007）。

在方案Ⅳ下，cdf 包含一个在 15Ma 时从 0~50%的离散步长，然后在 90Ma 时呈 S 形上升到 100%（图 6.2，Ⅳ-a）。实际上，方案Ⅰ—Ⅳ的 cdf 是未知的，并且必须通过经验累积分布函数（ecdf）从样本数据中估算出来，该函数在地球年代学下称为累积分布（CAD；Vermeesch，2007）。CAD 只是一个阶梯函数，其中单颗粒年龄估计值（$\hat{t}_j$，$j=1\rightarrow n$）相对于它们的等级顺序进行绘制：

$$\mathrm{CAD}(x)=\sum_{j=1}^{n}1(\hat{t}_j\leqslant x)/n \tag{6.10}$$

其中 1（TRUE）= 1 和 1（FALSE）= 0。与真实 cdfs 相比，所测量的 CAD 总是平稳得多，因为分析不确定性将年龄分布在更大的范围内。由于裂变径迹年龄的不确定性非常大，因此测得的 CAD 与实际 cdf 之间的差异非常显著。本章的 6.4 和 6.5 节介绍了几种从测量分布（CAD）中提取真实分布（cdfs）的关键参数的算法。

6.3.2　密度估计（KDE）

概率密度函数（pdf）可定义为 cdf 的一阶导数：

$$\mathrm{pdf}(x)=\left.\frac{\mathrm{d}[\mathrm{cdf}(y)]}{\mathrm{d}y}\right|_x\Leftrightarrow\mathrm{cdf}(x)=\int_{-\infty}^{x}\mathrm{pdf}(y)\,\mathrm{d}y \tag{6.11}$$

在方案Ⅰ下，pdf 是零宽度和无限高的离散峰，标志着火山喷发的时间（图 6.2，Ⅰ-b）。相比之下，在方案Ⅱ下，pdf 是平滑的对称钟形曲线，反映了封闭温度和年龄的分布，该曲线与这种缓慢冷却的磷灰石中存在的 Cl/F 比值范围相关（图 6.2，Ⅱ-b）。在方案Ⅲ下，pdf 由对应于两个火山事件的两个离散的尖峰组成（图 6.2，Ⅲ-b）。在方案Ⅳ下，pdf 有效地结合了方案Ⅰ和Ⅱ（图 6.2，Ⅳ-b）。与以前讨论过的 cdf 类似，pdf 也是未知的，但是可以从样本数据中估算出来。

有很多方法可以分析上述问题。最简单的就是直方图，它将观察结果分组为多个离散的 bin。核密度估计（KDE）是直方图的替代方法，直方图是通过沿时间轴从年轻到老的测量值排列，并在其顶部添加高斯“钟形曲线”（或其他对称形状），然后求和以创建一条连续曲线而构成的（Silverman，1986；Vermeesch，2012）。高斯“核”的标准偏差称为估算值的“带宽”，可以通过许多不同的方法进行选择，此方面的介绍不在本文的讨论范围内（Abramson，1982；Silverman，1986；Botev，2010；Vermeesch，2012）。所有这些算法的一个重要特征是带宽随样木数量的增加而单调减小。需要注意的是，所谓的概率密度图（PDP）中的不确定性分析（或分析不确定性的 0.6 倍；Brandon，1996）被用作“带宽”，不具有此功能。因此，PDP 并不是正确的密度估算值，因此不建议使用（Galbraith，1998；Vermeesch，2012）。像 CAD 是 cdf 的平滑版本一样，KDE 和直方图也是 pdf 的平滑版本。尽管 CAD 仅被平滑了一次，直方图和 KDE 却被平滑了两次，一次是通过分析不确定性，一次是通过 bins 或 kernels 的宽度。由于裂变径迹数据分析的不确定性很大，裂变径迹年龄分布的成分通常会分散非常广泛，导致 KDE 解析不佳（图 6.2b 中的蓝色曲线）。

彩图 6.2

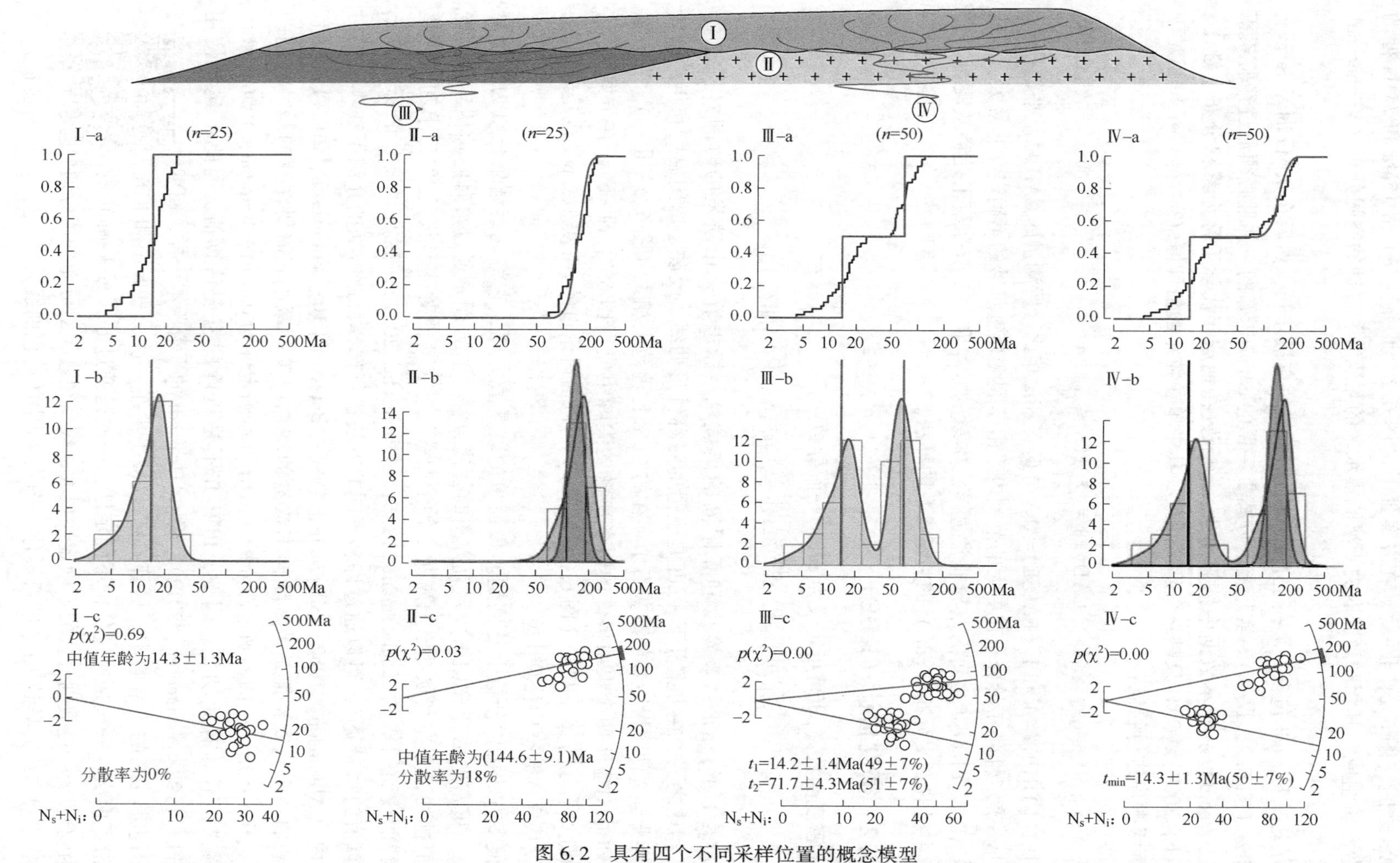

图 6.2　具有四个不同采样位置的概念模型

Ⅰ—在 15Ma 挤压的快速冷却火山岩；Ⅱ—含±20%磷灰石且在 150Ma 缓慢冷却的火山岩；Ⅲ—火山成岩的流水学和火山岩（75Ma）的沉积；Ⅳ—随采样点的位置不同而有区别，这是由两个不同的采样点组成的：a—四个采样点样本的理论累积分布函数（cdf，红色）和合成累积年龄分布（CAD，蓝色）；b—相同合成数据的理论 PDF（红色）和合成样本核密度估计值（KDEs，蓝色）；c—合成数据的径向图

6.3.3　径向图

单颗粒裂变径迹年龄的不确定性不仅很大，而且通常也是可变的（“异方差”）。由于泊松采样统计数据和可变的 U 浓度的结合，分析不确定性使用等式传播。式(6.8) 可能在同一样本内变化一个数量级。CAD 和 KDE，更不用说 PDP 都无法明确这种不确定性。径向图是专门用于解决此问题的图件（Galbraith，1988，1990；Dunkl，2002；Vermeesch，2009)。给定一个数值 z_j（$j=1, \cdots, n$）分析不确定性 σ_j，则径向图是一个双变量（x_j，y_j）散点图，针对单个变量，给出了标准化估计值 $y_j = [z_j - z_0]/\sigma_j$，其中 z_0 是某个参考值。晶体精度（$x_j = 1/\sigma_j$）。对于使用 EDM 的裂变径迹数据，对 z_j 和 σ_j 使用以下定义很方便(Galbraith，1990)：

$$z_j = \arcsin\sqrt{\frac{N_{sj}+3/8}{N_{sj}+N_{ij}+3/4}} \tag{6.12}$$

和

$$\sigma_j = \frac{1}{2\sqrt{N_{sj}+N_{ij}+1/2}} \tag{6.13}$$

精确的测量图朝向径向图的右侧，而精确度较低的测量图数据点则靠近原点。可以通过从径向图的原点（0，0）到采样点（x_j，y_j）外推一条直线到以某个距离绘制的径向比例尺来读取单颗粒年龄。类似地，可以通过从原点到径向刻度通过添加到每个采样点的虚 2σ 误差线的顶部和底部外推线来分析不确定性。最后，在距原点两侧 2σ 距离处绘制两条平行线，使分析人员可以直观地评估样品中的所有单颗粒年龄是否在分析不确定性范围内。

图 6.2 中，在径向图上的 2σ 波段内的数据点图，与单个离散年龄分量一致（图 6.2，Ⅰ-c)。在方案Ⅱ下，数据更分散和分散到 2σ 波段以外，反映了基础地质年龄的分布(图 6.2，Ⅱ-c)。在方案Ⅲ下，数据沿代表两个火山事件的两条线性径迹随机散布(图 6.2，Ⅲ-c)。最后，如预期的那样，情况Ⅳ结合了情况Ⅰ和Ⅱ的径向模式(图 6.2，Ⅳ-c)。在图 6.2 的所有汇总图中，径向图包含有关年龄测量和基础地质年龄的定量信息。使用 Tufte（1983）的图形设计原理，径向图显示的“墨水—信息比率”远高于 CAD 和 KDE 直方图。因此，我们将利用它来介绍下一节讨论的汇总统计信息。

6.4　统计信息概述

如前所述，存在较大的且高度可变的分析不确定性会掩盖潜在的年龄分布及其所具有的地质信息。接下来的两节将介绍一些有用的摘要统计信息，它们可用于将具有地质意义的信息与泊松计数不确定性产生的随机噪声区分开。

6.4.1　聚集的年龄数据

从方案金Ⅰ中的单个离散年龄组件开始，可以使用几种方法从一组嘈杂的样本数据中估计年龄。图 6.2 的Ⅰ-a、Ⅰ-b 和Ⅰ-c 显示，单颗粒年龄估计值遵循不对称概率分布（当以对数刻度绘制时是对称的)，该概率分布朝着较高年龄倾斜。如果从分别具有期望值 ρ_s 和 ρ_i 的两个独立泊松分布中采样 N_{sj} 和 N_{ij}，则 $N_{sj}+N_{ij}$ 上的条件概率遵循二项式分布：

$$P(N_{sj} | N_{sj}+N_{ij}) = \binom{N_{sj}+N_{ij}}{N_{sj}} \theta^{N_{sj}}(1-\theta)^{N_{ij}} \equiv f_j(\theta) \tag{6.14}$$

式中，$\theta = \rho_s/(\rho_s + \rho_i)$ 和 $\binom{a}{b}$ 是二项式系数，给定 n 个裂变径迹计数样本，这将导致 h 的以下（对数）似然函数：

$$\mathcal{L}(\theta) = \sum_{j=1}^{n} \ln f_j(\theta) \tag{6.15}$$

式中，$f_j(\theta)$ 是在等式中定义的第 j 个晶体的概率质量函数。作为获得“平均”年龄的第一种方法，可能会倾向于只采用单颗粒年龄估计的算术平均值。但是，算术平均值不能很好地解决异常值和不对称分布的问题，对地质年代的估算很差。几何均值要好得多，它与“中值年龄”密切相关，本节将对此进行讨论。通过使等式最大化来获得“合并年龄”。由式(6.15) 获得“最大似然”估计 ($\hat{\theta}$)，然后用 $e^{\hat{\theta}}$ 替换式(6.2) 中的 N_s/N_i，其中 $N_s = \sum_{j=1}^{n} N_{sj}$ 和 $N_i = \sum_{j=1}^{n} N_{ij}$ 。这等效于分别取所有自发和诱发径迹的总和，并将它们视为属于单个晶体。如果真实年龄确实来自单个离散年龄成分（即方案 I），则此过程将得出正确的年龄。但是，如果存在真实裂变径迹年龄的任何偏差（如方案Ⅱ中的情况），则合并年龄将过于偏大。可以使用形式化的统计假设检验来验证是否是这种情况。Galbraith（2005，第 46 页）介绍，在没有过度分散的情况下，以下统计数据：

$$c^2 = \frac{1}{N_s N_i} \sum_{j=1}^{n} \frac{(N_{sj}N_i - N_{ij}N_s)^2}{N_{sj} + N_{ij}} \tag{6.16}$$

遵循具有 $n-1$ 自由度的卡方分布。在此分布下观察到大于 c^2 的值的概率称为 p 值，可用于形式上测试零色散的假设。通常使用 0.05 临界值作为标准来剔除方案Ⅰ的单一年龄模型，此情况下不适用合并年龄。

6.4.2　中值年龄与“过度分散”

使用两参数“随机效应”模型获得方案Ⅱ的更有意义的年龄估算，其中假设真实 ρ_s/ρ_i 比率遵循对数正态分布，位置参数为 μ，比例参数为 r（Galbraith 和 Laslett，1993）：

$$\ln(\rho_s/\rho_i) \sim \mathcal{N}(\mu, \sigma^2) \tag{6.17}$$

该模型产生一个两参数对数似然函数：

$$\mathcal{L}(\mu, \sigma^2) = \sum_{j=1}^{n} \ln f_j(\mu, \sigma^2) \tag{6.18}$$

其中概率质量函数 $f_j(\mu, \sigma^2)$ 定义为：

$$f_j(\mu, \sigma^2) = \binom{N_{sj} + N_{ij}}{N_{sj}} \int_{-\infty}^{\infty} \frac{e^{\beta N_{sj}}(1 + e^{\beta})^{-N_{sj}-N_{ij}}}{\sigma\sqrt{2}\pi e^{(\beta-\mu)^2/(2\sigma^2)}} d\beta \tag{6.19}$$

裂变径迹比率受两个变量的影响：方程描述的泊松不确定性公式(6.15) 和过度分散因子 σ。最大化方程 (6.18) 得出两个估计值 $\hat{\mu}$ 和 $\hat{\sigma}$ 以及它们各自的标准误差。用 $e^{\hat{\mu}}$ 代替等式中的 N_s/N_i，得到所谓的中值年龄。$\hat{\sigma}$ 量化了单颗粒年龄的过度分散，仅靠泊松计数统计无法解释。这种分散体可以像中值年龄本身一样提供丰富的信息，因为它可以对有关样品的成分非均质性和冷却历史的地质意义信息进行编码。在没有过度分散的情况下（即 $\hat{\sigma}=0$），中值年龄等于聚集的年龄。

6.5 混合模型

裂变径迹数据集可能由于不同的原因而未能通过上一节介绍的卡方检验。根据等式，真实年龄可能会显示出过多的散射，或存在多个年龄组分（Galbraith 和 Green，1990；Galbraith 和 Laslett，1993）。这些成分可以是离散的年龄高峰（方案Ⅲ），也可以是离散和连续的年龄组分的任意组合（方案Ⅳ）。

6.5.1 有限混合物

有限混合模型是方案Ⅰ离散年龄模型的概括，其中真实年龄不是来自单个年龄，而是来自多个年龄群（Galbraith 和 Green，1990）。方案Ⅲ是具有两个这样的组件的示例。与方案Ⅰ的通用年龄模型（由一个参数 θ 或合并年龄）描述和随机效应模型（由两个参数 μ 和 σ，或中值年龄和过度分散）描述形成对比，方案Ⅲ的有限混合需要三个参数，分别是第一组分的年龄，第二组分的年龄以及属于第一成分的颗粒的比例。属于第二部分的比例只是后者的补充。推广到 N 个组件，对数似然函数变为：

$$\mathcal{L}(\pi_k,\theta_k,k=1,\cdots,N)=\sum_{j=1}^{n}\ln\left[\sum_{k=1}^{N}\pi_k f_j(\theta_k)\right],\pi_N=1-\sum_{k=1}^{N-1}\pi_k \tag{6.20}$$

式中，$f_j(\theta_k)$ 由式(6.14) 给出，式(6.20) 可以通过数值求解。将其应用于方案Ⅰ的单个组件数据集时，再次产生合并年龄作为特殊情况。方案Ⅲ中的有害裂变径迹年龄明显分为两组，很明显存在两个年龄组分，但情况并非总是如此清晰。由于本节中讨论的大单颗粒年龄不确定性。如图6.2所示，相邻年龄段之间的界限通常模糊不清，很难决定要拟合多少个“峰值”。几种统计方法可以用来回答这个问题。一种可能性是使用对数似然比检验。假设我们已经解决了等式。对于 $N=2$ 个年龄分量，为6.20，并将对应的最大对数似然值表示为 $\mathcal{L}_2$。然后，考虑具有 $N=3$ 个分量的替代模型。这导致两个附加参数（π_2 和 θ_3）和新的最大对数似然值 $\mathcal{L}_3$。通过比较 $\mathcal{L}_3$ 和 $\mathcal{L}_2$ 之间的差值与具有两个自由度的卡方分布的两倍（因为添加了两个附加参数）并计算，可以评估三元模型是否比两元模型有显著改进。对数似然比测试的说明见6.5.2。另一种方法是最大化所谓的贝叶斯信息准则（BIC），其定义为：

$$\text{BIC}=-2\mathcal{L}_{\max}+p\ln(n) \tag{6.21}$$

式中，$\mathcal{L}_{\max}$ 是包含 p 个参数和 n 个晶体的模型的最大对数似然率。为了简单起见，省略了该方法的工作示例，有关更多详细信息请参考 Galbraith（2005，第91页）。

6.5.2 连续混合物

到目前为止，我们已经考虑了由单个离散年龄峰（方案Ⅰ）、单个连续年龄分布（方案Ⅱ）和多个离散年龄峰（方案Ⅲ）组成的，下一步考虑多个连续的年龄分布（Jasra，2006）。理论上，可以通过最大化以下似然函数来获得此类模型：

$$\mathcal{L}(\pi_k,\mu_k,\sigma_k^2,k=1,\cdots,N)=\sum_{j=1}^{n}\ln\left[\sum_{k=1}^{N}\pi_k f_j(\mu_k,\sigma_k^2)\right],\pi_N=1-\sum_{k=1}^{N-1}\pi_k \tag{6.22}$$

式中，$f_j(\mu_k,\sigma_k^2)$ 由式(6.19) 给出。然而，由于涉及大量参数，需要非常大的数据集，这通常是不切实际的。在碎屑年代学中，分析人员很少知道数据是由连续混合物提供的，因此试图通过简单地假设离散混合来减少未知参数的数量。但是这种操作存在，因为要适应连续数据集的离散年龄分量的数量没有上限。为了说明这一点，需重新考虑方案 II 的数据集，这次应用有限混合模型而不是 6.4.2 的随机效应模型。对于 $n=10$ 的小样本，年龄同质性的卡方检验得出的 p 值为 0.47，高于 0.05 的临界值，因此不足以拒绝通用的年龄模型（表 6.1；图 6.3a）。将样本大小增加到 $n=25$ 会导致 p 值为 0.03，证明增加了额外的模型参数（图 6.2，I-c）。进一步将样本量增加到 $n=100$，可以降低共同年龄模型的可能性[式(6.15)]，并得出 p 值为 0.0027，远低于 0.05 的临界值。Letus 现在用两个成分的有限混合模型代替了共同年龄模型。对于相同的 100 粒样本，这将对数似然从 -4598.3 增加到 -4591.4（表 6.1）。使用 6.5.1 介绍的对数似然比测试，对应于卡方值为 2×(4598.3-4591.4)= 13.8，p 值为 0.001，为放弃单年龄模型提供了支持，而支持两参数模型[图 6.3(b)]。但是，对三分量模型进行相同的计算，得出对数似然为 -4590.6，卡方值为 2×(4591.4-4590.6) = 1.6，p 值为 0.45（表 6.1）。因此，100 粒样本不支持三成分模型。只有当样本量从 100 粒增加到 1000 粒时，卡方检验才能获得足够的"功效"以证明三组分有限混合模型的正确性[图 6.3(c)]。很容易看出这种趋势一直在延续：随着样本数量的增加，有可能添加更多的组件（图 6.3）。

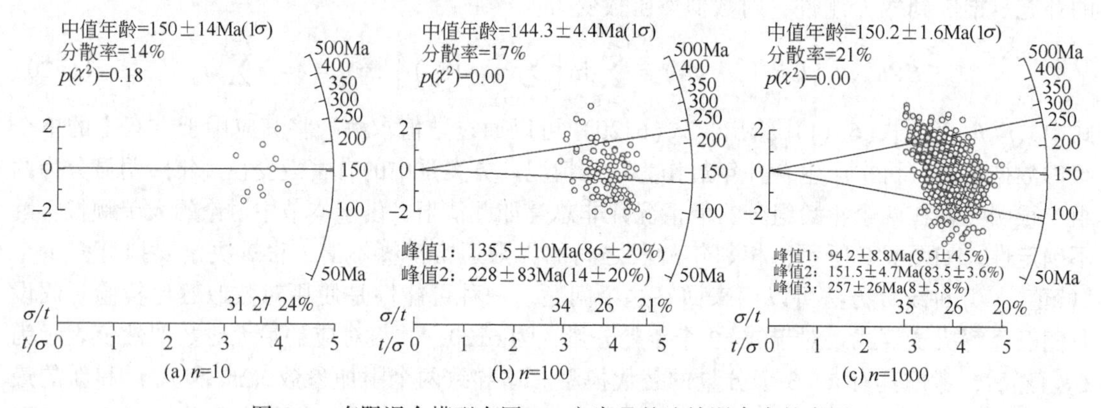

图 6.3　有限混合模型在图 6.2 方案 II 的连续混合中的应用

使用表 6.1 的对数似然比方法，从左（a）到右（c）增大样本量可提供统计依据，以拟合更多组分。需要注意的是，年龄最小的年龄段随着样本大小的增加而逐渐年轻，从样本（a）的 150Ma 到样本（c）的 94Ma，因此不是最小年龄的可靠估计。$p(\chi_2^2)$ 标记卡方检验的年龄同质性的 p 值，而不是表 6.1 的对数似然比检验

表 6.1 中的行为从方案 II 中抽取的不同样本大小（n 表示颗粒数）。标记为 $\mathcal{L}_N$ 的列显示了不同模型拟合的对数似然，其中 N 表示组件数。标记为 p (χ_2^2) 的列列出了具有两个自由度的卡方检验的 p 值，这些值可用于评估将拟合参数（N）的数量增加 1 在统计上是否合理。

表 6.1　对数似然比检验在图 6.3 所示的有限混合物拟合实验中的应用

	$\mathcal{L}_1$	p (χ_2^2)	$\mathcal{L}_2$	p (χ_2^2)	$\mathcal{L}_3$	p (χ_2^2)	$\mathcal{L}_4$
$n=10$	-422.4	0.67	-422.0	1.00	-422.0	1.00	-422.0
$n=100$	-4598.3	0.001	-4591.4	0.45	-4590.6	1.00	-4590.6
$n=1000$	-45,030.7	0.00	-44,966.5	0.00003	-44,956.1	0.67	-44,955.7

通过指出有限混合模型适用于从连续混合物派生的数据集，可能会反对这一假设示例。关键是所有统计模型在某种程度上不都是合适的。随机效应模型甚至是现实世界中不存在的数学抽象。真实年龄分布（pdfs）可能类似于方案 I 中的近似（对数）正态分布，但从未如此。给定足够大的样本，正式的统计假设检验（例如卡方）始终能够检测出任何年龄模型的最微小偏差，从而为添加更多参数提供统计依据。这在人们对最小年龄感兴趣的情况下非常重要。裂变径迹年龄分布的一个组份，如当一个目标是计算“滞后时间”并估计剥露剥露率时（Garver，1999；Bernet，2018）。通过应用通用的多组分混合模型并仅选择最年轻的年龄组分来估计滞后时间是不明智的。这将提供对最小年龄的有偏估计，随着样本数量的增加，最小年龄将稳定地向年轻值漂移（图 6.3）。取而代之的是，最好使用一个更简单但更稳定和更可靠的模型，该模型采用 3 个或 4 个参数来确定最小年龄部分：

$$\mathcal{L}(\pi,\theta,\mu,\sigma^2)=\sum_{j=1}^{n}\ln\left[\pi f_j(\theta)+(1-\pi)f_j(\mu,\sigma^2)\right] \tag{6.23}$$

式中，$f_j(\theta)$ 由式(6.14) 给出。$F'_j(\mu,\ \sigma^2)$ 是式(6.19) 的简化版（Galbraith 和 Laslett，1993）。将此模型应用到方案 IV 中，无论样本大小如何，都能正确得出最年轻的火山单元的年龄（图 6.2，IV-c）。总之，可以使用统计假设检验（例如卡方）来防止过度理解随机统计抽样波动可能引起的感知数据“簇”。但是必须谨慎使用它们，同时要牢记所有数学模型不可避免地做出的简化假设以及测试统计量和 p 值对样本量的依赖性。忽略这种依赖性可能会导致统计模型在数学上可能有意义，但与地质的相关性很小或没有。注意事项不仅适用于混合物模拟，还适用于热历史模拟，这将在下面进行讨论。

6.6　热历史模拟

到目前为止，在本章中已经隐式假设［等式(6.2)］，所有裂变径迹的长度都相同。然而，实际上并非如此，磷灰石裂变径迹的长度随样品的热历史和化学成分在 0~16μm 之间变化（Gleadow，1986）。如果成分效应（尤其是 Cl/F 比；Green et al.，1986）具有良好的特征，则封闭裂变径迹的长度分布可用于重建样品的热历史。实验表明，磷灰石中裂变径迹的热退火服从 Arrhenius 公式，其中缩短的对数程度取决于加热的数量和持续时间（Green，1985；Laslett，1987；Laslett 和 Galbraith，1996；Ketcham，1999，2007）：

$$\ln\left(1-\sqrt[\wedge]{L/L_0}\right)=c_0-c_1\frac{\ln t-\ln t_c}{1/T-1/T_c} \tag{6.24}$$

式中，L_0 和 L 分别是初始和测得的径迹长度，t 和 T 分别是时间和绝对温度，而 c_0、c_1、^、t_c 和 T_c 是拟合参数（Laslett 和 Galbraith，1996；Ketcham，1999）。利用这些实验室结果，热历史重建是一个两步过程。首先，产生大量随机热历史，并且对于每一个热历史，用扇形的 Arrhenius 公式来预测相应的裂变径迹长度分布（Corrigan，1991；Lutz 和 Omar，1991；Gallagher，1995；Willett，1997；Ketcham，2000；Ketcham，2005；Gallagher，2012）。然后，将这些“正演模拟”预测与测量值进行比较，并保留“最佳”匹配以进行地质解释。多年来开发的用于热历史重建的所有“反演模拟”软件基本上都遵循相同的方法。这些算法之间最重要的区别是它们如何评估拟合的优劣并决定保留哪些 $t-T$ 路径以及放弃哪些候选 $t-T$ 路径。

第一类软件，包括流行的 HeFTy 程序及其前身 AFTSolve（Ketcham，2000；Ketcham，2005），使用形式化的假设检验的 p 值（如前几部分所述的卡方检验）来确定裂变径迹长度分布是否为“好”（$p>0.5$），“可接受”（$0.5>p>0.05$）或“差”（$p<0.05$）。这种方法的问题在于，由于 p 值与样本大小有关，因此对于大数据集不可避免地会“崩溃”。这是因为统计假设检验的统计“能力”甚至可以解决所测长度分布与预测长度分布之间的最小分歧，但随着样本量的增加而单调增加（Vermeesch 和 Tian，2014）。

第二类反演模拟算法（包括 QTQt；Gallagher，2012）没有采用形式化的假设检验或 p 值，而是旨在提取所有可能的 t-T 路径中的“最可能的”热历史模型（Gallagher，1995；Willett，1997）。这些方法应用于大型数据集时不会“分解”。相反，大数据集以更紧密的“可信度间隔”和更高分辨率的 t-T 路径“奖励”。此外，它们很容易扩展到多样本和多方法数据集。但是，强大的能力也带来了一定的麻烦。Vermeesch 和 Tian（2014）表明，即使对于物理上不可能的数据集，QTQt 始终会产生“最佳拟合”热历史。为了避免这个潜在问题，最重要的是将模型预测与裂变径迹数据一同显示（Gallagher，2012，2016；Vermeesch 和 Tian，2014）。

6.7 基于 LA-ICP-MS 的裂变径迹测年

本节概述的 EDM 仍然是裂变径迹中使用最广泛的分析方法。但是，在过去十多年中，越来越多的实验室放弃了该方法，转而使用 LA-ICP-MS 作为确定矿物中铀浓度的一种手段，从而减少了样品周转时间并消除了处理放射性物质的需求（Hasebe，2004，2009；Chew 和 Donelick，2012；Soares，2014；Abdullin，2016；Vermeesch，2017）。与 EDM 相比，基于 ICP-MS 的裂变径迹数据的统计分析不那么直接，也不那么完善。如 6.2 节中所述，后者是基于简单的泊松变量比率，并构成了无法直接应用于基于 ICP-MS 的数据的大量统计方法的基础。本节尝试解决此问题。

6.7.1 年龄方程

基于 ICP-MS 数据的裂变径迹年龄公式为：

$$\hat{t}=\frac{1}{\lambda_D}\ln\left(1+\frac{\lambda_D}{\lambda_f}\frac{N_s}{[\hat{U}]A_s Rq}\right) \tag{6.25}$$

式中，N_s 是在区域 A_s 上统计的自发径迹数，q 是一个“效率因子”（磷灰石为 ∗0.93，锆石为 ∗ 1；Iwano 和 Danhara，1998；Enkeμmann 和 Jonckheere，2003；Jonckheere，2003；Soares，2013），$[\hat{U}]$ 是通过 LA-ICP-MS 测量的 ^{238}U 浓度（单位体积的原子数）。式(6.25) 需要一个明确的 λ_f 值，并假设可蚀刻范围 R 准确已知（Soares，2014）。或者，可以将这些因子折合成类似于 EDM 的校准因子［式(6.4)］：

$$\hat{t}=\frac{1}{\lambda_D}\ln\left(1+\frac{1}{2}\lambda_D\hat{\zeta}\frac{N_s}{A_s[\hat{U}]}\right) \tag{6.26}$$

式中，$\hat{\zeta}$ 是通过分析已知裂变径迹年龄的标准确定的（Hasebe et al.，2004）。请注意，式(6.25) 中的 ζ 校准方法与等式的“绝对”定年方法相反。式(6.26) 允许以任何浓度单位，如 ppm 或［U］，甚至可以用 ICP 产生的 U/Ca、U/Si 或 U/Zr 比值代替 ICP-MS，估计

年龄的标准误差为

$$s[\hat{t}] \approx \hat{t}\sqrt{\left(\frac{s[\hat{\zeta}]}{\hat{\zeta}}\right)^2+\left(\frac{s[\hat{U}]}{\hat{U}}\right)^2+\frac{1}{N_s}} \tag{6.27}$$

对于 ζ 校准方法［式(6.26)］，其中 $s[\hat{U}]$ 是铀浓度（或 U/Ca）的标准误差，可以使用 6.72 节中讨论的两种替代方法进行估算。只需设置 $s[\hat{\zeta}]/\zeta=0$，也可以将式(6.27) 应用于“绝对”方法［式(6.25)］。

6.7.2　基于 LA-ICP-MS 的铀浓度的误差传播

含磷的矿物（如磷灰石和锆石）通常具有成分分区带，必须将其除去或定量以确保不带偏见的年龄。

可以通过用一个大激光点（Soares，2014）或光栅（Hasebe，2004）覆盖整个计数区域来消除成分分区的影响。然后由 LA-ICP-MS 仪器的分析不确定度给出 $s[\hat{U}]$，该不确定度通常比 EDM 中诱发径迹数的标准误差低一个数量级。

另外，铀不均质性可以通过分析每个被分析的颗粒的多个斑点来量化（Hasebe，2009）。在这种情况下，通常会发现每个晶体内不同铀测量值的方差远远超过每个斑点测量值的分析不确定性。下面将概述一种测量该色散的方法，即使样品中的某些颗粒仅被激光剥蚀过一次。

每个颗粒中 U 浓度的真实统计分布是未知的，但可能是对数正态的：

$$\ln[\hat{U}_{jk}] \sim \mathcal{N}(\mu_j, \sigma_j^2) \tag{6.28}$$

式中，$\hat{U}_{jk}$ 是 n_j 个铀浓度测量值中的第 k 个，μ_j 和 σ_j^2 是正态分布的（未知）均值和方差。但是，仅通过少量点测量很难准确估计这两个参数，并且 $n_j=1$ 绝对不可能。这个问题需要简化假设，例如 $\sigma_j=\sigma\,\forall_j$。在这种情况下，我们可以估计式(6.28) 的参数为：

$$\hat{\mu}_j = \sum_{k=1}^{n_j} \ln[\hat{U}_{jk}]/n_j \tag{6.29}$$

和

$$\hat{\sigma}^2 = \sum_{j=1}^{n}\sum_{k=1}^{n_j}(\ln[\hat{U}_{jk}]-\hat{\mu}_j)^2 / \sum_{j=1}^{n}(n_j-1) \tag{6.30}$$

然后，第 j 个颗粒的几何平均铀浓度和标准误差为：

$$\hat{U}_j = \exp[\hat{\mu}_j] \tag{6.31}$$

和

$$s[\hat{U}_j] = \hat{U}_j\hat{\boldsymbol{\sigma}} \tag{6.32}$$

可以直接带入式(6.25) 至式(6.27) 来计算裂变径迹年龄和不确定性。需要注意的是，此过程忽略了各个 U 测量分析的不确定性。Vermeesch（2017）提供了一种更复杂的方法，将 U 测量的分析不确定性与多点测量的离散相结合。

6.7.3　零径迹计数

与 EDM 相比，基于 ICP-MS 的裂变径迹数据不提供处理零径迹数的情况。解决此问题的一种实用方法是使用以下线性变换来近似基于 ICP-MS 的铀浓度测量值“等效诱发径密度”：

$$\widehat{N}_{ij}=\rho_j A_{sj}[\widehat{U}_j] \tag{6.33}$$

式中，A_{sj} 是对第 j 个晶体的自发径迹进行计数的区域面积，且 ρ_j 与式(6.2) 中的 ρ_d 相似。从泊松分布变量的方差等于其均值的要求（6.2 节）可以得出：

$$\widehat{N}_{ij}=\rho_j^2 A_{sj}^2 s[\widehat{U}_j]^2 \tag{6.34}$$

从中很容易确定 ρ_j。然后，第 j 个单颗粒年龄的分析不确定性由下式给出：

$$s[\hat{t}_j]\approx\hat{t}_j\sqrt{\frac{1}{N_{sj}}+\frac{1}{\widehat{N}_{ij}}+\left(\frac{s[\hat{\zeta}]}{\zeta}\right)^2} \tag{6.35}$$

式中，N_{sj} 表示在第 j 粒中测得的自发径迹数，而对于“绝对”方法［方程（6.25)］，$s[\hat{\zeta}]/\zeta=0$，然后可以使用本节中提到的方法解决零径迹问题。

6.7.4　图解和模型

为了在径向图上绘制基于 ICP-MS 的裂变径迹数据，式(6.12) 和式(6.13) 分别替换为：

$$z_j=\ln(\hat{t}_j) \tag{6.36}$$

和

$$\sigma_j=\sqrt{\left(\frac{s[\hat{\zeta}]}{\hat{\zeta}}\right)^2+\left(\frac{s[\widehat{U}]}{\widehat{U}}\right)^2+\frac{1}{N_s}} \tag{6.37}$$

或者，平方根转换可能更适合于年轻或贫乏的样品（Galbraith，2010a)：

$$z_j=\sqrt{\hat{t}_j} \tag{6.38}$$

$$\sigma_j=s[\hat{t}_j]/\left(2\sqrt{\hat{t}_j}\right) \tag{6.39}$$

6.4.2 节的二项式似然函数，假设有正常误差，则式(6.15) 变为：

$$\mathcal{L}(\theta)=\sum_{j=1}^{n}\ln[\mathcal{N}(z_j\,|\,\theta,\sigma'^2_j)] \tag{6.40}$$

式中，$\mathcal{N}(A|B,C)$ 表示“从具有 B 和方差 C 的正态分布观察值 A 的概率密度”，σ'_j 由等式(6.36) 定义：

$$\sigma'_j=s[\hat{t}_j]/\hat{t}_j \tag{6.41}$$

卡方统计量［式(6.16)］可以重新定义为（Galbraith，2010a)：

$$c^2=\sum_{j=1}^{n}(z_j/\sigma'_j)^2-\left(\sum_{j=1}^{n}z_j/\sigma'^2_j\right)^2/\sum_{j=1}^{n}1/\sigma'^2_j \tag{6.42}$$

最后，等式的随机效应模型（6.18）可以替换为：

$$\mathcal{L}(\mu,\sigma^2)=\sum_{j=1}^{n}\ln[\mathcal{N}(z_j\,|\,\mu,\sigma^2+\sigma'^2_j)] \tag{6.43}$$

式(6.40)和式(6.43) 可以很容易带入式(6.20)、式(6.22) 和式(6.23)，分别约束有限混合物，连续混合物和基于 ICP-MS 数据的最小年龄模型。

致谢

感谢审稿人 Rex Galbraith、Mauricio Bermúdez 以及编辑 MarcoMalusà 和 Paul Fitzgerald 提出的详细意见。图 6.1 的云母计数由田云涛教授提供。

第7章 碎屑岩热年代学在沉积学中的应用

Marco G. Malusà，Eduardo Garzanti

摘 要

碎屑热年代学以沉积物和沉积岩中磷灰石、锆石和其他矿物的放射性测年为基础。碎屑年代学的目的是获得有关沉积物来源和产生沉积物的区域地质演化的定量信息。本章介绍了如何应用的沉积学原理来充分利用碎屑热年代学数据的方法，以便获得不受运移、沉积和成岩过程中影响的物源信息。可以使用简单的方法检测选择性夹带的影响，这些夹带会形成砂岩和反砂矿沉积物，并测试颗粒年龄分布对水力分选效果的脆弱性。侵蚀基岩的矿物丰度随数量级的变化而变化，因此代表了碎屑热年代学中潜在的最大偏差来源，可以通过优化矿物浓度的标准测试流程进行测量。多方法研究可能会由于磨圆和磨蚀而产生偏差，因为去除颗粒边缘可能会导致对由低温温度计造成的颗粒年龄偏大的错误解释。床载和悬浮物的运移时间不同，基于滞后时间方法的剥蚀研究的瞬时运移时间假设不一定总是合理的。

7.1 简 介

地质勘查的碎屑岩方法主要是利用沉积物的特征来获取有关沉积物生成区域的信息。碎屑研究手段包括：大量沉积物分析方法，例如基于砂岩的模态组分的经典研究（Zuffa，1985）；多矿物方法，例如基于对重矿物组合的解释研究（Mange 和 Wright，2007）；单一方法——矿物方法，矿物法基于对一种矿物分析，这些矿物种类在特定参数，如微量元素、同位素比等上显示出可测量的变化（Fedo et al.，2003；von Eynatten 和 Dunkl，2012）。单矿物研究还包括碎屑热年代学，这是基于磷灰石、锆石和其他矿物的放射性测年法。

本章说明了碎屑热年代学中的基本沉积学原理，以及利用单矿物方法的意义；描述了一些简单的方法，这些方法可从产生沉积物的位置获取有关该区域的最小偏差信息，并减少基于不可测假设的推理可能影响碎屑研究的风险，从而导致潜在的错误地质解释。7.2 节讨论了在自然环境中控制碎屑记录的主要变量，以及碎屑热年代学方法在提供物源信息方面的潜力，这些物证在很大程度上不受沉积周期中的物理和化学变化的影响（Komar，2007；Morton 和 Hallsworth，2007）。7.3 节说明了水力分选的基本原理，如何使用这些原理来改善实验室中的矿物分离流程，并描述了颗粒年龄分布对选择性夹带引起的潜在修饰的脆弱性的方法。7.4 节研究了机械破碎和磨蚀矿物颗粒对多年龄的分布情况的影响（Carter 和 Moss，1999），以及成矿作用对碎屑锆石的保护作用。7.5 节总结了有关沉积量和悬浮物转移时间的相关信息（Granet，2010；Wittmann，2011），以及基于冷却与冷却之间滞后时间的分析对地层相关性和剥露研究的意义（Garver，1999）。7.6 节评估了矿物在风化和成岩作用中的溶解作用（Morton，2012），尤其是磷灰石和准锆石。7.7 节说明了矿物丰度的偏向性，即不同母体基岩的变化倾向在遭受侵蚀时产生特定矿物碎屑的影响（Moecher 和 Samson，2006），并描述了一种测量矿物丰度的简单方法。从现代沉积物分析开始，基岩具有韧性。7.8 节和表 7.1 概述了从样品处理的早期步骤到最终数据解释应采用的简单方法。

7.2　影响碎屑岩中热年代学信息的因素

由基岩侵蚀产生的碎屑最终被保存在地层中（图 7.1），经历了很长的运移过程（通常为数千公里），无论是基岩载荷还是悬浮载荷，都最终到达了沉积区域（Graham，1975；Ingersoll，2003；Anfinson，2016）。在风化和侵蚀、运移、沉积和埋深的周期中，最初在源区（图 7.1 中的 X）获得的碎屑特征可能会通过物理和化学过程被相应地修改。碎屑在侵蚀、运移和沉积过程中根据其大小、密度和形状进行分类（图 7.1 中的 Y），从而导致原始成分特征发生重大变化（Schuiling，1985；Garzanti，2009）。碎屑颗粒也遭受磨损和机械破坏，并且在风化和埋藏成岩过程中，碎屑矿物的化学稳定性会发生变化（图 7.1 中的 Z）（Johnsson，1993；Worden 和 Burley，2003）。沉积物的物理变化可以通过数学方法检测和模拟，但化学变化要难得多。因为求解三个变量（图 7.1 中的 X、Y 和 Z）需要相等数量的独立方程，所以使用碎屑记录获取源区域（X）上的信息时，需要同时考虑物理（Y）和化学（Z）对原始碎屑特征的修改。

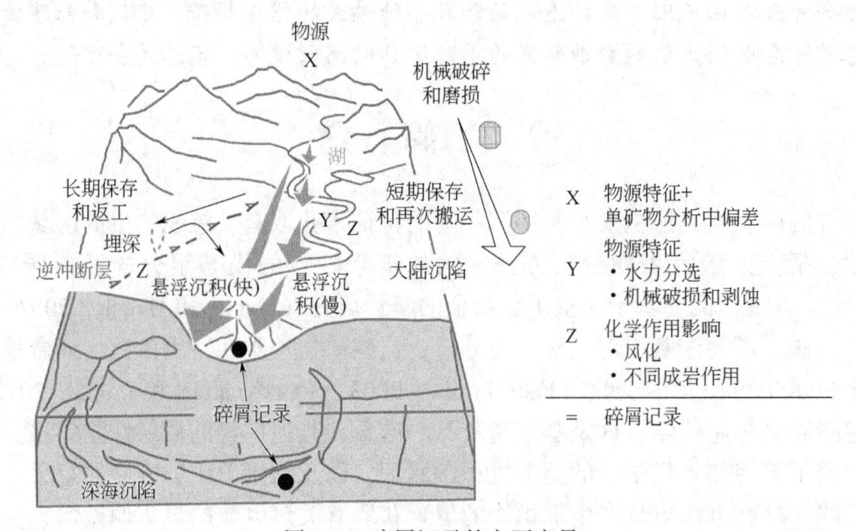

图 7.1　碎屑记录的主要变量

在沉积物向最终汇的沉积和随后的成岩作用过程中，通过物理（Y）和化学（Z）过程修改了在源区（X）中获得的碎屑特征。因为求解三个变量需要相等数量的独立方程，所以使用碎屑记录获取物源信息（X）要求对物理和化学修饰（Y 和 Z）均进行独立约束

正确应用碎屑热年代学，可以成功地利用它来获得源区的真实信息（表 7.1）。与其他单一矿物方法一样，碎屑热年代学将运移和沉积过程中矿物密度差异的影响以及风化和成岩过程中矿物差异溶解的影响最小化。如果矿物颗粒的热年代学特征与晶体尺寸无关，可以很容易地进行测试，那么在源区获得的热年代学信号就水动力效应而言具有可靠性，而水动力效应将碎屑颗粒归类为不同尺寸和密度。如果颗粒年龄分布与颗粒尺寸不相关，则可以通过使用完全独立于冷却年龄的参数（如分散颗粒密度）来检测水力分选的效果。因此，碎屑

年代学方法可以提供有关源区域的信息，而这些信息在很大程度上与运移、沉积和成岩过程中发生的物理和化学变化无关。

表 7.1　影响热年代学指标的主要自然过程和因素

促进因素	影响	对碎屑热年代学的影响	如何监控或避免	参考文献	这项工作
成矿条件	控制原始矿物质浓度	具有高（或低）矿物丰度的源区记录着较多（或不足）的热年代学信息	从分析现代沉积物样品中的矿物浓度开始，测量被侵蚀基岩的成矿条件	Moecher 和 Samson（2006）；Malusà（2016a）	7.7 节
可选择的矿物杂基	生产砂浆（和防砂剂沉积物异常富集（和耗尽）在更密集矿物质	若颗粒年龄与其尺寸相关，可能会产生一定的误差	记录有矿物颗粒的大小和形状，以测试年龄分布与分选的关系；通过测量零散的矿物颗粒密度来分析成矿条件	Komar（2007）；Slingerland 和 Smith（1986）	7.3 节
对不同岩石的差异性搬运	有选择性地剔除那些磨圆度较差的矿物颗粒的边界（如变质锆石）	忽略不计	测量，例如［锆石］/［锆］的下游变化	Dickinson（2008）；Malusà（2016a）	7.4 节
在搬运过程中岩石的破损和磨圆	可能有选择地删除矿物中的颗粒轮辋机械性差属性（例如变质锆石）	在多方法研究中可能得出不准确的热年代学年龄	评估下游晶体形状的变化参数；比较的双重测年结果正反面和圆形颗粒	Kuenen（1959）；Carter 和 Moss（1999）	7.4 节
短暂保存和再沉积成岩	确定合并较老沉积物和时间侵蚀之间的延迟尤其是沉积在河床上	限制了基于碎屑矿物的地层的时间分辨率；可能导致低估基于滞后时间分析的剥露速率	评估沉积物运移时间及其影响沉淀物回收（例如通过使用产生宇宙的^{26}Al和^{10}Be）	Granet（2010）；Wittmann（2011）	7.5 节
沉积过程中力度和密度的分异	确定了土壤中不稳定矿物的选择性溶解	在矿物分离过程中，如果选择不合适的条件，目标矿物就有可能损失	检索粒度批量参数沉积物样本和模型沉积物中的成分不同粒度等级	Rubey（1933）；Resentini（2013）	7.3 节
化学风化	决定了不稳定矿物的溶解和自生矿物的生长	忽略不计。磷灰石在酸性风化环境中是不稳定的，但即使在风化的样品中，裂变径迹年龄一般也不会受到影响	在基于单一矿物方法的碎屑岩研究中，不需要特定的方法手段	Gleadow 和 Lovering（1974）；Morton（2012）	7.6 节
埋藏成岩和变质过程中的化学溶蚀	确定层内解散不稳定矿物种类和自生的增长矿物质	排除了从分析古砂岩开始确定成矿条件的可能性；可以确定变质锆石颗粒的溶解程度	在基于单一矿物方法的碎屑岩研究中，不需要特定的方法手段	Morton 和 Hallsworth（2007）；Malusà（2013）	7.6 节

单矿物（和多矿物）研究很大程度上受到基岩矿物丰度的影响（Dickinson，2008）。在不同的气候和地貌条件下，即使是相同基岩岩性的沉积物，其沉积物矿物学也可能有很大的不同，这个问题并不影响分散的沉积方法（Johnsson，1993；Morton，2012）。通过将水力分选的基本原理应用于现代沉积物的分析，可以有效地测量基岩中的矿物丰度（Malusà et al.，2016a）。矿物丰度测量所使用的参数与所在地区的冷却年龄无关。这样可以避免循环推理（即试图为多个变量求解一个方程）的共同风险，这种风险通常是在没有独立评估对原始碎屑征兆的物理和化学变化的情况下表征物源研究的特征。

7.3 水力分类及泥砂组成

7.3.1 稳定速度和大小偏移

根据水动力学原理，碎屑热年代学中常用的致密矿物（如磷灰石、锆石和独居石）通常与较粗的低密度石质颗粒和骨架矿物（如石英和长石）一起存在于沉积物中（Rubey，1933；Garzanti，2008），如图7.2(a)所示。在液体中沉降期间，具有相同沉降速度的颗粒会沉积在一起。沉降速度反映了阻力和重力之间的平衡，因此其大小取决于沉降颗粒的密度（d_m）和尺寸（D）（Schuiling，1985；Komar，2007），如图7.2(b)和(c)所示。等效沉降的颗粒和多矿物之间的密度差异越大，其尺寸差异也越大，这也称为尺寸偏移，如图7.2(a)所示（Rittenhouse，1943）。磷灰石晶体（d_m=3.20kg/m^3）相对于石英（d_m=2.65kg/m^3）的尺寸偏移远小于锆石（d_m=4.65kg/m^3）和独居石（d_m=5.15kg/m^3）的尺寸偏移。变质

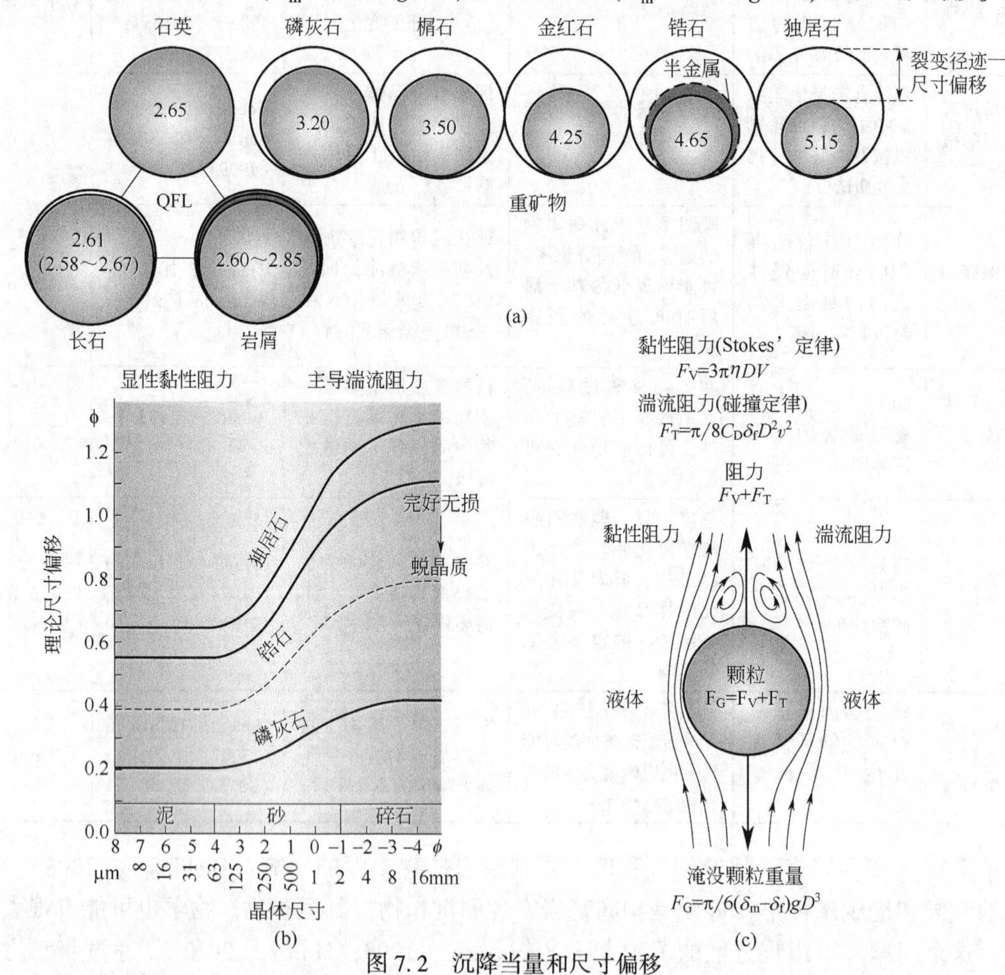

图7.2　沉降当量和尺寸偏移

(a) 石英和密度不同的沉降当量矿物之间的尺寸关系（单位为kg/m^3，在淡水中的沉降量均为0.0267mm），尺寸偏移是等效沉降矿物之间尺寸的差异（据Resentini et al.，2013；Malusà et al.，2016a；修改）；(b) 根据Cheng（1997）的公式，在增加粒径的沉积物中磷灰石、锆石和独居石相对于石英的尺寸变化；(c) 流体中碎屑的沉降速度（v）反映了重力（F_G）和湍流引起的阻力（裂变径迹）和黏度（F_V）之间的平衡；D为晶体直径；g为重力；d_m为矿物密度；d_f为流体密度；η为流体黏度；C_D为阻力系数（据Garzanti et al.，2008；Malusà et al.，2016a）

锆石颗粒由于密度较低（Ewing，2003），与水硬性等效的非变质锆石颗粒相比，相对于石英的尺寸变化较小（有关变质锆石的更多信息参见 7.4.2）。相对于长石石英和岩屑颗粒的尺寸变化较小，代表通常在 QFL 三元图上绘制的硅质碎屑沉积物的主要碎屑成分（Dickinson，1985），这种变化很小且通常可以忽略不计［图 7.2(a)］。

湍流和黏度对颗粒在水中的沉降有不同的影响，具体取决于颗粒尺寸［图 7.2(b)］。根据冲击定律，湍流控制着鹅卵石的阻力和沉降速度。根据斯托克斯定律，在黏土和粉粒大小的颗粒中，沉降速度受黏度控制。在沙粒大小的颗粒中，沉降速度受黏度和湍流度的控制。水流沙的尺寸偏移值的经验公式(Cheng，1997，2009）表明（S 形函数），从 Stakes 定律预测的值到冲击定律预测的值，尺寸变化随晶体尺寸的增加而增加［图 7.2(b)］。

由于晶体大小分布通常可以通过对数正态函数进行近似，因此可以使用从 Udden-Wentworth 粒度标尺的对数转换得出的标度有效地表示尺寸变化。Udden-Wentworh 粒度标尺根据连续的类边界之间的恒定比率将沉积物分为不同的类。当与毫米或微米一起使用时，该标尺是几何的，但经过对数转换（$-\log_2 d$，d 是晶体大小，单位 mm）得到的比例是算术的［图 7.2(b)］。负号是常规符号，可以避免在砂范围内出现负数。由 Cheng（1997）的公式，磷灰石为 0.2~0.355，锆石为 0.55~1.00，独居石为 0.65~1.22，锆石晶体的范围可能取决于成矿程度（图 7.2 中的白色带）。在风沙中，黏度对沉降速度的影响可以忽略不计，并且尺寸变化与晶体尺寸无关（Resentini，2013）。除了密度和尺寸以外，晶体形状在控制砂浆中也起着主要作用。叶硅酸盐的沉降，云母沉降较慢石英尽管具有较高的密度，但由于其板状的形状（Doyle，1983；Komar 和 Wang，1984；Le Roux，2005）。因此，通常很难进行云母热年代学研究（Najman，1997；Carrapa，2004；Hodges，2005）。

7.3.2　粒度参数和成分

由于沉降过程中尺寸密度分类的影响，单个样品中不同尺寸的晶体显示出不同的组成。可以使用特定的数值工具（MinSORTING；Resentini，2013）以数学方式对此类沉积物中样品的成分变异性进行分析。MinSORTING 是一个 Excel 工作表，它根据斯托克斯定律的粉砂定律，Cheng（1997）的沙子公式和碎石的冲击定律，计算每种矿物的尺寸偏移，以及其在不同粒度级别的分布。用于此计算的基本输入参数是假定已知的流体类型（淡水、海水或空气），以及散状沉积物的平均粒度和分选值。在松散的沉积物中，测量这种模型所需的晶体尺寸参数的过程非常简单［图 7.3(a)］。筛分样品后，称量每个筛子中截留的沉淀物（步骤 1），将不同尺寸类别的重量显示为直方图（步骤 2）或平滑的频率曲线，晶体尺寸沿 x 轴减小远离原点。然后将结果转换成平滑的累积频率曲线，显示出比特定值粗糙的晶体百分比频率（步骤 3）。该曲线的精度［图 7.3(a) 中以 11 个间隔进行筛分而计算］可以通过以 112 或 114 个间隔进行筛分来提高。平滑的累积频率曲线是确定相关分布百分数 n（步骤 4）的起点，该百分比将用作计算平均晶体尺寸（D_m）的输入参数，根据 Folk 和 Ward（1957）的公式排序（步骤 5），和散状沉积物的偏斜度（S_k）。分类是对粒度分布的测量，即对于黏性流的沉积，分选效果较差，最适合于牵引流沉积。偏斜度是分布对称性的一种度量，最好在平滑的频率曲线中进行评估［图 7.3(b)和(c)］。不均匀（偏斜）的分布可能在细料过多的情况下显示出细尾（正偏），而在粗料过多的情况下显示出粗尾（负偏）。矿物集中在尺寸分布的较细尾部，而 e 分布（即最大密度等级的中点的值）很大程度上受石英等低密度矿物的控制［图 7.3(b)］。对称分布的平均晶体尺寸（D_m）、中位数（ϕ_{50}）和模态值无法区分。

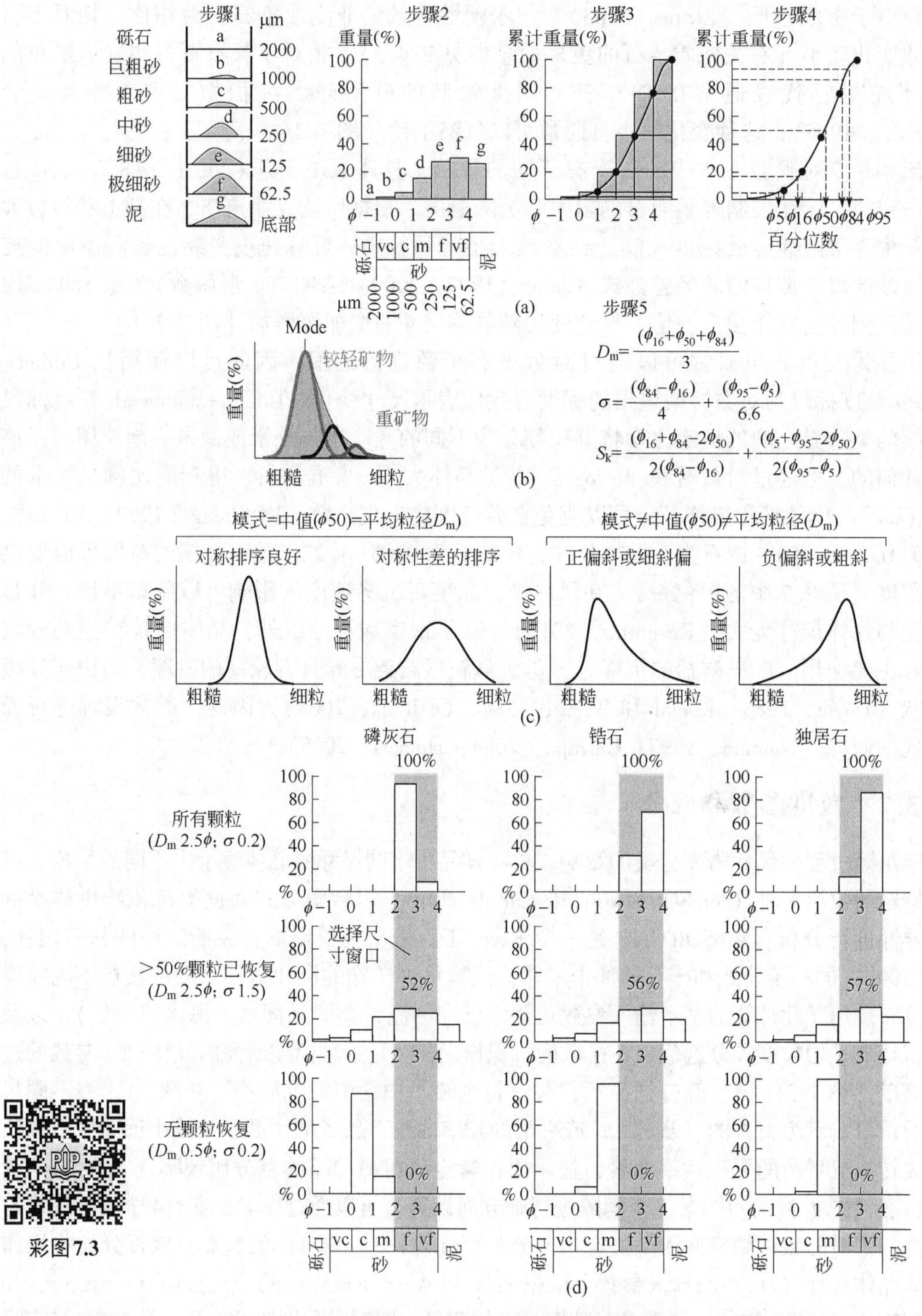

图 7.3　对样品内成分差异性的分析

(a) 通过筛分测量大体积沉积物样品粒度参数的流程（步骤 1—5）；(b) 沉积物样品的理想平滑频率曲线（灰色）：模态值由低密度矿物（蓝色）控制，而密度较大的矿物（红色）集中分布在较细尾部；(c) 对称、不对称分布中模态，中值和平均晶体度的排序，偏度和关系；(d) 用 MinSORTING（Resentini et al.，2013）对碎屑推导的磷灰石、锆石和独居石在不同晶体度类别中的分布，示例来自被解剖的大陆块的侵蚀，上排（D_m=2.5，r=0.2）——所有目标矿物均集中在为矿物分离选择的尺寸范围（63~250μm）中（灰色）；中间行（D_m=2.55，r=1.5）——将近一半的矿物流失到比所选尺寸窗口更细或更粗的部分；下排（D_m=0.55，r=0.2）——目标矿物尽管在沉积物样品中最初存在，但在分离过程中完全丢失

MinSORTING 从筛分测量的散装沉积物的平均粒度和分类值开始，预测特定矿物在不同粒度级别的样品中的分布。此信息可用于选择最合适的尺寸窗口，以在实验室分离过程中最大程度地提高矿物的回收率，并评估可能落入所选晶体尺寸范围之外的目标矿物的比例。图7.3(d) 为该应用程序的一个示例。该直方图显示了在具有相同出处，但平均粒度和分选值不同的沉积物样品中计算出的磷灰石、锆石和独居石的分布。灰色带表示固定大小的窗口(63~250μm)，在许多实验室中通常选择该窗口用于磷灰石和锆石的分离。如果是细粒且分类很好的砂（D_m=2.55；r=0.2），则所有磷灰石、锆石和独居石颗粒都集中在63~250μm的尺寸窗口中，并且从这些尺寸级别的矿物分离过程中可能会回收。但是，这些理想条件不是规则。在平均粒度相同（D_m=2.55；r=1.5）的样品中，磷灰石、锆石和独居石颗粒在粒度类别中的分布要大得多。使用相同的固定尺寸窗口（63~250μm），会在细粒度或更粗粒度级别中损失了一半的矿物质。在第三个示例中显示了与矿物分离最相关的含义，该示例考虑了粗粒且分类很好的砂（D_m=0.55；r=0.2）。在这种情况下，尽管沉积物样本中最初存在着目标尺寸为63~250μm大小的磷灰石、锆石或独居石，但仍无法回收。该示例强调了为找到沉积岩中进行矿物分离的正确方法而对样本内成分变异性进行分析的重要性。在处理水泥砂岩时，模拟成分变异性通常会遇到更多问题，因为在处理之前，可能需要进行电脉冲分解或颚式破碎和盘磨。在后一种情况下，会失去部分晶体，因此无法使用 MinSORTING 进行模拟。

7.3.3　选择性夹带和沉积和反沉积物的产生

粒径（D）和密度（d_m）不仅在颗粒沉降过程中起着重要作用，而且在沉积物运移过程中对选择性夹带过程也起着重要的控制作用（Komar 和 Li，1988；Komar，2007）。在床状沉积过程中，较粗的低密度矿物质（例如石英）比较小的沉降等密度的矿物质［图7.4(a) 中的锆石］更容易被牵引流夹带。较粗的颗粒较粗粒突出到床上方，因此比较小的重颗粒经历更大的流速［图7.4(a) 中的 v_D 和 v_T］和阻力［图7.4(a) 中的 F_D］。粗粒也具有较小的枢转角［图7.4(a) 中的 α］，与纵向垂直力相比，偏斜力有利于拖曳力 F_D 的作用，这由淹没颗粒重量［图7.4(a) 中的 F_G］和升力［图7.4(a) 中的 F_L］。夹杂碎屑的情况如下：

$$F_D>(F_G-F_L)\tan\alpha \tag{7.1}$$

选择性夹带的结果是，原始的中性河床负荷被分离成一个滞后部分，富含大量的致密矿物，而夹带的沉积物却被致密的矿物所消耗（Reid 和 Frostick，1985,；Slingerl 和 Smith，1986）。以下将前者称为砂矿滞后，而将后者称为抗砂矿沉积［图7.4(b)］。在砂矿滞后中，石榴子石、锆石、金红石、独居石和磁铁矿等矿物相对于原始的中性床荷可以增加几个数量级，从而导致颜色和密度发生显着变化（磁铁矿砂中的含量大于4.0kg/m³）。

7.3.4　砂浆和抗砂浆沉积物的检测

在碎屑热年代学研究中，可以使用不同的方法来检测砂矿和反砂矿沉积物，即分散颗粒密度法、密集矿物集中法和地球化学方法。

分散颗粒密度法可以测量沉积物样品的分散颗粒密度，以检测由于选择性夹带过程而引起的致密矿物颗粒的异常浓度。分散颗粒密度可以在实验室中借助静水平衡来测量。首先在空气中称重四分之一的沉积物样品，然后将其浸入水中，注意避免由于表面张力而漂浮。晶体密度的计算公式为：

$$\delta_{\text{sediment}}=W_{\text{inair}}/(W_{\text{inair}}-W_{\text{inwater}})\cdot\delta_{\text{water}} \tag{7.2}$$

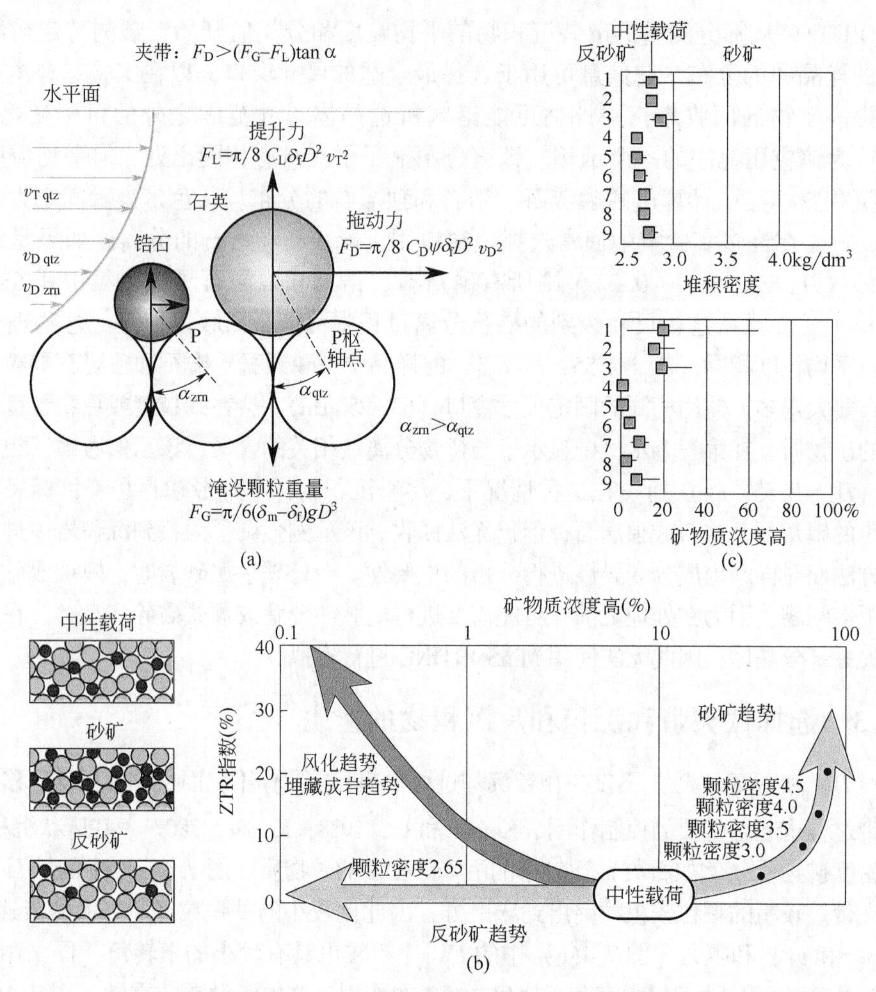

图 7.4　选择性夹带的方法

(a) 与较小锆石相比，较粗的锆石颗粒更容易夹带石英颗粒，因为它们具有较小的枢转角，突出于床层上方并承受较大的流速和阻力 F_D（Komar 和 Li，1988）；v 为当前速度；v_T 表示处于颗粒顶部；v_D 表示处于有效阻力；w 为遮蔽系数（取决于暴露于流体阻力的颗粒面积的百分比）；C_L 为升力系数；(b) 中性的床荷和砂矿，以及砂岩的选择性夹带和风化成岩趋势之间的比较；ZTR 指数（Hubert，1962）是透明重矿物中相对耐用的锆石、电气石和金红石的百分比。砂中的选择性夹带使砂矿中的致密矿物质浓度逐渐增加，而反砂矿的逐渐减少；古代砂岩中的成岩作用溶解使致密矿物浓度逐渐降低，ZTR 升高，这在抗浮床矿床中没有观察到（Malusà et al.，2016a）；(c) 用于测试散装沉积物样品中密集矿物颗粒的选择性夹带和异常浓度的参数（灰色方块表示模态散装颗粒密度和密集矿物浓度值；灰色条表示值散布；1、2—未解剖和解剖的岩浆弧；3—蛇绿岩；4—再生碎屑岩；5、6、7—未解剖、过渡和解剖的大陆块；8、9—地下和地下螺旋带（Malusà et al.，2016a）

式中，δ_{water} 在 20℃下为 0.9982kg/m³，W 是样品的重量（Pratten，1981）。上地壳岩石的密度通常为 2.70±0.05kg/m³，对镁铁质和超镁铁质火成岩和变质岩才超过 2.80kg/m³。由于缺乏水力分选作用，预计这些岩石侵蚀产生的沉积物具有相同的颗粒密度，约为 2.7kg/m³。图 7.4(c) 的上图显示了在不同构造环境中发现的岩石中预期的参考体晶体密度值。较高的沉积物值表明通过选择性夹带可以使水密的矿物质集中。反浮质矿床中的致密矿物的消耗更难检测，因为它们的颗粒密度不能远低于长石和石英的密度，即 2.65kg/m³［图 7.4(b) 和 (c)］，因此不多与中性床荷的颗粒密度不同［图 7.4(c) 的上图］。

密集矿物质富集方法为沉积物样品的颗粒密度受稠密矿物质的丰度控制，所以与常规方法观察到的值相比，矿物分离过程中回收的稠密矿物质的浓度也可以用来检测选择性夹带作用。基岩在缺乏水力作用的情况下，现代沉积物中的致密矿物质浓度通常小于10%，但在岩浆弧和蛇纹岩中的岩浆沉积物中的矿物质浓度可能高达15%~20%［图7.4(c)的下图；Garzanti和Andò，2007］。因此，较高的值可能通过选择性夹带揭示出致密矿物颗粒的异常浓度。

地球化学方法因为化学元素优先存在于具有不同密度和形状的特定矿物中（McLennan et al.，1993），所以水力分选对沉积物的化学成分的影响甚至大于其模式成分。在沉积物样品中，锆石颗粒通常贡献大部分的Zr、Hf和大量的Yb、Lu和U。稀土和Th的独居石和尿囊石；磷灰石很多异种时间和石榴子石的Y和HREE大部分（Garzanti et al.，2010）。大量沉积物中这些元素的异常浓度被用来通过选择性夹带来揭示磷灰石、锆石或独居石的反常浓度（Resentini和Malusà，2012）。但是，最初存在于基岩中的磷灰石或锆石中的很大一部分(90%或更多）可能在较大的矿物颗粒中形成包裹体，而不是碎屑中的单个矿物颗粒(Malusà et al.，2016a)，根据牵引流选择主体矿物的水硬性意味着散状沉积物中REE、Zr和Hf的浓度不仅受锆石和独居石等密度较大的矿物的水力行为控制，而且密度较大的矿物颗粒（例如云母）的水力行为也受到控制。因此，与基于地球化学分析的方法相比，基于晶体密度测量的方法更适合于探测砂矿。

7.3.5　颗粒年龄分布的选择性夹带和脆弱性测试

在碎屑热年代学研究中，由颗粒密度和粒度控制的选择性夹带可能会对碎屑中观察到的最终颗粒年龄分布产生重大影响。单矿物方法最大程度地减小了可变颗粒密度的影响，因为仅对于具有不同a-损伤程度的锆石颗粒，预期会有较小的密度变化。但是，每当晶体年龄与晶体尺寸之间存在关系时，选择性夹带都会导致偏见。因此，应仔细测试碎屑颗粒的潜在年龄—尺寸关系，如果存在，应格外小心，以检测选择性夹带对分析样品的任何影响。这可以使用本节中介绍的体晶体密度方法来完成。

矿物晶体的尺寸和形状很容易被测量，因此应在热年代学分析中记录。图7.5(a)显示了对两个假想沉积物样品的裂变径迹（裂变径迹）数据集中年龄—年龄关系的定性评估。对于每种颗粒，绘制年龄与等效球直径（ESD）的关系图，等效球直径是三个轴长度乘积的立方根。为了简单起见，假设在薄截面中测量的短轴等于中间轴。如果晶体年龄与ESD无关，即与晶体尺寸无关［图7.5(a)的上图］，则晶体年龄分布不易受水力分选作用的影响。

值得注意的是，不能通过使用均值或中位数来分析对比多峰颗粒年龄分布［图7.5(b)］，需要更具体的统计检验。图7.5(c)显示了基于Koμmogorov-Smirnov（KS）方法(Smirnov，1939；Young，1977）的碎石年代学数据集年龄—年龄关系的评估。KS方法考虑两个分析样本的累积频率曲线（$F_{1,n}$ 和 $F_{2,n'}$）之间的最大距离 $D_{n,n'}$：

$$D_{n,n'} = \sup_x \left| F_{1,n}(x) - F_{2,n'}(x) \right| \tag{7.3}$$

对于显著性水平 $a=0.05$（Eplett，1982；Hollander和Wolfe，1999），将该距离与临界值 K_a 进行比较，对于大型数据集，该值为：

$$K_{0.05} = 1.36 \cdot \sqrt{\frac{n+n'}{n \cdot n'}} \tag{7.4}$$

式中，n 和 n' 表示两个样本中用于定年晶体的数量。结果在图7.5(c)中显示为 $K_{0.05}$ 和 $D_{n,n'}$ 之差，称为 $V_{K\text{-}S}$。如果 $V_{K\text{-}S}>0$，则分布之间的差异在统计学上不显著（Malusà et al.，2013)。

在图7.5(c)所示的碎屑锆石U-Pb数据集中，不同粒度等级（即细砂、极细砂和粗粉

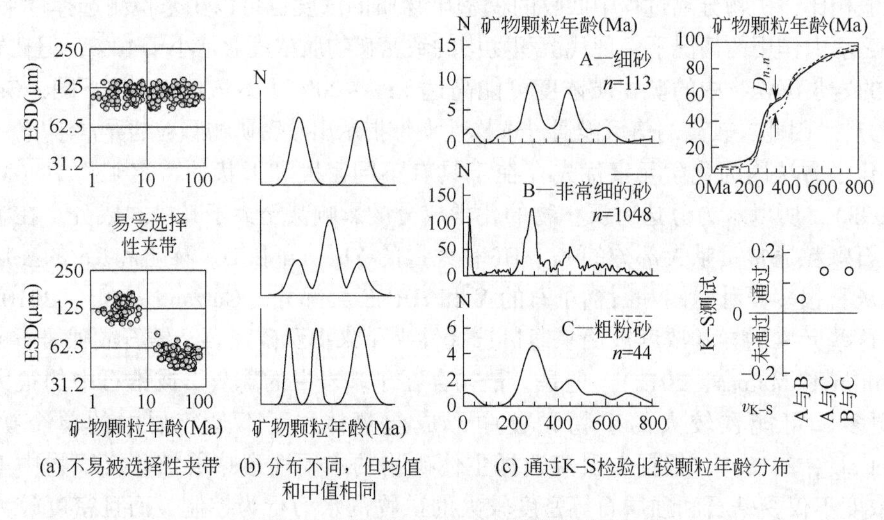

图 7.5　颗粒年龄分布的脆弱性测试

（a）评估碎屑样品的年龄—尺寸关系（ESD 是所分析颗粒的等效球形直径），如果颗粒年龄与颗粒大小无关（上图），则颗粒年龄分布不易受水力分选的影响（Resentini 和 Malusà，2012）；（b）多峰颗粒年龄分布不应通过平均值或中位数进行比较；（c）根据 Koμmogorov-Smirnov（KS）方法定量评估碎屑样本中年龄与年龄之间的关系；$D_{n,n'}$ 是不同粒度级别的颗粒年龄的累积频率曲线之间的最大距离；V_{K-S} 是显著性水平 $\alpha=0.05$ 的临界值与 $D_{n,n'}$ 之间的差；如果 $V_{K-S}>0$，则不同粒度级别的颗粒年龄分布在统计上没有差异，并且数据集不易受到水力分选的影响（Malusà，2013）

砂）的颗粒年龄分布没有显著差异。因此，该数据集不容易受到水力分选的影响。借助通用电子表格可轻松进行 K-S 检验，而无需使用更具体的统计软件。

7.4　矿物颗粒的机械破坏和磨损

在运移过程中，碎屑矿物可能会遭受机械破坏和磨损，从而去除其外缘。具有正常形状的晶体可能会变化，而释放的小包裹体可能会形成新的单碎屑晶体，这些晶体将在随后的牵引运移过程中根据其尺寸，密度和形状进行分类。这些过程在碎屑热年代学研究中的影响将在下面讨论。

7.4.1　晶体变化及其对锆石双重测年的影响

碎屑矿物颗粒在运移过程中可能会经历逐渐磨损和变圆的现象，具体取决于其物理和机械性能。对自然系统和实验室实验的研究表明，机械磨损在风沙环境中非常有效，但在河流运移过程中却没有那么有效（Russell 和 Taylor，1937；Kuenen，1959，1960；Garzanti，2015）。在欧洲阿尔卑斯山的现代河沙中，圆形锆石颗粒的相对含量从阿尔卑斯山支流到三角洲并没有变化［图 7.6(a)］，且在较老的 U-Pb 年龄群中，圆形锆石晶体的百分比系统地增加。这表明锆石的圆化作用可能会使烃源岩中的变质流体反射化学磨损，这可能是在成岩作用和变质的多个循环中经历的，而不是机械磨损（Malusà，2013）。然而，对于诸如 Yilgarn 克拉通之类的较老的地层，锆石的圆形度和运移距离之间存在弱的正相关关系（Markwitz，2017）。

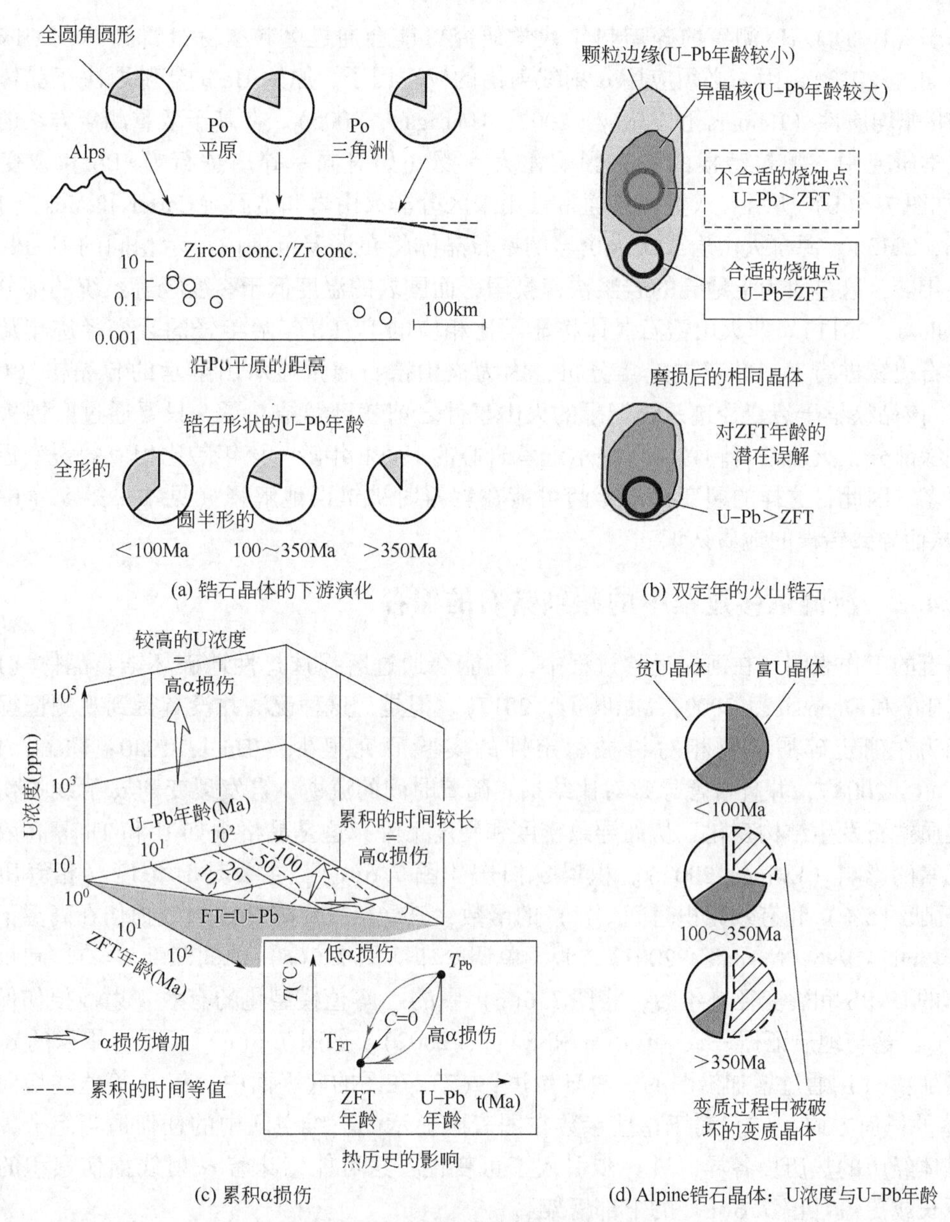

(a) 锆石晶体的下游演化　　(b) 双定年的火山锆石

(c) 累积α损伤　　(d) Alpine锆石晶体：U浓度与U-Pb年龄

图 7.6　碎屑颗粒的机械破碎和磨蚀影响

（a）来自欧洲阿尔卑斯山的 Po 河砂中圆形锆石颗粒的丰度向下游变化（上部饼图）和单个锆石颗粒浓度与锆浓度之比的下游变化（中间图），以及在同一数据集的不同年龄中圆形锆石颗粒的百分比（下部饼图）（Malusà et al.，2013，2016a，有修改）；这些数据表明，河流运移并不能有效促进锆石的圆化，并且洪泛区中较粗的矿物颗粒机械分解的影响与沉积物中其他单个锆石颗粒的产生无关，然而年龄较大的 U-Pb 中圆形锆石颗粒的百分比系统地增加，这表明锆石颗粒的圆度与其多环起源之间有密切的关系；（b）晶体双重定年研究的影响：火山锆石中的粒缘显示出与锆石裂变径迹（ZFT）年龄无法区分的 U-Pb 年龄，而继承的异晶核可能显示出更古老的 U-Pb 年龄；每当通过磨损去除锆石轮辋时，双重测年可能会导致对 ZFT 年龄的错误解释；（c）锆石中的 α 射线损伤累积量是 U 浓度和有效累积时间 t_a 的函数（假设凹度 $C=0$，图中的 t_a 等值线是 U-Pb 和 ZFT 年龄的函数。图中上述参数的任何适当组合（白色箭头）都会增加 α 射线损伤（Malusà et al.，2013）；（d）在高山碎屑中发现的不同年龄群中的富铀（>1000ppm）锆石的百分比；缺乏富含 U 的颗粒表明在成岩作用和烃源岩变质过程中有选择地分解了锆石

基于（U-Th）/He 测年的碎屑热年代学研究可能会通过磨粒去除外部边缘（Tripathy-Lang et al.，2013），因为必须应用 α 射线射出的校正因子，原始 He 的年龄取决于晶体大小和 U-Th 非均质性（Reiners 和 Farley，2001；Hourigan，2005）。在基于双重测年方法的碎屑热年代学研究中，颗粒磨损的潜在影响尤为重要（如对同一碎屑进行 U-Pb 和裂变径迹测），如图 7.6(b) 所示。双重测年通常被用来区分非火山岩和锆石（Carter 和 Moss，1999；Jourdan，2013）。源自火山岩或次火山岩的锆石晶体将在误差范围内显示相同的 U-Pb 和裂变径迹年龄，这是因为上地壳的岩浆快速凝固，而围岩的温度低于裂变径迹系统的部分退火区（Malusà，2011）。非火山锆石晶体将显示比相应的 U-Pb 年龄年轻的裂变径迹年龄。最好用锆石边缘进行 U-Pb 双重定年分析，因为火山锆石通常显示出继承的异晶核（Corfu，2003），该晶核早于裂变径迹系统记录的火山事件之前就已经结晶了。只要通过磨蚀去除了这些外缘部分，火山锆石颗粒将仅显示继承岩心的 U-Pb 年龄，该年龄比相应的裂变径迹年龄还要老。因此，这样的裂变径迹年龄可能在剥露时被错误地解释（见本书第 8 章中的讨论），从而导致错误的地质认识。

7.4.2　河流运移过程中的超细锆石的保存

最近的工作表明，在河流运移过程中，可能会通过磨损选择性地破坏锆石晶体（Fedo，2003；Hay 和 Dempster，2009；Markwitz，2017）。但是，这种说法并没有得到观测证据的支持，因为在确定碎屑矿物相对机械稳定性的实验研究很少（Thiel，1940；Dietz，1973；Afanas'ev，2008），并且常常导致对比结果。随着时间的流逝，自发裂变和 α 射线损伤的积累，变质锆石发生结构变化，从而导致密度和硬度下降，这是晶格中如 U 和 Th 等高浓度放射性元素的影响（Ewing，2003）。积累 α 损伤［图 7.6(c)］主要是 U 浓度（相等质量的 Th 仅贡献约 5%）和有效累积时间（t_a）的函数，其受热效应降低 α 射线损伤在高温下的退火（Tagami，1996；Nasdala，2001）。假设单调冷却［图 7.6(c) 中的凹度 $C=0$］和每个锆石晶体的 U-Pb 和裂变径迹年龄，将图 7.6(c) 中的 t_a 等值模型化的有效 α 射线损伤保持力为 400℃，这与地质证据一致（Garver 和 Kamp，2002）。如图 7.6(c) 所示，累积的 α 射线损伤增加：(1) 通过增加沿图的 z 轴 U 浓度；(2) 在图的底平面中，将 t_a 等值线切向更高的 t_a 值的任何方向；(3) 对于这些参数在图表中显示的三维空间中的任何适当组合，每个锆石晶体经历的热历史各异，进一步引入了可变性，这可能意味着 α 射线损伤累积的时间间隔更长或更短［图 7.6(c) 的下部框架］。

因此，天然碎屑锆石中的 α-损伤积累的变异性非常高。Malusà（2013）等着眼于控制 α 累积损伤的参数，发现所有 U-Pb 年龄都存在富含 U 的锆石晶体（平均比同年龄的 U-Pb 晶体具有更多的变质作用）如图 7.6(d) 所示。然而，它们在冲积平原下游的丰度并没有降低，这表明低密度的准锆石可能在长途搬运中保留下来。Markwitz 等（2017）在西澳大利亚 Murchison 河的碎屑锆石中发现了这种颗粒，描述了下游表观平均密度增加的趋势，这种趋势可能反映了来自较年轻源地的碎屑的逐渐增加，而不是运移过程中变质锆石晶体的逐渐损失。

7.4.3　通过机械分解释放包裹体

在自然沉积体系中，碎屑下游颗粒尺寸的减小主要发生在流域的最上层和较高的起伏部分，并且是通过选择性沉积来响应地形梯度和河流水流能力的降低（Fedele 和 Paola，2007；

Allen 和 Allen，2013)。砾石通常在山区腹地和洪泛区低地之间的过渡处大扇形沉积，而砂和泥土分别作为床荷和悬浮负载，通过洪泛区运向河三角洲和最终的沉积区（图7.1)。尽管在穿过洪泛区的过程中，沙粒的机械破裂很小（Russel 和 Taylor，1937；Kuenen，1959），但仍可能会释放大量的锆石和磷灰石矿物颗粒。

该过程的影响可以通过比较床荷中单个锆石颗粒的浓度（根据7.7节中描述的方法进行测量）与相同散装沉积物样品中的锆浓度来量化分析。沉积物样品中的锆浓度为其潜在锆石浓度提供了上限（Malusà et al.，2016a)。假设锆排在锆石中，而其他稀有矿物（斜锆石、磷钇矿）和岩石碎片（如火山玻璃）的锆贡献可以忽略不计，锆的体积百分含量为锆的1.15%（Dickinson，2008)。但是，化学分析提供的潜在锆石浓度不仅包括单个锆石晶体，而且还包括较大晶体中的较小锆石包裹体。如果通过洪泛区中主体矿物的机械分解产生额外的单个锆石晶体意义的，那么沿洪泛区下游，单个锆石晶体浓度与锆浓度之间的比率应增加。在有两个数据集的蒲江流域，没有观察到这种增加［图7.6(a)］。

7.5　泥沙迁移时间及其对碎屑热年代学的影响

碎屑热年代学中使用的矿物颗粒主要以床荷载（如磷灰石、锆石和独居石）或悬浮荷载（如云母）传播。在冲积平原上，悬浮物的行进速度要快于床荷载的行进速度（Granet，2010)。悬浮荷载到达最终水槽所需的最短时间等于洪水在重大洪水事件中到达盆地闭合区域所需的时间（数小时至数天，具体取决于盆地的大小和地势)。实际时间通常会更长一些，因为悬浮荷载可能会沉积在堤坝、裂隙，甚至远离活动的河道，在随后的洪水事件中被侵蚀并向下游输送。床荷载的传递时间通常比悬浮荷载的传递时间更长（图7.1)，但是对于床荷载和悬浮荷载，即使传递时间的数量级也很难量化。

Granet 等（2010）分析了喜马拉雅山脉河流沉积物中的^{238}U-^{234}U-^{230}Th 放射性失衡问题，从而推断出平原上的基床迁移缓慢（即$>10^5$)，没有明显的同位素组成的变化表明，悬浮负荷的传播快得多（$<20\sim25\times10^3$)。因此，在悬吊荷载和床荷载的传递时间之间似乎存在一个数量级以上的差异。根据地质条件，即使在缺乏深埋深和随后由于盆地倒置而引起的沉陷所造成的沉积物再造的情况下，基荷转移时间甚至可能比在喜马拉雅前陆盆地中观察到的时间还要长得多（图7.1)。Wittmann 等（2011）使用亚马逊克拉通盆地沉积物中原产的宇宙成因^{26}Al 和^{10}Be 的比率表明，现代亚马逊河及其支流携带着大量的沉积物，而这些沉积物以前是在1~3Ma 中保存的泛滥平原，因此部分不受宇宙射线的影响。然而，在活跃的前陆盆地中，在河流改道过程中这些古老沉积物的掺入可能受到深度深埋的限制（Wittmann，2016)。根据这些观察，在磷灰石和锆石提供的碎屑热年代学信息中，相对于作为悬浮负载的云母，床负载运移的碎屑热午代学信号会有更长的时间延迟。此外，对亚马逊的研究表明，在基于滞后时间方法的碎屑热年代学研究中，从源到汇的床荷转移时间很可能是相互关联的（Garver，1999；Bernet，2001)，因为不一定要符合零运移时间假设。

碎屑矿物通常被用于非化石碎屑演替的相关性分析（Morton，2012)。造山带内不同构造域的矿物颗粒年龄分布可能变化很大，但在沿洪泛区运移过程中到达最终汇之前，它们逐渐均质化（Malusà，2013)，如图7.7(a) 所示。在现代河流沉积物中出现高度变化的颗粒年龄情况（Bonich，2017)，对于从地理学上区分物源来说是个好消息，但对于陆相碎屑的长距离搬运则不是（图7.7)。相比之下，深海浊积岩有望在数百公里的距离上显示出均一的碎屑特征，而明显的物源变化仅在地层演替的不同水平上才显示出来（Malusà，2016b）。值得注意的是，整个洪泛区床荷沉积物的搬运时间不仅对滞后时间分析有影响，而且对基于碎屑矿物地层演替的时间分辨率也有影响。实际上，这种相关性的时间分辨率受采样点转移床荷沉积物所需时间的限制［图 7.7(b)］。根据 U 系列同位素和宇宙成因数据，基于碎屑矿物的地层相关性的时间分辨率不会高于 1Ma。这对于分析新近纪或更年轻的地层是一个问题，也意味着流域中临时或短期的汇集对密西西比州的碎屑记录的影响可以忽略不计。

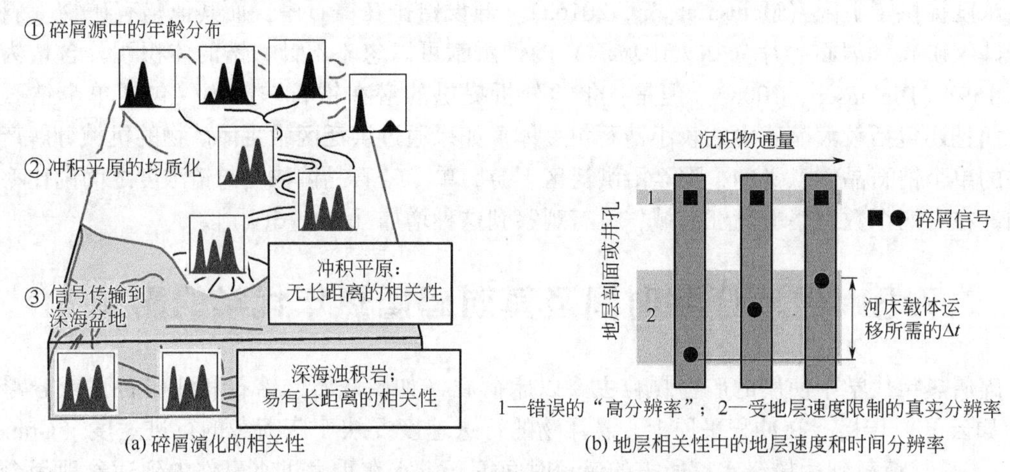

图 7.7 信岩均质化和沉积物从源到汇的转移时间的影响

（a）在整个洪泛区运移过程中，源岩的碎屑热年代学指示逐渐均质化，深海浊积岩可能在数千公里内显示均质碎屑特征；（b）穿越漫滩的床载传递时间限制了基于碎屑矿物的地层对比时间分辨率（可能不足 1Myr）

7.6 风化和成岩过程中的矿物质溶解

7.6.1 与碎屑热年代学有关的矿物风化稳定性

在风化和成岩过程中不稳定矿物的选择性溶解，改变了沉积物的组成。流体的作用可能会溶解不稳定的矿物：（1）侵蚀前在烃源岩和土壤中；（2）在运移过程中，洪泛平原上出现短暂的沉积物暴露；要么（3）最终沉积后，侵蚀之前的风化直接影响烃源岩的矿物丰度，即暴露于侵蚀下时产生特定矿物的倾向（Moecher 和 Samson，2006；见 7.7 节）。根据气候和地貌条件，矿物可能会从母体岩石中快速去除，或者可能会受到土壤中长时间化学风化的影响（Johnsson，1993）。如本节所述，在测量基岩的矿物丰度时，有效考虑了侵蚀前风化的潜在影响。

在低纬度地区发育的土壤剖面中（Thomas，1999；Horbe，2004），严重的溶解不仅影响不稳定的矿物，例如橄榄石或石榴子石，还影响电气石、锆石和石英（Cleary 和 Conolly 1972；Nickel，1973；Velbel，1999；Van Loon 和 Mange，2007），传统上被认为是稳定的甚至是“超音速的”（Pettijohn，1972）。在赤道河流带的强风化石英砂质砂岩中，锆的浓度往往明显低于大陆地壳的标准浓度（Dupré，1996；Garzanti，2013），这意味着变质锆石可能会发生溶解。在红土土壤中（Carroll，1953；Colin，1993），磷灰石在酸性土壤中非常易溶（Lång，2000；Morton 和 Hallsworth，2007），在不利条件下（如在泥炭沼泽中；Le Roux et al.，2006）磷灰石足以完全溶解磷灰石。与冲积平原中稳定得多的物种（如电气石）相比，磷灰石因此是冲积保存期间风化的敏感指标（Morton 和 Hallsworth，1994）。Gleadow 和 Lovering（1974）从新鲜和高度风化的岩石样品中分离出的磷灰石，榍石和锆石确定了裂变径迹年龄。他们发现，除了从残留黏土中分离出的严重蚀刻的磷灰石的裂变径迹年龄明显降低之外，即使在极端风化的样品中，对热年代学年龄也没有影响。这表明化学风化对裂变径迹测年的影响可以忽略不计。

7.6.2 埋藏成岩过程中碎屑矿物的稳定性

在砂岩埋藏沉积后，可用于化学反应的时间和温度比碎屑从源头运移到沉降区的过程长。因此，成岩作用通常比风化作用更为剧烈（Andò，2012；Morton，2012）。更具体地说，埋藏成岩作用是随着埋藏深度的增加而降低矿物多样性的原因（Andò，2012；Morton，2012）。埋藏深度和热流控制着孔隙流体的温度和物质组成，以及孔隙流体的运动速率，影响了蒙脱石到伊利石的转变以及矿物变得不稳定的深度等反应（Morton，2012）。如果成岩作用足够长，缓慢的化学反应可能会完成，但是早期的胶结作用会抑制孔隙流体的运动，从而降低矿物质的溶解速度（Bramlette，1941；Walderhaug 和 Porten，2007）。在埋藏成岩过程中，辉石、闪石、榍石、十字石和石榴子石通常随着深度的增加而大范围甚至完全溶解，只有锆石、电气石、金红石、磷灰石和铬尖晶石才有可能保留下来。埋藏深度超过 3～4km 的砂岩中（Morton 和 Hallsworth，2007）。在大多数古老砂岩中，重型矿物组合仅代表了更富集，变化更多的原始碎屑的残余物质（McBride，1985）。

在碎屑年代学中经常使用的高密度矿物，例如锆石、磷灰石、独居石和金红石，在埋深条件下相对稳定（Morton 和 Hallsworth，2007）。虽然成岩作用会导致矿物浓度急剧下降，但砂岩中这些矿物的相对比例通常会增加［图 7.4(b) 中的深灰色箭头］。在基于重矿物分析的研究中，埋深成岩过程中选择性矿物溶解的影响通常占主导地位（Garzanti 和 Malusà，2008），并且还会影响石英、长石的相对比例。在基于大量沉积物方法的研究中（McBride，1985），由于长石和大多数碎屑颗粒的稳定性比石英低，因此其具有较高的稳定性。对于碎屑热年代学研究，通常认为层内溶解的影响可以忽略不计（von Eynatten 和 Dunkl，2012）。

7.6.3 深埋对变质锆石的影响

由于自发辐照和 α 损伤累积随时间引起的结构变化（7.4.2 节），与未变质锆石相比，未变质锆石晶体对化学蚀刻的反应更强烈，因此在加工过程中稳定性可能会减弱成岩作用和变质作用。Po 流域的碎屑锆石记录表明，选择性失去了高达约 40% 的准锆石（Malusà，2013），缺乏古老的富含 U 的锆石使得该问题更加突出，如图 7.6 的饼图所示。如 7.6 节所述，在河流搬运过程中，机械磨损不仅破坏了细粒锆石。与最近的岩石学研究一致（Baldwin，2015；Kohn，2015），因此很可能在成岩作用和/或区域变质作用期间被破坏了。在变质过程中，变质锆石的选择性损失表明大量的 Zr 和 U 可用于在其他锆石晶体上重结晶变质生长物。古老的富铀晶体的选择性溶解，变质岩显示出的富古老锆石晶体百分比要比其原石低（Malusà et al.，2013）。如第 16 章所述，从不同源岩的锆石 U 浓度变化很大，这对偏斜具有显著影响（Malusà，2018）。

7.7　矿物丰度的影响

7.7.1　基岩成矿条件的多样性

与大量沉积方法相比，单矿物方法和多矿物方法受不同母岩在遭受侵蚀时产生特定碎屑矿物的倾向性的显著影响，这也称为矿物丰度（Dickinson，2008；Hietpas，2011）。在碎屑热年代学研究中，丰度控制矿物的质量浓度，并且是偏差来源，每当用沉积物通量进行单矿物分析时，就有可能引入这种偏差（Malusà et al.，2016a）。大多数热年代学研究假设矿物丰度的变化忽略不计（Malusà，2009；Zhang，2012；Glotzbach，2013；Saylor，2013；He，2014），但实际不一定完全如此。通常在天然岩石中观察到的矿物丰度变化对碎屑年龄分布有重大影响，低丰度岩石在碎屑热年代学记录中总是被低估［图7.8(a)；Glotzbach，2017；Malusà，2017］。

矿物丰度测量结果表明，磷灰石和锆石的丰度值可以在三个数量级上变化，这取决于侵蚀基岩的岩性和构造演化。在欧洲阿尔卑斯山，主要由变质岩和深成岩组成的单元比由沉积岩组成的单元拥有更高的磷灰石和锆石丰度［图7.8(b)］。在由透辉石和硅线石等边坡定界的区域［图7.8(b) 中的LD］，在Lepontine圆顶的中至高变质岩中发现了最高的磷灰石丰度值（300~2600mg/kg；Malusà，2016a）。锆石的高丰度值是Lepontine穹顶片麻岩（10~70mg/kg），勃朗峰和阿根廷断层块的辉锰矿和花岗岩岩石（80~100mg/kg），以及高山增生楔形的二叠纪—石炭系变质沉积物（50~90mg/kg）。在南部阿尔卑斯山（磷灰石丰度为10~30mg/kg，锆石为0.5~6mg/kg）和北部亚平宁山脉（磷灰石为17~95mg/kg，锆石为0.5~7mg/kg）的沉积演化中发现磷灰石和锆石丰度最低值mg/kg）。深成岩中的磷灰石丰度并不高；为10~30mg/kg，代表了最大的高山侵入体（Ada-mello）及其围岩。在外部晶体地块中，以上古生代侵入岩为主的勃朗峰地块［图7.8(b) 中的MB］的磷灰石丰度要比以下古生代蒙脱石为主的阿根廷地块低［图7.8(b) 中的AR］。在土耳其西南部的Menderes

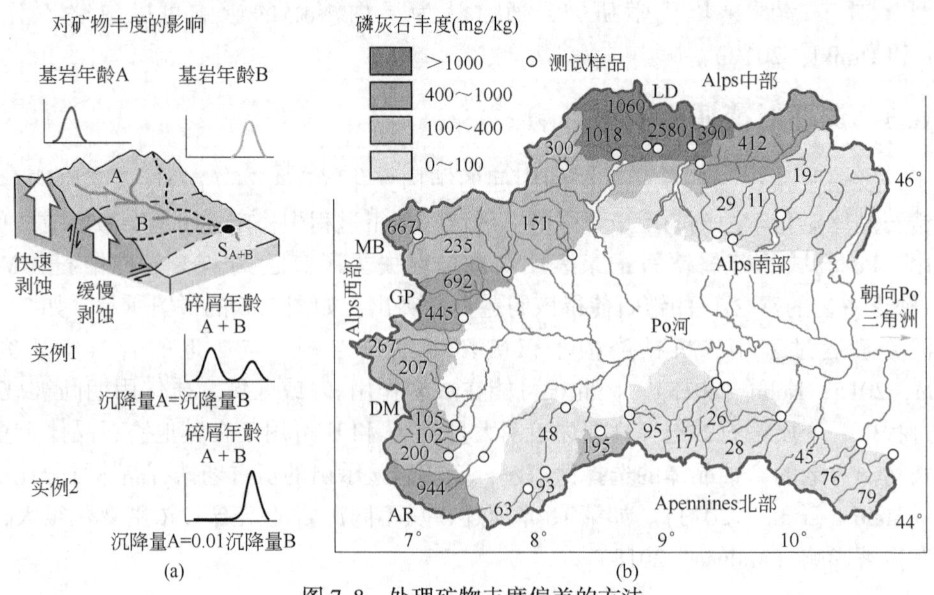

图7.8　处理矿物丰度偏差的方法

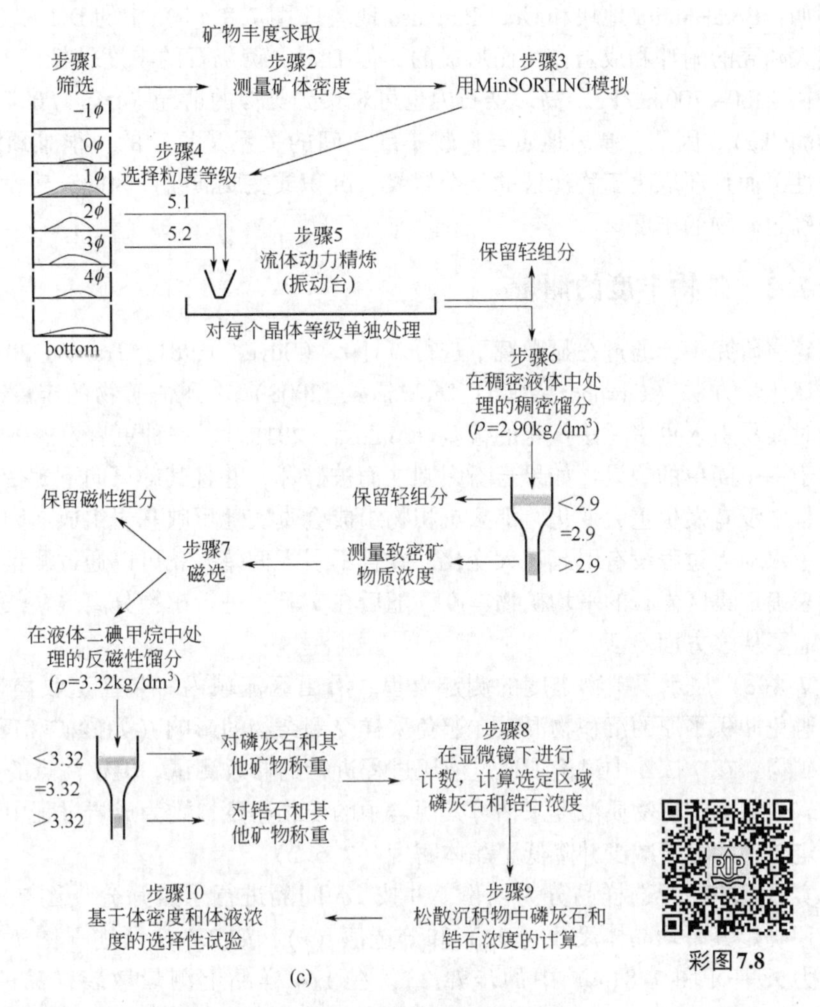

图 7.8　处理矿物丰度偏差的方法（续）

（a）来自两个块垒地（A 和 B）的碎屑年龄分布，它们具有不同的热年代学特征（实例 1：A 和 B 中的矿物丰度相同。实例 2：与 B 相比，A 中矿物丰度较低）；（b）蒲河流域的磷灰石丰度（Malusà，2016a），显示磷灰石丰度至少在三个数量级上变化，这取决于被剥蚀基岩的岩性和构造演化（红线表示 Po 排水边界）；AR—Argentera，DM—Dora-Maira，GP—Gran Paradiso，LD—Lepontine 圆顶，MB—Mont Blanc；（c）通过测量沉积物样品中矿物浓度来确定基岩中矿物丰度的流程

断层中，中新世花岗闪长岩（185mg/kg）的磷灰石丰度低于其围岩（550mg/kg）（Asti et al.，2018）。在光学显微镜下的观察结果（Rong 和 Wang，2016）表明，深成岩中的磷灰石通常很小（几微米），导致甚至在碎屑中也形成了较大矿物（如长石），而非个矿物颗粒（Malusà，2016a）。

变质岩中的磷灰石可在原生岩和变质相下保持稳定（Spear 和 Pyle，2002），其丰度在很大程度上受变质作用控制。在低级变质岩中，大多数磷灰石为磷灰石质矿物（如钠长石）中的包裹体，而较大的磷灰石晶体则在中—高级变质岩中生长，从而提供了大量的可进行 FT 测试的磷灰石晶体。尽管基岩地质与矿物丰度之间存在明显的联系，但即使在同一构造单元中，也可以观察到主丰度的变化。

例如，Dora-Maira地块和Gran Paradiso地块［图7.8（b）中的DM和GP］都是在古近纪欧洲大陆壳的俯冲和成岩作用而形成的，但DM中磷灰石的丰度较低（100~200mg/kg），比GP中（400~700mg/kg）高。锆石内也可观察到类似的情况（DM为0.4~1.2mg/kg，GP为5~8mg/kg）。因此，基岩地质与矿物丰度之间的关系是复杂的，很难预测。它们不仅取决于岩性，而且还取决于物源区的整个岩浆、沉积或变质演化。因此，建设采用较为保守的方法来确定矿物的丰度。

7.7.2　矿物丰度的测量

在碎屑研究中，通过在显微镜下进行点计数（Silver，1981；Tranel，2011）或通过采用多种地球化学方法（Cawood，2003；Dickinson，2008）来评估矿物的丰度。然而，这些方法既费时又易引入更多无法量化的偏差（Malusà，2016a）。一种更有效的确定矿物丰度的方法是基于一个简单的假设：如果岩石因剥蚀而被破坏，并且其碎屑向下游变细，而在运移和沉积过程中没有发生重大变化，那么沉积物组成会真实地反映基岩组成。因此，只要测量沉积环境中水动力过程没有引起重大变化，并且不引入偏差，就可以通过测量由剥蚀引起的矿物浓度来确定集区岩石的平均矿物丰度，随后在实验室进行矿物分离（Malusà，2016a）。这些假设需要从多方面验证。

图7.8(c) 展示了矿物丰度的测定流程。沿山区流域内一条河道收集现代的床底沉积物，并避免冲积平原的沉积物混入。避免采样受到杂物的影响（如砂矿和反砂矿），避免其它致密矿物。在7.3.4中讨论了通过液压过程进行的修改测试。值得注意的是，不应使用古代沉积岩中测得的矿物质浓度来估算其源岩中的矿物丰度，因为成岩过程中的层内溶解会导致不稳定矿物的显著减少并降低了晶体密度（7.6.2）。

在实验室中将所选样品分为四份，并按1ϕ间隔进行干燥筛分［图7.8(c）中的步骤1］，以便确定其平均晶体尺寸（D_m）和分选值（r），如7.3.2所述［图7.3(a)］。通过使用静水力天平［图7.8(c）中的步骤2］，在1/4样品上测量散装样品的颗粒密度（见7.3.4）。然后使用MinSORTING（Resentini，2013）对目标矿物在不同尺寸类别中的分布进行模拟［图7.8（c）中的步骤3］，以便选择最合适的晶体尺寸窗口以进一步进行矿物分离（参见本书7.3节）。并评估可能落入所选粒度范围之外的目标矿物的比例（步骤4）。然后，用振动台对每个选定粒度等级的致密矿物组分进行流体动力预浓缩（步骤5）。因为振动台采用了尺寸密度分类的基本原理（7.3节），所以每个不同的尺寸类别都经过单独处理，以最大程度地减小晶体尺寸的影响，并根据其密度有效地浓缩碎屑。然后将在流体动力预浓缩后回收的致密馏分合并（步骤6），并在2.90kg/m^{3}的致密液体（如聚钨酸钠）中进一步纯化。回收高密度（大于2.90kg/m^3）馏分并称重，得到用于分析尺寸窗口的样品的高密度矿物质浓度。随后的步骤可能会根据目标矿物的物理性质而有所不同。为了回收磷灰石和锆石，按照Sircombe和Stern（2002）的建议，在增加场强度的情况下，用Frantz磁选机对致密馏分进行精制（步骤7）。通过液体二碘甲烷（密度为3.32kg/m^3）对反磁性馏分进行进一步处理，以分离出密度高于3.32kg/m^{3}的矿物（包括锆石，密度为4.65kg/m^3）和密度在2.9~3.32kg/m^{3}之间的矿物（包括磷灰石，密度为3.2kg/m^3）。仔细称量每个分离步骤之前和之后的数量，以检测加工过程中任何潜在的材料损失。在显微镜下进行点计数可以确定这些精矿中磷灰石和锆石的含量（步骤8），这些精矿通常还包括其他抗磁性的矿物，如红柱石、蓝晶石、硅线石，黄铁矿和重晶石。这样就获得了选定尺寸窗口的磷灰石和锆石浓度。为了获得块状沉积物中磷灰石和锆石的浓度（步骤9），我们将这些值添加到了比MinSORTING先前模拟的尺寸级别更大和更细的矿物中，不包含不可计算的磷灰石和锆石晶体（如小于63μm的晶体在光学显微镜下进行裂变径迹分析）。因为只有在没有通过选择性夹带改变沉积物成分的情况下，步骤9中计算的散状沉积物中的矿物质浓度才等于源岩的矿物丰度，所以需要对分析后的样品进行异常密度较高的颗粒物测试（步骤10）。可以通过将步骤2和步骤6中测得的松散颗粒密度和密集矿物质浓度与图7.4(c)所示的侵蚀基岩中的参考值进行比较来完成。这种确定矿物丰度的程序仅需对大多数热年代学实验室采用的浓缩碎屑磷灰石和锆石的标准程序进行较小的修改（本书第2章）。所需的其他任务在很大程度上由所检索的信息来证明，这对正确解释碎裂热年代学数据集至关重要，如本书第10章所述。

7.8　总结与建议

从样品处理到最终数据解释（表7.1），基本的沉积学原理的认识和应用大大改善了碎屑热年代学研究的有效性和分辨率。为了充分发挥碎屑年代学方法的潜力，应注意以下几点：

（1）从现代沉积物样品的分析开始，应对标准浓度程序进行少量修改以测量侵蚀基岩的矿物丰度；

（2）应通过筛分或等效方法对碎屑样品进行充分表征，以获取散状沉积物样品的相关粒度参数；

（3）应模拟不同尺寸类别的沉积物组成，以避免样品处理过程中的错误；

（4）应该测试选择性夹带的潜在影响，例如通过测量矿物分离过程中沉积物样品的总颗粒密度；

（5）应系统记录过时矿物颗粒的大小和形状参数，以测试颗粒年龄分布对水力分选效果的脆弱性；

（6）应当仔细评估双粒颗粒中磨圆和磨耗的影响，以避免对裂变径迹年龄的错误解释；

（7）应评估碎屑热年代学信号在地层负荷和悬浮负荷中的延迟，以求其对地层相关性和滞后时间分析的影响。

致谢

感谢University of Milano-Bicocca裂变径迹分析实验室的研究人员和研究生们，他们为建立这项工作中描述的方法做出了贡献。O. Anfinson、M. L. Balestrieri和P. G. Fitzgerald对本章内容亦有帮助。

第二部分　热年代记录的地质解释

第 8 章　从冷却到剥露：设定热年代学数据解释的参照系

Marco G. Malusà，Paul G. Fitzgerald

摘　要

用于解释裂变径迹（FT）数据的参考系是热参考系。使用年代学来限制剥露主要取决于了解此参考系与地球表面之间的联系。热参考系是动态的，它既不是固定的也不是水平的，因为它受地形的起伏、与快速剥露有关的热对流以及跨主要断层的质量重新分布的影响。本章介绍与冷却，抬升和剥露相关的术语和基本关系，并描述了在剥露时独立限制古地热梯度的方法。在某些情况下，冷却可能与剥蚀无关，但可以用来限制上部地壳的热演化和岩浆岩的侵位深度。总体而言，对剥露的有用限制通常仅由在整个封闭温度等温面上不受扰动的剥露冷却期间设定的热年代学年龄直接提供。矿物在小于封闭温度的温度下结晶的矿物的热年代学年龄，例如在火山岩和浅侵入岩中，对剥露没有直接的限制。

8.1　冷却、剥蚀、岩石和地面隆起

8.1.1　命名和基本关系

裂变径迹（FT）热年代学将温度限制在上层地壳中的岩石的冷却（时间—温度路径）取决于矿物及其成分（Fleischer，1975；Hurford，1991；Wagner 和 van den Haute，1992）。在一个简单的情况中，岩石将从完全裂变径迹退火区（较高温度）冷却到完全裂变径迹保留区（较低温度）。在这些完全退火区和有效零退火区之间是部分退火的温度区间，最初被定义为部分稳定区（Wagner，1977，1989；Gleadow 和 Duddy，1981；Gleadow，1986）。术语“部分退火区”（PAZ）于 1987 年引入（Gleadow 和 Fitzgerald，1987），是当今常用的术语。部分损失温控区的概念通常适用于所有地球年代学和热年代学方法。对于稀有气体热年代学，如 ^{40}Arr^{39}Ar、（U-Th）/He，1998 年为 ^{40}Arr^{39}Ar 方法引入了部分保留区（PRZ）一词（Baldwin 和 Lister，1998），随后被（U-Th）/He 测年采用（Wolf et al.，1998）。从本质上讲，PAZ 和 PRZ 的概念相同，但是损失的机理（裂变径迹与稀有气体的扩散）在每种情况下都不同，因此通常裂变径迹群使用 PAZ，而惰性气体群使用 PRZ。封闭温度 T_c 和冷却时间的概念适用于岩石从高温单调冷却的情况（图 8.1；Jäger，1967；Dodson，1973；Villa，1998）。因此，闭合温度 T_c 可以定义为岩石在其热年代冷却时期的温度（Dodson，1973）。冷却时间取决于冷却速率，T_c 越高，冷却速度越快（Reiners 和 Brandon，2006）。对于不同的系统和这些系统中的矿物而言，它是不同的，并且通常取决于矿物成分和辐射损伤（Rahn，2004）。

如果岩石不通过该等温线单调冷却，则代表岩石通过 T_c 等温线冷却的时间的热年代学年龄不适用。例如，如果样品冷却成 PAZ 或 PRZ，在重新冷却之前在其中停留了一段时间，或者样品迅速冷却，然后在随后冷却之前部分热重置。在这些情况下，热年代年龄不能被认为是“冷却年龄”，因为“年龄”代表来自复合冷却路径的成分（图 8.1）。在某些研究中，这是一个常见的错误（或假设），通常是使用热年代学数据进行的碎屑研究（参见本书第 10 章，Malusà 和 Fitzgerald，2018），所有年龄都代表了“冷却年龄”，代表了样品通过 T_c 冷却后的时间。随着热年代学的发展，热年代学的解释可能很复杂。例如，早期在（U-Th）/He 数据中研究人员在图表上标注了“表观年龄”（Gleadow，1990），或最近用“年龄”代替“年龄”（Flowers et al.，2009）。在那种情况下，“年代”是指模型预测或分析结果，而“年龄”是指数据的地质解释。（U-Th）/He 数据集通常显示出广泛分散的（U-Th）/He 单粒年龄，由于多种因素，他的单晶年龄变大，特别是由于晶体之间不同浓度的 U 和 Th 造成的可变辐射损害，分区和/或粒度变化，所有这些都被缓慢冷却或保留在 PRZ 内放大（Reiners 和 Farley，2001；Meesters 和 Dunai，2002；Ehlers 和 Farley，2003；Fitzgerald，2006；Flowers，2009；Gautheron，2009）。但是，我们不建议使用 Flowers 等（2009）定义的“年代”，然后使用“年龄”，因为这引入了另一个未被普遍应用的术语（“年代”），并且更可能使一个简单的“年龄”紧随其后的是数据解释，时间—温度路径的限制，时序的混淆。

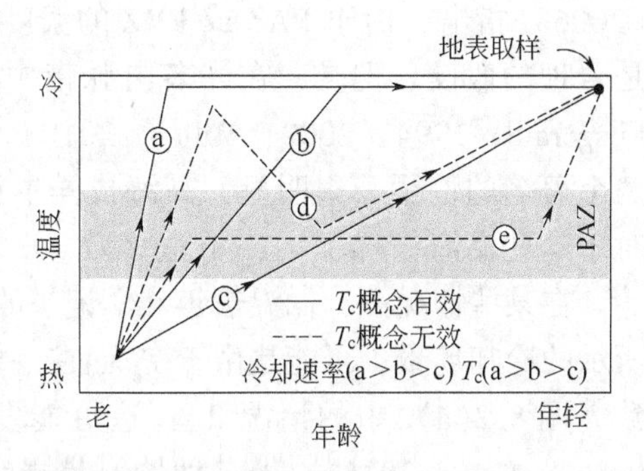

图 8.1　“封闭温度”和“冷却年龄”的概念适用于从较高温度到较低温度（a 至 c）单调冷却的岩石。在这些情况下，封闭温度 T_c 较高，以实现更快的冷却。相同的概念不适用于遵循更复杂冷却路径（d，e）的岩石。PAZ 表示部分退火区

为了区分简单路径与复杂的温度—时间（T—t）路径，并确定是否可以将热年代学年龄简单地解释为代表样品越过 T_c 以来的时间，某些热年代学方法具有动力学参数。它们包括磷灰石裂变径迹热年代学（AFT）中的封闭径迹长度，动力学指标（例如 $^{40}Ar/^{39}Ar$ 热年代学中某些矿物的年龄谱）以及 $^{40}Ar/Ar^{39}$ 中钾长石的多扩散域模拟 Ar 热年代学。这些动力学参数可以评估冷却速率，T—t 路径和可能的部分退火/重置，因此可以评估年龄是否代表冷却年龄。无论 T-t 路径的复杂还是简单，用于解释年代学数据的参考系都是热参考系。

使用裂变径迹热年代学来约束剥露的能力，即一列岩石向地球表面的运动（England 和 Molnar，1990；Stüwe 和 Barr，1998），取决于评估该热参考系与地球的联系的能力。在活跃的地质环境中，热参考系是动态的，通常不是水平的（Parrish 1983；St üwe，1994；Mancktelow 和 Grasemann 1997；Huntington，2007）。在最简单的情况下，T_c 方法可能会限制剥蚀剥露。就是说，假设样品在朝着地表运动的过程中已经跨过与选定热年代学系统的 T_c 相对应的稳定等温表面冷却［图 8.2(a)中的情况 1］。如果已知 T_c 等温表面的深度（通常假设或使用其他方法来限制古地热梯度，参见本书第 8.3 节），则可以从冷却整个 T 的时间计算平均剥露速率，T_c 等温表面到样品最终暴露于地球表面的时间（Wagner，1977）。换句话说，为了使用单个样本计算平均剥露速率，必须独立地知道剥露期间的古地热梯度（即 T_c 等温线与地球表面之间的垂直距离）。Reiners 和 Brandon

(2006) 指出，由于PAZ或PRZ的温度范围相对较窄，因此将 T_c 方法应用于侵蚀山地带是合理的假设。但是，在许多山脉带中，例如跨南极山脉（Gleadow 和 Fitzgerald，1987；Fitzgerald，1994，2002；Miller，2010）和阿拉斯加山脉（Fitzgerald，1993，1995）都是两个著名的例子，很明显，高海拔样本在被剥蚀之前已经在PAZ中驻留了相当长的时间，对于这些高海拔样本，T_c 方法无效。

在某些情况下，低温热年代学记录的冷却不一定与剥露有关。例如，图8.2(a) 情况1所示的冷却场景，可能是由于 T_c 面在一块相对于地表保持固定的岩石样品自上而下变化所致［图8.2(a) 中的情况2］，这可能发生在等温面瞬变上升期间（Braun，2002，2016；Malusà et al.，2016）。另一种情况是岩浆岩独立于剥露而冷却［图8.2(a) 中的情况3］。在岩浆侵入前（时间 t_0）观察到的未扰动的 T_c 等温面更浅的埋深，其在侵入后低于 T_c 的温度下冷却，即使没有隆升（时间 t_1），对剥露没有直接的约束（Malusà et al.，2011）。因此，裂变径迹热年代学既可以用来约束剥露［图8.2(a) 中的情况1］，或约束上地壳热演化和岩浆岩侵蚀深度［图8.2(a) 中的情况2和3］。裂变径迹热年代学对岩石隆起和地表隆升没有直接的约束（England 和 Molnar，1990；Brown，1991；Fitzgerald et al.，1995；Corcoran 和 Dorè，2005）。岩石抬升定义为一列岩石相对于固定参考点，如大地水准面（England 和 Molnar，1990）或未变形岩石圈（Sandiford 和 Powell，1990，1991）的运动（与重力矢量相反的方向），如图8.2(b) 所示。相反，地表隆升被定义为地表相对于大地水准面或未变形的岩石圈的位移，并且是随时间推移地形变化的量度（England 和 Molnar，1990；Summerfield 和 Brown，1998）。仅当剥蚀（化学和机械上的破坏）小于岩石隆起时才发生正表面隆起。剥蚀和剥露通常被用作同义词，但剥蚀更多指的是物质的去除（剥蚀或构造过程），而剥露被认为是岩石向地表的运动（Walcott，1998；Ring et al.，1999）。大地水准面，即一般表示岩石和地面隆起参考框架的等势重力表面，与FT数据解释有关的热参考框架没有直接联系。

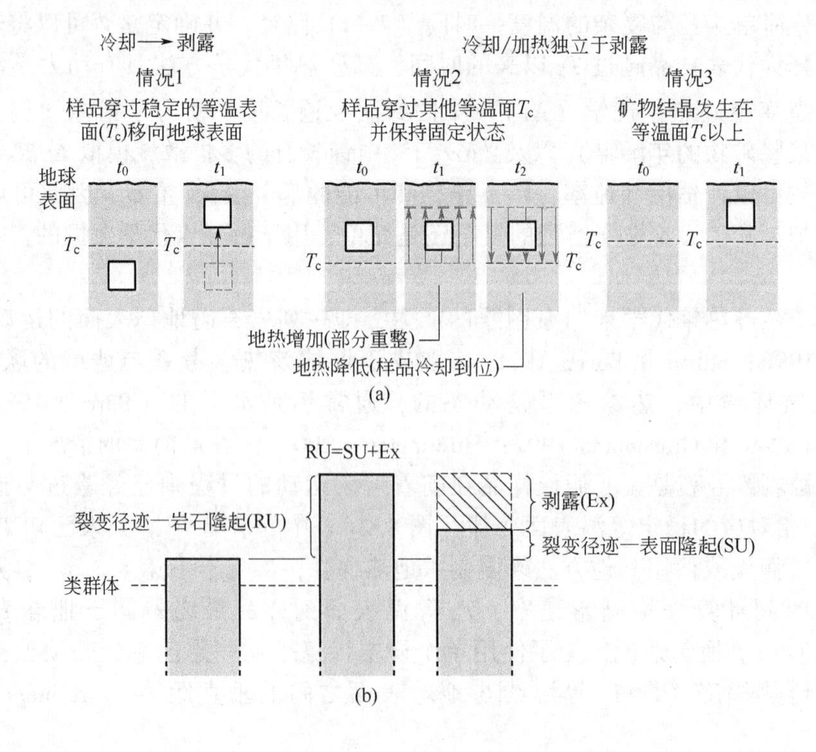

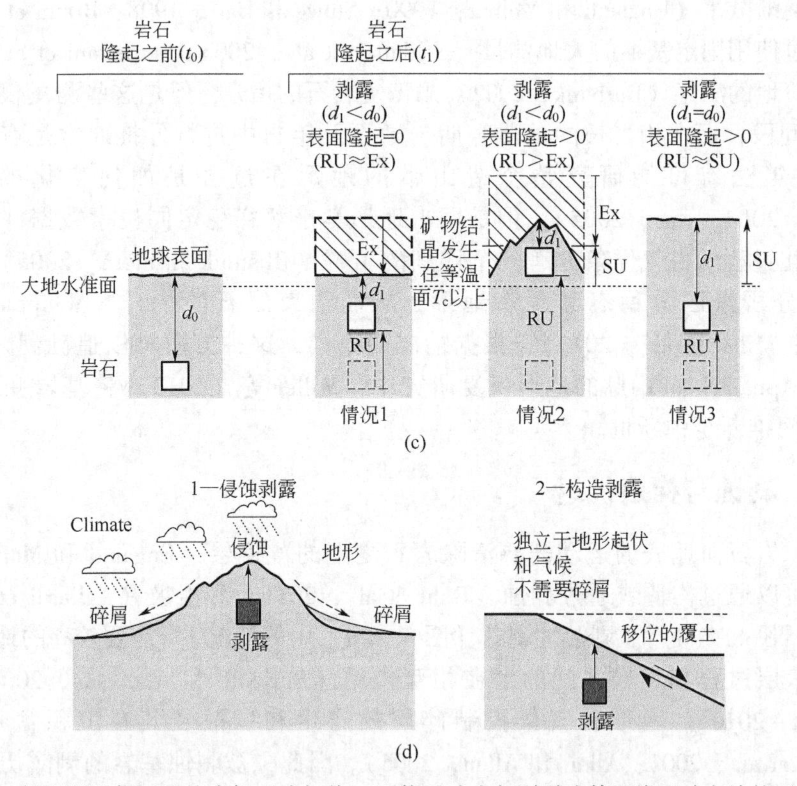

图 8.2　低温测温仪记录的冷却（或加热）可能反映出与剥露或等温线运动有关的不同情况

（a）情况 1—岩石向地球表面的运动（回火），情况 2—等温面的瞬时升高（即地热梯度的增加）会导致低温测温仪的部分或全部重置，然后可能导致热松弛（即地热梯度的降低），情况 3—矿物的结晶发生在 T_c 等温线以上的浅地壳深度处；（b）岩石隆起等于剥蚀量加上地面隆起的量（England 和 Molnar，1990）；（c）埋深岩石隆起期间剥蚀与山体生长之间的可能关系；（d）剥蚀过程中覆盖层清除的替代机制（构造剥蚀独立于地形起伏和气候，并且不一定需要产生碎屑）

如图 8.2(b) 所示，岩石隆升等于剥蚀量加地表抬升量（England 和 Molnar，1990）。这个公式很简单，但很难解决实际问题，因为与剥蚀相比，地表和岩石隆起通常难以确定，即使在隆升证据特别明显的情况下，如碰撞造山带（Fitzgerald et al.，1995）。在造山带中，上地甚至中地深度变质的岩石，以及最初沉积在盆地中的沉积岩，现在可能会暴露在高海拔处，从而证明了长期的岩石和地表的隆升。但是，岩石隆起、剥蚀和地形之间的时间关系通常很难确定［图 8.2(c)］。理论上，岩石抬升期间的剥蚀可能与地形的增长无关［图 8.2（c）中的情况 1 和情况 2］。另一方面，即使没有剥蚀也可以在岩石隆起过程中发生地形变化［图 8.2（c）中的情况 3］。

地表隆起、岩石抬升和剥蚀的相互作用确定了造山带剥蚀演化的各个阶段，简单地概括为造山运动的一个不成熟阶段。该阶段，地表隆起大于剥露（在山的上升过程中），接着是一个平稳的地质时期（地表隆升=0），然后是一个漫长的衰减阶段，在该阶段，山体被剥蚀，从而剥蚀了土壤（Spotila，2005）。在未成熟到成熟阶段，构造驱动的岩石抬升是促进长期剥蚀和剥露的主要机制，而在山体上升期间的地表隆起是岩石抬升的结果，而岩石抬升受其剥蚀性的影响（Burbanketal，1996；Summerfield 和 Brown，1998；Malusà 和 Vezzoli，2006）。在此过程中，被剥蚀的上地壳逐渐被下伏的高密度下地壳和地幔岩石所替代，从而使地表高度逐渐减小（England 和 Molnar，1990；Stüwe 和 Barr，1998；Braun et al.，2006）。

可以通过使用固定基准的大地测量（Schlatter et al.，2005；Serpelloni et al.，2013）或海洋和河流阶地的测年（Burbank，2002）来恢复岩石的抬升，但是这些测量仅限于相对较新的地质时间段，而在相当长的地质时期（数百万年）中进行外推通常是有问题的。稳定同位素测年法有可能研究整个造山带的地形在过去是如何变化的（Poage 和 Chamberlain，2001；Roe，2005）。但是用古地形学来解释稳定同位素数据并不简单，需要对山体演化过程的古气候条件有一个详细的了解（Blisniuk 和 Stern，2005）。通常使用河床纵剖面分析来区分稳态和瞬态地形，从而约束岩石的抬升（Whipple 和 Tucker，1999，2002；Miller et al.，2012），根据情况的不同，这种方法可以追溯到几千万年前。例如，在对 Appalachian 山脉的地形恢复研究中，Miller 等（2013）将基岩变化（即岩石隆起）的时间推断至中新世。

8.1.2　剥蚀与构造折返

剥蚀时，岩石向地表的运动需要清除岩石之上的覆盖层（England 和 Molnar，1990）。上覆的岩石可以通过构造或通过剥蚀（Rahl et al.，2011）和滑坡（Agliardi et al.，2013）等方式去除［图 8.2(d)］。剥蚀性剥露［图 8.2(d) 中的情况 1］需要较高的地形，这也决定了构造、表层过程和气候之间的潜在相互作用（Burbank 和 Anderson，2001；Whipple，2009；Willett，2010）。地形和气候控制碎屑的产生和扩散及其在沉积盆地中的堆积（Schlunegger et al.，2001；Allen 和 Allen，2005）。因此，被剥蚀基岩的剥露历史可以通过对与其相关的沉积岩的分析来恢复。在母质基岩中，剥蚀剥露通常与在地质视图中平稳变化的冷却年龄模式有关（Ring et al.，1999），即使在沿断层存在差异剥蚀剥露的导致年龄异常的情况也是如此（Thomson，2002；Malusà et al.，2005）。

相比之下，构造剥蚀［图 8.2(d) 中的情况 2］与地形起伏和气候无关。在构造剥蚀过程中，由于超载位移（如重载），岩石被剥露，沿低角度正断层运移（Foster et al.，1993；Foster 和 John 1999；Stockli et al.，2002；Ehlers et al.，2003）。尽管碎屑岩可能会提供不连续的碎屑记录（Asti et al.，2018），但在构造剥露期间不需要碎屑的形成。与剥蚀性剥露不同，正断层在地质视图中通常显示为冷却年龄的不对称分布，在主滑脱断层上有明显的不连续性（Foster et al.，1993；Foster 和 John，1999；Armstrong et al.，2003；Fitzgerald et al.，2009）。尽管低角度正断层在大多数碰撞造山带中并不常见（Burbank，2002），但构造趋同性可以沿汇聚板块的边缘大规模应用，其中构造趋化性可由上板块和增生块之间的差异，或楔形或下板的后退促进（Brun 和 Faccenna，2008；Malusà et al.，2015；Liao et al.，2018）。

8.2　等温面形态和间距的演变

上地壳等温面的形态和间距可能强烈影响 FT 数据。地壳最上层的等温线通常类似地形图的形态（图 8.3），但取决于所讨论的等温线和地形的波长（Stüwe et al.，1994；Mancktelow 和 Grasemann，1997；Stüwe 和 Hintermüller，2000；Braun，2002）。对于较短的地形波长，由于陡峭的山谷侧翼的侧向冷却作用，在剥蚀剥露时，低温等温面通常无法穿透山脊下方（Mancktelow 和 Grasemann，1997），但是通过增加地形波长，可以逐渐促进它们的穿透能力［图 8.3(c)］。与 FT 数据相关的等温面在地形起伏低的区域中有望接近水平

[图 8.3(a)]，并且在以高起伏为特征的活动环境中会发生各种偏转。在后一种情况下，等温面在山脊下方升高而在山谷下方凹陷（Stüwe et al.，1994）。与低温等温线［如图 8.3(a) 中的 T_3］相比，低温等温面［图 8.3(a) 中的 T_1］的影响更为明显。但是，在地温梯度较高的地区，由于地形引起的扰动也会影响温度等温线（Braun，2002）。值得注意的是，在对低温热年代学数据解释时，剥蚀时的地形比现今的地形更为重要（Fitzgerald et al.，2006；Foeken et al.，2007；Wölfler et al.，2012）。自剥露以来，地形可能一直保持稳定状态，但是这种假设必须得到其他地质证据的支持。

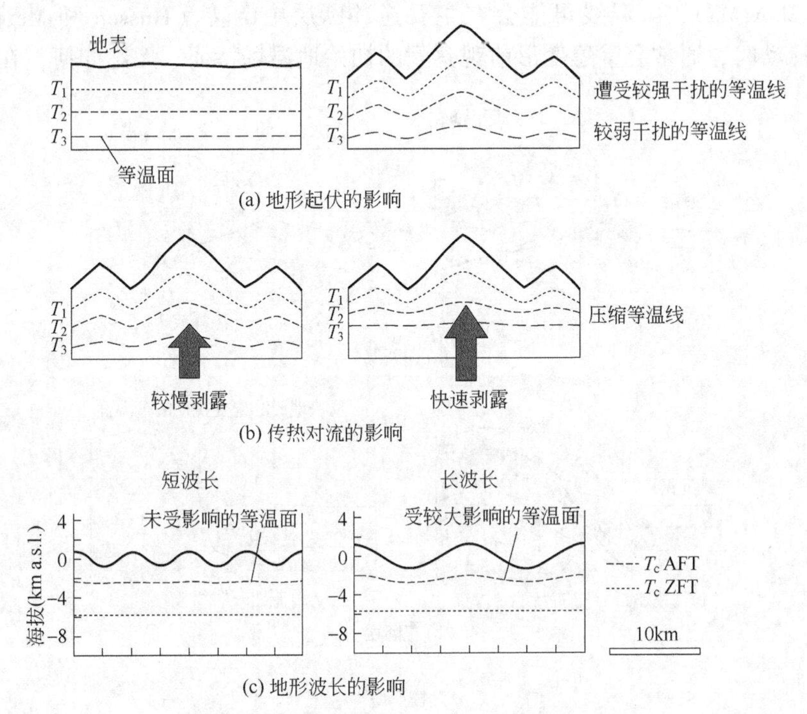

图 8.3　(a) 与地形相关的等温面；(b) 快速剥露过程的热对流决定了等温面的变化和近地表地温梯度的瞬时增加；(c) 较长的地形波长促进了山脊下方的低温等温面的变化（据 Stüwe et al.，1994；Mancktelow 和 Grasemann，1997；Braun，2002；Ehlers et al.，2005）

在构造活动区快速剥露（大于 0.3km/Ma；Gleadow，1990；Gleadow 和 Brown，2000）时，热量向地表的平流和等温面的更紧密的间距（增加的地温梯度）显得特别重要（Fitzgerald et al.，2006；Foeken et al.，2007；Wölfler et al.，2012）。剥蚀过程中的热对流会导致等温面的逐渐升高，并导致近地表地温梯度的瞬时增加［图 8.3(b)］。这种增加之后，在剥露结束时出现的热衰减。相反，在构造稳定区，热量从深度到表面的传输主要由热传导引起（Blackwell et al.，1989；Ehlers，2005）。导热率是岩石导热性能的函数，岩石导热系数根据岩石类型的不同有很大差异（Braun et al.，2016）。通常沿着断层带分布的热液流体的传热活动有利于区域地温场的局部瞬态扰动（Burtner 和 Negrini，1994；Ehlers 和 Chapman，1999；Whipp 和 Ehlers，2007）。

大断层也可能会对等温面的形态产生影响，这可能是由于断层的一侧到另一侧的剥蚀和沉降引起的质量重新分布所决定的（Ehlers，2005），如图 8.4(a) 和 (b) 所示。剥蚀性去除地表的物质会导致较高温的岩石向上移位，而沉积则产生相反的效果，因为当沉积物沉积在地表时，较低的表面温度会向下传递。由沉积埋藏引起的潜在的向下平流与上移的侵蚀块中的斜平流相关联［图 8.4(a) 和 (b)］，其中包括一个水平分量，这在逆冲断层作用中尤其重要（ter Voorde et al.，2004；Huntington et al.，2007；Lock 和 Willett，2008）。因此，在山脉的前部，剥蚀可能会导致近地表地温梯度的增加，而前陆沉积物可能会降低下盘区域的地温梯度（Ehlers，2005）。跨主要断层的地温场改变决定了横向热流和等温面的曲率，这是位移率的函数，可能与 FT 数据的解释有关［图 8.4(a) 和 (b)］。对于非常快的位移速率（大于 2km/Ma），等温线可能会在主要逆冲断层中倒转（Husson 和 Moretti，2002）。当断层不再活动时，通常会重建变形前观察到的初始地温场特征。无论如何，在地形起伏较

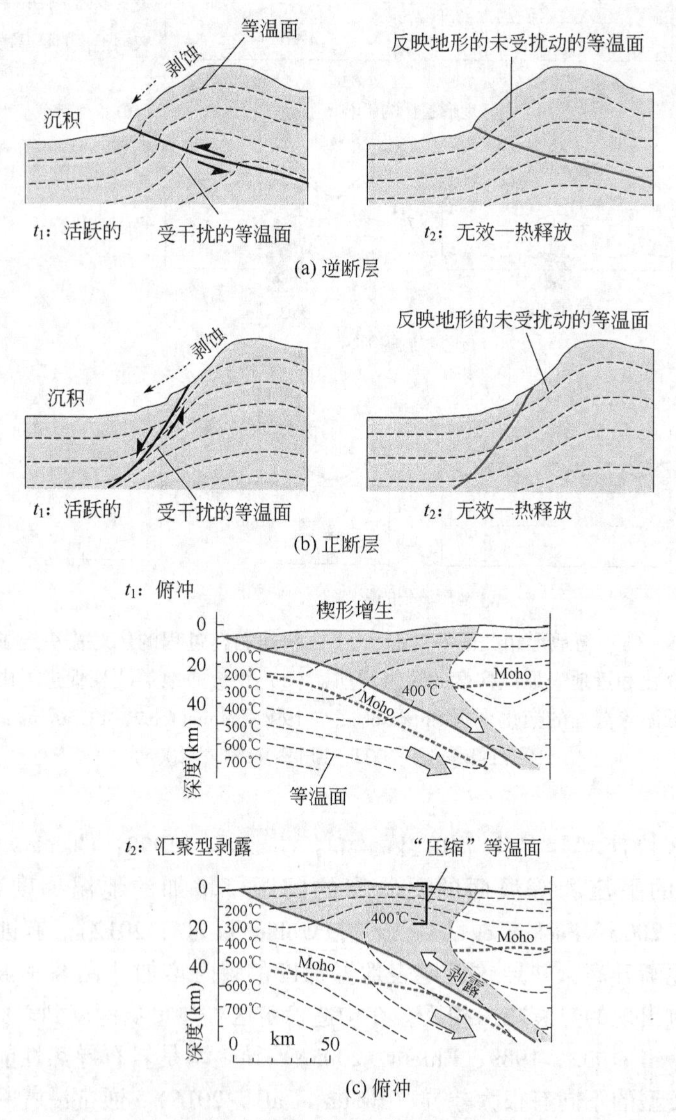

图 8.4　(a) 和 (b) 由于剥蚀和沉积引起的质量重新分布，主要断层对等温面形状的影响（左），断层不再活动后调整的地温场（右）（ter Voorde et al.，2004；Ehlers，2005；Huntington et al.，2007）；(c) 在同步剥露过程中，增生楔内高温等温面逐步升高（Jamieson 和 Beaumont，2013）

大的逆冲断层上得到的热年代学年龄，如果有多个系统，可以限制逆冲断层何时停止活动（断层之间没有年龄差异）和何时开始逆冲（断层之间有年龄差异）（Lock 和 Willett，2008，2008；MeTcalf et al.，2009；Riccio et al.，2014）。在第9章中详细讨论了热结构对高海拔区域的 FT 数据解释的影响（Fitzgerald 和 Malusà，2018）。在崎岖的地形下预测的高温等温线的较小偏移［图8.3(a)和(b)］表明，与 T_c 相关的热年代学数据可在相对简单的热参考系中解释。但是，分析增生楔形热演化的数值模型（Yamato et al.，2008；Jamieson 和 Beaumont，2013）表明该结论可能是错误的。如图8.4(c) 所示，在俯冲过程中（时间 t_1），表征增生楔的较宽间隔等温面发生了强烈变形，并由于热对流而向地面“压缩”（时间 t_2），由剥露的深层岩石运送。在此背景内，与高温热年代学系统的解释有关的等温面，例如白云母上的 $^{40}Ar/^{39}Ar$（Carrapa et al.，2003；Hodges et al.，2005）不见得是水平的，也不是固定的。热力结构的大规模变化并非特定于挤压环境，因为在裂谷和随后的破裂过程中也可能在伸展环境中发生（Gallagher 和 Brown，1997；Whitmarsh et al.，2001），这时在最初的伸展和裂谷过程中地温梯度可能会增加，然后逐渐从大于 80℃/km 降至小于 30℃/km（Morley et al.，1980；Malusà et al.，2016）。

8.3 地质记录中的古地温梯度

古地温梯度通常是解释低温热年代学数据的关键参数，特别是在使用“假定”梯度将 T_c 转换为深度并因此约束从该深度到地表的平均剥露速率时。古地温梯度通常是未知的，通常的做法是采用某种“正常且恒定”的地温梯度来计算剥露速率（30℃/km；Mancktelow 和 Grasemann，1997），平均剥露速率取决于该假设。因此，只要结合地质记录提供的独立信息来约束古地温梯度的演化，热年代学解释的可靠性就会大大提高。值得注意的是，文献中通常假定的汇聚环境下的剥露速率计算中的古地温梯度分布在整个梯度范围（15～35℃/km）内（Spear，1993），所有这些都可能发生在大陆造山带中（Chapman，1986）。

在变质岩中，可以通过分析压力—温度—时间（p-T-t）路径来推断出剥露过程经历的古地温梯度，这可能受到岩石学和年代学数据的约束（Spear，1993；Miyashiro，1994；第13章，Bodwen et al.，2018）。岩石样品在深度与地表之间的平均地温梯度由给定时间的温度与样品深度的比值得出［图8.5(a)］。假设由于构造超压而导致的岩性静压偏差可忽略不计（Mancktelow，2008；Reuber et al.，2016），则可以很容易地在 P-T-t 图上评估温度，并且深度可以通过简单的压力到深度转换（Rubatto 和 Hermann，2001）推断出。因此，古地球热梯度在 p-T-t 图中可视为连接所分析岩石的 p-T 条件与在地球表面观测到的直线的斜率。采用多学科确定 p-T-t 的方法（如将岩石和地质年代数据与流体包裹体分析相结合）在约束绿片岩相以下岩石的开采路径方面特别有用，绿片岩相是与解释低温热年代学数据量相关的部分。以 Alps 山西段的 Sesia-Lanzo 单元为例，这种多学科研究方法揭示了绿片岩相变质作用后古地温梯度从 18℃/km 到 30℃/km 的逐步增加（Malusà et al.，2006）。热结构的这种变化极大程度地影响着人们对剥露速率和断层偏移的研究。

在地壳最浅的几千米，根据年龄和封闭径迹长度数据模拟得到的 T-t 路径（Ketcham，2005）也可以约束钻井或陡峭垂直剖面中样品之间的地温梯度（Gleadow 和 Brown，2000；Gallagher et al.，2005）。在这种情况下，样品之间的垂直距离（Δz）是已知的，并且随时间变化是恒定的，而不同样品之间的温度变化差异（ΔT）可以通过比较它们的模型 T–t 路径来分析［图 8.5(b)］。例如，这种方法应用于来自 Alaska 的 Denali 和 Pyrenées 山脉的数据（Gallagher et al.，2005），以及现暴露于 Sardinia 岛的 Alpine Tethys 山脉北端边缘的数据（Malusà et al.，2016）。可以通过多种综合方法来分析钻井数据（Armstrong，2005），从而改善对沉积盆地古地温梯度的约束，如多个低温热年代学（House et al.，2002）、镜质组反射率（Bray et al.，1992）和盆地模拟（Osadetz et al.，2002）。

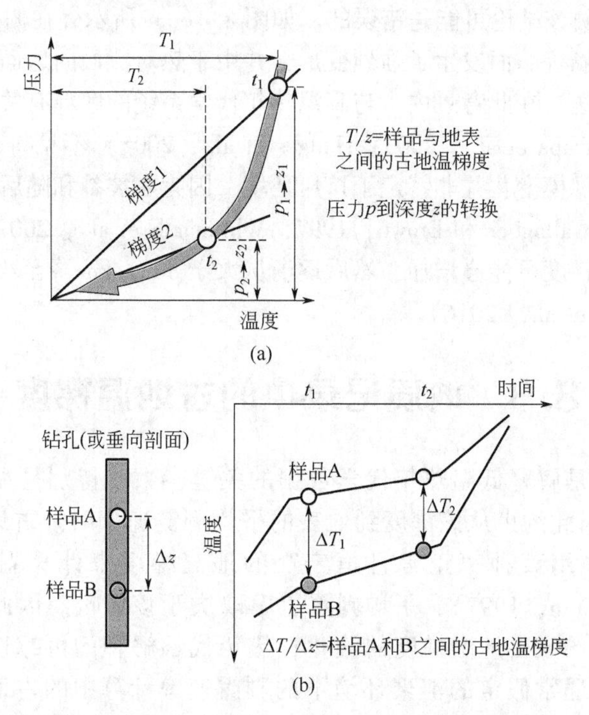

图 8.5　(a) 压力—深度转换后受压力—温度—时间分析所约束的古地温梯度演化（Miyashiro，1994）；(b) 来自深孔或陡峭垂直剖面的样品之间的地温梯度演化，样品之间的垂直距离（Δz）是已知的，温度差（ΔT）是根据年龄和封闭径迹长度数据（Gleadow 和 Brown，2000）得出的温度—时间路径估算的

8.4　与剥露无关的冷却

在剥蚀过程中，岩石理想地穿过不同热年代学系统的 T_c 等温面，移向地表。因此，与剥露相关的冷却可能会在单个样品中产生一系列逐渐年轻的热年代学年龄（Wagner et al.，1977）。当使用相同的测年方法分析来自不同高度的一系列样品时，冷却通常会产生正常的年龄—高程关系，较高海拔的样品年龄较大，而较低海拔的样品年龄较小（Wagner 和 Reimer，1972；Gleadow 和 Fitzgerald，1987；Fitzgerald 和 Gleadow，1988）。剥露的速度越快，从同一垂向剖面预期的热年代年龄差异就越小。但是，低温热年代学记录的年龄有时与剥露无关，而可能反映上地壳区域热结构的瞬态变化（Braun，2016）、晶体生长、岩浆后冷却和矿物蚀变（Malusà et al.，2011），或者已经剥露出的岩石中的局部瞬态热变化。由于热液循环、沿活动断层的摩擦加热（Tagami，2012）或野火（Reiners et al.，2007），导致

PAZ（或 PRZ）发生变化。这些情况将在下面讨论。

8.4.1　由于热衰减引起的冷却

剥蚀完成后，岩石样品仍在 AFT 系统的 PAZ 中，并且尚未记录任何明显的温度变化。当剥蚀变慢时（t_2），等温面会向下移动，从而建立新的热结构。仅在此阶段，岩石才会经历 AFT 数据记录的快速冷却。可以看出，在特定条件下，剥露和由低温热年代学记录的冷却之间会存在一定的时间延迟。因此，在图 8.6(a) 的实例中，岩石样品记录的是热衰减时间，而不是剥露时间。Braun（2016）解释了在一次重大造山事件之后，喜马拉雅山的两种不同的热年代学数据集（Bernet et al.，2006；Kellett et al.，2013）。根据 Braun（2016）的研究，这些数据集可能反映了藏南块体停止运动后喜马拉雅造山楔的地温场再平衡。

不仅在汇聚的环境中，而且在伸展的环境中，例如在经历裂谷和随后的大陆裂解的被动大陆边缘，都可以记录到等温面的区域上升然后热衰减的现象（Lemoine 和 de Graciansky，1988；Whitmarsh et al.，2001）。被动大陆边缘显示近端为正常厚度的大陆壳，而远端则为变薄的大陆壳［图 8.6(b)］，这些大陆壳通常被埋藏在巨厚的裂谷沉积物之下。近端被动边缘在世界范围内得到了广泛的研究（本书第 20 章，Wildman et al.，2018），并显示出热年代学记录，通常以剥蚀引起的剥露为主（Brown et al.，1990；Fitzgerald，1992；Gallagher et al.，1994；Gallagher 和 Brown，1997；Menzies et al.，1997；Gleadow et al.，2002）。尽管一些研究表明热年代学记录受裂谷伴随的热时事件的影响，例如在澳大利亚东南部（Morley et al.，1980）。对被动边缘带的研究较少，而在裂谷后期演化过程中沉积物埋藏的热效应通常会“抹灭”它们在裂谷和大陆裂解期间获得的热年代学信息。在某些情况下，远缘已脱离了裂谷后的热复位作用，现在暴露在海平面以上。Mediterranean 西部的 Corsica-Sardinia 就是这种情况，它代表了 Mesozoic AlpineTethys 北部北缘的遗迹（Malusà et al.，2016）。根据图 8.6(b) 所示的概念模型，可以有效地解释 Corsica-Sardinia 的复杂热年代学和地质记录，因为侏罗纪的软流圈上升导致了区域等温面的上升，然后在大陆裂解期间出现了热衰减。

图 8.6(b)上部所示热结构的等温面大致对应于磷灰石（U-Th）/He 系统的 T_c 以及磷灰石和锆石 FT 系统。与被动边缘的热结构相比，虽得到了简化，但很好地解释了在 Corsica-Sardinia 的地质记录中观察到的年龄模式(Cavazza et al.，2001；Zarki-Jakni et al.，2004；Fellin et al.，2005，2006；Danišík et al.，2007，2012；Zattin et al.，2008；Malusà et al.，2016)。如模型所示，上升的等温面在裂谷过程中呈“钟形”。在每个“钟”内，矿物的年龄是在分解后的热衰减过程中设定的，如图 8.6(a) 所示。在每个钟形图下方，样品破裂时

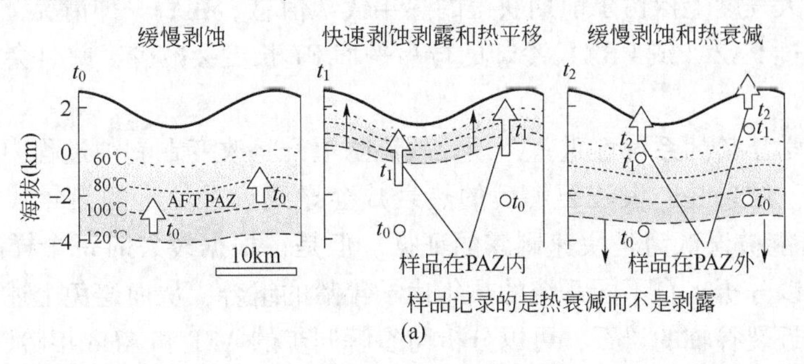

图 8-6

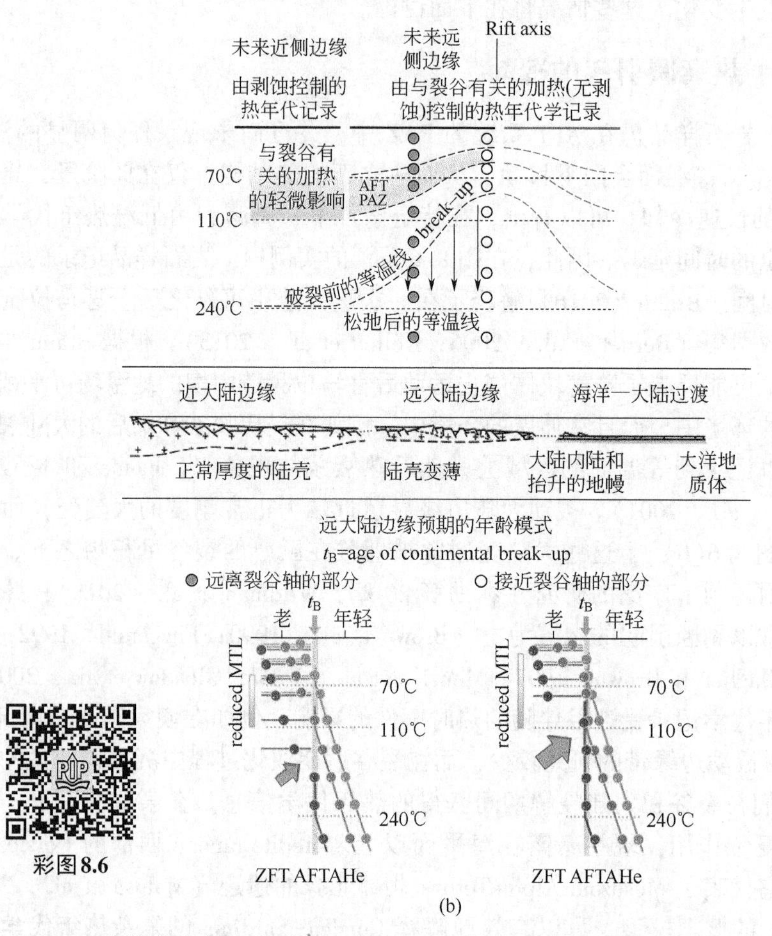

图 8.6　(a) 在快速剥蚀 (t_1) 期间，等温面由于热平流被压缩到地球表面，只有当原始热结构重建时 (t_2) (据 Zanchetta et al.，2015，修改)，地质温度计才会记录冷却；(b) 大陆破裂后软流圈上升流和热松弛导致等温"钟形"表面上升的远端被动边缘的热年龄格局。根据地壳水平和与裂谷轴的距离，可以预测热年代学年龄的组合 (修改自 Malusà et al.，2016；Lemoine 和 de Graciansky，1988)

的温度仍高于同位素的封闭温度，因此矿物年龄处于在较晚的阶段 (如在后来的剥蚀性剥露中)。在每个钟形上方，在软流圈上升期间的温度升高通常不足以重置热年代学系统，并且岩石可能在很大程度上保留了前期获得的热年代学信息。在后一种情况下，预计在随后的热衰减过程中通过 PAZ (或 PRZ) 冷却的样品平均 FT 长度会减少，并且会出现轻微的表观年龄增大的现象。

由于热年代学年龄的系统性重置，预计软流圈上升将改变在剥蚀过程中产生的原正常年龄与海拔的关系。结果是，大陆裂解后的热衰减会导致近乎恒定的热年代学年龄 [图 8.6 (b)下部]，这可能被误认为是快速剥露的证据。但是，根据裂谷时每个样品的级别和距裂谷轴的距离，可以分析来自不同系统的热年代学年龄的组合，从而避免上述误解。例如，位于地壳浅部且靠近裂谷轴的岩石，可以分析与裂解同步的 AFT 和 AHe 年龄以及 FT 长度。相反，与更年轻的 AHe 年龄相关，预计在更深层段，AFT 和 ZFT 的年龄几乎相同 [图 8.6

(b)]。值得注意的是，在沉积过程中，在这部分地质体的顶部存在与裂解时间同步的 AFT 和 ZFT 年龄，这排除了由于剥蚀而引起的冷却作用。因此，这些年龄模式对剥露史的恢复没有直接的价值，但可为重建古老被动边缘提供了关键信息。

8.4.2　岩浆结晶作用

图 8.7 的模型说明了岩浆结晶和岩浆冷却在热年代学记录中的作用。该模型显示了在深部岩浆侵入和火山在地表形成以及随后的火山岩以及它们的围岩剥露记录的矿物表观年龄（锆石中的 U-Pb、黑云母中的 K-Ar、锆石和磷灰石中的 FT）（Malusà et al.，2011）。

在岩浆侵入之前（t_0）：剥蚀被认为可以忽略不计，并且根据其温度将围岩分为四个地壳级别（图 8.7 中的 1—4 级）。在该图中，深度由 AFT 系统的 PAZ（1 级的较低边界），α 辐射损伤的 ZFT 系统的 PAZ（2 级的较低边界）以及黑云母 K-Ar 系统（3 级下边界）的 T_c 界定。在 t_0 时，热年代学年龄被记录在比相应的同位素封闭段更浅的深度，但它们没有被记录在更深段（即年龄为零）。例如，磷灰石裂变径迹年龄设置为 1 级，但尚未设置为 2 至 4 级。锆石裂变径迹年龄设置为 1 级和 2 级，但未设置为 3 级和 4 级。这些裂变径迹年龄可能记录了围岩经历的古老结晶和剥蚀事件，或者记录了遥远的沉积物源的历史信息，例如在浅层沉积岩中保留了不同的裂变径迹年龄群（Bernet 和 Garver，2005）。

岩浆侵位和结晶（t_1）：岩石侵入 1 至 4 级，火山岩置于地表。这里将岩浆年龄（t_i）定义为岩浆的结晶年龄。由于锆石的 U-Pb 年龄通常早于晶体生长，因此也与岩浆结晶的时间有关（Dahl，1997；Mezger 和 Krogstad，1997），因此可以将岩浆岩中的 U-Pb 锆石年龄近似视为岩浆年龄。这些年龄在任何侵入深度的误差范围内都是相同的，并且它们比围岩的 U-Pb 年龄要年轻（图 8.7）。岩浆 AFT 和 ZFT 的年龄通常是侵入后冷却的记录，除非岩浆侵入到上地壳（海底），而围岩所在的地质体温度低于 PAZ，在这种情况下，从结晶到裂变径迹第一次保留之间的时间比定年方法的分辨率要短（Jaeger，1968）。因此，来自浅层侵入体和火山岩的裂变径迹年龄也应被视为岩浆形成年龄。这种浅层侵入（澳大利亚的 Dromedary 山）经常被用作年龄标准，因为所有技术都给出了几乎相同的年龄（Green，1985；参见第 1 章，Hurford，2018）。除了在岩体周围直接或部分记录的热年代学信息，在任何比 PAZ 浅的侵入深度，这些年龄都是相同的，并且在岩体中比裂变径迹年龄要年轻，（Calk 和 Naeser，1973；Harrison 和 McDougall，1980；Schmidt et al.，2014）。围岩中的热年代年龄逐渐变年轻，并接近侵入岩的岩浆年龄。较低温度系统中的岩浆热对围岩的影响比较高温度系统中的更大。前者在距侵入物较远的地方受到影响，而后者在较深的地质体仍受到影响，在该地质体下未记录较低温度系统的年龄（图 8.7 右图）。

因此，t_1 时，AFT 系统中的岩浆年龄在入侵后不久被设置为 1 级，但在温度保持高于 T_c 的情况下，它们并未设置为 2 至 4 级。类似地，对于 ZFT 系统，将年龄设置为 1 级、2 级，但未设置为 4 级。需要注意的是，岩浆锆石的无损伤 T_c 比具有较大 α 辐照损伤的围岩锆石的 T_c 高（Rahn et al.，2004）。黑云母的 K-Ar（和 Rb-Sr）年龄通常介于锆石 U-Pb 和锆石裂变径迹年龄之间，因为它们在这些系统之间具有 T_c 中间年龄。至于 FT 系统，浅成侵入岩和火山岩中的黑云母，从结晶到 K-Ar 系统封闭的时间非常短（Jaeger，1968）。在没有黑云母减少的情况下，岩浆岩中的黑云岩 K-Ar 年龄通常在 1 级和 3 级之间的整个深度范围内与岩浆年龄是无法区分的。值得注意的是，所有这些年龄都是在剥蚀发生之前被设定的。在侵入后等温面稳定后的 t_2 时间开始剥露。因此，它们不提供对剥露历史恢复的直接约束。

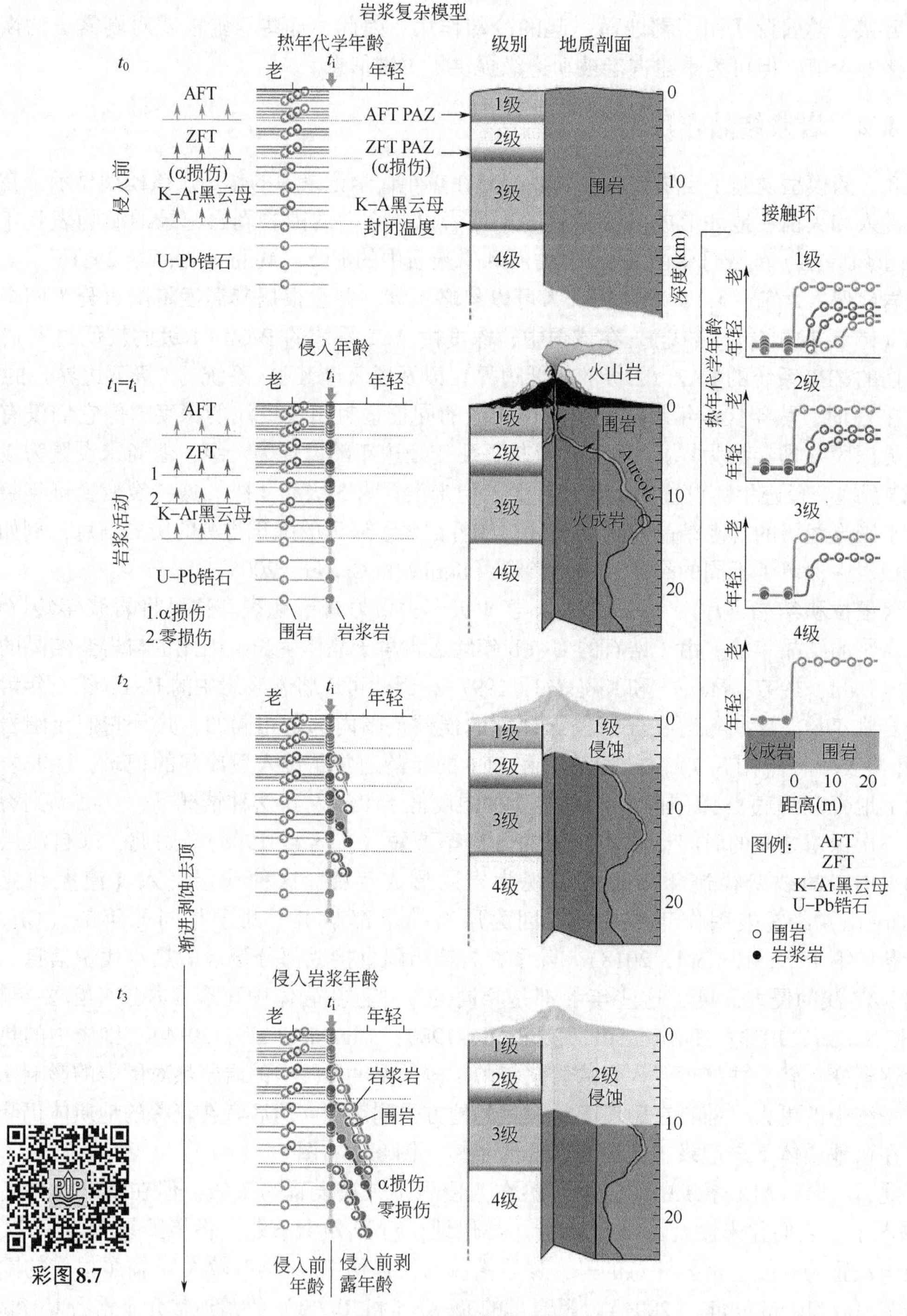

图 8.7　岩浆的复杂模型

显示了岩浆在深部侵入和地表火山冷却后矿物年龄的逐步记录，以及随后火山岩和深成岩及其围岩的剥蚀性演化，岩浆和剥蚀年龄的不同组合表征了该复合体的不同演化过程（Malusà et al.，2011）。在图中右侧，接触环围岩的热年代年龄模式，年龄逐渐变小并接近侵入带附近的岩浆年龄（Calk 和 Naeser 1973）

剥蚀性剥露（从 t_2 开始）：位于侵入时 T_c 等温线深度以下的岩石的热年代，在随后的

t_2 和 t_3 时间内的侵蚀剥蚀过程中被确定下来（图 8.7）。这些年龄是比岩浆年龄小，并且由于它们是受热年代学封闭系统控制的，因此被称为剥露年龄。剥露年龄限制了岩石的向上运动，年龄呈系统性变化，在围岩和岩浆岩石中通常难以区分。在不同深度的一系列样品中，剥露年龄的斜率是剥露速率的函数（本书第 9 章）。在 ZFT 系统中，由于晶体之间存在 α 辐照损伤差异，年龄往往跨越相对较大的范围。

因此，岩浆岩和围岩的形成年龄和剥露年龄呈现不同组合。例如，一般情况下，地壳第 1 级的特征是侵入岩的岩浆年龄和围岩的较早侵入年龄，除非围岩靠近侵入岩并在热作用范围内重置或部分重置。第 2 级显示 AFT 剥露年龄比岩浆年龄年轻，第 3 级包括了比磷灰石裂变径迹年龄大但比黑云母 K-Ar 和锆石 U-Pb 岩浆年龄小的 ZFT 剥露年龄。第 4 级，岩浆岩中的黑云母可能会产生比岩浆岩年龄小的 K-Ar 年龄。但是，当黑云母通过退化或后期改变而恢复时（Roberts et al.，2001；Di Vincenzo et al.，2003；Villa，2010），K-Ar 年龄的异常分布可能会掩盖原始的年龄—深度关系。

8.4.3　局部热重置：野火、摩擦加热和热液的影响

暴露于地表的岩石，AHe 和 AFT 热年代学系统以及锆石（U-Th)/He 系统可能会在野火下完全或部分重置（Wolf et al.，1998；MiTchell 和 Reiners，2003；Reiners et al.，2007）。野火会产生短期高温作用，从而改变磷灰石等矿物中原有的热年代学特征。这些热事件可能会影响裸露的基岩、碎屑岩或土壤中 AHe 和 AFT 的年龄。FT 退火和 He 扩散的不同的活化能导致动力学上的交叉作用，因此磷灰石裂变径迹年龄比磷灰石 He 年龄更容易遭受重置（MiTchell 和 Reiners，2003）。因此，野火加热可能会在约 3cm 的深度范围内影响磷灰石晶体中 AFT-AHe 关系，例如变化的 AHe 年龄和等于零的磷灰石裂变径迹年龄（Reiners et al.，2007）。在基岩热年代学研究中，可以通过适当的采样方法来排除野火的潜在影响，即避免分析受野火热作用的最外部样品。在对碎屑岩研究时，在野火作用的范围内要选择直径大于 6cm 的岩石，这样才能避免野火的影响。

短时间的高温热事件也可能是由断层活动产生的摩擦加热和热量传递到周围岩石中引起的（Scholz，2002）。这可能会导致距断层几毫米以内温度升高 1000℃ 并持续几秒钟（Lachenbruch，1986；Murakami，2010）。锆石中的自发裂变径迹在 850℃±50℃ 的温度下持续 4s 会完全退火，这表明 ZFT 系统可以在脆性断层中完全复位（Otsuki et al.，2003；Tagami，2012）。断层周围岩石可能受到热流体循环的热影响，如在剥露的断层区域周围出现热液脉（Cox，2010）。摩擦和水热加热对低温热年代学系统的影响在本书第 12 章中详细讨论（Tagami，2018）。

8.5　结　论

用于解释 FT 和其他热年代学数据的参考系是热参考系。使用裂变径迹热年代学来约束岩石的剥露，很大程度上取决于对这种参考系与地表关系的正确理解。该热参考系非持续稳定且不一定完全水平，影响因素有地形的起伏幅度和波长，快速隆升过程的热流以及断层地质体的质量分布等。大偏移不仅可以表征低温，而且可以表征高温等温面。古地温梯度，即等温面的间距，对于低温热年代学数据的分析非常重要，并且可以通过分析 p-T-t 路径和径迹长度分布与模拟得到的 T-t 路径来约束古温度演化历史。

需要注意的是，低温热年代学记录的年龄有时与剥蚀无关，仅根据剥蚀对热年代学的经验解释可能会导致不正确研究认识。在快速剥露的情况下，可能会发生剥蚀和冷却之间明显的时间延迟，低温热年代学记录的是热衰减时间而不是剥露时间。低温热年代学信息的局部重置可能是由于短暂的野火加热，或是沿断层带的摩擦加热和热液加热。一般而言，在 T_c 等温面记录的热年代学年龄仅提供了对剥露的简单约束，而比 T_c 埋藏浅的样品的热年代学年龄（如火山岩或浅层侵入岩）对剥露没有直接的约束。

致谢

本章所作的研究工作得益于与 Phil Armstrong 和 KurtStüwe 的深入讨论，以及与 Syracuse University 的学生 Suzanne Baldwin 的交流。

第 9 章　热年代学部分退火（保留）带和年龄—高程剖面

Paul G. Fitzgerald，Marco G. Malusà

摘　要

低温热年代学通常用于约束上地质体的冷却历史，因为岩石是通过各种地质过程被剥露到地表的。长期以来人们一直在约束剥露的时间和速率，方法是采集具有明显海拔差别（即垂直分布）的样品，然后绘制年龄与海拔的关系图。在年龄—高程剖面中，通过分析以斜率转折为界线的部分退火区（PAZ）或部分保留区（PRZ），补充如封闭径迹长度等动力学参数，从而对热历史的恢复提供强有力的约束。从相对热稳定性和构造稳定性过渡到快速冷却和剥蚀。斜率转折点上方，主要记录的是PAZ，通常随着海拔的变化而存在明显的年龄变化，可用于量化断层偏移量。转折点下方的斜率更陡，代表明显的抬升速率。本章介绍海拔高度剖面中各段的含义，并提供了 Alaska 中部 Denali 裂谷横贯南极山脉和内华达州东南部的 Gold Butte 的实例。大型断层下盘的 PAZ 和 PRZ 受很多因素影响，包括断层热效应、等温线的平流以及近地表等温线的地形影响。在短波地形或与构造平行的陡峭地形中采样可以最大程度地降低年龄偏差和实际剥露历史之间的不匹配性。

9.1　简　介

热年代学是对岩石和矿物的热史的研究方法学。热年代年龄通常被解释为对应于封闭温度 T_c（Dodson 1973）的封闭年龄。该温度被定义为假设单调冷却的系统封闭的温度。封闭温度随矿物动力学参数、冷却速度（T_c 越高，冷却速度越快）、矿物成分和晶格的辐射损伤而变化（Gallagher et al.，1998；Reiners 和 Brandon，2006）。对于如裂变径迹（FT）分析之类的低温热年代学方法，最简单的数据解释是，热年代学记录了剥露/冷却历史。这是因为岩石在向地表运动时通过构造和（或）剥蚀而降温。

早期的裂变径迹研究（Naeser 和 Faul，1969）指出，沉积盆地中埋藏增大或火成岩侵入引起的温度升高，可以重置裂变径迹年龄或部分重置裂变径迹年龄（Fleischer et al.，1965；Calk 和 Naeser，1973，1976，1981）。由于温度随深度增加而增加，因此钻孔研究（Naeser，1979；Gleadow 和 Duddy，1981）表明裂变径迹年龄随深度而减小。钻孔研究还揭示了裂变径迹的部分稳定区域，磷灰石裂变径迹对应 120~60℃之间的温度（图 9.1）。该区域最初被称为“部分稳定区域”（Wagner 和 Reimer，1972）或“部分稳定地带”（Naeser，1981），也称“部分稳定区带”（Gleadow 和 Duddy，1981）或“径迹退火区域”（Gleadow et al.，1983）。Gleadow 和 Fitzgerald（1987）引入了术语“部分退火带”（partialannealing zone，PAZ），该术语一直沿用至今。AFT 的 PAZ 及其地质意义在某些钻孔中得到了很好的定义

(图9.1)。随深度增加，样品AFT年龄递减，但每个样品中多个磷灰石矿物颗粒年龄的离散度却变大。封闭径迹长度分布也显示出系统系统性的变化趋势，即随着埋深加大，样品平均长度减少且标准差增加（Gleadow 和 Duddy，1981；Gleadow，1983；Green et al.，1986）。这些研究还证明了磷灰石成分在退火速率中的作用，因此也说明了PAZ的变化范围。

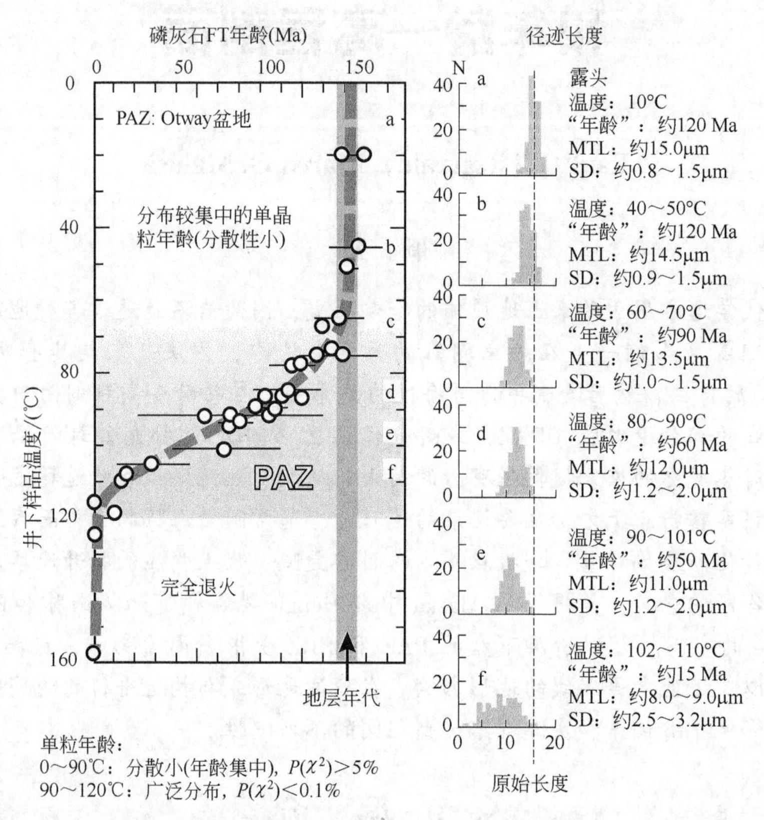

图9.1 部分退火区（PAZ）的经典形式显示了来自澳大利亚东南部Otway盆地样品的井下温度与AFT年龄（Gleadow 和 Duddy，1981；Gleadow et al.，1986；Green et al.，1989；Dumitru，2000）。随着井底温度的升高，AFT年龄的降低和径迹长度分布的变化反映了退火的变化速率，从60℃以上的非常缓慢到PAZ内的增加，然后在完全退火区“地质尺度的瞬间”

PAZ可以定义为温度区间，在该区间之间，对径迹进行“瞬时”地质退火，并保留该径迹，而裂变径迹年龄没有重大影响。在较高的温度下退火和降低径迹长度的速度很快，但即使在环境温度下，也存在很慢的退火速度（Green et al.，1986）。由于子产物的体积扩散、损失或部分损失，该概念也适用于其他热年代学系统，例如K－Ar系统中的Ar（Baldwin 和 Lister，1998）和（U-Th）/He中的He系统（Wolf et al.，1998）。这些针对这些稀有气体方法引入了部分保留区（PRZ）一词。本书主张将PAZ用于FT热年代学，其中退火是减少单个径迹长度的有效过程。

当采集具有明显海拔高差的样品时，来自不同热年代学系统的年龄通常会随着海拔的升高而增加。年龄与高程图以及这些图上年龄变化和斜率的解释标志着最早的FT技术应用于构造学的突破（Wagner 和 Reimer，1972；Naeser，1976；Wagner et al.，1977）。年龄增长趋势的斜率最初被解释为“上升速率”，但很明显，该趋势提供了剥露速率的信息，其中剥露是岩石相对于地表的位移，England 和 Molnar（1990）也将表面隆起定义为地表相对于大地水准面的位移（通常是一个区域的平均表面高程），而岩石隆起则是岩石相对于大地水准面而言的（本书第 8 章）。剥蚀、表面隆起和岩石隆起之间的关系如下：

$$地面隆起=岩石隆升-剥蚀 \tag{9.1}$$

当剥露和地表隆起的量可以独立地受到约束时（即已知古地表的高程），岩石的隆升也可以受到约束［式(9.1)］。但是，这些情况实际上很少见（Fitzgerald et al.，1995；Abbot et al.，1997）。此外，测温法不能直接约束剥露，因为等温线是由上地壳的一系列过程控制的，利用等温线约束剥露时间和剥露速率，需要对地壳热结构的动态演化进行假设。

影响年龄—高程剖面斜率的因素很多，如快速剥露、地貌地形及样品采集策略（Brown 1991；Brown et al.，1994；Stüwe et al.，1994；Mancktelow 和 Grasemann，1997），可见已发表的权威论文和著作（Braun，2002；Reiners et al.，2003；Braun et al.，2006；Reiners 和 Br and on，2006；Huntington et al.，2007；Valla et al.，2010；另参见第 1 章，Malusà 和 Fitzgerald，2018a；第 8 章，Malusà 和 Fitzgerald，2018b；Schildgen 和 van der Beek，2018，第 17 章）。要使用正交坐标系绘制年代学年龄与高程的关系图，需要假设数据解释是一维的且样品不是横向采集的，需要注意由于快速剥露而导致的等温线变化的情况。

本章讨论了在高海拔范围采集样品以约束剥露的时间和速率的方法，定义了剥露的 PAZ（或 PRZ）概念，并实例介绍了在年龄剖面中解释热年代学数据时必须考虑的采样方法、常见错误、因素和假设条件。

9.2 PAZ 和 PRZ 的定义

利用来自 Otway 盆地钻孔的 AFT 数据，可以清楚地看出 PAZ 的经典形式(Gleadow 和 Duddy，1981；Gleadow et al.，1983，1986)，如图 9.1 所示。Otway 盆地形成于澳大利亚和南极洲的分裂过程中，残存了下白垩统 Otway 群大于 3km 火山成因岩石。AFT 曲线的上部以 120Ma 的磷灰石裂变径迹年龄为界，一直到 60℃的温度等温线。随着退火速率的增加，在 PAZ 内的年龄逐渐降低，在当前温度为 120℃的深度处降至 0Ma。因此，对于 Otway 盆地，PAZ 温度定义为 120~60℃。由于火山成因的缘故，Otway 盆地内单个颗粒的化学成分是可变的，为富 F 或富 Cl 的颗粒（Green et al.，1985）。富 Cl 的晶粒中的径迹对退火的抵抗力更高（本书第 3 章，Ketcham，2018），因此这些晶粒在相对较高的温度下年龄才会减至零。在 PAZ 内，单晶年龄的分布幅度最大，不同化学成分的晶粒之间可变的退火速率达到最大（Green et al.，1986；Gallagher et al.，1998），样品 AFT 年龄分布也很明显［图 9.2(a)］。尽管不能代替化学成分分析，但 Dpar（平行于晶体学 *c* 轴方向的的刻蚀坑直径的均值）通常被用作表征径迹对热退火的抵抗能力（Burtner et al.，1994）。在该研究实例中，Dpar 为 1μm（径迹对退火的抵抗力较小）和 3μm（径迹对退火的抵抗力较强）之间的磷灰石裂变径迹年龄差为 45Ma（相对于未退火的磷灰石裂变径迹年龄为 45%），温度在 80~90℃之间。

本章不详细讨论（U-Th)/He 年龄随深度（温度）的变化。PRZ 内磷灰石（U-Th)/He 年龄的分布遵循与 AFT 的 PAZ 相类似的原理。在较低温度下，模拟得到 AHe 的 PRZ 与 AFT 的 PAZ 在形状略有不同（图 9.2），反映了不同的动力学机理。此外，取决于有效铀浓度［eU］、晶粒尺寸、单个晶粒的分区性以及晶粒在 PRZ 中的停留时间，PRZ 中的单个晶粒 AHe 年龄变化更明显（Reiners 和 Farley，2001；Farley，2002；Meesters 和 Dunai，2002；Fitzgerald et al.，2006；Flowers et al.，2009）。根据相对 α 粒子的产生，［eU］计算为

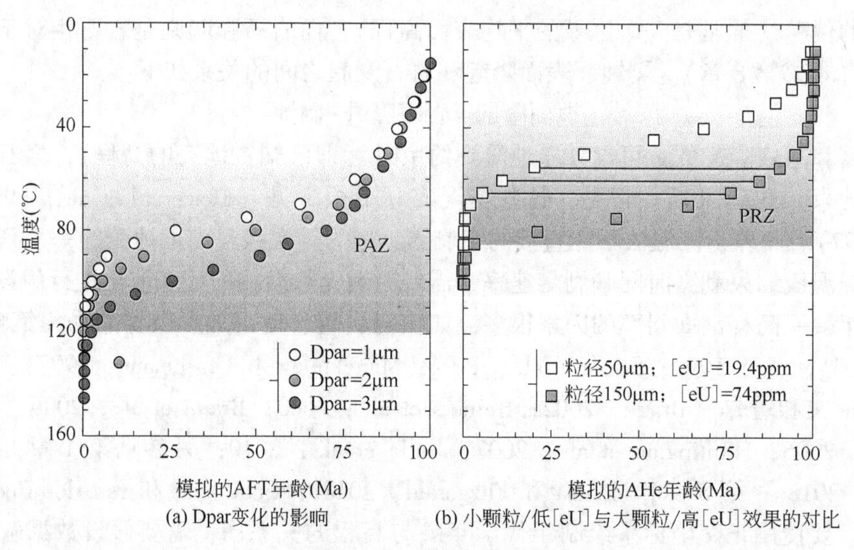

(a) Dpar变化的影响　　(b) 小颗粒/低[eU]与大颗粒/高[eU]效果的对比

图 9.2　分析 Dpar 作为参数对 PAZ 范围内磷灰石裂变径迹年龄变化的影响

（a）该研究观察到 Dpar 值为 1μm 和 3μm 的样品存在一定的年龄差异。最大的年龄分布在 80~90℃之间，两个极端之间存在 40Ma（40%）的年龄差异。由于化学成分而导致的年龄分散情况，会因在 PAZ 或通过 PAZ 缓慢冷却而放大。使用 HeFTy（Ketcham，2005）和 Ketcham 等（2007）提出的退火算法得出了模拟年龄。（b）类似地，当大颗粒含高［eU］（表观年龄大的颗粒）和小颗粒含低［eU］（表观年轻小的颗粒）混合时，PRZ 内的 AHe 年龄分散最大。最大年龄差异出现在 55~65℃的区间，其中年龄之间的差异为 70Ma（70%）。由于［eU］、晶粒尺寸和其他因素所引起的年龄分散会因样品在 PRZ 中的驻留或通过 PRZ 的缓慢冷却而放大。使用 HeFTy（Ketcham，2005）和 Flowers 等（2009）算法和 Ketcham 等（2011）α 粒子喷溅射参数模拟 AHe 年龄算法

[U]+0.235[Th]（Flowers et al.，2009）。由图 9.2(b) 可见，在保持 65℃并持续 100Ma 的情况下，低［eU］的小尺寸晶粒与高［eU］的大晶粒之间的年龄差别可达 70Ma（相对于未重置年龄为 70%）。这种单一晶粒中的年龄差异是晶粒尺寸（扩散域）的结果，也受到由 α 粒子溅射造成的损失与通过体积扩散造成的损失，以及更高辐射损伤的影响，实际上是将 He 储存在损伤区域晶格内（Reiners 和 Farley，2001；Farley，2002；Flowers et al.，2009）。如果颗粒分区是这样的，即边缘相对于核心耗尽，则 PRZ 内的年龄分散的现象就更明显（Meesters 和 Dunai，2002；Fitzgerald et al.，2006）。

封闭径迹长度是将 PAZ 概念应用于 AFT 热年代学的重要组成部分，因为它们提供了用于约束每个样品热历史的动力学参数（Gleadow et al.，1986）。解释可以是定性的（如平均长度不小于 14μm 表示样品经历了简单的快速冷却，而更复杂的分布则可能反映了 PAZ 中的滞留、缓慢冷却或再加热），也可以定量地提供反演模拟的基本参数（Ketcham，2005；Gallagher，2012；参阅第 3 章，Ketcham，2018）。Otway 盆地样品的封闭径迹长度分布揭示了目前公认的 PAZ 经典模式，即随着钻孔温度的升高，样品径迹的平均长度减小，标准偏差增大（图 9.1）。这些分布反映了在最近的 30Ma，处于相同级别、相同温度的径迹的缩短（Gleadow 和 Duddy，1981）。在每种情况下，最大径迹长度保持不变（反映了最近形成的受限径迹）。但是，随着退火速率随温度的升高而增加，径迹逐渐退火得更快，直方图变宽以反映退火过程。在这种情况下，径迹长度的直方图可以想象成“传送带”。当温度较低时，直方图从右到左缓慢移动，而在 PAZ 的上部附近退火变慢（即导致频率分布狭窄）。在 PAZ 的底部附近（对应于较高的温度），随着退火速率的增加和封闭径迹的变宽，“传送带”会

更快。如上所述，磷灰石晶粒之间的成分变化，特别是在 Otway 盆地沉积物中的剧烈变化，导致了井下径迹平均长度的分散。另外，磷灰石径迹的各向异性退火（Green 和 Durrani 1977），垂直于 c 轴的径迹比平行于 c 轴的径迹缩短得更快，这也会导致径迹长度的分散。

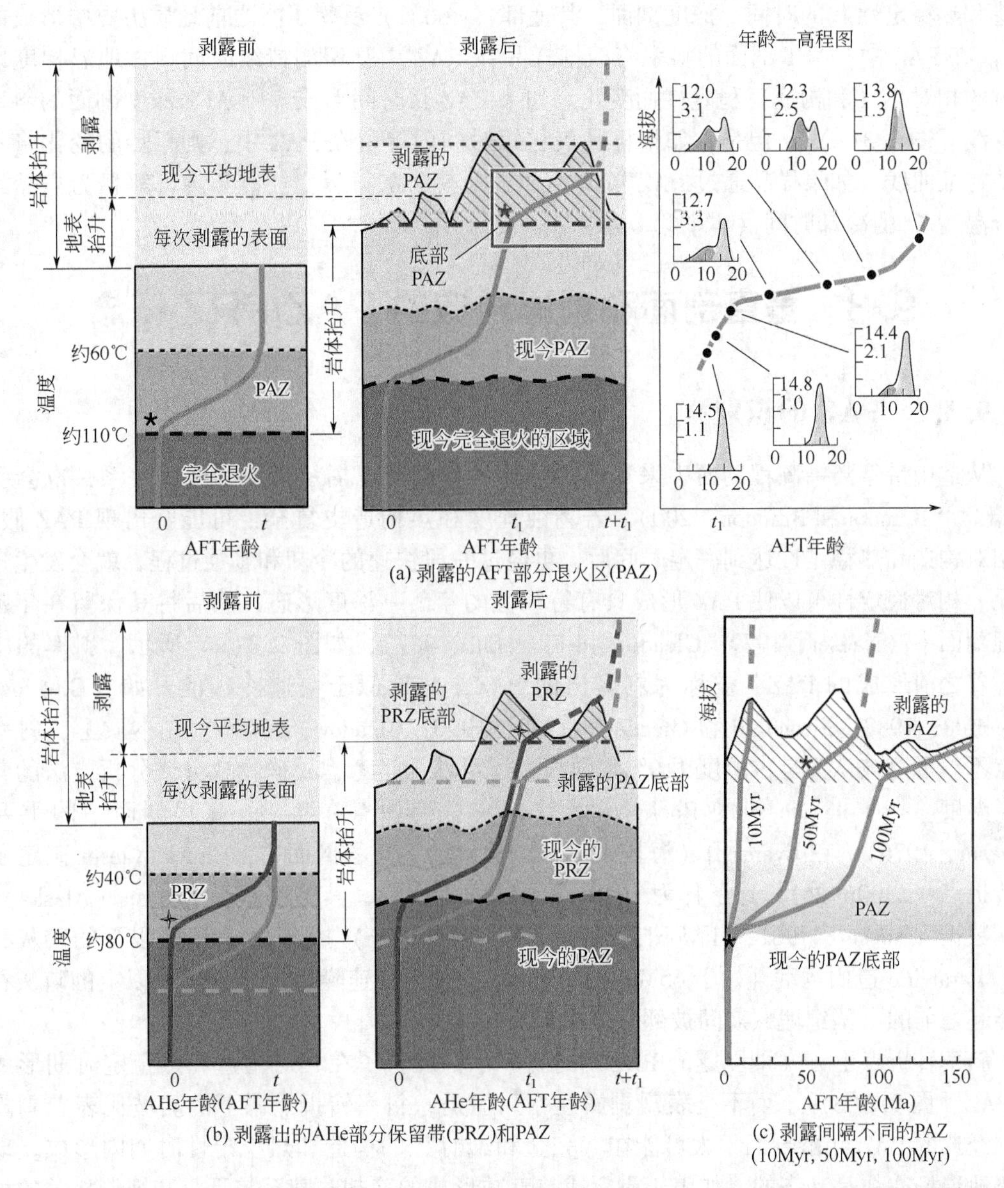

图 9.3　(a) AFT 的 PAZ 概念，岩石隆升、剥露和地表隆起之间的关系。左图显示了在相对热稳定性和构造稳定性期间的时间段"t"内形成的 AFT 的 PAZ。经过一段时间的岩石隆升之后，温度等高线的升高，年龄—高程的剖面中可能显示剥露出的 PAZ（中图）。标有斜率转折的星号表示原 PAZ 的底部，通常会略微小于岩石隆起的起始年龄，因为这一点必须通过 PAZ 冷却。模拟的等温线模仿了地表形貌。右侧面板显示了各个级别的径迹长度分布的变化。斜率转折点以下的分布仅包含在快速冷却过程中形成的长径迹，而在 PAZ 中花费的时间很少。相比之下，在斜率转折点上方的封闭径迹长度具有较短的均值和较大的标准偏差的特点，因为它们包含两个长度分量，即剥露前的长度（由于驻留在 PAZ 内的退火而缩短了长度）和在快速剥露之后的未缩短的长径迹（据 Fitzgerald et al.，1995，修改）。(b) 剥露的 PAZ 概念也适用于 AHe 的 PRZ（据 Fitzgerald et al.，2006，修改）。(c) 只有当剥露事件有足够长时间（在本例中为 50Ma 或 100Ma），以形成代表明显的热和构造稳定时期的典型 PAZ（或 PRZ），才会在年龄—海拔剖面上显示出来。如果时间段太短，例如本例中为 10Ma，则无法分辨出剥露出的 PAZ（Fitzgerald 和 Stump，1997）

PAZ 的分布形态和变化（如磷灰石裂变径迹年龄深度剖面图所示）是很多参数的结果，其中包括地质体的热结构（即地温梯度）以及先前的热历史和构造历史（图 9.1 至图 9.3）。通常，在 PAZ 中形成的磷灰石裂变径迹年龄—深度趋势，如 Otway 盆地，被解释为“相对构造和热稳定性”的时间—深度剖面，其上部（<60℃）反映了在之前地质历史中形成的热史）。在 PAZ 中，AFT 剖面的斜率将根据样品在 PAZ 中驻留的持续时间、古地温梯度以及当时的相对热（和构造）稳定性而变化。如果 PAZ 长时间形成，则 AFT 深度剖面的斜率线将变浅［图 9.3(c)］。但是，如果样品仅在短时间内停留在 PAZ 中，则年龄的变化将不会反映特征曲线。如果样品通过 PAZ 单调冷却，则其磷灰石裂变径迹年龄可解释为样品经过闭合温度 T_c 的冷却时间（本书第 8 章）。

9.3 垂直剖面和剥露对应的 PAZ/PRZ 概念

9.3.1 PAZ 的识别

从造山带年龄—高程剖面中采集的热年代学数据可以揭示简单的线性关系，也会引入 T_c 概念（Reiners 和 Brandon，200）。若剥蚀程度和热构造史复杂，可能会出现 PAZ 假象。当相对构造和热稳定性达到一定时间后，再经过一段快速的冷却和剥蚀过程，就会发生这种情况。相对稳定性可以使 PAZ 形成具有特征性的年龄—深度形态，然后将其保留在年龄—高程剖面中（Naeser，1979；Gleadow 和 Fitzgerald 1987），如图 9.3(a) 所示。斜率的中断标志着之前形成的 PAZ，被称为剥露出的 PAZ，并近似于快速冷却的开始（Gleadow 和 Fitzgerald，1987；Fitzgerald 和 Gleadow，1988，1990；Gleadow，1990）。在本质上，斜率转折点不仅可以被认为是古温度 110℃等温线，还可认为是考虑了矿物成分或分析方法的其他适当温度。在 Colorado 州的 Rocky 山脉首先注意到拐点在年龄—高程剖面中的重要性（Naeser，1976）。在 Evans 山（海拔 4346m）的年龄—高程剖面中，Chuck Naeser 确定了一个转折点（3300m 处）。这解释为 105℃等温线的古埋深，其温度基于 Eielson（Alaska）的钻孔数据（Naeser，1981；Hurford，2018）。Naeser（1976）指出，“3000m 以下的磷灰石反映了 Laramide 造山运动开始于 65Ma 之前 Rocky 山脉的快速隆升，而 3000m 以上的磷灰石仅在隆起之前的白垩纪埋藏期间被部分退火”。

斜率转折点上方（即剥露的 PAZ）的斜率小，反映了在相对构造和热稳定时期形成的前 PAZ［图 9.3(c)］，而不是表观剥露速率。但是，斜率转折点以下的陡坡代表着剥露速率。经典的 PAZ 年龄剖面不太可能在“完全和绝对”的构造和热稳定性时期内形成。现实的热地温场往往是动态的，如由于剥露或热衰减形成的冷却，甚至与下沉和埋深相关的加热（本书第 8 章）。想象剥露情况下 PAZ 的一个简单方法，是将 PAZ 形成期间的条件与之后的时间相比较。对 PAZ 的识别取决于我们对径迹长度分布的识别能力。当样品驻留在 PAZ 中，这些径迹会退火，然后由于快速冷却而产生较长的径迹。在某种程度上，可以通过比较剥露的 PAZ 的平缓斜率与转折点下方年龄—高程剖面的陡峭斜率来证明剥露的 PAZ 概念。例如，Alaska 的 Denali 剖面中（见 9.4.1），转折点上方的 PAZ 的斜率为 100m/Ma，而下方为 1500m/Ma（Fitzgerald et al.，1995）。在跨南极山脉中，剥露出的 PAZ 的斜率为 15m/Ma，而转折点以下 100m/Ma（Gleadow 和 Fitzgerald，1987；Fitzgerald，1992）。斜率是不同的，但是每种斜率的相对持续时间（慢速冷却和 PAZ 的形成、快速冷却）大致相同（3∶1）。

封闭径迹长度的测量对于热历史的解释至关重要，对于识别剥露的PAZ也非常有用。斜率转折下方的封闭径迹长度通常反映出快速冷却（平均径迹长度大于14μm，标准偏差小于1.5μm）。斜率转折上方的封闭径迹长度反映了PAZ内更长的停留时间，其分布通常是双峰的，反映了径迹的两个组成部分［图9.3(a)］。这些分布的平均值通常为12~13μm，标准偏差大于1.6μm。在一个剥露的PAZ中，单个晶粒年龄的分布会更大，这是因为不同抗退火能力的晶粒之间的冷却速率差异变小（图9.2）。这个概念对碎屑热年代学很重要，因为碎屑热年代学通常假设所有年龄都代表了封闭年龄，即通过剥蚀和火山岩的快速冷却（Garver et al.，1999；Bernet和Garver，2005）。换句话说，碎屑岩研究假设所有热年代年龄在地质上都是有意义的。但是，在剥露的PAZ（或PRZ）中观察到的年龄变化表明情况并非总是如此。在很多情况下，就地质事件而言，只能解释与斜率转折相对应的年龄。因此，如果样品在已剥露的PAZ中，则滞后时间的计算（年代学年龄减去地层年龄）在地质上可能就没有意义（下文和本书第10章），因为这些年龄并不代表封闭PAZ内存在多个年龄段，并且存在较大的年龄分散性。

年龄—高程关系在PAZ区间内是一条曲线，在该曲线交汇处有明显的斜率转折点（图9.1、图9.2和图9.3）。这意味着对应于斜率转折点的时间将略微低估快速冷却/剥露的起始时间。同样，靠近PAZ底部的样品也必定会通过PAZ。因此，如果样品不能快速通过PAZ，封闭径迹长度将包含更多退火过程的信息（Stump和Fitzgerald，1992），并且对应于斜率转折的年龄会略微低于快速降温的真实开始。如果PAZ在50Ma处的斜率转折，则这种差异不会影响对数据的解释。在这种情况下，准确定位斜率转折位置的是很关键的，决定了年龄的精度。对于50Ma的斜率转折，AFT的精度约为±5%。但是，如果降温事件发生在上新世，则在6Ma或4Ma的降温过程显得非常重要。

总而言之，以下因素会影响对PAZ（或PRZ）的识别：

（1）在开始快速的冷却之前，需要足够长的时间处于相对热和构造的稳定期，才能形成浅层斜坡［图9.3(c)］。

（2）PAZ形成后的冷却/剥露事件的规模。如果较小，则不会识别出已剥露的PAZ。在PAZ的形成与随后的更快速的冷却/剥露之间，热年代学和构造学方面的对比也很重要。

（3）在地质记录了PAZ并随后发生剥露。如果发生剥露较为久远，相对于地质和构造事件的大小和持续时间，测年方法的精度可能不足以揭示出已剥露的PAZ，已剥露的PAZ可能已被剥蚀掉，或已消失。对较短的径迹（在PAZ中形成）到较长的径迹（剥蚀后）的识别都不足以识别相对稳定的时期，即使模拟也是如此。在这些情况下，对年龄特征的解释可能是“缓慢或单调的剥露”。建议使用模拟得到的“良好拟合”的T-t路径，虽可将其解释为“缓慢单调冷却”，但数据精度不足以揭示不同事件。重要的一点是，必须在地质环境中解释数据和模型。地质事件就其本质而言是偶发性的，无论是在地震或火山的时间尺度上，在加速的山区建设时期还是造山运动周期的一部分。相同的类推适用于不同的热年代学方法。较高温度的方法往往只显示主要事件，并且通常表示“单调冷却”，而较低温度的方法则可能显示单个事件。当然，低温技术更容易受到动态等温线的影响（Braun et al.，2006）。

我们仅针对斜率转折的年龄讨论了剥露的PAZ，它代表了剥露的降温（通常与岩石隆起有关）的相关信息。但是在快速变形的造山带中，如喜马拉雅山、台湾山脉和新西兰的南Alps山，对于同一样品（Kamp和Tippett，1993；Ching-Ying et al.，1990）进行分析，在年龄与温度图上会出现斜率的转折。通常根据主要的构造和冷却事件来解释这种转折。但是，由于等温线在这种快速剥露过程中受到干扰，因此恒定的剥露速率会导致温度随时间呈指数下降，从而可以很好地解释数据（Batt 和 Braun，1997；Braun et al.，2006）。

任何对热年代学的解释都涉及与地质记录比较。例如，单方法年龄与高程图上的拐点，还是多方法年龄与温度图上的拐点，是否表示由于活动中隆起和剥蚀释放引起的温度场变化，或最近不活跃的造山带？如果附近的沉积盆地中有大量碎屑（砾岩）涌入，且年龄与拐点相关，则这将为解释因剥露而不是热衰减造成的降温提供证据。

9.3.2　PAZ 的属性和信息

在前面的部分中，讨论了 PAZ 的特征及识别。下面将讨论剥露情况下 PAZ 的特征及地质含义（图 9.4）并介绍来自 Denali、跨南极山脉和 Gold Butte 地块的实例。

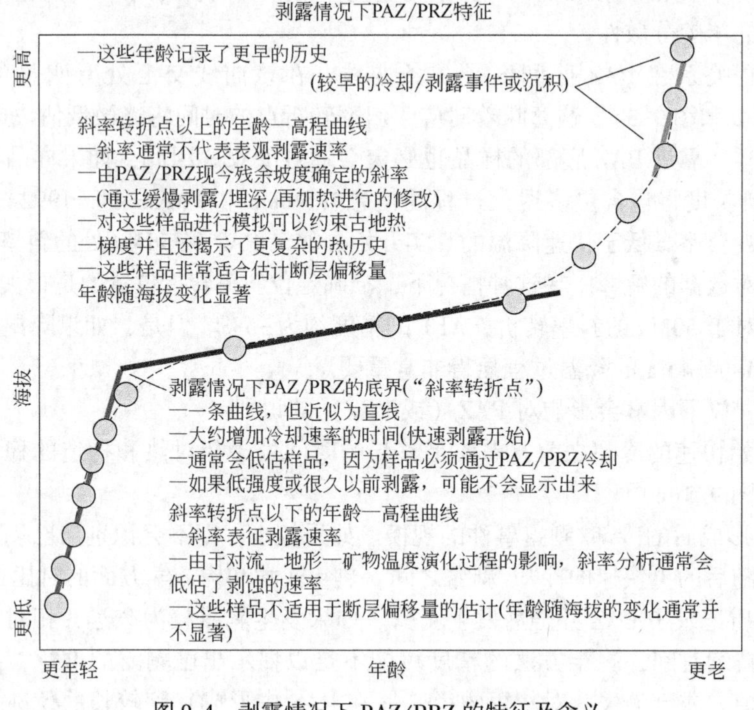

图 9.4　剥露情况下 PAZ/PRZ 的特征及含义

（1）剥露事件发生的时间。如上所述，斜率转折点对应的时间代表了从相对稳定的热构造环境过渡到快速冷却，通常与岩石隆升导致的剥蚀有关。由于岩石需要时间来穿越 PAZ，通常斜率的转折点会低估过渡的“真实”时间。斜率折点上方样品的反演模拟（Ketcham，2018）可以揭示 PAZ 内的停留时间及后期的快速冷却。在斜率转折点以下的样品的反演模拟仅显示快速冷却，而不能显示快速冷却的开始。在从相对稳定的构造热背景过渡到快速剥露的过程中，可能经历过复杂的热年代学机制，直到稳定状态为止。与低温系统相比，温度较高的温度计响应和稳定状态达成的速度较慢（Reiners 和 Brandon，2006）。Moore 和 Engl（2001）模拟发现，在剥露导致冷却速率急增时，等温线的变化意味着记录的年龄仅显示出剥露率逐渐增加。Valla 等（2010）在另一篇模拟论文中，详细讨论了地形起伏变化对热年代学数据集分辨率的影响。他们得出的结论是，只有当地形幅度增长率超过剥露速率的2~3倍时，地形幅度的变化才能量化约束。如果在高程剖面中显示有变化，如PAZ区间，那么这些变化对于地质和地形地貌的起伏与演变有一定意义的。

（2）剥露量。由于剥露的PAZ对应的是一个相对稳定的时期，因此有理由认为地热梯度也是相对稳定的。假设一个合理的古地温梯度（通常在20~30℃/km之间，代表一个相对稳定的大陆热背景），可以将PAZ底部的古温度（约110℃）转换为岩石剥蚀量。根据斜率转折点相对于平均地表的高程，可以估算自斜率转折以来的剥露量（Brown，1991；Gleadow和Brown，2000）。因此，可以约束自断裂时间以来的平均剥露速率，如果合适的话，这个剥露速率可以与基于转折点下方年龄—高程斜率的表观剥露速率进行比较。如果可以重建或约束残余地层或剥蚀掉的岩石，则也可以约束古地温梯度，如干旱地区的跨南极山脉（Gleadow和Fitzgerald，1987；Fitzgerald，1992）。由于PAZ底部的深度通常为3~5km（是古地温梯度的函数），因此有可能根据地质条件或其他信息设计采样方案。高程剖面存在PAZ，有一定的研究价值。

（3）剥露情况下PAZ的斜率。PAZ的斜率通常不直接代表剥露速率。斜率取决于上面讨论的因素，即PAZ的形成时间间隔、古地温梯度、形成PAZ时以及开始快速冷却以来的相对热地温场。样品在高程范围内的反演模拟可以约束古地温梯度（见第8章；Malusà和Fitzgerald，2018a）。斜率的影响因素包括磷灰石裂变径迹年龄的不确定性或单晶AHe年龄的分散。这就解释了为什么除计算最小二乘平方回归线外，年龄—海拔斜率常常被确定为一条最佳拟合线。

（4）剥露情况下PAZ可以作为构造恢复“利器”。低温热年代学对构造分析非常有用，因为年龄可能会随着海拔的升高而发生系统性变化（Wagner和Reimer，1972）。因此，这个概念通常被称为“裂变径迹地层学”（Brown 1991）。值得注意的是，剥露情况下PAZ内的样品年龄通常随海拔变化而显著变化，因此，与构造特征相比，在斜率转折点以下的样品的AFT年龄更有用。在大幅度的地形分析方面，年龄可能在误差范围内是一致的（见第10章，Malusà和Fitzgerald，2018b；第11章，Foster，2018）。

9.3.3 斜率转折点以下的年龄—高程剖面的属性及地质信息

斜率转折点以下的年龄—高程剖面的斜率通常较大，封闭径迹长度含有冷却迅速的信息。样品在PAZ内花费的时间很少，因为它们在PAZ内迅速冷却，年龄可以被解释为闭合温度年龄。与剥露情况PAZ的斜率相比，这类特征通常是造山带常见的典型特征，斜率代表着表观剥露速率。通常，由于对流和等温线“压缩”、地形对近地表等温线的影响以及在整个地形或地形波长范围内采样条件的限制，往往高估了实际的剥露速率（Brown，1991；St üwe et al.，1994；Brown和Summerfield，1997；Mancktelow和Grasemann，1997；Stüwe和Hintermüller，2000；Braun，2002，2005；Ehlers和Farley，2003；Braun et al.，2006；Huntington et al.，2007；Valla et al.，2010）。

绘制的样品参考系［即海拔、高度或深度，图9.5(a)中的E］不一定代表样品获得热年代学信息时的热地温场背景［图9.5(b)-(e)中的Z］。在绘制年龄与海拔的关系图时，假设等温线是水平的，并且样品是垂直运动的。模拟表明，随深度的增加，地表地形对等温线的影响越来越小（Stüwe et al.，1994；参见第8章，Malusà和Fitzgerald，2018a）。等温线的埋深在山脊下较大，在谷底下较小。在这种情况下，年龄与高程的曲线斜率会高估真实的剥露速率［图 9.5(b)］。在快速剥露且等温线被“压缩”的情况下，年龄曲线的斜率（表观剥露速率）也会高估真实的剥露速率［图 9.5(c)］。地形波长很重要（Reiners et al., 2003），波长较长（谷底较宽）的情况对年龄—高程剖面的斜率的影响要大于波长较短（谷

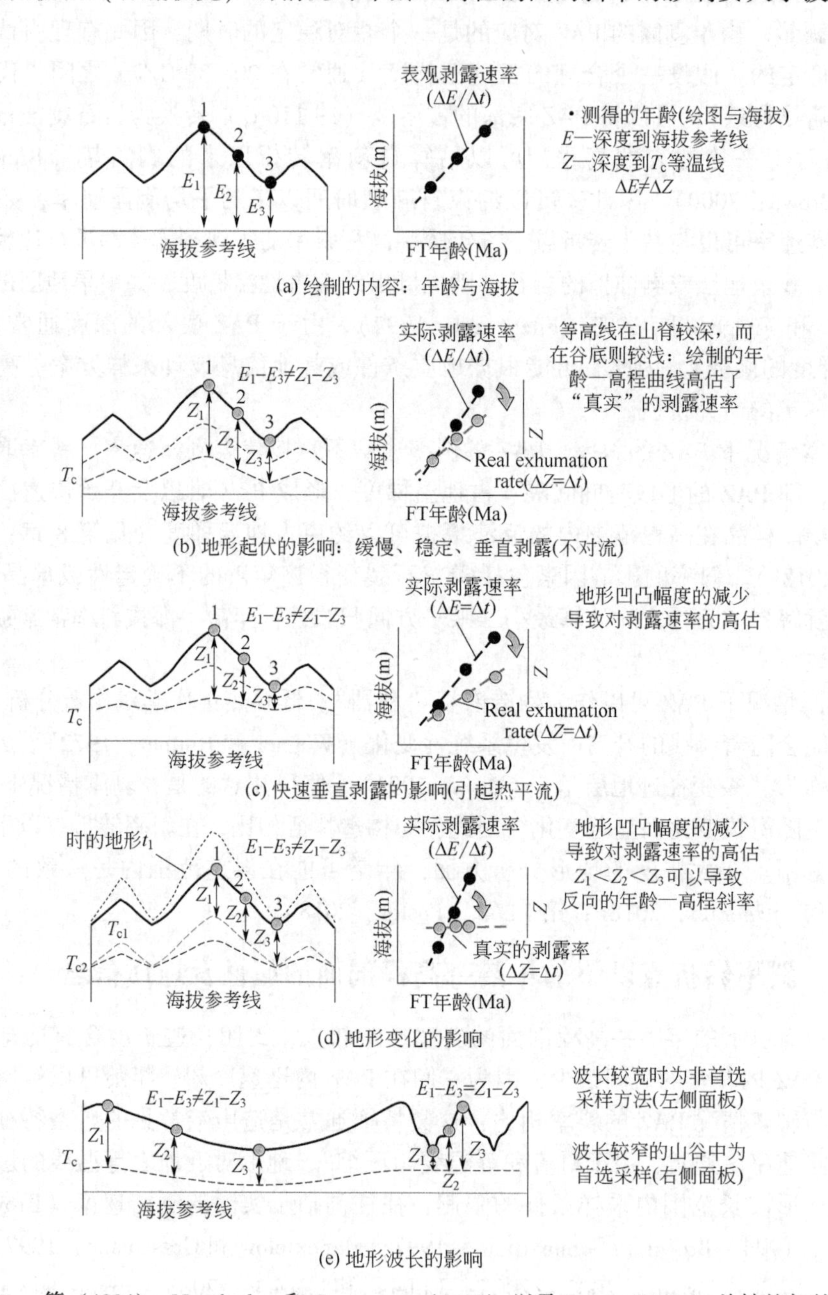

图 9.5 Stüwe 等（1994）、Mancktelow 和 Grasemann（1997）以及 Braun（2002）总结的年龄—高程模式
（a）简单的年龄—高程模型，绘制了年龄与海拔的关系。隐含的假设是热参考系是水平的，年龄反映了通过某个 T_c 的闭合时间，并且样品是垂直运动的，该曲线的斜率是“表观剥露速率”；（b）地形对地下等温线的影响。T_c 等温线的深度在山脊下方比在山谷下方更深。由于样品不是垂直采集的，因此在年龄—高程图上确定的表观剥露速率将高估“实际”的剥露速率。由于等温线在浅层的挠度较大，因此与高温方法相比，低温技术的地形效应更为明显。（c）地形对地下等温线的影响，等温线向地表平流并被“压缩”。绘制的一维年龄—高程图中表观剥露速率过高。（d）如果地表地形地貌随时间变化很大，这将导致对“真实剥露速率”的过高估计，结合 $Z_1<Z_2<Z_3$ 情况，年龄反向分布也可能被记录。（e）理想情况下，应在最小水平距离上从短波地形垂直采样

底较窄）的情况。在对流尚未“压缩”等温线的情况下，可以针对地形影响校正年龄剖面的斜率。可以利用多种热年代学技术，针对不同的 T_c 等温线进行校正。Reiners 等（2003）使用导入率 α（等温线深度与地形起伏之比；Braun，2002）提出了一种校正表观斜率的方法，测量地形地貌的波长，以图形方式确定等温线和导纳比（与形貌起伏无关）。该情况假设记录年龄时的古地形与现今相同。例如：如果 $T_c=100℃$，并且地形波长为 10km，则 $a=0.1$。年龄—高程曲线的斜率（即表观剥露速率）乘以（$1-a$）得出“真实剥露速率”。如果测得的斜率约为 150m/Ma，则剥露速率为 150×(1−0.1)= 135m/Ma。对于较低温度的测年技术，校正效果更好。需要注意的是，考虑到各个年龄的精度和年龄—高程斜率的不确定性，是否能区分 150m/Ma 的表观剥露速率和 135m/Ma 的剥露速率还是有争议的。然而，如果有来自不同技术和不同斜率的年龄—高程数据，用这种方法校正这些数据可能解决差异，校正后的斜率是相似的。

与传导相比，无量纲的 Peclet 系数（Pe）可用于定量确定对流是否为热传递的主要形式(这将改变年龄与海拔的关系；Batt 和 Braun，1997；Braun et al.，2006)：

$$Pe=\dot{E}\,L/\kappa \tag{9.2}$$

式中，$\dot{E}$ 为剥露速率（km/Ma)，L 为被剥露层的厚度（km)，κ 为地质体岩石的热扩散率（km^2/Ma)。如果 Pe 远大于 1，则对流占主导地位，若远小于 1，则传导将占主导地位。

已有方法来分析平流是否在年龄—高程斜率的变化中起作用。不包括地形的影响，但如果年龄剖面的斜率小于 300m/Ma（Parrish，1985；Brown 和 Summerfield，1997；Gleadow 和 Brown，2000)，则对流将不是影响因素（另参见 Reiners 和 Br and on，2006)。

在地形地貌随时间变化的情况下［图 9.5(d)］，地形凹凸幅度发生变化，年龄剖面的斜率仍会高估剥露速率（Braun，2002)。在 $Z_1<Z_2<Z_3$ 的极端情况下，可能会颠倒在长波形地形上采集的年龄剖面上的斜率，并且在更高海拔发现较小的年龄。即使在没有观测到的样品之间的断层偏移的情况下，也可以在较低的海拔发现较老的年龄。需要注意的是，在同一地区，如果从悬崖上采集了垂直样品剖面（代表短波地形)，则年龄剖面的斜率将为正，并且该斜率将代表平均剥露速率（Braun，2002)。因此，在具有不同波长的地形上采集样品有可能产生不同的年龄—高程关系，这种关系可能有完全不同的解释，但却在相似的条件下形成［图 9.5(e)］。

采样策略的制定及热年代学年龄影响因素的了解对于数据解释至关重要。为了增强热年代学数据的地质解释，利用热传输方程的定量模拟方法，可以约束地形地貌演化的速率，即地表形态及其演化的速率（Braun，2002)。此类方法的应用通常需要在区域范围内跨不同波长进行采样。定量模拟方法，如有限元软件 PeCube（Braun，2003）很强大，不仅可用于解释现有数据集，而且还可用于探讨剥蚀剥露（以不同的速率）和改变地形凹凸幅度（不变、增大、减小）对年龄—海拔关系的影响（Valla et al.，2010)。

在上面的讨论中（图 9.5)，假设是垂直上剥露样品，而剥露速率、地形特征与演化以及等温线的平流才是影响年龄—海拔关系的重要因素。但是，样品并非总是垂直剥露的，尤其是在有挤压推覆作用的汇聚型区域（ter Voorde et al.，2004；Lock 和 Willett，2008；Huntington et al.，2007；MeTcalf et al.，2009)。值得注意的是，推力不会剥蚀岩石。推力过程中形成的地形剥露是岩石的剥露和冷却。因此，剥蚀路径可能具有较大的横向分量。在这种情况下，岩石通向表面的路径更长，这将影响对剥露速率的估计。Huntington 等

(2007) 使用3D有限元模拟方法在喜马拉雅山上探索这种效果。他们还发现，受造山带形态约束的等温线形态分布很重要。造山带在地图中通常是曲线形的，造山带垂直的等温线比平行于造山带的平面等温线弯曲得多。对于垂直剥露的情况，从垂直于造山带的平面中平缓地形坡度上，采集的样品中年龄剖面的斜率将大大高估“真实”的剥露速率、具体取决于剥露速率，地形斜率和热年代学方法。对于具有较低 T_c 的方法（AHe方法），年龄剖面的表观斜率可能比真实的剥露速率大得多。当从陡峭的地形斜率和平行于山地趋势的年龄—高程剖面中采集样品时，真实速率与表观斜率之间的差异会最小化。

当样品高程的起伏很大时，可以使用不同的术语，如“垂直轮廓”、“年龄—高程轮廓”或“年龄—高程关系”等。除非从钻孔中采集，否则从较大地形凹凸幅度上采集的样品永远不会是垂直的，无论在采样时山坡看起来有多陡峭。如上所述，很多因素都会影响年龄和海拔高度剖面的斜率和解释，因此设计适合于所解决问题的采样方法非常重要。例如，一些研究采集了大范围的样品，绘制年龄与高程的关系图。在这种情况下，必须谨慎进行数据解释，因为样品可能不符合理想的年龄—高程采样标准。该标准可以概括为：在短波地形中明显起伏的区域，短的水平距离上采集样品，并且如果可能的话，其空间分布平行于山脉的趋势，并且不与任何断层相交。通常，从年轻的或活跃的造山带中采集的样品，如喜马拉雅山（van der Beek et al.，2009）将产生年轻年龄，此情况下必须考虑热平流，因为等温线将被“压缩”，不同热年代学方法的封闭温度 T_c 可能是一致的，并且取决于剥露程度，仅在最高海拔保留PAZ。在这种情况下，年龄高低曲线的斜率可能会大大高估真实的剥露速率。

9.4 剥露的PAZ和PRZ实例

本节简要介绍三个实例，每个实例都提供了对数据的精妙解释。在这些实例中，剥露情况下PAZ和PRZ在年龄—高程分布图中显示良好。这些数据的表述和解释基于首次提出这些实例的论文，但在某些情况下，基于人们对地质学的了解更多，或者有新的热学信息。在不超出本章主题的前提下，简要讨论了一些新数据。

9.4.1 Denali剖面（“经典”垂向剖面）

Denali是Alaska山脉中部和北美最高的山峰（海拔6194m），位于大陆尺度右侧Denali断层系统McKinley的南侧（凹面），如图9.6(a)和（b）所示。Alaska南部的太平洋—北美板块边界力将应力转移到内陆，导致沿Denali断层滑动（Plafker et al.，1992；Haeussler，2008；Jadamec et al.，2013）。应力被分为平行断层和垂直断层两个部分，而冲断作用主要在弯曲处形成地形，从而形成Alaska山脉的高山。在中生界地层增生过程中形成的并列构造地层和缝合带的流变学特性也对最高地形和最大剥露位置的形成起着重要作用（Fitzgeraldetal，2014）。Denali地块主要由花岗岩岩体定义，60Ma侵入岩主要由细粒的侏罗—白垩纪形成的变质岩组成（Reed和Nelson，1977；Dusel-Bacon，1994）。山顶约100m构成了这些变质岩的顶。在很大程度上，Alaska山脉中部的地形是由相对更耐腐蚀的花岗岩质地的变质岩，以及Denali断层和逆冲断层的位置之间的关系所决定的（Fitzgerald et al.，1995，2014；Haeussler，2008；Ward et al.，2012）。

在Denali陡峭的西侧面，从山顶附近到弗朗西斯山的底部采集了覆盖约4km的垂直样品剖面［图 9.6(a)和（c)］。如上所述，采样区域很少是完全垂直的，甚至在像 Denali 这样陡峭且地形上令人印象深刻的地块中，沿采样区域，在 2500m 的山顶顶峰和底部之间的平均斜率约为 24°。在此区域中采集了约 45 个样品。首次采集 15 个样品，产生了明确的年龄—高程分布［图 9.6(c)］，其余样品未进行处理。最上面的样品采集在 Cassin Ridge 的顶部，非常接近岩浆岩顶部，靠近与沉积物的岩性边界，不产生磷灰石，很可能是因为它靠近岩浆的最边缘。

磷灰石裂变径迹年龄从 Denali 顶峰（高 6km）处的 16Ma 下降到 2km 处的 4Ma［图 9.6(c)］。在海拔 4.5km、6Ma 处出现了明显的斜率转折。在此斜率转折点以下，对于年龄小于 6Ma 的封闭径迹长度，均值大于 14μm，标准小偏差反映了快速冷却，尽管存在一些较短的径迹。在此斜率转折点以上，年龄大于 6Ma 的样品的封闭径迹长度平均值为 13.5μm，标准偏差偏大。这些较宽的分布（在情况下为双峰）反映了驻留在 PAZ 中的古老径迹的缩短，6Ma 之后形成的径迹较长且反映了快速冷却。Fitzgerald 等（1993，1995）将斜率的这种变化解释为剥露出的 AFT PAZ 的基础，实际上代表了 110℃的古等温线，反映了从相对热和构造稳定转换到快速冷却背景的过渡，岩石快速抬升和 Alaska 中部山脉开始形成 6Ma 而造成的快速剥蚀。

使用 HeFTy 进行的反演模拟（Ketcham，2005），如图 9.6(d) 所示。这些模拟证实了上述定性解释，与通过 PAZ 进行缓慢冷却并开始以 6Ma 开始快速冷却相关的长期停留。在 6Ma 处的斜率转折点以上较古老样品的冷却速率为 2~3℃/Ma，远低于转折点以下样品的冷却速率 50℃/Ma。斜率转折点以下的样品不一定表示在 6Ma 时候开始快速冷却，而是在 6Ma 之后开始冷却。斜率转折点以上的样品具有良好的 T–t 包络线，这表明对于上方的样品，快速冷却可能已开始接近 7Ma，甚至 8Ma。斜率转折点的高度，加上 25℃/km 的古地温梯度（快速剥露前的相对热和构造稳定时间估算），被用来约束 Denali 以来的剥露量。Gallagher 等（2005）的模型研究中估计中新世晚期 Denali 的古地温梯度为 24.7℃/km。Fitzgerald 等（1995）利用地貌和沉积学信息将中新世晚期的平均地表高度约束在 0.2km。这使得中新世晚期到现今 Denali 最近一起剥露的总量和平均速率受到约束［图 9.6(e)］：岩石隆起 8.5km，平均速率 1.4km/Ma，剥蚀量 5.7km，平均剥露速率 1km/Ma；地面隆起 2.8km，隆起速度 0.5km/Ma。在中新世晚期快速剥露之前，Denali 的山顶大约在地表以下 2.1~3km，通过从斜率以下的深度减去斜率转折点的高度（4.5km）和山顶标高（6.2km）之间的差来估算中新世（3.8~4.7km）中 PAZ 的底面。在与 Denali 断层垂直方向上和 Alaska 中部范围内采集的“水平”采样面，逐渐产生了 37Ma 的磷灰石裂变径迹年龄（Fitzgerald et al.，1995）。按照这种趋势，假设对于年龄大于 6Ma 的样品，年龄—高程图的斜率与这些较古老样品保持相同的平缓斜率，那么在山脉的南侧，岩石隆起、剥露和表面隆起的量将分别减少至 3km、2km 和 1km。

转折点上方 6Ma 处的曲线斜率（160m/Ma）表示剥露的 PAZ，因此不代表表观剥露速率。然而，Fitzgerald 等（1995）认为该斜率太大，不能代表一个完全稳定的热和构造情况，他们将这部分剖面解释为在小于 3℃/Ma 下冷却。对小于 6Ma（海拔小于 4.5km）的样品，剖面的表观斜率为 1.5km/Ma，足够陡，以至于热对流可能很明显。为了证实这一点，可以估计 Peclet 系数（见 9.3.3 节）。我们使用的层厚为 35km，它代表 Alaska 中部山脉以南的地质体厚度，而不是 35~45km 范围内的地质体厚度（Veenstra et al.，2006；Brennan et al.，2011）。再加上 25km^2/Ma 的热扩散率和 1km/Ma 的剥露速率，产生的 Peclet 系数为 1.4。因此，由于对流以及地形的影响，斜率转折点之下年龄剖面的斜率高估了剥露速率（图 9.5）。

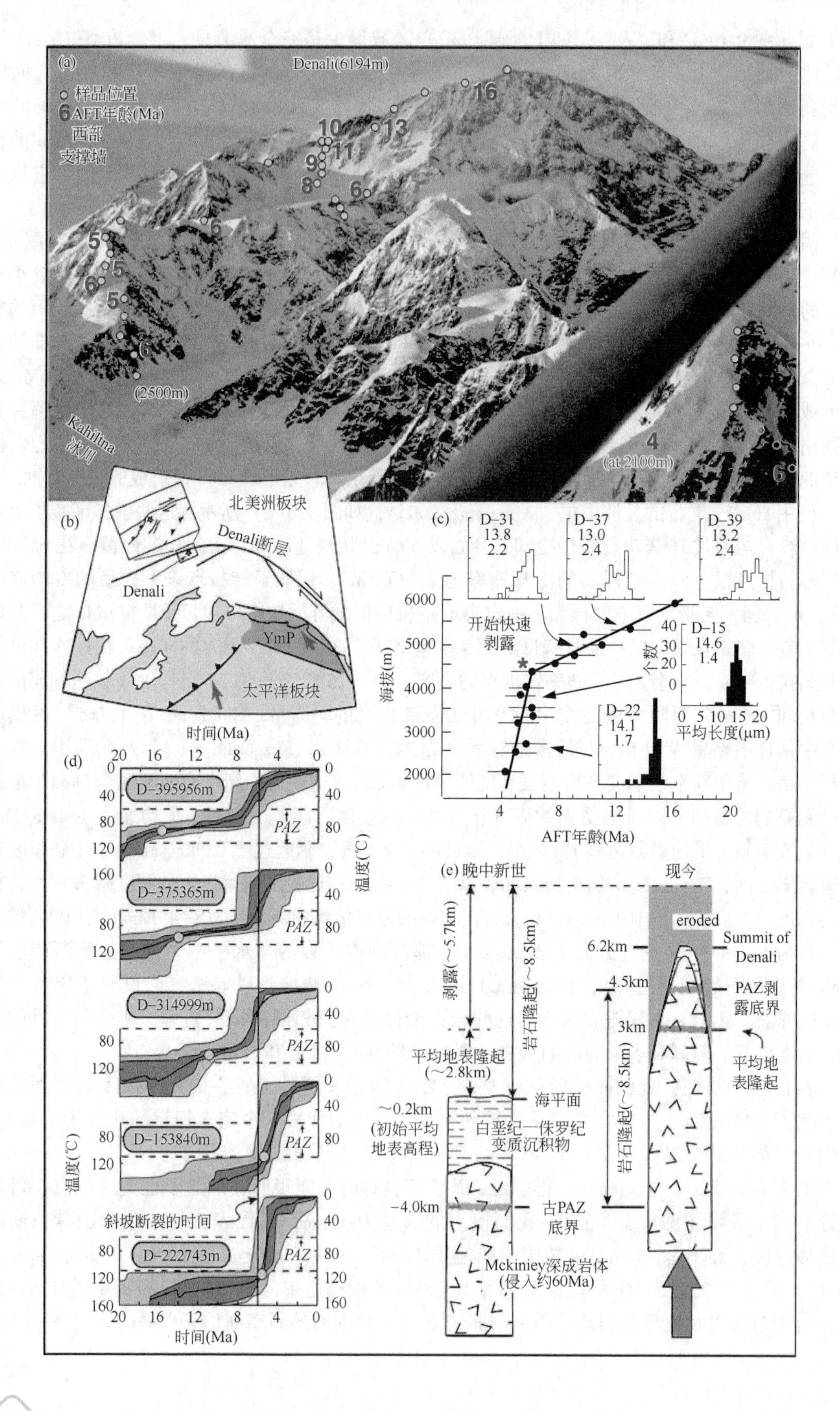

(a)
Denali(6194m)
样品位置
AFT年龄(Ma)
西部
支撑墙
16
13
10
11
9
8
6
6
5
5
6
5
6
(2500m)
Kahiltna
冰川
4
(at 2100m)
6
(b)
北美洲板块
Denali断层
Denali
YmP
太平洋板块
(c)
D-31
13.8
2.2
D-37
13.0
2.4
D-39
13.2
2.4
开始快速
剥露
海拔(m)
AFT年龄(Ma)
D-15
14.6
1.4
个数
平均长度(μm)
D-22
14.1
1.7
时间(Ma)
(d)
D-395956m
D-375365m
D-314999m
D-153840m
D-222743m
PAZ
温度(℃)
斜坡断裂的时间
(e) 晚中新世
现今
剥露(~5.7km)
岩石隆起(~8.5km)
平均地表隆起
(~2.8km)
~0.2km
(初始平均
地表高程)
海平面
白垩纪—侏罗纪
变质沉积物
−4.0km
古PAZ
底界
Mckiniey深成岩体
(侵入约60Ma)
eroded
6.2km
Summit of
Denali
4.5km
PAZ剥
露底界
3km
平均地
表隆起
岩石隆起(~8.5km)

图 9.6　(a) 带有样品位置（空心点表示样品位于山脊的另一侧）和磷灰石裂变径迹年龄的 Denali 地块西南侧的照片（Paul Fitzgerald 摄）。(b) Alaska 南部的构造示意图。YmP 表示 Yakutat 微板块（Haeussler，2008）。(c) Denali 西侧的磷灰石裂变径迹年龄（$\pm 2\sigma$）—海拔剖面图。代表性的封闭径迹长度平均长度（如 13.8μm）和标准偏差（如 2.2μm）。红色星号标记 PAZ 的底部，表示开始剥露。斜率转折点以下的封闭径迹长度具有较长的平均值（>14μm），指示迅速冷却。相比之下，转折点上方的那些通常具有较短均值、较大标准差和更复杂的直方图，通常是双峰的，表明在快速冷却之前驻留在 PAZ 中（Fitzgerald et al.，1993，1995，修改）。(d) 选自 Denali 样品的 HeFTy 反演模拟。较好的演化路径位于洋红色的区域内，可接受的演化路径位于绿色的区域内（Ketcham，2005）。较宽的模拟约束条件，较高温度的 T-t 约束框和结束处的低温约束框，但是 Fitzgerald 等（1993，1995）的这些原始数据未使用 c 轴投影进行长度校正，并应用每个样品的平均 Dpar，而不是每个颗粒的 Dpar 值。黄点表示磷灰石裂变径迹年龄。对于海拔较高的样品，在接近 6Ma 的样品开始快速冷却之前，开始快速冷却 1Ma。(e) 修改 Fitzgerald 等（1995）的图表，显示了中新世晚期（大隆起之前）和现今的岩石柱状图。利用地貌和沉积学的约束，估计了中新世晚期的平均地面高度（约 0.2km），这使得地表隆起量可以计算为约 2.8km（现今地表高程平均约为 3km）。古 PAZ 底部的深度估计为 4km（使用隆升前的古地温梯度为 25℃/km），因此，现在剥露的 PAZ 的底部约为 4.5km，自中新世以来，岩石隆升了约 8.5km。利用式(9.1) 计算得到的剥露量约为 5.7km。使用 Brown（1991）的方法，发现剥露量约为 5.75km。Fitzgerald 等（1995）讨论了所有这些数字的地质约束和不确定性。在中新世晚期，在大隆起开始之前，Denali 的山顶估计在地表以下 2.1~3km。

Gallagher 等（2005）使用 Denali 数据作为实例，在垂直剖面中对多个样品进行模拟以约束热历史。他们使用 Markov chain Monte Carlo（MCMC）方法和 Bayesian 测试标准来测试热历史的过参数化和复杂性。该模型的结果证实了对年龄和径迹长度数据的解释，即缓慢冷却，冷却速度在 7~5℃/Ma 之间。模拟结果表明，高海拔的样品倾向于指示快速冷却的开始要早一些，如图 9.6(d) 所示的 HeFTy 模型。

Denali 的 AFT 年龄分布经受了时间的考验。在中新世晚期（6Ma）开始的岩石隆升和剥露开始快速冷却之前，代表着相对稳定的热和构造环境的 PAZ 简单解释基本上保持不变。但是，来自 Alaska 山脉其他地区沿 Denali 断层的更多热年代学数据显示出阵发性降温，快速冷却始于 25Ma 和 6Ma，中新世中期较慢（15~10Ma）（Haeussleretal，2008；Benowitzetal，2011，2014；Perry，2013；Riccio et al.，2014；Fitzgerald et al.，2014）。可以认为这些突发性冷却事件是由 Alaska 南部边缘的板块边界活动引起的。其中包括 Yakutat 微板块的碰撞，以及太平洋板块与北美板块之间的相对运动。另外，在低温热年代学数据中发现白垩纪期间的冷却过程，这可能与 Denali 断层的早期演化有关。50Ma 和 40Ma 的热年代学信息，可能是由于 Alaska 南部边缘的东西向逐渐俯冲导致的（Trop 和 Ridgway，2007；Benowitz et al.，2012a；Riccio et al.，2014）。对 Denali 山峰而言，较高封闭温度的热年代学方法（$^{40}Ar/^{39}Ar$ 多扩散域 MDD 模拟）揭示了从 25Ma 开始的更快速的冷却事件，以及从 11Ma 开始的较慢冷却事件（Benowitz et al.，2012b）。对于 Denali 山峰的 AFT 剖面图，虽然样品 D-39（5956m）在 25Ma 末的冷却事件可能被记录在 HeFTy 模型中，但仅较强的 6Ma 事件被记录在年龄—高程剖面上［图 9.6(d)］。可能的 11Ma 地史时不足以在磷灰石裂变径迹年龄资料或 HeFTy 模型中表现出来。但是，这一事件可能会导致估计的中新世末期 2~3℃/Ma 的冷却速率。

随着从 Denali 断层和 Alaska 山脉获得的热年代学新数据，将揭示有关冷却和剥露的时间和空间模式的更多细节。与各种构造事件的影响，McKinley 稳定性（Buckett et al.，

2016）、地层流变学、原有结构与 Denali 断层的几何形状和应变分配的相对作用有关的问题仍然悬而未决。Denali 断层磷灰石裂变径迹年龄—高程特征为此类研究提供了坚实的基础。

9.4.2　跨南极山脉：剥露情况下 PAZ 的第一个成功实例

横跨南极洲 3000km 的跨南极山脉（The Transantarctic Mountains，TAM）是世界上最长的大陆山脉。TAM 沿南极和南极之间的基本岩石圈边界形成（Dalziel，1992）。在南极的 RossSea 地区，南极的裂谷系统一侧位于克拉通东极的另一侧［图 9.7(a)］。TAM 的海拔高达 4500m，通常宽 100~200km。可以将它们设想为很多非对称断层块，浸入南极东部冰盖下，并被包括转移断层或容纳区在内的横向结构所分隔。出口冰川，典型的大冰川和南极洲东部冰原的排水，通常占据了这些横向结构。

维多利亚州南部的干旱谷地区［图 9.7(b)］是永久无冰的，露出谷壁中数千米规模的地质体部分。TAM 沿其与南极西裂谷系统的边界断裂，该断层在 TAM 前沿 2~5km 下降（Barrett，1979；Fitzgerald，1992，2002；Miller et al.，2010）。总体而言，TAM 的地质背景似乎相对简单。这是因为由泥盆纪—三叠纪 Beacon Supergroup 地层、Ferrar Dolerite 地层和 Kirkpatrick Basalt 地层（Ferrar 大火成岩省）在 180Ma 时侵入和挤压的厚辉绿岩山体和玄武岩火山所界定的范围具有内陆浅层的性质（Heimann et al.，1994）。在这些沉积岩和岩浆岩的下方，不同的地方是花岗岩侵入体的上元古代—寒武纪变质岩和寒武纪—奥陶纪花岗岩（Goodge，2007）。

南极山脉 AFT 数据有助于建立剥露情况 PAZ 的概念，尤其是干旱谷地区 Doorly 山的磷灰石裂变径迹年龄—高程剖面［图 9.7(b)和(c)；Gleadow 和 Fitzgerald，1987］。800m 剖面产生的磷灰石裂变径迹年龄从 83~43Ma。在海拔 800m 处有一个明显的斜率转折，相当于磷灰石裂变径迹年龄 50Ma［图 9.7(c)］。斜率转折点上方的封闭径迹长度的平均距离较短（约 13μm），分布较宽，反映在 2μm 附近的标准偏差较大，且分布通常是双峰的。在斜率的转折点以下，封闭径迹长度的均值大于 14μm，窄分布反映在其标准偏差上。Gleadow 和 Fitzgerald（1987）将斜率的变化解释为"裂变径迹 PAZ"的基础，该裂变径迹已在南极山脉的较高海拔上抬升并保留，抬升从 50Ma 开始。斜率转折点以上的样品在 50Ma 之前存在于 PAZ 中，而斜率转折点以下的样品在隆起之前的年龄基本为零。

Doorly 山峰的年龄—高程剖面确立了剥露情况下 PAZ 的定义，这是由以下多种原因产生的：

（1）Gleadow 和 Fitzgerald（1987）将"部分稳定区"重命名为 PAZ，以表示这种年龄和封闭径迹长度模式的含义，尤其是在与年龄和长度模式相似的钻孔数据进行比较时（Naeser，1981；Gleadow 和 Duddy，1981；Gleadow et al.，1983）。

（2）南极山脉的剥露速率非常慢，并且山谷壁都是由冰川雕刻而成的，很陡峭，因此仅在 800m 地形凹凸幅度的垂直剖面就产生了明确定义的 PAZ 实例。

（3）Doorly 山峰的具有较高的样品浓度（每高程约 100m 采集一块样品），而当封闭径迹长度开始时，这项研究才刚刚开始进行常规测量。因此，尽管年龄随海拔的变化很重要，并且拐点已被确定为代表 PAZ 基础的古地温线（Naeser，1976），但年龄变化与封闭径迹长度的结合使得对这些年龄—海拔数据的解释更加确定。

（4）正在进行南极山脉的研究，开发第一个热模拟程序（最初是正向模拟，然后是逆热模拟）。这使得正向模拟能够恢复年龄增长趋势以及封闭径迹长度。有趣的是，尽管20世纪90年代初开始构建各种模型（Fitzgerald 和 Gleadow，1990；Fitzgerald，1992），但第一篇论文对这些数据集的解释是如此直观，以至于没有提出这些模型。

与干旱谷地区 AFT 数据的解释和认识有关的重要因素是层状地层。基底岩石不均匀地覆盖着 2~3km 的沉积物，随后都被较厚（300m）的基岩侵入侏罗系，并被玄武岩熔岩覆盖。在那个时期，侏罗纪岩浆使地温梯度升高并完全重置了裂谷的裂变径迹（Gleadow et al.，1984）。但是，在侏罗纪岩浆作用下，南极山脉内陆其他地区的一些样品已被部分或未被热重置（Fitzgerald，1994；见第13章，Baldwin et al.，2018）。

以南极山脉前沿的剥蚀程度为依据，AFT 被证实是记录南极山脉剥蚀历史的最佳方法。对干旱谷地区的两个垂向剖面分析可以证明，该区域的简易断块构造意味着 AFT 结果是可预测和可重复的。Barnes 以西的 Farrar 冰川（Fitzgerald，2002）的年龄—高程分布，如图9.7(d) 和（e）所示，在形态和年龄范围上与 Doorly 山峰非常相似。所有这三个剖面在斜率转折点之上和之下都有相似的封闭径迹长度，斜率转折点在 50~55Ma 时具有相似的特征，并且可以得到相同的解释。剥露量和平均剥露速率可以使用多种方法来计算：从当前测得的地温梯度到 T_c 的深度，或假设一个典型的“稳定大陆”的古地温梯度，重建地层在斜率转折点上方，使用 Brown（1991）的 AFT 地层学方法以及在转折点以下的年龄—高程剖面的斜率。自新生代以来在 TAM 前缘边缘附近剥露约为 4.5km，平均速率约为 100m/Ma。

转折点上方年龄—高程剖面的平缓斜率，主要是在 50Ma 定义 AFT 地层之前形成的 PAZ 形态（见 9.3.2 和第10章，Malusà 和 Fitzgerald，2018b；第11章，Foster，2018；第13章，Baldwin et al.，2018），可用于约束断层的位置和偏移量。这个概念现在已经很成熟，但是在当时还处于起步阶段，前人沿着 Doorly 山峰进行了测试［图9.7(f)］，偏移的白云石清晰可见并易于标测，垂直偏移得到很好的约束（Gleadow 和 Fitzgerald，1987；Fitzgerald，1992）。Doorly 剖面的上部，即剥露出的 PAZ 的斜率仅为 15m/Ma，因此磷灰石裂变径迹年龄的变化对于高程变化很小是很重要的，非常适合检测断层的偏移。考虑到磷灰石裂变径迹年龄的不确定性和断裂基岩段倾角的变化，在断层上重建 100Ma 等时线，可提供低至 200m 位移的偏移量估计值［图9.7(f)］。

整个干旱谷的其他年龄—高程剖面也揭示了剥露情况的 PAZ。根据它们在南极山脉上的位置，这些轮廓可能只具有平缓的上斜率或陡峭的下部。孤立采集的样品通常具有年龄和封闭径迹长度，可以将它们放置在这三个实例中揭示的剥露的 PAZ 中。但是，由于 AFT 数据集中保存了较早的剥露行为，因此从南极山脉前沿开始，内陆地区的年龄格局变得更加复杂。在 Barnes 山以西的 Ferrar 冰川（Fitzgerald et al.，2006）和南极山脉的其他地方（参见 Fitzgerald 的摘要，2002；第13章，Baldwin et al.，2018）都存在了这种模式。在 Scott 冰川等某些地区，山脉上发现了多个剥露出的 PAZ，分别记录了白垩纪早期、白垩纪晚期和新生代开始的阵发性剥露（Stump 和 Fitzgerald，1992；Fitzgerald 和 Stump，1997）。显然，断层、采样剖面相对于构造的方位、剖面陡度与地形的影响以及侏罗纪岩浆作用期间退火的影响，都有可能会使矿物中的热年代学信息复杂。

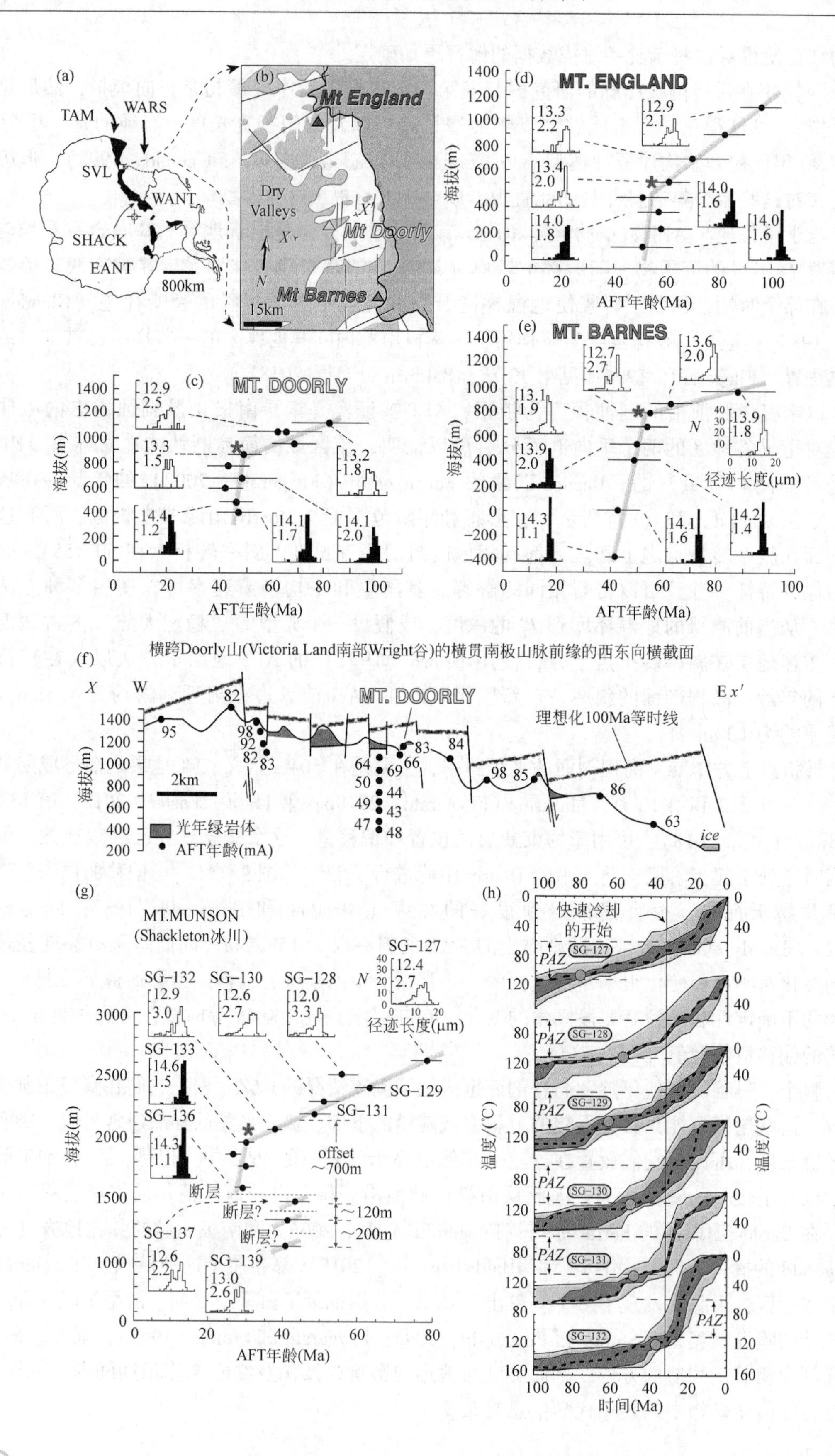

(a)
TAM
WARS
SVL
WANT
SHACK
EANT
800km
(b)
Mt England
Dry Valleys
X'
X
Mt Doorly
N
Mt Barnes
15km
(c)
MT. DOORLY
海拔(m)
AFT年龄(Ma)
(d)
MT. ENGLAND
海拔(m)
AFT年龄(Ma)
(e)
MT. BARNES
海拔(m)
径迹长度(μm)
AFT年龄(Ma)
(f)
横跨Doorly山(Victoria Land南部Wright谷)的横贯南极山脉前缘的西东向横截面
X W
E x'
MT. DOORLY
理想化100Ma等时线
2km
光年绿岩体
AFT年龄(mA)
ice
(g)
MT.MUNSON
(Shackleton冰川)
SG-132
SG-130
SG-128
SG-127
SG-133
SG-136
SG-129
SG-131
SG-137
SG-139
offset ~700m
断层
断层?
~120m
~200m
径迹长度(μm)
海拔(m)
AFT年龄(Ma)
(h)
快速冷却的开始
PAZ
温度/(℃)
时间(Ma)

图9.7 （a）和（b）为南极洲地图和维多利亚州南部干旱谷地区的一部分，显示了无冰区和断层（黑色细线），以及该区域的三个垂直采样剖面的位置。TAM—南极山脉（黑色），WARS—西南极裂谷系统，SVL—维多利亚南部土地，SHACK—沙克尔顿冰川，WANT—西南极洲，EANT—东南极洲；（c）—（e）磷灰石裂变径迹年龄（±2σ）与Doorly、England和Barnes三座山脉的海拔。红色星号标记了斜率转折的位置，表示剥露产生的PAZ的基部和快速降温的开始。封闭径迹长度归一化为100；（f）沿山脉的横截面。门脊（Fitzgerald，1992）显示偏移的白云石和理想化的~100Ma AFT等时线，描绘了TAM前部分的结构。（g）和（h）磷灰石裂变径迹年龄（±2σ）与（c）中山脉的仰角图。Shackleton冰川地区的Munson，显示在约32Ma时开始快速剥露降温，并于TAM前缘的断层而磷灰石裂变径迹年龄的偏差。显示了从Munson山脉的斜率转折点上方选择的样品的HeFTy反演模拟。黄点表示磷灰石裂变径迹年龄。转折点上方的模型清楚地表明在约32Ma时开始快速冷却，但此信号仅在转折点上方约300m处消失，因为较长（快速冷却）到较短（在PAZ中长时间停留的径迹）的比例变化，因此对于这些海拔较高的样品，模拟仅表明自样品的AFT年龄以来冷却缓慢。数据汇总自Gleadow和Fitzgerald（1987）、Fitzgerald（1992，2002）和Miller等（2010）

在本节中，我们将再提供一个来自位于Shackleton冰川地区的Munson山脉研究的实例，如图9.7(g) 所示（Miller et al.，2010）。从基底花岗岩和上层的Beacon超级群之间的不整合开始采样（第13章；Baldwin et al.，2018），然后沿着横跨造山带的山脊向下采样。沿着该山脊的几个小“鞍座”上有压碎带，标出了可能的脆性断层的位置。年龄之间的关系揭示了上面讨论过的带有封闭径迹长度的剥露PAZ的经典形式，以及在约32Ma处的斜率转折点。斜率转折点比干旱谷的断裂年轻，有两点原因（Fitzgerald，2002）：沿南极山脉向南的方向，从55~40Ma，以斜率转折点为特征的快速冷却开始变得年轻；此外，在南极山脉沿线的多个位置观察到，由于悬崖退缩，沿海到内陆出现了年轻化趋势（参见第20章；Wildman et al.，2018）。在海岸附近，快速冷却的开始时间是40Ma，到了Munson内陆约50km的山峰减小至32Ma。Munson年龄—高程图中有明显断层（朝海岸向下倾斜），这是由三个海拔较低（<1500m）、年龄较大的AFT样品所揭示的。这些低海拔的较早样品的年龄和封闭径迹长度与在斜率转折点（>2000m）以上且年龄大于32Ma的海拔高度上发现的年龄和封闭径迹长度相似。

HeFTy反演模拟Munson山脉的研究［图9.7(g)］证实了上述对剥露情况PAZ的解释。但提出这些的主要原因是为了表明，在此模型中，从长期停留在AFT PAZ内（也可称为通过PAZ的缓慢冷却）到快速冷却开始之前的过渡，只见于位于曲线转折点之上的样品中（SG-132）。在斜率转折点上方仅300m的样品中（SG-130），没有观察到快速冷却信息，而是显示了平均速度的单调冷却。在这些海拔较高或较老的样品中，没有观测到从32Ma开始的快速冷却信息，这是由于封闭径迹的比例发生了变化。在斜率转折点上方的样品，与驻留在PAZ中缩短的径迹相比，在32Ma之后形成的长径迹的比例要大得多，因此该模型能够约束快速冷却的开始。相比之下，对于高出斜率转折点300m的样品，磷灰石裂变径迹年龄已经是60Ma。在这些样品中，本质上在PAZ中经过30Ma退火的径迹与记录到32Ma开始快速冷却的径迹之间存在50/50的分割，并且模拟没有揭示出周期性的冷却。

9.4.3 Gold Butte Block：多个剥露的PAZs/PRZ

Nevada州东南部的Gold Butte Block（GBB）处于Lake Mead东部延伸区之内，位于科罗拉多高原的大峡谷以西延伸盆地和山脉带的东部［图9.8(a)—(c)］。GBB的西侧是Lakeside Mine断层，它形成了长约60km的南北走向的South Virgin-White Hills断层（Duebendorfer和Sharp，1998）。

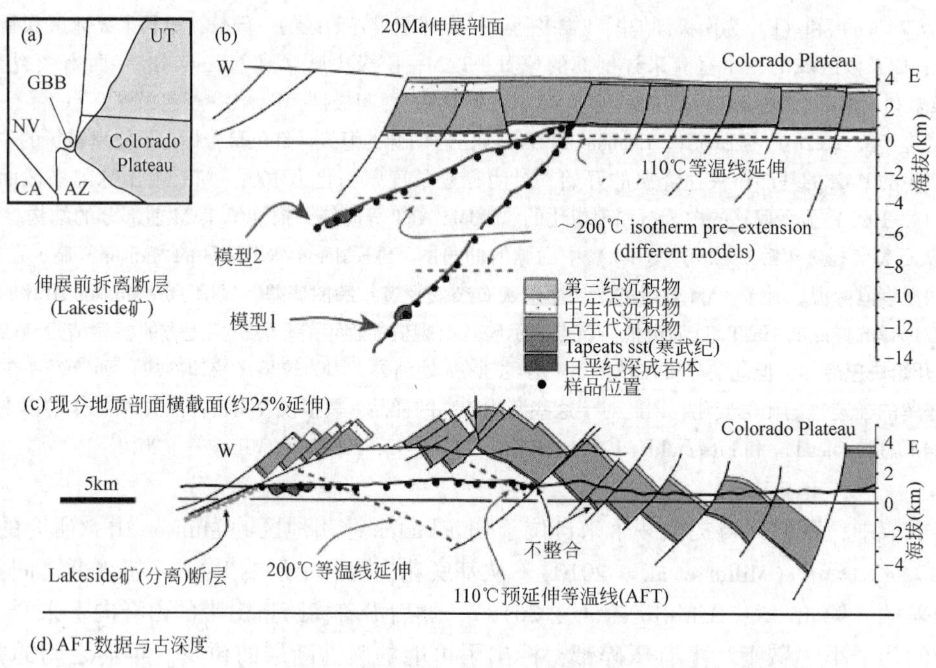
(a)
UT
GBB
NV
Colorado Plateau
CA
AZ
(b)
20Ma伸展剖面
W
Colorado Plateau
E
海拔(km)
110℃等温线延伸
~200℃ isotherm pre-extension (different models)
模型2
伸展前拆离断层 (Lakeside矿)
模型1
第三纪沉积物
中生代沉积物
古生代沉积物
Tapeats sst(寒武纪)
白垩纪深成岩体
样品位置
(c) 现今地质剖面横截面(约25%延伸)
5km
Lakeside矿(分离)断层
200℃等温线延伸
不整合
110℃预延伸等温线(AFT)

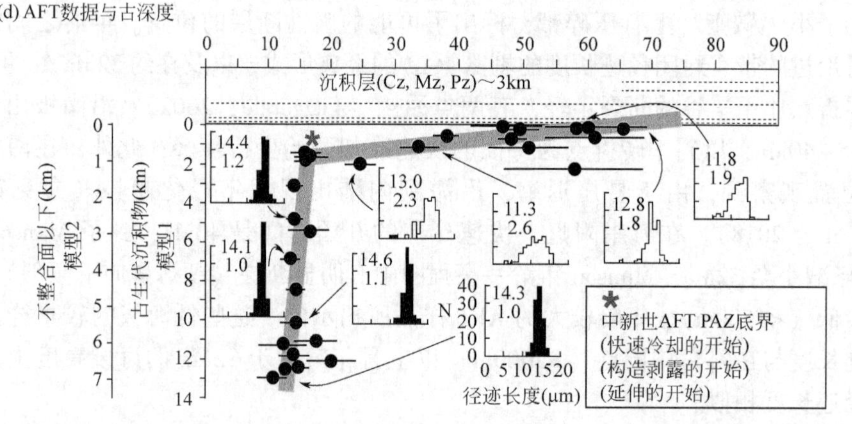
(d) AFT数据与古深度
沉积层(Cz, Mz, Pz)~3km
不整合面以下(km) 模型2
古生代沉积物(km) 模型1
径迹长度(μm)
中新世AFT PAZ底界
(快速冷却的开始)
(构造剥露的开始)
(延伸的开始)

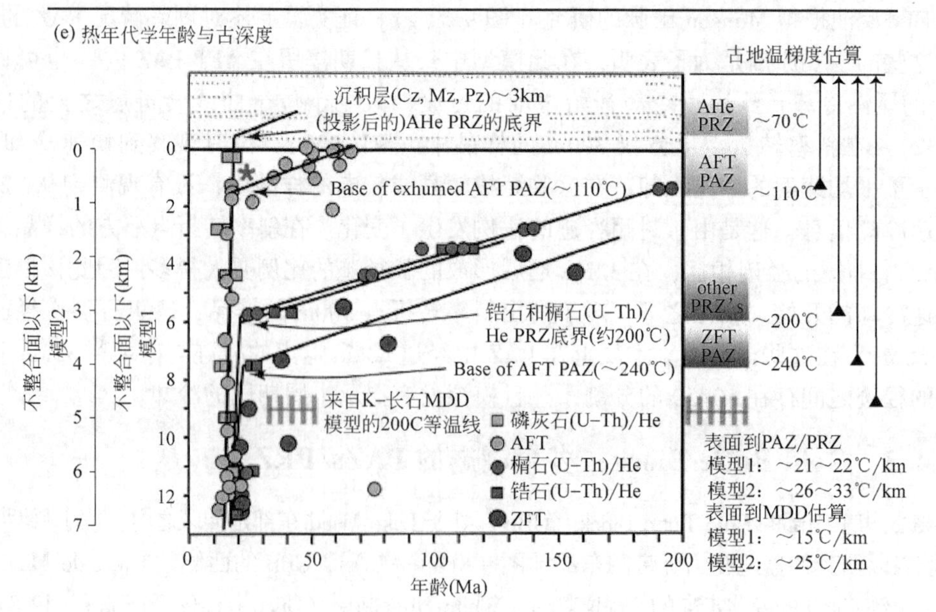
(e) 热年代学年龄与古深度
古地温梯度估算
沉积层(Cz, Mz, Pz)~3km
(投影后的)AHe PRZ的底界
Base of exhumed AFT PAZ(~110℃)
锆石和榍石(U-Th)/He PRZ底界(约200℃)
Base of AFT PAZ(~240℃)
来自K-长石MDD模型的200C等温线
磷灰石(U-Th)/He
AFT
榍石(U-Th)/He
锆石(U-Th)/He
ZFT
AHe PRZ ~70℃
AFT PAZ ~110℃
other PRZ's ~200℃
ZFT PAZ ~240℃
表面到PAZ/PRZ
模型1: ~21~22℃/km
模型2: ~26~33℃/km
表面到MDD估算
模型1: ~15℃/km
模型2: ~25℃/km
不整合面以下(km) 模型2
不整合面以下(km) 模型1
年龄(Ma)

图 9.8 （a）内华达州东南部 GBB 的位置图。（b）和（c）GBB 的剖面拉伸前（20Ma）和现今特征，显示了两个古参数和断层几何模型。模型 1 遵循 Wernicke 和 Axen（1988）、Fryxell 等（1992）的观点，模型 2 来自 Karlstrom 等（2010）。110℃古等温线是基于已恢复 AFT PAZ 底部的位置，而 200℃等温线（b、c 和 e 中）是基于钾长石 MDD 模型的结果（Karlstrom et al.，2010）。（d）基岩和寒武系 Tapeats 砂岩之间不整合的 AFT 数据与深度关系图，用于 Lakeside Mine 断层扩展前位置的模型 1 和模型 2（据 Fitzgerald et al.，2009，修改；根据 Karlstrom 等（2010）重新计算了古深度）。（c）年龄与古深度的关系清楚地显示了一个剥露情况的 PAZ，其特征性的封闭径迹长度在斜坡的断面之上和之下，这标志着由于 17Ma 开始的伸展构造剥露而导致的快速冷却的开始。（e）针对模型 1 和模型 2 的古深度绘制了不同热年代学数据，如 AFT、ZFT、磷灰石、锆石和榍石（U-Th）/He 年龄，未包含年龄的不确定性，仅保留了明确性数值。所有方法都在误差范围内，对剥露 PAZ 和 PRZ 的底部位置约束大约相同的年龄，这表明在 17Ma 开始快速冷却。如图 d 所述，古深度重新计算。每个模型都列出了古地温梯度，但仅列出了每个 PAZ/PRZ 的地表，古深度估算对于这些古地热估算至关重要

GBB 被描述为出露地质体 17km 的倾斜剖面（Wernicke 和 Axen，1988；Fryxell et al.，1992；Brady et al.，2000），提供了几乎完整的理想的地质剖面，可应用热年代学方法。各种热年代学方法的结果非常吻合，但是与确定样品的古深度有关的问题有些复杂。因此，前古地温梯度的估算也很复杂，下面进行简要讨论。

GBB 之所以受到关注的原因之一是它是了解地质体伸展结构的关键位置（Wernicke 和 Axen，1988）。在延伸过程中，正断层的下盘壁经历了等静压抬升，其程度对于评价延伸过程中正断层倾角的模型很重要。GBB 被认为是完整的倾斜地质剖面，其西端从地质体中暴露出大量的元古界基底（副片麻岩、正片麻岩、角闪石和各种花岗岩）。在其东侧，50°的向东倾角的寒武纪 Tapeats 砂岩（著名的大峡谷地层剖面的基础单元）不均匀地覆盖在基底岩石之上。但是，最近的构造分析（Karlstrom et al.，2010）表明，这种地质单元模型可能过于简单。新模型包含了最初的近水平滑脱断层的位移，Lakeside Mine 下最深的下盘岩石的初始深度要浅得多。与先前对倾斜地块模型深度 17km 的估计（如图 9.8 中的模型 1 所示）相比，Karlstrom 等（2010）提出将延伸前的分离扩展到深度 10km（图 9.8 中的模型 2）。在图 9.8(b) 中，根据 Karlstrom 等（2010）图 2 所示的 20Ma 预伸展结构，绘制了模型 1（分离断层较陡的初始倾角）和模型 2（较浅的初始倾角）所有样品的古深度。

AFT 是在 GBB 中应用的第一个热年代学方法。在地下岩层中采集样品，从不整合面的下方开始，穿过 GBB 向西，并投影到与延伸方向大致平行线上（Fitzgerald et al.，1991，2009）。绘制的磷灰石裂变径迹年龄和封闭径迹长度随古深度的变化［图 9.8(d)］揭示了剥露情况下 PAZ 的经典形式。斜率转折点中新世中期年龄（15~17Ma）对应在不整合面以下 1.4km 处，这表明伴随构造剥露而迅速冷却。转折点上方的样品驻留在 AFT PAZ 中或通过 AFT PAZ 缓慢冷却。因此，平均长度较短（11~13μm），分布趋于双峰，标准偏差较大（2μm 或更大）。相比之下，斜率转折点以下的封闭径迹长度更长（>14μm），单峰分布且具有较小的标准偏差（1μm），表示快速冷却。Reiners 等（2000）随后在整个 GBB 采集的样品中，没有观察到 AHe 年龄的斜率转折点［图 9.8(e)］，但是在上覆的沉积地层中可能会发生转折。Reiners 等（2000，2002）在锆石和钛矿 U-Th 中观察到拐点。He 年龄被认为是剥露的 PRZ 的基础。Reiners 等（2000，2002）使用重建的古地温梯度（20℃/km）来约束这两个系统的 T_c，Bernet（2009）进行 ZFT 测年。ZFT 的年龄—古深度模式代表着剥露情况下的锆石 PAZ，在中新世开始快速冷却之前，样品缓慢冷却。Bernet（2009）还结合了所有

现有的热年代学数据，注意到在约17Ma处有一个共同的转折点，对于较高温度的方法，可能会稍早一些（20Ma），尽管这在统计上无法区分。该地区的地质研究表明，延伸持续时间从17～14Ma（Beard，1996；Brady et al.，2000；Lamb et al.，2010；Umhoefer et al.，2010）。对伸展开始的热力学约束与地质学认识非常吻合，特别是局部断层的沉积记录与火山灰层的交错，在延伸和地层倾斜的起始时间方面提供了精细的约束。

对GBB的研究表明很多热年代学研究都使用了具有古深度的年龄约束：（1）中新世年平均温度为10℃的古地表地温；（2）基于古地热的估计值的特定PAZ或PRZ基底的地温梯度和古深度。因此，使用哪种结构模型、特定样品在块体上的位置及其古深度很重要。倾斜剖面东部地区的露头复杂。与沉积层中可能延伸到下层基底岩石中的断层相比，它们也更容易识别。对于上述每项研究，从不整合面到样品在地图上距离的确定以及对延伸前古深度的估计都略有不同。需要注意的是，这个中新世中期古地温梯度是在伸展、构造剥露和剥蚀开始之前发生的。在活跃的构造运动中，将会有对流和动态的古地温梯度。图9.8(e)中，我们绘制了年龄（针对所讨论的各种技术）相对于不整合面以下的每个样品的深度。实际上，我们修改了Fitzgerald等（2009）的“图3c”，根据Karlstrom等（2010）的“图2”重新计算了古深度，将3km作为不整合面之上的延伸前沉积部分的厚度。模型1的初始倾角较陡，从各种PAZs/PRZ的表面到底部，其古地温梯度为21～23℃/km，而模型2的初始倾角较浅，为26～33℃/km。对于较高温度的测年方法，两个模型之间存在更大的差异，这不仅是因为模型1与模型2的古深度不同，而且还因为样品在不整合面下方的不确定性更大。如果使用由钾长石$^{40}Ar/^{39}Ar$数据的MDD模拟约束的200℃古等温线，则估计值进一步趋于不同（Karlstrom et al.，2010）。MDD数据复杂但约束了连续温度。每个样品在250～175℃之间的温度—时间路径演化。正如Karlstrom等（2010）广泛讨论的那样，受这些MDD模拟结果约束的200℃等温线的位置与其他方法之间存在差异。总体而言，年龄趋势一致。GBB上的某些离群年龄（如大于20Ma的年龄在结构上低于其各自的PAZ/PRZ的年龄），例如西部（较深）端的磷灰石裂变径迹年龄77Ma（Fitzgerald et al.，1991）或西部一些锆石裂变径迹年龄（Bernet，2009）以及20～25Ma锆石和榍石（U-Th）/He，证明了结构的复杂性以及在延伸过程中可能在断层带中加入了更高的结构单元。

GBB的热年代学数据来自各种不同方法，还没有涉及其他白云母、黑云母和角闪石$^{40}Ar/^{39}Ar$数据（Reiners et al.，2000；Karlstrom et al.，2010），或更近期的钾长石MDD研究（Wong et al.，2014），已被证明是比较和校准这些不同技术的理想基准。尽管存在上述复杂性，但抬升的部分退火和保留区的概念仍然有效［图9.8(e)］，尤其是由于构造剥露（17Ma）而快速冷却的起始时间。结构图和异常年龄表明，GBB不是一个简单的地块，在其西侧剥露了中级别的岩石。GBB在结构上更加复杂，这反映在伸展之前古地温梯度变化的估计上，该估计依赖于结构模型来约束样品的古深度。

9.5　小结与结论

低温热年代学技术很早就被应用于早期地质研究中，样品采自具有明显地形起伏的部位，通过绘制年龄与海拔的关系以约束“隆升”的速度和时间（实际上是“剥露”），这些是低温热年代学最早的应用之一，特别是AFT定年技术（Wagner和Reimer，1972；Naeser，1976）。这种方法在现今的地质和构造研究中仍然非常重要，因为岩石在隆升时会伴随冷却。因此，在具有明显凹凸起伏的地形上采集的样品可以揭示年龄变化，年龄通常随着海拔的升高而增加。用于数据解释的热参考系是动态的，主要影响因素如下：

（1）地形地貌会改变山脊和谷底下的等温线分布，等温线比山脊的顶部更靠近谷底，导致沿谷壁的年龄—高程剖面斜率将高估真实的剥露速率。

（2）在快速剥露期间，等温线向地表倾靠，导致年龄剖面的斜率会高估真实的剥露速率。

（3）地形凹凸幅度会影响年龄曲线的斜率，从而高估真实的剥露速率。分析长波地形上采集的样品数据时，有时会出现年龄“反向”的斜率。

降低这些影响的最好方法是在具有陡峭地形、与造山带（在近地表等温线的曲率较小的地方）平行，且有明显起伏的地点采集样品。另外，建议采集具有一定间距的样品，以便清楚地显示年龄或海拔的变化趋势。无论是在采样之前还是在解释阶段，重要的是要了解可能会改变剖面斜率及数据解释的关键因素。将年龄—海拔轮廓定义为“垂直轮廓”，表示对这些因素已理解，因此，在采样时要考虑这些。在一些研究中，在没有采用适当的采样方法的情况下，描述和解释年龄与年龄的关系会可能导致不正确的解释结果。

PAZ/PRZ在相对热和构造稳定期间形成。PAZ/PRZ的年龄—高程斜率是古地温梯度和PAZ/PRZ形成时间的函数。在缓慢冷却期间形成PAZ/PRZ的情况并不少见。在PAZ/PRZ内部长期冷却或通过PAZ/PRZ缓慢冷却，会放大晶体或样品之间的年龄变化，特别是在AFT的矿物成分不同、磷灰石和锆石的晶粒细度分布或晶粒间差异方面（U-Th）/He定年。

如果在一段相对稳定期形成PAZ/PRZ之后，出现了快速降温事件，则可能会在年龄—高程图中显示剥露出的PAZ/PRZ。斜率（或拐点）的转折标志着剥露出的PAZ/PRZ的底部，实际上是古地温等值线。斜率转折的时间指示快速降温的起始时间。对于AFT热年代学，在斜率转折点的上方和下方都有相应的封闭径迹长度模式。转折点上方样品的长度频率图上具有更宽、更短的均值（<13μm）、更大的标准偏差（约2μm或更大），并且通常是双峰的，具有相对较短和较长径迹的模式。转折点以下样品的封闭径迹长度通常是单峰的，均值较长（>14μm），标准偏差较小（<1.5μm）。

对3个实例进行了分析，它们的年龄剖面对理解剥露情况下PAZ/PRZ的概念非常有用，这些分析阐明了研究区域的地质和构造演化：

（1）在Denali实例中，在4km起伏幅度的区域上采集的垂直样品，其磷灰石裂变径迹年龄剖面出现了剥露情况的PAZ，斜率在6Ma处有转折，并且在转折点的上、下方有封闭径迹长度的明显差异。地貌和沉积学约束条件可以估算出隆升前的平均地表海拔，从而约束Denali地区岩石的抬升、地表隆升和剥露，进而推断整个Alaska中部山脉的演化。

（2）在南极山脉的干旱谷地区获取的AFT年龄—高程图，特别是对斜率转折点上、下两侧的封闭径迹长度的综合分析，首次揭示了该区域的剥露历史。陡峭的冰川地形、演化简单且暴露的地质块体，斜率转折点以下的缓慢冷却、样品密度以及来自相对较小区域的年龄—高程剖面图，清楚地确立了剥露情况下PAZ的概念和地质意义。针对沿山顶断裂的白云石进行了测试，对于斜率转折点以上的样品，年龄随海拔的变化是显著的。该研究验证了使用AFT地层学来约束相对简单构造的研究方法。在Shackleton冰川地区的Munson展示了沿南极山脉的剥露方法的适用性和可重复性，在某些地方揭示了PAZ保留和相对热/构造稳定的情况。

在Nevada州东南部的GBB中，通过多种技术，如AFT、ZFT和（U-Th）/He，在磷灰石、锆石和榍石上的 He 年龄与主要脱离断层下盘古深度的对比，发现了剥露情况下 PAZ 和 PRZ，这标志着 17Ma 的退火导致快速冷却的开始。这些数据要么用于约束古地温梯度，要么用于约束特定 PAZ/PRZ 底部的温度。

致谢

作者感谢惠灵顿维多利亚大学南极研究中心、墨尔本大学、雪城大学和国家科学基金会的研究支持，感谢坎特伯雷大学的 J. Pettinga 和 Erksine，感谢 Andrew Gleadow 和 Suzanne Baldwin 深入而透彻的评论，以及 Jeff Benowitz、Chilisa Shorten 和 Thomas Warfel 对各节内容的建议和帮助。

第 10 章　热年代学在地质中的应用：基岩和碎屑岩

Marco G. Malusà　Paul G. Fitzgerald

摘　要

低温热年代学可以应用于解决多种地质问题。本章概述了对基岩和碎屑岩热年代学分析的不同方法、基本假设和合适的采样方法，尤其着重于裂变径迹（FT）方法。基岩热年代学的方法取决于研究目标和区域地质背景，包括以下三个方面：（1）针对不同种类矿物（如来自同一样品的磷灰石和锆石）的多种方法，如 FT、（U-Th）/He 和 U-Pb；（2）在明显起伏地带或跨地理区域采集的多个样品的单一方法；（3）对多个样品的多种方法。岩石样品的冷却历史可以用来约束剥露过程，提供热年代学信息，确定断层偏移，变形时期以及现今地形与构造特征。对碎屑样品的分析，可用于约束其在短期（$10^3 \sim 10^5$ 年）和长期（$10^6 \sim 10^8$ 年）时间尺度上的沉积物源区的剥露模式及其演化。可以通过对采集策略、残余地质样品和矿物丰度测定等详细分析，进一步提高碎屑岩热年代学方法的应用。

10.1　基岩热年代学研究

低温热年代学研究对象可分为两大类：从基岩中采集的样品和碎屑岩样品，这两组也有细分。对于基岩研究，应采用关键局部性露头方法，如在地形凹凸幅度明显的区域（垂直剖面方法）采集样品来确定年龄与高程的关系。也可考虑提供更多的区域性采样方法，所有方法均取决于研究目的、可用的地质信息，是否还应采用其他方法以及是否可应用于后续的热模型中。通常，研究精力主要应聚焦到数据本身。例如，模拟方法不断变化和发展，但是在所有条件相同的情况下，数据保持不变。

10.1.1　分析剥露速率的其他方法与年龄—高程方法的比较

区域性采集基岩样品时，可以通过假设年龄代表闭合温度（T_c）的年龄，并假设（或已知）古地温梯度来计算 T_c 对应的深度，从而估算样品的剥露速率。深度除以年龄可以得出剥露速率（Reiners 和 Brandon，2006）。这种方法并不太适用于基岩样品，特别是可以做反演模拟的情况（第 3 章；Ketcham，2018）。尽管如此，其目前仍然为碎屑热年代学研究的基本方法之一（Garver et al.，1999；见第 10.2 节）。

利用低温热年代学对基岩样品进行研究的更常见手段是将具有不同 T_c 的多种方法结合起来，并沿垂直剖面采样（图 10.1）。这里所提的多方法［图 10.1(a)］是基于对从同一样品中获取的不同类型矿物中不同热年代学分析（Wagner et al.，1977；Hurford，1986；Moore 和 England，2001）。具有逐渐降低的 T_c 的不同类型矿物系统通常会产生越来越小的表观年龄，从而限制了冷却历史，这通常与样品向地表的剥露过程有关。在 T_c 与热年代学年龄的关系图［图 10.1(a)］中，斜率的梯度是所选时间间隔内冷却速率的函数，并且对于较快冷却而言更陡。将这种平均冷却速率转换为剥露速率并非易事，因为必须先明确冷却期间的古地温梯度（参见第 8 章；Malusà 和 Fitzgerald，2018）。通常，多种方法综合分析更适用于在较宽温度范围（即几百摄氏度）内冷却的样品，即多方法适用于分析从更大深度剥露至近地表的岩石（第 13 章；Baldwin et al.，2018）。高温热年代学方法对剥露速率变化的响应较慢（Moore 和 England，2001）。因此，如果剥蚀速率有一个阶梯式的增长，那么在同一样品上的不同方法可能会出现随着时间推移剥蚀速率逐渐增加的现象，因为 T_c 等温线以不同的速度迁移到新的稳态深度。

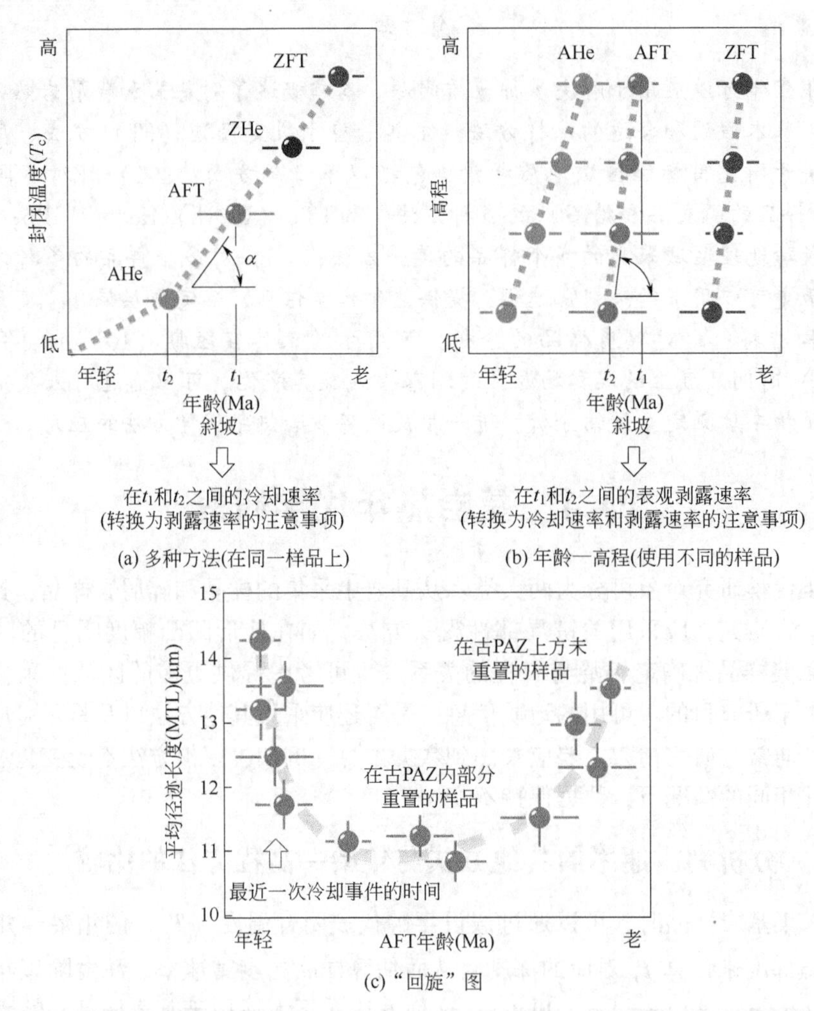

图 10.1　约束基岩样品剥露速率的替代方法（基于对同一样品具有逐渐降低的闭合温度的不同矿物系统的分析）

（a）图中的斜率梯度是 t_1 和 t_2 之间的平均冷却速率的函数：先必须确定冷却过程中的古地温梯度，以便将该平均冷却速率转换为平均剥露速率；（b）年龄—高程（垂直剖面）方法：它是基于对从大型地形幅度的顶部到底部采集的一系列样品的分析，并使用相同的定年方法，年龄图上斜率梯度可以表征最高（t_1）和最低（t_2）样品年龄之间的平均剥露速率，或年龄—高程剖面的各个部分具有不同的斜率，经常将多种方法应用于同一样品，以在更长的时间间隔内约束剥露历史；（c）“回旋”图：可用于检测位于古 PAZ 内或部分重置或未重置的样品，并确定最近一次降温事件的发生（Gallagher 和 Brown，1997）

年龄—高程（垂直剖面）法（Wagner 和 Reimer，1972；Naeser et al.，1983；Gleadow 和 Fitzgerald，1987；Fitzgerald 和 Gleadow，1988，1990；Fitzgerald et al.，1995；Ruiz et al.，2009）分析了在一定海拔范围且较短的水平距离内采集的一系列样品，从大于 T_c 等温面的深度开始的剥露过程，高海拔样品先于低海拔样品穿过 T_c 等温表面，从而导致正常的年龄—高程关系（即高海拔样品年龄较大）。年龄—高程图中的斜率梯度提供了最高采样点［图 10.1(b) 中的 t_1］和最低采样点时间间隔内的平均剥露速率［图 10.1(b) 中的 t_2］。剥露速度越快，该斜率越陡。该估算不需要对古地温梯度做任何假设，但将表观剥露速率转换为真实剥露速率并非易事，并且需要仔细分析地形和地温坐标系之间的关系（本书第 9 章）。

年龄—高程方法的一个重要假设是，自剥露以来，样品之间的空间关系保持不变。因此，对于已改变这些原始关系的断层，就不应采用这种方法，而需考虑来自不同断层块的样品。相反，该方法可用于检测具有相反或未预期的年龄的样品之间的问题。此外，最低和最高的样品之间的海拔差异应该足够大，以便在热力学年龄方面有明显的差异，至少与每个年龄相关的标准误差相比是如此。这对于快速剥露的地区尤其重要，在这些地区，热年代的年龄往往会随海拔升高而变化。因此，高地形起伏和相对较慢的剥露速度相结合，代表了成功应用年龄—高程方法的最有利条件，这使得热年代学年龄的分布更大。但是，仅使用一种测年方法的年龄—高程方法所约束的时间间隔可能很短［图 10.1(b) 中的 t_1～t_2］。为了在更长的时间间隔内约束剥露历史，可以将多种方法应用于相同系列样品上［图 10.1(b)］。受不同热年代学方法约束的时间间隔可能会重叠，从而为剥露演化过程的分析提供补充约束，或者会在不同方法之间留下不受约束的时间间隔，这通常在样品地形起伏不大时会观察到。即使采用相同的剥露速率，对于不同的热年代学方法，也可能会记录不同的年龄—高程斜率。因为地形的影响以及山脊和山谷下等温面的弯曲（Stüwe et al.，1994；Mancktelow 和 Grasemann，1997；Braun，2002），可以通过适当的采样方法进行研究（第 9 章，Fitzgerald 和 Malusà，2018；第 19 章，Schildgen 和 van der Beek，2018）。

样品之间的垂直间距也很重要，并且应该足够小以突出斜率的任何变化，这归因于剥露速率的变化或存在古 PAZ（本书第 9 章）。为了计算表观剥露速率，由部分重置或未重置的样品产生的热年代学年龄，即由在古 PAZ 内或上方样品的热年代学年龄（如由矿物年龄超过分散度或由封闭的径迹长度分布所显示；参阅第 6 章，Vermeesch，2018；本书第 9 章）。

图 10.1 显示了测得的 FT 年龄与平均径迹长度（MTL），可以直观地看到位于古 PAZ 内或上方的部分复位或未复位样品的出现［图 10.1(c)］。在一个经历了大体相同的冷却过程的地区，从一系列初始古深度采集的样品将定义一个凹陷向上的“回旋镖”形状（Green，1986）。这种回旋趋势包括：(1) 年龄大、MTL 长的样品，对应于在 PAZ 上方停留时间最长的样品；(2) 年龄中等、MTL 最短的样品，对应于在 PAZ 内停留时间最长的样品；(3) 年龄小、MTL 长的样品，经历了最高的初始古温度。最近一期冷却事件的时间受到从具有“中间” FT 年龄和 MTL 在 12～13μm 范围内的样品到具有较年轻 FT 年龄和 MTL 在 14～15μm 范围内的样品过渡制约（Brown et al.，1994；Fitzgerald，1994；Gallagher 和 Brown，1997；Hendriks et al.，2007）。后面的这些样品可以用来估计使用年龄—海拔方法的表观剥露速率，前提是这些样品是从同一个断层块中采集的，并且满足本书第 9 章中描述的标准。

10.1.2　FT 热年代学与岩石单元的关系

低温热年代学还可用来分析古构造热背景并估算上覆岩层的古厚度，包括部分剥蚀的地层演化或剥蚀的逆冲断层［图 10. 2(a)—(c)］。这是 FT 地层学的一种应用，“地层学”以年龄随海拔或深度的变化（在有钻井的情况下）来表示（Brown，1991）。

图 10. 2(a) 中的径向图显示了沉积盆地钻孔样品的矿物年龄与深度的关系，这些样品经历了较小的埋藏并保持在所选热年代学系统的 PAZ 之上［图 10. 2(a) 中的黑圈］，将显示单峰或多峰的矿物年龄分布，其矿物年龄种群早于样品的地层年龄。在 PAZ 内的样品［图 10. 2(a) 中的灰色圆圈］将显示部分重置的裂变径迹年龄，随着温度的升高，其年龄将逐渐低于样品的地层年龄。由于裂变径迹已完全退火，位于 PAZ 下方的样品，即处于较高温度区间［图 10. 2(a) 中的白色圆圈］的样品，其 FT 年龄为零。埋深之后，快速剥露至地表，下面介绍剥露情况下的地层序列中的年龄趋势［图 10. 2(b)］。

最初位于 PAZ 下方的沉积岩［图 10. 2(b) 中的白色圆圈］产生单峰矿物年龄分布，其中心年龄等于或小于这种快速剥蚀的年龄（尽管年龄通常不大）。在 PAZ 内经历过埋深的样品［图 10. 2(b) 中的灰色圆圈］将显示裂变径迹年龄，介于样品的地层年龄和剥蚀时间之间。完全重置和部分重置样品之间的过渡时间标志着更快速的冷却和剥露开始的时间。保留在 PAZ 上方的样品将提供有关沉积物来源地区较古老剥露结晶事件的信息，可以使用本节中介绍的碎屑热年代学方法进行分析（本书第 14—17 章），也可以在 Brandon 等（1998）和

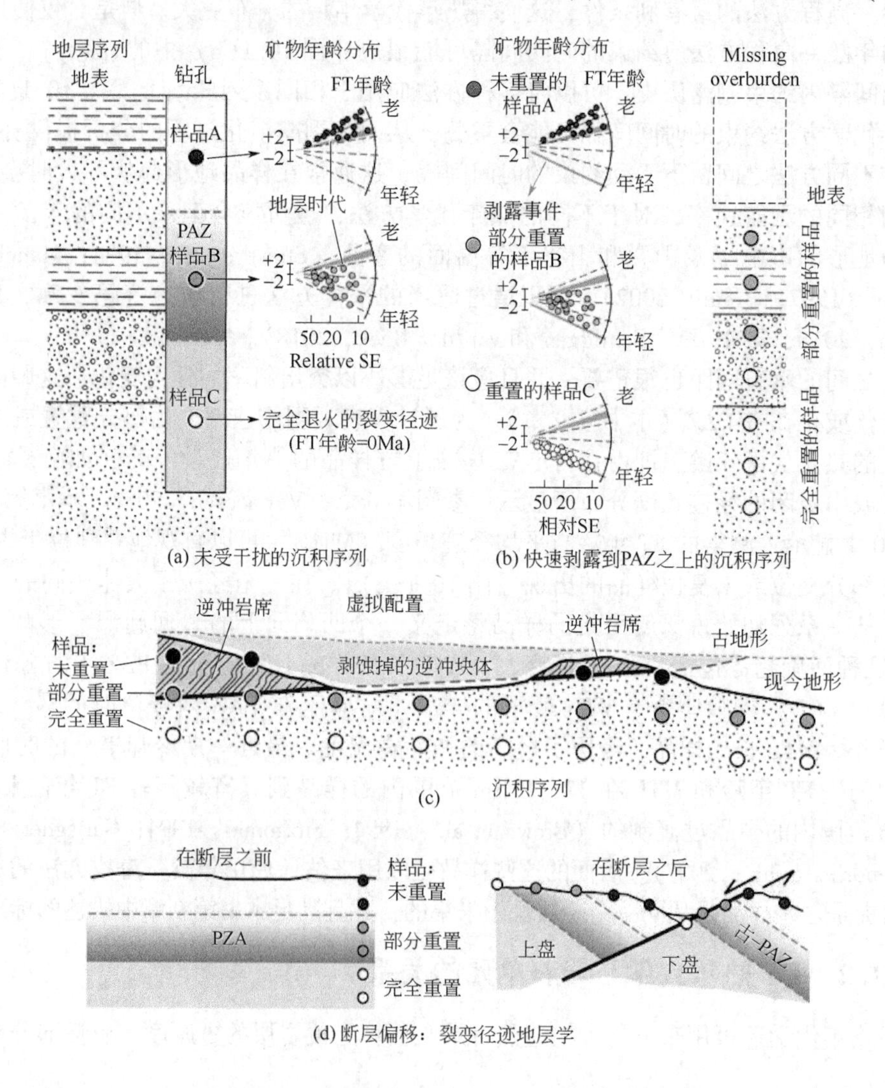

(a) 未受干扰的沉积序列　(b) 快速剥露到PAZ之上的沉积序列

(c)

(d) 断层偏移：裂变径迹地层学

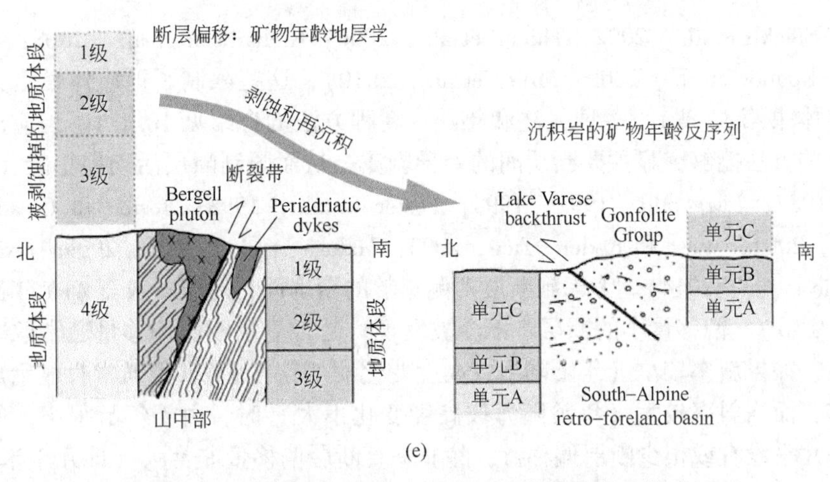

图 10.2　使用热年代学标记分析地质构造和断层偏移

（a）沉积盆地钻孔中，随深度增加，在PAZ上方的样品（黑圈）显示出热年代学年龄大于地层年龄，PAZ（灰色圆圈）内的埋深显示部分重置（退火）的裂变径迹年龄，该年龄小于样品的地层年龄，由于裂变径迹已完全退火，位于PAZ（白色圆圈）下方的样品产生的FT年龄为零；（b）剥露后的地层顺序相同，最初位于PAZ（白色圆圈）下方的沉积岩显示出单峰年龄分布，其中心年龄记录了最后一次剥露的时间，在PAZ（灰色圆圈）内经历过埋深的样品的裂变径迹年龄介于地层年龄和最后一次剥露时间之间，在地层序列的最上层出现的部分重置或完全重置的样品，提供了侵蚀或构造过程中曾剥蚀掉上覆沉积层的证据；（c）基于现代地形地貌中未退火、部分退火和完全重置的样品的分布，对岩石单元进行了重构；（d）通过FT地层学对断层偏移进行分析（图改编自Stockli等，2002）；（e）通过矿物年龄和反向矿物年龄信息分析断层偏移量（基于Malusà et al.，2011）；数字代表地质体高度，字母代表地层单位（更多信息参见第16章；Malusà，2018）

本书第18章（Schneider和Issler，2018）中找到解释部分重置碎屑样品的线索。

在地层层序的最高层中出现部分或全部重置的碎屑样品，提供了通过剥蚀去除上覆地层的证据［图10.2(b)］。当合理地假定或确定古地温梯度时，FT地层学方法提供了一种有用的方法来估算现今地形之上的剥蚀厚度和构造信息［图10.2(c)］。例如在Alaska中部地区进行的研究，以估计在中新世晚期快速剥露之前，在Denali山顶上方存在的岩石数量（Fitzgerald et al.，1995；本书第9章）；在Apennines山脉中推断Adriatic foredeep单元顶部的Ligurian楔形构造（Zattin et al.，2002）。在东Anti-Atlas地图上，推断出西非克拉通前寒武纪基底之上的Variscan的古构造（Malusà et al.，2007）；在加拿大山脉中推断Lewis逆冲单元的初始厚度（Feinstein et al.，2007）；在法国东南部，推论出欧洲前陆古近系沉积之上的Alps湿地的构造（Labaume et al.，2008；Schwartz et al.，2017）。恢复这些古地质信息所需的样品数量非常多，在理想情况下，尽量在不同地层多采集相应样品并测试。

10.1.3　使用热年代学信息分析断层偏移

低温热年代学通常会提供用于分析断层活动的时间和断层偏移分析的信息（Gleadow和Fitzgerald，1987；Gessner et al.，2001；Raab et al.，2002；Fitzgerald et al.，2009；Niemi et al.，2013；Ksienzyk et al.，2014；Balestrieri et al.，2016；第11章，Foster，2018）。在沉积物、岩浆和变质岩的单调序列（缺少地质标志物）和露头较差的区域（没有其他标志物）的地区（森林成冰的地区），此类标记特别有用。热年代学标记包括古PAZ和FT地层学，如图10.2(d)所示（Brown，1991；Fitzgerald，1992；Foster et al.，1993；Bigot-Cormier et al., 2000; Stockli et al., 2002; Thiede et al., 2006; Richardson et al., 2008; Fitzgerald et al., 2009; Kounov et al., 2009; Miller et al., 2010),这些限制了地质体最上方几千米的断层活动(本书第11章)。多种方法和年龄—高程方法的介绍见10.1.1。当应用于不同的地块时,这些方法能够突显主要断层间的差异剥露,从而限制断层活动的年龄(Gleadow 和 Fitzgerald, 1987; Fitzgerald, 1992, 1994; Foster et al., 1993; Foster 和 Gleadow, 1996; Viola et al., 2001; West 和 Roden-Tice, 2003; Malusà et al., 2005, 2009a; Niemi et al., 2013; Riccio et al., 2014)。考虑到断层两侧年龄的精确性,对于磷灰石 AFT 年龄来说,通常是±5% (±1σ),偏移量小的断层将不会被发现。是否显示断层偏移量通常取决于年龄与高程的关系。如果斜率较小(年龄随海拔高度变化而变化很大),则通常会显示出断层引起的年龄偏移,而当斜率较大(年龄随海拔高度变化不大)时,由于年龄很小,通常不会显示出断层。几乎没有或很少断层偏移量,除非垂直断层偏移量非常大(即几千米)。当充分记录了当地 FT 地层并且使用了多个样品(最好在断层两侧采集样品)时,对断层偏移的约束会更为可靠。可以根据温度—时间信息,结合对断层两侧样品的封闭径迹长度进行模拟,对诸如此类的年龄趋势进行分析(Thomson, 2002; Balestrieri et al., 2016)。如果古地温梯度是已知的,则对断层的多方法分析会提供可靠的时间变化过程(Malusà et al., 2006)。

Fitzgerald (1992) 在干燥谷地区跨南极山前进行了 FT 地层学测试分析。在该断层中,正断层的位置和偏移被阶梯形断层的水平白云石山体很好地描绘出来(见本书第9章)。沿断裂脊系统采集的样品,重建了约100Ma 等时线,并记录了小至约200m 的断层偏移量。这是理想的情况,年龄—高程图的斜率约为15m/Ma。偏移量为300~400m,可识别的年龄差异为20~25Ma。Miller 等 (2010) 在 Shackleton 冰川附近的 Cape Surprise 地区(即跨南极山前地带)进行了类似的研究,发现存在一个偏移量约为5km 的主断层及一系列小断层。

断层偏移也可能受矿物年龄地层学的约束(Malusà et al., 2011),这是基于在不同深度的地质体和不同矿物产生的结晶和剥露年龄的特定组合(参见本书第8章,图8.7)。这样的组合可以在热年代学基础上分析越来越深的地质体段[图10.2(e) 中的1—4级]的地层学信息,这些地层信息能够约束均质岩石序列中的断层偏移。矿物年龄地层学在以深成岩为主的地质情况下尤其有用[图10.2(e)]。与 FT 地层相比,矿物年龄地层学的使用会约束跨断层的更大偏移,因为数据跨度更大。对于欧洲 Alps 山的非地下断层,这种方法提供的证据表明,相对于被俯冲的南侧,断层以北的隆起地块的断层偏移量大于10~15km。在北部,形成于渐新世的深成岩体 Periadriatic Bergell/Bregaglia 已被抬升冷却至地质体段,该地质体段在侵入时处于黑云母 K-Ar 系统的 T_c 之下[图10.2(e) 中的第4级]。黑云母 K-Ar 年龄 (26~21Ma; Villa 和 von Blanckenburg, 1991) 证明了这一点,该年龄比锆石 U-Pb 测年提供的侵入年龄 (30±2Ma; Oberli et al., 2004) 要年轻得多。相比之下,Insubric 断层以南的地块现今已在地表出露。这些岩脉显示了锆石的 U-Pb 和磷灰石裂变径迹年龄,产生了42~39Ma 和35~34Ma 两个年龄簇,在误差范围内没有区别(D'Adda et al., 2011; Malusà et al., 2011; Zanchetta et al., 2015),因为侵入时它们处于 AFT 的 PAZ 内或下方[图10.2(e) 中的第1级或第2级]。这些约束综合了基于多方法的断层偏移(Hurford, 1986)。

在经历剥蚀的造山运动中观察到的矿物年代地层信息,随后可能会在注入的沉积盆地中观察到"反向"年代地层。因此,在没有其他地层标记的情况下,这种反向的年龄趋势可以用作检测构造重复和断层偏移的标记[图10.2(e) 中的右图]。例如,将这种方法应用于源自 Bergell 岩体剥蚀的渐新世—中新世花岗岩体(Wagner et al., 1979; Bernoulli et al.,

1989)，证明了该花岗岩中存在重大的、以前未发现的逆冲断层［图 10.2(e) 中的 Varese 湖反冲；Malusà et al.，2011］。

由于详细地重建了不同断层块经历的不同的剥露历史，跨越主要断层的热年代学分析可以理想地约束变形的时间。在图 10.3（左图）的实例中，时间 t_3 之前的逆断层活动受到磷

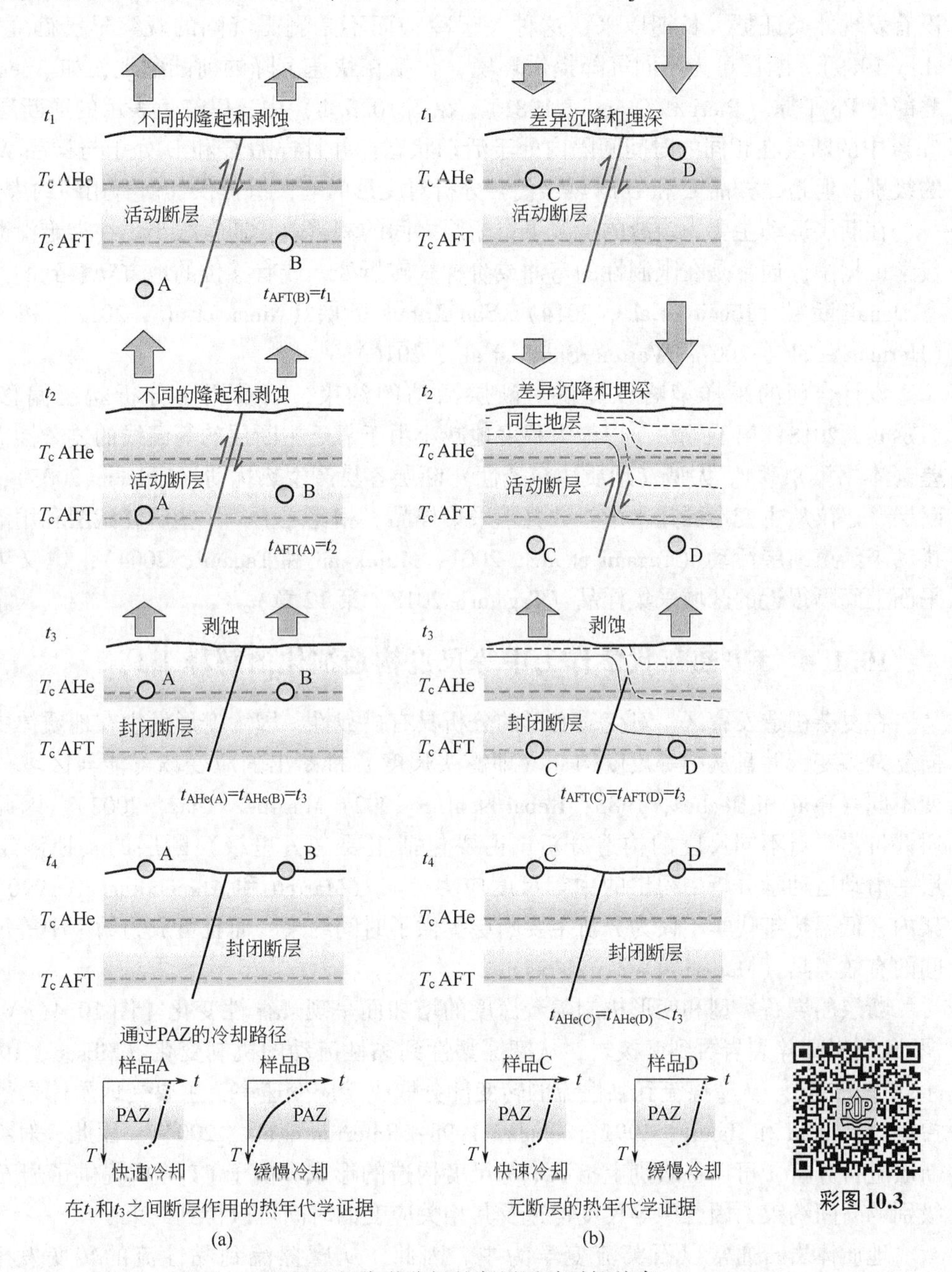

图 10.3　基于热年代学分析的断层活动时间约束

(a) 通过在逆断层（红色）两侧采集的岩石样品 A 和 B 中进行 AFT 和 AHe 分析，对封闭径迹长度的分布进行模拟，确定了断层的形成时间。样品 A 和 B 中的 AHe 年龄等于 t_3，并且在整个断层上是无法区分的，这与不晚于时间 t_3 断层活动的停止是一致的；(b) 在时间 t_3 之前，逆断层容纳了不同的沉降，当分析样品 C 和 D 的级别与样品 A 和 B 相似时。样品 C 和 D 的 AFT 和 AHe 分析对断层的年龄没有直接的约束，而更高的 T_c 热年代学将记录比 t_1 更古老的事件，为简单起见，不包括等温面的平流效应。

灰石（U-Th)/He 和 AFT 的严格约束，该分析是在断层的相对两侧，并通过使用年龄和来自相同样品的封闭径迹长度数据进行反演模拟。样品 A 和 B 中的 AHe 年龄等于 t_3，并且在整个断层上无法区分，这与不晚于时间 t_3 的断层停止活动是一致的。重要的是，只有热年代学数据能证明当断层具有差异驱散作用时［图 10.3(a)］有断层偏移［图 10.3(b)］，而没有发现此类证据。长期以来，这种关于冷却而不是剥露沉陷的观察早已确立（Green et al.，1989）。断层可为不同沉降提供环境，包括在快速沉降的前陆盆地，如 Apennines 山脉北部的 Po 平原（Pieri 和 Groppi，1981）。在图 10.3(b) 中，以红色表示的逆断层与图 10.3(a) 中的断层在相同的时间间隔内处于活动状态，并且样品 C 和 D 处于与样品 A 和 B 相同的级别。但是，样品 C 和 D 的热年代学分析对变形时间没有提供任何有用的约束。

在断层运动主要为走滑的情况下，断层之间的剥露差异通常很小。在沿走滑断裂的热年代学证据中，通常是在限制性的弯曲或阶梯式转折处，或有移位的地方观察到的。典型实例有 Denali 断层（Riccio et al.，2014）、San Anreas 断层（Niemi et al.，2013）和 Alpine 断层（Herman et al.，2007；Warren-Smith et al.，2016）。

设计合理的采样策略以提供对断层活动的约束，以及用于分析断层偏移量的数据（Foster，2018；第 11 章），以最大程度地减小由于靠近主断层的等温线的复杂性而引起的偏差（本书第 8 章）。大型（地质体穿透性）断层容易产生热扰动（Ehlers，2005），对于这些断层，建议从主变形区几十米至数百米采集样品。相比之下，一些研究试图利用沿断层的热扰动来约束断层活动（Tagami et al.，2001；Murakami 和 Tagami，2004），建议从整个断层平面上间隔很近的区域采集样品（Tagami，2018；第 12 章）。

10.1.4　FT 热年代学作为中等尺度构造演化的解释工具

在复杂构造发育区，对变质变形的分析具有挑战性，因为变形发生在地质体中，断层走向复杂多变，并且从中等尺度构造（即露头尺度）推断出的应变场可能与区域范围内的应变不同（Eyal 和 Reches，1983；Rebai et al.，1992；Martinez-Diaz，2002）。因此，区域地质评价需要对不同尺度的构造分析，主要包括主要（公里级）断层的实地测绘，以及断层—滑动运动学分析中得出的中等尺度应力分布（Marrett 和 Allmendinger，1990）。在此框架内，低温热年代学不仅为分析主要断层提供了时间约束，而且可成为约束中等尺度变形时间的有效工具（Malusà et al.，2009a）。

断层的岩石类型和变形机制随着深度的增加而呈现规律性变化［图 10.4(a)］；从断层泥/角砾岩到碎裂岩再到糜棱岩，从摩擦塑性到黏性流动的机制变化（Sibson，1983；Snoke et al.，1998）。从摩擦流到黏性流的转变部分取决于应变速率，主要受地质体岩性和温度的控制（Schmid 和 Handy，1991；Scholz，1998；Raterron et al.，2004）。因此，对特定岩性的断层进行分析，可以在级别上指示中等尺度构造的形成。由于 FT 分析提供了岩石穿过给定级别的时间约束，因此中等尺度构造及其相关应变的时间可以得到约束。

地质体岩石通常以石英流变学为主。因此，从摩擦流到黏性流的转变发生在 300℃（Scholz，1998；Chen et al.，2013）。变形机制的温度变化与低损伤锆石中 FT 系统的 T_c 密切相关［图 10.4(a)］。因此，在高于锆石 FT 系统的 T_c 温度下会形成糜棱岩。在高于 AFT 系统 T_c 的温度下，会形成共生碎裂岩。断层泥和断层角砾岩是地质体最上部几千米断层发育区常见的岩石类型，受 AHe 系统温度范围的约束（图 10.4a）。由于摩擦到黏滞的过渡控制了地震带的厚度（Priestley et al.，2008；Chen et al.，2013），因此以石英为主的假玄武

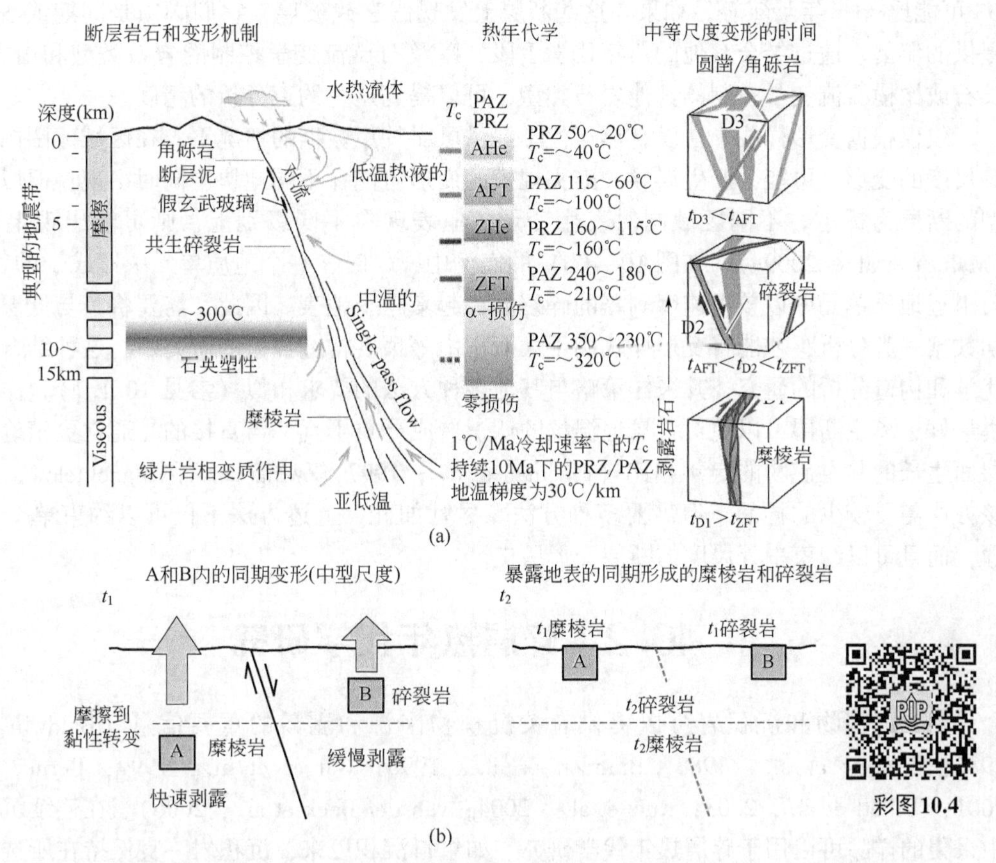

图 10.4 (a) 断层岩的类型和相关的变形机制随深度的增加的变化规律。通常在高于 ZFT 系统 T_c 的温度下形成以石英流变学为主的岩石单元。共生碎裂岩通常在高于 AFT 系统 T_c 的温度下形成。断层泥和断层角砾岩是地质体最上部几公里断层发育区常见的岩石类型，受 AHe 系统温度范围的约束。右边的 3 个立方体从概念上说明了 FT 热年代学在约束剥露史及中等尺度变形方面的应用。在渐进剥露过程中，岩体首先被右旋剪切带切割，该剪切带以糜棱岩为标志（D1 相），然后受正断层共生碎裂岩影响（D2 相），最后被正断层（D3 相）切割。D1 阶段可能早于锆石裂变径迹年龄，D2 阶段可能发生在 AFT 和锆石裂变径迹年龄所界定的时间范围内，而 D3 阶段可能比 AFT 提供的年龄小（Malusà et al.，2009a）。(b) 在 t_1 形成的岩体 A 中的糜棱岩现今暴露在与白云母（岩体 B）相邻的表面（t_2）上。糜棱岩和白云母同时形成，但岩体 B 形成在较浅的层段，并以较慢的速率被剥露。该实例表明，断层岩石类型不能单独用作中等尺度构造分析的验证工具，因为露头尺度的变形可能被不同类型的断层岩石记录。因此，需要与低温热年代学数据结合才能更准确地解释中等尺度构造的数据

玻璃形成的最大深度范围与 ZFT 系统的 T_c 相关［图 10.4(a)］。断层岩石通常与脉和热液矿化有关，这可能对断层岩石的形成温度提供额外的约束（Wiltschko，1998）。

图 10.4(a) 从概念上说明了 FT 热年代学在约束剥露史、中等尺度变形和相关应变的时间方面的应用。进行渐进式剥蚀期间，右图中的岩体（立方体形态）被以糜棱岩（D1 相）标记的右侧剪切带切开，然后被由共生碎裂岩（D2 相）标记的正断层切割，并且最终被有断层泥标记的正断层切割（D3 相）。当与 FT 数据结合使用时，可以得出结论：D1 阶段可能早于 ZFT 年龄，D2 阶段可能发生在由 AFT 和 ZFT 年龄限定的时间范围内，而变形阶段

D3 可能比 AFT 年龄年轻。如果在这些断层上发现假玄武玻璃，它们必须是同期或小于 ZFT 提供的年龄。通过结合其他的热年代学手段，以及石英流变学控制的岩石类型和由方解石、长石或橄榄石流变学控制的其他岩石类型，可以提高这些约束分析的精度。

仅仅根据变形样式，在没有热年代学提供可靠约束数据的情况下，在区域范围内解释中等尺度的变形，可能会产生误导。露头规模的变形可能在不同地块中同时出现，但以不同类型的断层为标志。不同区域同时发生变形，但表现在不同级别上，则可能出现上种情况（Malusà et al.，2009a）。在图 10.4(b) 的实例中，t_1 时，一个地质单元中形成于的糜棱岩，与附近地质单元中以较慢速度剥露的碎裂岩一起暴露至地表。因此，需要将其与低温热年代学数据一起分析，才能将变形样式用于大面积中等尺度构造数据的研究中。这种结合了热年代学和构造分析的研究，其采样策略与其他多种方法的要求相似（参见 10.1.1）。样品的采集最好远离主断层，以免对背景地温场的认识造成严重干扰。与直接的、通常更精确的沿断层面生长的共生矿物的定年相比（Freeman et al.，1997；Zwingmann 和 Mancktelow，2004），该方法需要较少的样品，但需要多种方法。尽管如此，上述方法不仅可以约束单个变形步骤，而且可以约束中等尺度的断层变形历史。

10.2　碎屑热年代学研究

现代沉积物和沉积岩可以提供有关沉积物来源和剥露的重要信息（Baldwin et al.，1986；Cerveny et al.，1988；Brandon et al.，1998；Garver et al.，1999；Bernet et al.，2001；Willett et al.，2003；Ruiz et al.，2004；van der Beek et al.，2006）。在连续沉积地层中采集的样品可以用于碎屑热年代学研究。如果自沉积以来，沉积岩一直保持在所选热年代学系统的 PAZ 或 PRZ 之上，则地层热年代学层序关系会以倒序的方式反映在沉积物源区的热年代学年龄关系。与剥蚀源区相比，搬运的碎屑通常分布在更大的区域。因此，沉积演替记录了厚得多的地质剖面的剥蚀历史。现今，这样的地质剖面可能已被完全剥蚀掉，因此无法通过基岩方法进行研究。

碎屑矿物年龄分布有可能代表源岩信息。根据源岩的地质演化，这些分布可以是单峰或多峰的。多峰分布通常被分解为不同的矿物年龄种群（Brandon，1996；Dunkl 和 Székely，2002；Vermeesch，2009），这些年龄通常比被分析样品的沉积年龄更早（Bernet et al.，2004a；Bernet 和 Garver，2005）。

10.2.1　碎屑热年代学研究方法

图 10.5(a) 通过使用现代沉积物样品（图中的 1 和 2）和地层连续样品（图中的 3—5），研究人员提供了进行碎屑热年代学研究的方法的概要。碎屑年代学可以提供以下信息：

(1) 长期平均剥露速率 [图 10.5 (a) 中的 1]。通过分析现代河流沉积物，可以从每个流域采样分析矿物年龄分布（Garver et al.，1999；Brewer et al.，2003）。这些矿物年龄分布在一定条件下反映了流域内 FT 信息（Bernet et al.，2004a；Resentini 和 Malusà，2012）。前人使用滞后时间法（Garver et al.，1999）和零地层年龄法，分析了源区的平均（10^6~10^8a）侵蚀率，但不是很准确。如果最年轻的碎屑成分的热年代学数据被解释为与剥露有关的冷却年龄，则可以用来提供相对精确的认识。值得注意的是，矿物年龄分布受排水测高法的影响。根据基岩的年龄与海拔的关系，山顶被剥蚀的矿物的年龄通常会更老，而山

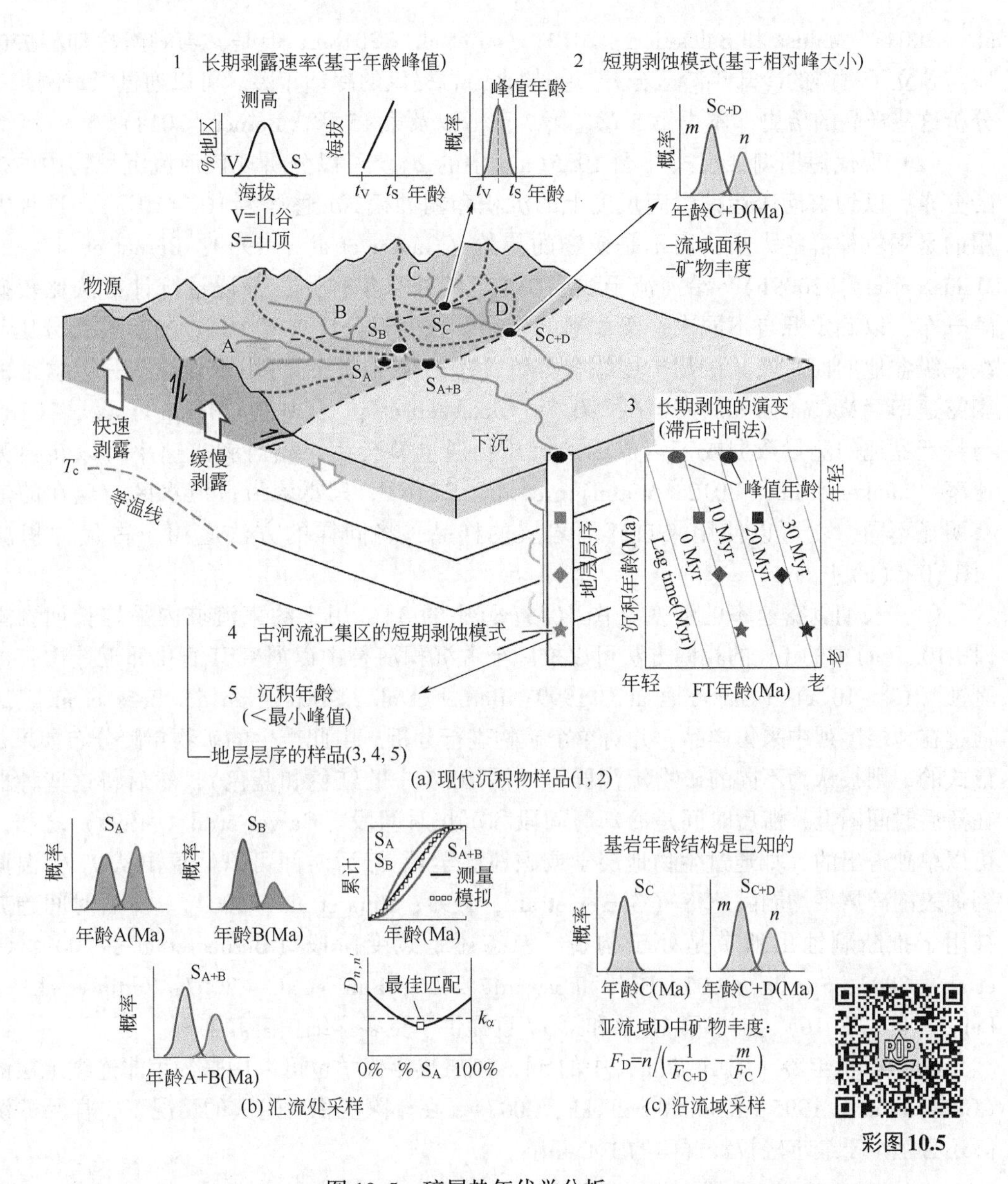

图 10.5　碎屑热年代学分析

(a) 图展示了从现代沉积物（1、2）和沉积岩（3、4、5）的热年代学分析中获得的研究方法和数据；字母表示次一级盆地（A—D），假设的采样点（S）和峰的相对高低（m，n）。每种方法均基于一系列独立的假设（表 10.1）。通过整合现代沉积物和古老沉积物中矿物的定年分析，可以提供可靠的约束条件。(b) 和（c）根据现代沉积物样品的热年代学分析进行古老沉积物样品的采样策略分析（Malusà et al.，2016）；$D_{n,n'}$ 是累积频率曲线之间的最大距离，K_α 是 α 的临界值（本书第 7 章）

谷被剥蚀的矿物的年龄则更年轻。在年龄与海拔高度关系明确的情况下，可以约束剥蚀沉积物的海拔高度（Stock et al.，2006；Vermeesch，2007）。矿物年龄分布也将根据上游不同岩性矿物而变化。矿物丰度不均匀，往往被定义为不同母岩在遭受剥蚀时产生特定矿物碎屑的可变倾向（Moecher 和 Samson，2006；Malusà et al.，2016）。使用碎屑热年代学来约束平均长期剥露速率的主要优势是可以通过相对较少样品获得大面积剥蚀模式的信息（Bernet et al.，2004a；Malusà 和 Balestrieri，2012；Asti et al.，2018）。但是，与剥露冷却相关的年龄应与独立于剥露的冷却年龄区分开，例如火山岩提供的冷却年龄。可以通过双重测年有效地分析这些样品的历史（本书第5章、第7章）以及第15章（Bernet，2018）。

（2）现代短期剥蚀模式［图10.5(a) 中的2］。可以分析现代河流沉积物中的矿物年龄分布，以约束河床运移时间尺度上的沉积和剥蚀模式(通常为 10^3 ~ 10^5a)。这种方法利用的是颗粒种群的大小，而不是矿物的年龄（Garver et al.，1999；Bernet et al.，2004b；Malusà et al.，2009b）。沿河流干线或在主汇集处采集样品，并通过统计方法比较矿物年龄分布，以确定源自不同次一级盆地的矿物颗粒的百分比（见10.2.2）。该百分比与每个次一级盆地的面积及其矿物丰度综合分析（本书第7章），可用于计算次一级盆地的相对剥露速率（Malusà et al.，2016；2017；Glotzbach et al.，2017，Braun et al.，2018）。在与特定盆地的测量数据或宇宙成因的沉积物通量整合后，相对剥露速率可以转换为绝对速率（Lupker et al.，2012；Wittmann et al.，2016）。只要认为古汇水区与现在的形态没有明显不同，就可以使用来自碎屑岩层的样品，将同样的方法应用于古代冲积沉积物［图10.5(a)中的4］。

（3）长期剥露速率的演变［图10.5(a)中的3］，用于约束流域内平均长期剥露速率［图10.5(a)中的1］的相同方法可以推广至古沉积演替中以研究其演化邻近造山带的长期剥蚀（10^6 ~ 10^8a）（Garver et al.，1999；Bernet et al.，2001；van der Beek et al.，2006）。通过在地层序列中采集样品，并对单个矿物进行分析。由此产生的矿物年龄分布如果是多峰形式的，则被认为不同的矿物年代群体（图10.5中的红色和蓝色），然后将这些种群绘制在滞后时间图上，滞后时间是冷却时间段和沉积时间段（Garver et al.，1999）之和，这是可以单独得出的（如通过生物地层学或磁地层学）。滞后时间可以估算出从 T_c 等温面深度到地表的碎屑平均剥露速率（Garver et al.，1999；Ruiz et al.，2004）。滞后时间趋势通常被用于推断剥蚀山地带是处于构造、稳态还是衰变阶段（Bernet et al.，2001；Carrapa et al.，2003；Spotila，2005；Ruiz 和 Seward，2006；Rahl et al.，2007；Zattin et al.，2010；Lang et al.，2016）。本书第15章和第17章提供了更多详细信息和实例。

（4）沉积年龄［图10.5(a) 中的5］。碎屑热年代学也可以用来约束非连续地层的演化（Carter et al.，1995；Rahn 和 Selbekk，2007）。在排除沉积后退火的情况下，样品的沉积年龄还必须小于最年轻粒龄群体的中心年龄。

10.2.2　使用现代河流沉积物分析

用基于现代河流沉积物的碎屑热年代学来约束沉积特征，需要具有“热年代学差异”的碎屑源。此类信息通常是不同地质体或上地壳剥露史的结果（图10.5a 中的红色和蓝色构造块）。在仅来自这些区域的碎屑样品中（在流域C中采样的快速剥露的红色块），矿物年龄分布取决于汇水区测压法和汇水区年龄与高程的关系。各种来源［样品 S_{A+B} 和 S_{C+D}，图10.5(a)］可能会产生包括不同矿物年龄种群的多峰分布。两种可选的采样方法可用于有效分配矿物（即确定每种来源的相对比例），并从分析矿物年龄分布开始分析。有混合采样方法和路线采样方法（Malusà et al.，2016）。

这类研究需要从主支流［图10.5(a) 中的 S_A 和 S_B］和汇流下游的主干河［图10.5(a) 中的 S_{A+B}］采集样品。碎屑颗粒的划分是基于汇合上游矿物年龄分布的线性组合（Bernet et al.，2004b）。最佳拟合解决方案由混合比例决定，该比例可最大程度地减少线性组合产生的模型分布与汇合下游（分别在正方形和黑色线中的正方形和黑色线处观察到）的年龄问题［图 10.5(b)］。可以使用 Kolmogorov-Smirnov（K-S）统计数据的参数 $D_{n,n'}$（Dunkl 和 Székely，2002；Malusà et al.，2013；Vermeesch，2013）评估模拟和计算年龄之间的拟合度。为了避免无法区分矿物年龄分布之间无意义的线性组合，可以使用两个样品的 Kolmogorov-Smirnov 检验来分析样品 S_A 和 S_B 中的矿物年龄分布是否在统计上不同。汇合点采样方法要求在每个节点（S_A、S_B 和 S_{A+B}）至少有三个样品。它允许使用为热年代学分析的样品直接测量子流域 A 和 B 的矿物丰度（本书第 7 章），并且不需要关于母岩热年代学的任何信息。

沿主干线的方法。当河流穿越岩石单元时，可以使用这种方法，这些岩石单元具有相互独立的热年代学特征。因此，年龄数量可以用来区分碎屑颗粒的来源（Resentini 和 Malusà，2012）。根据“沿主干线”法，来自每个源的矿物颗粒的相对比例［图 10.5(a) 和 (c) 中的 m 和 n］基于各个年龄分量特征（Brandon，1996；Dunkl 和 Székely，2002）。仅需要两个样品（S_C 和 S_{C+D}）就可以分解热年代学信息并根据矿物丰度表征次一级盆地 C 和 D。直接测量次一级盆地 C（F_C）的潜力，用图 10.5(c) 中的公式计算次一级盆地 D（F_D）的潜力。

10.2.3　碎屑热年代学研究的假设

图 10.5(a) 中所示的碎屑热年代学分析方法依赖于一系列假设。当采用现代沉积物样品中的碎屑年龄来指导对长期剥露的基岩的分析时［图 10.5(a) 中的 1］，假设剥蚀的岩体的热年代学数据反映了剥蚀冷却过程。但是，这种假设并不总是正确的。热年代学年龄也可能反映了地质体热结构的某短时间内的瞬时变化（Braun，2016），或被剥蚀的基岩内变质或岩浆结晶事件（Malusà et al.，2011；Kohn et al.，2015），或地质体的冷却历史。不同的物源为现今残余沉积岩提供了碎屑基础（Bernet 和 Garver，2005；von Eynatten 和 Dunkl，2012）。除了对地质环境进行仔细评估外，还可以通过对碎屑矿物颗粒进行多重测年（本书第 5 章）、与沉积岩（本书第 17 章）和基岩（本书第 13 章）的热年代学分析相结合，以及用热模拟补充碎屑热年代学分析，从而最大限度地减少误解的风险。

很多碎屑岩热年代学的研究，都是以假设采样点上游流域的矿物成分均一为前提的（Glotzbach et al.，2013）。即使在较小范围做研究，也应仔细分析该假设条件是否合理，因为碎屑岩的均质性较为复杂。当比较碎屑岩和基岩热年代学数据以判断山体是否处于稳定状态时，这一点尤其重要（Brewer et al.，2003；Ruhl 和 Hodges，2005）。基于多个样品中不同粒径年龄种群的相对比例，对短期剥露模式的分析［图 10.5(a)中的 2］需依赖于更多假设，如沉积物是混合的、非均质的，并且在其搬运和沉积过程中产生偏差是可以忽略的。这些假设可以使用本书第 7 章所描述的方法进行分析。

在对沉积岩研究中，碎屑岩热年代学方法所依据的假设数量大大增加（表 10.1）。与图 10.5(a) 中的方法 1 和 2 相比，滞后时间分析［图 10.5(a)中的 3］还表明：

（1）泥沙搬运过程的时间可以忽略不计；

（2）在剥露期间，与所选热年代学系统相关的等温表面保持稳定；

（3）可以排除或可以发现和解释物源的重大变化；

（4）沉积后退火不改变热年代学信息。

表 10.1 碎屑岩热年代学不同方法的假设及其对数据解释的影响

假设和方法（用数字代码标识）	替代方案	参考文献	对数据解释的影响	如何测试	本书
碎屑岩中的热年代学年龄反映了侵蚀折返过程中基岩的冷却作用（*1*，**3**）	年龄可能反映了地壳热结构的瞬时变化、变质或岩浆结晶的时期，或远距离沉积物的冷却	Bernet 和 Garver（2005），Malusà 等（2011），Braun（2016）	重大问题：从侵蚀基岩的折返角度对冷却年龄的误解	矿物颗粒的多重测年；结合砾岩和基岩的分析以及热模拟	第 5 章、第 8 章和第 17 章
沉积物被有效混合，颗粒年龄分布不受水力分选的影响（*1*，2，**3**，**4**）	颗粒年龄和颗粒大小之间的关系可能意味着颗粒年龄分布对水力过程的潜在缺陷	Bernet 等（2004a），Malusà 等（2013）	中等：碎屑岩中特定颗粒年龄群体的代表性不足	碎屑中年龄—大小关系的评估，砂岩滞后的检测	第 7 章
在采样点上游的河流集水区内，成矿条件没有变化（*1*）	基岩表现出不同的成矿条件，取决于海拔（与岩石有关的颗粒年龄在碎屑中被低估）	Brewer 等（2003），Malusà 等（2016）	中等到重大：有偏见的流域 FT 地层学重建；对稳态条件的有缺陷的评估	基岩地质检验；成矿条件的测量	第 7 章
在山脉带，成矿条件没有区域差异，根据其大小和侵蚀率，单位以碎屑表示（2，3）	整个山脉带的成矿条件在数量级上不同，成矿条件较差的构造单元在碎屑记录中的代表性较低	Dickinson（2008），Malusà 等（2017）	重大：滞后时间分析仅限制了成矿构造单元的演化；沉积物平衡是不合适的	基岩地质检验；成矿条件的评价	第 7 章
沉积物从源岩到最终汇的运移时间可以忽略不计（**3**）	作为沉积物运输的矿物颗粒（例如磷灰石和锆石）可能需要几百万年的时间才能到达其最终沉积物汇	Garver 等（1999），Wittmann 等（2011）	中等：根据滞后时间分析低估了剥蚀速率	分析样品岩浆年龄峰值与地层年龄的比较	第 7 章和第 16 章
在剥蚀过程中，T_C 等温线保持稳定（**3**）	由于快速侵蚀引发的热平流，等温线向上移动，然后在热弛豫后恢复	Rahl 等（2007），Braun（2016）	主要：侵蚀率估算不可靠；年龄可以记录热松弛，而不是侵蚀	与热模型整合	第 8 章
物源没有变化，滞后时间属于单一的侵蚀源（**3**）	主要物源变化沿地层层序记录	Ruiz 等（2004），Glotzbach 等（2011）	主要：如果未检测到物源变化，则对滞后时间趋势的错误认识	多重测年方法以及与其他来源限制的整合	第 5 章、第 14 章和第 16 章

续表

假设和方法（用数字代码标识）	替代方案	参考文献	对数据解释的影响	如何测试	本书
随着时间的推移，排水网络一直保持稳定，过去侵蚀的基岩和今天侵蚀的基岩中的成矿条件相同（4）	重大水系改造与古、现代流域不同基岩地质	Garzanti 和 Malusà（2008）	主要：过去基于测沉积物收支的短期侵蚀模式不正确	地貌分析；独立物源约束	第 14 章
碎屑岩的热年代学信息在沉积后被保存下来（**3**，**5**）	碎屑岩的热年代学信息通过沉积后退火法进行修正	vanderBeek 等（2006），Chirouze 等（2012）	重大：对最大沉积年龄的限制不正确；基于滞后时间分析高估了折返速率	沿着地层层序分析年龄趋势	第 16 章和第 17 章

注：1—平均长期剥露速率；2—现代短期剥露模式；3—通过滞后时间方法得出的长期剥露速率；4—过去的短期剥露模式；5—沉积年龄的确定（斜体：基于现代沉积物分析的方法。粗体：基于沉积岩分析的方法）

矿物颗粒通过流水传输至堆积区域，一般假设这一过程的传输时间为零，但应根据具体情况进行评估。例如，正如宇宙学数据所证明的那样（Wittmann et al.，2011），亚马孙流域的磷灰石和锆石作为河床载荷的搬运可能需要几百万年。因此，搬运时间可能是滞后时间解释的相关因素。人们对等温面在剥露过程中的行为通常难以精确预测（本书第 8 章），因此需要一种综合方法，包括源区的热年代学数据和热模拟。对碎屑岩物源的分析一般需要采用多种方法（本书第 5 章和第 14 章），分析地层演替的热年代学年龄特征（本书第 16 章）。碎屑矿物颗粒的滞后时间分析经常被用来推断整个山脉的长期演变。值得注意的是，它可能会强调山体中成矿条件最好的那部分的冷却历史（Malusà et al.，2017）。退火作用的影响不仅影响人们对滞后时间的分析，也会对沉积岩的沉积年龄的确定起主要作用［图 10.5(a) 中的 5］。退火作用后的年龄，在地层连续分析多个样品时可被识别（van der Beek et al.，2006，本书第 16 章和第 17 章）。从这个角度来看，退火信息使 AFT 方法比其他只依赖年龄值方法具有进一步的优势。

10.3　结　论

低温热年代学可用于约束基岩和碎屑岩的一系列地质过程。在对基岩的研究中，多方法和年龄—高程法为现今出露地表的岩石的剥露历史提供了有用的约束条件，只要能正确评估各种假设。多方法对样品的冷却历史提供了直接约束，但是必须明确古地温梯度，才能将平均冷却速率转换为平均剥露速率。年龄—高程方法不需要对古地温梯度有明确的假设。无论如何，这些方法都需要对地形和热参考系之间的关系进行仔细的分析，并了解可能会改变年龄—高程剖面的斜率的各种因素。可以将多种方法应用于垂直剖面样品的分析，从而可以在更长的时间间隔内约束剥露。FT 地层学提供了一个很好的参考系，以约束现今地表之上曾被剥蚀掉的岩石单元的构造。一系列热年代学特征可用于表征主要断层的差异性剥露，并约束断层活动的时间。但是在某些情况下，低温热年代学并不能揭示出主要的断层事件。将

FT数据与对断层岩的分析结合，可以对中等尺度变形的时间提供约束，还可用于从断层滑动分析得出的大—中等尺度应变的相关认识。

碎屑热年代学分析可用于提供基岩热年代学年龄分布信息，并在短期（$10^3 \sim 10^5$a）和长期（$10^6 \sim 10^8$a）上约束沉积物源的剥露过程。碎屑热年代学分析也可用于约束较古老颗粒的来源。对现代沉积物样品的分析可为较古老的地层的热年代学解释提供依据。滞后时间提供的信息可用于研究整个造山带的演化阶段，并推断其处于构造、稳态还是演化的演化阶段。碎屑岩热年代学的不同方法基于一系列假设，应该对这些假设进行分析，以避免无意义的地质解释。通过综合分析沿沉积序列采集的样品，现代河流沉积物以及矿物丰度测定，可以充分挖掘碎屑岩热年代学方法的全部潜力。

致谢

这项工作得益于Maria Laura Balestrieri、Shari Kelley和一位匿名专家对本章的建议，以及Suzanne Baldwin及其学生在2016年热年代学课程中的讨论。感谢国家科学基金会多年来提供的资助以及Jarg Pettinga和Canterbury的Erksine计划的支持。

第11章 构造地质学与构造研究中的裂变径迹热年代学

David A. Foster

摘 要

磷灰石裂变径迹（AFT）和锆石裂变径迹（ZFT）数据以及其他低温热年代数据广泛用于结构地质学和构造地质学领域，以确定地质事件的发生时间/持续时间、造山带的剥蚀量、断层上的滑移率和断裂系统的几何形态。本章介绍AFT和ZFT数据在伸展构造环境中的应用。这些数据约束了正断层的位移、断层的滑移率、古地温梯度和低角度正断层的原始倾角。

11.1 引 言

磷灰石和锆石裂变径迹是分析构造地质学的重要工具，最早的造山带研究中就已认识到这一点（Wagner和Reimer，1972）。这些古地温标已广泛用于通过位移年龄—高程剖面图来约束上地壳中断层的大小和时间，并通过断层和断层等温线（T_c）来约束地壳的位移率。直接应用FT热年代学指导构造地质学的方法在伸展构造或张拉构造环境中比较常见，因为在这些环境中，冷却是“构造”剥蚀和侵蚀的结果（Fitzgeraldet et al.，1991；Foster et al.，1991）。有许多实例通过裂变径迹数据分析逆冲和褶皱带，以确定逆冲构造事件发生的时期（O'Sullivan et al.，1993；McQuarrieet et al.，2008；Espurt et al.，2011；Mora et al.，2014）。当逆冲形成地形浮动并引起快速侵蚀和冷却时，裂变径迹数据制约了逆冲事件的时间（Metcalf et al.，2009）。然而，在一些成岩带中，逆冲和侵蚀之间的时间延迟，限制了人们对许多缩短系统中冷却年龄的断层参数的直接测量。因此，本章的重点是断层、断层体和变质岩的复合体，特别是在构造性的脱壳与侵蚀通常占主导地位的环境中。

11.2 断层部分退火带（PAZ）剖面图约束断层几何形态

在缺乏沉积地层或火山岩的地区，如果剖面的区域一致性得到了确定，则可以利用AFT或ZFT年龄/径迹长度的相对变化来约束地质构造及断层体的几何学特征（Gleadow和Fitzgerald，1987；Brown，1991；Fitzgerald，1992；Foster和Gleadow，1992；Foster et al.，1993；Stockliet et al.，2003）。参照剖面是通过测量陡峭的山地或钻孔中采集的样品FT年龄和径迹长度来构建的。FT年龄—高程剖面中部分退火带的拐点及曲线变化梯度揭示了一个地区上地壳的热历史（Foster和Gleadow，1993），并构成了伪地层学的基础（Brown，1991；另见第10章，Malusà和Fitzgerald，2018a，b）。剖面中的垂直偏移是由部分退火带在原生稳定区形成后发生的正断层和块状倾斜所致。一个沉积序列样品的AFT年龄和平均径迹长度可被视为在断层作用之前已经历过相似［±(10~20)℃］且低于100~120℃地质单元中包含的热史信息（Brown，1991）。超出±2σ误差的参考年龄—高程剖面之间的垂直偏移被用来限制断层的位移；垂直于结构趋势的样品穿越可以阐明块体倾斜和水平位移。这种方法通常能够探测到位移量为数百米或更大的断层，并且最适用于在延伸前的时间尺度大于10^7年的地质稳定和缓慢侵蚀的区域（Brown et al.，1994）。

11.3　肯尼亚和Anza断层几何学实例

图11.1(a)中的地块显示了肯尼亚中部肯尼亚大裂谷以东和以西剥蚀的基底岩的参考AFT年龄—高程剖面图（Foster和Gleadow，1993，1996）。此图由从3000m的陡

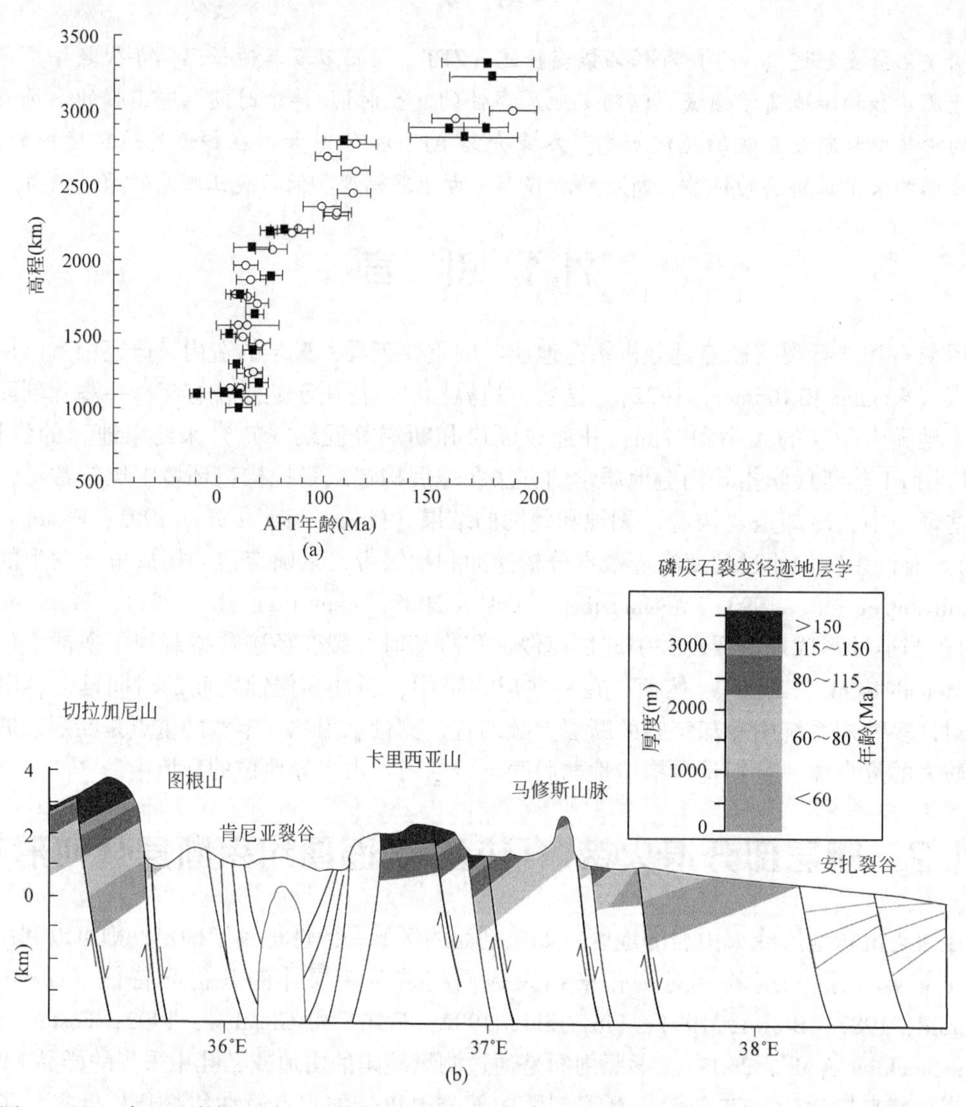

图11.1(a)肯尼亚中部地区AFT年龄与海拔的综合区域剖面图（Foster和Gleadow，1996）。该年龄—海拔剖面图利用AFT数据重建了正断层的偏移，并制约断层块的倾斜。如果没有FT数据，就不可能确定与安萨大裂谷有关的区域尺度的正断层或区块倾斜，因为在主要剥蚀的前寒武纪基底岩区域内不存在区域沉积或火山地层。

峭山地采集的样本数据组成，其余的数据来自肯尼亚大裂谷以东的 Mathews 山脉和 Karisia 山脉（Foster 和 Gleadow，1996）。来自卡里西亚山的样本被抬高 1100m，以重建新生代断层造成的位移（Foster 和 Gleadow，1992）。该剖面显示出三段线性的年龄—高程关系是线性的，坡度相当陡峭（最低的一段有很长的径迹长度）。这三段被两个保留的部分退火带隔开，这两个区间是在约 120Ma 和约 65Ma 的较快侵蚀期之前形成的。在整个肯尼亚和坦桑尼亚发现了类似的年龄—高程关系，确立了裂变径迹地层的区域性（Foster 和 Gleadow，1996；Noble et al.，1997；Spiegel et al.，2007；Toores Acosta et al.，2015）。

图 11.1(b) 显示沿北纬 1°10′的东西向剖面地形图。该断面横跨中新世—新肯尼亚大裂谷和白垩纪—古新世—安萨大裂谷。AFT 年龄随山脉的海拔高度和山脉之间的距离而发生变化，叠加在地层剖面图上。图 11.1（a）中的三个陡坡段（和平均径迹长度一致）以及两个古生区，确定了五个 FT 地层标记。参照剖面中的偏移表明存在断层，并通过连续地层的思路恢复其位移。裂变径迹数据还揭示了下盘块的倾斜方向，在本例中，倾斜方向在整个断面上是一致的。这些数据表明，法线断层与形成安萨裂谷的延伸有关，而肯尼亚现代东非裂谷是古裂谷构造叠加形成的。在这个例子中，这些地区传统的地层标记是缺乏的，利用 AFT 数据，很好地揭示了肯尼亚大裂谷以东和以西基底的大体结构框架。值得注意的是，小尺度结构可能比图 11.1(b) 所示的要复杂得多，因为 AFT 数据的分辨率只显示了数百米左右的位移。

11.4　正断层滑移率

古地温标是确定正断层滑移率的有效方法，这是了解断层系统发展的一个关键参数，特别是与变质岩核心复合体相连的低角度正断层（Foster et al.，1993；John 和 Foster，1993；Foster 和 John，1999；Wells et al.，2000；Campbell-Stone et al.，2000；Carter et al. 2004，2006；Stockli，2005；Brichau et al.，2006；Fitzgerald et al.，2009）。在正断层的位移方向上，沿走向的表观年龄的横向梯度与下盘岩石在通过部分退火带的古温标（图 11.2）有关，只要下盘岩石在滑移发生前低于 PAZ 的底部（Foster et al.，2010）。表观年龄与滑移距离的斜率的倒数代表了滑移率。为了准确估计滑移率，T_c 等温线必须在滑移区间内保持水平或不变（Ketcham，1996；Ehlers et al.，2003）。Ketcham（1996）利用二维传导冷却模型对低角度法线断层进行了研究，发现这一假设在延伸开始后几百万年后是合理的，因为这时等温线已达到稳态位置。在最初的几百万年，等温线沿着脱离面前进，造成滑移率的不确定性（Ketcham，1996）。等温线的吸引会导致滑移率被低估（Ehlers et al.，2001；Fitzgerald et al.，2009）。仅仅是热年代数据就提供了大约 1 百万年的滑移率，并不排除在较短的时间尺度上有更快或更慢的脱离滑移率。Ehlers 等（2003）将低温热年代数据与等温线的热运动学模型结合起来，发现了陡峭倾斜（45°~60°）的瓦萨奇正断层上的滑移率变化。

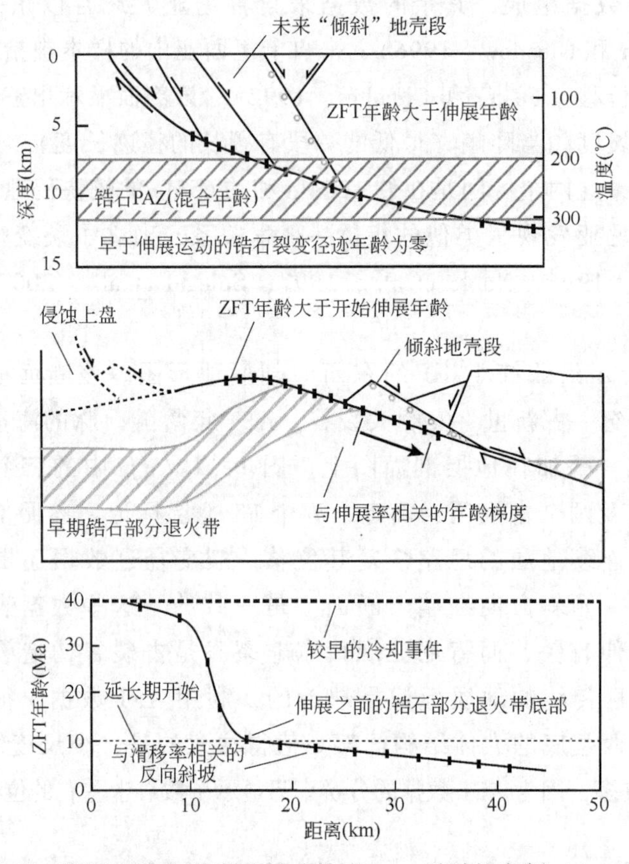

图 11.2　在低角度正断层系统上的滑移导致锆石 PAZ 剥露的实例（Foster 和 John，1999；Wells et al.，2000；Stockli，2005；Foster et al.，2010）

上图显示的是在伸展前的锆石部分退火带的深度，以及未来正断层系统的位置。填充的方框代表部分退火带上方、内部和下方的样品位置。灰色的圆圈代表未来倾斜的地壳剖面中以正断层为界的潜在样本位置。中图显示的是部分保留带和锆石部分退火带下面的地壳在低角度法线断层上的位移所产生的外露。下图显示的是延伸 10Ma 后，沿断层的滑移方向的锆石裂变径迹年龄的分布。位于锆石保留区上方的样品显示出比伸展时间更早的冷却年龄，位于锆石保留区内的样品显示出混合年龄，随着深度的增加而逐渐变小，位于锆石保留区下方更深的样品显示出年龄随距离的增加而逐渐减少，反之则给出了断层上的滑移率。类似的概念也适用于具有不同的部分退火带或部分保留区温度间隔的其他热年代学方法

11.5　用来约束滑移率的 Bullard Detachment 分离实例

布拉德断层是美国亚利桑那州中新世 Buckskin-Rawhide 和 Harcuvar 变质岩核心复合体的下盘岩的一个大型低角度法线断层（Spencer 和 Reynolds，1991；Scott et al.，1998）。Spencer 和 Reynolds（1991）根据重构的断层上盘和下盘的特有沉积单元，估计其断距约为 90km。图 11.3 是紧靠该支离层投影下方的 Buckskin-Rawhide 和 Harcuvar 变质岩心复合岩下盘岩石的 AFT 年龄随滑移距离变化的曲线图（Foster et al.，1993）。Buckskin-Rawhide 岩心数据的斜率表明，脱离层断层滑移率为（7.7±3.6）km/Myr（$\pm 2\sigma$）。对滑移率和$\pm 2\sigma$ 误差的回归，采用 York（1969）的方法计算出了非相关误差，同时考虑到年龄和样品/投影

的±2σ 误差。对于 AFT 数据的回归，在数据点相对较少的情况下，±2σ 误差可大致反映不确定性。

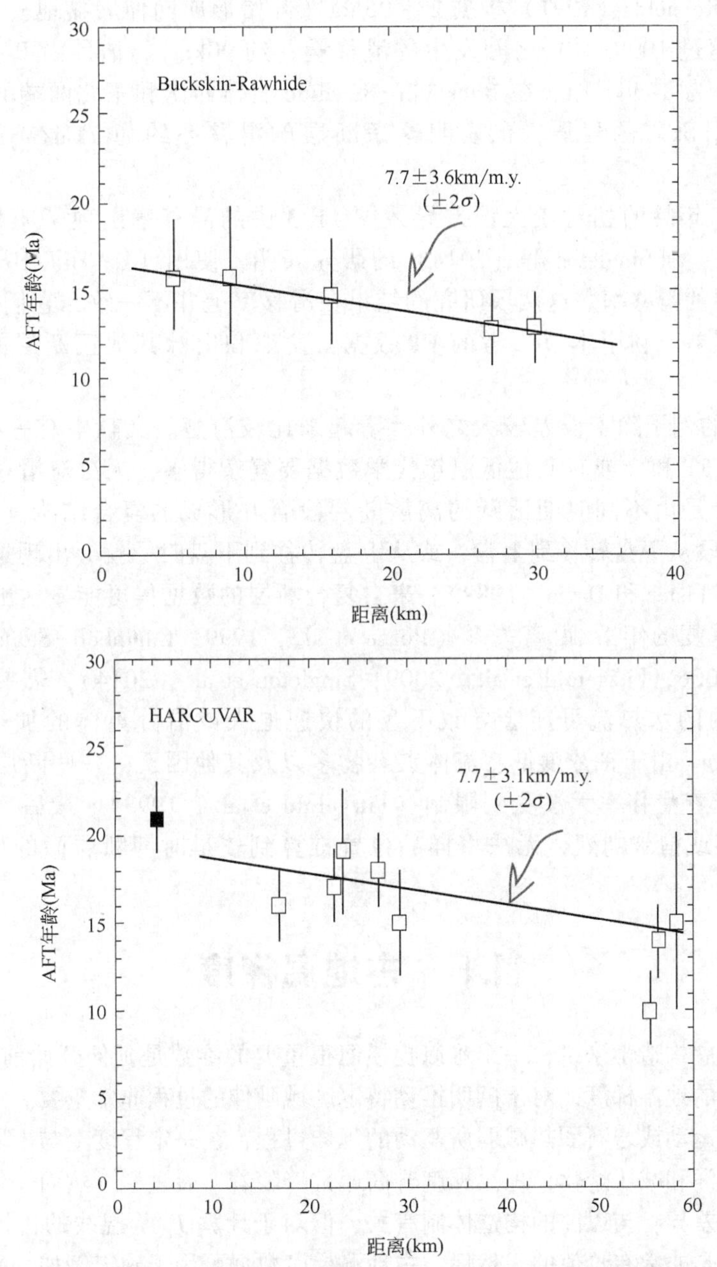

图 11.3　Buckskin-Rawhide 和 Harcuvar 变质岩心复合地层地下盘的中 Bullard 断层段位移方向的 AFT 年龄与距离的对比图

来自 Buckskin-Rawhide 下盘的所有样本的冷却年龄至少比开始延伸的年龄小 5Ma 或 6Ma，平均径迹长度很长，表明冷却速度很快。相邻的哈克瓦尔山岩心的结果给出了沿该断面的滑移率为（6.5±3.0）km/Myr。Harcuvar 山脉的趋势受到最浅样本中一个相对精确的 AFT 年龄（约 21Ma）的影响。剔除这一个样本，因为它可能在 110℃ 等温线静止之前就已经冷却了（Ketcham，1996），因此得到的滑移率为（7.7±3.1）km/Myr。正如预期的那样，这一速率与巴克金山脉的速率相似，因为这两个下盘都是同一断层系统“去顶”的后果（Spencer 和 Reynolds，1991）。

Spencer 和 Reynolds（1991）根据 23~25Ma（开始形成同伸展盆地）和约 15Ma（下层深成岩冷却超过 100℃时）之间发生的滑移量（约 90km），估计沿 Buckskin-Rawhide 断裂带的延伸率为 8~9km/a。在 Buckskin-Rawhide 岩体西南和东北两端的岩脚岩最初暴露的时间，根据砾岩的岩屑，也表明这条断层的滑移率约为 7km/Myr（Scott et al.，1998）。

中新世 AFT 年龄的相对较大误差导致图 11.3 中的滑移率出现了明显的 $\pm 2\sigma$ 误差。Carter 等（2004）和 Singleton 等（2014）的研究表明，使用（U-Th)/He 数据可以更精确地测量该断层的滑移率。这两项研究的结果在滑移率上并不一致，它们与图 11.3 中的数值有一定的误差。利用本节参考的 FT 数据，盆地和山脉其他正断层的滑移率为 1~10km/Ma。

图 11.3 中的例子除了误差较大之外，看起来比较清楚。文献中有一些显著的例子，正断层系统的 AFT 和（或）其他低温年代学数据要复杂得多，无法对滑移率进行合理的约束。许多断层是由不同时期活跃的离散断层段合并形成的复合结构（Lister 和 Davis，1989）。当断层段从下盘转移到上盘，或从上盘转移到下盘时，就会出现这种情况，并形成次生断层区（Lister 和 Davis，1989）。来自复合断层的数据集可能显示出与滑移方向平行的重叠段或重复的年龄/距离关系（Pease et al.，1999；Campbell-Stone et al.，2000；Stockli et al.，2006；Fitzgerald et al.，2009；Singleton et al.，2014），需要单独研究。活动正断层系统内的水热流可能会导致下盘的快速退火或沿分离体的加热（Morrison 和 Anderson，1998）。由于铀浓度低、流体夹杂物多以及其他因素，一些断层的数据质量较差，这可能意味着滑移率无法受到限制（Fitzgerald et al.，1993）。最后，一些正断层的下盘被剥蚀太多或褶皱剧烈，无法将样品位置推算到较早时期断层面的位置（Foster 和 Raza，2002）。

11.6　古地温梯度

对于了解伸展构造学来说，一个难以捉摸但很重要的参数是延伸开始前的地温梯度值。了解延伸开始前的地温梯度，对于阐明推动特定区域延伸的过程非常重要。主动或被动延伸过程，以及岩浆运动或岩石圈热减弱所驱动的延伸过程，在一定程度上与不同的地温梯度有关。由于地幔上涌和减压熔化，地温梯度升高通常伴随着伸展过程。然而，伸展前的地温梯度往往有很大的差异，与以前的构造体制有关，但对于计算 T_c 等温线的古地温梯度在外延前的古埋藏深度是非常有价值的。然后，古地温梯度数据可用于确定例如变质岩体的剥蚀量和断层的原始倾角等。沿着与正断层运动方向平行的倾斜地壳段（厚的断层块）采集的样品，可揭示出更深地层的热历史。古等温线是在浅层同位素系统记录了伸展前冷却年龄的深度，而在更深段，则是在伸展过程中的快速剥蚀的冷却年龄。年龄—深度曲线形成的断裂斜率，并与延伸开始时的年龄与古深度曲线相交的过渡处，代表着剥蚀的 PAZ 的基点（Fitzgerald et al.，1991；Howard 和 Foster，1996）。当热学数据显示出两个古异温层（见第 8 章；Malusà 和 Fitzgerald，2018a，b），或一个古异温层与地表下已知深度的非吻合层位置相结合时，可以计算出地温梯度。

在盆地和山脉省，这种方法的例子包括对犹他州 Gold Butte 断层块（Fitzgerald et al.，1991，2009；Reiners et al.，2000；Bernet，2009；Karlstrom et al.，2010）、亚利桑那州的 Grayback 断层块（Howard 和 Foster，1996）和加利福尼亚/内华达州的 White Mountains 断层块（Stockli et al.，2003）的研究。在这些案例中，AFT 和 ZFT 的 PAZ（或（U-Th）/He 年龄段的 PRZ）的断层区（已知深度）以下的深度相对较好地约束了所有这些情况。在一个相对完整的断层块内，剥蚀出的 PAZ/PRZ 的基底深度与某一特定地热的深度有关（磷灰岩 PAZ 的基底深度为 110°），就可以计算出古地温梯度。

在上述 3 个南部盆地和山脉的例子中，我们发现延伸前地温梯度相对较低（20℃/km，如 Grayback）或正常（25℃/km，Gold Butte）。这对该地区古生代构造环境有重要的影响。相对而言，正常的古地温梯度表明，岩浆运动在伸展之前不太可能削弱地壳，低地温梯度（<20℃/km）主要是受俯冲带的影响，而不是原生存在。在美国科迪勒拉地区，古生代地温梯度较低可能与岩石冷却到俯冲的法拉隆板块的平坦板块上的岩石圈有关（Dumitru et al.，1991）。

11.7　Grayback 断层区约束古地温梯度

亚利桑那州 Tortilla 山脉的 Grayback 断层区（图 11.4），出露一套从新生代到旧世的花岗岩岩体，厚度约 12km（Howard 和 Foster，1996）。该岩体在渐新世至中新世伸展期间向东倾斜，导致圣塔卡塔利纳山、林肯山、托尔托利塔山和皮卡乔山的岩心复合体遭受剥蚀（Dickinson，1991）。上覆的古近—新近系岩石的地层学表明，Grayback 区块的倾斜发生在 25～16Ma 之间。根据倾斜前水平的元古界 Apache 组和去年绿岩脉的现今倾角情况，该区块的倾斜方向接近垂直或稍有倾斜（Howard，1991）。

来自 Grayback 断层区的 AFT 和 ZFT 年龄与古深度的年龄对比图（图 11.4b）表明，AFT 年龄向西（更深的古埋藏深度）下降，从约 83Ma 的非吻合度处到约 24Ma 和约 5～6km 深度的断裂坡度，AFT 年龄向西（更深的古埋藏深度）下降。0～6km 深度样品的平均径迹长度为 14μm，表明冷却速度更快。ZFT 年龄也向西减少，并与 12.1～12.3km 的古埋藏深度开始延伸一致。

AFT 年龄横断面中的断入坡度代表了古近—新近纪倾斜前的磷灰石部分退火带底部的位置（约 110℃；Gleadow 和 Fitzgerald，1987）。所有在断裂坡以下的磷灰石样品都经历了从径迹完全退火的温度下迅速冷却，保留了较长的平均径迹长度。没有渐新世—中新世坡度突变的 ZFT 年龄剖面图表明，所有的样本都处于或高于完全退火的温度（约 220～250℃），107 年时间尺度（Brandon et al.，1998；Bernet，2009）。然而，最深的两个样本的年龄与倾斜开始的年龄一致，但不比倾斜开始的年龄小，这一事实表明，12.3km 处的样品在约 25Ma 时的温度为（220±30）℃。

Howard 和 Foster（1996）根据 5.7km±0.4km（110℃±10℃）和 12.15km±0.7km（220℃±30℃）的古地温差计算出 Grayback 区的古地温梯度为（17.1±5.3）℃/km。误差包括退火温度和预测的已知和估计误差值。假设晚新世晚期的地表温度为（15±10）℃，在地表和（110±10）℃等温线之间计算出的梯度为（16.7±4.9）℃/km。利用这两个估计值，求得古地温梯度平均值为（17±5）℃/km。

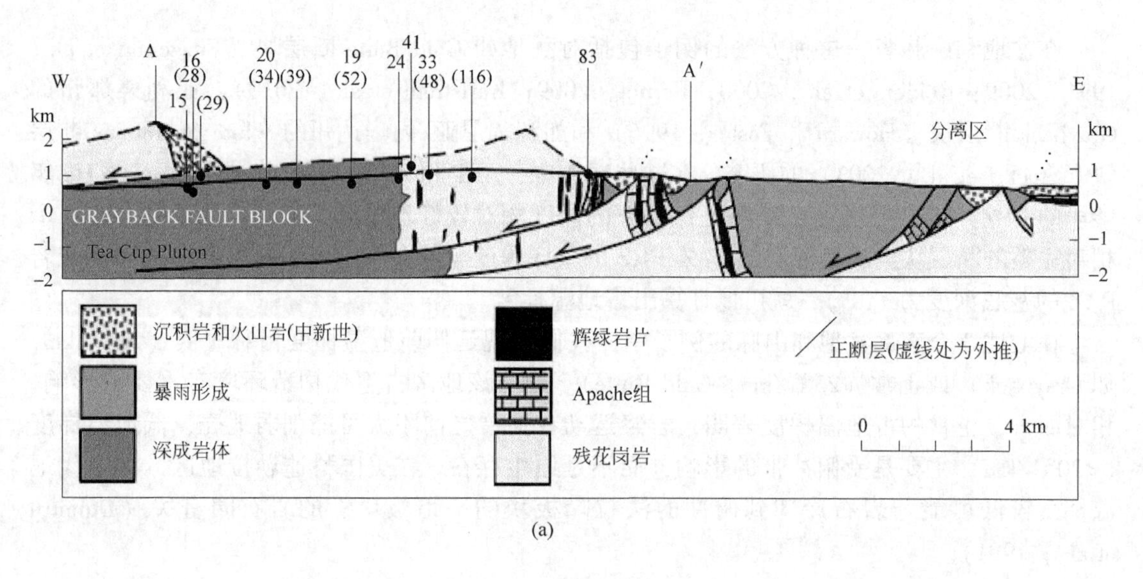

(a)

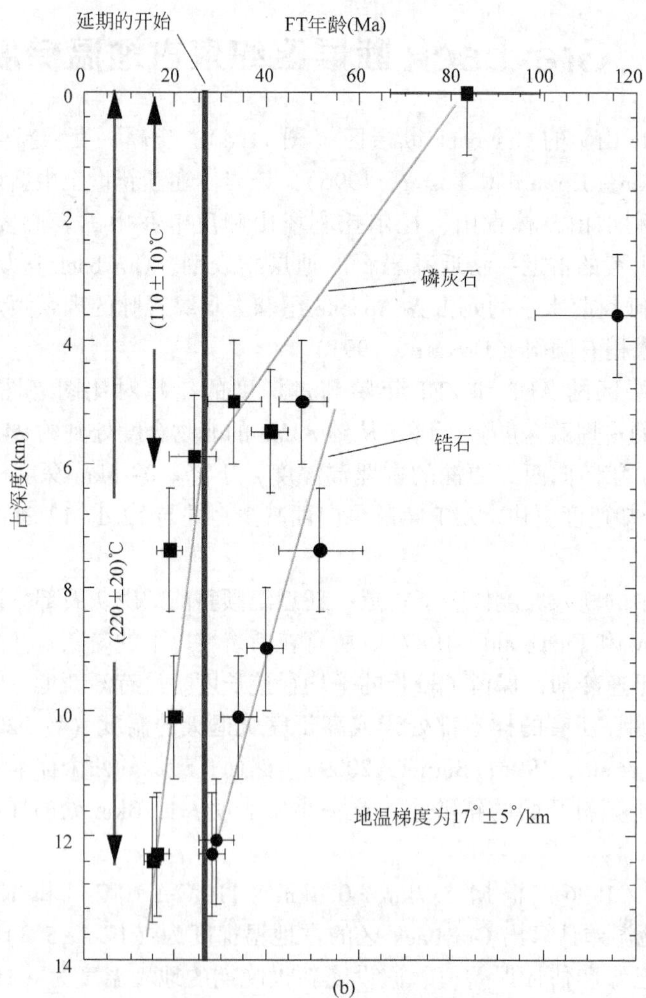

(b)

图 11.4 （a）亚利桑那州南部 Grayback 断层区的断面图，有 AFT 和 ZFT 年龄（Howard 和 Foster，1996）；（b）亚利桑那州 Grayback 断层区的 AFT 和 ZFT 年龄与古深度的对比图（据 Howard 和 Foster（1996）的数据）

11.8　倾斜和等静力回弹前的断层倾角

正断层和分离断层系统结构重建中的一个基本参数是正断层的倾角，即断层开始时和活动时的倾角。这一信息对于计算局部和区域尺度上的延伸应变程度是必不可少的，而且鉴于与安德森断层力学的明显矛盾，这一信息对于探讨低角度脱离断层的形成模式是必要的（John 和 Foster，1993；Wernicke，1995）。断层块的倾斜和等静力回弹通常会在位移期间和之后减少断层的倾角（Wernicke 和 Axen，1988；Spenser 和 Reynolds，1991）。重建不与地层或结晶岩中其他几何指标相交或偏移的断层的原始倾角尤其困难。低角度分离断层的原始倾角的例子，说明恢复延伸断层系统有时具有一定的难度。包括 FT 数据在内的热年代学数据为理解正断层系统和断层的初始倾角做出了巨大贡献（Foster et al.，1990；John 和 Foster，1993；Lee，1995；Foster 和 John，1999；Pease et al.，1999；Stockli，2005；Fitzgerald et al.，2009）。

有几种方法可以用热年代学数据来约束断层倾角。计算时需要知道以下几点：（1）断层的滑移方向；（2）在特定时间内（错断前或错断期间）沿断层至少有两个温度的位置，如裂变径迹或其他古温标计所定义的温度；（3）关于地温梯度的假设或从断层上盘剖面的古地温梯度的测量。地温梯度应被限制在±10℃/km 以内，以便合理地估计其倾角（John 和 Foster，1993；Foster 和 John，1999；Stockli，2005；Fitzgerald et al.，2009）。在特定的时间内，古温度沿断层滑移方向的变化与断层的倾角有关，条件是：（1）可以排除地温梯度的横向变化（由于大量的侵入或热液在断层下盘的上的热液流）；（2）样本来自单一断层系统的下方。第二种可能会给具有次生断层的分离系统带来不确定性，因为次生断层导致下倾断面的延伸度较大。

11.9　Chemehuevi 分离实例制约断层倾角

来自加利福尼亚东南部 Chemehuevi 断层下盘的岩石 FT 和$^{40}Ar/^{39}Ar$ 数据限制了这一区域断层系统的原始角度（Foster et al.，1990；John 和 Foster，1993；Foster 和 John，1999）。生物岩（$^{40}Ar/^{39}Ar$）、钾长石（$^{40}Ar/^{39}Ar$）、锆石裂变径迹、磷灰石裂变径迹和榍石裂变径迹的矿物冷却年龄值沿滑移方向向北、向东减少，并确定了在伸展前和伸展过程中下盘古生代等温线的位置（图 11.5）。这些热年代学数据表明，在断层形成之前，整个山下盘的上的古地温梯度适中。

约 22Ma 时，在西南和东北部分剥蚀的花岗岩岩石的温度分别为 200℃和 400℃，沿已知的滑移方向相隔约 23km。这种温度随深度逐渐升高的现象是由于原来近水平等温线的缓缓上翘。利用地温梯度范围，推断剥蚀的 Chemehuevi 断层的初始倾角为 15°~30°（图 11.6）。在断层下盘的南部不存在同步伸展的深成岩体，因此古温度的平滑梯度不可能是由于地热的局部变化造成的。

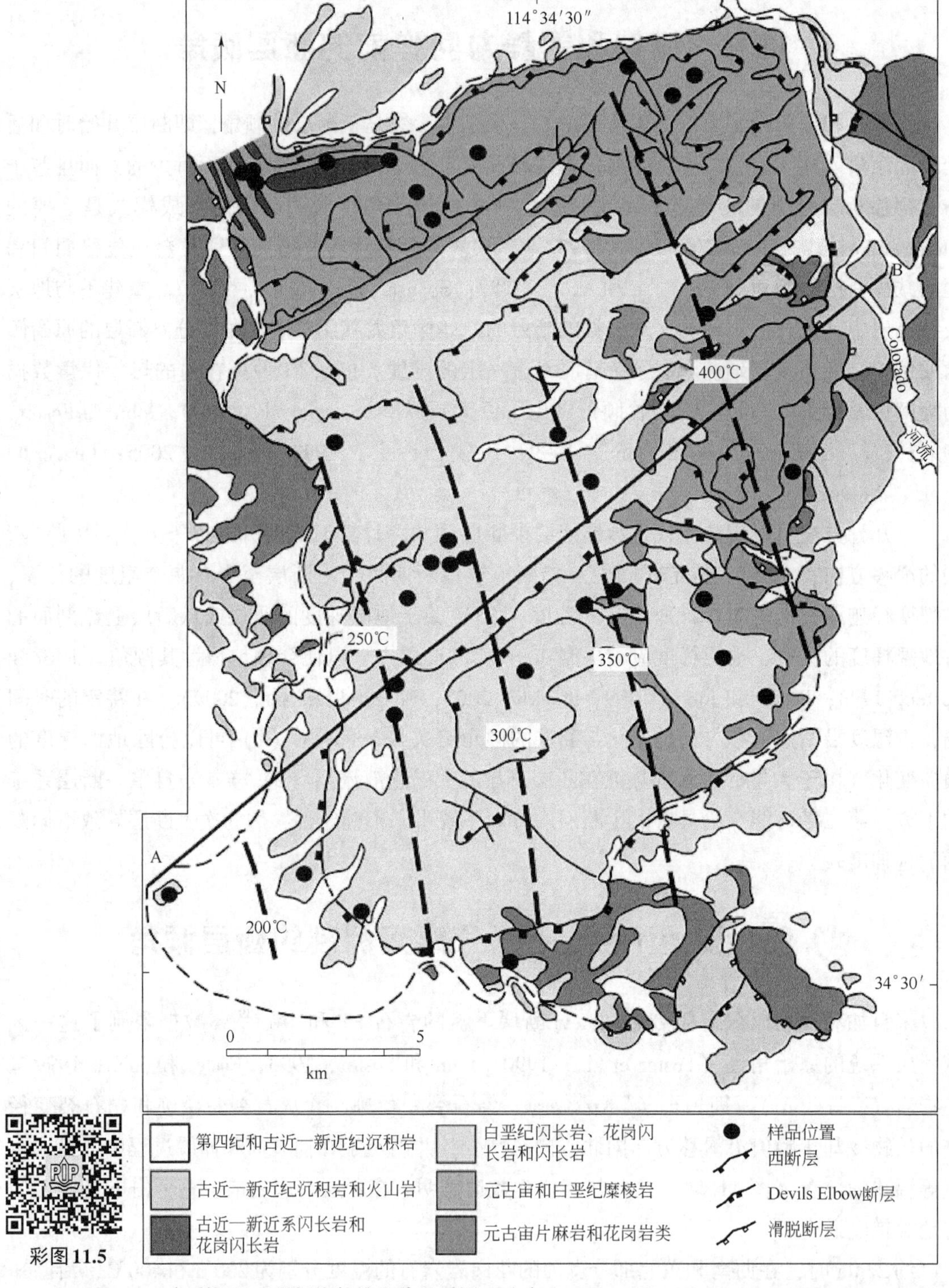

图 11.5　加利福尼亚州切梅胡维山脉地质图（改自 Johnand Foster，1993；Foster 和 John，1999）
剖面 A–B 是图 11.6 中穿过断层下盘南部的投影。粗虚线是从约 22Ma（开始伸展）至 Chemehuevi 断层拆离时的古等温线。根据 $^{40}Ar/^{39}Ar$ 和 FT 数据获得断层下盘样品的热历史记录和样品点的古温度，其中每个样品分析了 3~5 种具有不同封闭温度 T_c 的矿物。在已知的构造运动方向上，向东北方向温度逐渐升高。由于在该地区存在同向伸展深成岩体，所以没有显示出山墙北部的等温线

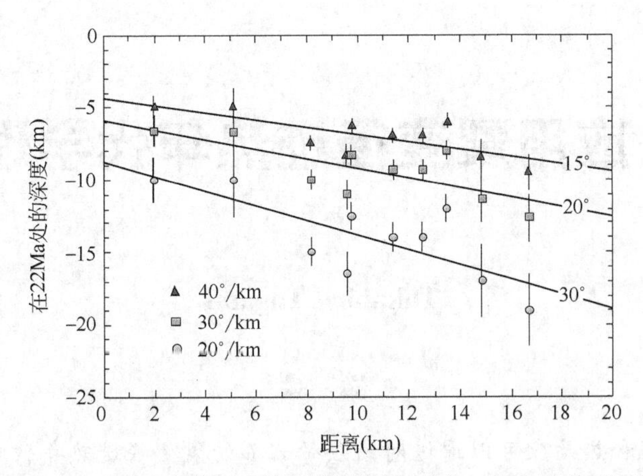

图 11.6　Chemehuevi 山脉南部样品在该滑脱断层向西南—东北横截面投影的古深度图

根据假设的三种不同地温梯度下的热年代学数据，利用每个样品在 22Ma 时的温度计算其古深度。图中线条表示每个地温梯度下的数据回归，并给出了该假设条件下区域平均初始倾角。

11.10　结　论

还有些文献介绍了裂变径迹数据应用于构造地质学和构造学的优秀实例。本章实例展示了如何利用裂变径迹数据研究正断层的总体思路。一般情况下，这些研究都需要相对较多的数据来降低分析的不确定性，还有一些研究将来自同一样品或地质体的 FT、(U-Th)/He 和(或)$^{40}Ar/^{39}Ar$ 数据结合在一起共同分析断层演化历史。

致谢

感谢 Stephanie Brichau 和 Paul Fitzgerald 的审稿工作和许多合作者对本章研究所作的贡献。

第 12 章　应用裂变径迹热年代学理解断层带

Takahiro Tagami

摘　要

断层运动的时间和热效应可以通过对断层带岩石的裂变径迹热年代学和其他热年代学分析综合制约，研究样品应该是在断层带形成或演化过程中产生的。如：(1) 母岩的机械碎裂、碎块的粒径减小和重结晶，形成云母和黏土矿物；(2) 母岩在摩擦作用下的二次加热/熔化；(3) 与断层运动有关的流体流动导致的矿脉形成。断层带的地热结构主要受三个因素的控制：(1) 断层带周围的区域地热结构反映了研究区的热构造背景；(2) 断层运动对围岩的摩擦加热以及随之而来的向围岩传热；(3) 断层内及周围热流体流动的热效应。本章简要地回顾了断层的热敏感性，介绍了断层区的热演化过程，即闪热和热液加热。在这些基础上，本章重点介绍了使用热年代学分析断层区岩石，如断层凹槽、假玄武质玻璃和糜棱岩等代表性实例和关键问题以及采样策略。本章总结了对日本野岛断层的热年代分析，作为对活跃地震断层系统进行多学科调查的一个例子。本章还讨论了这些研究的地质学、地貌学和地震学影响。

12.1 引　言

地震活动和断层是地球的动力学过程的表现。它们是一系列的断层带活动过程和产物，例如，在不同地壳深度的地质时间尺度上反复的断层运动所产生的产物，如沟槽和假断层的形成。由于这些过程伴随着断裂带的温度变化，地质年代学和热年代学可能有助于探测活跃断层和古老断层的热事件及其发生时期（Boles et al.，2004；Murakami 和 Tagami，2004；Sherlock et al.，2004；Zwingmann 和 Mancktelow，2004；Murakami et al.，2006a；Rolland et al.，2007；Haines 和 van der Pluijm，2008；Tagami，2012），此外，最近还有研究对断层带的锆石颗粒进行了（U-Th)/He 分析（Yamada et al.，2012；Maino et al.，2015），关于血岩分析见 Ault 等（2015）。

与其他技术相比，应用于断层区的 FT［包括（U-Th)/He］方法的优势在于：(1) 对与断层相关的二次加热事件有更高的精确性；(2) 用于 FT 分析的矿物颗粒（如锆石）在断层带核心中更易保存；(3) 用于 FT 分析的磷灰石和锆石矿物颗粒在陆壳岩石中广泛存在。因此，FT 分析揭示了不同区域断层带内或附近的热历史，例如日本的中线构造线（Tagami et al.，1988）、新西兰的阿尔卑斯山断层（Kamp et al.，1989）、意大利东阿尔卑斯山的 Pejo 断层系统（Viola et al.，2003）、加利福尼亚的 San Gabriel 断层（d'Alessio et al.，2003）和日本的 Nojima 断层（Murakami 和 Tagami，2004）。

本章回顾了地震断层带热年代学的最新进展，阐述了断层带的形成过程和产物、断层带的地热状态、断层环境和断层带的热稳定性，并对不同断层的应用进行了重点研究。

12.2 断层区的物质与演化

12.2.1 断层和断层区岩石

图 12.1(a) 是典型断层带的示意性剖面图。图 12.1(a) 给出了断层的地质特征和热力学特征（见第 10 章；Malusà 和 Fitzgerald，2018）。断层带岩石根据其结构划分为断层泥、碎裂岩、假玄武质岩石、糜棱岩等（Sibson，1977）。断层带物质的形成过程主要有三种可能：(1) 围岩的机械破碎，加上粒径的减小和重结晶，形成黏土等次生矿物；(2) 断层运动的摩擦加热，会导致围岩的熔化；(3) 流体的流动和化学沉淀，形成矿脉。下文将详细介绍这些过程。

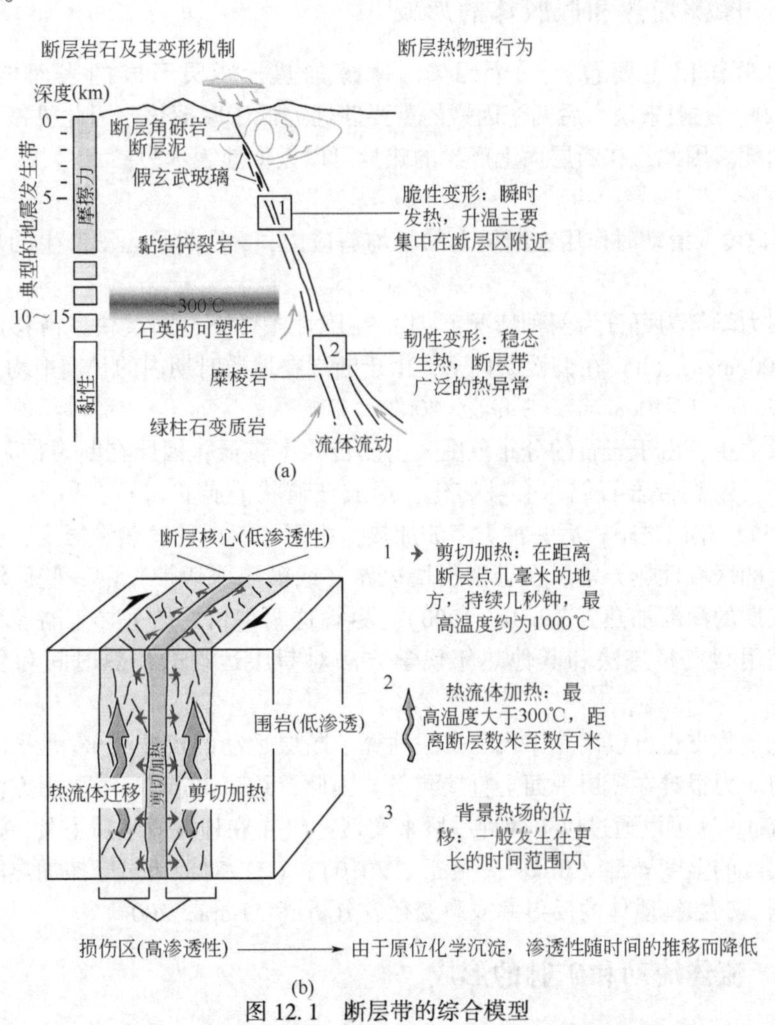

图 12.1　断层带的综合模型

(a) 断层岩石和变形机制对深度（温度）的影响；(b) 渗透性结构和热状态

（Scholz，1988；Tagami，2012；Malusà 和 Fitzgerald，2018）

12.2.2 粒径缩小和重结晶化

断层摩擦运动是由浅层地壳的脆性断裂所控制的，该运动会造成岩体表面的破坏和磨损。因此，形成了具有角状的松散颗粒，称为沟槽。随着断层的发展，沟槽作为颗粒状物质进行剪切，导致平均粒径减小。

断层泥一般含有多种新形成的黏土矿物，如伊利石和蒙脱石等。在火成岩和变质岩环境中，原生黏土矿化对断层泥中自生黏土矿物的形成起着重要作用。流体流动可能是促进矿物学反应的关键因素，形成的自生辉绿岩对 K-Ar(Ar/Ar) 的年代学测定是有用的。

在较深地层中，成岩矿物为半脆性至可塑性的矿物，韧性断层（或剪切）占主导地位，很可能形成糜棱岩。生物灰岩的重结晶发生在约 350~400℃（Simpson，1985），而白云母则是在约 400℃时通过共生结晶而形成的长石（Rolland et al.，2007）。这些新形成的云母被广泛用于 Ar/Ar 的热年代学分析（详见 Tagami，2012）。

12.2.3 摩擦加热和假胶体的形成

断层的力学作用主要包括三个因素：摩擦加热、断层形成的表面能和弹性辐射（Scholz，2002）。一般来说，后两个因素的重要性远远低于摩擦热，因此机械功主要由摩擦热的产生来消耗。因此，在断层面上产生的热量可以近似地表示为：

$$\tau v = q \tag{12.1}$$

式中，τ 是以速度 v 滑动时作用在断层上的平均剪应力，q 是断层运动产生的热流（Scholz，2002）。

断层的热力学行为可分为两种情况：（1）在脆性条件下，断层快速滑移产生瞬时热脉冲，$v \approx 10 \sim 100$cm/s；（b）在韧性条件下，由于断层在地质时期内的长期平均运动，产热可视为稳定状态，$v \approx 1 \sim 10$cm/年（Scholz，2002）。

在脆性条件中，由于岩石的分布范围大、热传导率较低，因此在断裂带附近局部发热。在这种情况下，断裂带岩石偶尔会被熔化，形成玻璃状的脉状岩石，称为“假玄武玻璃”（Sibson，1975）。相比之下，后一种类型的加热，由于 v 较小且发热量恒定，会在整个断层带形成更广泛的区域性热异常。在会聚板块边界（或横流剪切带）的一些区域变质孔可能归因于这种长期的深部加热（Scholz，1980）。尽管这两种情况的采样策略差别较大，但完全可以通过使用裂变径迹法和其他热年代学方法对断层运动的加热时间和程度进行定量分析。

地震的能量收支也可以用热年代学方法估算。断层运动的机械功 W_f 是平均剪应力的函数，而平均剪应力很难在断层平面上直接测量。因此，约束 W_f 的一个可用方法是测量地震时产生的热流 q。这可以通过以下两种手段来实现：（1）在地震发生后不久，通过钻探手段探测整个断层区的温度异常（Brodsky et al.，2010）；（2）对经历过摩擦加热的断层区岩石进行地热学测试，如镜质体的反射率或裂变径迹分析（O'Hara，2004）。

12.2.4 流体流动和矿脉的形成

断层带中的各种矿脉，如方解石、石英和矿床等通常是在流体流动和原位化学沉淀的作用下，作为断裂充填物形成的。在地壳温度超过 200~300℃时，断裂的愈合和密封会有效地产生矿脉，很可能在热液系统内形成（Cox，2005）。因此，孕震地壳深部伸展脉阵列的形成可以很好地代表诱发流体流动的脆性破坏和渗透性增强的时间，诱发流体的流动。在断层系统的地震周期中，一个滑移事件可能导致断层区产生大的断裂，增强流体的流动，并最终导致脉体的形成（Sibson，1992）。在之后的地震间期内，随着断层的愈合和封闭的进展，断层强度逐渐恢复。这种演化过程被称为断层脆性的失效行为（Sibson，1992）。

断裂带的脆性失效和渗透性增强的时间可以通过对矿脉的年代测定来约束。对碳酸盐岩脉的 U-Th 分析已成功地应用于对新构造断层的年代测定（Flotte et al.，2001；Boles et al.，2004；Verhaert et al.，2004；Watanabe et al.，2008；Nuriel et al.，2012）。此外，由脆性断层引起的热流体流动会作为热异常记录在相邻的围岩中，可以通过对围岩矿物进行低温热年代学测试分析得出相关认识，可通过对断层附近岩石带的磷灰石和锆石进行 FT 分析。

12.3 断层区的热力作用机制

本节简要概述了断层区在空间上和时间上的温度变化。热状态是制约应用热年代学温度计对矿物子核素（或晶格破坏）热稳定性（或滞留率/扩散率）响应的关键参数。

12.3.1 区域性地热结构和热演化史

固体地球的地热结构可以用近地表的一维温度曲线来近似表征。岩石圈内的地温梯度较高，温度向地球中心增高。构造事件会影响上地壳的地热结构，明显偏离了其地温梯度，一般假定为 30℃/km 左右（见第 8 章；Malusà 和 Fitzgerald，2018）。断层带的热机制受三个因素的控制［图 12.1(b)］：(1) 研究区的区域地热结构和热历史；(2) 脆性断层的活动过程中围岩的摩擦加热；(3) 断层带内及周围热流体的流动对围岩的加热。

当断层运动具有一定的垂向分量时，被断层隔开的两个岩块就会出现不同的上升/下降运动。如果抬升伴随着折返，则抬升的地块会因适应新地热平衡状态而降温。反之，如果沉降伴有沉积物的沉积，则沉降区块内的岩石由于埋藏会增温。注意，逆冲断层的热效应可能有很大的差异（Metcalf et al.，2009）。随着断层运动的持续，断层滑移量的积累，曾经相邻的岩石之间的热特征差异逐渐增大，断层边界上也有相似现象发生。这种差异足够大时可以通过适当的热年代学来分析，对断层的垂向运动时间和幅度进行约束。使用（U-Th)/He、FT 和/或 K-Ar（$^{40}Ar/^{39}Ar$）技术的低温热年代学对重建这种区域热历史特别有用。需要注意的是，热结构变化发生的时间尺度要比断层带内热过程（即脆性体系中的摩擦加热和热流体的流动）的时间尺度长得多。另外，区域热历史可能因各种因素而异，如地表地形、地热结构的空间变化、构造倾斜和深部的延展变形等（见第 8 章；Malusà 和 Fitzgerald，2018）。

12.3.2 断层运动对围岩的摩擦加热作用

脆性变形中摩擦热的特点是，在几秒钟的时间内，在距断层几毫米的空间范围内，摩擦热偶有上升，最高可达约 1000℃［图 11.1(b)］。Lachenbruch（1986）利用 Carslaw 和 Jaeger（1959）的热传导模型，量化了摩擦热的产生及其传导。假设一个断层沿宽度为 $2a$ 的断层带滑动，时间间隔为 $0<t<t^*$，其中 t^* 为滑动的持续时间。在断层带内（$0<x<a$，x 是到断层平面的距离），断层期间（$t<t^*$）的温度增高 ΔT 为

$$\Delta T=\frac{\tau}{\rho c}\frac{v}{a}\left\{t\left[1-2\iint erfc\frac{a-x}{\sqrt{4\alpha t}}-2\iint erfc\frac{a+x}{\sqrt{4\alpha t}}\right]\right\} \tag{12.2}$$

式中，q 是密度，c 是比热，α 是热扩散率（图 12.2），而断层后（$t^*<t$）的温度增高 ΔT 为

$$\Delta T=\frac{\tau}{\rho c}\frac{v}{a}\left\{t\left[1-2\iint erfc\frac{a-x}{\sqrt{4\alpha t}}-2\iint erfc\frac{a+x}{\sqrt{4\alpha t}}\right]-\right.$$
$$\left.(t-t^*)\left[1-2\iint erfc\frac{a-x}{\sqrt{4\alpha(t-t^*)}}-2\iint erfc\frac{a+x}{\sqrt{4\alpha(t-t^*)}}\right]\right\} \tag{12.3}$$

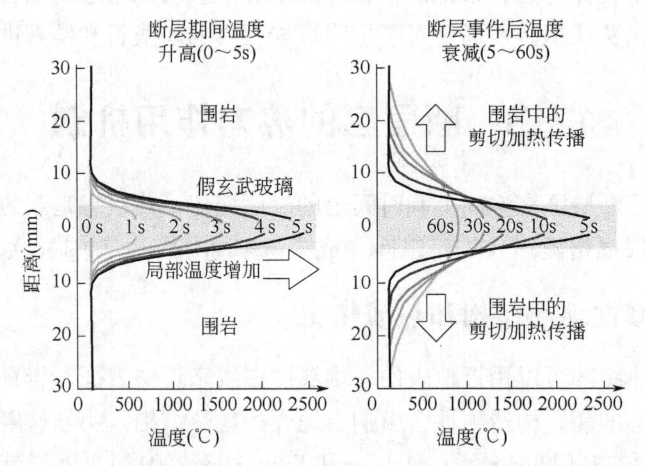

图 12.2　剪切功为 50MPa · m 时，断裂过程中的温度升高曲线（左）和断层事件后的温度衰减曲线（右）

假设局部地震滑动持续时间为 5s，则使用 Carslaw 和 Jaeger（1959）和 Lachenbruch（1986）的方程计算温度升高值 ΔT。温度超过 1000℃，在断层活动开始后，在 8mm 宽的断层带（灰色）内持续约 30s

相反，在断层区外（$x>a$），断层期间（$t<t^*$）的温升 ΔT 为

$$\Delta T=\frac{2\tau}{\rho c}\frac{v}{a}\left\{t\left[\iint erfc\frac{x-a}{\sqrt{4\alpha(t)}}-\iint erfc\frac{x+a}{\sqrt{4\alpha(t)}}\right]\right\} \tag{12.4}$$

而断层后（$t^*<t$）的温度增高 ΔT 为

$$\Delta T=\frac{2\tau}{\rho c}\frac{v}{a}\left\{t\left[\iint erfc\frac{x-a}{\sqrt{4\alpha t}}-\iint erfc\frac{x+a}{\sqrt{4\alpha t}}\right]-(t-t^*)\left[\iint erfc\frac{x-a}{\sqrt{4\alpha(t-t^*)}}-\iint erfc\frac{x+a}{\sqrt{4\alpha(t-t^*)}}\right]\right\} \tag{12.5}$$

接着利用这些方程估计平均剪应力 τ，并进行地热学分析（O'Hara，2004；Tagami，2012）。

根据 Lachenbruch（1986），如果滑动持续时间 t^* 相对于地震后观测时间（$t-t^*$）明显较小，并且如果我们的观测时间 t 与剪切带的时间常数 k（$k=a^2/4\alpha$）相比足够大，则式(12.2)至式(12.5) 可以简化为

$$\Delta T=\left(\frac{\tau u}{\rho c}\right)(\pi\alpha t)^{\frac{-1}{2}}\exp(-x^2/4\alpha t) \tag{12.6}$$

式中，对于任何 x，$t\gg t^*$ 和 $t\gg\lambda$，u 是滑动距离（$u=vt^*$）。相应地，在某些 x 和 t 条件下，

平均剪应力 τ 可通过将个别适当值代入 ρ、c 和 α，并通过测量 ΔT 和 u 来计算。该方法适用于地震后不久，通过钻探至断层进行的温度测量（Brodsky et al.，2010）。

12.3.3　断层区及其周围的热液流动

从原位化学沉淀形成的矿脉产状可推断出断层内的流体流动（见 12.2.4 节）。根据矿脉的存在，流动的有效空间范围主要在断层法线 1～100m 的范围内（如 Boles et al.，2004；Watanabe et al.，2008；Coxm，2010）。断裂带的渗透结构是控制其流动的关键，一般由三个区域组成：（1）断层核心区，由断层泥和砾岩组成，其特点是渗透率较低；（2）破坏区，由断裂岩组成，渗透率较高，为渗流提供了有效的途径；（3）基岩，渗透率较低（Evans et al.，1997；Seront et al.，1998）。据推断，断层区的平均渗透率会随着时间的推移而降低，这是由于持续的流体流动与化学沉淀形成矿脉而导致的路径变窄/封闭的结果。如果断层带经历了新的地震活动，并因此而重新开辟了通道，渗透率可能会恢复。这一模型首次被 Nojima 断层区验证（见 Tagami 于 2012 年的评论）。

如果断层带内的渗流主要由向上的物质成分组成，则断层带被来自更深的地层的流动所加热，温度高于环境温度［图 12.1(b)］。在活动断层系统附近经常发现温泉，其中一些温泉很可能有深层的起源，如其地球化学特征所示（Fujimoto et al.，2007）。一些大型断层从地表一直延伸到大于 10km 的深度（Scholz，2002），在正常地温梯度约为 30℃/km 的假设下，预计即将出现的流体温度超过 300℃，忽略渗流过程中的热损失。

12.4　快速加热及热液加热期间的稳定性

本节简要介绍了热退火的动力学公式及其在断层区的应用。如果围岩经历过温度的升高，积累的裂变径迹会逐渐缩短，热退火并最终被消除。裂变径迹长度的缩短是加热时间和温度的函数，不同矿物之间的局部退火温度间隔有很大的差异。径迹长度的减少量比径迹密度更精确地量化了裂变径迹的退火（见第 3 章；Ketcham，2018），径迹长度分布的频率分布对岩石的热历史恢复具有重要的价值。相应地，对全密闭径迹的长度进行测量，可以确定退火动力学的函数：

$$\mu=11.35\left[1-\exp\left(-6.502+0.1413\,\frac{\ln t+23.515}{1000/T-0.4459}\right)\right] \tag{12.7}$$

式中，μ 是锆石中的平均 FT 长度，在 T（开尔文温度）下退火 t 小时后（Tagami et al.，1998）。更多详情见其他综合文献（Donelick et al.，2005；Tagami，2005；Tagami 和 O'Sullivan，2005）。

与区域热结构不同的是，地层加热是摩擦加热和热液流动引起的。因此，为了对断层带进行可靠的地热学分析，需要进一步考虑高温短期加热和热液加热对断层带退火动力学的影响（通常是在常规实验室的干燥大气环境中确定，并外推至地质时间尺度）。

使用热液合成仪器进行实验室锆石加热实验，以模拟热液流动引起的热压条件下热扰动规律（Brix et al.，2002；Yamada et al.，2003）。使用相同的锆石样品和试验流程，发现在大气中观察到的裂变径迹长度减少与热液条件下观察到的裂变径迹长度减少是无法区分的（Yamada et al.，2003）。Brix 等（2002）对 Fish Canyon 凝灰岩锆石的实验结果也显示出干热液条件下和热液条件下的退火动力学是一致的。因此，可以看出传统的锆石退火动力学也可以应用于自然界的热液加热条件，如断层带和沉积盆地的设置。

脆性上断层的摩擦加热是一种短期的地质现象，有效加热时间约为数秒，明显短于传统实验室加热的 10^{-1} ~ 10^{4}h。在 599~912℃ 下加热 3.6~10s 后观察到的锆石裂变径迹长度减少。总的来说，比锆石的裂变径迹退火动力学预测的略大，这是基于在 350~750℃ 下加热 10^{-1} ~ 10^{4}h 的锆石退火动力学预测的结果（Yamada et al.，1995；Tagami et al.，1998）。Yamada 等（2007）提出了修正的动力学模型，将闪蒸加热和常规实验室加热结果整合到地质加热中。应该指出的是，锆石中自发径迹在（850±50）℃ 下持续约 4s 加热，完全退火，这表明在自然界中，锆石的裂变径迹系统可以在普通的假塔晶形成过程中完全热重置（Otsuki et al.，2003）。

应当进一步补充说明磷灰石的裂变径迹退火动力学。该动力学已经在常规实验室的干燥大气环境中得到了证实，并通过分析沉积盆地的钻孔岩心进行了地质时间尺度的测试和校准。然而，闪蒸和热液加热对动力学的影响尚不清楚，因此非常需要对磷灰石设计这方面的专门实验。这些实验将从断层区的摩擦加热和热液流的角度为解释磷灰石裂变径迹数据提供一个更可靠的基础。

12.5　采样策略

断层带采样策略可能与其他地质体有所不同，主要是由于其脆性特征与断层相关的热源（参见本书第 10 章以及第 11 章）。如上所述，与断层相关的三个热因素一般会产生具有不同空间范围及特征的热史（即温度—时间路径），如图 12.1(b) 所示：（1）反映地壳基底长期的构造热演化历史，其空间范围一般为距离断层 1~100km；（2）偶发的摩擦加热，温度最高可达 1000℃（即偶尔高于围岩熔化温度），典型的时间周期为数秒，空间范围为距断层数毫米（在脆性变形的情况下）；（3）热流体加热，温度低于母岩熔点，在断层带约 100m 内。在理论上，可以通过使用热学技术分析断层带内和周围的一系列岩石，对这三个因素进行约束。为实现这一目标，需要考虑以下地质因素：

（1）首先，需要选择适当的古温标，要适合待恢复的热历史的预期温度和时间范围。

（2）如果要分析断层区的局部加热事件，即因素（2）和（3），那么就需要简单的围岩热背景历史，这样就可以很容易从背景噪声中提取出感兴趣的热历史信号。此外，沿断层的背景热历史需要相同，否则，选择的不同地方进行分析的边界条件都会有所区别。

（3）为了获得良好分辨率的热学分析结果，背景热历史和断层区的加热事件之间最好有较大的年龄差别。

（4）为了揭示局部加热事件，必须选择满足上述条件的横穿断层区的最佳地质界线。还需要对断层的空间几何形状有足够的了解。

为了很好地约束以上三个因素，需要在不同的地区间隔采集岩石样品，以达到良好的一致性。在距离断层 100m 以上的地方，间隔不一定很短，可以借鉴普通地质研究的采样策略。然而，随着接近断层，则需要缩短取样间隔，以确定热年代数据可能的空间变化。特别是，当我们打算分析第二种因素的热效应（即摩擦加热）时，在断层平面约 10cm 内的间隔应保持在几毫米以内（d'Alessio et al.，2003；Murakami 和 Tagami，2004），如图 12.3 和图 12.4 所示。在此条件下的采样工作，需要特别小心处理脆性断层岩，如碎裂岩和糜棱岩类等。如果可能的话，可将横跨断层平面的断面用便携式石锯切割成块状，这样可以将样品

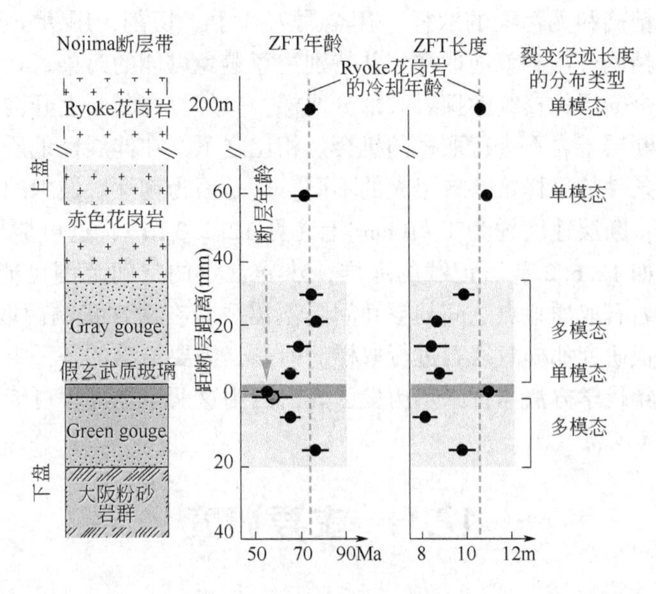

图 12.3　日本 Nojima 断层平谷沟断层岩性剖面，锆石裂变径迹平均年龄、平均长度和长度分布类型图及另一个样品的假玄武玻璃层（灰圈）

灰色虚线表示在距断层约 200m 处采集的 Ryoke 主岩样品的平均年龄和长度。来自拟速晶石层的样品的年龄明显小于来自 Ryoke 围岩样品的初始冷却年龄。误差线为±1SE（据 Maurakami 和 Tagami，2004）

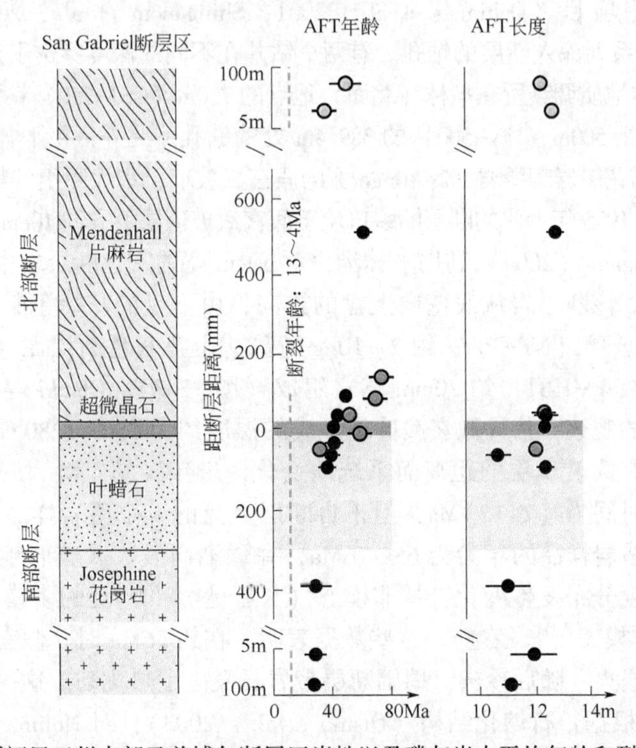

图 12.4　加利福尼亚州南部圣盖博尔断层区岩性以及磷灰岩中平均年龄和裂变径迹长度图

两条横跨断层的横断面的数据用不同的符号表示，这两条横断面的数据都没有显示出受断层活动的影响，即使是在距离超辉绿岩 2cm 以内的样品中，也没有显示出明显的减少。误差为±1SE（d'Alessio et al.，2003）

块带回实验室进行精确和无污染的取样（用金属刀片手工切割，用镊子摘取碎片）。否则，需要对断层岩进行精确分割和就地取样，并特别注意避免可能的污染。在这些方面，最理想的条件可能是在整个断层的连续钻探岩心部分取样。另外，在断层上开沟取样将提供一个在三维几何空间中对断层带岩石进行取样的机会。相比之下，在伸展性地质条件下的断层带采样策略与上述脆性条件的采样策略有很大的不同。这是因为韧性区域中的预期发热量是地质时期内的稳定状态，断层速度约为 1~10cm/年（见 12.2.3 节），这可能导致整个断层带的区域性热异常。正如 12.6.2 节所记载的那样，热异常点的空间范围可能达到距断层 10km 以外。因此，单个岩石取样地点之间的空间间隔不需要像在脆性机制内取样那样短，因此，可以像非断层热年代研究那样对岩石进行取样。但是，需要指出的是，由韧性断层形成的热异常可能难以用热年代学方法与背景热历史区分，因为这两个热过程可能导致热年代数据的空间分布相似。

12.6　主要研究

12.6.1　Nojima 断层

Nojima 断层位于日本兵库县淡路岛西北海岸，是一条南倾 83°、右旋滑动分量较大的大角度逆断层。由于 1995 年神户地震（兵库县南部地震；震级 7.2），在活跃的 Nojima 断层上形成了一条长 10km 以上的地表断层。地震发生后不久，作为一个多学科的地球科学项目启动，Nojima 断裂带探测项目（Oshiman et al.，2001；Shimamoto et al.，2001；Tanaka et al.，2007），包括钻探一系列深入断层的钻孔。有两个钻井在不同的深度穿透了该断层，并取得了近乎完整的岩心：日本地质调查所在平林（北面）地点的 750m（GSJ-750）钻井 625.27m 以及东岛（南部）遗址的大学组 500m（UG-500）的 389.4m 处的钻孔。此外，在平林地区 Nojima 断层的上、下盘，岩石包括花岗岩辉绿岩、2~10mm 宽的假玄武玻璃层和大阪组的粉砂岩都遭受不同程度的剥蚀。在平林，1995 年形成的断层断裂口位于假玄武玻璃层下方约 10cm 处。

Murakami 和 Tagami（2004）利用平林沟，对 50cm 宽的灰色断层岩中的锆石矿物颗粒进行了裂变径迹分析。该断层岩从底壁向上盘的方向，由下盘的灰绿色断层泥（NT-LG；约 20mm 宽）、假玄武玻璃（NT-Pta；约 2~10mm 宽）、上盘灰色断层泥（NT-UG；约 30mm 宽）、红色花岗岩（NF-HB1；约 20mm 宽）组成（图 12.3）。Otsuki 等（2003）根据对钾长石和斜长石熔化的观察，估计假玄武玻璃形成的温度约为 750~1280℃。裂变径迹年龄和径迹长度都随与假玄武玻璃层的距离而系统地变化，最年轻的年龄为（56±4）Ma（1SE）。虽然该区域的降温时间为（74±3）Ma，但来自断层上盘的 4 个凿岩样品（即 NT-UG 1-4）和来自下盘的 2 个凿岩样品的年龄为 65~76Ma，并逐渐向假玄武玻璃年轻化。当接近假玄武玻璃时，径迹长度分布发生变化，从非模态（长径迹）到广泛的多模态（长径迹和短径迹），最终又变成非模态（长径迹）。这些数据表明，在约 56Ma 时，假玄武玻璃层中的锆石裂变径迹系统完全退火，随后冷却，周围断层带岩石发生了热扰动。这一解释得到了以下两方面的支持：（1）根据长石熔化结构（Otsuki et al.，2003），对 Nojima 假玄武玻璃层的温度估计为 750~1280℃；（2）实验室对锆石裂变径迹系统的闪电加热实验（Murakami et al.，2006b）。

对 GSJ-750 和 UG-500 的钻井岩心也进行了锆石的裂变径迹热学分析（Tagami et al.，

2001；Murakami et al.，2002；Tagami 和 Murakami，2007）。锆石年龄和长度数据表明：（1）在平林井眼（GSJ-750）的断层下盘的和上盘约25m范围内的锆石部分退火带（PAZ）发生了一次古老的加热事件；（2）仅在Toshima（UG-500）的上盘断层3m范围内的锆石部分退火带发生了一次古老的加热事件。利用Monte Trax逆向模型（Gallagher，1995），在断层附近的部分退火样品，二次加热后最后一次降温的年龄为（35.0±1.1）Ma（1SE），在平林孔（GSJ-750）为（38.1±1.7）Ma和（31.3±1.4）Ma，在Toshima（UG-500）为（4.4±0.3）Ma。二次加热过程中所经历的最高温度并不是唯一确定的，因为裂变径迹退火程度也取决于加热时间。二次加热的源头可能是断层内的流体传热和扩散，因为退火区的空间范围（即距断层约25m和3m）太大，不能简单地归因于热传导。这种解释也得到了支持，因为裂变径迹退火程度与钻孔岩石的变形/变化呈正相关。原地热扩散计算的结果表明，原地摩擦热不足以解释裂变径迹退火程度，因此需要一些额外的热量，例热流体沿断层带从更深的地壳向上流动。

Zwingmann等（2010a）报告了平林地区6个花岗岩样品的自生K-Ar年龄，其中包括3个靠近假刚玉岩层的断层泥样品。6个小于2μm的断层样本的年龄在（56.8±1.5）Ma（1SE）至（42.2±1.0）Ma之间，而3个断层凿岩样本中小于0.1μm和小于0.4μm的断层样品的年龄在（30.3±0.9）Ma至（9.1±1.6）Ma之间，异常年轻。前者的年龄（57~42Ma）比花岗岩原石的区域冷却时间（74Ma±3Ma）更年轻，被解释为脆性断层的时间。较细断层的另一个年龄（30~9Ma）具有较低的有效闭合温度，可能是由于热流体流动导致断层附近的热溢出印记的结果，二次放射性成因^{40}Ar的损失。在Toshima还分析了5个UG-500岩心样本，其中小于0.4μm和小于2μm的断层（钾长石污染较少）的三个年龄段从（50.7±1.2）Ma至（45.0±0.9）Ma，表明发生脆性断层的时间与平林断层相似。

此外，Watanabe等（2008）在Toshima UG 1800m井眼（UG-500钻探地点西南1km处）1484m深的方解石矿脉上测量到U-Th放射性失衡。^{234}U/^{238}U中的放射性不平衡现象的存在表明，方解石的沉淀年龄小于1Ma，这限制了流体渗入断层带的时间。此外，在UG-500的井眼岩石上进行的电子自旋共振（ESR）分析表明，在距断层平面约3mm范围内，ESR强度明显降低（Fukuchi和Imai，2001；Matsumoto et al.，2001）。这可能是由野岛断层的摩擦加热引起的，这表明ESR方法有可能被应用于分析活动断层系统的近期运动。

根据上述的热学和其他限制因素，对Nojima断层的合理演化过程重建如下，详见Tagami和Murakami（2007）和Zwingmann等（2010a）：

（1）约56Ma时，该断层已经作为地壳的平面内断层开始偏移。根据流体包体数据，深度可能大于15km（Boullier et al.，2001）。

（2）从56~42Ma，在古老的野岛断裂的一些区段发生（或已经持续发生）脆性断裂。

（3）在35Ma和4Ma时，Hirabayashi和Toshima的断层活动伴随着断裂带内流动的热流和流体循环扩散。

（4）在1.2Ma时，现在的野岛断层系统是由古野岛断层的再活动形成的。注意：这种再活化现象在其他地方已被认可（Holdsworth et al.，1997）。从Nojima假玄武玻璃的锆石裂变径迹数据中得出的另一个重要的构造约束是，可以通过结合摩擦产热和传导的式(12.2)至式(12.5)和锆石裂变径迹退火的式(12.7)来估计平均剪切应力S（Murakami，2010）。这种方法的逻辑是：

① 通过指定或假设式(12.2)至式(12.5)中的参数，即密度q、比热c、热扩散率α、断层区宽度a、滑动速度v和滑动持续时间t^*，通过时间t给出了特定τ的温度曲线。

② 通过指定离断层中心一定的距离 x，可以从上述温度曲线系列中得出每个位置的热历史。

③ 对于一定的 τ 和 x 值的组合，利用式(12.7)，通过对热历史的每个时间间隔的退火效应进行积分，可以预测出平均裂变径迹长度 μ。

④ 相应地，对于一定的 τ 值，预测长度 μ 的空间曲线与 x 相对应。

⑤ 对于一定范围的 τ 值，计算出 μ 的空间轮廓，并与测量的裂变径迹长度数据进行比较，以寻找最佳拟合的 τ 值。

因此，对于56Ma的断层事件（Murakami，2010），净剪切工估计为50MPa · m，这可能有利于支持较高剪应力的“强”断层模型（Scholz，2002）。

12.6.2 其他例子

12.6.2.1 断层泥

虽然在大多数活跃的断层系统中，断层凹槽沿断层中心广泛存在，但对这些岩石的裂变径迹技术的应用相当有限，在确定热扰动的范围或断层年龄方面并不十分成功。D'Alessio 等（2003）对加利福尼亚南部圣盖博尔断层带附近和内部的样本进行了磷灰石裂变径迹分析，该断层很可能在13~4Ma期间活跃，之后剥蚀近2~5km。在该区域内，圣加布里埃尔断层由一个1~8cm宽的超碎屑岩带组成，北部的Medenhall片麻岩与南面的Josephine花岗闪长岩并列（图12.4）。磷灰石裂变径迹的年龄和长度没有因断层活动而明显减少，即使是在距超辉绿岩仅2cm以内的样品中也没有明显减少。没有裂变径迹退火，这意味着，根据对热的产生、热传输和磷灰石裂变径迹退火的正演模型，每次滑移从未大于4m，或者平均表观摩擦系数小于0.4。

Wolfler 等（2010）对横穿阿尔卑斯山东部Lavanttal断层系统的钻孔岩心样品进行了磷灰石裂变径迹和（U-Th）/He测试。磷灰石的裂变径迹年龄和长度向断层中心方向略有减少，而磷灰石（U-Th）/He的年龄在断层岩心中也显示出较小年龄。这些结果表明，样品在断裂带内被摩擦加热和/或热流体流动重新加热。

相反，伊利石K-Ar和 $^{40}Ar/^{39}Ar$ 分析已被广泛应用于各种构造背景下的断层泥测年。在断层带内原地形成的自生岩的年龄应直接确定断层带活动时间。经过一些开创性的研究，van der Pluijm及其合作者通过对黏土粒径群进行定量X射线分析，成功量化了各个黏土粒度组分的自生云母和碎屑云母的比例（van der Pluijm et al.，2001，2006；Solum et al.，2005；Haines和van der Pluijm，2008）。此外，Zwingmann及其合作者还通过分析阿尔卑斯山断层泥进一步证明了伊利石K-Ar测年的适用性（Zwingmann和Mancktelow，2004；Zwingmann et al.，2010b）。

12.6.2.2 假玄武质玻璃

已有几项研究试图确定假玄武质玻璃的玻璃基质年代，包括 $^{40}Ar/^{39}Ar$ 热年代学（南非Vredefort陨石坑，Reimold et al.，1990；美国西部North Cascade山脉，Magloughlin et al.，2001；新西兰Alpine断层，Warr et al.，2003；挪威中部More-Trondelag断层，Sherlock et al.，2004）、玻璃质的裂变径迹热年代学（新西兰Alpine断层，Seward和Sibson，1985）和Rebonet热年代学（新西兰Alpine断层，Seward和Sibson，1996，2003；More-Trondelag断层，挪威中部，Sherlock et al.，2004）、玻璃裂变径迹热年代学（Alpine断层，新西兰，

Seward 和 Sibson，1985）和 Rb-Sr 年代学（Quetico 和 Rainy Lake-Seine River 断层，加拿大西部地块，Peterman 和 Day，1989）。这些研究表明，制约假玄武玻璃的玻璃质基质的年龄可能会出现三个潜在的假象，难以确定：

（1）由于在假玄武玻璃形成过程中摩擦加热的结果，导致年龄完全重置。这主要涉及加热过程中辐射性同位素的扩散动力学问题。然而，在热年代学的情况下，地壳深部的继承性氩的存在可能会与假玄武玻璃$^{40}Ar/^{39}Ar$测年的假设条件矛盾，即在瞬时的摩擦熔化过程中，氩气会运移至一定的地质岩体中（Sherlock et al.，2004）。

（2）同位素系统受到后期热事件的影响。辐射封闭体系的破裂可能是放射性同位素在热液加热环境中的扩散动力学问题，但也可能是由于在自然界中经常观察到的假玄武玻璃基质的脱玻璃化引起的。

（3）假玄武玻璃体的玻璃化基体中没有任何围岩碎片。否则，对于一些热年代学，如$^{40}Ar/^{39}Ar$法等热年代学来说，完全重置年代将使得地址解释非常困难。

Murakami 和 Tagami（2004）采用了一种替代性的热年代学方法，他们对日本西南部 Nojima 断层带的一个假玄武玻璃及其围岩进行了锆石裂变径迹分析（图 12.3，见 12.6.1）。这种新方法随后被应用于不同构造环境中形成的各种假玄武玻璃（Takagi et al.，2007，尼泊尔 Tsergo Ri 滑坡；Takagi et al.，2010，日本西南部中线构造线）。对从日本中部的古须介切变带的假玄武玻璃层和周围花岗岩断层岩中分离出的锆石进行了裂变径迹和 U-Pb 分析（Murakami et al.，2006a）。假断层的裂变径迹年龄为（53±4）Ma（1SE），明显比远离断层的宿主岩的 73±4Ma 的年龄要小得多，这也是区域降温的时间。根据径迹长度信息，假玄武玻璃的锆石裂变径迹数据被解释为已完全重置，随后在 53Ma 冷却。此外，U-Pb 分析显示，年龄范围约为 67~76Ma，这证实了所有围岩在整个断层中的形成时间大致相同。

12.6.2.3　糜棱岩

为了限制糜棱岩韧性变形的时间［图 12.1(a)］，K-Ar（和$^{40}Ar/^{39}Ar$）系统应用在云母中的应用主要被用于多种构造环境（Morage et al.，2002；Sherlock et al.，2004；Rolland et al.，2007 及其参考文献）。如下文所述，裂变径迹热年代学已被应用于韧性断层带中的糜棱岩，这可能制约了断层在长期地质时间内的平均发热（v=1~10cm/a；见 12.2.3）。与在较浅深度的脆性机制内的摩擦加热产生短期热脉冲不同，较深层次的韧性变形的特点是长期加热，并伴有整个断裂带更广泛的区域性热异常。这可能导致区域性变质孔跨越汇聚板块边界（或横流剪切带）（Scholz，1980）。在这方面，新西兰的阿尔卑斯断裂，两个构造板块的斜向会聚正在进行（见第 13 章；Baldwin et al.，2018），利用热年代学对其进行了深入研究。发现 K-Ar 年龄在 10km 以上系统性地下降，解释为在深部长期摩擦加热形成的 Ar 晕（Scholz et al.，1979，以及其中的参考文献）。这种解释是基于一个构造模型，表明整个研究区域在过去 5Ma 的时间里一直在不断地遭受剥蚀。然而，后来的裂变径迹热年代研究表明，晚新生代的折返总量向阿尔卑斯山断层呈指数级增长（Kamp et al.，1989）。这些研究者根据磷灰石和锆石的裂变径迹年龄，估计了整个断层的不对称隆起模式，这些年龄显示出向阿尔卑斯山断层年轻化的趋势。上述研究认为，由于不对称的剥蚀，在紧靠阿尔卑斯山断层东面出露了一条 13~25km 宽的区域变质带。最近在新西兰南阿尔卑斯山的研究也从外翻的角度解释了热年代数据（Little et al.，2005；Ring 和 Bernet，2010；Warren-Smith et al.，2016）。

日本西南部的中轴构造线代表了另一个长期断层的例子，它涉及在韧性区域内形成糜棱岩。对 Ryoke 带的花岗岩进行了磷灰石和锆石的热年代研究，Ryoke 带是沿中轴构造线的区域变质带之一（Tagami et al.，1988）。在约 3~10km 处的中轴构造线上，磷灰岩裂变径迹年龄的系统性下降被解释为韧性断层带长期剪切加热的结果。然而，最近的裂变径迹和（U-Th)/He 研究，发现了以新构造断层系统为界的区域性差异化剥蚀历史（Sueoka et al.，2012，2016）。因此，先前观察到的朝向中轴构造线的年龄下降也可能是由于这种差异性的隆起，而不是由于长期的剪切加热过程。

12.7　总结和展望

断层带岩石是断层长期反复运动的结果，反映了构造应力机制的空间和时间变化。因此，断层运动的年龄测定对了解断层的地质构造，特别是对评估活动断层系统的古地震活动起着关键作用。在过去几十年里，裂变径迹法和其他热年代法在技术和方法上的进步，使我们能够对断层发育过程中形成的各种断层带物质进行年代测定，（1）利用基于常规加热实验的退火动力学，并通过闪电加热和热液加热实验验证，对来自假玄武岩层、断层泥和伴生变形岩石中的锆石进行了 FT 分析；（2）对断层沟内的自生 K-Ar（$^{40}Ar/^{39}Ar$）测年，并对脱屑污染的影响进行了评价。

此外，对地震成因的断层区进行的一系列钻探工作，如 Nojima 断层区探测项目，为系统地对新鲜断层岩进行取样提供了机会。这些因素都为“断层带热年代学”提供了显著的促进作用。

可以通过以下方式，进一步获得更多研究成果：

（1）额外的实验室闪蒸和热液加热以及一系列低温热年代测试，如磷灰石和锆石裂变径迹和（U-Th)/He、伊利石 K-Ar（$^{40}Ar/^{39}Ar$）以及石英和长石 ESR、TL 和 OSL 系统。这些工作将为解释断层带不同深度和各种岩石类型的热年代数据提供更可靠的依据。

（2）对具有显著不同活化能的热年代方法，如锆石的裂变径迹和（U-Th)/He 等热年代方法之间的数据比较，这可能有助于约束断裂带热事件的有效持续时间和温度，有助于识别其热源。

（3）系统地使用磷灰石和锆石的裂变径迹和（U-Th)/He、硅灰石 K-Ar、碳酸盐 U-Th、石英和长石的 ESR、TL 和 OSL 分析，对活动断层系统进行分析，将进一步阐明人们对地震带断层热力学过程的理解。

致谢

感谢 Ann Blythe 和 Meinert Rahn 的建设性的意见，感谢 Marco G. Malusà 和 Paul G. Fitzgerald 对本章的编辑，特别是对插图的编辑。感谢 Masaki Murakami、Horst Zwingmann、Yumy Watanabe 和 Akito Tsutsumi 在撰写本章过程中提出的宝贵意见和观论。

第13章　深成变质岩的地壳折返：裂变径迹热年代学的制约

Suzanne L. Baldwin，Paul G. Fitzgerald，Marco G. Malusà

摘　要

利用裂变径迹和其他低温年代热学方法，可以揭示上地壳中的深成岩和变质岩的热演化历史。压力—温度—时间—变形（*p-T-t-D*）岩石路径段可能受FT数据约束，对应于变质岩的下绿片岩相、辉绿岩—绿纤石相和沸石相，也包括成岩蚀变区。当剥蚀出深成岩和变质岩时，由于流体变化引起的热扰动，以及在相对较浅的地壳深度，结晶温度低于相应的闭合/退火温度，会使人们不能简单地以单调冷却来解释热学年代。然而，裂变径迹年龄和径迹长度测量提供了热动力学数据，可以揭示温度—时间演化过程，即使在违反了基于块状闭合温度的假设的情况下，也可以解释*T-t*路径。在地质学上受限的采样策略，以及对深成岩和变质岩中的同源矿物应用多种热年代方法，可能为记录地壳过程的时间、速度和机制提供丰富的研究手段。本章介绍了以下几个典型实例：(1)（超）高压—高压变结构质体（巴布亚新几内亚、西阿尔卑斯山、西部片麻岩区、大别—苏鲁）；(2) 伸展造山带（跨南极山脉）；(3) 挤压造山带（比利牛斯山脉）；(4) 转换挤压板块边界带（新西兰阿尔卑斯断层带）。

13.1 引　言

深成岩和变质岩在地表下的深层空间内形成。深成岩在地表深处由岩浆（即硅酸盐熔体）结晶而成。在结晶之前，岩浆在一定的温压条件下，以流动的方式输送热量，其温度和压力取决于岩浆的本质成分。结晶包括成核和晶体生长过程，其速率取决于温度—时间（*T-t*）历史。相反，变质岩是由经历了温度和压力变化的原岩（火成岩、变质岩或沉积岩）的固态结晶形成的。矿物及其结构的变质主要随着温度而变化，而温度的变化与可利用的流体一起推动了变质反应。其结果是，在新的压力和温度条件下，原有的矿物集合体可能转变为更稳定的集合体。

形成火成岩和变质岩需要地壳地温梯度的重大扰动，因此不能先验地假设这些岩石在稳态条件下达到平衡（Spear，1993）。在大多数火成岩和变质岩形成的活动板块边界带，地温场在空间上是复杂的，并随着板块边界的演变而变化。瞬时地热是由热源（如侵入岩浆、放热反应等）和热汇（俯冲板块、内热反应）造成的。例如，在离散型板块边界，上升的软流层引起减压熔化，导致地温变陡，原岩发生高温变质。在汇聚型板块边界，冷岩石圈减压熔化导致高压/低温变质，地温场相对较低［图13.1(a)］。如果活动变形与快速剥蚀有关，地温场很可能会因岩石从深部迅速向地表移动，发生热吸作用而改变。对深成岩和变质岩的地壳发散历史进行约束的能力，在很大程度上取决于我们对用于解释热年代数据的动态

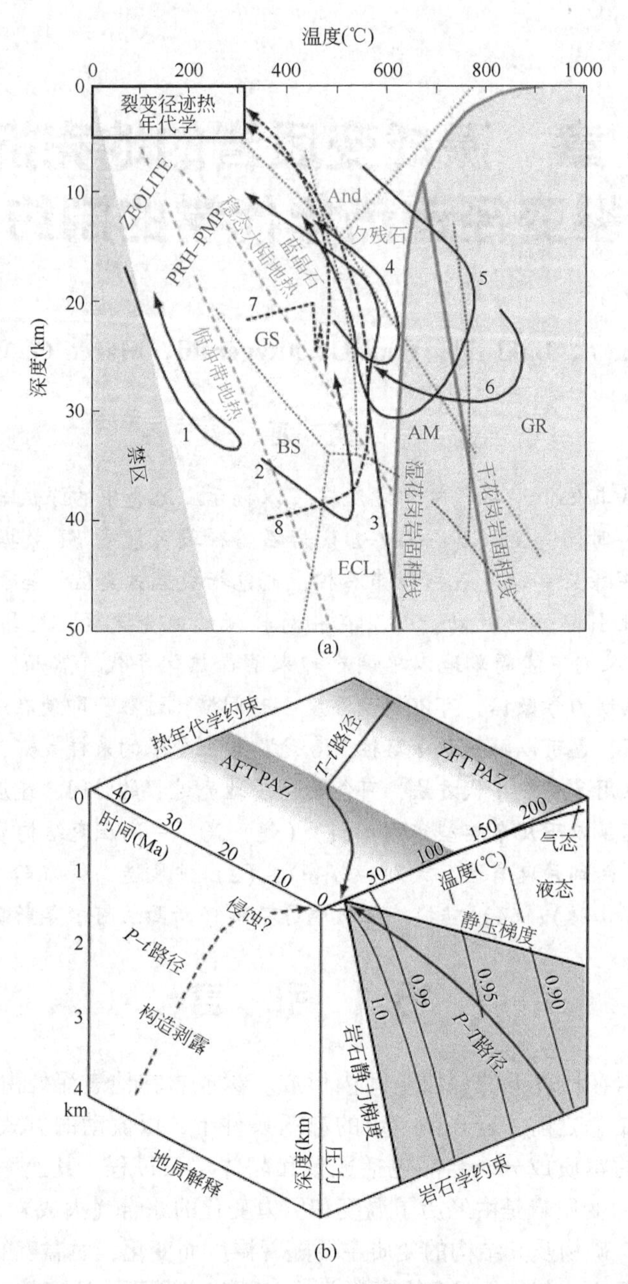

图 13.1　(a) 深度—温度图，显示变质岩的温度—压力路径实例（蓝色）（Philpotts 和 Ague，2009）：1—Franciscan 复合体（Ernst，1988）；2—西阿尔卑斯山（Ernst，1988）；3—Dora-Maira（Rubatto 和 Hermann，2001）；4，5—马萨诸塞州中部（Tracy 和 Robinson，1980）；6—纽约州 Adirondacks（Bohlen et al.，1985）；7，8—东阿尔卑斯山 Tauern 窗口上、下地质单元（Selverstone et al.，1984；Selverstone 和 Spear，1985）。1985）；7，8—东阿尔卑斯山 Tauern 窗口的上、下地质单元（Selverstone et al.，1984；Selverstone 和 Spear，1985）。注意，所有 *P-T* 路径的最低温度部分不受约束。蓝色方框表示与使用裂变径迹温度学约束历史相关的 *P-T* 空间。红色为变质岩层。AM—角闪岩；BS—蓝片岩；ECL—榴样岩；GR—麻粒岩；GS—绿片岩；PRH-PMP—葡萄石—镁铝石；Al_2SiO_5 的反应曲线，用浅蓝色虚线表示湿法和干法固体 i 的反应曲线。(b) 岩石 *P-T-t* 深度空间对应于极低品位和成岩条件的 *P-T* 路径。*P*（深度）-*T* 条件是根据流体夹杂物（H_2O 系统的恒定密度线，单位为 g/cm³，Goldstein 和 Reynolds，1994）确定的。假设的 *T-t* 路径包括 ZFT 和 AFT，用部分退火带（PAZ）表示。虚线显示了与浅层地壳渗出机制相关的 *P*（深度）-*t* 路径的一个例子

热参考框架的理解（见第 8 章；Malusà 和 Fitzgerald，2018a），以及对发散过程中可能影响深成岩和变质岩的一系列化学和物理过程的理解。

本章讨论了深成岩和变质岩在最终到达地表的剥蚀历史，以及利用高温热年代学来约束和量化地壳运动的时间、速率和运动机制。利用高温热年代学技术和岩石学数据对深层地壳和变质岩进行研究，在浅层地壳中采用低温热年代学技术。用来约束深层地壳历史的技术与浅层的技术有许多共同的假设，但也存在着重要的差异，例如深层地壳中矿物（再）结晶的作用、地貌对浅层地壳等温线的影响。下面介绍不同构造条件的案例研究，以说明如何在地质学框架内解释变质岩和侵入岩矿物的裂变径迹热年代学数据。这些综合研究考虑了在地壳剥蚀期间可能影响岩石演化过程（如热平流、热液改变）的复杂情况。

13.2　深成变质岩的热年代学数据解释

13.2.1　确定 *p-T-t-D* 路径的综合方法

保存在深成岩和变质岩中的矿物组合和结构提供了从深部到地表过程中压力（*p*）、温度（*T*）和变形（*D*）变化的记录。矿物组合和结构是深成岩石成分、流变学、挥发分含量和 *p-T* 条件的函数。实验学家和热力学模型研究人员将物理、化学和相位平衡原理应用于天然岩石和合成材料，使岩石学家能够评估 *p-T* 条件（Spear，1993；Powell 和 Holland，2010；Sawyer et al.，2011）。岩石的 *p-T* 路径可以通过综合 *p-T* 空间中已知矿物组合、成分或成分变化（在带状矿物的情况下）及其结构的稳定性的区域来研究（Spear，1993）。用于量化变质压力和温度的反应通常是非同步发生的，放射性同位素测年技术可应用于矿物，以确定与 *p-T* 路径段相关的年龄［图 13.1(a)］。由岩石学分析提供的热力学数据和热年代学提供的 *T-t* 信息可以综合起来，以确定 *p-T-t* 路径，从而说明控制地壳岩石剥蚀的地质过程（Baldwin 和 Harrison，1992；Duchêne et al.，1997；Malusà et al.，2011；Baldwin，1996）。

附加相带被证明对于将同位素年龄与岩石学和结构信息联系起来特别有用（Kohn，2016）。大多数放射性同位素测试数据（Rb-Cr、$^{40}Ar/^{39}Ar$、U-Pb、Sm-Nd、Lu-Hf）可以根据矿物（重）结晶来解释，以推断地壳过程的时间和速度，如变质和韧性变形等。野外、宏观、微观和纳米结构分析可以提供不同矿物组合的背景，为恢复 *p-T-t-D* 演化轨迹增加流变学约束。相对于变质岩的低绿片岩相、葡萄石—绿纤石相和沸石岩等变质岩，裂变径迹热年代学可以提供更低温范围的时间约束，尤其是对确定剥蚀历史的最后部分特别有用（图 13.1b；Malusà et al.，2006）。然而，许多已公布的剥蚀演化历史没有扩展到最低温度范围［图 13.1(a)］。在这种情况下，充分整合岩石学和热学数据可能提供的信息仍未得到开发。

13.2.2　过程、时间和速率

如果可以证明岩石从高温到低温单调冷却，矿物代表平衡组合，那么可以简单地应用平衡温度等于同位素闭合温度（T_c）的古温标和热年代学温标（Hodges，1991）。然而，岩石学证据，如矿物包裹体、矿物分区模式和微观结构等往往显示剥蚀过程中没有达到平衡，从而使基于简单的 T_c 模型的热年代学解释失效。在剥蚀到地表时，大部分的深成岩和变质岩中的矿物只保留了部分的放射性子核素，这可能是由于变质/（再）结晶（通常伴有变形）或放射性子体的扩散性损失所致。因此，对于矿物成因的了解，可以限制子体流失的速度及机制（体积扩散、溶解/预沉淀、同步变质重结晶），并有助于热力学数据的解释。由于对磷灰石的裂变径迹（AFT）热年代学通常在约120℃以下的温度进行解释，而对锆石的裂变径迹（ZFT）热年代学则在约300℃以下进行解释，因此在AFT和ZFT热年代学数据解释中往往忽略了在这些温度范围内矿物（再）结晶。在低至约250℃的温度下，可以在原有的锆石上形成变质边缘（Rasmussen，2005；Hay和Dempster，2009），这使得对具有明显生长区的锆石的同位素数据解释变得复杂（Zirakparvar et al.，2014）。特别是在将裂变径迹数据与U-Pb年龄相结合的情况下，必须知道锆石的成因，以确保做出准确的地质解释。

区分矿物和岩石的形成时间，以及与剥蚀有关的冷却历史，对于分析深成岩和变质岩特别重要。岩浆冷却的时间范围可能超过几个数量级，从几百万年（缓慢冷却的岩基）到小于10万年（Petford et al.，2000）。陆陆碰撞期间区域变质的模拟时间尺度（England和Thompson，1984）比根据扩散建模（Dachs和Proyer，2002；Ague和Baxter，2007；Spear，2014）和热年代学数据的数值建模（Camacho et al.，2005；Viete et al.，2011）得出的石榴子石生长带的时间尺度要大几个数量级。短时间的成因事件（小于1Myr；Dewey，2005）可能会导致岩石的快速剥蚀，其速度与板块构造速度相当（Zeitler et al.，1993；Rubatto和Hermann，2001；Baldwin et al.，2004）。

13.2.3　确定岩石剥蚀速率的方法

通常使用两种方法来确定热年代学数据的剥蚀率（Purdy和Jager，1976；Blythe，1998；McDougall和Harrison，1999及其中的参考文献）。这些方法通常被称为多重方法和年龄梯度方法（见第10章；Malusà和Fitzgerald，2018b）。第一种方法是对同一样品中矿物进行多种热年代学测试。冷却率的计算方法是利用T_c的差异除以所分析矿物的表观年龄来计算。然后将冷却率换算成地温场的剥蚀率。块状闭合温度法是对分析所得的T-t点进行插值，并假定T_c（Dodson，1973）有许多内在的假设，在考虑变质岩和深成岩的剥蚀时，通常会违背这些假设（Harrison和Zeitler，2005）。使用这种方法时的假设包括：扩散是一种损失；扩散是地质时间内的流失机制；动力参数是已知的；地温场在调查期间保持不变或已知。

第二种常见的方法是在较大尺度的海拔范围内采集一组地质样品进行年龄测定（即“垂直剖面”；见第9章；Fitzgerald和Malusà，2018）。对年龄—高程剖面上的斜率的简单解释是，它代表了一个明显的剥蚀率。然而，由于等温线和地形效应的影响，年龄—高程剖面图上的斜率通常提供了一个被高估的剥蚀率（Gleadow和Brown，2000；Braun，2002；Huntington et al.，2007）。在某些情况下，年龄剖面可能会显示出已剥蚀的部分退火带（PAZ）或部分保留区（PRZ）。在这些情况下，一个明显的坡度断裂被解释为标志着前PAZ/PRZ的基底，坡度断裂以下的坡度标志着冷却率的增加，通常与剥蚀率的增加有关（见第9章；Fitzgerald和Malusà，2018）。在AFT热年代学中，年龄和径迹长度分布被用来确定热历史和冷却率（见第3章；Ketcham，2018）。模型化的AFT热历史可以通过整合$^{40}Ar/^{39}Ar$数据，将其伸展到更高的温度范围（Lovera et al.，2002；见下面的例子）。

13.3　将裂变径迹热年代学应用于（U）HP 地层的剥蚀工作

蓝片岩和榴辉岩相变质岩形成时，岩石圈的俯冲速度快于热平衡，等温线被压低，形成了特有的高 p—T 地温梯度（图 13.1a）。榴辉岩相变质岩中柯石英（高压 SiO_2 多形体）（Chopin，1984；Smith，1984），导致了超高压变质岩领域的发展（Coleman 和 Wang，1995；Hacker，2006；Gilotti，2013）。超高压变质的证据在 20 多个地层中存在，在板块汇聚区记录了超高压变质的证据（Guillot et al.，2009；Liou et al.，2009）。人们普遍认为，超高压岩是在海洋和大陆岩石圈下沉到地幔深处时形成的，这一点已被地球物理证据所证实（Zhao et al.，2015；Kufner et al.，2016）。然而，对于超高压岩石如何从地幔深处剥蚀到地表的问题并没有达成共识（Malusà et al.，2015；Ducea，2016 及其中的参考文献）。

低温热年代学通常限制了岩石从地壳浅层的折返。由于（U）HP 折返的最后阶段可能发生在主要剥蚀阶段（即从地幔深处）之后数千万年或数亿年之后，因此，低温热年代年龄不一定能用来解释早期演化历史，特别是在新生代前的超高压地体的演化［图 13.2（b）］。需要强调的是，在俯冲槽内的最终剥蚀时间对于准确解释俯冲复合体的岩石学和热年代学数据至关重要。根据古地温梯度的不同，AFT 年龄可能对应于从 15km（在梯度为 10℃/km 的同向俯冲剥蚀的情况下）到 4km（在梯度为 30℃/km 的俯冲后剥蚀的情况下）。因此，对古地温场的恢复（见第 8 章；Malusà 和 Fitzgerald，2018a，对分析（U）HP 岩的剥蚀历史至关重要。裂变径迹热年代学也可用于确定不同岩石学单元（由多个构造单元构成的构造混合体）何时合并形成复合地质体。下面总结（U）HP 地体的低温约束，并解释为什么这些数据对于评估最终（U）HP 岩石剥露的时间、速率和机制至关重要。

13.3.1　新生界高/超高压岩层

巴布亚新几内亚东部和西阿尔卑斯山是研究的最好的新生界（高）超高压地层的例子之一。巴布亚新几内亚（高）超高压地层是在澳大利亚—伍德拉克板块边界带汇合的活动断裂区域内的剥蚀部位（Baldwin et al.，2004，2008）。主要由陆壳中的原岩组成的片麻岩（Davies 和 Warren，1988；Gordon et al.，2012）与洋壳碎块之间，被糜棱岩剪切带岩体隔开（Hill et al.，1992；Little et al.，2007）。地震活跃的正断层在穹顶的两侧（Abers et al.，2016），并被解释为被解释为沿着以前的俯冲冲断层形成在一个增生楔内，（Baldwin et al.，2012）。中深度地震靠近剥蚀的柯石英榴辉岩的位置（Abers et al.，2016），表明超高压深度的岩石剥蚀可能正在进行。巴布亚新几内亚东部超高压变质的时间（7～8Ma）是基于三种方法从共生矿物上获得的一致年龄：原位锆石离子探针 U-Pb（Monteleone et al.，2007）、石榴子石 Lu-Hf（Zirakparvar et al.，2011）和白云母 $^{40}Ar/^{39}Ar$（Baldwin 和 Das，2015）。大多数变质锆石的生长发生在剥蚀过程中（Monteleone et al.，2007；Gordon et al.，2012；Zirakparvar et al.，2014），这点已得到了岩石学模型的证实（Kohn et al.，2015）。从共生岩位置获得了 0.6±0.2Ma（2σ）的 AFT 年龄（Baldwin et al.，1993），为 p-T-t-D 路径的最低温度部分提供了约束。一般来说，由于某些类型岩石的磷灰石丰度低，[U] 低，以及少量的径迹，在这些岩石中获得 AFT 年龄是很困难的。在巴布亚新几内亚东部，矿物中的密闭径迹非常罕见，但通过重离子注入手段，使得更多的封闭全径迹被蚀刻出来（见第 2 章；Kohn et al.，2018）。AFT 年龄往往接近于零，误差较大，并且有一些轨道长度分布可以用

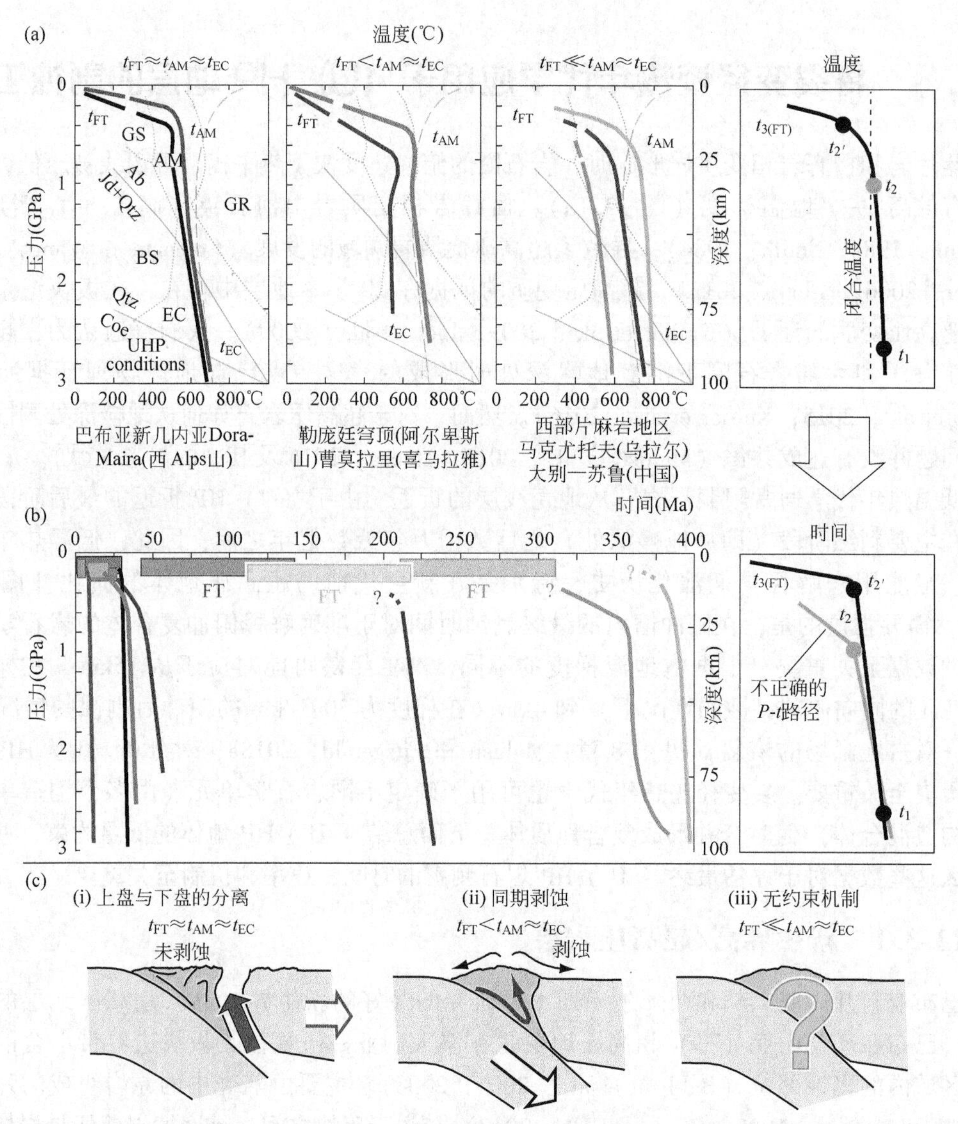

图 13.2 (a) 所选 UHP 地体的 p-T 示意图，其颜色与所示岩层相对应：巴布亚新几内亚（Baldwin 和 Das，2015），Dora Maira（Chopin et al.，1991；Gebauer et al.，1997；Rubatto 和 Hermann，2001），Lepontine（Becker，1993；Gebauer，1996；Brouwer et al.，2004；Nagel，2008），Tso Morari（de Sigoyer et al.，2000；Schlup et al.，2003），西部片麻岩区（Rohrman et al.，1995；Carswell et al.，2003；Kzienzyk et al.，2014），Maksyutov（Lennykh et al.，1995；Leech 和 Stockli，2000），大别—苏鲁（Reiners et al.，2003；Hu et al.，2006；Liou et al.，2009）；为基于裂变径迹分析，t_{FT} 表示年龄限制。t_{AM} 和 t_{EC} 为基于 U-Pb、$^{40}Ar/^{39}Ar$ 和 Lu-Hf 同位素数据的角闪岩相变质作用时间和榴辉岩相变质作用时间。(b) 超高压体的 p-t 路径示意图，用于说明最终地表剥蚀时间与超高压变质作用时间的差异。p-T 路径示意图（黑色）说明了与剥蚀历史相关的地质气压限制的重要性。基于裂变径迹分析，确定了超高压峰值（t_1）、逆行叠加（t_2 和 t_2'）和最终剥蚀（t_3，裂变径迹的时间）。t_2'是矿物在低磷条件下记录的年龄，这是由于晚期同运动学重结晶事件（以云母为标志的晚绿片岩相叶理）或局部热事件（热液流体作用）的结果。下面板显示了如果逆行叠加 t_2（晚期锆石生长或云母重结晶）的时间不正确，则不可能获得正确的 p-t 路径。(c) 超高压剥蚀机制的横截面示意图：(i) 上部板块和俯冲板块之间的分歧导致弧前快速剥蚀，侵蚀在剥蚀过程中起次要作用，预测了接近角闪岩相退变质时间和榴辉岩峰相条件的裂变径迹年龄；(ii) 同向收敛剥蚀，其中侵蚀作用对弧前岩石的剥蚀起着重要作用，裂变径迹年龄小于角闪岩相退变质的时间和榴辉岩相的峰值条件；(iii) 对于裂变径迹年龄明显小于（U）HP 变质作用相关同位素年龄的情况，剥蚀机制尚未确定

来建模，但数据具有地质意义和可解释性，Fitzgerald 等（2015）研究了这一问题。基于岩体深度结合超高压变质的时间和 AFT 数据表明，平均最小剥蚀率大于 1cm/a（Baldwin et al.，1993，2004，2008；Hill 和 Baldwin，1993；Monteleone et al.，2007）。巴布亚新几内亚东部的（U）HP 岩的剥蚀模式仍然是一个争论的话题（Ellis et al.，2011；Petersen 和 Buck，2015），但（U）HP 岩抬升至地表很可能是由于微板块旋转（Webb et al.，2008）以及由此导致的大洋上板块和俯冲板块之间的散布（图 13.2d）。这种运动学情景将有利于含有镁铁质榴辉岩的浮力、低密度混合片麻岩从超过 90km 深通过俯冲通道内的导管流动上升（Malusà et al.，2015；Liao et al.，2018）。

在了解西阿尔卑斯山（U）HP 岩剥蚀机制时，裂变径迹热年代学的作用显得非常重要，因为在过去 30 多万年中，（U）HP 岩一直位于浅地壳层内。西阿尔卑斯山的形成是由于古生代至白垩纪的特提亚大洋岩石圈和亚得里亚海微板块下毗邻的欧洲大陆边缘俯冲的结果（Lardeaux et al.，2006；Zhao et al.，2015）。超高压岩石暴露在一条 20~25km 宽的变质带中，其中包括共生大陆地壳（如 Dora-Maira 单元；Chopin et al.，1991）和玄武岩（如 Frezzotti et al.，2011）。这些单元的剥蚀历史受到岩石学和热年代学数据的制约（Malusà et al.，2011）。利用锆石边缘和榍石 U-Pb 离子探针分析和 Sm-Nd 分析（Gebauer et al.，1997；Rubatto et al.，1998；Amato et al.，1999；Rubatto 和 Hermann，2001），在$p=2.8\sim3.5$GPa 和 $T=700\sim750$℃时的峰值变质（Schertl et al.，1991；Compagnoni et al.，1995），可将其年代定为 40~35Ma。随后的剥蚀速度大于俯冲速度（Malusà et al.，2015）（图 13.2b）。磷灰石裂变径迹和（U-Th）/He（AHe）数据（Malusà et al.，2005；Beucher et al.，2012）对（U）HP 剥蚀历史的最后一段提供了限制，证明早新世快速剥蚀至近地表，西阿尔卑斯山榴辉岩上覆的沉积岩的生物地层年龄证实了这一点（Vannucci et al.，1997）。

因此，西阿尔卑斯山的例子与巴布亚新几内亚东部一样，说明了高压峰（U）变变质作用的时间与抬升至地表的时间很短。在这种情况下，剥蚀过程也发生在产生（U）HP 岩石的同一俯冲周期内，这可能是亚得里亚海上板块和欧洲板块之间的差异化运动的结果（Malusà et al.，2011；Solarino et al.，2018；Liao et al.，2018，图 13.2d）。相比之下，阿尔卑斯山中部的 Lepontine 穹顶记录了较慢的地壳剥蚀速度（Brouwer et al.，2004；Nagel，2008），类似于喜马拉雅山的 Tso Morari 榴辉岩提供的剥蚀记录（de Sigoyer et al.，2000；Schlup et al.，2003）。Lepontine 穹顶的剥蚀历史与数值模型的预测一致（Yamato et al.，2008；Jamieson 和 Beaumont，2013）。因此，通过热年代学和岩石学手段的结合，揭示了阿尔卑斯山差异化的断裂模式和形成机制。

13.3.2　前新生代（U）HP 地层

在新生代前（U）HP 地层中，如中国东部的大别—苏鲁地层（Liou et al.，2009）、俄罗斯的 Maksyutov 地层（Lennykh et al.，1995）、挪威西部片麻岩（U）HP 地层（Carswell et al.，2003）等。裂变径迹数据对于区分剥蚀时间和机制更为重要。这是因为裂变径迹数据可以评估最终剥蚀是否发生在产生（U）HP 岩石的同一超导周期内（Rohrman et al.，1995；Leech 和 Stockli，2000；Reiners et al.，2003；Hu et al.，2006；Kzienzyk et al.，2014）。在 Western Gneiss（U）HP 地层中，地质年代学数据（Lu-Hf、Sm-Nd、Rb-Sr、U-Pb）已被解释为（U）HP 变质的时间，即为 430~400Ma（Carswell et al.，2003；DesOrmeau et al.，2015）。结合温压约束，提出了挪威（U）HP 地体的两阶段剥露史。从

地幔深度到下地壳深度的初始剥露，随之而来的是高温角闪岩相变质作用过程中矿物组合被叠压的深部地体的停滞。如在延伸过程导致了最终被剥蚀到地表。目前，西部断层是一个隆起的边缘（见第 20 章；Wildman et al.，2018）。通过同位素和地貌分析，Pedersen 等（2016）提出，自卡里多尼亚成长期（即约 490~390Ma）以来，该地区就存在着高地貌。然而，侏罗系—白垩系的 AFT 年龄存在差异，随着海拔的变化而变化（Rohrman et al.，1995）。在超高压变质的时间和 AFT 记录的年龄之间存在如此长的时间，表明最终的剥蚀与形成西部片麻岩的俯冲期无关［图 13.2(b)］。如果不能更好地确定岩石剥蚀历史的高压段和低压段之间的联系，那么在喀里多尼亚俯冲期间或之后不久的超高压剥蚀机制在很大程度上仍不能得到确定。

在大别—苏鲁 HP 地体中，岩石学和热年代学研究表明，三叠纪—侏罗纪超高压变质作用之后是白垩纪深成作用（Hacker et al.，1998，2000；Ratschbacher et al.，2000）。低温热年代数据［即$^{40}Ar/^{39}Ar$—钾长石、AFT、磷灰石和皓石（U-Th）/He］产生了超过 115Ma 的年龄。这些数据被解释为缓慢冷却的结果，并用于推断稳态剥蚀率（0.05~0.07km/a）（Reiners et al.，2003）。Liu 等（2017）进一步详细介绍了苏鲁（U）HP 地层复杂的热历史，并给出了 AFT 和 AHe 的最早年龄为 65~40Ma。西片麻地区，这些地体的（U）HP 变质作用与最终冷却之间的持续时间较长，表明最终的剥露与形成大别—苏鲁（U）HP 地体的俯冲事件无关。

对选定的（U）HP 地层的 p-T-t 路径进行比较［图 13.2(b)］，根据深度—时间图与地壳斜率，可以推断出地幔的剥蚀率。裂变径迹热年代学揭示的（U）高锰酸钾岩低温历史可用于区分上地壳构造和侵蚀机制［图 13.2(d)］。需要注意的是，如果对中—浅深度的 p-T-t 路径段的热年代数据揭示有误（基于对矿物的结晶压力/推断深度的不正确假设），则可能会高估剥蚀率［图 13.2(c)中的 t_2—t_3 段］。例如，如果$^{40}Ar/^{39}Ar$ 白云母年龄被解释为“冷却年龄”［即图 13.2(c)中的 t_2］，而实际上白云母的结晶度低于氩气的 T_c［即图 13.2(c) 中的 t_2'］，那么估计的云母（再）结晶后的剥蚀率将不正确。在经历过长期演化的较老（U）HP 地质体中，这种复杂情况更可能发生，并有可能在上地壳中发生热液蚀变。

13.4 裂变径迹热年代学在伸展造山带中的应用：南极山脉

深成岩和变质岩中可能保存着其被抬升至地表前几亿年的深层演化过程的记录。因此，经典的岩石学和地理空间学方法所提供的信息虽然与造山早期事件有关，但对于理解晚期造山事件和景观演化可能并不适用。跨南极山脉的实例研究展示了一个地壳长期演化的例子，其特点是缓慢冷却，然后在伸展期间与断裂侧翼形成相关的幕性剥蚀。长 3500km 的南极横贯山脉标志着东、西南极洲的地理学和岩石圈的分界线［Dalziel，1992；图 13.3(a)］。山脉带将大陆分割成两半，宽约 100~200km，局部海拔超过 4500m。南极横贯山脉与西南极裂缝的形成有关，并被推断为塌陷高原的剥蚀残余（Bialas et al.，2007），裂谷侧面与南极东部岩石圈的弯曲有关（Stern 和 ten Brink，1989）。

南极横贯山脉的整体地质构造相对简单（Elliot，1975）。基底岩主要由晚元古代—寒武纪变质岩和寒武纪—奥陶纪花岗岩—侵入岩组的花岗岩类组成［图 13.3(a)］。基底岩在寒武纪—奥陶纪 Ross 造山运动期间发生变形，在此之前伴随着花岗岩侵入（Goodge，2007）。

在 Ross 造山运动之后，16～20km 的岩石剥蚀形成了低起伏的 Kukri 侵蚀地表（Gunn 和 Warren，1962；Capponi et al.，1990）。基底随后被泥盆纪—三叠纪冰川、冲积层和浅海沉积物所覆盖（Barrett，1991）。侏罗纪期间，沿南极横贯山脉以及冈瓦纳大陆、南非、南美和澳大利亚南部的毗邻地区（Elliot，1992；Elliot 和 Fleming，2004）发生了广泛的玄武岩岩浆作用（Ferrar 大火成岩省）。辉绿岩岩床（厚达 300m）侵入基底和沉积盖层。长石分步加热实验得出年龄为 177Ma 的 $^{40}Ar/^{39}Ar$（Heimann et al.，1994）。镁铁质火山作用（即 Kirkpatrick 玄武岩；Elliot，1992）与辉绿岩岩床侵位同时发生。南极横贯山脉的剥蚀形态反映了其简单的块状结构向内陆倾斜［图 13.3(a)］。Kirkpatrick 玄武岩的剥蚀点仅限于该区的内陆部分，而代表较深地壳的基底则主要沿沿海地区剥蚀，沿主要冰川出口向内陆延伸。在少数沿海地区，如中部南极横贯山脉地区的 Cape Surprise（Barrett，1965；Miller et al.，2010），Beacon 超级相组岩石断陷 3～5km。在 Cape Roberts 钻井#3（罗伯茨角科学小组，2000），在维多利亚州南部近海罗伯茨角钻井#3 海底以下 825m 处也发现了 Beacon 超级相组岩石。在大多数情况下，基底岩石的 AFT 年龄由于侏罗纪岩浆运动的热作用而完全重置［图 13.3(b)］，在白垩纪及更年轻的剥蚀之前，处于部分退火带底部以下的深度（Gleadow

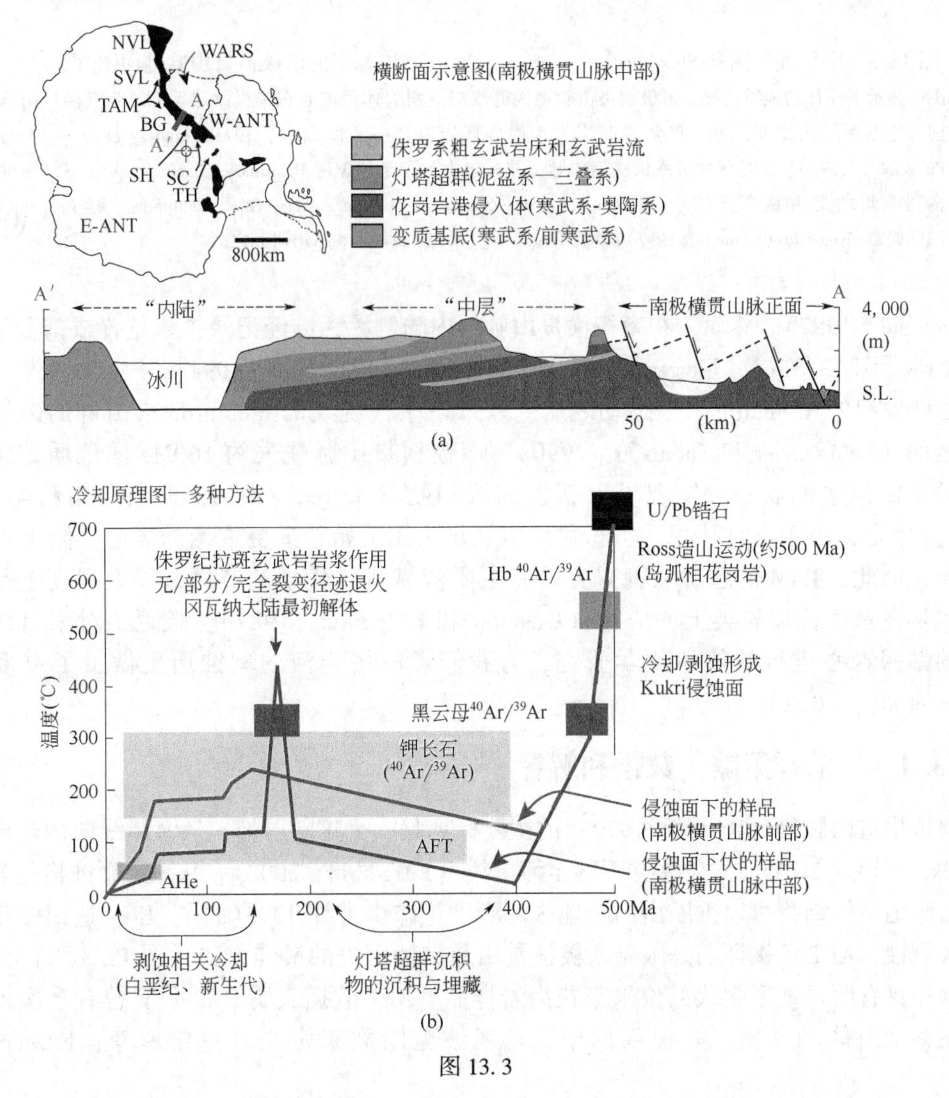

图 13.3

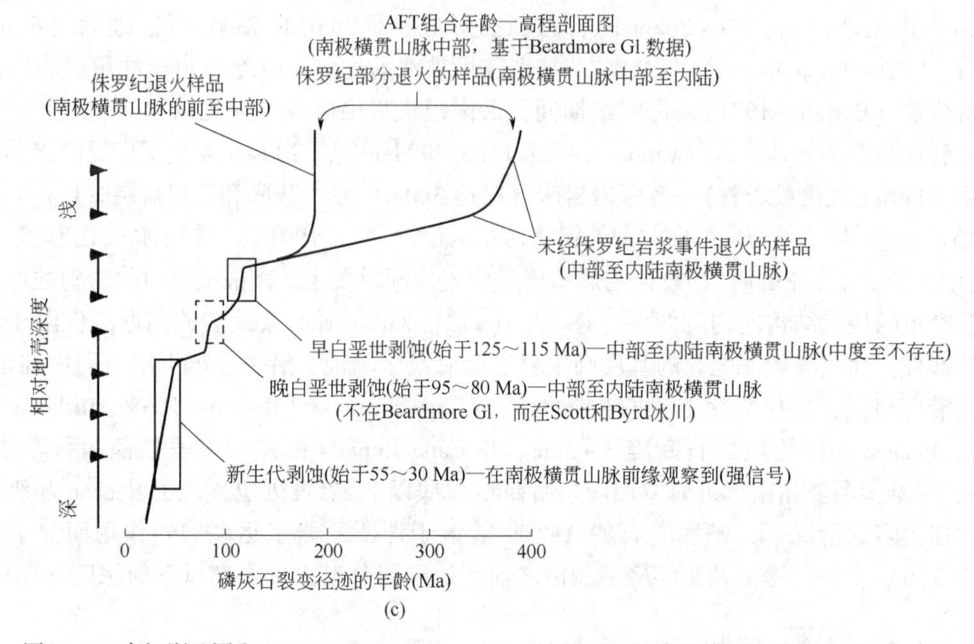

图 13.3　南极洲地图和 Shackleton-Beardmore-Byrd 冰川地区的南极横贯山脉剖面图（A-A′）
图中显示了简化的地质情况。南极横贯山脉地区的浅层倾斜岩体延伸到东南极冰层下面。南极横贯山脉前部的正断层出露寒武系—奥陶系花岗岩港内碎屑岩（Barrett 和 Elliot，1973；Lindsay et al.，1973；Fitzgerald，1994）。黑色区域为南极横贯山脉，并标出大致位置。BG—Beardmore Glacier；NVL，SVL—维多利亚州北部和南部；SC—Scott Glacier；SH—Shackleton Glacier；TH—Thiel Mountains。继 Fitzgerald（1994）、Fitzgerald 和 Stump（1997）以及 Blythe 等（2011）对 Byrd 冰川研究之后

和 Fitzgerald，1987）。然而，在南极横贯山脉的内陆侧翼，已经记录了未重置或部分重置的 AFT 年龄［图 13.3(c)；Fitzgerald 和 Gleadow，1988；Fitzgerald，1994］。

在侏罗纪的 Tholeiitic 岩浆运动之后，以及新生代晚期的 McMurdo 火山群的碱性火山运动之前（LeMasurier 和 Thomson，1990），南极横贯山脉缺失约 160Ma 的地质记录。在 Ross 海的沉积盆地取心，发现了上新世的沉积物（Barrett，1996；罗伯茨角科学小组，2000）。但是，由于没有从相邻沉积盆地中恢复出比上始新世更古老的岩心，陆上地质记录缺失，因此，TAM 的隆升和剥露史研究主要依靠热年代学的应用，很大程度上是 AFT 热年代学在基底花岗岩类上的应用（Gleadow 和 Fitzgerald，1987）。最近，对来自西南极断裂的钻探岩心进行的热年代学研究，为我们了解塔姆河的剥蚀历史做出了更多贡献（Zattin et al.，2012）。

13.4.1　采样策略、数据和解释

南极横贯山脉峰（Barrett，1979）的主要标志是一个正断层带，从海岸线向内陆延伸约 20~30km，导致 2~5km 的位移并下移至海岸线（Fitzgerald，2002）。从地层剥蚀格局和南极横贯山脉的整体结构可以推断出内陆地区的剥蚀量减少［图 13.3(a)］。Ross 造山带花岗岩有较大剥蚀，AFT 已被证明是限制南极横贯山脉剥蚀历史的最佳方法［图 13.3(b)］。采样策略为在具有明显地形起伏部位采集花岗岩样品。AFT 数据表明 PAZ 位置曾有多次抬升变化，在整个山体的年龄—高程剖面中，以斜坡上断裂来定义（见第 9 章；Fitzgerald 和

Malusà，2018）。这些数据用来表征被构造热稳定期相隔的抬升期次，即间歇性抬升（Gleadow 和 Fitzgerald，1987；Fitzgerald 和 Gleadow，1990；Stump 和 Fitzgerald，1992）。斜坡断面以上的样品含有较短的封闭径迹长度，标准差较大，这是由于样品在 PAZ 中停留时间较长，径迹遭受部分退火（即缩短）的结果。随着整个南极横贯山脉的剥蚀量在内陆地区的减少（和范围内的海拔高度增加），AFT 的年龄也变得更老。随着剥蚀量的减少，斜坡断裂的时间在内陆变得更老。这些数据揭示了南极横贯山脉中岩石抬升的时间、数量和速度（Gleadow 和 Fitzgerald，1987；Fitzgerald 和 Gleadow，1990；Fitzgerald，1992，1994，2002；Stump 和 Fitzgerald，1992；Balestrieri et al.，1994，1997；Gleadow et al.，1984；Fitzgerald 和 Stump，1997；Lisker，2002；Miller et al.，2010）。根据断裂坡以下的年龄—高程剖面的斜率来确定剥蚀率，通常小于 200m/Myr。由于抬升很慢，热量主要是通过传导方式传递的，而平流并没有改变剖面坡度（Brown 和 Summerfield，1997）。虽然在使用年龄—高程剖面的斜率来约束抬升速率时有许多注意事项需要考虑（Braun，2002；另见第 9 章；Fitzgerald 和 Malusà，2018），但对南极横贯山脉地形修正的需求较小（Fitzgerald et al.，2006）。

年龄趋势和抬升历史取决于南极横贯山脉沿线的样品（或年龄分布图）及其在整个范围内的位置［图 13.3(c)］。在 Thiel 山脉和现今裂谷侧面的内陆地区显示了晚侏罗世的抬升（Fitzgerald 和 Baldwin，2007）和之后的白垩纪抬升。岩石的主要剥蚀期始于早新世（Gleadow 和 Fitzgerald，1987；Fitzgerald 和 Gleadow，1988；Fitzgerald，1992，2002），但也有文献记载了渐新世和中新世早期更迅速的抬升。新生代早期的抬升在南极横贯山脉的时间是不固定的，具有从北到南年轻化的特征：维多利亚州北部和南部约 55Ma，贝尔德莫尔冰川地区和沙克尔顿冰川地区约 50Ma，斯科特冰川地区约 45Ma。在一些地方，AFT 的年轻化趋势很明显，如在沙克尔顿冰川（Miller et al.，2010）、维多利亚州南部（Fitzgerald，2002）。这种内陆年轻化的趋势被解释为是由悬崖峭壁以约 2km/a 的速度退缩造成的，而在新生代早期的抬升开始之后，退缩速度明显放缓（Miller et al.，2010）。在整个塔姆河流域的剥蚀率也各不相同，随着岩石抬升总量的减少，内陆地区逐渐下降。

13.4.2　与其他热年代学数据集的比较和构造含义

多种热年代学方法在同成因矿物上的应用证实，在不同海拔采集的样品上，AFT 数据和热史反演模型提供了有关南极横贯山脉形成的重要信息。例如，蒂尔山脉钾长石 $^{40}Ar/^{39}Ar$ 数据（Fitzgerald 和 Baldwin，2007）的古生代年龄明显小于花岗质的结晶年龄［图 13.3(b)］。钾长石 $^{40}Ar/^{39}Ar$ 数据被解释为与导致库克里侵蚀面形成相关的冷却时间。在维多利亚州南部的费拉冰川地区，花岗岩年龄-海拔剖面上的单颗粒年龄有较大的差异，可能与冷却速率有关，但结合 AFT 数据，表明白垩纪和显生宙出现了剥露事件（Fitzgerald et al.，2006）。冰川沉积物的碎屑年代学年龄属于古生代和中生代，具有可变的 ZHe（480~70Ma）和 AHe（200~70Ma）年龄（Welke et al.，2016）。来自维多利亚州南部近海钻孔的碎屑数据（Zattin et al.，2012；Olivetti et al.，2013）支持了陆地上样品 AFT 的解释，并增加了有关沿南极横贯山脉南部的形成和较早剥蚀事件的信息。

综上所述，AFT 热年代学成功地揭示了南极横贯山脉晚侏罗世、早白垩世、晚白垩世和新生代剥露事件的时间和模式。这些研究证实，形成库克里准平原的侵蚀剥露作用不是南极横贯山脉形成和演化的机制。相反，幕式抬升可与区域构造事件相关，包括：（1）侏罗纪断裂和伴随着广泛玄武岩的岩浆运动（费拉尔大火成岩省），不同程度地重置了 AFT 年龄；

（2）早白垩纪的高原崩塌和澳大利亚与南极洲之间的早期断裂；（3）在晚白垩纪南极洲东部和西部之间的延伸，在低角度的延伸断层上（罗斯海床和玛丽—伯德大陆）；（4）在新生代早期，海底扩张的裂隙向南延伸，从阿达尔海槽进入西罗斯海底的陆壳（Fitzgerald 和 Baldwin，1997；Fitzgerald，2002；Bialas et al.，2007）。

13.5　裂变径迹热年代学在挤压型造山带的应用：比利牛斯山脉

由挤压造山带推断的深成岩和变质岩的热历史通常很复杂（Dunlap et al.，1995；ter Voorde et al.，2004；洛克和威利特，2008；Metcalf et al.，2009）。这是因为逆冲作用不会使岩石剥蚀，逆冲埋藏可能重置或部分重置热年代学系统，岩石可能经历多次冷却和剥蚀过程。逆冲也可能是按顺序或不按顺序进行的。因此，在制定最佳采样策略之前，通常需要充分了解地质和构造演化。在比利牛斯山脉中部的这一研究实例中，我们采集垂直剖面上深成岩，并利用共生矿物的热年代学数据和模拟揭示了跨越 300Ma 的地质演化过程。这些结果解释了岩浆结晶和冷却、剥蚀、埋藏、逆冲加热与埋藏以及最终抬升至地表等过程。

比利牛斯山脉在晚白垩世开始形成，是欧洲板块和伊比利亚板块会聚的结果［图 13.4(a)；Munoz，2002］。该范围的核心（即轴向区域）由一个非原则性南北向的复式构造组成，由海西基底叠瓦状逆冲推复片组成［图 13.4(b)］。轴向区域南北两侧为褶皱带和逆冲带。在晚白垩世开始汇聚之前，现在比利牛斯山占据的区域是三叠纪和早白垩世裂谷盆地的所在地（Puigdefabregas 和 Souquet，1986）。晚白垩世期间，一些裂谷盆地和大部分轴带位于海平面以下，上新生代浅水碳酸盐在轴带以北形成更深的海洋沉积物和浊积岩（Seguret，1972；Berastegui et al.，1990）。在马斯特里赫特，前陆盆地在潮汐条件下变浅，并接受来自基岩的大陆河流沉积。在海平面以上形成明显的地貌之前，已有初步的汇合和地壳增厚发生（McClay et al.，2004）。造山带内的变形从北向南进行，因此逆冲层或其局部（下盘、上盘、断层近端、断层远端）保留了比利牛斯造山作用的不同方面特征。比利牛斯山脉的剥蚀主要是侵蚀作用（Morris et al.，1998）。因此，低温热年代学（AFT 和 AHe）确定的年龄，可以根据地形的出现、侵蚀或逆冲后基准面的变化来解释。晚古生代黑云母 $^{40}Ar/^{39}Ar$

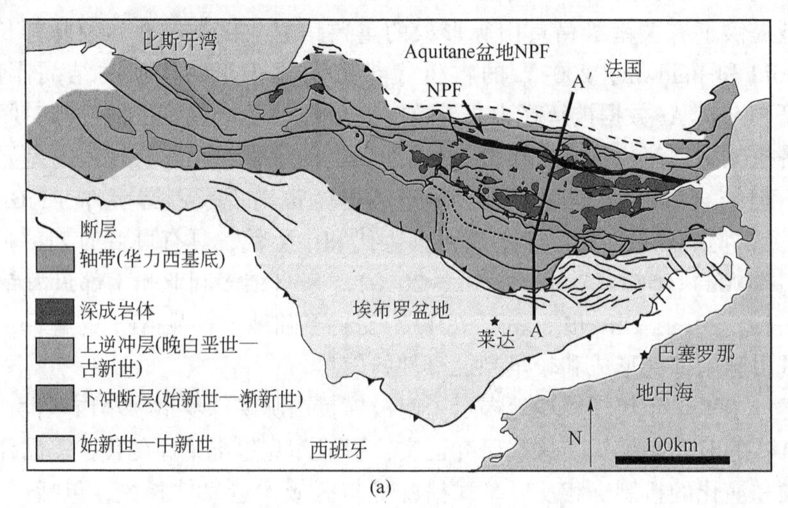

(a)

图 13.4

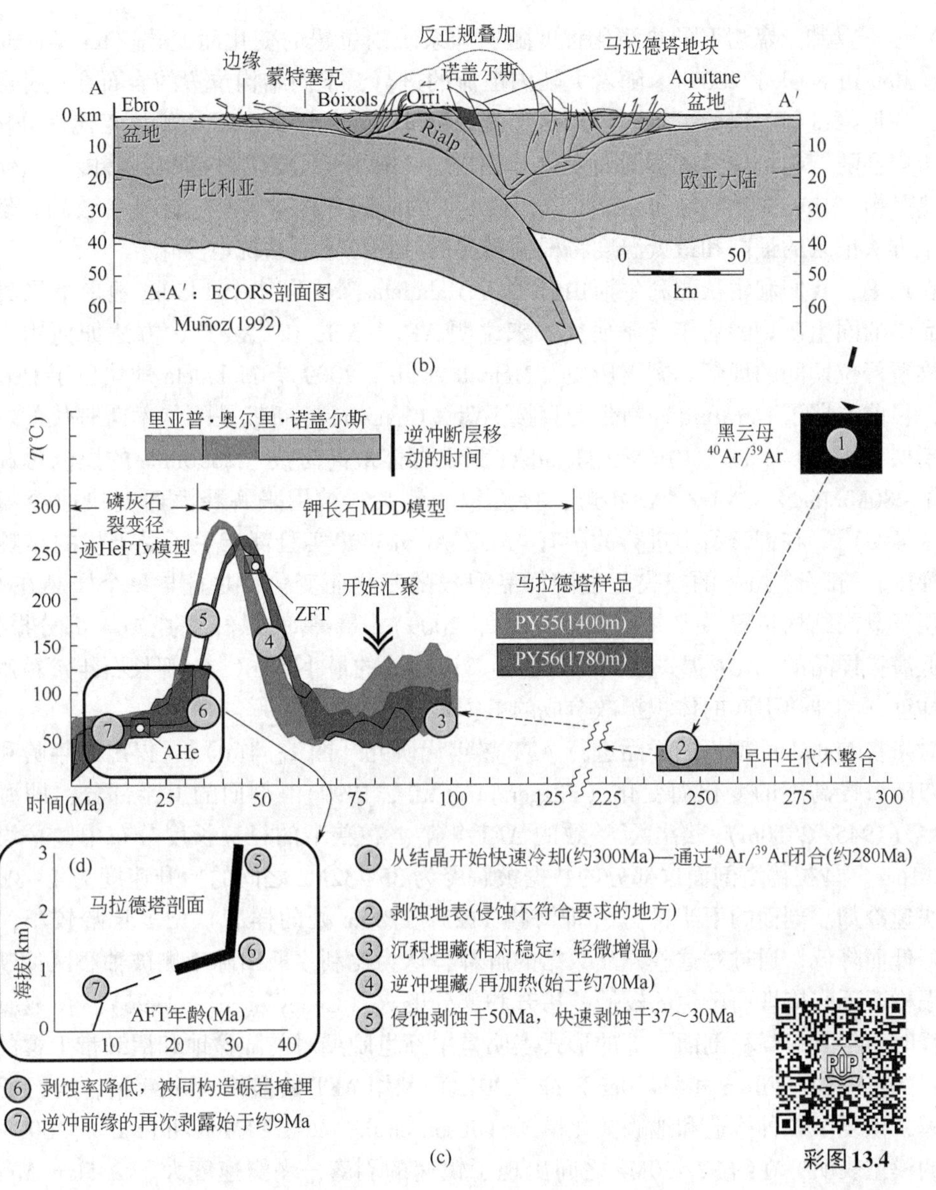

图 13.4　(a) 比利牛斯造山带的地质简图；(b) ECORS 横截面 (A-A′) (改自 Fitzgerald et al., 1999; Munoz, 2002; Verges et al., 2002; Metcalf et al., 2009)；(c) Maladeta 深成岩体的热约束 (改自 Metcalf et al., 2009, Fillon 和 vander Beek, 2012)；(d) Maladeta 地块的高程剖面图 (Fitzgerald et al., 1999; Fillon 和 vander Beek, 2012)

年龄 [图 13.4(c)] 记录了海西期侵入体的结晶时间，热重置的程度不同是比利牛斯造山作用的结果 (Jolivet et al., 2007)。$^{40}Ar/^{39}Ar$ 钾长石年龄谱可以解释为逆冲埋藏和加热导致的氩体积扩散损失。因此，低温热年代学方法记录了陆内汇聚期间的逆冲、埋藏和剥露的时间和过程。

13.5.1　纵向剖面同生矿物的多方法热年代学研究

在制定采样策略时，必须首先认识到叠瓦状逆冲层 (比利牛斯山脉的反正形南缘复式结构）内下盘和上盘岩石的热演化程度随逆冲系统内位置的变化而变化（ter Voorde et al.，2004；Metcalf et al.，2009）。随着大陆内汇流的进行，不同结构位置的岩石在逆冲载荷的作用下，在埋藏过程中保留了不同的最高和最低温度记录。因此，矿物的热年代学分析所揭示的热历史会随着构造位置的不同而变化［图 13.4(b)］。只要位移速度足够慢，以便于达到传导热平衡（Husson 和 Moretti，2002），热事件的时间和相对大小应该是一致的。然而，低温热学方法记录的最高和最低温度将根据样品的结构位置而系统地变化。

在这里，我们利用从比利牛斯山脉轴带 Maladeta 深成岩体中 1450m 地形上采集的花岗岩样品中的同生矿物的热年代学研究，来说明 AFT、AHe 和 $^{40}Ar/^{39}Ar$ 方法如何用于揭示逆冲和推覆侵位期间的埋藏和剥露历史（Metcalf et al.，2009）。Maladeta 地块位于 Orri 逆冲板块内，目前占据了 Gavarnie 冲断带的直接下盘，Gavarnie 冲断带是阿尔卑斯时代的一条主要逆冲断层［图 13.4(d)］。中轴带 Maladeta 深成岩体最高海拔（2850m）的黑云母和钾长石得到了 280Ma 的最大 $^{40}Ar/^{39}Ar$ 年龄，接近侵入年龄，被用来解释海西期快速冷却的时间［图 13.4(c)］。在钾长石上进行的所有 $^{40}Ar/^{39}Ar$ 分布热实验都产生了受干扰的年龄谱（即年龄梯度），部分 $^{40}Ar*$ 的损失程度随样品海拔的变化而变化，并且与每个样品在 Gavarnie 冲断层下盘的结构位置一致（Metcalf et al.，2009）。最高海拔样品的 $^{40}Ar*$ 部分损失最小，而最低海拔样品的 $^{40}Ar*$ 损失最大。与各年龄谱相关的最小 $^{40}Ar/^{39}Ar$ 钾长石年龄被解释为由于逆冲埋藏和加热引起的体积扩散造成的氩损失。

对来自 Maladeta 剖面的样品进行 AFT 热年代研究［图 13.4(d)］，得出的年龄和径迹长度分布随海拔高度的变化而变化（Fitzgerald et al.，1999）。剖面的上半部分，即海拔最高的样本（1945~2850m），给出了一致的 AFT 年龄。在狭窄的径迹长度分布中，平均径迹长度为 14μm。马拉德塔剖面这部分的数据被解释为 35~32Ma 之间的抬升速度为 1~3km/Myr，导致快速冷却。剖面的下半部分（即海拔 1125~1780m 处的样品）AFT 年龄较小，随着海拔的降低而降低。通过对这些样品数据的解释，认为比利牛斯山脉南侧被轴心区冲断带侵蚀后滑塌构造砾岩掩埋而产生的较慢的抬升和部分退火（Coney et al.，1996）。在地质学框架内解释时，年龄—高程剖面下部的形式表明是中新世晚期对前陆盆地和褶皱带上覆的同步构造砾岩的再剥蚀。Fillon 和 van der Beek（2012）利用 AFT 数据和 AHe 年龄，进行了热动力学建模，恢复了各种构造和地貌演化模式（Gibson et al.，2007；Metcalf et al.，2009）。40Ma 开始的模型表明，在约 37~30Ma 之间出现了快速的剥露，剥露速度大于 2.5km/Myr，随后为由同步构造砾岩填充的地形，从大约 9Ma 开始，南部比利牛斯南楔的再次剥露。

虽然上文讨论的 AFT 和 AHe 热年代学约束了 120~40℃ 的热历史，但钾长石 $^{40}Ar/^{39}Ar$ 数据和多扩散域（MDD）模型将热历史扩展到 350~150℃ 的较高温度范围（Lovera et al.，1989，1997，2002）。假设自然界中的氩气滞留和实验室中的氩气损失是由热激活的体积扩散控制的，那么来自分阶段热实验的氩气数据可以被倒置，从而得到连续的冷却历程（Lovera et al.，2002）。尽管来自 Maladeta Pluton 的钾长石经历了复杂的地质历史，但 $^{40}Ar/^{39}Ar$ 钾长石数据的 MDD 模型在较高温度和较低温度的热年代约束之间产生连续的 T-t 历史。每个样本的钾长石 MDD、AFT 和 AHe 最佳拟合热模型的组合，形成了重叠的热历史“对接”（PY55 和 PY56；Metcalf et al.，2009；图 13.4c），被解释为叠瓦状逆冲作用形成轴带非形式堆栈的时间。使用不同技术获得的年龄和模型是一致的，最重要的是与所有可用的地质观测结果一致。例如，热力模型所显示的加热和最高温度的开始和最高温度与构造位置和距 Gavarnie 逆冲的横向距离有关，也符合 Maladeta Pluton 在南向冲断带下逐渐埋藏的地质历史（Munoz，2002）。

13.5.2　构造学解释和方法学意义

利用Maladeta深成岩的热年代学数据，并与地质约束相结合，以确定其在300Ma以来的演化历史。热历史和地质历史包括海西期造山作用期间的岩浆结晶和冷却及其之后的冷却和剥蚀。中生代沉积作用导致深成岩的埋藏。阿尔卑斯造山运动期间，伊比利亚与欧洲板块的汇聚导致了逆冲、逆冲加热、多期阶段性的抬升、同构造砾岩的再埋藏，晚中新世的再次抬升剥露［图13.4(c)和(d)］。在约300Ma的岩浆结晶之后，约280Ma黑云母$^{40}Ar/^{39}Ar$年龄记录代表着初始冷却到325～400℃以下（Metcalf et al.，2009）的历史。随着深成岩被抬升至地表，随后的冷却在一定程度上受到保存在马拉代塔深成岩体北部的晚古生代—早中生代侵蚀不整合面的制约（Zwart，1979）。在中生代，由于浅层海洋沉积物的沉积，深成岩基本保持在海平面以下。在钾长石$^{40}Ar/^{39}Ar$数据和MDD热模型中记录了Gavarnie冲断层下盘Maladeta深成岩体的埋藏和加热，并在晚古生代—早中生代（Munoz，1992）重置了新生代AFT年龄。钾长石$^{40}Ar/^{39}Ar$ MDD热模型记录了Maladeta在约50Ma的侵蚀性剥露开始，并通过AFT年龄—高程关系和模型确定了37～30Ma的加速抬升（Fitzgerald et al.，1999；Metcalf et al.，2009；Fillon和vander Beek，2012）。从30Ma至今，通过AFT热模型和AFT和AHe数据的年龄—高程关系记录了抬升速率的降低，随后比利牛斯山脉南翼的再次抬升开始于9Ma。没有一种单一矿物/方法能揭示了在陆内汇聚期间，可以解释逆冲、埋藏和剥蚀的时间和持续时间的完整热历史。在这种情况下，来自Gavarnie逆冲断层上盘和下盘的AFT和AHe数据仅对逆冲断层活动提供了最小年龄限制，并低估了30Ma的逆冲断层的活动开始时间。多方法热年代学从垂向剖面（年龄—高程）揭示同生矿物的复杂热历史，说明这些深成样品的矿物年龄不能简单地根据整体闭合温度来解释。本节以比利牛斯山脉为例，说明了综合多种技术和热年代学方法来全面揭示和解释陆内汇聚造山带地球动力学演化的必要性。

13.6　裂变径迹热年代学在跨板块边界地带的应用：新西兰的阿尔卑斯断层

大陆转换板块边界带的主要特征是高度局部化的走滑剪切带。它们的方向随着自身演化而改变，在板块运动具有明显的斜向成分的情况下，可能会形成壮观的山脉。在本案例研究中，我们重点介绍了裂变径迹热年代学如何用于记录新西兰南岛板块边界带的地球动力学演变。由于热平流和与流体-岩石相互作用有关的位（重）晶化，这种快速演化的动力板块边界的热年代学数据解释十分复杂。随着从活跃板块边界断层获得新的数据（即温度、流体压力）（Sutherland et al.，2017），对裂变径迹数据解释可能需要重新评估，特别是在有证据表明晚期流体输送热量并可能导致（部分）裂变径迹退火的情况下。

13.6.1　构造和地质环境

新西兰南岛横跨澳大利亚—太平洋板块的边界带，正在进行大陆—大陆汇合（Walcott，1998）。在北岛和南岛东北部，太平洋板块的大洋地壳向西俯冲到澳大利亚板块之下。在南岛的最西南部，俯冲极性发生逆转，澳大利亚板块向东俯冲到太平洋板块之下。这两个俯冲系统都被南岛的一个宽阔的断层带连接起来，该断层带自渐新世至早中新世演化（Cox 和 Sutherland，2007），阿尔卑斯断层带标志着大陆的转变（图 13.5）。虽然大部分板块运动是在阿尔卑斯断层上进行的，但正如活跃的地震活动和大地测量研究（Beavan et al.，2007；Wallace et al.，2006）所示，滑移分布在整个南岛的断层上。地质学和大地测量学都制约着的水平位移场，包括速度、应变和应变率。现今的澳大利亚—太平洋板块相对运动表明，变形大致分为 33~40mm/Myr 的走滑分量和 8~10mm/Myr 的正压分量（Beavan et al.，2007）。南阿尔卑斯山是世界上上升和侵蚀最快的山脉之一，变质杂砂岩，在阿尔卑斯断裂带中逐渐增厚形成地壳单线。南阿尔卑斯山地区中部对应阿尔卑斯断层带并横跨地形起伏最大的地区（即库克山地区）。其大地测量数据显示，地表垂直抬升率估计为 5~8mm/Myr（Beavan et al.，2002，2010；Houlie 和 Stern，2012），与从热年代学得出的岩石抬升率和剥蚀率相当，如下文所述。

南岛的基底大致分为西部省和东部省，前者主要由澳大利亚板块花岗岩和片麻岩组成，后者主要由二叠系至下白垩统托勒塞灰岩和由奥塔哥和阿尔卑斯片麻岩组成的哈斯特片麻岩带组成（Cox 和 Sutherland，2007）。澳大利亚—太平洋板块边界带是一个相对较宽的高应变区（Toy et al.，2008，2010），其中上盘的阿尔卑斯片岩（太平洋亲缘）和下盘的西部省岩石（澳大利亚亲缘）均被纳入并发生异质变形。人们对现代造山岩体（即太平洋物源的南阿尔卑斯山）的早期演化细节尚未完全揭示（Cox 和 Sutherland，2007）。然而，对西部省（即位于阿尔卑斯断层以西的澳大利亚物源）岩石中的同源钾长石和磷灰石应用多种热年代学方法，已经证明阿尔卑斯断层带的早期演化在该断层下盘得以保存（Batt et al.，2004）（图 13.5，样品 WCG-1 和 WCG-3）。

组构保存了阿尔卑斯断层糜棱岩中的多相变形历史（Toy et al.，2008），由阿尔卑斯断裂上盘糜棱岩带内的斑状碎屑黑云母（继承自阿尔卑斯片岩）和新结晶黑云母指示（Toy et al.，2010）。（Cooper，1972，1974）。上盘的石灰岩所达到的温度和压力是在变质组合达到平衡的前提下推断出来的（Grapes 和 Wattanabe，1992），对应于变质矿物等值线（石榴子石、生物铁矿；Little et al.，2005）。然而，变质矿物在一定的 $P-T$ 范围结晶，其中水液的存在提高了反应速度，引发了新矿物的生长和原矿物的重结晶。随着（再）结晶的持续进行，矿物内部的同位素系统发生了完全或部分重置。举例来说，白垩纪晚期石榴子石的边缘覆盖了高山断层的糜棱岩片理（Vry et al.，2004）。正如阿尔卑斯断层上盘的莫尼石带内的斑岩生物铁矿（来自阿尔卑斯片麻岩）和新结晶生物铁矿所表明的那样，结构在阿尔卑斯断层莫尼石中保存了多相变形史（Toy et al.，2008；Toy et al.，2010）。

13.6.2　热年代学数据和地质学解释

35 年来，热年代学研究有助于了解澳大利亚—太平洋板块边界的演变和南阿尔卑斯山的地貌演变（图 13.5）。早期的研究记录了放射性年龄在山脉构造研究中的变化（Sheppard et al.，1975；Adams，1980；Adams 和 Gabites，1985；Kamp et al.，1989；Tippett 和 Kamp，1993）。热年代学数据通常被解释为大致对应于封闭温度的年龄（Batt et al.，2000；Little et al.，2005）在更具保留性的热年代学系统（例如 40Ar/39Ar 矿物年龄）的情况下，年龄的变化也被认为是变质后变冷的结果，包括新近纪剥露过程中的部分 Ar 丢失（Adams 和 Gabites，1985；Chamberlain，1995）和/或“过剩 Ar”。阿尔卑斯山片麻岩的裂变径迹年龄一般被解释为新世冷却和剥露的时间（Kamp et al.，1989；Batt et al.，1999）。已有图件汇

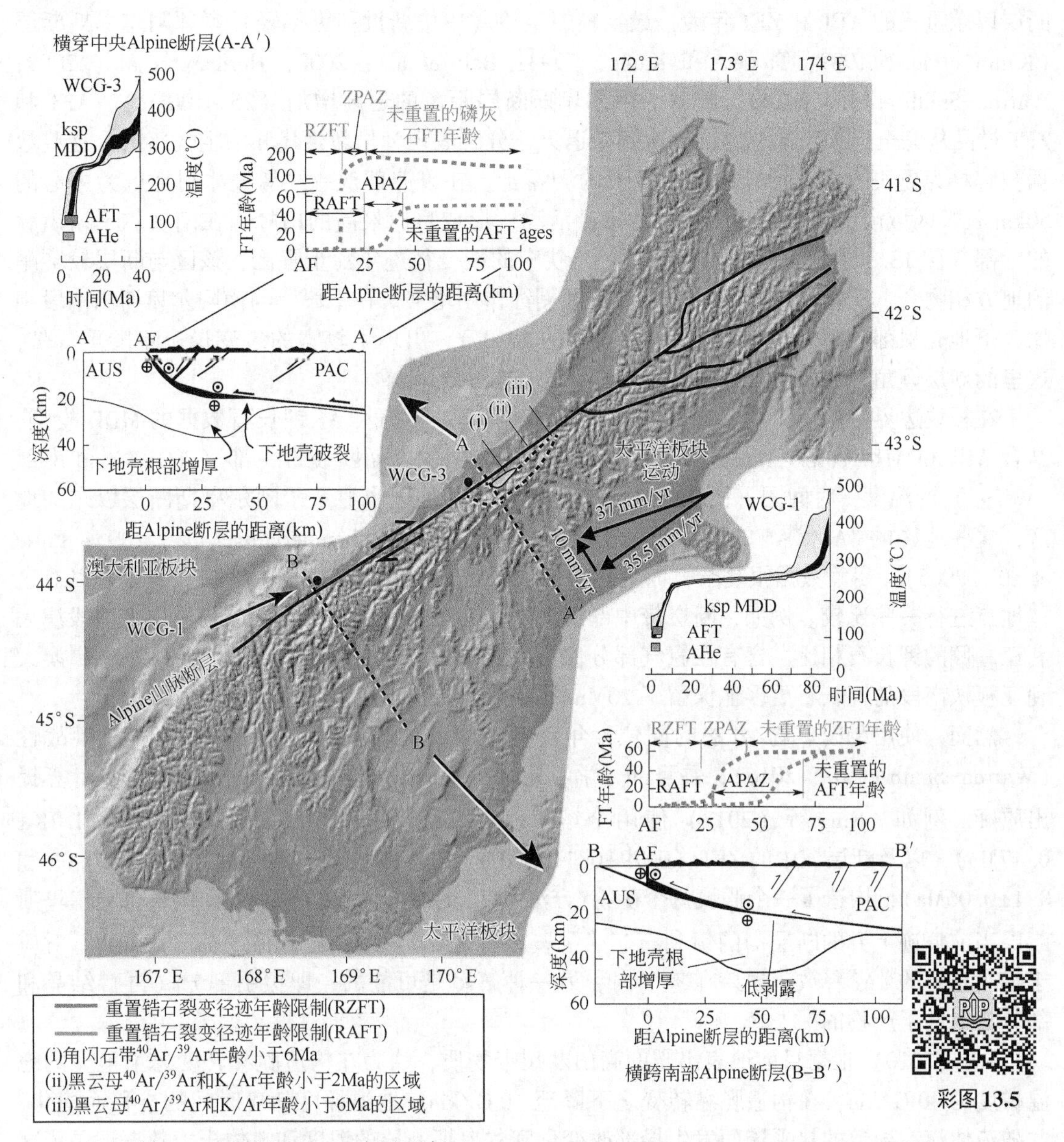

图 13.5　利用 GeoMap 应用程序（http：//www.geomapapp.org；Ryan et al.，2009）制作的新西兰南岛澳大利亚—太平洋板块边界的数字高程模型

南阿尔卑斯山中部（A-A′）和南阿尔卑斯山南段（B-B′）的横断面图，取自 Warren-Smith 等（2016）。重置$^{40}Ar/^{39}Ar$ 角闪石年龄（i 黄色）和生物岩年龄（ii 虚线和 iii 虚线）的嵌套区域（Little et al.，2005），以及 AFT 和 ZFT 年龄与阿尔卑斯断层距离的关系图（Warren-Smith et al.，2016；Tippett 和 Kamp，1993）。从 Batt 等（2004）的西海岸花岗岩（澳大利亚板块）样品 WCG 3 和 WCG 1 的钾长石$^{40}Ar/^{39}Ar$ 数据的 MDD 模型中得出的时间—温度演化历史

编了南阿尔卑斯山的剥蚀量（Tippett 和 Kamp，1993；Batt et al.，2000）。这些研究将同位素年龄解释为从相关的封闭深度（即环境地壳温度超过相应的 T_c 的深度）以下开始剥蚀的时间，并假设“上升前地温梯度”。

横跨阿尔卑斯断层中部和南部的横断面（图 13.5 中的 A-A′和 B-B′）显示了阿尔卑斯

断层以东重置的 AFT 和 ZFT 年龄，最年轻的年龄（中中新世和更年轻）紧邻阿尔卑斯断层（Kamp et al., 1989；Tippett 和 Kamp，1993；Batt et al., 2000；Herman et al., 2009；Warren-Smith et al., 2016）。随着与阿尔卑斯断层距离的逐渐增加（25~100km），AFT 和 ZFT 样品从完全退火到部分退火，再到未退火，分别表现为早新生代和中生代年龄。这些数据被解释为更快的岩石抬升速度和更大的剥露量。在以弗朗茨—约瑟夫冰川地区为中心的 50km 狭长区域内，发生过幅度最大的抬升活动，形成目前最高的山峰。在南阿尔卑斯山脉的中部（图 13.5 中的 A-A′），发现了一个狭窄的裂变径迹年龄重置区，该区与断层较陡峭的地方相吻合，背推作用形成了地形，侵蚀剥蚀作用增强。在中段，与南阿尔卑斯山南段相比，下地壳根部较薄。在南段（图 13.5 中的 B-B′），出现了较宽的裂变径迹年龄重置带，这里的断层倾角较小，变形带较宽，应变分布在较大的区域。

在板块边界带的澳大利亚（西部）一侧，利用基于 $^{40}Ar/^{39}Ar$ 钾长石数据的 MDD 模型，结合 AFT 和 AHe 数据（Batt et al., 2004）编制了阿尔卑斯断裂带中部（WG-3）和南部（WG-1）的温度—时间图（图 13.5）。靠近 WG-3 的地区也显示了阿尔卑斯断层以东的地区，这些地区的 $^{40}Ar/^{39}Ar$ 角闪石和生物岩年龄小于 6Ma（Chamberlain et al., 1995；Little et al., 2005）。尽管数据很复杂，而且热年代学数据集的表达方式也不尽相同，但可以对这些地点进行一些比较。例如，断层带中部澳大利亚一侧的片麻岩和花岗岩与断层带南段澳大利亚一侧的钾长石相比，含有在氩气部分保留区内停留时间较短的钾长石（图 13.5）。澳大利亚板块南段的钾长石更多地保留了 20Ma 之前的演化信息。

然而，使用相同矿物/方法的同位素年龄有相当大的分散性，这使得解释具有挑战性（Warren-Smith et al., 2016），并且部分学者还对温度到深度转换的 T_c 解释和剥蚀率计算提出质疑。例如，Ring 等（2017）使用全熔伊利石 $^{40}Ar/^{39}Ar$ 年龄（1.36±0.27Ma，1.18±0.47Ma），以及断层泥中的 ZFT（0.79±0.11 和 0.81±0.17Ma）和 ZHe 年龄（0.35±0.03 和 0.4±0.06Ma），构造了一个假设每个矿物/方法对 T_c 的冷却历史。然而，直接来自阿尔卑斯断层当前痕迹上方的断层沟的伊利石产生了复杂的 $^{40}Ar/^{39}Ar$ 激光光谱，其表观年龄，对应于相当比例的 ^{39}Ar 释放，误差在零以内。另一种解释是可能的，即援引部分（再）结晶和部分放射性子产物的损失。

Toy（2010）根据目前地表出露的高山断裂带物质，认为在构造脆黏转变之上地壳的地温梯度为 40℃/km，在构造脆黏转变之下降至 10℃/km。地温梯度随着时间的推移而演化，并随流体流动导致的热平流而发生局部改变，阿尔卑斯断层的温度和流体压力数据记录了这一点（Sutherland et al., 2017）。Sutherland 等（2017）的研究在阿尔卑斯断层的上盘钻出的一个钻孔中测得平均地温梯度为（125±55）℃/km。如此高的温度足以使 AFT 在相对较浅的深度热重置，并表明现今 AFT 部分退火带在该处的深度仅为 400~800m。与剥露相关的流体流动已被用于解释在新西兰南阿尔卑斯山观察到的地震和电导率异常（Jiracek et al., 2007；Stern et al., 2007）、低频地震活动（Chamberlain et al., 2014）以及阿尔卑斯山片麻岩中丰富的脉状充填背剪的形成（Wightman 和 Little，2007）。这些结果进一步证明了阿尔卑斯断层脆性部分存在广泛的水化作用，足够大的流体流量能够在局部范围内传播热量和提升地温梯度。热流也可能引发热年代相关矿物的重结晶（通过溶解—再沉淀）。磷灰石在很宽的压力和温度范围内，甚至在表面条件下都容易发生变质（流体诱导）（Harlov et al., 2005；Harlov，2015）。锆石也容易在流体的驱动下发生变质和低温变质生长，特别是在锆石晶体的辐射损伤区（Rubatto，2017）。在足够的流体和时间下，变质生长是一种可行的机制，可以重置热年代学温标（Hay 和 Dempster，2009）。这种岩石学方面的考虑可能有助于解释热年代学数据与地形和/或局部断层之间的较低相关性，这种相关性受到不精确数据和不良重复性的影响（Herman et al.，2009）。

据估计，南阿尔卑斯山中部的地表抬升率在 5~10mm/Myr 之间（Welμman，1979；Bull 和 Cooper，1986；Norris 和 Cooper，2001）。早期利用裂变径迹数据（Tippett 和 Kamp，1993；Kamp 和 Tippett，1993）对剥蚀量的估计与基于板块收敛的质量平衡计算相比被高估了（Walcott，1998）。后来人们意识到，对剥蚀量的高估是假定在成岩过程中岩石的 p-T-t-D 路径是垂直的，而实际上岩石的径迹有很大的水平成分（Willett et al.，1993；Koons，1995；Walcott，1998）。南阿尔卑斯山的造山方式(见图 13.5 中的横断面）意味着岩石与相关等温线平行或接近平行的路径距离长（因此持续时间长），而与垂直于相关等温线的演化路径的距离和持续时间则不同。此外，等温线并非处处与地表平行，随着热量向阿尔卑斯山断层向上平移，地温梯度也会随时间的推移而变化。沿阿尔卑斯山断裂的热的构造平流岩石的快速折返导致地壳上部 3~4km 的瞬变的局部地温梯度大于 125℃/km（Sutherland et al.，2017）。

还有其他因素使南阿尔卑斯山的剥露率的确定变得复杂。第一，矿物平衡模型表明，在温度低至 400℃、压力小于 2kPa，对应小于 7km 深度的情况下，杂砂岩的侵蚀性剥露会产生持续的新流体供应（Vry et al.，2010）。这意味着在上层地壳内可能有丰富的流体可用于输送热量（Toy et al.，2010）。第二，流体的存在可能会促进云母在氩气温度低于其 T_c 时的重结晶。因此，云母的重结晶深度可能比根据假定的 T_c 和假定的稳态地温梯度推断的“闭合”深度要浅得多。如果结晶发生在比 T_c 和稳态地温梯度假设的深度更浅的地方，那么抬升率将被高估（图 13.2c）。第三，阿尔卑斯山中部断裂带的微构造和流体包裹体数据表明，石英脉形成于相对较浅的地壳深度，上盘和断层岩推断的相关等温线深度变化不大（Toy et al.，2010）。在热年代学数据产生阿尔卑斯山相关抬升年龄的区域（南阿尔卑斯山为 6Ma），在计算出抬升率之前，需要进行地径测量以确定结晶深度（图 13.2）。

区域性的热史研究可能会掩盖局部重结晶的影响，例如由于后期热液蚀变造成的影响。对南阿尔卑斯山的研究普遍缺乏对从关键样品的 p-T-t-D 分析，进而获得的岩石矿物的演化路径。然而，很明显，裂变径迹数据对于确定阿尔卑斯断层带在澳大利亚—太平洋板块边界带演化的剥蚀和脆性变形的时间至关重要。综上所述，在新西兰南岛活跃的澳大利亚—太平洋板块边界，应变、侵蚀、质量冲刷的分区以及南阿尔卑斯山的地貌继续影响着该山脉的地貌演化。与抬升相关的流体流动可能会增强矿物的同步重结晶。在解释矿物年龄与地球动力学演化之前，可能需要独立的地球气压测量数据，以限制矿物结晶的深度。虽然文献中存在大量的热史数据，但取样地点往往是分散的，根据假定的 T_c 进行简单的解释可能是不正确的，特别是考虑到有大量的证据表明有流体流动，而且活动板块边界断层带内有记录的高地温梯度。

13.7 结　论

侵入岩和变质岩的热年代学研究提供的定量数据，使人们能够深入了解地球深处的过程。通过使用在地质和岩石学上受到良好约束的采样策略、对同源矿物采用多种方法以及利用动力学参数建立模型以获得连续的温度—时间历史，证明了热年代学方法在构造学和地球动力学方面的成功应用。实例研究突出了裂变径迹热年代学在确定不同构造和地球动力学环境下深成岩和变质岩最终抬升情况的重要性，结论如下：

（1）在（U）高压变结构层中，整合了岩石学数据和多种热年代学方法，记录了 $p-T-t-D$ 岩石的顺行、峰值和逆行路径。裂变径迹热年代学限制了最终抬升的时间，从而可以分析（U）HP 岩石是否在产生闪长岩的同一俯冲周期内抬升到地表，以及岩石抬升到近地表 $p-T$ 条件的机制。

（2）在伸展造山带中，如 TAM，对垂直剖面、跨山脉和沿山脉采集的样品进行的 AFT 热年代学研究，提供了最好的方法来限制在侧翼发育和地貌演变期间幕式冷却。

（3）在板块内碰撞的岩体中，如比利牛斯山脉，最好的结果是采用一种采样策略，对在海拔范围内收集的同源样品采用多种低温热年代学方法。这种综合性的方法可以制约造山期间的逆冲时间和随后的抬升时间。来自年龄—海拔剖面、正向和反向热模型以及热运动模型的数据是互补的，一致揭示了成因事件的顺序。

（4）在活跃板块的边界区，如澳大利亚—太平洋板块边界区，裂变径迹热年代学为新西兰南阿尔卑斯山的成因、地球动力学和地貌演化的时间尺度提供了关键的约束。然而，热液平流对裂变径迹的（部分）重置和退火的潜在影响，可能需要重新评价一些地球动力学解释。

致谢

SLB 和 PGF 感谢美国国家科学基金会的支持。感谢 J. Pettinga 和坎特伯雷大学的 Erskine 项目。感谢 Thonis 家族的资助。非常感谢 A. Blythe、M. Danišík、J. Gonzalez、T. Warfel、M. Jimenez、J. M. Brigham、N. Perez Consuegra 和 R. Glas 对本章内容的审查。

第 14 章　热年代学在砂岩地层物源方面的应用

Andrew Carter

摘　要

保存在沉积盆地内的碎屑岩代表了地质信息的天然储层，可用于限制沉积年龄，并从位置、年龄、成分、构造和气候稳定性等方面重绘源汇系统、源区地形和搬运过程。本章介绍了裂变径迹（FT）在地层和物源问题分析方面的发展和应用。本章中为裂变径迹数据开发的许多解释工具和方法策略也适用于碎屑（U-Th）/He 和其他地质年代学数据。通过与矿物微量元素数据相结合，可以进一步改进基于双重和三重定年策略的物源解释。

14.1　历史背景

早期物源研究的目的与今天的目的大致相同。除了确定沉积物沉积年龄外，研究还利用一套连续样本，通过盆地中的地层序列来重建沉积物搬运路线的系统变化，进行地层对比，确定来自不同源区的贡献，并重建原岩的隆升和剥蚀历史。第一篇裂变径迹（FT）论文出现在 20 世纪 70 年代末，而（U-Th）/He 物源研究直到 2000 年以后才出现（如 Rahl et al.，2003），因此，大多数解释性发展都来自裂变径迹热年代学。

第一篇关于裂变径迹定年的论文出现在 1964 年（Fleischer et al.，1964，1965），但今天我们所采用的标准裂变径迹方法，直到 70 年代末到 80 年代初，随着技术进步和更统一的方法的建立才出现。1980 年 9 月在意大利比萨召开的、有 40 多位科学家参加的国际裂变径迹研讨会，标志着裂变径迹方法发展和校准进入一个新的转折点，因为当时面临着一些长期存在的问题，需要解决这些问题才能使该技术在地质年代学界得到更广泛的接受（见第 1 章；Hurford，2018）。其中包括改进蚀刻技术以优化径迹揭示和纪录（Green 和 Durrani，1978）、了解轨道退火的自然原因（Burchart et al.，1979）、中子辐照剂量学和 ^{238}U（Hurford 和 Green，1981）自发裂变衰减常数的值。当时还进行了第一次实验室间的比较工作，以评估实验室间的准确性和精确度（Naeser et al.，1981）。因此，1970 年至 1985 年间发表的裂变径迹论文，大多集中在方法问题上，而不是在地质问题的应用上。在 70 年代早期至中期发表的少数几篇裂变径迹物源研究论文，主要涉及了提供无化石砂岩地层沉积时间的最大年龄（Gleadow 和 Lovering，1974；McGoldrick 和 Gleadow，1977）和火山灰的地层沉积年龄（Naeser et al.，1974；Izett et al.，1974；Gleadow，1980；Johnson et al.，1982）。

许多早期的火山灰研究都是基于火山玻璃物质中的裂变径迹（如 Boellstorff 和 Steineck，1975），但当从同一样品中比较火山玻璃物质和锆石的裂变径迹年龄时，人们意识到，火山玻璃物质中的径迹不太稳定（Seward，1979），而且与磷灰石类似，在大多数情况下，源区信息会因热重置而丢失，因此，它被认为不适合用于物源研究。当 Hurford 和 Carter（1991）回顾 1990 年以前发表的少数与物源有关的论文时，锆石是最广泛使用的矿物，因为它的热稳定性更高。在很大程度上，这种情况并没有改变，在出现双重和三重定年方法之前，磷灰石的应用仍然不如锆石广泛。双重和三重定年是对同一晶粒上的裂变径迹、U-Pb 和（U-Th)/He 进行综合分析，在这一发展之前，很少有研究试图利用碎屑磷灰石来限制物源。除了在沉积率低和埋藏深度浅的地方进行海洋钻探取样（Duddy et al.，1984；Corrigan 和 Crowley，1990，1992；George 和 Hegarty，1995；Clift et al.，1996，1997，1998）。

早期的锆石物源研究很快发现，由于一系列因素，包括小颗粒和计数面积、复杂的铀分带或由于极高的径迹密度、缺陷或夹杂物而无法计算的颗粒，数据可能存在偏差。更深的复杂性源于需要制作多个颗粒支架和应用不同时间的蚀刻（Naeser，1987；Garver，2003）对任何给定的碎屑样品中存在的年龄范围进行采样。偏差仍然是一个问题，最近 Malusà 等（2013）和 Malusà（2018）在 16 章讨论了这个问题。

早期的物源区文献使用简单的直方图来识别混合年龄，但很明显的是，对碎屑和混合年龄数据集的解释需要以统计工具的形式进行更有力的处理来显示观察 FT 年龄，鉴定并提取成分组件。下一节将回顾这些统计工具和解释策略的发展。

14.2　解释策略

用于确定砂岩和砂岩物源或地层时代的裂变径迹数据通常包含混合颗粒年龄（过度分散）。外部探测器法（EDM）非常适合这一点，因为它可以从单个颗粒中获得裂变径迹年龄。EDM 不容易像种群法那样，因铀的变化而产生实验偏差（见第 1 章；Hurford，2018）；因此，EDM 数据集内的变化更可能是自然的而不是实验的。此外，还需要能够在统计学上估计最可能的年龄，并定义年龄成分的比例和数量。

在早期的裂变径迹研究中，每个样本统计相对较低的粒数（6~12）是很常见的。然而，人们认识到，这不能提供足够的抽样来捕捉任何自然变化，并确定颗粒年龄是否属于同质群体，且满足泊松分布。χ^2 检验（Galbraith，1981）被用来作为同质性的标准检验，即检验个别数据是否与自发径迹数和诱发计数的共同比率一致。在许多物源研究中，一个常见的结果是自发径迹数和诱发径迹数的泊松变化过度分散，这与颗粒年龄的异质混合是一致的。然而，χ^2 检验只能表明支持或反对无效假设的证据。较低的 q 值（<0.05）表明物质不是来自同一物源区，但不能具体量化程度或显示具体是来自什么物源区。对 χ^2 检验模拟的实现导致了颗粒数据图形显示方法和概率模型的发展，可用于量化变异程度和识别组成种群。下文将介绍这些方法。

早期的物源研究以直方图的形式绘制单粒年龄，但由于这种方法忽略了相关的估计误差，人们意识到这种图不能代表真实的年龄变化。为了克服这个问题，Hurford 等（1984）和 Kowallis 等（1986）将高斯密度函数应用于每个估计值，以产生一个连续的频率曲线或总概率密度函数。尽管这似乎解释了不同精度的颗粒年龄，将每个估计量表示为一个窄的密度函数，但汇总图是一个混合了好信息和差信息的平均密度函数（见 Galbraith，1998）。Hurford 等（1984）甚至尝试调整平滑因子以获得重叠峰之间更大的分辨率，Brandon（1996）进一步发展了这一程序。然而，Galbraith（1998）指出，由于概率密度图不是真正意义上的核密度估计，这种处理方法是无效的，最近 Vermeesch（2012）在处理所有类型的碎屑地球年代学数据时强调了这一点。

为了避免与概率密度图相关的问题，Rex Galbraith 设计了雷达图（Galbraith，1988，1990），其中每个计数颗粒的测量误差在 Y 轴上有一个标准偏差。雷达图现在被广泛使用，包括在发光界内，他们使用一种被称为阿巴尼科图（图 14.1）的混合类型的显示方式，它结合了核密度估计和雷达图来显示不同精度的年龄分布以及年龄频率分布（Dietze et al.，2016）。一些使用这些方法和其他方法的软件包可供研究人员免费使用，包括径向/密度绘图仪（Vermeesch，2009）和 Abanico R 软件包（Dietze et al.，2016）。密度绘图仪使用混合裂变径迹年龄和最小年龄的统计模型（Galbraith 和 Green，1990；Galbraith 和 Laslett，1993），在 Galbraith（2005）中得到了伸展。这些方法也是 Binomfit 的基础，Binomfit 是 Mark Brandon（1992）开发的一个 Windows™ 程序，用于估计一致和混合颗粒年龄分布的年龄和不确定性。绘图程序 PopShare（Dunkl，2002）采用了一种不同的混合建模算法，称为 Simplex 方法（Cserepes，1989），尽管目前还不清楚 PopShare 最小化的是哪个函数，但是这些方法都假设了高斯分布，这导致 Sambridge 和 Compston（1994）设计了一种包括非高斯统计量的混合物建模方法，以减少离群值的影响。后来，Jasra 等（2006）开发了贝叶斯混合物模型，并使用 MCMC 方法拟合模型，该模型可作为 Kerry Gallagher（BayesMix）编写的独立程序或 R 包。这种工具可以使物源研究从混合年龄的种群中识别和提取组分年龄。

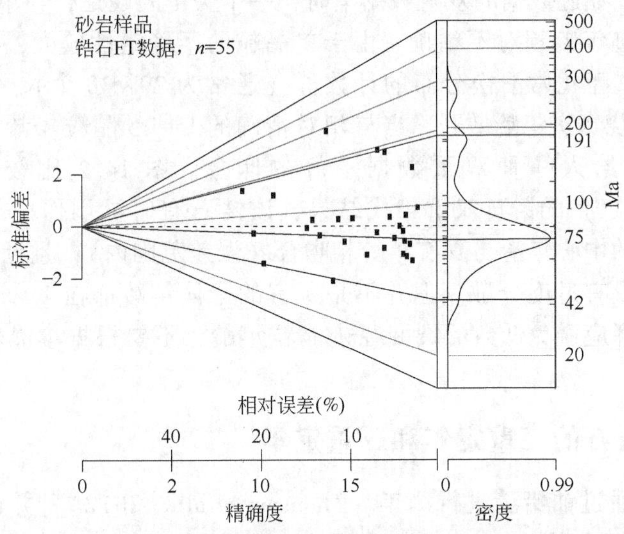

图 14.1　阿巴尼科图（Dietze et al.，2016）的例子（将雷达图和核密度图融合在一张图中）

14.3　解释裂变径迹物源数据的方法论

从早期的裂变径迹地层和物源研究开始，人们就认识到，通过纳入其他类型的地质数据，包括锆石晶体形态（Pupin，1980）和与 α 辐射损伤有关的颜色（Fielding，1970；Garver 和 Kamp，2002），可以加强对碎屑岩数据集的解释。在整个 20 世纪 80 年代末和 90 年代，连续发表了一系列探究碎屑裂变径迹数据应用的论文（Carter，1999），以解决诸如贫生物化石碎屑沉积物的地层年龄等问题（Carter et al.，1995），确定风化凝灰岩的年代（Winkler et al.，1990）和确定盆地沉积物的来源（以及间接的古沉积物路线系统；

Cerveny，1986；Garver 和 Brandon，1994；Carter et al.，1995）。

14.3.1　锆石双重定年和三重定年

对来自安第斯山脉或喜马拉雅山脉前陆盆地等大面积盆地沉积物进行物源研究的一个主要障碍是，来自变质温度区的区域剥蚀往往会产生非独特的锆石年龄。这妨碍了对山地带内具体来源地点的鉴定，因此，不可能区分火山和剥蚀冷却年龄。为了克服这个问题，Carter 和 Moss（1999）首次对泰国东部霍拉盆地沉积的中生代河流沉积物进行了锆石双重定年。双重定年现已成为喜马拉雅山（Carter et al.，2010；Najman et al.，2010）、比利牛斯山（Whitchurch et al.，2011）、安第斯山（Thomson 和 Hervé，2002）、阿拉斯加（Perry et al.，2009）和中国黄土高原（Stevens et al.，2013）等成矿带中碎屑研究的一个组成部分。Rahl 等（2003）在对犹他州下侏罗统纳瓦霍砂岩的研究中，通过结合锆石（U-Th)/He 和 U-Pb 定年，对该方法进行了调整，以限制沉积物的路线和循环，并确定与阿巴拉契亚造山带中的来源的联系。Campbell 等（2005）应用同样的方法研究恒河和印度河河床负载中沉积物的来源和循环程度。Reiners 等（2004）首次报道了通过结合 FT、(U-Th)/He 和 U-Pb 对单粒锆石进行三重定年（详见第 5 章；Danišík，2018）。

在处理包括裂变径迹数据的双重数据集时，一个关键问题是，与单个颗粒 U-Pb 年龄相比，单个裂变径迹年龄相对不精确。由于单晶粒的不确定性较大，一个样品的裂变径迹年龄是基于应该属于正常泊松分布的计数群（通常为 20~30 个）。在泊松分布中，单个计数（晶粒）围绕真实年龄散开，当与相对精确的 U-Pb 晶粒年龄对比时，散开的数量看起来很明显，给人一种双重数据不好的印象。图 14.2 比较了 Tardree 流纹岩（Ganerød et al.，2011）的锆石双重年代结果，该锆石有时被用作内部裂变径迹年龄标准，裂变径迹数据的中心年龄与真实年龄相吻合（误差范围内），且计数群体都在泊松分布范围内，即数据没有过度分散。但并不是所有的个体年龄都在 1∶1 线的误差范围内，因此，双年代的解释应避免低数的裂变径迹晶粒年龄，不要根据单晶粒裂变径迹年龄进行解释。

14.3.2　磷灰石的二重定年和三重定年

磷灰石还可以通过铀铅法进行测年（Thomson et al.，2012），并已被开发为一种热年代学温标，可以区分约 375~570℃之间的冷却路径（Cochrane et al.，2014）。与裂变径迹（双重定年）的结合为辨别物源提供了一个强大的工具，在 Chew 等（2011，2012）中可以找到关于激光剥蚀 ICP-MS 用于裂变径迹和 U-Pb 分析的有用介绍。为了获得更高的热历史分辨率，一些研究采用了从同一磷灰石晶粒中获得三重年龄［FT、U-Pb 和（U-Th)/He］的方法。Carrapa 等（2009）在一项旨在了解古生代和新生代安第斯山脉建造的研究中，率先报告了三重定年。在一项关于从南极洲维多利亚前陆盆地钻心中获得的沉积岩中提取的碎屑颗粒的研究中，Zattin 等（2012）应用磷灰石的三重定年，以限制跨安塔尔克山脉的渐新世剥蚀期，并限制盆地演化和物源。对裂变径迹山内选定的颗粒进行了 U-Pb 测年，然后将这些颗粒取出进行氦气分析（详见第 5 章；Danišík，2018）。

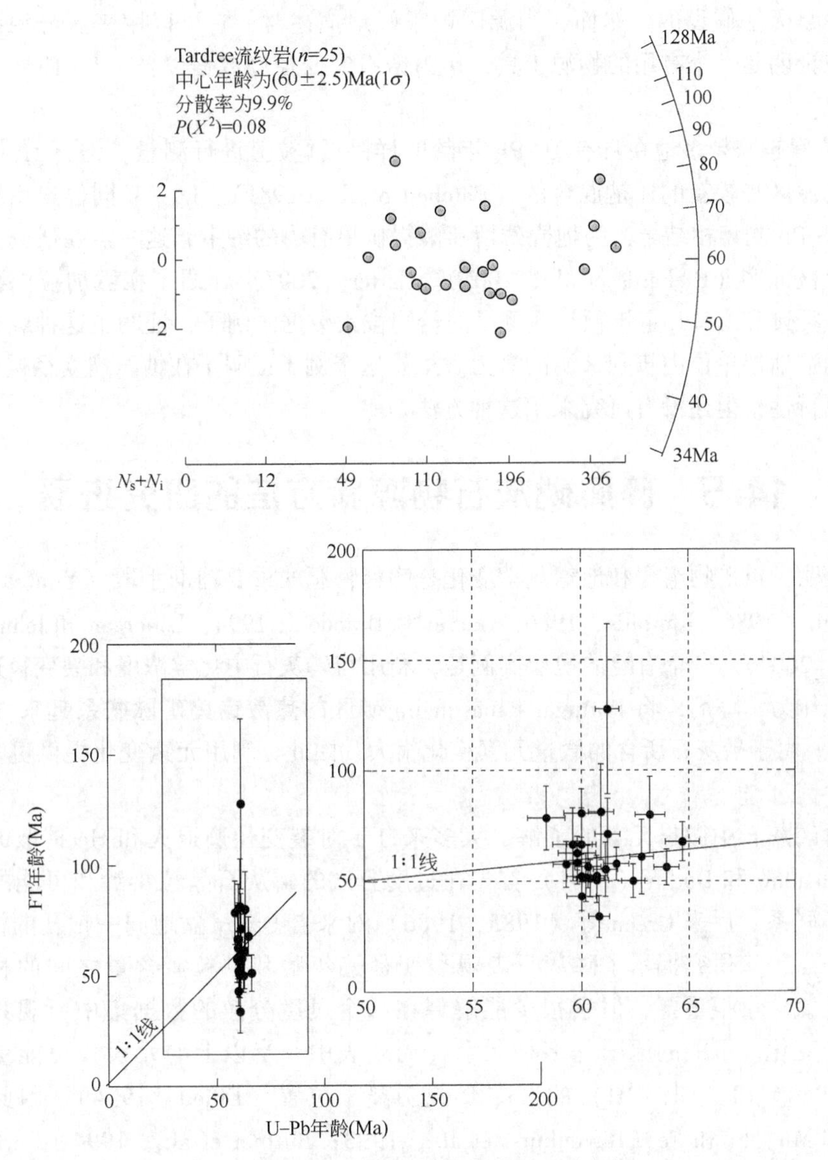

图 14.2　塔尔德利流纹岩的锆石双重定年

该火山岩具有与地层形成时间相同的 U-Pb 和 FT 年龄。与 U-Pb 年龄相比，单个 FT 数据明显分散。这种分散符合正态泊松分布，给出了与真实年龄一致的 FT 中心年龄

14.4　碎屑锆石物源研究进展

锆石中钛的含量是结晶条件的函数（Watson et al.，2006）。平均而言，来自镁铁质火成岩中锆石比来自长英质火成岩中的锆石具有更高的钛浓度，因此，一些人认为这是区分不同锆石来源的潜在工具。然而，人们发现，镁铁质岩的钛浓度数值可能与长英质岩相似，反之亦然（Fu et al.，2008），因此，该方法不能盲目地用于将碎屑锆石与长英质或基性来源联系起来。此外，锆石中的 T_i 温度计是基于一种假设金红石作为 T_i 缓冲相的校准，而这在

碎屑体系中是无法假设的。然而，当源区被很好地描述时，它可以用来区分源区，在这方面，它可以证明是一个有用的物源工具，作为锆石裂变径迹数据以及（U-Th）/He 和 U-Pb 年龄的补充。

Hf 同位素越来越多地在具有 U-Pb 年龄的样品/颗粒上进行测量，锆石 Hf 同位素可以确定锆石的源区是较新的还是混合的（Patchett et al.，1981）。Lu-Hf 同位素系统可以与单个颗粒的 U-Pb 测年相结合，为地壳残留年龄提供更有力的约束，这一点在研究喜马拉雅山脉岩石时已被证实（Richards et al.，2005）。Carter（2007）介绍了在孟加拉国喜马拉雅砂的锆石裂变径迹和 U-Pb 定年颗粒上测量的铪同位素数据的例子，证明了这种综合方法可以在不同的构造地层单位内辨别来源的潜力。虽然这个例子证明了在锆石裂变径迹分析基础上测量铪的可行性，但还没有研究采用这种方法。

14.5　碎屑磷灰石物源新方法的研究进展

事实证明，重矿物组合和地球化学变化是解释物源的重要辅助手段（Yim et al.，1985；Baldwin et al.，1986，Kowallis，1986；Garver 和 Brandon，1994；Lonergan 和 Johnson，1998；Ruiz et al.，2004）。一个有趣的地层实例是，利用与磷灰石中化学浓度和裂变径迹密度有关的阴极发光作为示踪剂，将 Portugal Panasqueira 矿区的热液锡钨矿脉联系起来（Knutson et al.，1985）。由于磷灰石所含的微量元素变化很大，因此，利用元素变化提供更多来源信息的潜力很大。

我们对磷灰石中微量元素的了解，大多来自于对裂变径迹退火和 He 扩散的成分控制的研究。Gleadow 和 Duddy（1981）首先在过度分散的磷灰石晶粒年龄和可能的成分控制之间建立了联系，后来 Green 等（1985，1986）对来自 Otway 盆地同一钻孔的样品的研究证实了这一点，该研究揭示了磷灰石表观裂变径迹年龄和颗粒氯含量之间的相关性。虽然磷灰石的氯含量很重要，但它很少能解释在一个过度分散的数据集中所观察到的所有颗粒年龄的变化。可能的原因是多种元素（周期表中一半以上的元素）可能被取代到磷灰石 $Ca_{10}(PO_4)_6(F, Cl, OH)$ 的 Ca、P 或阴离子位置（Elliott，1994），因此，其他微量元素，如 Mn、Sr 和 Fe（Ravenhurst et al.，1993；Burtner et al.，1994；Carlson et al.，1999）、稀土元素和 SiO_2（Carpéna，1998），如果适当丰富的话，也可能影响裂变径迹的退火敏感性。同样，成分也有控制氦气扩散的作用（Mbongo Djimbi et al.，2015）。从物源来看，微量元素的透视变化是一个积极的因素，因为它可以提供一种手段来确定源区和宿主岩石的类型。

Dill（1994）是最早考虑利用磷灰石微量元素特征来确定碎屑岩中碎屑磷灰石的起源的学者之一，他调查了德国东南部二叠纪和三叠纪红层中磷灰石的起源。他的研究没有得出结论，部分原因是由于成岩蚀变的影响不确定。Belousova 等（2002）进行了一项更详细的研究，研究了来自一系列岩石类型的 700 多块磷灰石的成分。研究结果表明，不同类型的岩石对许多微量元素（包括稀土元素、Sr、Y、Mn、Th）的绝对丰度和相对丰度都有不同的特点，而且可以利用球粒陨石标准化的微量元素模式来建立一个判别树，以识别磷灰石的原主岩。最近，Bruand 等（2016）展示了对锆石和钛铁矿内磷灰石包裹体的微量元素分析如何为其宿主岩浆的岩浆演化历史和宿主岩浆全岩岩石化学提供有用的约束。

14.5.1　磷灰石裂变径迹和微量元素综合分析

虽然传统的物源研究已经开始使用磷灰石化学成分，但将磷灰石成分信息与热年代学数据结合起来确定原主岩的工作相对较少，这可能是因为至今还没有一个全面的磷灰石成分数据库（Morton 和 Yaxley，2007）。Allen 等（2007）在对安达曼群岛古生代岩石物源的研究中，绘制了磷灰石氯含量与铀含量的对比图（图 14.3a），表明一个较老的岩石单元（Hopetown 砾岩，Mithakhari 组）的磷灰石与一个较年轻的岩石单元（Andaman 复理石）的磷灰石不一样，即这两块岩石的磷灰石来源不一样。为了进一步区分源区，该研究还比较了安达曼弗莱希地层样品上测得的磷灰石单颗粒 Nd 同位素和喜马拉雅山的砂中测得的磷灰石单颗粒 Nd 同位素。图 14.3（b）显示了 Andaman 复理石数据以 εNd 单位（Y 轴）与 $^{147}Sm/^{144}Nd$（X 轴）的对比图。已公布的全岩石数据汇编（Henderson et al.，2010）显示，以这种方式绘制数据能够区分印度板块和欧亚板块内不同来源。从图 14.3 可以清楚地看出，Andaman 磷灰石的来源是欧亚大陆而不是印度大陆。

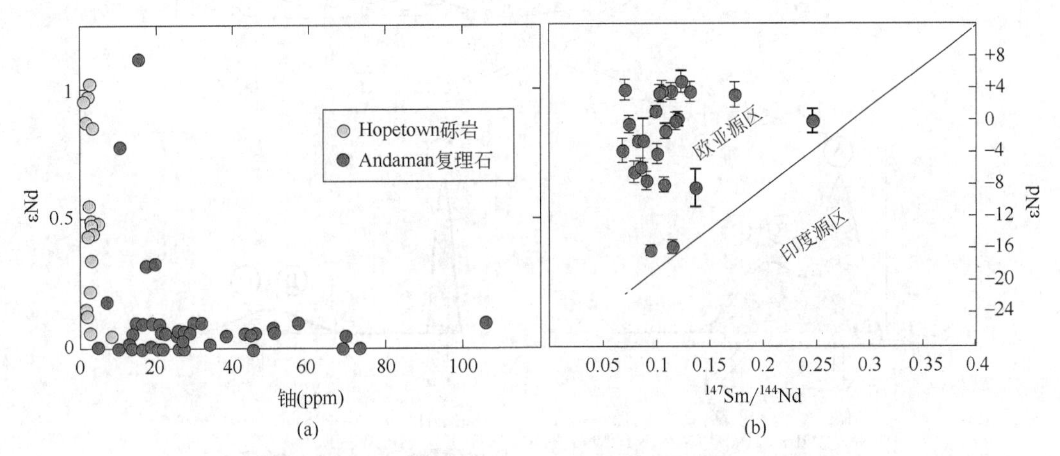

图 14.3　南安达曼岛剥蚀的古生代 Andaman 复理石的磷灰石成分与来自地层更老的单位（Hopetown 砾岩）的磷灰石进行比较

Hopetown 砾岩中的岩层显示出局部的岛弧来源；(a) 比较了磷灰石氯和铀的浓度，显示了两个不同的来源，低铀富氯颗粒是典型的火山岩源，有人认为，Andaman 复理石是喜马拉雅山侵蚀出来的孟加拉扇物质；(b) 磷灰石 εNd 与 $^{147}Sm/^{144}Nd$ 的对比图，主要投点属于欧亚板块区域，排除了印度板块的来源

磷灰石的 Sm/Nd 比值通常在 0.2~0.5 之间（Belousova et al.，2002），与一般大陆地壳的 Sm/Nd 比值（约为 0.2）相似（Taylor 和 McLennan，1985）。Foster 和 Carter（2007）开发了一种新的物源分析技术，该技术结合了碎屑磷灰石裂变径迹和原位 Sm-Nd 同位素测量方法，以确定原岩。该技术首次应用于喜马拉雅山的现代河砂，可以将磷灰石裂变径迹年龄种群与正在以不同速度被侵蚀的特定喜马拉雅山构造地层单元联系起来（Carter 和 Foster，2009）。该方法对那些自最后一次与整个岩石平衡以来经历时间相对较短的磷灰石很有效。

显然，增加碎屑热年代学分析中使用的磷灰石颗粒成分数据以增强物源解释的潜力是巨大的。图 14.4 展示了如何使用结合热年代学和成分数据的现有方法来区分火山弧源、深成岩和老的变质地壳。下一步是确定火成岩类型。在这方面，磷灰石具有很大的潜力，因为它是一个相对早期的结晶阶段，具有较高的稀土分配系数。已知 F、Mn、Sr 和 REE 的丰度随岩石类型（例如，在过铝的 I 型和 S 型岩石之间）而变化，并被认为是合适的物源指标（Belousova et al.，2002；Chu et al.，2009；Malusé et al.，2017）。利用基于 LA-ICP-MS 原位测量和电子探针分析的 REE 和微量元素模式来建立原岩类型的判别树，似乎是最明显的起点，而且结合定年和微量元素研究在未来可能会变得更加普遍。

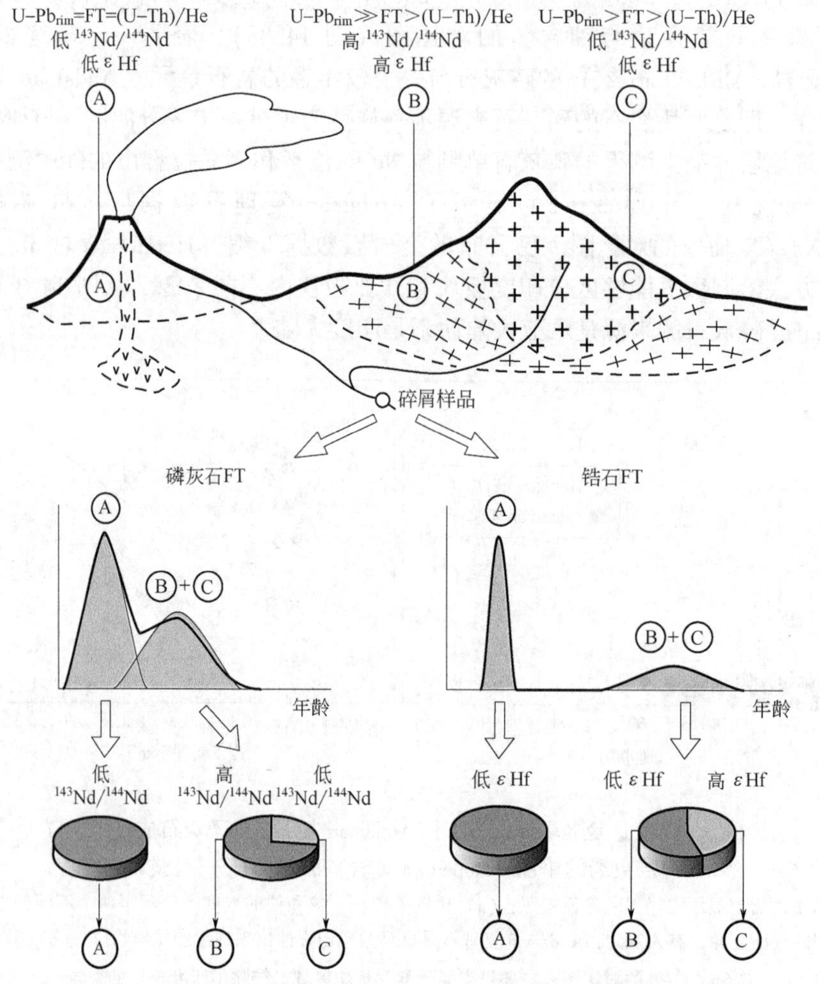

图 14.4　单颗粒分析技术结合裂变径迹在碎屑研究中的应用实例

对从一条河流中采集的碎屑样品进行裂变径迹分析，该河流带来了物质包括年轻的火山源（A）和花岗质深成岩体（C）及其片麻岩围岩（B），只能分辨出两个年龄峰。通过观察两个来源中不同的磷灰石 Sm/Nd 和锆石 Lu/Hf 特征，可以区分 B 和 C 的相对贡献。注意：通过分析不同矿物种类获得的 A、B 和 C 的相对贡献因原岩中磷灰石和锆石的富集程度的不均匀而不同（见第 7 章；Malusà 和 Garzanti，2018）

14.6　结束语

本文概述了主要建立在裂变径迹分析基础上的方法发展和解释策略，这些发展和策略是无机物热年代学的基础。虽然裂变径迹一直是物源研究中使用的主要热年代学温标，但随着对 He 扩散的认识的提高和原位技术的出现，更广泛地使用碎屑（U-Th)/He 分析应能提高物源解释的准确度。虽然热年代学数据无疑是重要的，但将年龄数据与从同一颗粒中获得的地球化学信息结合起来，可进一步加强对物源的解释。后者仍然是值得探索的，新方法的发展具有很大的发展空间。

致谢

感谢 Dave Chew、Alberto Resentini（图 14.4）和 Marco G. Malusà 的有建设性的评论。

第15章 基于砂岩碎屑裂变径迹分析的山地带折返研究

Matthias Bernet

摘 要

对现代沉积物和古老砂岩中的碎屑磷灰石和锆石进行裂变径迹分析，是研究和量化会聚型造山带长期剥蚀历史的常用方法。人们意识到，由于取样、样品制备和峰值拟合等统计学数据处理，年龄谱可能存在偏差，利用滞后时间概念，可以很容易地将已知沉积年龄的沉积物和沉积岩的裂变径迹年龄转化为长期平均剥蚀率或侵蚀率。用裂变径迹法和U-Pb法对单个颗粒进行双重定年，可以提供额外的有价值的物源信息，用于识别可能会掩盖剥蚀信息的火山岩矿物颗粒。在同一样品上同时应用磷灰石和锆石裂变径迹定年，可以将源区剥蚀和沉积盆地的热演化研究结合起来。

15.1 简 介

山地带的剥蚀记录保存在邻近盆地的沉积物和沉积岩中。由于沉积物主要是由河流从源头地区运往盆地的，因此采集现代河流沉积物和古河流及海相砂岩样品，对确定一个造山带的剥蚀历史具有很大的潜力。磷灰石和锆石裂变径迹（FT）定年，结合对同一颗粒的U-Pb分析，是目前确定沉积物来源和剥蚀速率的常用技术。Zeitler 等（1982）首次使用碎屑热年代学方法研究喜马拉雅山西北部的剥蚀情况。他们利用对前陆盆地矿床中碎屑锆石的裂变径迹分析来研究喜马拉雅山脉的长期剥蚀记录，是后来发展成碎屑热年代学滞后时间概念的先驱（Brandon 和 Vance，1992；Garver et al.，1999）。

随后，喜马拉雅地区进行了许多碎屑裂变径迹研究（如 Cerveny et al.，1988；Bernet et al.，2006；van der Beek et al.，2006；Steward et al.，2008；Chirouze et al.，2012，2013；Lang et al.，2012，2013，2016），欧洲阿尔卑斯山（如 Spiegel et al.，2000，2004；Bernet et al.，2001，2004a，b，2009；Trautwein et al.，2002；Cederbom et al.，2004；Malusà et al.，2009；Glotzbach et al.，2009；Glotzbach et al.，2011；Jourdan et al.，2013，Bernet，2013）以及世界各地的其他山地带（如 Brandon 和 Vance，1992，Garver 和 Brandon，1994a，b；Carter 和 Moss 1999；Soloviev et al.，2001；Garver 和 Kamp，2002；Carter 和 Bristow，2003，Stewart 和 Brandon，2004；Garver et al.，2005；Enkelmann et al.，2008，2009，Parra et al.，2009；Bermúdez et al.，2013，2017）也是如此。本章概述了碎屑岩裂变径迹热年代学的相关内容、滞后时间概念、剥蚀率的估计以及与单粒U-Pb测年的结合，包括取样和数据解释的一些注意事项。

15.2　碎屑记录中的剥蚀信息

在汇聚山带中，深部岩石的剥蚀是由正断层作用和侵蚀共同驱动的，以去除覆盖层（Platt，1993；Ring et al.，1999）。因为剥蚀意味着使岩石更接近地表（England 和 Molnar，1990），逆冲断层和平行走滑断层不会造成岩石剥蚀。在构造活动区，剥蚀速率可达到 M. Bernet 值（大于 10km/Myr，但对于大多数造山带而言，在 0.1~1km/Myr 之间；Burbank，2002；Montgomery 和 Brandon，2002）。剥蚀信号以碎屑磷灰石和锆石裂变径迹冷却年龄的形式从源区传递到沉积盆地。根据磷灰石和锆石裂变径迹系统的热条件和部分退火带，在埋藏过程中或多或少地保留了剥蚀记录。近源位置的样本往往提供有关剥蚀率的局部信息，而远源位置采集的样本反映了造山带规模较大源区的强烈混合剥蚀信号，如图 15.1 所示（Bernet et al.，2004 b；Bernet 和 Garver，2005）。

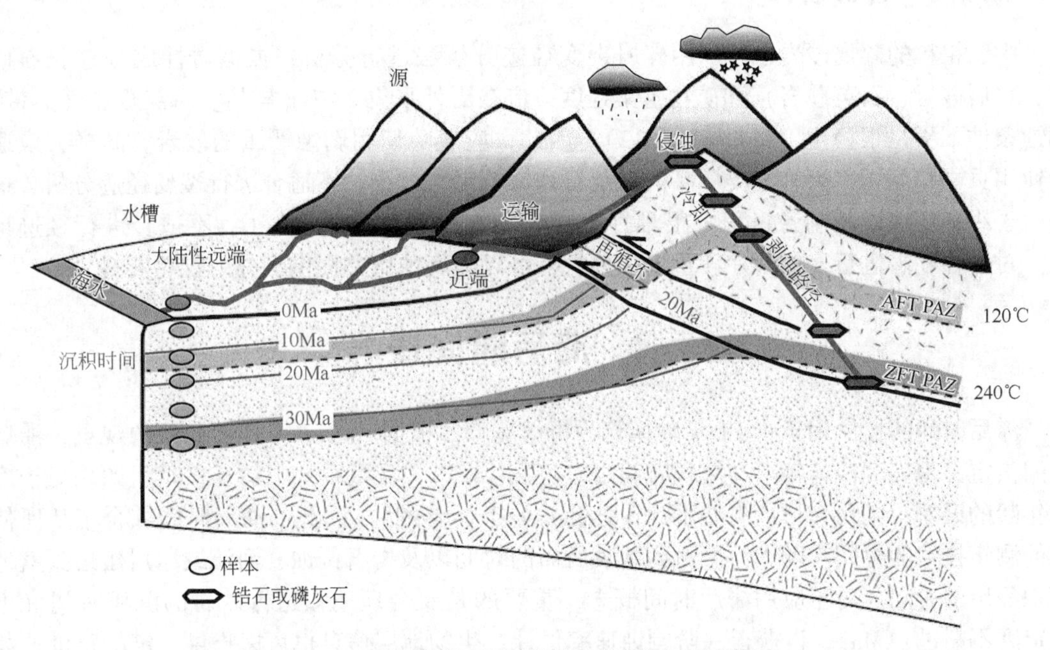

图 15.1　从源到汇的沉积物路径和滞后时间概念

滞后时间是指裂变径迹冷却年龄与沉积时间之差；近端和远端是指取样位置；

绿点表示地层记录中的样本

15.2.1　现代沉积物

对于任何剥蚀研究来说，对现代河流、海滩或冰川沉积物的分析对于获得现今的剥蚀信号非常重要。这种信号比古沉积岩的剥蚀信号更容易解释，因为现今流域的大小和原岩岩性都是已知的，而且在许多情况下，碎屑年龄信息可以与基岩裂变径迹年龄相比较（例如 Bernet et al.，2004a，b；见第 10 章，Malusà 和 Fitzgerald，2018a，b）。此外，短期侵蚀率（来自沉积物产量或宇宙放射性核素分析）、地形、地震活动、降水模式、植被覆盖率以及数值模型等参数也可纳入剥蚀研究（如 Bermúdez et al.，2013）。现今的剥蚀信号为解释古砂岩样品的剥蚀信号提供了一个基准。

现代沉积物通常从河道或海滩上的中至粗粒砂（250μm～1mm）沉积物或冰川沉积物中取样。Resentini 等（2013）表明，最合适的颗粒大小取决于沉积物分选以及磷灰石和锆石晶粒相对于石英的大小差异（另见第 7 章；Malusà 和 Garzanti，2018）。然而，这可能难以在实地确定，而且并非所有项目都允许在进行热年代分析之前收集试验样品。如果只是为了进行热年代学分析，通常会从矿床中采集样品，有时会在野外淘洗 2～4kg 的沉积物，以增加磷灰石和锆石的产量，尽管这可能会带来很小的取样偏差。如果要从同一样品中确定完整的重矿物谱（如 Mange 和 Wright，2007）或矿物富集程度（Malusà et al.，2016），则应只采集大宗沉积物样品。河流沉积物往往是有效混合的，碎屑裂变径迹年龄谱往往很好地反映了源区的基岩年龄分布（Zeitler et al.，1982；Bernet et al.，2004 a、b；Bermúdez et al.，2013）。需注意，取样地点砾石的岩石学特征是很有用的，因为它们可以快速地概括原岩岩性的多样性。

15.2.2 古砂岩

中、粗粒的碎屑砂岩也可以用碎屑裂变径迹分析法进行分析，根据岩性成分（长石砂岩、岩屑砂岩、石英砂岩）和矿物富集程度，应在野外采集 2～7kg 样品。磷灰石在（热带）剥蚀条件下不是很稳定（Morton，2012）。因此，应避免使用剥蚀严重的砂岩。同样，应避免使用页岩和泥岩，因为这类样品的磷灰石和锆石晶粒太小，不适合进行裂变径迹分析，这是由于小颗粒在样品制备过程中很难打磨，而且暴露的表面面积太小，不适合进行径迹计数。对采样砂岩进行岩相薄片和重矿物分析，可以为剥蚀研究提供额外的物源资料。

15.3 滞后时间概念

滞后时间的概念用于将 FT 年龄换算为折返速率。根据 Garver 等（1999）的观点，滞后时间被定义为表观冷却年龄与沉积时间之差（图 15.1）。流域系统中的迁移时间如果短于冷却年龄的误差，则认为可以忽略不计（Heller et al.，1992）。因此，滞后时间综合了从所使用的测年技术的封闭深度剥蚀岩石到地表所需的时间以及岩石侵蚀、河流或冰川搬运到盆地沉积经历的时间。对于应用滞后时间概念，重要的是要合理地知道古砂岩的沉积时间（不确定度不超过±1Ma），以获得一阶剥蚀速率估计。生物地层信息也可以提供一定的帮助，如果已经确定了简明的生物区，并根据磁地层约束或火山灰层等的绝对年龄测定，通过地层与绝对年龄的相关性进行约束。如果没有严格的地层控制，就不能应用滞后时间概念。

随着剥蚀率的变化，滞后时间会有所不同（Rahl et al.，2007）。从缓慢（0.1km/Ma）到相对快速（>1km/Ma）的剥蚀变化，可能会引起热结构的重要扰动，以及等温线的平流或松弛（Rahl et al.，2007；Braun，2016；见第 8 章，Malusà 和 Fitzgerald，2018a）。这将导致地温梯度的变化，从而影响滞后时间。

15.3.1 单颗粒年龄、峰值年龄、中心年龄和最小年龄

一旦通过完善的地层框架知道了沉积时间，问题是应该使用哪种裂变径迹年龄，并在滞后时间图上与沉积年龄相对应：单颗粒年龄、峰值年龄、中心年龄或最小年龄（图 15.2）在许多碎屑剥蚀研究中，每个样品最多可以分析 100 粒。非重置样品在大多数情况下会有过度分散的年龄谱，年龄从几百万年到上亿年不等。绘制这类图谱的问题是，单颗粒年龄的个

体误差往往很大，而且由于重叠，图谱难以读懂。此外，单一的裂变径迹晶粒年龄在碎屑年龄分布中的意义有限，因为它只呈现了泊松分布中的一个数据点（假设没有因晶粒化学或累积辐射损伤而导致更广泛的分散；见第 14 章；Carter，2018）。因此，为了确定源区剥蚀率，需要提取年龄成分。

为了更好地构建碎屑裂变径迹数据，可通过统计方法将观察到的单颗粒年龄分布分解为主要的颗粒年龄成分或峰值（例如 Galbraith 和 Green，1990；Brandon，1992，1996）。为此，存在不同的软件包，如 Binomfit（见 Ehlers et al.，2005）、RadialPlotter（Vermeesch，2009）或 Bayes MixQT（Gallagher et al.，2009）。一个碎屑样品可能包含 1~4 个具有统计意义的年龄峰，可以在滞后时间图上绘制（图 15.2）。使用这些程序时需要谨慎。年龄峰需要结合样品的中心年龄、年龄分散度、卡方测试结果和其他年龄峰进行检查。我们必须检查两个年龄峰之间是否有明显的重叠，或者在同一样品中是否有很好的分离。在年龄峰重叠的情况下，人们必须决定两个独立的峰是否在地质学上是合理的，或者它们是否可能是统计分析的产物，可能是基于因径迹数低或铀浓度低而具有很大不确定性的数据。正确识别年龄峰是很重要的，特别是当它们用于确定源区剥蚀速率时。Naylor 等（2015）使用合成数据和蒙特卡罗引导法表明，可以将峰值年龄建模中的系统偏差作为真实年龄的函数绘制出来（图 15.3）。基于真实的裂变径迹数据对合成的残余裂变径迹数据进行引导建模，可能有助于量化系统性偏差和改进数据解释，避免将峰值年龄滞后时间的变化解释为具有地质意义，而实际上它们可能是一种统计学上的假象（Naylor et al.，2015）。

进一步地，我们不禁产生这样的问题，碎屑颗粒年龄分布中年龄峰值的地质意义是什么？一般来说，峰值年龄不一定与过去的某一特定构造或热力事件相对应，因为磷灰石和锆石颗粒来自侵蚀地貌，将提供一个连续的冷却年龄。图 15.4 显示了西阿尔卑斯山 Vénéon 河流域的锆石裂变径迹数据，除该流域外，还流经 La Meije 丘陵的南侧。La Meije 地块的基岩锆石裂变径迹年龄显示了一个连续的冷却年龄范围，从海拔 1400m 的 Romanche 山谷中的约 14Ma 到海拔 3000m 的山峰附近的约 27Ma（van der Beek et al.，2010），这是剥蚀冷却的结果。碎屑锆石裂变径迹数据显示了 14Ma、21.5Ma 和 55.2Ma 的三个年龄峰（Bernet，2013）。如果把三个碎屑峰值年龄解释为代表三个不同的构造事件，那是错误的。事实上，14Ma 峰值的锆石颗粒对应于河流当前切割处的基岩锆石裂变径迹年龄。21Ma 峰值的锆石颗粒可能来自于 1800~3000m 左右的海拔。这表明，沿中高起伏地形暴露的相对缓慢冷却岩石的侵蚀可以提供一个碎屑冷却年龄谱，即使在数千万年的时间里除了中等缓慢的侵蚀剥蚀外，没有发生其他的事情，也可以通过峰值拟合的方法解析为两个不同的年龄峰。属于 55.2Ma 峰的锆石晶粒来自于在阿尔卑斯变质作用期间只经历了部分退火的盖层岩。需注意，55.2Ma 的年龄在阿尔卑斯山演化方面没有地质意义。这只能说明剥蚀速度很慢（小于 0.1km/Myr），盖层岩还没有被完全清除。

从西阿尔卑斯山前陆盆地古砂岩的锆石裂变径迹年龄峰来看（图 15.2），很明显，部分退火或未退火的锆石颗粒很常见，但是没有关于阿尔卑斯造山运动的直接信息。此外，在较新的地层样品以及远端现代河流或海滩样品中，需要考虑与造山带整合的的倒置前陆盆地沉积物的再循环效应。罗纳河流域和罗纳河三角洲碎屑锆石裂变径迹数据就显示了这一点（Bernet et al.，2004a，b）。同样，图 15.2 为喜马拉雅前陆盆地的剥蚀信号的一个例子（Bernet et al.，2006）。因此，为了从碎屑裂变径迹数据中探测山地带的构造和/或热力事件，需要长期的记录，才能得出数千万年的滞后时间演变，下文将进一步讨论。

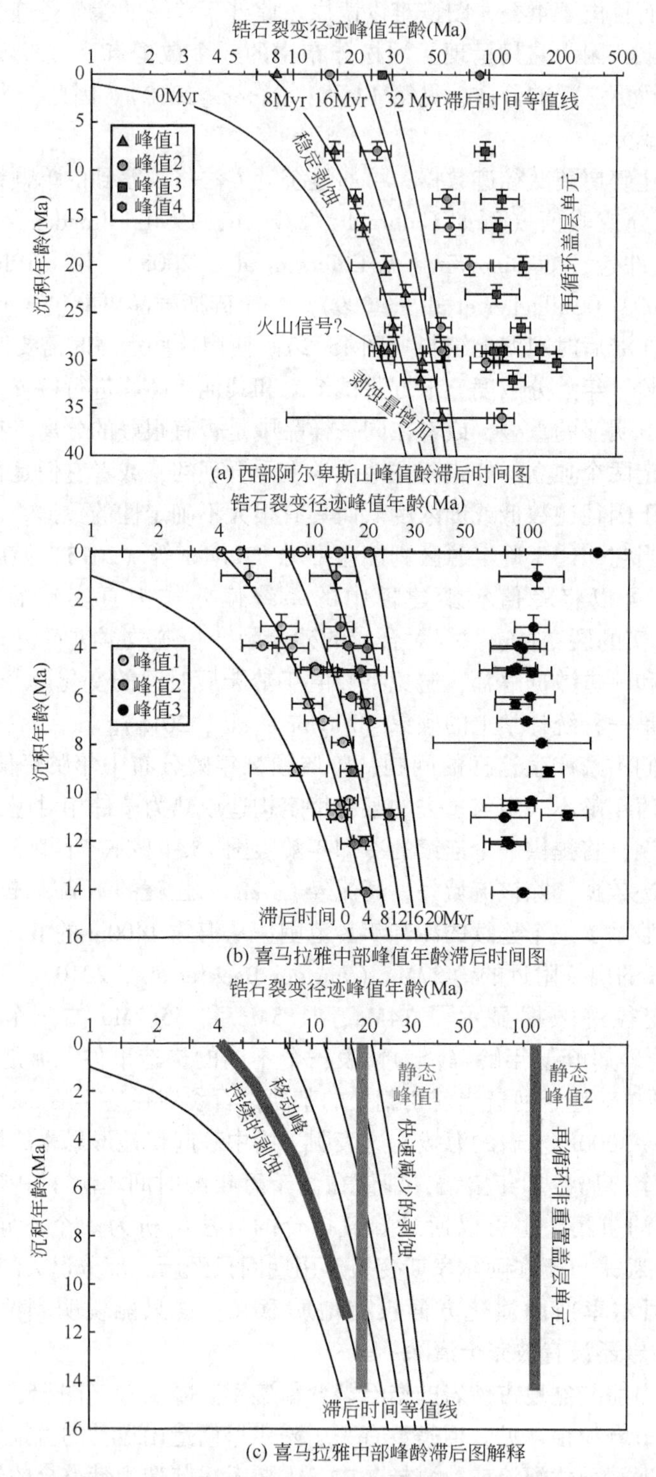

图 15.2　西阿尔卑斯山和喜马拉雅山前陆盆地的碎屑锆石裂变径迹数据滞后时间图

还包括静态峰和动态峰的滞后时间趋势（Bernet et al.，2006，2009；Jourdan et al.，2013）

中心年龄可用于估计过度分散年龄分布的碎屑样品的平均年龄，代替更为常用的基岩样品的池年龄（Galbraith 和 Laslett，1993）。但要详细检查颗粒年龄的分布，确定过度分散是

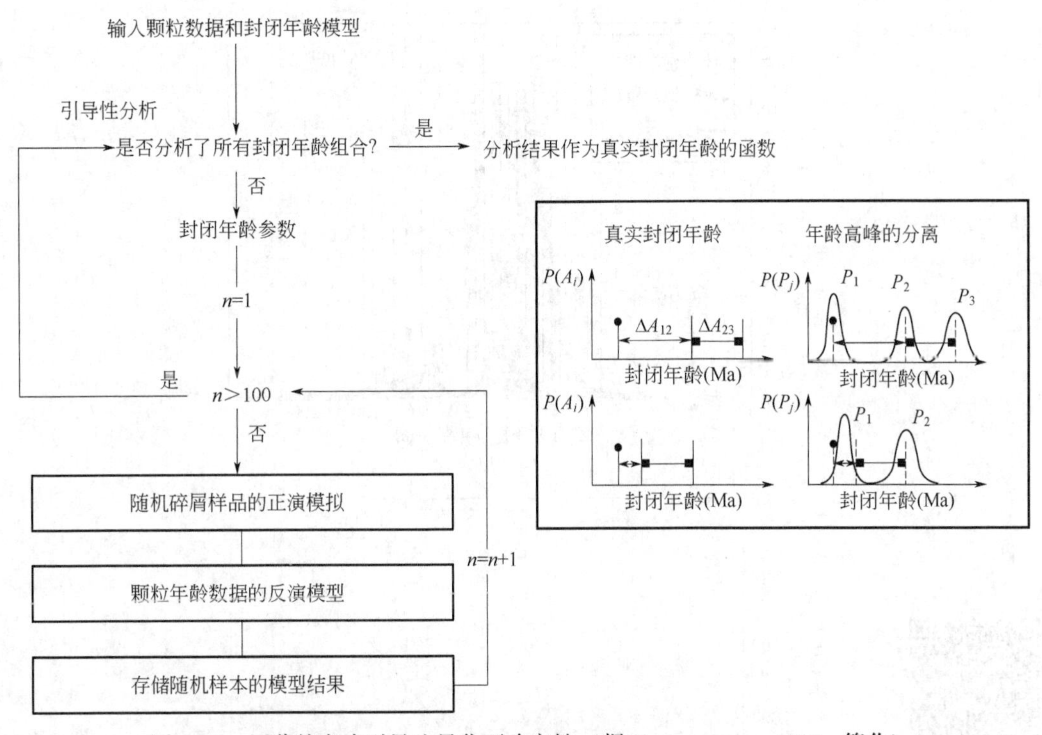

图 15.3　用蒙特卡洛引导法量化不确定性（据 Naylor et al.，2015，简化）

通过峰值拟合可以检测到分离良好的真实封闭年龄种群，而接近

真实封闭年龄的种群可能在统计上更好地表现为一个峰值

否与单一的离群值有关，还是与不同年龄群体的混合有关。碎屑磷灰石的裂变径迹数据可能包含许多零径迹颗粒，可能具有很高的单颗粒年龄不确定性。需要仔细研究颗粒年龄分布，建议使用雷达图来可视化年龄分布（见第 6 章，Vermeesch，2018）。中心年龄可以用来估计流域平均剥蚀速率，即使这一信号可能变化很大。

最小年龄是对颗粒年龄分布中可以确定的第一个连贯年龄成分的估计（Galbraith 和 Laslett，1993）。在许多情况下，最小年龄与用峰值拟合法确定的第一个峰值年龄相同，可以作为沉积时快速剥蚀率的替代物。在火山作用的情况下，最小年龄可以作为沉积年龄的代表（Soloviev et al.，2001）。

15.3.2　区分剥蚀信息和火山信息

在具有火山活动的造山带中，剥蚀信息可能被火山成因磷灰石和锆石颗粒的贡献所掩盖，其冷却年龄接近或与沉积年龄相同。这样的情况下，晶体形状可能是一个指示，但最好对单颗粒进行裂变径迹和 U-Pb 双重定年（Carter 和 Moss，1999），以清楚地识别火山颗粒，因为它们具有相同的结晶和冷却年龄。相反，在剥蚀过程中冷却的晶粒通常具有不同的结晶和冷却年龄。Reiners 等（2005）描述了（U-Th）/He 和 U-Pb 双重定年的理论背景，同样适用于裂变径迹和 U-Pb 双重定年。Jourdan 等（2013）将该方法应用于西部阿尔卑斯山（图 15.4）。在阿尔卑斯山西部，最后一次火山活动发生在约 30Ma，局部有安山岩沉积（von Blankenburg et al.，1998；Malusé et al.，2011）。

阿尔卑斯山西部前陆盆地锆石裂变径迹峰值年龄的滞后时间图（图 15.2）显示，峰值

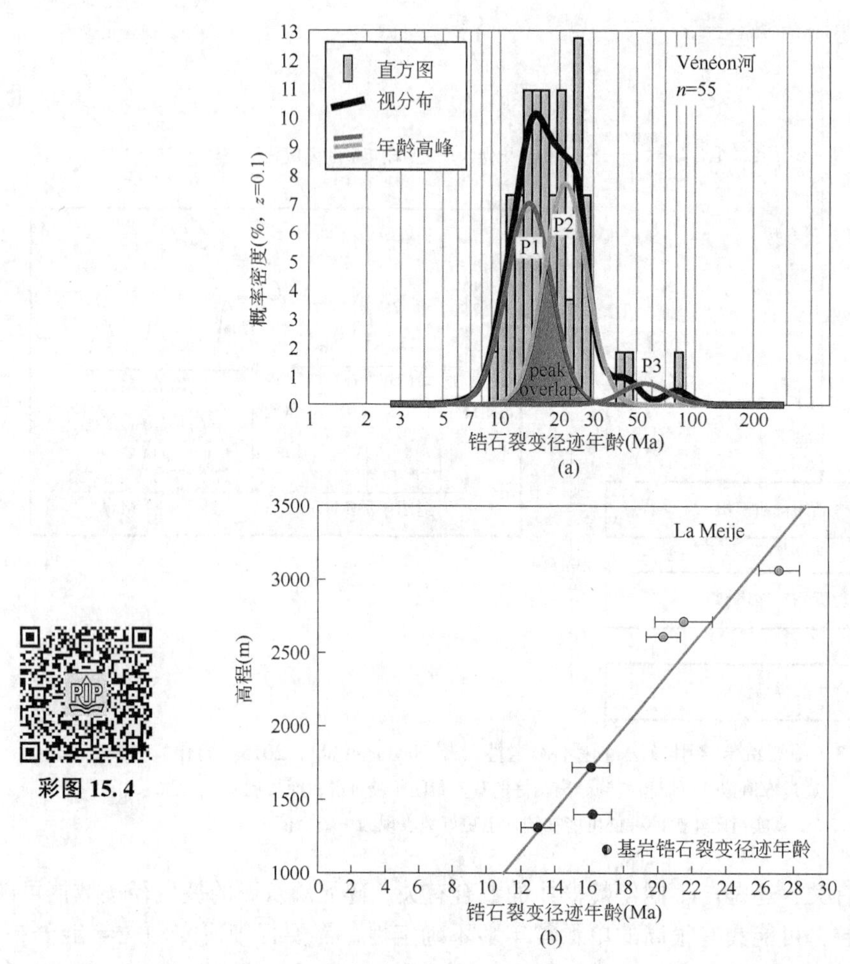

图 15.4　Vénéon 河的碎屑锆石 FT 数据（Bernet，2013）与 La Meije 地块内不同海拔的基岩 FT 年龄比较的概率密度图（van der Beek et al.，2010）

年龄在 30~28Ma 之间，滞后时间非常短。这是否意味着当时的剥蚀速度非常快或存在火山活动，或两者兼而有之？锆石双重定年证实了来自渐新世火山岩锆石的贡献。随后，这些锆石颗粒被从数据集中移除，以获得单纯的剥蚀信息，这表明在西阿尔卑斯山早期的渐新世期间，快速剥蚀现象曾在短时间内普遍存在，并与火山活动同时存在（Jourdan et al.，2013）。锆石和磷灰石的双重定年已经成为一种标准工具，现在被应用于越来越多的研究中（见第 5 章，Danišík，2018）。

15.3.3　滞后趋势：移动峰值和静态峰值

滞后时间概念对于追溯剥蚀的长期演变很有用。在初始增加剥蚀率的情况下，可能会观察到上段滞后时间的缩短。这可能代表了在造山带发展阶段以及上地壳热结构调整到新的稳定状态过程中，未退火或部分退火的沉积盖层岩石的移除（见第 16 章，Malusà，2018）。在这种短暂的情况下，系统平衡到新的条件之前，很难根据滞后时间确定剥蚀率（Rahl et al.，2007）。当峰值年龄在几百万年的沉积过程中上段不断变年轻时，称为移动峰值（图 15.2）。当峰值年龄与沉积年龄变化速度相同时，滞后时间保持不变。这表明山地带持续剥蚀（如

Bernet et al.，2006，2009；Glotzbach et al.，2011）。如果峰值年龄在上段保持不变，则称为静态峰值，喜马拉雅的碎屑锆石裂变径迹记录就说明了这一点（图 15.2）。静态峰可能表明：过去发生了大规模的构造或热力事件或快速剥蚀的结束，在此期间地壳较厚部分迅速冷却，此时，剥落的颗粒总是以相同的冷却年龄进入沉积系统（Braun，2016）；或前陆盆地沉积物的循环和地层年轻部分的重新沉积；或两者相结合（Garver et al.，1999；Chirouze et al.，2013）。这些猜测可能难以仅在热年代学的基础上加以区分，需要结合更多的地质和沉积物岩相资料以及热模拟才能证实。

15.3.4 根据滞后时间估计剥蚀率

裂变径迹冷却年龄可以以更多或更复杂的方式转变为剥蚀速率（如 Garver et al.，1999），因此移动峰的滞后时间可以用于估计剥蚀速率（见第 10 章，Malusà 和 Fitzgerald，2018b）。静态峰值的滞后时间对于确定剥蚀速率没有用处，因为它们只表明剥蚀速度减慢，如果冷却年龄是同造山的，或者如果冷却年龄是造山前的（Braun，2016），则仅移除非静止盖层单元。根据滞后时间确定的剥蚀率应被视为长期平均剥蚀率估计值，因为它们综合了从上地壳初始冷却到低于封闭温度到沉积时间的剥蚀情况。地表剥蚀速率可能在较短的时间范围内变化，但在碎屑 FT 数据中，这一信号被平滑掉，考虑到数百万年的滞后时间，直到颗粒沉积在盆地中。

根据年龄峰值滞后时间估计剥蚀率的一个简单方法是使用 M. Brandon 的 Age2Edot 代码中的一维稳态热扩散模型（Reiners 和 Brandon，2006）。对于大多数剥蚀研究来说，考虑到峰值年龄和沉积年龄的不确定性，这种水平的一阶估计已经足够。尽管如此，Naylor 等（2015）认为，基于峰值年龄的剥蚀率估计可能存在系统性偏差，可能有很大的不确定性，导致非唯一性解释。在这种情况下，由于过度拟合太多峰值的数据所带来的偏差会影响滞后时间和剥蚀率估计。

Glotzbach 等（2011）利用热运动学三维 PeCUBE 建模（Braun，2003）表明，从中新世到现今西阿尔卑斯山前陆盆地沉积物中的碎屑磷灰石裂变径迹数据具有检测 5~2.5Ma 之间可能翻倍的侵蚀速率分辨率，但这些数据无法检测速率变化是否发生在 1Ma。PeCUBE 建模的优势在于它考虑了地壳热结构的变化，可为剥蚀率提供更可靠的解释（Braun et al.，2012）。

15.3.5 负滞后时间

当裂变径迹峰值年龄小于沉积年龄时，会出现负滞后时间。随着埋藏深度的增加，这种情况在碎屑磷灰石中更为常见，这是因为埋藏加热而引起的部分退火。此类数据需要从盆地演化而非源区剥蚀的角度来解释（见第 16 章，Malusà，2018）。具有负滞后时间和古埋深度增加的静态峰值可用于制约盆地反转的时间（如 Cederbom et al.，2004；van der Beek et al.，2006；Chirouze et al.，2013）。

15.4 结 论

砂岩的碎屑裂变径迹分析是研究造山带剥蚀历史的有力工具，因为裂变径迹数据可以用滞后时间概念来确定源区经历的剥蚀速率。在解释粒颗粒年龄数据和建立剥蚀速率模型时，人们必须意识到取样、准备和统计等潜在偏差。然而，观察到的碎屑颗粒年龄谱反映了盆地流域中裂变径迹冷却年龄，如果这些冷却年龄反映了剥蚀情况，那么对砂和砂岩的碎屑热年代分析可提供有关原岩剥蚀历史的有用信息。为了确定在地质上合理的长期剥蚀方案，碎屑裂变径迹分析可以与其他地质方法结合起来，如单颗粒双重定年与 U-Pb 定年、沉积物岩相物源信息、地层、构造、地震或气候（图 15.5）。

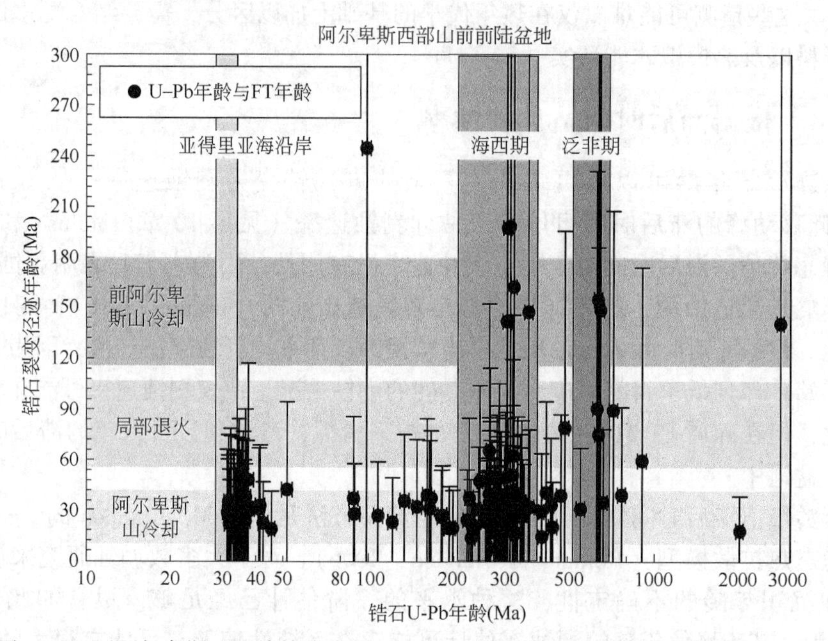

图 15.5　西阿尔卑斯山山前前陆盆地（Clumanc 和 Saint Lions 砾岩，Barrême 盆地；Jourdan et al.，2013）的锆石 AF 和 U-Pb 双重定年结果

致谢

感谢 Andy Carter 和 Eva Enkeμmann 的审阅，以及 Marco G. Malusà 和 Paul G. Fitzgerald 的编辑。

第16章 地层层序中复杂碎屑年龄模式解释

Marco G. Malusà

摘 要

通过地层序列收集到的沉积岩热年代学年龄趋势，为了解物源和剥蚀情况提供了宝贵的信息。然而，许多碎屑热年代数据集的复杂性可能会影响对这些年龄趋势的正确认识。这种复杂性在很大程度上是由侵蚀基岩热年代学的复杂性决定的，根据所考虑的热年代学系统，它可能记录了单个或多个源区的剥蚀过程中的冷却、岩浆结晶时间、变质矿物的生长或晚期矿物蚀变。本章说明了不同的地质过程如何在碎屑中产生不同的热年代学年龄模式。这些基本的年龄模式在地层记录中有了不同程度的组合，为复杂的碎屑热年代学数据集的地质解释提供了一把钥匙。沉积岩的颗粒年龄分布可包括静止年龄峰和移动年龄峰。静止年龄峰不能直接制约剥蚀，因为它们与原岩中的岩浆结晶、变质生长或热松弛事件有关。移动年龄峰一般是在剥蚀过程中产生的，可以利用滞后时间法研究造山带的长期剥蚀演化。后沉积埋藏导致的退火作用将使峰值年龄向下逐渐变小。沿着剖面向上出现较老年龄峰的现象，可以提供了重大物源变化的证据。在解释碎屑热年代年龄趋势时，应考虑到从源到汇环境中的自然过程以及取样和实验室操作可能带来的偏差。

16.1 简 介

沉积序列倒序地反映了在沉积源区观察到的热年代学年龄结构（Garver et al.，1999；Ruiz et al.，2004；van der Beek et al.，2006）。最简单的情况是，在侵蚀剥蚀过程中，岩石逐渐冷却并通过所选热年代系统的闭合温度（T_c）时冷却（如 Braun et al.，2006；Herman et al.，2013；Willett 和 Brandon，2013），结果是在沉积序列的上段，热年代学年龄逐渐变小（如 Reiners 和 Brandon，2006）。这个概念是大多数碎屑热年代学数据集的地质解释的基础，特别是那些从地层序列中的沉积单元确定单个颗粒年龄的数据集，并将由此产生的颗粒年龄分布分解为颗粒年龄种群，用于推断山地带的长期剥蚀演化（如 Bernet 和 Spiegel，2004；Ruhl 和 Hodges，2005；Enkelmann et al.，2008；Carrapa，2009；本书第 15 章）。

然而，正如所熟知的那样，热年代学应用于基底岩石时，将所有热年代学年龄解释为代表剥蚀过程中通过 T_c 等温面的冷却年龄，有时过于简单化（如 Gleadow，1990；Villa，1998；Williams et al.，2007；本书第 13 章和第 17 章）。此外，碎屑热年代数据集有时非常复杂，这种复杂性可能会妨碍对热年代年龄趋势的正确识别。碎屑热年代学数据集的复杂性可能来自于以下因素：

（1）物源热年代数据的原始复杂性。这种复杂性可能来自一系列过程，取决于所考虑的热年代系统，这些过程可能包括剥蚀过程中的退火和扩散（Reiners 和 Brandon，2006）或地壳热状态的瞬时变化（Braun，2016），而且还包括岩浆结晶、变质矿物的生长和后期矿物蚀变等事件（Carter 和 Moss，1999；Malusà et al.，2011，2012；Jourdan et al.，2013）。物源区的热年代学信息也可能由于存在不稳定的沉积序列而变得复杂，反映了老侵蚀源的冷却历史（Bernet 和 Garver，2005；Rahl et al.，2007）。

（2）从不同地质或上地壳剥露历史为特征的多个来源的碎屑混合。

（3）源汇沉积物运输和沉积过程中水力过程导致的原始热史信息的变化（Schuiling et al.，1985；Komar，2007；见本书第 7 章的讨论）。由于水力过程，原始热年代信息发生了变化（Schuiling et al.，1985；Komar，2007；见第 7 章的讨论，Malusà 和 Garzanti，2018）。

（4）较厚的沉积埋藏可能导致沉积后退火作用（如 Ruiz et al.，2004；van der Beek et al.，2006）。

当碎屑热年代数据集特别复杂时，地质学家可能会倾向于只解释部分数据，通常是那些被认为更重要的数据。然而，只对数据集的一部分进行地质解释容易出现错误。第 17 章对这种情况的一个典型例子进行了说明，即由中央阿尔卑斯山逐渐剥蚀产生的沉积序列（Malusà et al.，2011）。

本章分析了不同地质演化过程如何导致热年代学数据的复杂性，以及可能导致的碎屑中不同和很大程度上可预测的热年代学年龄模式。这些基本年龄模式在 16.2 节中有详细描述，在地层记录中以各种方式组合在一起，并为可靠地解释从一个地层序列中收集到样品的复杂碎屑热年代数据集提供了一把钥匙。在很大程度上，本章是基于在欧洲阿尔卑斯山和邻近沉积盆地的研究（如 Malusà et al.，2011，2012，2013，2016a，2017）中获得的经验。欧洲阿尔卑斯山的结果具有普遍的有效性，并作为概念性方案提出，以便于将这些概念应用于其他研究领域。

通常，在碎屑热年代学中，颗粒年龄分布被认为是侵蚀基岩中热年代年龄的忠实反映（Bernet et al.，2004；Resentini 和 Malusà，2012）。然而，由于一系列的偏差，包括从源到汇环境中的自然过程以及不适当的取样、实验室处理和分析，可能会对碎屑的原始热年代学信息产生潜在的改变（Sláma 和 Košler，2012；Malusà et al.，2013，2016a）。相对于基岩的原始热年代学信息而言，任何低估（或高估）特定粒龄种群的情况都可能对地质解释产生影响。因此，应慎重评价和计算。16.3 节中描述了使偏差最小化的简单方法。

16.2　地层序列中的基本碎屑年龄模式

16.2.1　剥蚀冷却的移动年龄峰

在侵蚀剥蚀和冷却过程中，基岩中的热年代年龄通过对应热年代学系统的 T_c 确定，此时基岩侵蚀产生的沉积岩将呈现出热年代年龄的单模态分布，并在剖面中向上逐渐变年轻（如 Garver et al.，1999；Ruiz et al.，2004；Reiners 和 Brandon，2006）。根据汇流区内剥蚀的基岩中的年龄—海拔关系，山顶侵蚀的颗粒中的年龄一般较大，山谷侵蚀的颗粒中的年龄较小（见第 10 章，Malusà 和 Fitzgerald，2018b）。在沉积岩中观察到的热年代年龄趋势，对于 T_c 逐渐升高的热年代学系统来说，将向年龄较大的方向转变［图 16.1(a)］。第 15 章（Bernet，2018）对基于这些简单原则应用的碎屑热年代数据集的地质解释实例进行了说明。

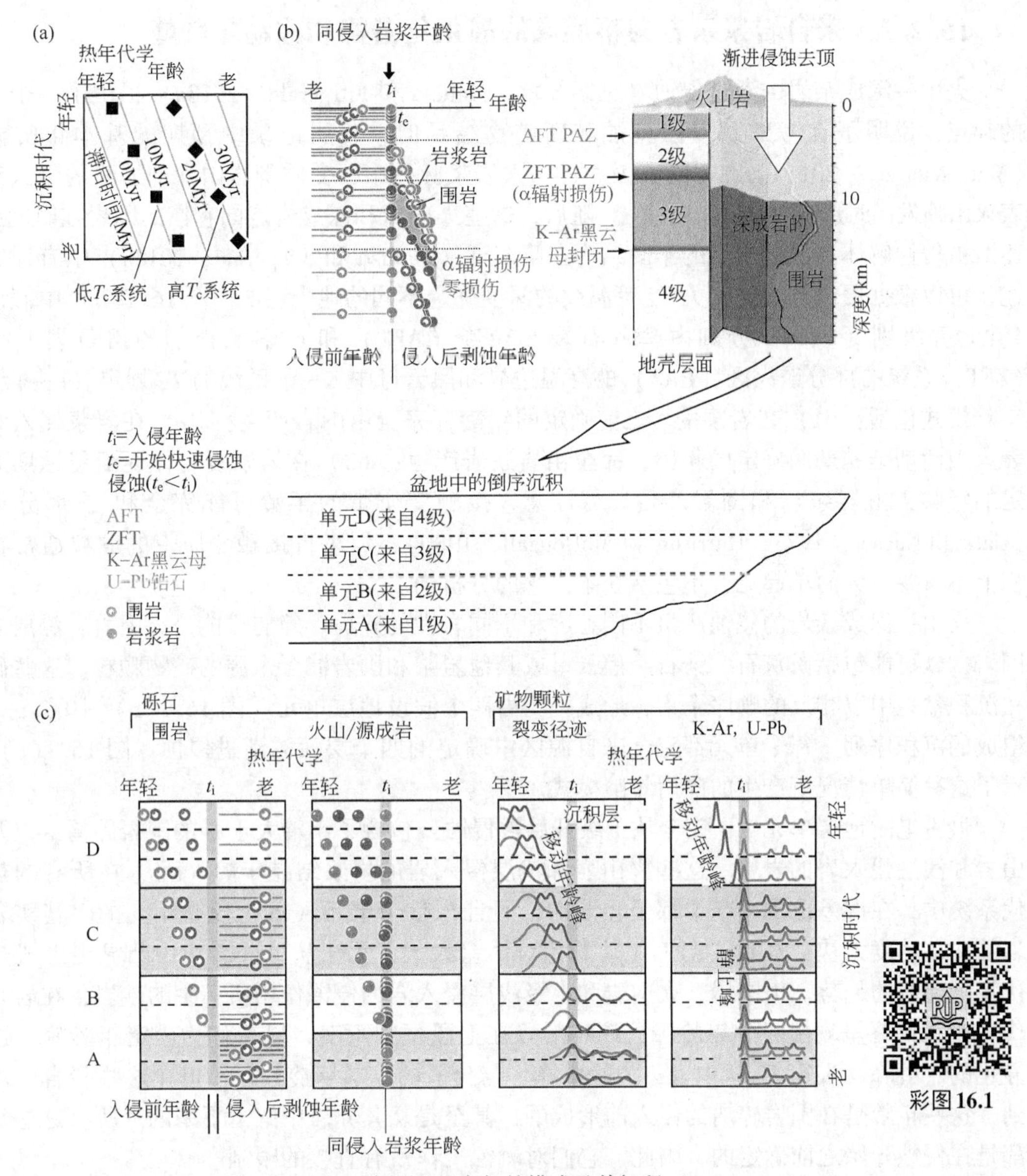

图 16.1　碎屑岩基本年龄模式及其解释（一）

碎屑热年代学记录了侵蚀基岩通过 T_c 等温面逐渐冷却的过程，确定了移动的年龄峰值，并在剖面中显示向上逐渐变年轻的热年代学年龄。具有较高 T_c 的热年代学系统具有更古老的年龄，但趋势相似。图 16.1(b) 为岩浆杂岩模型（Malusà et al.，2011），与单一侵入事件相关的岩浆杂岩的渐进侵蚀产生的沉积序列预计将以相反的顺序反映在源区岩石中观察到的矿物年龄地层。地壳 1 级首先被侵蚀并沉积为 A 单元，接着是 2 级（B 单元），然后是 3 级（C 单元），最后是 4 级（D 单元）。源区岩石中的矿物年龄地层包括：(1) 岩浆结晶之前确定的年龄，并且只在围岩中发现（侵入前时代）；(2) 岩浆侵入/火山作用期间确定的年龄，并且只在火山岩和深成岩中发现（同侵入岩浆年龄）；(3) 在岩浆杂岩的逐渐侵蚀过程中产生的年龄（由于冷却/剥蚀作用），并在深成岩和围岩中均有发现（详见第 8 章，Malusà 和 Fitzgerald 2018a）。图 16.1(c) 中岩浆杂岩的侵蚀产生了火山岩/深成岩和围岩的砾石，以及砂粒大小的碎屑，其中包括磷灰石、锆石和黑云母的单个颗粒，这些颗粒最初属于侵蚀岩浆岩或围岩。在这些碎屑中，同侵入岩浆年龄定义了颗粒年龄群体，这些群体在剖面上部是恒定的（稳定年龄峰值），对剥蚀没有直接的限制。侵入后剥蚀年龄定义了颗粒年龄群体，它们在上部剖面变得越来越年轻（移动年龄峰值），由于这些热年代学年龄是在剥蚀过程中形成，它们直接限制了岩石向地球表面的运动。因此，可以用滞后时间方法研究造山带的长期侵蚀演化

16.2.2　来自岩浆杂岩剥落形成的静止年龄峰和移动年龄峰

火山—深成杂岩的渐进侵蚀（见第8章，Malusà 和 Fitzgerald，2018a）提供了一个合适的起点，说明了在考虑到侵蚀剥蚀和新矿物结晶时，碎屑记录中预期的基本年龄模式（Malusà et al.，2011）。在时间 t_i 发生的一次岩浆脉冲中，变质围岩内深部岩浆的侵入和地表火山喷发同时形成［图16.1(b)］。随后，这些火山岩和深成岩连同它们的围岩在时间 $t_e<t_i$ 逐渐被侵蚀解体。由此产生的年龄结构在第8章（Malusà 和 Fitzgerald，2018a）中有详细描述，可以根据侵蚀开始前相关 T_c 等温线的深度确定不同的地壳层次。图16.1(b）中假设的4个地壳级别（1—4）分别由磷灰石裂变径迹（AFT）和 α 辐照损伤的锆石裂变径迹（ZFT）系统的部分退火区（PAZ）的高温边界和黑云母中 K-Ar 系统的 T_c 划定。1—4级的年龄模式包括：(1）在岩浆侵入之前确定的年龄，完全由围岩产生；(2）在岩浆侵入和地表火山活动结晶期间确定的年龄，完全由岩浆岩产生；(3）在岩浆复合体逐渐侵蚀期间确定的年龄，由岩浆岩和围岩产生。需注意，接触变质带的年龄可能完全和/或部分重置（Calk 和 Naeser，1973；Harrison 和 McDougall，1980），但来自接触变质带的颗粒通常在体积上不重要，为简单起见，不包括在本概念的分析中。

火山—深成杂岩的侵蚀产生不同粒度和不同岩性的碎屑。碎屑可能是火山岩、深成岩或围岩，砂可能包括磷灰石、锆石、黑云母或其他岩浆和围岩混合来源的矿物颗粒。这些碎屑在沉积盆地中以相反的顺序聚集，形成一个由四个假设地层单元［图16.1(b）中的A—D］组成的沉积序列，每个单元都完全来自源区中确定的四个层面的渐进侵蚀。图16.1(c）显示了这种简单情况下产生的碎屑年龄模式。

最古老的地层单元A，完全从1级开始被侵蚀，包含了年龄大于 t_i 的围岩碎屑，以及火山岩和浅层侵入岩的岩块。这些火山岩和浅层侵入岩的岩浆结晶年龄（t_i），在所有的热年代系统中，在误差范围内基本都是相同的，而且在整个单元A的上段是不变的。其实岩浆岩的冷却速度太快，ZFT 和 AFT 年龄的相对误差太大，无法从这些岩块中凸显出上段热年代年龄递减的趋势。由围岩、火山岩和1级浅层侵入岩的侵蚀作用所衍生的砂岩，在岩浆时代 t_i 附近始终呈现出一个年龄峰，该年龄峰在上段恒定不变，以下称为固定年龄峰。这个静止的年龄峰（在第15章中也称为静止峰）与分散的较老年龄共存，也在这些砂岩中观察到，这些年龄是在围岩碎屑的侵入前形成的，甚至是从其原岩中继承下来的。所有这些年龄都是在侵蚀开始之前确定的，因此，它们对剥蚀工作没有直接的限制。

B单元的碎屑来源于2级侵蚀。从剥蚀的程度来看，AFT 年龄（来源于磷灰石古 PAZ 以下）在每个沉积层内的岩浆岩和围岩的岩块中现在是相同的，而且总是小于 t_i。AFT 年龄在上段变得越来越年轻，因为它们反映了剥蚀过程中的冷却。岩浆岩岩层中的相关 U-Pb、K-Ar 和 ZFT 年龄定义了一个与 t_i 无法区分的固定年龄峰，但在围岩岩层中，这些年龄反而是分散的，而且比 t_i 大。在砂岩中，锆石和黑云母晶粒定义了 ZFT、K-Ar 和 U-Pb 系统的复合年龄分布，固定年龄峰对应 t_i。磷灰石颗粒则表现出单模态的 AFT 年龄分布，有一个比 t_i 更年轻的单峰，并且在上段越来越年轻。这个峰值在下文中被称为移动年龄峰值。属于这个移动年龄峰的热年代学年龄是在剥蚀过程中确定的。因此，它们为岩石向地球表面的运动提供了直接约束。

地层单元C完全由3级侵蚀而来，剥蚀产生的裂变径迹年龄不仅在磷灰石上形成，而且在围岩岩块内的 α 辐射损伤锆石上也会记录。在C单元的砂岩中，AFT 和 ZFT 年龄模式定义了比 t_i 小的移动峰。每当在同一样品中发现具有低和高 α 辐照损伤程度的锆石颗粒时，就可能观察到双峰形态年龄峰的锆石。砂岩中的单个黑云母和锆石晶粒定义了复合 K-Ar 和 U-Pb 年龄分布，其固定峰对应 t_i。最后，在完全来自于 4 级的地层单元 D 中，除 U-Pb 锆石年龄外，剥蚀年龄是普遍存在的。D 单元砂岩中的裂变径迹和 K-Ar 年龄定义了比 t_i 更小的移动年龄峰，但由于岩浆后锆石再结晶，偶尔可以观察到比岩浆年龄更小的锆石 U-Pb 年龄（Baldwin，2015；Kohn et al.，2015）。

因此，图 16.1(c) 所示的碎屑热年代记录包括固定年龄峰和移动年龄峰。静止年龄峰上断面不变，是在岩浆结晶过程中，侵蚀剥蚀作用开始前，由热年代学年龄形成的。因此，它们对剥蚀工作没有直接的制约作用。移动年龄峰在上段逐渐变年轻，是在剥蚀过程中岩石逐渐冷却时形成的。这些移动年龄峰可用于使用滞后时间方法研究山地带的长期侵蚀演化，并考虑了第 10 章（Malusà 和 Fitzgerald，2018b）和第 15 章（Bernet，2018）中讨论的所有常见的注意事项。

值得注意的是，岩浆结晶年龄不仅存在于火山颗粒中（见第 15 章，Bernet，2018），而且还存在于来自于在比所考虑的热年代系统 T_c 等温面更浅的深度（即对于 AFT 和 ZFT 系统来说，假设古地温梯度为 30℃/km，分别约为 4km 和 7km 深度）结晶的浅成侵入岩的矿物颗粒中。为了正确解释碎屑热年代学数据，这些矿物颗粒应该通过双重测年来仔细检测（见第 5 章，Danišík，2018；第 15 章，Bernet，2018）。由于岩浆锆石晶粒可能会保存较老的继承性核部，因此对双测年晶粒的 U-Pb 分析最好在颗粒边缘进行（见第 7 章，Malusà 和 Garzanti，2018）。

16.2.3　侵蚀的延迟效应

当侵蚀发生前获得的带有热年代信息（相对于每种热年代方法/矿物）的整个岩堆被完全清除时，在侵蚀发生后，才会出现（某种热年代方法/矿物的）移动年龄峰［图 16.2(a)］。这种反应的延迟取决于所考虑的热时系统的 T_c 和侵蚀速度（Rahl et al.，2007）。磷灰石（U-Th)/He（AHe）和 AFT 等低 T_c 体系更容易对侵蚀速率的突然变化作出反应，而高 T_c 体系对侵蚀速率的快速变化则不太敏感。在图 16.2(a) 中，由碎屑 AFT 年龄定义的移动年龄峰首先出现在 B 单元，由碎屑 ZFT 年龄定义的移动年龄峰只出现在 C 单元，而由碎屑 K-Ar 年龄定义的移动年龄峰只出现在 D 单元。即使在相对较快的侵蚀速度（大约 1mm/a）下，从快速冷却/剥蚀开始到产生这些较高温度热年代年龄的矿物颗粒沉积之间的延迟也可能超过 10Myr（Malusà et al.，2011）。换句话说，这种延迟意味着快速冷却/剥蚀的碎屑信号，依赖于所采用的方法/矿物，可能不是来自这种快速冷却/剥蚀事件的地层层序的一部分，但可能在随后的事件中被侵蚀和沉积。例如，ZFT 热年代学温标和一个假设的山地带，以及一个假设的山地带，在古新世经历了快速的去顶化，约 5km 厚的地壳部分被侵蚀去除，随之而来的是前陆盆地的沉积。这种快速剥蚀之后，是中新世以来的构造静止和前陆盆地的重新侵蚀和沉积。在前陆盆地，来自古新世地层的锆石颗粒不会产生支持源区古新世剥蚀的 ZFT 年龄。相反，证明古新世快速剥蚀的 ZFT 年龄将在中新世或更年轻的地层中被发现，时间将延迟了几个百万年。

16.2.4　来自岩浆剥落形成的年龄峰的滞后时间

在图 16.2(b) 中，从图 16.1(b) 的模型中得出的黑云母 K-Ar 颗粒年龄分布用经典的滞后时间图来解释。滞后时间总是大于 0，除非通过改变或沉积后埋藏相关的部分或完全重

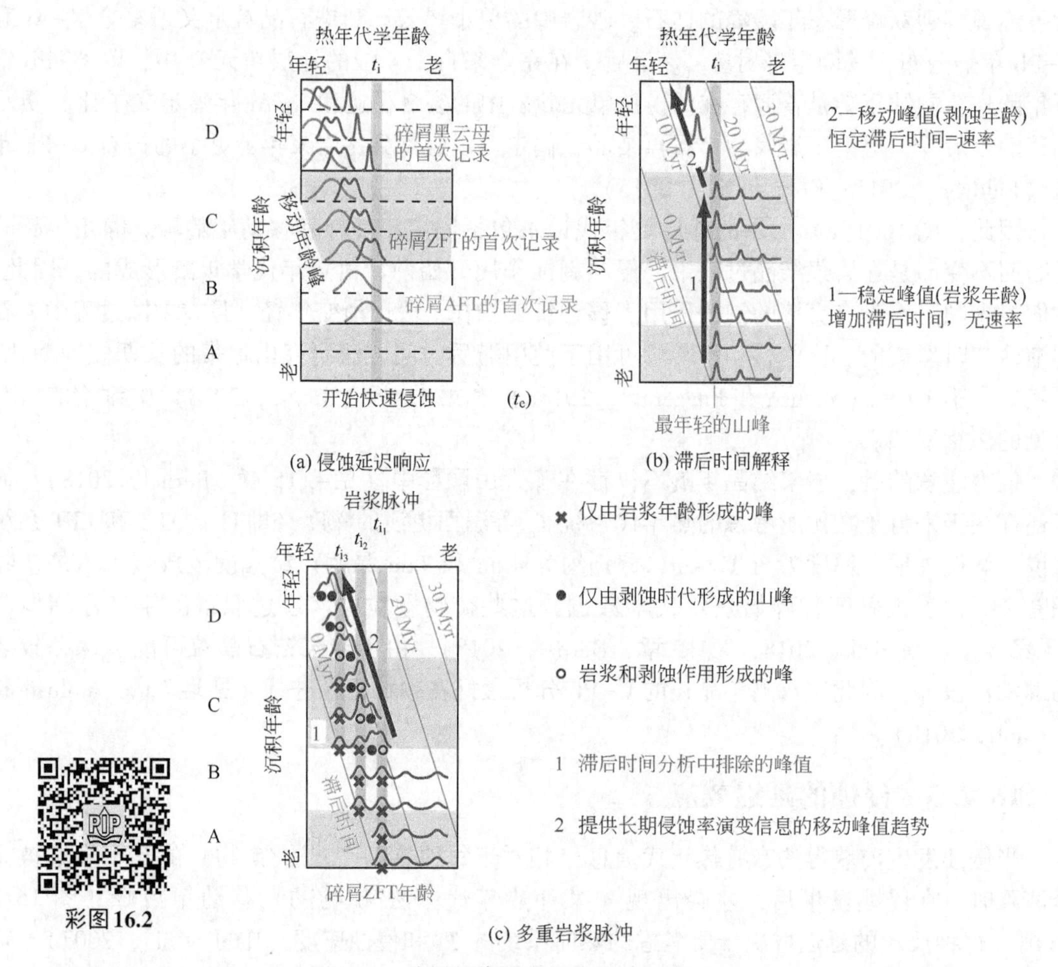

图 16.2　碎屑年代基本规律及其解释（二）

（a）对侵蚀的延迟反应。记录腹地渐进式侵蚀的移动年龄峰不会出现在碎屑中，直到具有较老年代学指纹的原岩被侵蚀去除，时间延迟取决于所考虑的热年代系统的 T_c 和侵蚀速度。（b）滞后时间解释图，解释图 16.1 所示的黑云母 K-Ar 颗粒年龄分布（图中绿线为等滞后时间线）。分布中最年轻的颗粒年龄种群定义了老地层和年轻地层中两种不同的滞后时间趋势（1 和 2），然而，趋势 1 的静止年龄峰值是在剥蚀开始之前确定的，只有在剥蚀过程中设定的年龄并定义移动年龄峰 2，才能利用滞后时间法研究源区的长期侵蚀演化。（c）多重岩浆脉冲的岩浆复合模型以及相关碎屑 ZFT 数据的滞后时间解释，模型中的岩浆脉冲发生在侵蚀性剥蚀开始之前（t_{i1}）和侵蚀 1 级（t_{i2}）和 2 级（t_{i3}）之后，由此产生的杂岩 ZFT 年龄模式包括一些专门由不同岩浆结晶年龄形成的峰，这些峰值用红色表示，代表地层单位 A—C 中分布的最年轻峰值，应从滞后时间分析中排除

置对热年代信号进行了改变（如 Garver et al.，1999；Ruiz et al.，2004）。当用滞后时间来解释时，静止年龄峰和岩浆杂岩体侵蚀产生的移动年龄峰似乎都定义了滞后时间趋势。由静止年龄峰定义的滞后时间趋势 1，可能被错误地用来推断侵蚀源区演变的衰减阶段。然而，定义这些静止年龄峰的年龄是在剥蚀之前设定的。因此，在这种情况下观察到的越来越长的滞后时间并不能直接制约源区的侵蚀演变。相比之下，由移动年龄峰定义的恒滞后时间趋势 2 则支持稳态侵蚀，与模型所施加的侵蚀演化一致。

图 16.1(b) 的概念模型是基于单次侵入/火山活动的假设，但这并不是大多数大型深

成—火山复合体的典型特征，它们将经历多个侵入阶段。图16.2(c)的模型包括多个岩浆作用阶段：第一个阶段发生在侵蚀剥蚀开始之前（t_{i1}），第二个阶段发生在地壳一级侵蚀完成之后（t_{i2}），第三个阶段冲发生在地壳二级侵蚀之后（t_{i3}）。由此产生的A—D地层单元的碎屑ZFT年龄模式包括：(1) 完全由岩浆结晶年龄形成的峰值（用×标示）；(2) 完全由剥蚀年龄形成的峰值（用●标示）；(3) 由剥蚀和岩浆年龄形成的峰值（用○标示）。岩浆结晶年龄形成的峰值对剥蚀没有直接的约束，应排除在滞后时间分析之外（见第15章，Bernet，2018）。重要的是，岩浆年龄无一例外地形成了A—C地层单元分布的最年轻的ZFT年龄峰，即不仅存在于与岩浆活动共生的沉积岩中，而且存在于最终沉降的更年轻的沉积岩中。这就强调了多方法测年分析滞后时间的重要性，以避免在剥蚀时可能对岩浆结晶年龄的误读。理想的情况是，当物源源区是已知的，可以将碎屑记录的信息与源区的地质/热力记录进行比较，以更好地制约侵蚀剥蚀。

在同一沉积层（和同一热年代系统）内，出现比移动年龄峰更早的静止年龄峰，表明存在不同源区的碎屑混合。

16.2.5　剥蚀变质带的外推

在以变质岩为主的源区（如Carrapa et al.，2003）剥蚀的碎屑中也可能出现固定年龄峰，这是因为在低级变质作用期间，在低于$^{40}Ar/^{39}Ar$系统同位素闭合的温度下生长出了年轻的云母。岩浆杂岩体模型表明，只有那些在与T_c等温面剥蚀相关的单调冷却过程中设定的热年代年龄才能提供关于剥蚀的简单约束（如使用滞后时间方法）。相比之下，设置在较浅深度和温度低于T_c的矿物（再）结晶的热年代学年龄，并不能直接制约剥蚀。同样的"岩浆杂岩体模型"概念可外推至变质矿物，如云母（Malusà et al.，2012）。在变质岩中，云母通常表现出典型的岩石学不平衡的微结构（如Challandes et al.，2008；Glodny et al.，2008）。因此，不同世代的云母通常确定了在向地球表面剥蚀过程中在不同的P-T条件下形成的解理（图16.3）。当云母的生长温度大于同位素闭合温度时（图16.3中的D1和D2），矿物在剥蚀过程中会穿过T_c等温面。在碎屑中，所产生的$^{40}Ar/^{39}Ar$年龄应该随着地层深度的减小而规律性地减小，可以用滞后时间法来推断剥蚀率，前提是退变质作用和流体影响下的重结晶作用可以忽略不计（如Villa，1998）。相反，在低于仅扩散同位素闭合温度（图16.3中的D3）下生长的云母仅制约矿物生长的年龄。因此，云母D3产生的$^{40}Ar/^{39}Ar$年龄，除非与压力估计值结合起来，否则不能对剥蚀情况提供直接的约束（如Massonne和Schreyer，1987）。然而，压力估计可能需要矿物组合处于岩石学平衡状态，而这一点在碎屑矿物颗粒的情况下无法确定。在碎屑中区分不同世代的云母显然是一项艰巨的任务。然而，当使用云母进行研究时，应仔细考虑在低于T_c的温度下生长的云母可能出现的情况。在一些碎屑研究中，最年轻的云母种群被用来限制侵蚀基岩的剥蚀历史，然而这并不总是合适的，因为岩石中最年轻的云母个体晶体年龄可能反映了晚期矿物生长，而不是与剥蚀有关的$^{40}Ar/^{39}Ar$年龄。

在同一碎屑样品中出现多个移动年龄峰，记录了剥蚀冷却的情况表明存在来自经历不同上地壳剥蚀历史的源区的碎屑混合。

16.2.6　热松弛引起的静止年龄峰

在地层剖面中也可能发现静止年龄峰，这是侵蚀基岩中热松弛的结果。一个例子就是喜

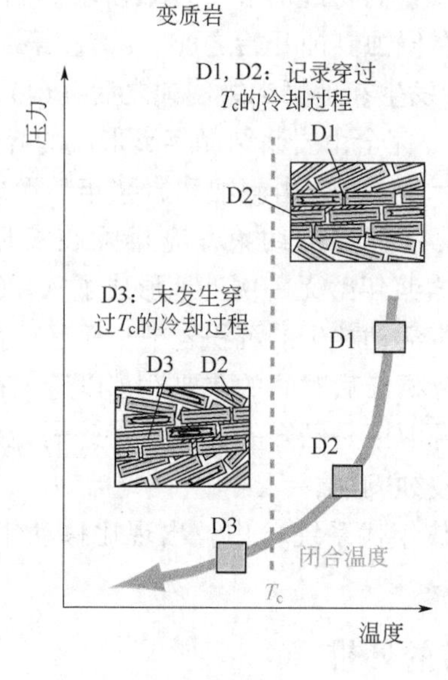

彩图16.3

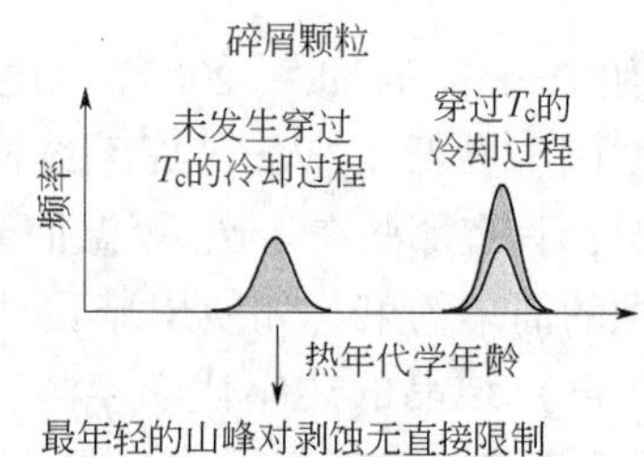

图 16.3　碎屑年龄基本规律及其解释（三）

变质岩模型压力—温度剥蚀历史，在变形阶段 D1—D3 沿不同的解理面生长着云母。D1 和 D2 表示生长在比$^{40}Ar/^{39}Ar$体系同位素闭合温度更高的云母，这些微晶石在剥蚀过程中会穿过$^{40}Ar/^{39}Ar$系统的 T_c 等温面。D3 表示在比$^{40}Ar/^{39}Ar$体系的纯扩散同位素闭合更低温度下生长的云母，这些云母在剥蚀过程中不会穿过 T_c 等温面。当被侵蚀时，云母 D1 和 D2 将有可能在碎屑中定义一个移动的年龄峰值，因此可以使用滞后时间法研究原岩的长期剥蚀历史。云母 D3 将定义一个静止的年龄峰值，对剥蚀没有直接的限制（Malusà et al.，2012）

马拉雅山脉侵蚀的碎屑，其中的静止年龄峰可能反映了腹地重大造山事件后的热松弛（Braun，2016）。在大陆裂解后的远端被动边缘，预计也会出现等温面的主要松弛（Malusà et al.，2016b）。同时在这些情况下，碎屑中的静止年龄峰可能对原岩的剥蚀没有直接的制约作用。与图 16.1(c) 中的岩浆杂岩体模型的模式不同，在地层序列的最深层，一般不会发现热松弛导致的静止年龄峰，因为相关的“升高”等温线（与岩浆不同）不会到达地球表面（见第 8 章，Malusà 和 Fitzgerald，2018a）。

16.2.7　矿物改变的影响

移动年龄峰并不总是与剥蚀有关，也可能是源区剥蚀过程中的矿物蚀变或衍生沉积岩的埋藏衍变的结果。在 Bregaglia/Bergell 深成岩体（Giger，1990）的岩浆岩块中，黑云母的 K-Ar 年龄界定了明显的移动年龄峰，而较低的 T_c 热年代学温标则界定了与侵入年龄无法区分的静止年龄峰（Malusà et al.，2011）。这个移动的 K-Ar 年龄峰与剥蚀无关，而是与次一级 K 浓度有关的异常造成 K-Ar 年龄的假象有关，它为黑云母的绿泥石化作用提供了证据。矿物的变异可能会导致热年代学年龄小于沉积年龄，在没有深埋导致热重置或部分重置年龄的情况下，为什么会出现负滞后时间的碎屑云母（如 White et al.，2002）呢？

16.2.8　沉积物再循环的影响

在沉积物再循环的情况下，图 16.1(c) 所示的碎屑年龄模式预计会有小的变化，因为它在碎屑中引入了一些矿物颗粒，其热年代学年龄比预期的要大。因此，移动年龄峰越来越倾斜，尾部较老的矿物颗粒代表再循环的颗粒（图 16.4a）。然而，预计沉积物再循环不会影响静止年龄峰的形状和年龄。

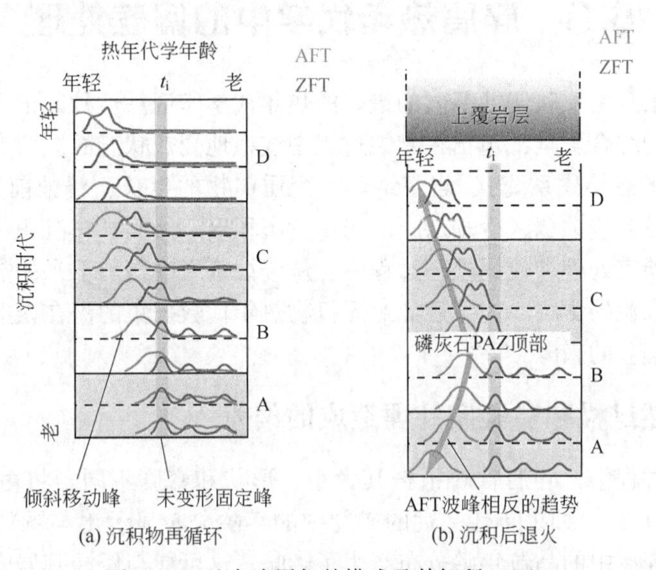

(a) 沉积物再循环　(b) 沉积后退火

彩图 16.4

图 16.4　基本碎屑年龄模式及其解释（四）

(a) 沉积物再循环在碎屑中引入了一些矿物颗粒，其热年代学年龄比预期的要大。结果，移动年龄峰越来越倾斜，尾部较老，代表再循环的颗粒，而静止年龄峰则不受影响；(b) 沉积后退火在厚沉积层底部产生的颗粒年龄峰随深度增加而越来越年轻（即下段），与在未重置的沉积层中观察到的趋势相反，在同一地层中的高 T_c 系统中没有观察到这种逆转（据 Malusà et al.，2011）

16.2.9　沉积后退火或因埋藏而重置的影响

沉积后的退火或扩散（取决于所考虑的热时系统）也可能影响厚沉积层底部的碎屑年龄模式。沉积后退火通常很容易被发现，因为原始岩浆年龄和折返年龄以及单个碎屑矿物中的 FT 峰在剖面下部变得越来越年轻（如 Ruiz et al.，2004；van der Beek et al.，2006），显示出与在未重置沉积层中观察到的相反的趋势［图 16.4(b)］。在同一地层内的高 T_c 系统中没有观察到这种逆转（Malusà et al.，2011）。

16.2.10　物源变化

颗粒年龄种群的来源可以通过基岩和碎屑的热年代数据进行初步限制，遵循一个简单的原则：除非通过掩埋重置，否则一个地层序列中碎屑的热年代学年龄必须等于或大于潜在来源区域内基岩中现在观察到的热年代学年龄。显示年龄较老的基岩单位可以安全地排除在潜在来源之外（Garzanti 和 Malusà，2008）。然而，完全基于冷却年龄的物源约束对于较老的地层单元来说往往是很差的，必须通过补充分析来整合（见第 14 章，Carter，2018）。通过检查沿地层序列观察到的碎屑热年代学年龄的趋势，可以很容易地揭示物源的重大变化。如果源区不发生变化，则碎屑热年代记录应遵循图 16.1、图 16.2、图 16.3 和图 16.4 所示的趋势之一。在一个地层序列中，由于流域重新变化，突然沿地层上移出现较老的颗粒年龄种群，则是源区发生发生重大变化的有力证据（Ruiz et al.，2004；Glotzbach et al.，2011；Asti et al.，2018）。

16.3　碎屑热年代学中的偏差处理

碎屑热年代学信息是反映侵蚀基岩的最好的热年代学印记。这种印记可能相当复杂，因为存在一系列过程的综合影响，包括在剥蚀过程中或在地壳热状态的短暂变化中的退火和扩散（取决于所考虑的热年代系统）、岩浆结晶、变质矿物的生长、侵蚀前原岩的后期蚀变，以及可能出现反映较老侵蚀源区冷却历史的未重置沉积层。然而，在沉积物从源到汇的搬运过程中，以及在实验室处理和数据处理过程中，从侵蚀基岩中继承下来的热年代信号容易受到一些潜在的偏差来源的影响。为了避免对无机物热年代数据集的潜在误解，应仔细考虑并尽量减少这些潜在偏差的来源。

16.3.1　自然过程和实验室处理造成的偏差

在沉积物搬运过程中，碎屑颗粒根据其大小、形状和密度不同，将由牵引流产生分选（Schuiling et al.，1985）。如果年代久远的矿物中的年龄分布显示出与颗粒大小的关系，表明水力分选可能对碎屑中的晶粒年龄分布产生了影响，这可能与侵蚀基岩中的原始年龄分布有很大不同（Malusà et al.，2016a）。晶粒年龄和晶粒大小之间的关系通常出现在（U-Th）/He 定年中（如 Reiners 和 Farley，2001），也可能在样品处理过程中引入偏差。例如：取样期间分选（Bernet 和 Garver，2005）；在重矿物的水力浓缩过程中不正确地使用振动台（Wilfley 振动台或 Gemeni 振动台；Sláma 和 Košler，2012）；在手工挑选和分析过程中的非随机颗粒选择（Cawood et al.，2003）；塑料器皿（如样品瓶）中的静电效应可能导致较小颗粒的选择性损失；在样品制备过程中筛分，从而只分析有限的尺寸范围（Malusà et al.，2013）。

如果矿物年龄与磁性特性有关系，不适当的磁选步骤也可能会带来偏差（Sircombe 和 Stern，2002）。如果晶粒年龄与晶粒形状或大小之间存在关系，在制备用于裂变径迹热年代学的晶粒镶嵌过程中也可能出现偏差。当安装在环氧树脂或 Telflon 中进行抛光和蚀刻时，拉长的晶粒倾向于平行于 *c* 轴对齐，因此它们中的大多数都适合用于裂变径迹计数（见第 2 章，Kohn et al.，2018）。另一方面，等轴颗粒反而倾向于随机定向，这意味着晶粒堆积涉及拉长和等轴碎屑颗粒的混合，一般来说，适合计数的拉长颗粒的比例会比等轴颗粒大。这个问题对于 ZFT 数据集来说一般可以忽略不计，因为大多数锆石颗粒通常具有拉长的形状，但对于 AFT 碎屑数据集来说可能是有关系的。

如第 7 章（Malusà 和 Garzanti，2018）所述，在碎屑热年代研究中，应仔细评估颗粒年龄和颗粒大小（或颗粒形状）之间的潜在关系。数据集显示这些参数之间没有明显的关系，就上述偏差来源而言，这些数据集具有内在的稳健性。在年龄随粒径而变化的情况下，应尽量减少偏差，例如避免对矿床和淘金进行取样，用手工挑选的方法去除杂质而不是选择可测定的颗粒，并在摇床中分别处理不同粒径等级，以防止从特定的颗粒年龄种群中选择性地损失矿物颗粒。

16.3.2　锆石特有的偏差

ZFT 数据集也受到其他更具体的内在偏差来源的影响，每当锆石颗粒进行双重或三重测年时，这些偏差就会影响其他数据集。富含 U 的颗粒中无法计数的重叠裂变径迹会带来潜在的偏差（Ohishi 和 Hasebe，2012；Gombosi et al.，2014）。对同一地区的碎屑锆石 U-Pb 和 ZFT 数据集的比较［图 16.5(a)］表明，虽然在 LA-ICP-MS 分析的样品中检测到了 U 富集颗粒（［U］>1000 ppm），但在相应的 ZFT 数据集中却没有发现，因为这些颗粒无法用裂变径迹方法检测。在图 16.5(a) 所示的情况下，不可检测的富 U 锆石晶粒超过了数据集的 40%。因此，每当不同的源区［图 16.5(b) 中的 A 和 B］脱落的锆石颗粒具有不同的 U 浓度时，如果它们具有不同的变质历史，则可能在碎屑 ZFT 数据集中引入偏差（Malusà et al.，2013）。由于富含 U 的颗粒（［U］>1000 ppm）没有被系统地计算在内，因此，提供这种富含 U 的颗粒的碎屑源在碎屑 ZFT 年龄记录中被低估，甚至被遗漏（U 浓度偏差；Malusà et al.，2013）。这种潜在的 U 浓度偏差可以通过测量来自不同源区的锆石颗粒中 U 浓度的分布来评估，至少在涉及 LA-ICP-MS 分析的双重测年的情况下是如此。尽管重叠径迹造成的偏差在很大程度上与蚀刻无关，但可通过应用较弱(短）的蚀刻和在扫描电子显微镜（Montario 和 Garver，2009；Gombosi et al.，2014）或原子力显微镜（Ohishi 和 Hasebe，2012）下计数裂变径迹来改善可计数性。这种类型的偏差不影响 U 浓度低得多的矿物（如磷灰石）的裂变径迹定年。

由于锆石晶粒的蚀刻反应不同，α 辐照损伤不同，也可能导致碎屑 ZFT 数据集出现进一步的偏差（Gleadow et al.，1976；Kasuya 和 Naeser，1988；Tagami et al.，1990，1996）。积累的 α 辐照损伤是 U 浓度和有效积累时间的函数，还要考虑高温下 α 辐照损伤的热退火影响（Tagami et al.，1996；Garver 和 Kamp，2002）。与年轻的锆石相比，年老的锆石有更多累积的 α 辐照损伤，需要更短的蚀刻时间才能显示出裂变径迹进行计数，而年轻的锆石 α 辐照损伤要小得多，晶体晶格损伤也较少。因此，在常规蚀刻过程中，具有较高 α 辐照损伤水平的老锆石晶粒可能会被选择性地过度蚀刻并最终消失，而在多次蚀刻的情况下，才能显示出 ZFT 年龄的全部谱图（如 Bernet 和 Garver，2005）。当不同的源区［图 16.5(c) 中的 A 和 B］脱落的锆石颗粒具有不同的 α 辐照损伤程度时，例如由于其原岩的年龄不同，脱落锆石颗粒具有老的 U-Pb 年龄和高的 α 辐照损伤程度的碎屑源预计在碎屑 ZFT 记录中的代表性不足（蚀刻偏差；Malusà et al.，2013），甚至在形成接近检测极限的小年龄群时被遗漏（见 16.3.3）。在这种极端情况下，U 浓度偏差和蚀刻偏差都可能对滞后时间分析产生重大影响。

值得注意的是，与非金属锆石颗粒相比，具有较高 α 辐照损伤水平的锆石颗粒更容易被牵引流携带，因为它们的密度较低（见第 7 章；Malusà 和 Garzanti，2018）。因此，如果具有不同物源和不同损伤程度的锆石颗粒在最终沉降之前被混合在一起，那么在沉积物搬运过程中的水力分选可能会给碎屑 ZFT 记录带来进一步的偏差。

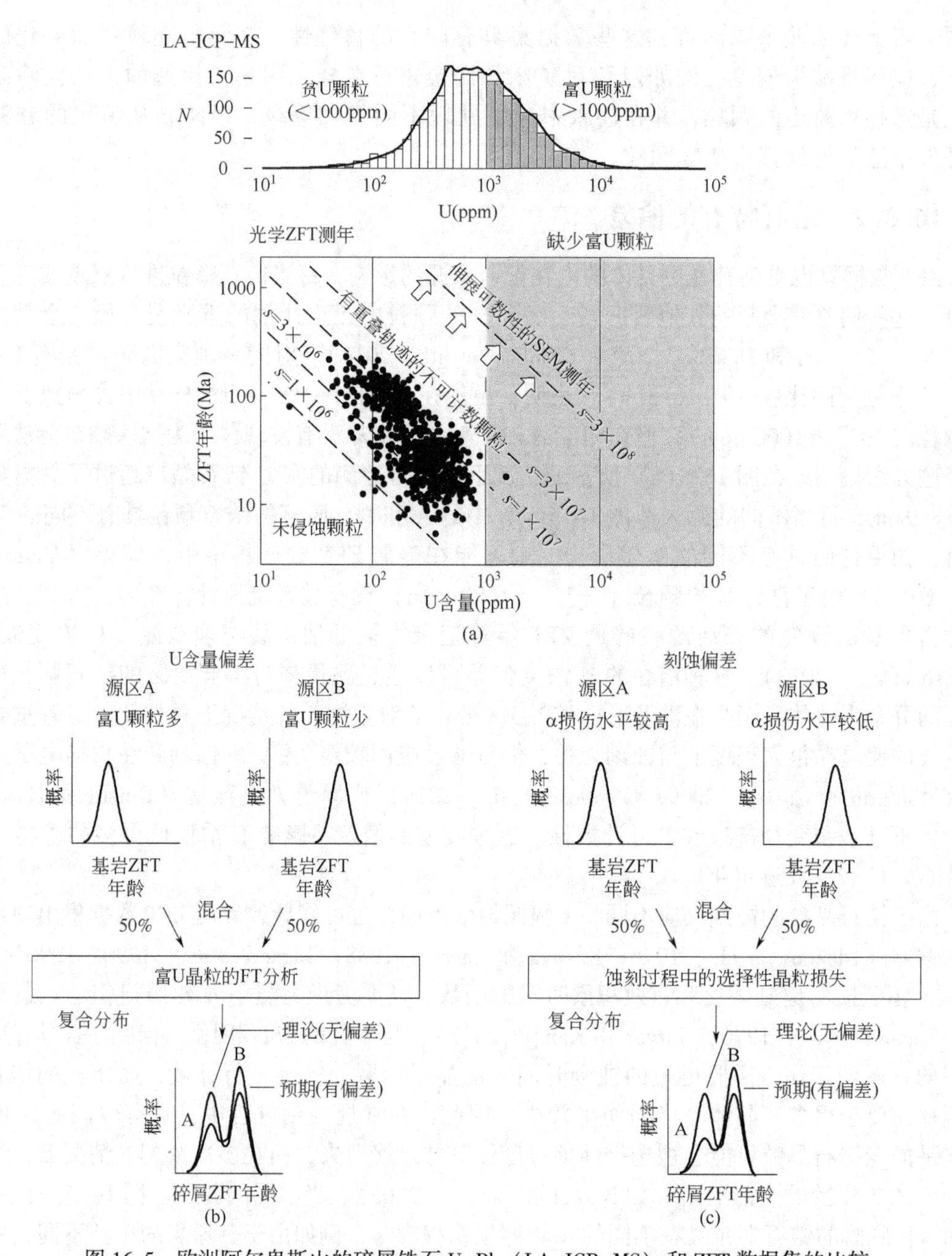

图 16.5　欧洲阿尔卑斯山的碎屑锆石 U-Pb（LA-ICP-MS）和 ZFT 数据集的比较

在 LA-ICP-MS 分析的样品中检测到了超过 40%的富含 U 的颗粒（［U］>1000 ppm），但在相应的 ZFT 数据集中却没有发现。这是因为裂变径迹的密度非常高，无法通过标准计数来确定（据 Malusà et al.，2013，修改；ZFT 数据来自 Bernet et al.，2004）。可通过应用较弱/较短的蚀刻和以较高的放大倍数计数裂变径迹，例如在扫描电子显微镜（SEM）下计数。两个源区（A 和 B）向碎屑岩样品中投放了等量的锆石颗粒，但源区 A 中富含 U 的颗粒（>1000ppm）的比例高于源区 B，这是因为这些原岩的变质历史不同。由于在分析过程中系统性地遗漏了富含 U 的晶粒，因此，预计碎屑源区 A 在碎屑裂变径迹记录中的代表性不足，甚至遗漏。（c）为蚀刻偏差。两个源区（A 和 B）向碎屑样品中投放了等量的锆石颗粒，但源区 A 中 α 辐照损伤程度较高的老锆石颗粒的比例高于源区 B，原因是这些原岩的原岩年龄不同。由于具有高水平 α 辐照损伤的锆石晶粒预计会在常规蚀刻过程中被选择性地认为过度蚀刻并最终丢失，因此碎屑源区 A 预计在碎屑裂变径迹记录中的代表性不足，甚至遗漏

16.3.3　数据处理过程中产生的偏差

由于不同的反褶积方法对离群值的敏感度不同，而且对母种群的形状也不同，如高斯法、对数正态或 Laplace 反褶积法（Sambridge 和 Compston，1994；Brandon，1996；Jasra et al.，2006），因此，不适当的数据可视化方法，或将颗粒年龄分布分解为单个年龄成分，也有可能在碎屑热年代数据集中产生偏差。碎屑热年代序数据可通过多种方式呈现：（1）简单的年龄直方图，将年龄频率或比例与分层年龄相对照；（2）雷达图（Galbraith，1990）；（3）考虑到分析误差而使用概率密度图，但往往缺乏作为概率密度估计的任何理论基础；（4）内核密度图，可以将年龄频率图中的年龄绘制出来，然后施加一定带宽的内核，以限制分布的形状，尽管这种形状和年龄峰值的识别可能取决于所选择的带宽（Vermeesch，2012）。上述这些问题可能很重要，将在第 6 章（Vermeesch，2018）中进行更详细的讨论。

随着数据集越来越大，为了制约种群之间的相似性，不同样本之间或区域之间的碎屑数据进行比较，数据的可视化和比较样本/数据分析的方法都很重要（Malusà et al.，2013；Vermeesch，2013；Andersen et al.，2017）。在碎屑数据集中，如果分析的颗粒数量不够多，就有可能低估甚至漏掉次要的年龄成分（见 Dodson et al.，1988；Vermeesch，2004；Andersen，2005）。年龄成分的检测限可以定义为（Vermeesch，2004），即 n 次分析后可能未被检测到的单个种群的最大规模（图 16.6）。在 Andersen（2005）提出的方法中，没有对要检测的种群的数量、性质或分布做出假设。相反，在 Vermeesch（2004）提出的一种更保守的方法中，检测限被定义为 m 个分布均匀、丰度相同的种群的规模，其中一个种群很可能在 n 次分析中“逃脱”检测。在这两种情况下，都必须指定与检测

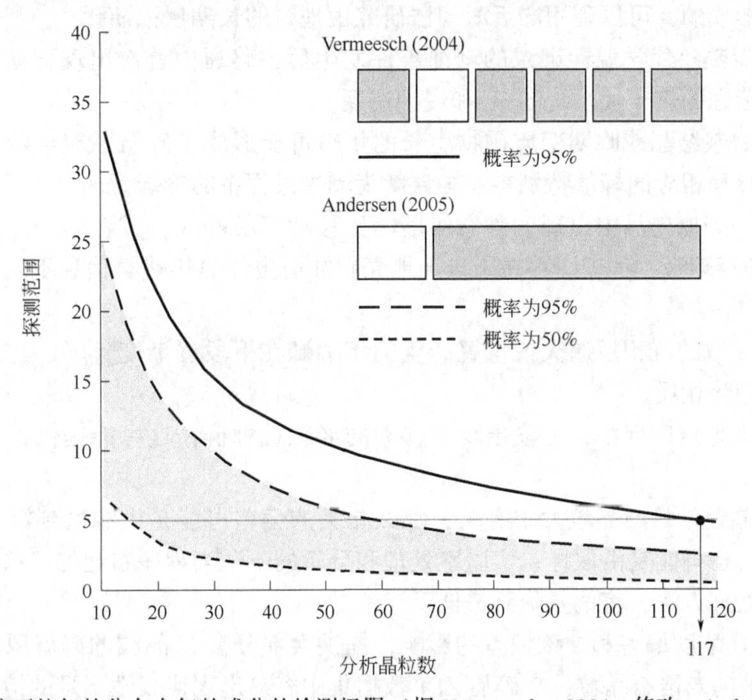

图 16.6　碎石粒年龄分布中年龄成分的检测极限（据 Vermeesch，2004，修改；Andersen，2005）

限相关的概率水平（如 50%或 95%）。图 16.6 展示了根据上述方法应在碎屑样品中确定年代的最佳粒数。如果颗粒年龄种群在样本中分布均匀，117 个颗粒的年代数据应该有 95%的把握，没有遗漏 5%的种群（Vermeesch，2004）。一般情况下，我们必须要指出那些最小年龄群的数值范围。根据 Andersen（2005）的观点，95%的极限可以被视为一个相对安全的指标，即在 n 次分析中可以检测到相应真实丰度的种群，而 50%的极限代表了在 n 次分析中更有可能被忽略的种群的阈值。当物源研究讨论某些年代组分缺失时，计数统计尤为重要。如果研究的目的是为了证明碎屑种群中存在一个或多个特定的年龄段，一旦发现这些年龄段，可能就没有理由需要更多颗粒年龄（Vermeesch，2004）。

16.4　小结和建议

正如本章所讨论的那样，沉积序列通常按倒序反映了在沉积源区观察到的热年代学年龄结构。最简单的情况是，在侵蚀剥蚀过程中，岩石在 T_c 等温面上冷却，导致热年代学年龄在沉积层中逐渐年轻化。然而，这种方法有时过于简单，因为它没有考虑到决定沉积物最终热年代学信息的全部地质过程。这些过程可能包括原岩中的（再）结晶、扩散和蚀变，搬运和沉积过程中的潜在变化以及沉积后的退火。不同的过程在沉积物和沉积岩中产生不同的年龄模式。正确认识这些模式，就可以对碎屑热年代学记录进行可靠的地质解释。沉积物和沉积岩中的热年代学年龄模式的地质解释总结如下：

（1）碎屑热年代记录可包括静止年龄峰和移动年龄峰。静止年龄峰不能直接制约剥蚀，因为它们与原岩中的岩浆结晶、后期变质矿物生长或热松弛等事件有关。移动年龄峰一般是在剥蚀过程中形成的，可以利用滞后时间法研究山地带的长期侵蚀演化。

（2）在低温热年代学温标记录的剥蚀事件发生后，碎屑中首次出现移动年龄峰。时间延迟取决于所考虑的热年代系统的 T_c 和侵蚀速度。

（3）反映岩浆结晶或晚期变质矿物生长的年龄可能形成了碎屑颗粒年龄分布的最年轻峰值。这些年龄和相应的峰值特别容易被误解为剥蚀过程中的冷却。

（4）在同一碎屑样品中出现的静态年龄峰比移动年龄峰大，或在同一样品中出现两个（或更多）移动年龄峰，都表明存在来自上地壳剥蚀历史和热年代学信息不同的源区的碎屑混合。

（5）埋藏导致的沉积后退火或重置产生的年龄峰在下段逐渐变年轻，与未重置的沉积层中观察到的趋势相反。

（6）在一个地层序列中，上段出现了移动的老颗粒种群，这可能提供了重大物源变化的证据。

（7）如果晶粒年龄与晶粒大小有关，那么相关的偏差可能是由源区到沉降环境中的自然过程引起的，也可能是由取样、实验室处理和分析的不适当程序引起的。这种情况下，需要采取适当的处理方法，将偏差降到最低。

（8）由于 U 浓度偏差和蚀刻偏差的影响，提供大部分富 U 晶粒的碎屑源，或具有较高 α 辐照损伤水平的老锆石晶粒，在碎屑 ZFT 数据集中容易出现代表性不足的情况。在对碎屑锆石颗粒进行双重或三重测年时，这种偏差可能会影响其他数据集。

（9）在数据解释过程中，特别是在碎屑热年代学研究讨论没有特定颗粒年龄群体的情况下，应指出并充分考虑碎屑颗粒年龄分布中年龄组分的检测限度。

致谢

感谢 I. M. Villa 的深入讨论以及 M. L. Balestrieri、S. Kelley 和 P. G. Fitzgerald 的建设性评论。

第 17 章　砾岩碎屑热年代学

Paul G. Fitzgerald　Marco G. Malusà　Joseph A. Muñoz

摘　要

来自现代沉积物或盆地地层中的砾石碎屑热年代数据，可以为相邻造山带或其腹地的剥蚀历史提供很好的约束。如果对每个砾石采用多种技术，这种方法就显得十分好用。对于砾石而言，所有晶粒都有共同的热历史。因此，对于磷灰石裂变径迹（AFT）热年代学来说，年龄比单一晶粒的年龄更容易确定，而且径迹长度的测量允许建立有意义的热模型。要建立滞后时间图，需要有良好的盆地地层限制，结合热力模型可以为限制造山带中冷却/剥蚀事件的速度和时间，以及后期盆地反转。这种方法的局限性包括需要分析的砾石数量，仅提供源区的代表性样品，并获得沉积前的剥蚀历史。相关注意事项包括闭合温度假设、综合剥蚀速率、从侵蚀到盆地沉积的时间、砾石的可变物源、源区的古地貌以及与埋藏有关的部分退火。两个实例说明了这种碎屑砾石方法在盆地地层学中的应用。在比利牛斯造山带南翼，显生宙至渐新世同构造砾岩的砾石热年代学记录了腹部由于逆冲推覆层的渐进运动而发生的三次冷却/剥蚀，随后是埋藏和晚中新世再剥蚀。砾石热年代学记录补充了造山带的原位热年代学数据。在欧洲阿尔卑斯山以南，冈弗利特盆地中砾岩碎屑的热年代学记录了阿尔卑斯山中部卑尔格尔地区的剥蚀。在那里，约 30Ma 处的一个静止峰值记录了深成岩和火山岩的侵位，而从约 25Ma 开始的一个移动峰值，向上年龄逐渐减少，记录了剥蚀相关的冷却。

17.1　简　介

碎屑地质年代学和碎屑热年代学通常涉及确定从沉积盆地（最好是从年代久远的地层剖面）或近期沉积物中收集的造山沉积物中单颗粒的年龄，以确定其物源并量化热年代学演化（冷却和剥蚀；如 Garver et al.，1999）。碎屑岩地质热年代学利用 U-Pb（锆石、磷灰石、独居石）、$^{40}Ar/^{39}Ar$（云母）和裂变径迹（锆石、磷灰石）等定年技术。碎屑颗粒通常从造山带的高地被侵蚀，搬运并沉积在近端或远端盆地中。碎屑热年代学的三个主要应用分别是物源分析、地貌演化和剥蚀研究（如 Bernet 和 Spiegel，2004；第 15 章，Bernet，2018）它们存在密切关系。碎屑热年代学物源研究将不同的年龄模式与沉积物源区联系起来（Baldwin et al.，1986；Hurford 和 Carter，1991；Carrapa et al.，2004；Reentini 和 Malusé，2012；Gehrels，2014；第 14 章，Carter，2018），也可以通过追踪沉积物搬运路径来限制造山带的发育（如 Cawood 和 Nemchin，2001；Malusà et al.，2016a）以及确定排水分界线的位置（如 Spiegel et al.，2001）。使用碎屑热年代学的优势之一是不仅可对已出露的基岩进行采样。因此，盆地沉积物可能记录了较早的剥蚀历史，来自较高的构造层，在其发展的早期阶段被剥蚀掉。相反，碎屑记录可能会错过较年轻的剥蚀事件，因为这些较深的构造层可能还没有被剥蚀掉（见第 16 章，Malusé，2018）。在特殊情况下，如当冰层覆盖了除最高峰以外的地貌时，碎屑沉积物可能会捕捉到较近期的剥蚀记录，而来自山脊的基岩热年代学可能只记录了更古老的年龄。这样的情况发生在阿拉斯加东南部的圣埃利亚斯山脉，那里的冰川下正在发生活跃的侵蚀，在现代冰川碎屑中发现了最年轻的热年代学年龄（Enkeμmann et al.，2015）。关于碎屑热年代学和造山带的剥蚀程度，与原位基岩热年代学的概念有一定的相关性。在那里，低温热年代学方法的年龄较小，可以限制较小的冷却/剥蚀事件，而高温技术的年龄较大，可以限制较老的冷却/剥蚀事件。要更完整地记录一个成岩的热史、剥蚀、沉积、地质和构造记录，很可能涉及原地（基岩）热年代学和相关盆地的碎屑热年代学数据。关于这个研究，碎屑研究中心（Garver et al. 1999；Rahl et al. 2007；第 8 章和第 10 章，Malusà 和 Fitzgerald，2018a，b；第 15 章，Bernet，2018）中有许多假设，其中许多假设与砾石热年代学应用有关。

在本章中，我们总结了在沉积地层砾石上应用磷灰石裂变径迹（AFT）热年代学的方法。我们将这一方法与更传统的砂或砂岩的碎屑热年代学方法（17.3 节）进行简要比较，并以比利牛斯山脉中部南翼南比利牛斯山前陆盆地沉积的同构造角砾岩为例说明砾石热年代学（Beamud et al.，2011；Rahl et al.，2011）。这种方法的关键，也是比利牛斯山研究的重要内容，即使用滞后时间法（Garver et al.，1999）限制腹地的剥蚀率，并对从每个砾石收集的 AFT 年龄和径迹长度数据进行反演建模（如 Ketcham，2005），以限制剥蚀事件发生的时间。将比利牛斯山砾石数据结果与比利牛斯山中部造山内花岗岩块体的原位低温热年代学数据进行对比。本章还介绍了另一个来自阿尔卑斯山 Bergell 地区的例子（Wagner et al.，1977，1979；Hurford，1986；Rahn，2005；Malusà et al.，2011，2016a；Mahéo et al.，2013；Fox et al.，2014）。

沉积学家和地层学家长期以来一直使用沉积物的组成，包括砾岩岩块，将岩块与它们原来的岩石构造单位或构造地层地层联系起来（如 DeCelles，1988）。然而，以类似的方式对前陆盆地矿床中的单个砾岩碎屑进行热年代学研究则是最近的事，它是由阿尔卑斯山的早期热年代学研究演变而来的。Wagner 等（1979）从阿尔卑斯山中部上新世熔岩矿床中的三块巨石中获得了 AFT 年龄，并将其与从附近的 Insubric 断层以北的 Bergell 地块中收集到的数据（包括年龄高度剖面）进行了比较。Wagner 等（1979）利用 AFT 年龄来估计巨石的古地平线位置，可以估计巨石从地块被侵蚀后的“上升”（剥蚀）量和速度。尽管 Wagner 等（1979）预测这将成为地质历史上研究山地垂直演化的重要方法，但很长一段时间并没有得到广泛应用。Dunkl 等（2009）利用阿尔卑斯山东部的两个实例，发展了砾石群测年法，但这种方法主要是针对这些沉积物的来源，而不是腹地的剥蚀历史。同样在阿尔卑斯山东部，Brügel 等（2004）对中新世砾岩中的片麻岩砾石应用地球化学方法和多重定年，以确定其来源以及腹地的冷却和剥蚀历史。最近，Falkowski 等（2016）将多种技术应用于来自阿拉斯加东南部冰雪覆盖地的冰川砾石，以制约这种山地冰雪覆盖地形的剥蚀年代和剥蚀历史。

17.2　碎屑热年代学：地层方法

碎屑热年代学的地层方法的优点是能够通过时间限制剥蚀率（如 Bernet et al.，2004），可以应用多个或单个热年代学温标（如第 14 章，Carter，2018），不同的方法提供不同的信息，在数据解释方面有不同的注意事项。锆石上的 U-Pb 测年（如 Amidon et al.，2005a，b）提供的信息更多的是关于物源而不是剥蚀历史的信息，而锆石裂变径迹定年（ZFT）可以提供关于这两方面的信息（如 Cerveny et al.，1988；Garver et al.，1999）。假设单颗粒年龄的分布也可以用来制约古地形。那么，这需要高精度的技术，需要一个不太陡峭的正相关"年龄—高程关系"（Stock 和 Montgomery，1996；Reiners，2007），并假设流域内矿物富集程度的变化可以忽略不计（Malusà et al.，2016b；第 7 章，Malusà 和 Garzanti，2018）。纳入动力学参数来约束冷却速率的热年代学方法还可以更好地约束源区的剥蚀历史以及盆地地层的沉积后热历史。这类带有动力学参数的方法的例子是使用钾长石温度循环实验和多扩散域建模的$^{40}Ar/^{39}Ar$ 热年代学（Lovera et al.，2002），以及使用径迹长度和磷灰石成分测量或 D_{par} 等替代物的 AFT 热年代学（如 Ketcham et al.，2007；Gallagher，2012）。动力学参数有利于生成反演热模型，约束最佳拟合温度—时间（T-t）路径。需注意，较低温度的热年代方法对剥蚀率的短期变化更为敏感，因为较高温度的方法需要更长的时间来应对地表剥蚀率的变化（如 Bernet 和 Spiegel，2004）。

在分析碎屑样本时，通常对约 100 个颗粒进行测年，以最大限度地降低遗漏相关颗粒年龄的风险（如 Stewart 和 Brandon，2004；Vermeesch，2004；Andersen，2005；见第 16 章，Malusà，2018）。与传统的原位热年代学相反，年代久远的碎屑单颗粒不一定有共同的来源或热（剥蚀）历史，因此，通常用高斯或二项式峰值拟合法（如 Hurford et al.，1984；Galbraith 和 Green，1990；Brandon，1996；Bernet et al.，2001，2004；Dunkl 和 Székely，2002；Vermeesch，2012），将颗粒绘制成具有重要年龄群体或峰值的概率分布图。此外，由于年代久远的 AFT 单颗粒年龄没有共同的源区或热（剥蚀）历史，除非样本在沉积盆地中完全重设，否则合并的密闭径迹长度分布可能毫无意义。AFT 热年代学的一个典型问题是，相对较低的 U 含量，意味着裂变径迹数量相对较少，从而误差较大（单颗粒年龄误差往往超过 50%），因此，单个峰值种群可能定义不清（如 Garver et al.，1999）。ZFT 测年通常不会有这个问题，较高的 U 含量以及较高的闭合温度意味着单个颗粒有更多的径迹，因此单晶粒年龄误差较小。与锆石中的裂变径迹有关的另一个问题是，具有不同辐射损伤量的晶体具有不同的蚀刻时间（以显示裂变径迹），如果不考虑这一点，可能也会产生偏差（Bernet 和 Garver，2005；Malusà et al.，2013）。

以下四个阶段［图 17.1(a)］涉及与碎屑热年代分析有关的概念化过程以及影响数据和数据解释的因素（综合自 Garver et al.，1999；Bernetand，2004；Bernet 和 Garver 2005；van der Beek et al.，2006；第 7 章，Malusà 和 Garzanti，2018）。

剥蚀和侵蚀（第一阶段和第二阶段）：当样品在造山带腹地向地表剥蚀时，无论任何热年代学系统，它们会通过部分退火带（PAZ；Gleadow 和 Fitzgerald，1987）或部分滞留区（PRZ；Baldwin 和 Lister，1998；Wolf et al.，1998）冷却。PAZ（裂变径迹法）或 PRZ（其他方法）是指从较高温度（即完全退火或通过子产物扩散而完全损失）到较低温度（即年龄通常变得均匀，通常反映地壳部分较早的冷却和剥蚀）之间的一个温度区间。由于温度随着深度的增加而增加，而热年代学年龄也常常随着深度的变化而变化，因此，PAZ 和 PRZ 常常被设想为地壳实体，其宽度、厚度和形状取决于动态与静态的热状态。封闭温度概念（Dodson，1973）是假设样品通过封闭温度时为单一冷却，封闭年龄 t_c 反映了热年代系统关闭和子产物开始积累的时间。剥蚀通常是通过侵蚀完成的，这与构造抬升和断裂有关。利用碎屑热年代学及滞后时间法（见下文）对侵蚀的造山带高地的剥蚀进行量化，这依赖于封闭温度概念，尽管冷却可能不是单调的，在这一过程中，裂变径迹的部分退火或子产物的部分损失也可能是重要的。根据特定的恒温系统，封闭温度可根据矿物的成分、[eU]、辐射损伤和冷却速度而变化。对于 AFT 热年代学，可利用 Dpar 或微探针分析逐粒确定成分，以计算 Cl 和 F 的浓度。此外，r_{mr0} 参数（Ketchamet al.，1999，2007）是对磷灰石退火相对阻力的测量，可应用于约束不同的动力学颗粒群（见第 3 章，Ketcham，2018；第 18 章，Schneider 和 Issler，2018），将一个封闭温度应用于一个年龄段（120℃ 用于在 10℃/Myr 下冷却的磷灰石中的裂变径迹；Reiners 和 Brandon，2006），并假设或限制古地温梯度和古平均年温度，可以估计闭合的深度，从而估计平均（综合）剥蚀率（如 Garver et al.，1999）。这种简单的计算没有考虑到冷却速度。如果降温速度快，那么闭合温度就高，因此对闭合深度的估计是低估的，从而对剥蚀率的估计也会是低估的。迅速的剥蚀（>300m/Myr）也会导致等温线的平流和压缩（Mancktelow 和 Grasemann，1997；Gleadow 和 Brown，2000；Braun et al.，2006）。这一点极为重要，因为当对流压缩上地壳中的等温线时，将影响对古地温梯度的可靠估计，从而影响闭合深度和平均剥蚀率（Braun et al.，2006；Rahl et al.，2007；另见第 8 章，Malusà 和 Fitzgerald，2018a，b）。Rahl 等（2007）强调，在瞬时侵蚀（剥蚀）的情况下，采用热稳定状态的假设计算侵蚀速率一般会产生误差，应谨慎使用山地带稳定侵蚀的假设。虽然有时很难观察到，这取决于构造情况以及所采用的热年代学技术和取样策略，但在一个造山带中，剥蚀物在空间和时间上往往有所不同，例如下面讨论的比利牛斯山成因的例子。用简单的滞后时间图来确定平均（综合）剥蚀率，假定剥蚀途径简单。然而，平均剥蚀率可能会掩盖快速剥蚀的事件。此外，如果样品在地壳中比 PAZ/PRZ 浅的地方停留过［图 17.1(a) 中 a 区的样品］，或者在剥蚀开始前就停留在 PAZ/PRZ 内［图 17.1(a) 中 b 区的样品］，那么所得到的年龄不能反映简单的剥蚀冷却。样品可能在一次剥蚀过程中被冷却（剥蚀）到浅层地壳，但在下一次剥蚀过程中被侵蚀、搬运和沉积之前不会暴露在地表。因此，这些样本的滞后时间转换为剥蚀率（下文讨论），近似于两个剥蚀事件的平均率，包括中间的时期。在这种情况下，滞后时间法将导致对每一次成因（剥蚀）事件的速率估计不足。古地温梯度和闭合时间是最难控制的两个变量。

沉积物的搬运（第三阶段）：岩石在沉积盆地中被侵蚀（t_e）、搬运和沉积（t_d）之间的时间通常认为可以忽略不计（Brandon 和 Vance，1992）。在搬运过程中，沉积物可能会在盆地中短暂储存，这对于远端盆地来说是一个更重要的考虑因素，而对于近端盆地来说则是一个较小的考虑因素（见第 7 章，Malusà 和 Garzanti，2018）。对于靠近剥蚀和侵蚀成因的含有同构造角砾岩矿床的盆地，以及包括由重力流搬运的大型泥岩在内的较远端盆地（如 Anfinson et al.，2016），搬运时间可忽略不计（地质上不重要）的假设通常是合理的。

沉积（第四阶段）：必须知道碎屑样品的沉积时间 t_d（地层年龄），因为它用来限制滞后时间（Cerveny et al.，1988；Garver et al.，1999）。滞后时间等于 t_c（冷却年龄）减去 t_d，假设搬运时间可以忽略不计。假设或已知古地温梯度，并与确定的滞后时间相结合，可以估计自 t_c 以来的平均剥蚀率，假设封闭温度概念对该样品有效。滞后时间与 t_c 以来的平均剥蚀率相关。当滞后时间较小时，平均剥蚀率很快；当滞后时间较大时，剥蚀速度较慢［图 17.1(c)］。通过热年代学年龄与地层年龄的滞后时间图以及年龄与恒定滞后时间线的对比规律，可以判断出造山带的侵蚀速度是增加、减少还是保持不变。滞后时间的减少表明剥蚀率的增加，通常与造山带的形成阶段有关，而滞后时间的增加表明剥蚀率的减少，则与造山带的衰退阶段有关（如 Brandon 和 Vance，1992；Garver et al.，1999；Bernet et al.，

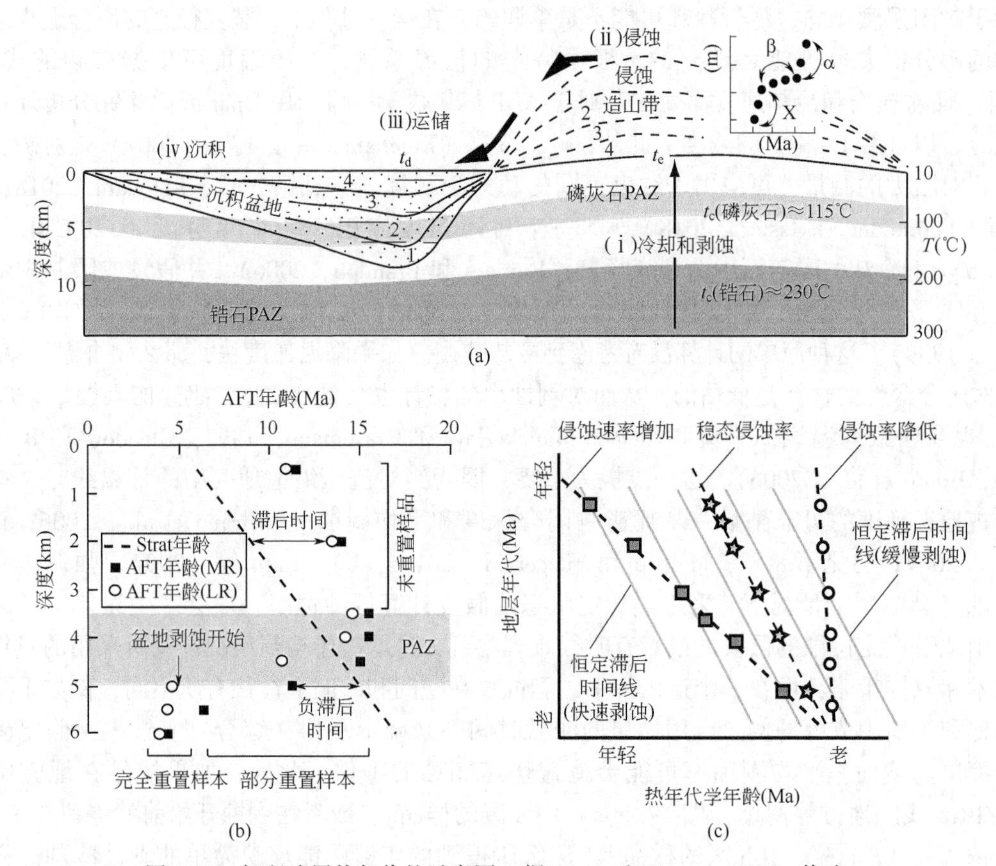

图 17.1　解释碎屑热年代的示意图（据 Bernet 和 Garver，2005，修改；van der Beeket al.，2006；Rahl et al.，2007）

（a）样品从腹地造山带（侵蚀层 1—4）中剥蚀，假定已通过封闭温度 t_c 冷却，在此情况下是 AFT 和 ZFT，到达地表后被侵蚀，温度为 t_e。滞后时间 $=t_c-t_d$。从侵蚀（t_e）到沉积（t_d）的时间被假定为地质上的瞬时（$t_e-t_d=0$Ma）。van der Beek 等（2006）在制作该图的原图时假定腹地和沉积盆地的地热为 20℃/km。我们对遭受剥蚀的造山带，建立了标准化后的年龄—高程图，该图反映了年龄—高程剖面特征，包含那些地形起伏较大地带采集的样品对应的 PAZ。在该图中，标有“α”的样品反映了早期的历史。这些样品在较早的冷却/剥蚀阶段冷却到上层地壳中，但当时没有被侵蚀。样本“β”在剥蚀之前是在 PAZ（或 PRZ）中的，因此这些样品代表剥蚀出来的 PAZ 或 PRZ。标为“X”的样品因与该成因形成有关的剥蚀而冷却。在“β”样品的情况下，闭合温度的概念并不适用，因此这些样本不会产生有意义的滞后时间，而对于卡方检验样品，年龄确实反映了样品通过闭合温度冷却的时间，滞后时间可以利用文中讨论的假设转换为剥蚀率。对于冷却相对较快的样品“α”，闭合温度的概念确实适用，但由于这些样品是在较早的剥蚀期间冷却的，滞后时间的转换是没有意义的（它将低估真实的剥蚀率）。（b）模拟的 AFT 年龄（据 van der Beek et al.，2006）与深度对比，以显示在沉积盆地内的样品部分或完全退火之前，样品的 AFT 年龄如何随深度增加（到较老的地层单元）。对于部分退火或完全退火的样品，制约剥蚀率的滞后时间原则不适用。（c）三种情况下的滞后时间图（地层年龄与热时年龄；据 Rahl et al.，2007，修改）：（1）稳态侵蚀（剥蚀），即每个样品从假设的封闭深度（假设稳态地热确定）到达地表所需的时间相同，而且每个连续的样品随着地层年龄（深度）的递减而逐渐年轻（热年代学年龄），但滞后时间保持不变；（2）当热年代学年龄“年轻”的上剖面快于地层年龄，侵蚀速率增加，而滞后时间减少；（3）侵蚀速率降低，热年代学年龄“年轻”的上剖面慢于地层年龄，滞后时间增加

2004；Spotila，2005）。用滞后时间法来限制平均剥蚀率，只适用于停留在有关方法的 PAZ 或 PRZ 之上的（盆地内）沉积物时，才会产生有意义的估计数。部分退火或部分损失会减少年龄，并影响利用滞后时间制约剥蚀率。在这种情况下，热年代学年龄与地层深度的关系可以作为判断依据［图 17.1(b)］，特别是与动力学参数（如围限径迹长度分布）或其他热

信息，如镜质组反射率（VR；Burnham 和 Sweeney，1989）或牙形刺蚀变（CAI；Epstein et al.，1977）一起使用的话。如上所述，在砂岩中的多个磷灰石颗粒中测得的围限径迹长度分布，对于限制热史可能毫无意义，因为各个颗粒的来源不一，有可能是在相当大的古地形和不同的剥蚀地形中进行取样。在以陆源砾岩为主的盆地中，由于缺乏化石，地层年龄约束往往很差。磁力地层学可以为这些盆地提供重要的时间限制。在本章的第一个例子中，南比利牛斯山脉福尔兰盆地，Beamud 等（2003，2011）的广泛磁地层学取样的是较细颗粒的岸上沉积物间层，而不是砾岩。除了现有的磁力图谱学（Burbank et al.，1992；Meigs et al.，1996；Jones et al.，2004）外，这种方法对于限制地层年龄，从而能够应用碎屑热年代学至关重要。

17.3　砾石碎屑热年代学

砾石碎屑热年代学，相比于从砂或砂岩中测定 100 多个单独颗粒的传统热年代学方法，有其优势，但也有局限性。其中一个主要的优点是，每个砾石的所有颗粒都有共同的热历史。对于 AFT 热年代学，这意味着：

（1）可应用“中值年龄”。相对于单矿物年龄，它的不确定性更小。（如 Galbraith，2005）。

（2）围限径迹长度分布（动力学参数）代表了该砾石的热历史，可以利用年龄和径迹长度数据进行建模，以使用 HeFTy（如 Ketcham，2005）或 QTQt（Gallagher，2012）等程序来约束最佳的 T-t 包络。特定砾石的地层年龄为该模型提供了有力的约束。

（3）滞后时间法可用于限制腹地的剥蚀率（17.3 中讨论的所有注意事项仍然适用）。

（4）对单个砾石数据进行逆向建模，以确定热史和快速冷却/剥蚀事件（如果存在的话）。

（5）关于沉积速率的流域分析可与这些快速冷却/剥蚀事件进行比较。

（6）盆地的后沉积历史与埋藏、裂变径迹的部分退火和后来的盆地反演有关，可以利用反热模型进行约束。

（7）砾石也可能通过重力流沉积在近端盆地或远端盆地，因此，从侵蚀到沉积的搬运时间可忽略不计。

（8）砾石可被视为“基岩”，可对每块砾石进行多种热年代学技术，每种方法可制约共同热史的不同部分（见下文 Bergell-Gonfolite 的例子）。

（9）在砾石中，也可以分析出抗剥蚀能力较差的矿物（如钾长石），以及可能无法以单粒形式搬运的矿物。

砾石热年代学方法的局限性包括：

（1）每个砾石只保留了来自源区域的一个点的信息。砾石（源区、古地形）是从哪里来的？在不同的源区，侵蚀率通常有所不同。在一个正在发育的造山带中，会有隆起，并形成正地形，在大部分正地形上大概会有砾石被侵蚀。如果存在正的热年代学年龄—高程关系，如造山中的典型情况，那么从一个给定地层中选择的砾石可能有一系列的热年代学龄，这取决于造山 AFT—地层的哪一部分（如剥蚀的 PAZ、快速冷却的样品）提供砾石。

（2）从每个地层中应分析多少块砾石才能提供有代表性的样本，并制约源区的历史。

（3）使用砾石，特别是使用多种技术是昂贵和耗时的（如 Falkowski et al.，2016），这限制了分析足够的砾石，以完成对一个汇水区的统计分析。

（4）岩性。需要具有合适岩性的砾石，以使其含有适当的副矿物，但由于砾石在成矿中的来源往往是离盆地相对较近的地方，极有可能该来源地层的侵蚀碎屑仍然存在并被检测到，因此，碎屑热年代学可以与成矿本身内部采集的原位热年代学进行比较。

（5）砾石的大小。并非所有的砾石都足够大，可以提供足够的磷灰石颗粒进行分析，在这种情况下，可以将小砾石组合起来，形成一个总的样本（Rahl et al.，2007），但要认识到，这可能会产生混合的物源信息（来自不同的古海拔）。另外，还可以将基质（最好是砂岩）的样品与砾石一起分析。从本质上讲，这结合了砾石方法和更传统的碎屑分析方法。在解释砂岩的 ZFT 数据时，通常认为最小年龄（通常与颗粒龄分布图中的第一个峰值相同）提供了沉积时快速剥蚀率的替代物（见第 15 章，Bernet，2018），其他年龄（年龄峰值）可能提供了古沉降或汇水区其他部分的信息。

接下来，重点介绍比利牛斯山脉中南部的一个例子，研究来自多项研究中的砾石 AFT 热年代学数据（Beamud et al.，2011；Rahl et al.；2011）。我们对比利牛斯山综合构造砾岩矿床的砾石数据进行一些详细的解释，因为砾石方法在文献中确实没有被详细讨论过，似乎没有得到充分的利用。虽然也应该意识到，砾岩矿床本来也可能比较罕见。

17.4　比利牛斯山脉南部褶皱冲断带的同构造砾岩

17.4.1　比利牛斯山脉的地质和构造史

一些论文（如 Muñoz，1992，2002；Coney et al.，1996；Fitzgerald et al.，1999；Beaumont et al.，2000；Sinclair et al.，2005；Beamud et al.，2011）对比利牛斯山脉的地质和构造史进行了详细描述，与本文相关的部分概述如下。由于伊比利亚板块北移与欧洲之间的碰撞，比利牛斯山造山在晚白垩世至中新世时期形成（Roest 和 Srivastava，1991；Rosenbaum et al.，2002；Muñoz，2002）。比利牛斯山脉是一个不对称的双边缘造山带，它是伊比利亚下地壳和岩石圈地幔在欧洲板块下俯冲作用的结果［图 17.2(b)］。构造样式和沿走向差异受比斯开湾洋盆东部延续的早白垩世裂谷系反转的强烈控制（Roca et al.，2011）。在碰撞之前，北伊比利亚边缘的比利牛斯地区是一个高度分割、过度扩张的边缘，在伊比利亚板块和欧洲板块之间有一条狭窄的剥蚀地幔带（Jammes et al.，2009；Lagabrielle et al.，2010；Roca et al.，2011；Tugend et al.，2014）。这些继承的延伸特征和主要薄弱层的分布反转控制了沿比利牛斯山造山楔的几何形状和演化，从而控制了从剥蚀到侵蚀物质沉积到相邻盆地的不同阶段（Beaumont et al.，2000；Jammes et al.，2014）。比利牛斯山脉的中部和东部显示出一个海西冲断带的核心，称为轴向带，由褶皱和冲断带南北两侧构成，依次为前陆盆地、北部的阿基坦和南部的埃布罗（图 17.2）。轴带以北比利牛斯山断层为界，北比利牛斯山断层是在伊比利亚板块和欧洲板块的边界处，是剥蚀地幔之上再活化的伸展拆离体（Lagabrielle et al.，2010）。轴带是由三个上地壳海西冲断带（Nogueres、Orri 和 Rialp）的反形态堆积组成。整个比利牛斯山中部的缩短约为 165km，是受 Nogueres（晚白垩世至始新世早期）、Orri（中晚始新世）和 Rialp（渐新世）逆冲断块的总体南北推覆和运动序列的调节（图 17.2）。海西基底冲断带包括石炭纪至早二叠世（海西期）的深成岩体，目前在轴带形成突出的块体。这些块体是进行原位（基岩）热年代学分析的理想选择，一旦暴露，就能提供在演化的南部褶皱—冲断带内搬运和沉积的基底砾石。南部褶皱—冲断带由三个主要的冲断带组成，它们在向前（南北）传播的逆冲层序中被激活即晚白垩世的 Bóixols 冲断带、古新世—早始新世的 Montsec 冲断带、中始新世—渐新世的 Serres Marginals 冲断带（图 17.2）。南部比利牛斯山脉埃布罗盆地和南部褶皱—冲断带的沉积物由白垩纪至上—中新世地层的连续序列组成。在始新世晚期，当海盆向比斯开湾开放时，海相和陆相的横向来源贡献几乎是相等的，一旦盆地变为内陆相，沉积物就主要来源于大陆（Riba et al.，1983；Puigdefàbregas et al.，1986；Pérez-Rivarés et al.，2004；Costa et al.，2010）。随着轴带的形成和侵蚀，同构造沉积物在前陆盆地和背驮式盆地中堆积，保存在三大褶皱冲断带之上。在显生宙和渐新世期间，南部冲断楔中沉积了明显较厚的同构造角砾岩单元。

物源研究表明，砾石来自轴带的基底冲断带和南部冲断带的中生代和古生代沉积（主要是碳酸盐岩）（如 Mellere，1993；Vincent，2001；Barso，2007）。磁性地层学将这些砾岩单元的年龄限制在约 45~25Ma 之间（Beamud et al.，2003，2011）。这些单元逐步掩埋了南比利牛斯山冲断带，提高了背驮式盆地和邻近前陆盆地的基底水平，掩埋了冲断楔。这些砾岩的快速沉积影响了逆冲层序，这取决于沉积物的沉积模式（Fillion et al.，2013）。同构造角砾岩的一般沉积几何形状（不一致地覆盖在冲断带上以及部分诺格雷斯冲断带上），以及同时发生的造山内部部分的快速侵蚀，降低了冲断楔的表面锥度。这增强了内部变形，并促进了现有断层和新断层从逆冲前峰向后的折回逆冲作用（Vergés 和 Muñoz，1990；Meigs

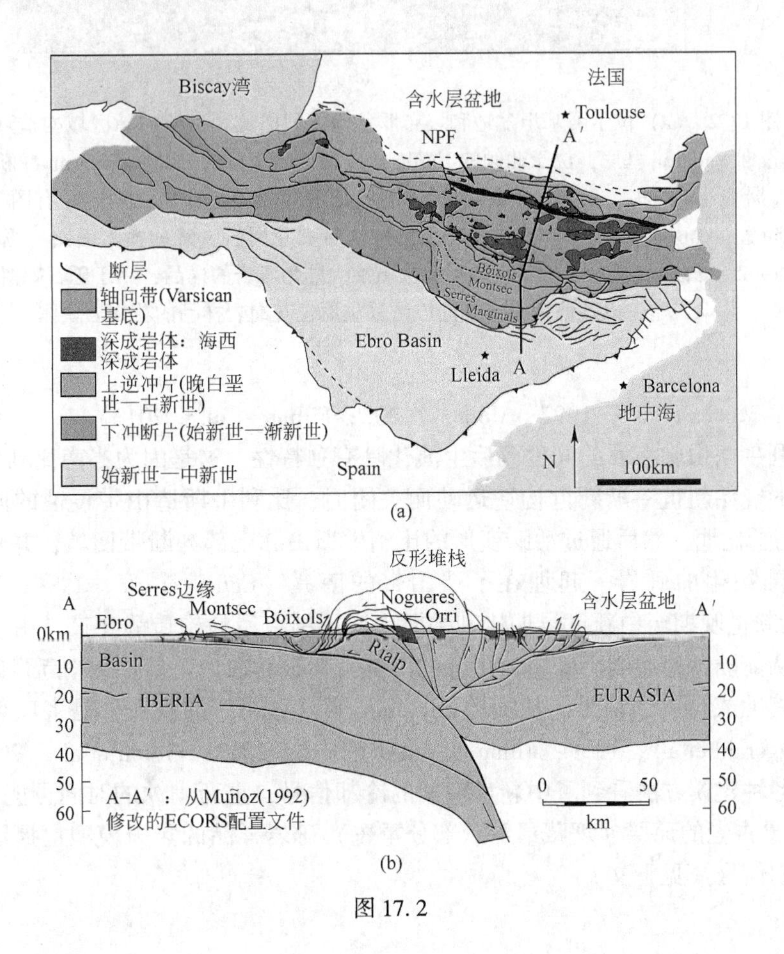

图 17.2

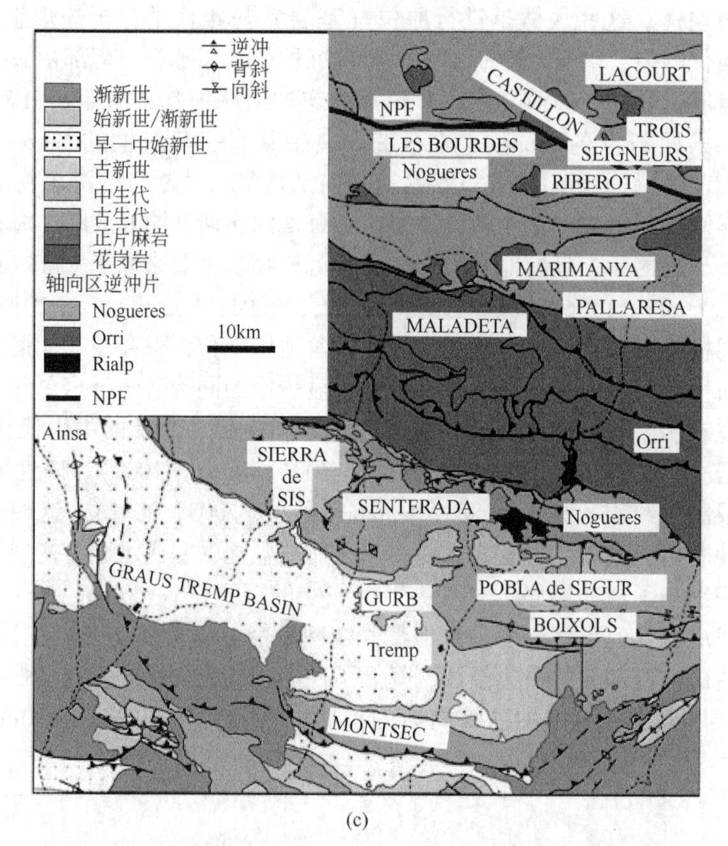

(c)

彩图 17.2

图 17.2 （a）位于阿基坦盆地和埃布罗盆地之间的比利牛斯山脉区域构造环境，轴带即 Variscan 基底，位于北倾的 Northern 冲断带和南倾的 South Pyrenean 冲断带之间（据 Coney et al.，1996，修改），NPF 为北比利牛斯山脉断层，框内标有图（c）的位置；（b）横跨 ECORS 地震剖面的冲断带和花岗岩岩浆的横断面图（据 Muñoz，1992，修改），显示了始新世和渐新世剥蚀大陆角砾岩的样品，用于砾石碎屑热年代学，以及使用垂直剖面方法采集原位花岗岩样品的花岗岩块体

et al.，1996；Muñoz et al.，1997；Muñoz，2002；Fillion et al.，2013）。

中部比利牛斯山脉南翼的同生到后生演化具有独特性。这是因为当南比利牛斯前陆盆地由于其边缘的晚始新世—渐新世构造运动而关闭时，比利牛斯造山带侵蚀的同构造沉积物（主要）填充了盆地，然后通过活跃变形的比利牛斯山脉南部冲断带回填，并将造山带的南翼与这些大陆衍生的砾岩一起埋在了造山带的南翼（Coney et al.，1996；Muñoz et al.，1997）。在渐新世晚期至中新世早期比利牛斯山变形结束后的构造静止期，由于晚中新世以来埃布罗河从前陆盆地冲刷出砾岩，山脉的南翼重新被剥蚀。记录这种中新世晚期比利牛斯山脉南翼的剥蚀或再剥蚀信号，从而验证 Coney 等（1996）的观点，是多项热年代学研究的目标（Fitzgerald et al.，1999；Fillon 和 van der Beek，2012；Fillion et al.，2013）。所有这些研究都用各种建模方法看到了中新世晚期的冷却信号，重新剥蚀的时间可能从 9Ma 开始。Sierra de Sis 最古老的地层（埋藏最深、部分重置）砾岩样品的热力模型也揭示了这种同样的中新世晚期信号（见下文）。

17.4.2　基于热年代学的比利牛斯造山带剥露史

比利牛斯造山带的构造历史（包括热历史和剥露历史）与早期白垩纪裂谷系统（主要保存在造山带内部和比利牛斯山北部）的反转以及变形向伊比利亚地壳的传播有关（Muñoz，2002）。影响该地壳的继承性构造特征（华力西期和白垩纪）以及三叠系盐层的分布，在地壳尺度上控制了逆冲系统的构造样式和几何形状［图 17.2(b)］。岩石经历了不同的 T-t 历史，包括逆冲埋藏和剥蚀，因为这种逆冲系统在轴向带逐渐缩短的过程中演化。轴向带内的热年代学数据［图 17.3(a)］表明，剥蚀是不对称的；它从北部开始，向南发展，轴向带南侧的剥蚀量最大（Fitzgerald et al.，1999）。信息来自一系列的热年代学方法：钾长石 $^{40}Ar/^{39}Ar$ 热年代学，包括多扩散域模拟（Metcalf et al.，2009）、AFT 和 ZFT；一些反演模拟（Yelland，1990；Morris et al.，1998；Fitzgerald et al.，1999；Metcalf et al.，2009）、(U-Th)/He 测年（Gibson et al.，2007；Metcalf et al.，2009）和热动力学模拟（Gibson et al.，2007；Fillon 和 van der Beek，2012）。剥蚀，至少是受低温热年代学的限制，在显生宙早期（约 50Ma）开始在比利牛斯山中部的造山中以约 0.2～0.3km/Ma 的速度进行。在 37～35Ma，造山体南侧的剥蚀率急剧增加，达到 1～3km/Ma 的速度。随后剥蚀速度减慢，随着南比利牛斯盆地的充填和砾岩沉积物的上覆，南侧被同构造的砾岩所埋没。造山带南翼的逆冲作用在大约 20Ma（Barruera 逆冲断层）之前活跃，之后在大约 9Ma 之前处于构造平静期。大约在那时，由于与地中海的连接，埃布罗盆地的基准面下降，填充前陆盆地并覆盖褶皱和冲断带的同构造砾岩被大量冲出系统。热年代学为成岩和相关盆地的地质和地球物理演化增加了制约因素（如 Muñoz，1992；Beaumont et al.，2000；Muñoz，2002），并证实了 Coney 等（1996）关于造山带后期演化和地形重新剥蚀的观点。

17.4.3　基于地层框架下砾岩的碎屑热年代学的比利牛斯造山带的剥露历史

由于盆地大部分地层中存在“花岗岩砾石”，因此，利用南比利牛斯山前陆盆地的同构造始新世—渐新世砾岩中的砾石进行的碎屑热年代学是成功的。比利牛斯山脉的一个令人惊奇的特点是，填充同构造砾岩的背驮盆地非常靠近造山带的内部，从砾岩的取样位置往往可以看到轴带内的花岗岩块体，花岗岩砾石就是从这里来的。从这些同构造砾岩中收集到的砾石的 AFT 数据（Beamud et al.，2011；Rahl et al.，2011）提供了一个将热年代学应用于地层框架中的“经典例子”。Beamud 等（2011）分析了 13 个砾石，而 Rahl 等（2011）分析了 8 个砾石，外加 2 个集合样品（多个砾石）。这些研究使用了类似的方法，即滞后时间图和 AFT 数据的热模型，并获得了类似的结果，但也有细微的差异，这些差异是研究这种方法潜在问题的很好例子。

(1) 滞后时间图和热模型。滞后时间图［图 17.3(b)］用于直观地评估样品剥蚀率的变化，但从该图中确定这些事件的确切时间可能是个问题。砾石 AFT 数据可以限制剥蚀速率（如上所述），这依赖于每个砾石的封闭径迹长度分布（揭示了冷却历史）以及反演的热模型。最佳拟合 T-t 包络线（图 17.4）限制了沉积前冷却事件的时间和速度，然后可以将其与剥蚀事件联系起来。对地层断面的厚度与所应用的热年代学方法的热力范围进行比较评价，加上对地温梯度的限制/(假设)，或使用 VR 等其他热指标，也可估计盆地地层内何时可能发生部分退火或部分重置。

AFT 年龄［图 17.3(b)］一般会沿着剖面向下增加，这是由活动造山体的逐渐去顶所

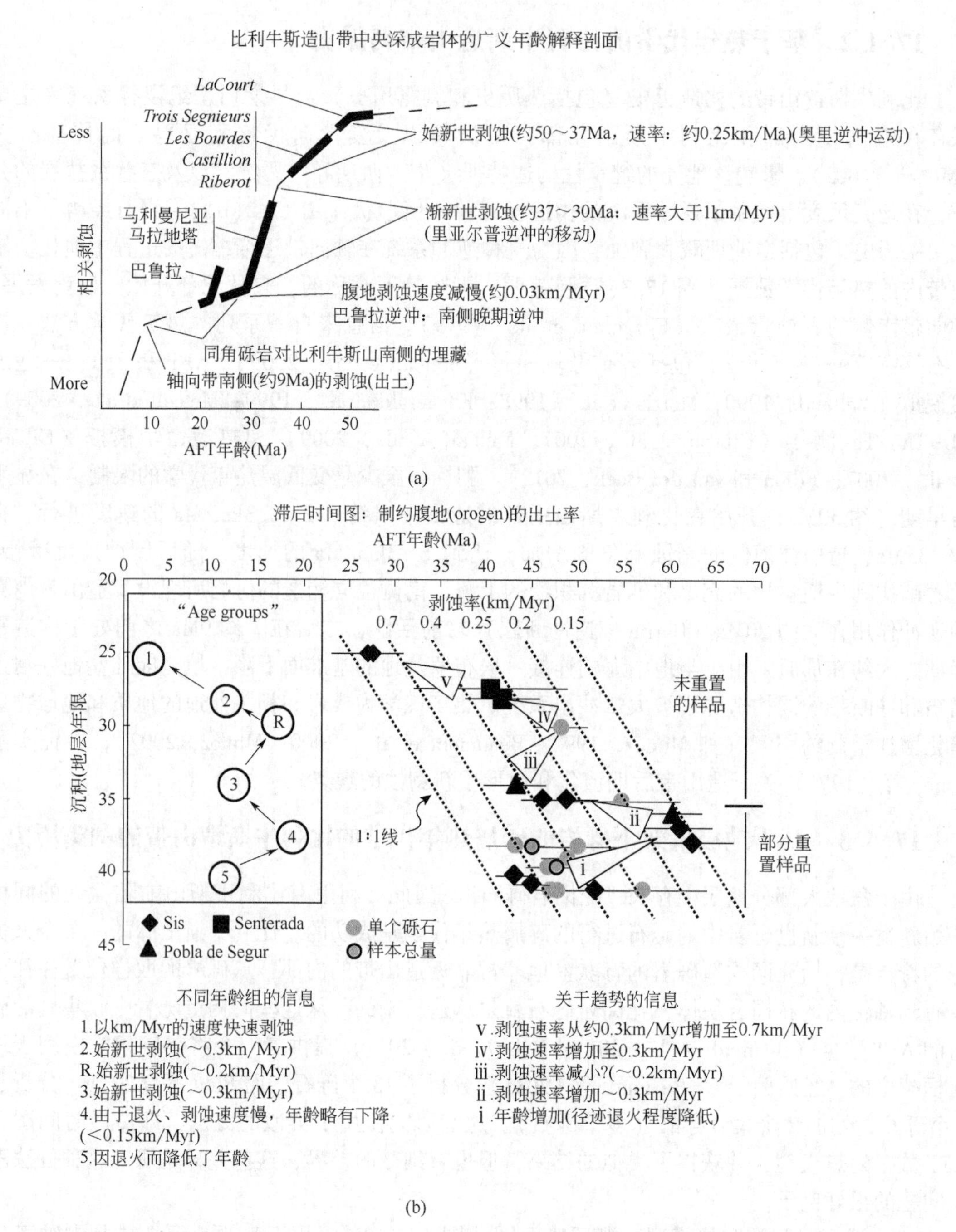

图 17.3　(a) 沿着 ECORS 剖面对比利牛斯山造山带年龄剖面的概括解释。本剖面图提供了热年代学数据所显示的比利牛斯山中部的简单热演化史和构造史，但不应将其解释为所有剖面图都经历了相同的历史（据 Fitzgerald et al.，1999，修改；Sinclair et al.，2005；Gibson et al.，2007；Fillon 和 van der Beek，2012）。(b) Senterada、Pobla de Segur 和 Sierra de Sis 盆地样本的滞后时间图（据 Beamud，2011，修改）

造成的（van der Beek et al.，2006；Rahl et al.，2007），但其变化表明剥蚀速率在变化。在滞后时间图中，我们合并了 Beamud 等（2011）和 Rahl 等（2011）的数据，但保留了用来

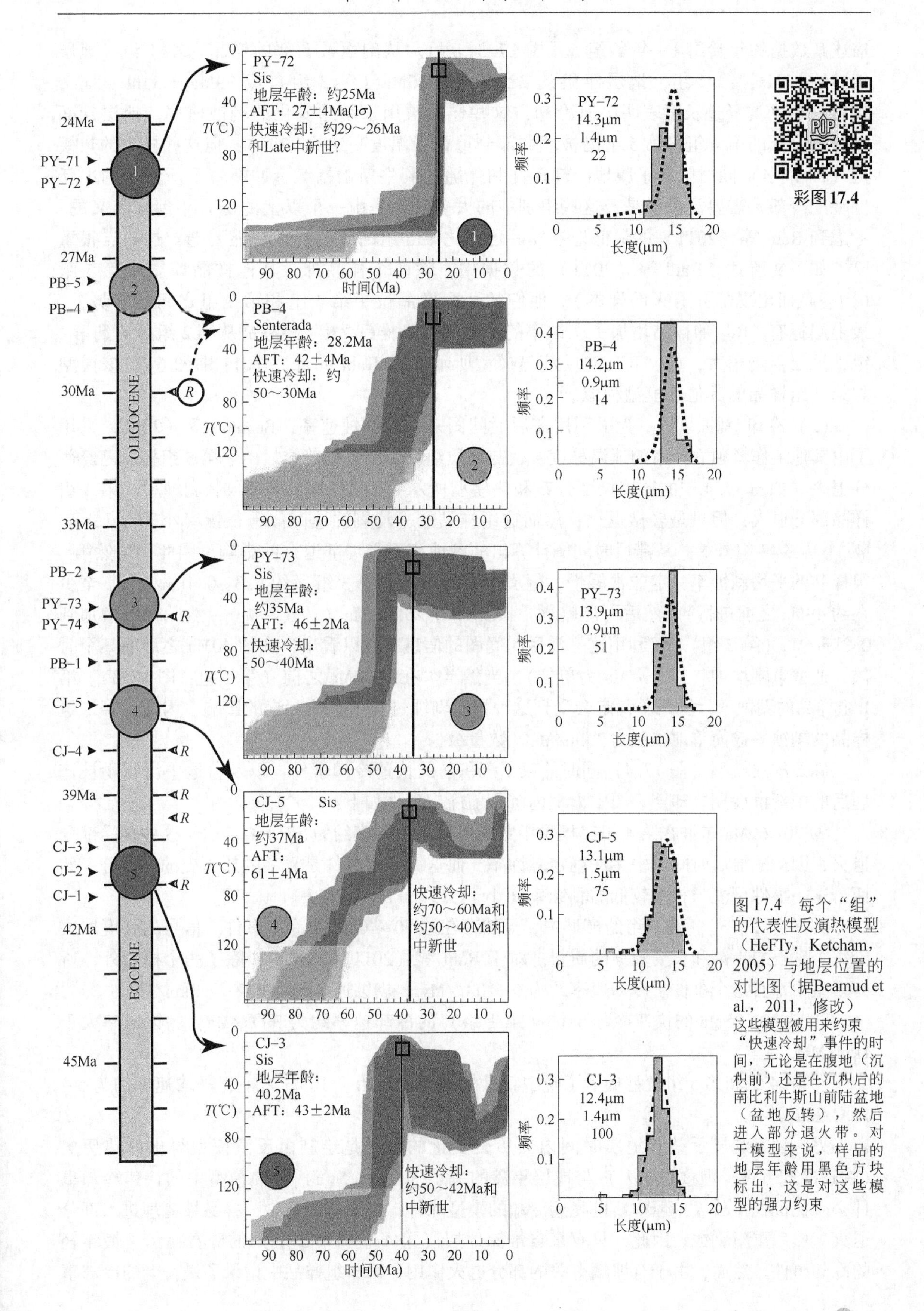

图 17.4　每个“组”的代表性反演热模型（HeFTy，Ketcham，2005）与地层位置的对比图（据Beamud et al.，2011，修改）

这些模型被用来约束“快速冷却”事件的时间，无论是在腹地（沉积前）还是在沉积后的南比利牛斯山前陆盆地（盆地反转），然后进入部分退火带。对于模型来说，样品的地层年龄用黑色方块标出，这是对这些模型的强力约束

描述其数据的年龄组1—年龄组5［图17.3(b)］。从剖面最上部的样品（第1组，地层年龄约25Ma；第2组，地层年龄约28Ma）到36Ma（第3组）或39Ma（Rahl et al.，2011）的平均径迹长度表明快速冷却，这些样品被用来制约变化的剥蚀速率。地层剖面中样品最低的第4组和第5组已被埋藏部分重置（温度高达约70℃），但这些样本的热模型（图17.4）同时限制了腹地冷却事件和伴随比利牛斯山褶皱—冲断带重新剥露的中新世晚期冷却。需要注意的是，这些组别中的大多数都是由一个以上的砾石年龄来定义的；考虑到Rahl等（2011）的最低地层样品可能比第5组的其他样本明显要老，这一点很重要，如下文所述。Rahl等（2011）的数据中，除两个样品外，其他样品均属于第5组（因埋藏而出现部分退火的样本）。他们的一个样品位于第4组和第3组之间的趋势上，最上层标有"R"的样品增加了剥蚀率的变化规律。样品"R"将趋势从第2组延伸到第1组，地层年龄稍大，如"R"的反演热模型所示（见Rahl et al.，2011中图6），该模型与第2组样品的其他热模型相似。

（2）冷却/剥蚀事件。为了利用滞后时间图来约束剥蚀速率，Beamud等（2011）采用了由其他工作者独立约束的地温梯度，也与镜质组反射率数据兼容。由于第5组样品已经部分退火（如图17.4中的径迹长度分布和热模型所示），它们不能用来限制剥蚀率。第4组样品部分退火，但只是轻微退火；然而这组样品的平均剥蚀速度似乎很慢（小于0.15km/Ma）。从第3组开始，从滞后时间图计算出的剥蚀率不受局部退火的影响。因此，虽然第4组样品的平均剥蚀率一定非常缓慢，但剥蚀率却增加到第3组（约0.3~0.4km/Myr，至少在约49Ma之前进行）。然后可能略微下降到约0.25km/Ma（"R"类），然后略微增加到0.3km/Ma（第2组）。仅利用这一滞后时间图的信息，可以看出，在约40Ma之后的某个时候，速率急剧增加（以km/Ma为单位），当然至少在约30Ma之前（第1组；图17.3）。第1组样品的剥蚀率计算几乎肯定会受到这种快速剥蚀过程中腹地对流的影响。因此，第1组样品的剥蚀率被简单地限制为"km/Ma"数量级。

砾石的热模型（图17.4）同时约束了沉积前的快速冷却事件，以及盆地中沉积物被掩埋后的中新世后期冷却期。图中方框内沉积前冷却事件如下：

① 70~60Ma事件在第4组热模型中定义不清，冷却率约为5℃/Ma。由于这些样品部分退火，因此从滞后时间图中无法确定剥蚀率，而这一冷却事件是复杂的热历史的一部分；然而，这一事件可能与相对较低的剥蚀率（小于0.3km/Myr）有关。

② 在第2、3、4和5组的模型中，显然存在约50~40Ma的冷却事件。信号的强度取决于每个砾石的年龄和长度数据的质量。对于Rahl等（2011）的样本，除了一个模型外，所有模型中都有这个事件。冷却速率约为6~10℃/Myr，剥蚀速率约为0.2~0.3km/Myr。

③ 约30~25Ma的快速冷却事件（第1组）的冷却速率约为30℃/Ma，剥蚀速率大于1km/Myr。

④ 第4组和第5组模型揭示了晚中新世的冷却，开始于10Ma之前，平均速率约为5~10℃/Ma。

另一种直观显示整个地质时间内热历史变化的方法是绘制由反演模型得出的热历史（快速冷却事件、埋藏和退火）与地层年龄的关系［图17.5(a)］。热模型中的快速冷却事件必须比沉积年龄大，但中新世晚期冷却的模型除外，在这些模型中，样品被掩埋进入部分退火，然后重新剥蚀。因此，只有来自最深地层（第4组和第5组）的砾石揭示了最年轻的冷却事件。然而，由于有埋藏有关的部分退火作用，第5组样品中记录了最古老的冷却事件（约 70~60Ma）的最古老的痕迹已经消失，但在第 4 组样品中仍然保留了足够的这些古老的痕迹，以揭示更古老的 70~60Ma 事件。主要的冷却事件（约 50~40Ma）在第 2 组到第 5 组中被揭示出来，但这些组没有记录从约 35Ma 开始的强烈的剥蚀冷却，因为这些样品在这个事件发生时已经被剥蚀了。

（3）从 Beamud 等（2011）的研究和 Rahl（2011）等的研究之间的比较中吸取的经验教训。这两项研究的方法和数据相似，但它们强调的因素略有不同，得出的结论相当一致。Beamud 等的剥蚀史变化较大，而 Rahl 等的剥蚀史比较简单。解释剥蚀数据的一个难点是什么代表真实的信息，什么代表干扰信息（热年代学数据中的离散）。在最大的地层间隔上以固定的时间间隔对多个砾石进行采样，显然可以提供更多的信息。Beamud 等在序列中较高的位置采样，这一点至关重要，因为这些最年轻的样品揭示了最年轻的成因剥蚀脉络。此外，这意味着 Beamud 等的样品中有更大比例的样品没有部分退火（通过

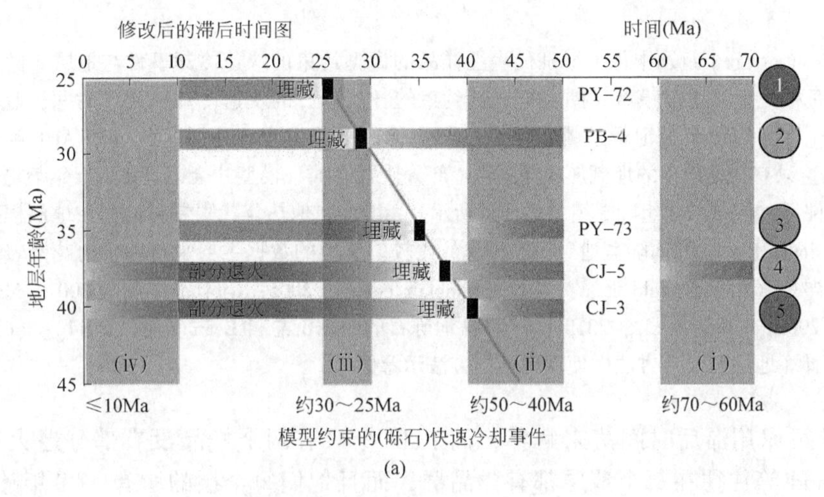

(a)

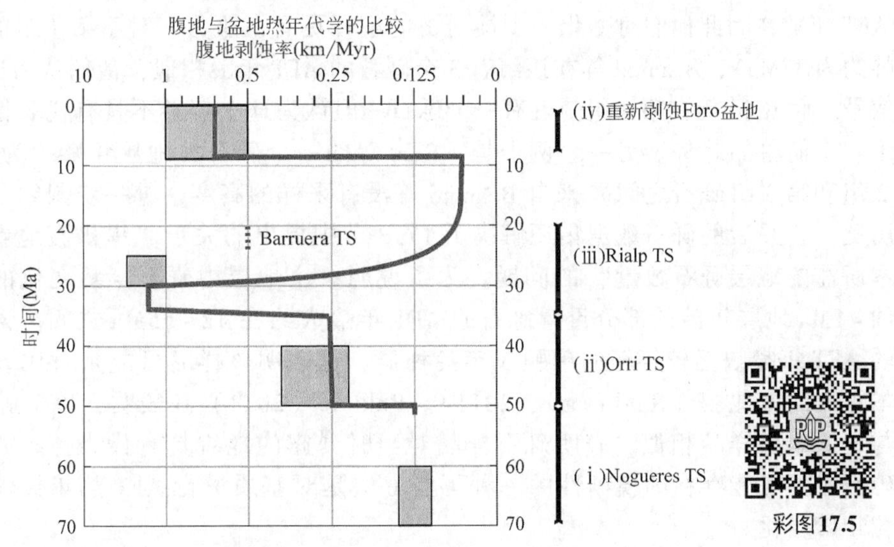

(b)

图 17.5

腹地(原地)与砾石热年年代法的比较

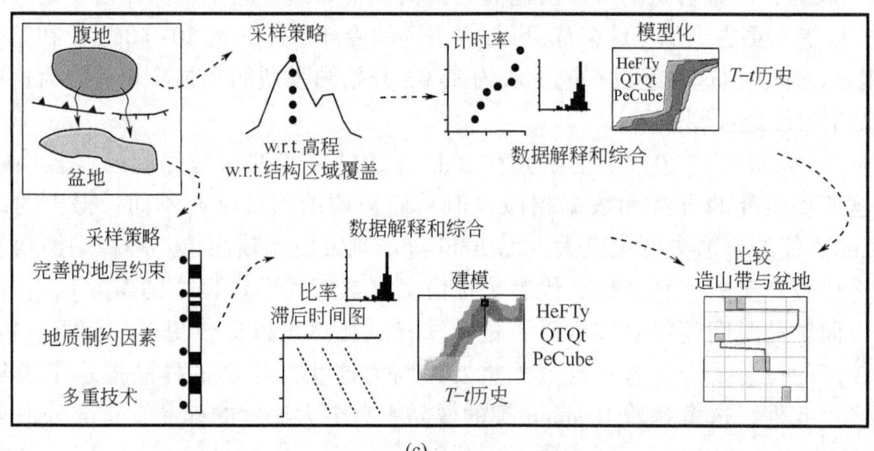

(c)

图 17.5　(a) 五个组别中每个组别代表性样品的模型约束的快速冷却事件与地层年龄关系图。灰色框是由 HeFTy 模型（图 17.4）所约束的各个砾石的快速冷却事件的时间，蓝色框表示每个样品的模型中记录了哪些快速冷却事件。橙线标志着地层年龄等于 AFT 年龄的 1∶1 线。只有在盆地中的埋藏使冷却事件“部分重置”时，模型才会记录比地层年龄更小的冷却事件（如较低的 4 组和 5 组中的样品所示）。(b) 腹地热年代限制剥蚀与在地层框架内收集的 South Pyrenean 前陆盆地砾石热年代的比较。腹地的数据主要来自轴带内花岗岩基底的原位样品（据 Fitzgerald et al.，1999；Sinclair et al.，2005；Gibson et al.，2007；Metcalf et al.，2009；Fillion et al.，2013），来自盆地砾石的数据汇总自 Beamud 等（2011）。(c) 腹地和碎屑（地层框架）方法中使用的不同方法示意图

埋藏)，因此可以用滞后时间法来解释，而 Rahl 等只有两个样品没有部分退火［图 17.3(b)］。Beamud 等往往在每个地层都有样品群，而且他们每个层的所有 AFT 年龄都有相似的 AFT 年龄，因此他们对变化的剥蚀历史的解释更有说服力。对于第 4 组的砾石（地层年龄约为 37Ma)，Beamud 等在该组有 3 个砾石的 AFT 年龄相似，他们认为这是一个真实的信号。而 Rahl 等在第 4 组附近有一个砾石，但认为这个年龄不具有代表性，因为它偏离了一个简单的趋势。另一个例子是，Rahl 等的一个砾石（地层年龄约为 30Ma，介于第 2 组和第 3 组砾石之间）来自 Beamud 等没有采样的高度，进一步制约了变化的的剥蚀历史。合并后的砾石数据集还解决了 17.3 节中提出的关于“提供腹地剥蚀的代表性样本所需的地层砾石数量”的问题。为了说明一个地层中砾石年龄变化的这一点，来自约 41Ma 地层年龄的部分重置砾石的 AFT 年龄大约在 42~55Ma 之间。该地层中最古老的 AFT 年龄缺乏较年轻的单颗粒年龄种群，这表明该样品可能来自比该地层中其他样本更高的古地貌（Rahl et al.，2011)。Rahl 等（2011）还表明，单个砾石的 AFT 年龄与地层集合样品相似，表明砾石样品对当时暴露的地貌具有代表性。如上所述，检查砾石数据可能存在的模糊性的一种可能方法是对基质进行 AFT 热年代学，以检查单颗粒年龄变化。

碎屑砾石热年代学与原位热年代学数据的比较。经过比较，造山带热年代学数据和碎屑数据之间在剥蚀事件的时间和速度方面有很好的一致性［图 17.5(b)］。所有中新世以前的剥蚀事件都与冲断带运动相关的剥蚀有关（如 Muñoz，1992；Fitzgerald et al.，1999；Beaumont et al.，2000；Gibson et al.，2007；Metcalf et al.，2009；Rahl et al.，

2011)。首先是Nogueres冲断带的运动（约70~60Ma），然后是Orri冲断带（约50~35Ma），最后是最下层的Rialp冲断带（约35~20Ma），这些冲断带形成了轴带内的反形堆积（图17.2)。如上所述，约70~60Ma处的冷却/剥蚀事件定义不清，尚未用原生热年代学数据揭示。然而，在比利牛斯山脉南侧的砂岩（沉积年龄约60~40Ma）中发现了约80~68Ma的碎屑锆石（U-Th)/He年龄，尽管这些样品很可能是在晚白垩世时被剥蚀到上层地壳中，然后再被剥蚀到地表（Filleaudeau et al.，2012)。约25~20Ma的剥蚀与Barruera冲断带的逆冲有关（Gibson et al.，2007)，在碎屑数据中没有显示出来，因为该逆冲发生在我们最年轻的砾石沉积之后，而在逆冲发生时Barruera地块已经被同构造砾岩所覆盖（Beamud et al.，2011)。反演热模型（图17.4）和热动力模型（Fillon和van der Beek，2012）揭示了南部褶皱—冲断带被同构造角砾岩掩埋以及后来自晚中新世以来的重新剥蚀（Coney et al.，1996)。

17.5　Bergell-Gonfolite源—汇系统

17.5.1　Bergell-Gonfolite地区的地质情况

Bergell-Gonfolite源—汇系统［图17.6(a)］提供了另一个利用砾岩和砾石进行碎屑热年代研究的例子，该地区是首次定义阻隔温度（blocking temperature）概念的地方（Jäger，1967)。渐新世Bregaglia/Bergell深成岩体在（30±2)Ma时被侵入阿尔卑斯变质岩内的欧洲板块之上（von Blanckenburg，1992；Oberli et al.，2004；Malusà et al.，2015)。较小的诺瓦特花岗岩在25~24Ma时被侵入同一地区（Liati et al.，2000)。这些岩石与它们的围岩一起被逐渐侵蚀，为冈福岩群的渐新世—中新世浊积岩提供了碎屑，该浊积岩现在暴露在阿尔卑斯山南部（Wagner et al.，1979；Giger和Hurford，1989；Spiegel et al.，2004；Malusà et al.，2011，2016a)。地层序列底部广泛存在的火山碎屑表明，在Bergel深成岩体上方存在火山作用（Malusà et al.，2011；Anfinson et al.，2016)。角闪石地质气压计（Davidson et al.，1996）提供的剥离深度估算去顶深度从Bergell主体的20km，到其西部尾部的26km不等。Bergell深成岩体的差异性剥蚀归因于岩浆后的南北向倾斜，并根据基岩热年代学数据限制剥蚀时间在约25~16Ma之间（Wagner et al.，1977，1979；Hurford，1986；Rahn，2005；Malusà et al.，2011)。Gonfolite盆地的第一个重要的碎屑出现标志着Bergell源区快速侵蚀的开始。这个碎屑的生物地层年代约为25Ma（Gelati et al.，1988)。相对于主岩浆作用阶段，这种快速沉积被推迟了约5Myr，相反，它与盆地中可忽略的侵蚀和欠补偿沉积有关（Garzanti和Malusà，2008；Malusà et al.，2011)。与南比利牛斯山褶皱—冲断带相比，南比利牛斯山褶皱—冲断带涉及瓦里斯坎造山期间侵入的岩浆岩，在Bergell-Gonfolite案例中需要特别注意区分岩浆结晶的影响，以及在Gonfolite盆地中侵蚀和沉积Bergell衍生的砾石期间的剥蚀冷却的影响（第8章，Malusà和Fitzgerald，2018a，b)。

17.5.2　Gonfolite群的碎屑热年代学和从Bergell—冈仁波齐源—汇系统中吸取的经验教训

图17.6(b）总结了在Gonfolite岩组砾石中测得的所有热年代年龄，包括AFT、ZFT、黑云母K-Ar和锆石U-Pb年龄，这些年龄往往来自同一砾石。年龄显示为实点（岩浆碎屑）

或空点（围岩碎屑），1σ 误差用横条表示。长期以来，这些年龄一直完全用剥蚀过程中的冷却来解释（Jäger，1967；Giger 和 Hurford，1989；Bernoulli et al.，1993；Fellin et al.，2005；Carrapa，2009）。由于来自 Gonfolite 群基底地层的几块岩浆砾石产生的 K-Ar、ZFT 和 AFT 年龄在误差范围内无法区分，这表明 Bergell 地块在形成后不久就发生了非常快速的侵蚀（Giger 和 Hurford，1989；Carrapa 和 Di Giulio，2001）。然而，这种解释与地层记录提供的可忽略不计的侵蚀的有力证据相冲突。以前只考虑剥蚀过程中的冷却的热年代学解释也无法解释图 17.6(b) 中热年代学数据集的大部分内容。在 Gonfolite 组的基底地层（图 17.6b 中的 A 单元和 B 单元）中，围岩岩块得出的年龄实际上比同一地层的岩浆岩岩块得出的年龄大，这与围岩和被包裹的岩浆岩在剥蚀过程中的冷却情况不同。

Malusà 等（2011）通过整合过去 30 年中从源区和汇区获得的地质证据，证明上述对 Gonfolite 热年代学记录的解释是不正确的。他们表明，浅层岩浆活动的作用阶段以及由此产生的快速冷却是多种热年代学方法得出几乎相同年龄的原因，从而解决了相邻的前陆盆地中快速剥蚀而没有相应的碎屑的长期矛盾。

Gonfolite 岩块产生的冷却年龄可能记录了原岩的侵入前历史、岩浆结晶期间岩浆岩的冷却历史、岩浆杂岩体随后的侵蚀。记录这些过程的热年代学年龄定义了沉积岩中复杂但完全可预测的碎屑年龄模式，包括静止年龄峰和移动年龄峰（岩浆杂岩体模型见第 16 章，Malusà，2018）。属于移动年龄峰的年龄一般是在剥蚀过程中设定的，可以直接制约岩石向地球表面的运动，而属于静止年龄峰的年龄则不对剥蚀工作提供直接约束。

图 17.6(b) 中用彩色带显示了根据侵蚀基岩的现有热年代学约束条件，预计冈福岩组

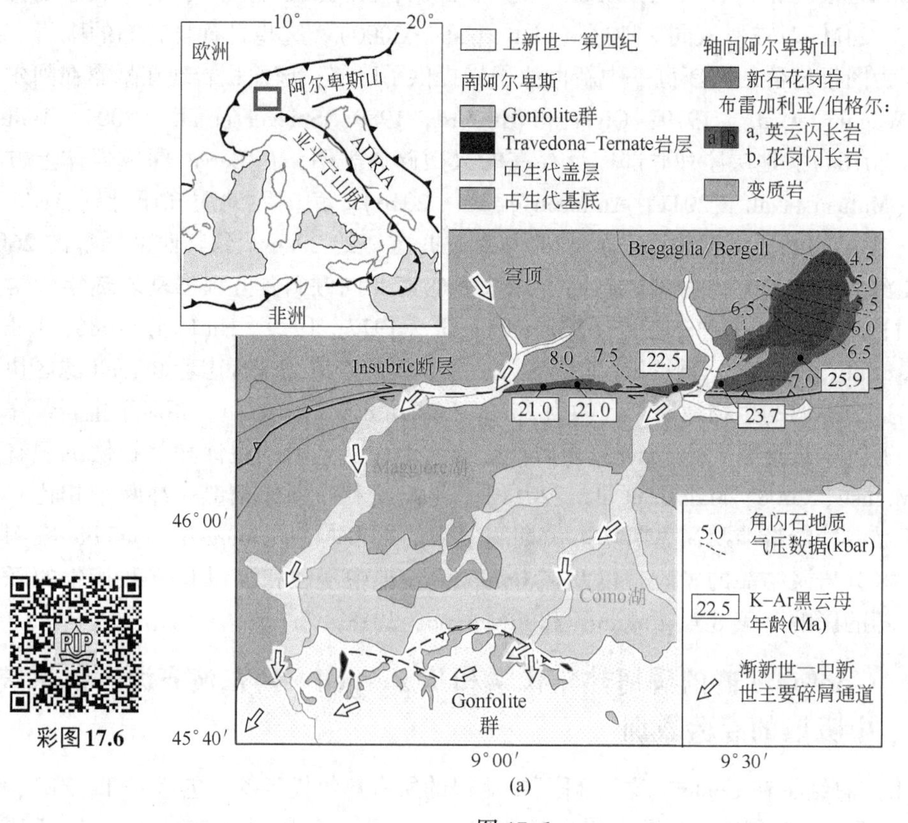

(a)

图 17.6

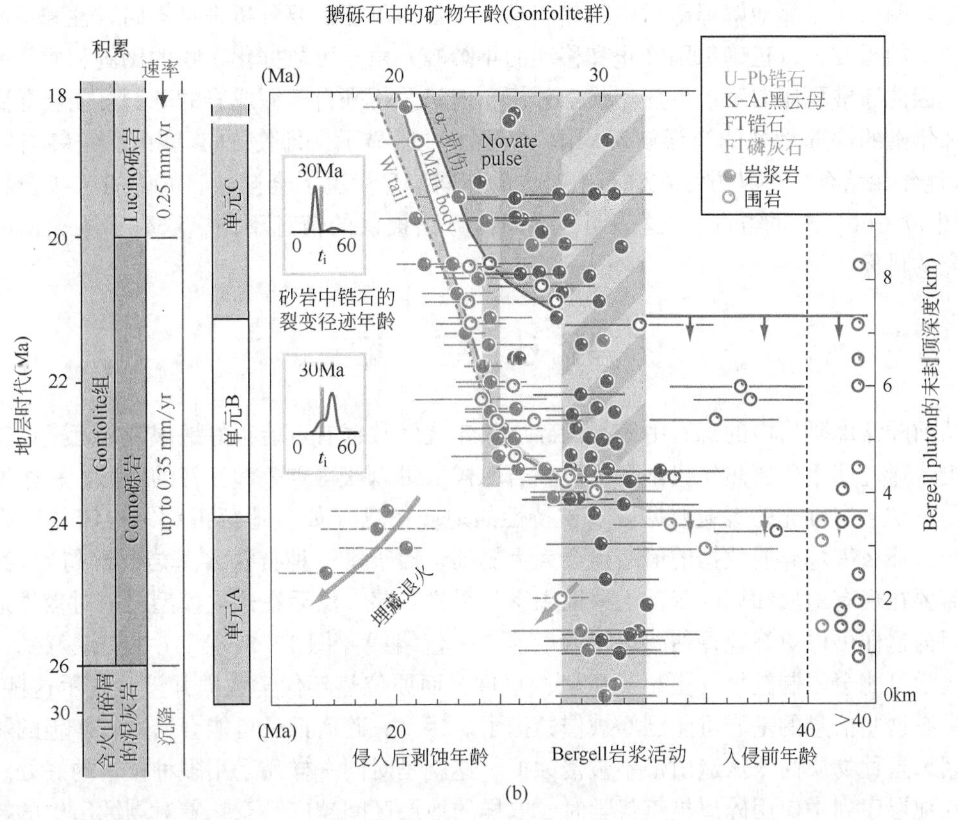

图 17.6 (a) Bergell-Gonfolite 源—汇系统图。科莫湖和马焦雷湖占据了渐新世—中新世古山谷，将碎屑带入 Gonfolite 盆地（据 Malusà et al.，2011，简化；角闪石地质压力计数据据 Davidson et al.，1996 的资料；黑云母 K-Ar 年龄据 Villa 和 von Blanckenburg，1991 的资料）。(b) Gonfolite 群砾石中观察到的年龄模式(据 Malusà et al.，2011，修改)。实点和空点分别表示岩浆岩和围岩碎屑。碎屑锆石晶粒的裂变径迹年龄分布在方框中显示（据 Spiegel et al.，2004）。在 Gonfolite 群中发现了三个矿物年龄单位（A—C)。A 单元中的年龄没有提供关于剥蚀率的直接信息

的静止和移动年龄峰的趋势（蓝色—AFT，紫色—ZFT，橙色—黑云母 K-Ar)。值得注意的是，在岩层中测得的年龄与这些趋势完全一致。AFT 系统移动年龄峰的存在尤其明显，在所有小于 24Ma 的地层中，剥蚀年龄在上段逐渐变小。在小于 21Ma 的地层中，ZFT 年龄也是一个更广泛的移动年龄峰。在这个移动年龄峰内，围岩碎屑中的 ZFT 年龄比岩浆岩块中的 ZFT 年龄略小，因为在这些较老的岩石中，由于累积的 α 损伤较大，锆石中的裂变径迹一般在较低的温度下重置（Rahn et al.，2004)。图 17.6(b) 显示了主要的 Bergell 岩浆作用阶段和次要的新生代岩浆作用阶段都存在一个静止的年龄峰。岩浆岩块记录的年龄为 25～24Ma。属于这些岩浆峰的年龄记录的是岩浆结晶，而不是剥蚀，而 A 和 B 单元中的围岩碎屑所记录的最古老的年龄则记录了原岩侵入前的历史。岩浆岩和原岩碎屑中的年龄分布可以识别地层序列中的三个不同单元（A—C)，从而提供了矿物时代地层学的反转实例（见第 10 章，Malusà 和 Fitzgerald，2018b)。A—C 单元标志着 Bergell 火山深成杂岩剥蚀历史的不同阶段，并为探测 Gonfolite 组中逆冲的构造重复提供了参考框架［图 17.6(a)］。

因此，Malusà 等（2011）首次提出的岩浆杂岩体模型为 Bergell-Gonfolite 系统整个热年代学数据集提供了一个连贯的解释，并使来自砾石的地球年代学数据与地层证据相一致。该

研究还表明，要可靠地解释砾石中的热年代学年龄，可能需要分析来自不同岩性和不同地层序列层次的砾石，以正确识别静止和移动的年龄峰。由于可数据化矿物的比例和质量高于其原岩，因此通常更倾向于进行热年代学分析，但只分析来自于深成岩的砾石可能会导致对岩浆冷却年龄的快速剥蚀的错误解释。图 17.6(b) 还显示，即使 ZFT 单颗粒年龄与同颗粒 U-Pb 测年相结合，多种方法在砾石上提供的相同信息量也不会被砂岩的碎屑 ZFT 分析所提供［图 17.6(b) 中的方框］。这表明，不同的方法提供的信息不同，取决于所提出的问题和研究的目标。

17.6 结 论

从前陆盆地砾岩内的砾石中获得的碎屑热年代学数据有可能很好地限制邻近造山带的剥蚀历史。通过使用碎屑热年代学和原位基岩取样，可以获得重叠和互补的信息。一个明显的推论是，如果有补充的腹地数据以及支持性的地质信息（如盆地分析和结构恢复）来比较数据集，那么解释碎屑数据的信心就会大大提高。对于每一种方法（基岩、碎屑），我们都强调需要在现有地质知识的基础上采取周密的采样策略，然后在建立模型之前对数据进行解释，因为这样可以更好地评估所产生的最佳 T-t 包络线［图 17.5(c)］。我们注意到，碎屑热年代学可能会限制较早（更早）的剥蚀事件，而原位热年代学数据并没有揭示这些事件，因为带有这些信息的基岩可能已经被侵蚀掉了。相反，碎屑记录可能会错过较年轻的剥蚀事件，因为这种物质尚未从造山带中被侵蚀掉。这就是对同一样品采用多种技术的好处。

在地层序列中应用碎屑热年代学时，取样的地层区间越广，意味着对剥蚀历史的控制越好。AFT 单颗粒年龄通常由于［U］较低，相对于锆石等有较大的误差。使用砾石的一个优点是所有的晶粒都有共同的热历史。使用 AFT 年龄和封闭的径迹长度测量可以更好地约束沉积前的冷却（剥蚀）事件以及沉积后的历史。滞后时间图对于约束综合剥蚀率是有用的，假设：(1) 样本的地层年龄是已知的；(2) 年龄代表“封闭年龄”，可以使用径迹长度分布和热模型进行评估；(3) 从侵蚀到沉积的时间可以忽略不计。反演热模型结合滞后时间图可以用来制约冷却（剥蚀）事件的时间，从而制约腹地的剥蚀历史。由于多种因素的影响，碎屑剥蚀信号可能模糊不清：(1) 盆地的部分退火；(2) 砾石来自不同的物源或在重要的古沉降层上，导致单一地层的砾石可能有不同的年龄/长度，因而有不同的剥蚀历史；(3) 在一次事件中剥蚀到较高的地壳中的样品，但没有剥蚀到地表，因此它们在下一次剥蚀事件之前不会被侵蚀和沉积；(4) 在搬运过程中储存在临时盆地中的样品；(5) 质量差的数据，例如来自风化样品或年轻样品、很少的径迹或约束条件较差的热史模型。

本章总结并综合了始新世和渐新世同构造角砾岩的 AFT 数据（Beamud et al.，2011；Rahl et al.，2011），并将这些数据与比利牛斯山造山带内的原位热年代学数据（如 Fitzgerald et al.，1999；Gibson et al.，2007；Metcalf et al.，2009；Fillion et al.，2013）进行了比较。滞后时间图与反演热模型相结合，在约 50~40Ma 和 30~25Ma 处出现了两个明确的快速冷却事件，在约 70~60Ma 处出现了一个不明确的事件。这些事件与伊比利亚和欧洲之间的汇合，不同冲断带的缩短、变形、抬升和逐渐侵蚀有关。最古老和埋藏最深的样品经历了与该埋藏有关的部分退火，随后由于 Ebro 河对褶皱和冲断带的重新剥蚀而导致中新世后期的冷却。在阿尔卑斯山的 Bergell 地区，对来自 Gonfolite 盆地的砾石进行的碎屑热年代学研究表明，源区在约 25Ma 开始发生侵蚀，揭示了一个移动的剥蚀年龄峰值，并在上段逐渐变年轻，这与源区的逐渐去顶作用预期的一样。以前的解释是在约 30Ma 时存在快速剥蚀，但这与主要的 Bergell 岩浆活动相吻合，正如在逐渐年轻的地层中出现的该年龄的静止峰值所显示的那样，其与围岩的砾石中的较老年龄有关。

致谢

感谢 NSF 基金 EAR95-06454 和 EAR05-38216 的支持，启动了这项工作的碎屑砾热年代学研究。感谢 Jarg Pettinga 和坎特伯雷大学的 Erskine 项目。感谢 E. Garzanti 和 I. M. Villa 关于 Bergell-Gonfolite 系统的有见地的讨论。感谢 SALTECRES 项目（CGL2014-54118-C2-1-R MINECO/FEDER，UE）以及 Grup de Recerca de Geodinàmica i Anàlisi de Conques（2014SRG467）的支持。感谢与 Suzanne Baldwin 的讨论，Jeff Rahl 和 Peter van der Beek 的深入和周到的评论极大地改进了本文。感谢他们的建议和意见。

第18章　低温热年代学在油气勘探中的应用

David A. Schneider　Dale R. Issler

摘　要

有机质在沉积盆地中成熟并转化为石油的过程受烃源岩达到的最高温度和盆地的热历史控制。持续沉积埋藏和以不整合为代表的构造运动使盆地的热演化历史复杂化。应用裂变径迹（FT）和（U-Th）/He定年技术，结合镜质组反射率、岩石—Eval，解决古地温历史，是阐明时间与温度关系的理想方法。本章回顾了低温热年代学的基本原理，从采样到模拟的整个流程，以恢复含油气沉积盆地的热演化史。特别强调了多动力磷灰石裂变径迹技术的应用，强调了r_{mr0}参数对于解释沉积岩中经常出现的磷灰石年龄群的重要性。热年代学是一门快速发展的科学，当矿物被详细和适当地测试时，特别是在矿物化学和辐射损伤方面的研究，可以获得大量有价值的数据。

18.1　简　介

从几个实际的角度来看，沉积单元沉积后加热的时间和程度很重要，包括烃源岩的成熟（加热）和评估盆地剥蚀（冷却）剖面的规模。沉积界面、埋藏历史和构造过程的差异也会影响石油和天然气的形成机制。常见的理论模型相当简单。在富含有机物的沉积物沉积之后，微生物过程将部分有机物转化为生物甲烷气。埋藏深度越大，地温梯度的温度（热量）越高。这种热量使有机物逐渐转化为不溶性的有机物（煤质）。随着热量的增加，煤质继续演化；这些变化又导致石油化合物的生成，产生沥青和石油。热成熟度的增加也会使最初复杂的石油化合物发生结构简化：从油开始，然后是湿气，最后是干气（图18.1）。这一过程的主要驱动力是温度；因此，恢复盆地的热历史是评价油气资源和潜力的基本。多种古温标法可用于评估盆地沉积后的受热历史（Naeser和McCulloh，1989；Harris和Peters，2012）。虽然许多技术可以对受热强度分析，但只有那些对动力学有足够了解的方法才能用于定量处理，例如镜质组反射率（Burnham和Sweeney，1989；Nielsen et al.，2015）。尽管这些技术极为有用，但这些技术仅仅提供了最大古温度的信息，而很少或根本没有对其发生的时间进行约束。应用在沉积岩上进行的热年代学方法，裂变径迹和（U-Th）/He定年，为确定最大古地温发生的时间及其历史提供了可能。这种信息对油气勘探特别重要，因为它可以确定烃源岩中油气的生成时间，并确定在主要生成阶段之后形成的构造型圈闭储层。

本章概述了恢复含油气沉积盆地的时间—温度历史的工具和方法。这往往是一项艰巨的任务，因为常用的古温标矿物（磷灰石、锆石）是碎屑型的，具有沉积前的热历史，即使在盆地发育后也可能被部分保留下来。这些碎屑矿物的化学成分会发生变化，导致矿物动力

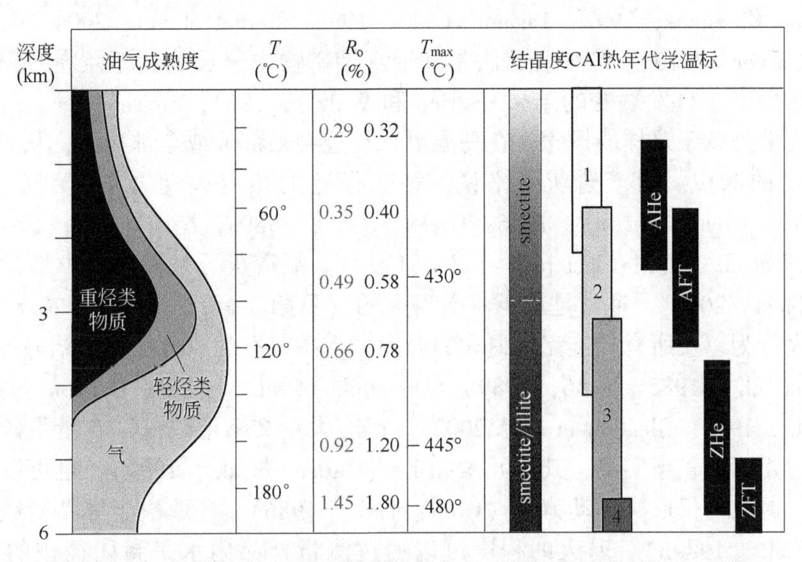

图 18.1　根据常见的古温度指数和热年代学温标估算的油气生成区
（据 Tissot et al.，1974；Gleadow et al.，1983，有修改）
每个参数的数值都是近似值，因为它们随有机物类型、矿物成分、加热速率及持续时间而变化。给出了 R_o 的两个值，代表了 Sweeney 和 Burnham（1990；灰色）和 Nielsen 等（2015；黑色）的模型

学和扩散性的混合，都控制着矿物的闭合温度（T_c），从而控制着冷却年龄。现有的一些技术可以综合性分析储层岩石及其周围地层的热成熟度和最大古地温的时间。本节重点介绍了多动力学磷灰石裂变径迹热年代学，这是一种未被充分利用的方法，非常适合分析具有混合年龄的磷灰石样品的热历史。希望本节内容有助于上述有挑战性的项目的研究。

18.2　热年代学工具

热年代学与地质年代学的区别在于，前者能够解决地质过程的时间和温度方面的问题，从而解决时间和演化速率问题。由于古温标具有温度窗口，在这个温度窗口内，子体保留在系统中，通过测量晶体内母核素和子体的数量，可以计算出晶体通过温度窗口的时间。这个温度窗口在裂变径迹定年中称为部分退火带（PAZ），在（U-Th）/He 定年中称为部分保留区（PRZ）。因此，磷灰石和锆石等矿物可以作为热年代学温标使用，它们记录的时间是冷却信息而不是结晶年龄。PAZ 和 PRZ 的温度范围（图 18.1）可随冷却速度、晶体大小、矿物化学成分和晶格缺陷而变化（Reiners 和 Brandon，2006）。

18.2.1　传统的裂变径迹定年

裂变径迹定年法已被广泛用于分析石油系统的低温热演化史（Gleadow et al.，1983；Green et al.，1989a；Kamp 和 Green，1990；Burtner et al.，1994；Duddy，1997；Issler et al.，1999；Crowhurst et al.，2002；Hendriks 和 Andriessen，2002；Osadetz et al.，2002；Hegarty et al.，2007；Mark et al.，2008）。而锆石裂变径迹定年由于其在高温下的敏感性，主要应用于沉积物来源方面的研究和造山带的冷却历史（Cerveny et al.，1988；Hurford，

1986；Brandon 和 Vance，1992；Tagami et al.，1996；Bernet et al.，2004；Garver，2008；Marsellos 和 Garver，2010）。裂变径迹法是基于富铀矿物中狭长的破坏径迹的积累，这些破坏径迹是自然界^{238}U自发裂变的结果（Price 和 Walker，1963；Fleischer et al.，1975）。裂变径迹热年代学是基于这样的概念：在高温下，径迹会被部分或全部抹去，从而导致径迹长度和径迹密度的减少。对于磷灰石来说，裂变径迹的热退火动力学模型已经很完善了（Naeser，1979；Gleadow et al.，1986；Green et al.，1989a，b；Carlson，1990；Corrigan，1991；Crowley et al.，1991；Ketcham et al.，1999）。氟磷灰石是磷灰石中最常见的形式之一（Pan 和 Fleet，2002），通常是最不耐受退火的（见第3章，Ketcham，2018）。然而，裂变径迹的退火行为以及所有径迹完全退火的温度，受磷灰石的成分变化和结晶各向异性的影响（Green et al.，1985，1986，1989b；Donelick et al.，1999；Carlson et al.，1999；Ketcham et al.，1999；Gleadow et al.，2002）。已有大量文献记载，Cl 含量是矿物成分影响裂变径迹的主要因素，事实上，其他元素如 Fe（Carlson et al.，1999），也可以提高径迹的抗退火性能。退火不仅取决于动力学（Green et al.，1986），还取决于样品所经历的受热时间（Green et al.，1989b）。退火的程度可以通过测量样品内水平封闭径迹的长度来确定（Gleadow et al.，1986；Green et al.，1989b；本书第2章，Kohn et al.，2018）。

对磷灰石裂变径迹数据的经验性校准表明，表观年龄和径迹长度是如何随着深度和埋藏温度而系统变化的（Green et al.，1989a，b；Dumitru，2000；Gleadow et al.，2002）。对于典型的氟磷灰石，所有的裂变径迹在约120℃以上完全退火，在约60~110℃之间部分退火，确定了PAZ（Gleadow et al.，1986；Laslett et al.，1987；Green et al.，1989a；Fitzgerald 和 Gleadow，1990；Ketcham et al.，1999）。这一温度范围与生成石油所需的温度重叠（图18.1），使磷灰石裂变径迹技术非常适合于油气勘探。在约60℃以内，磷灰石中的裂变径迹仅以非常缓慢的速度退火（Fitzgerald 和 Gleadow，1990）。根据 Ketcham 等（1999）的退火实验结果，一些氟磷灰石晶体可能在约85℃的温度下热重置，Crowley 等（1991）和 Ketcham 等（1999）研究表明了将室温退火纳入动力学模型的重要性。遗憾的是，目前几乎没有发表过关于退火作为磷灰石成分函数的文献，因为有效的较低退火温度将是成分依赖性径迹保持率的函数。对裂变径迹退火动力学的定量分析，使得部分退火的磷灰石裂变径迹表观年龄和封闭长度数据能够用来进行随机反演模拟（Lutz 和 Omar，1991；Corrigan，1991；Gallagher，1995；Willett，1997；Ketcham et al.，2000；2003a，b；Ketcham，2005），以限制样品的热演化历史（约60~120℃）。

锆石裂变径迹比磷灰石裂变径迹的退火温度更高，因此可以分析样品热史中温度较高的部分。与钾长石$^{40}Ar/^{39}Ar$结果的比较，估计锆石裂变径迹封闭温度约为250℃（Foster et al.，1996；Wells et al.，2000），与实验数据完全一致，这些数据表明锆石裂变径迹的封闭温度约为240℃（Zaun 和 Wagner，1985；Tagami，2005）。锆石部分退火带的温度界限估计在220~310℃之间（Yamada et al.，1995；Tagami 和 Dumitru，1996；Tagami，2005；Yamada et al.，2007；第3章，Ketcham，2018）。然而，关于成分变化对锆石退火行为的影响知之甚少。关于传统 AFT 和 ZFT 定年基本原理的详细介绍已有多项成果（如 Gallagher et al.，1998；Dumitru，2000；Gleadow et al.，2002；Donelick et al.，2005；Tagami，2005；本书第12章）可供参考。

18.2.2　多动力学参数的 AFT 热年代学

传统的 AFT 测年要求磷灰石样品具有统计学上均匀的年龄群，具有相似的热退火行为，单晶体的 AFT 年龄要通过 χ^2 检验（Galbraith，1981；本书第 6 章，Vermeesch，2018）。在缺乏退火动力学参数的情况下，可以假设样品均由氟磷灰石组成。但如果有相应的动力学数据，则可以模拟出更准确的磷灰石裂变径迹年龄。当试图将传统的 FT 方法应用于沉积盆地中碎屑岩研究时，可能会遇到一些问题。这种该样品中的磷灰石颗粒可能来自多个源区，沉积前的冷却历史不同，磷灰石的化学成分也不同。这些因素都可能导致 AFT 年龄分布的不协调，当年龄方差大于分析误差的预期，导致样品无法通过 χ^2 测试。对于来自沉积盆地碎屑岩样品来说，这种情况尤其常见，因为这些样品在 PAZ 中的停留时间较长，导致不同矿物颗粒发生差异性退火。在这种条件下，需要利用动力学参数将磷灰石颗粒分类为多个统计群体，以便进行热史模拟。解析 AFT 动力学年龄群难题是该领域研究成果很少的原因之一。

正如对钻孔样品磷灰石的研究中所观察到的那样（Green et al. ，1986），AFT 的退火率随着 Cl 含量的增加而增加，除非在非常高的 Cl 浓度下，其退火率似乎低于中等成分物质的退火率。（Carlson et al.，1999；Ketcham et al.，1999；Gleadow et al.，2002；Kohn et al.，2002）。其他元素如 Fe 和 Mn 以及 OH 的含量也会影响 AFT 的退火程度（Carlson et al.，1999；Ketcham et al.，1999；Barbarand et al.，2003；Ravenhurst et al.，2003）。AFT 退火动力学参数已经用矿物晶体中单位原子数中的 Cl 或 OH 浓度，或平行于磷灰石晶体 C 轴的径迹蚀刻坑的长度来表示，定义为 D_{par}（Donelick，1993；Carlson et al.，1999；Donelick et al.，1999；Ketcham et al.，1999）。D_{par} 与性磷灰石的溶解度有关，由于其成本低且相对容易测量，目前是最常用的退火动力学的参数。虽然 OH 含量可以提高磷灰石的溶解度，但一般来说，更容易退火的富含氟磷灰石的 Dpar 值比富含 Cl 磷灰石的 D_{par} 值要小（Ketcham et al.，1999）。对不同成分的磷灰石进行的 AFT 退火实验表明，随着磷灰石的成分的不同，加热/冷却速率相关的总退火温度可以从 80°~200℃不等（Ketcham et al.，1999）。

尽管有其局限性，但 D_{par} 和 Cl 含量仍是推荐的实用动力学参数，用于解释和模拟混合动力学的 AFT 样品（Ketcham et al.，1999；Barbarand et al.，2003）。如果 Cl 是控制退火的主要元素，这些参数可能是足够的，但当应用于成分更多样化的磷灰石时，这些因素很可能会失效，这是加拿大北部含磷灰石的花岗岩沉积岩的常见情况（Issler 和 Grist，2008a，b，2014；Issler，2011；Powell et al.，2017）。经验性的 r_{mr0} 参数（Ketcham et al.，1999）说明了元素组成对 AFT 热退火的影响。它是具体样品中磷灰石与最耐退火的磷灰石（Bamble，挪威）相比，相对耐退火性的衡量标准（见第 3 章，Ketcham 2018）。Carlson 等（1999）利用从电子探针显微分析中确定的一组成分变量，开发了一个多变量方程来预测 r_{mr0} 值，该参数在解析统计动力学群体方面的应用比传统动力学参数要广泛得多。Ketcham 等（2007a，b）重新分析了 Ketcham 等（1999）和 Barbarand 等（2003）的实验退火结果，公布了一个修订的 r_{mr0} 方程，但鉴于在纠正分析人员和实验条件之间所有系统性差异方面的不确定性，尚不清楚新方程是否优于原方程。

图 18.2 是加拿大北部 Beaufort-Mackenzie 盆地 Ellice O-14 石油探井 2400m 深的由古新世晚期至显生宙早期（约 56Ma）沉积形成的阿克拉克序列砂岩（Issler et al.，2012）中钻心样品的 AFT 年龄图。该样品未能通过 χ^2 检验，利用 Binomfit 软件解析了径向线所示的三个具有统计学意义的年龄群，即 81Ma、42Ma 和 15Ma。81Ma 的年龄明显大于样品的地层年龄，说明沉积后退火不足以消除其沉积前的热历史。42Ma 和 15Ma 群比地层年龄小，意味着沉积后经历过退火过程。最年轻的 AFT 年龄群来自两个磷灰石颗粒，这些颗粒有过量氟含量，似乎与异常低的径迹保留率有关。

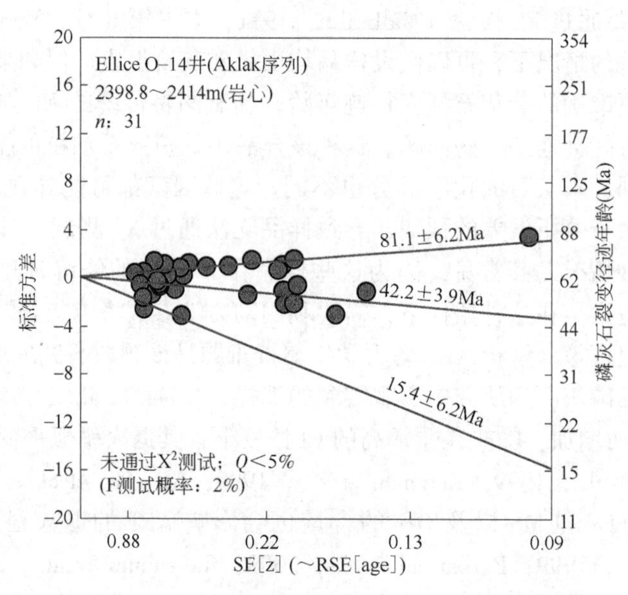

图 18.2　加拿大 Beaufort-Mackenzie 地区 Ellice O-14 井古新世—显生宙早期 Aklak 序列约 2400m 深度的岩心样品 AFT 年龄径向图

该图使用 Binomfit（Brandon，2002）软件生成，并定义了三个年龄组。x 轴大约相当于年龄的相对标准误差；精度最高的年龄最接近右边的年龄轴

图 18.3(a) 显示了同一碎屑样品单颗粒 AFT 年龄与 r_{mr0} 参数（Carlson 等，1999）的关系图，该参数也用 Ketcham 等（1999）的 r_{mr0}-Cl 方程表示为有效 Cl 值（apfu）。使用 r_{mr0} 动力学参数（图 18.3a）的两个主要动力学群，其统计学意义上的集合年龄为 44Ma 和 77Ma（类似于 Binomfit 年龄），对比 AFT 长度与 r_{mr0} 的关系图显示，所有最短的径迹长度都与低有效 Cl 值的年轻年龄群有关［图 18.3(b)］。这些统计群的分界线被置于 0.12 apfu 的有效 Cl 值，但预计会有一些群重叠；对所选颗粒的重复元素分析表明，有效 Cl 值通常精确到 0.02~0.04 apfu 以内，在少数情况下观察到更大的差异达到 0.24 apfu。相反，这两个统计群不能用传统的动力学参数 Cl 含量［图 18.3(c)］和 Dpar［图 18.3(d)］来解决。有效 Cl 值［图 18.3(a)］明显高于测量的 Cl 值［图 18.3(c)］，这是由于磷灰石矿物颗粒的阳离子和 OH 含量可变。来自 Ellice O-14 井的古生代 AFT 样品的 Fe 和 Na 含量高达 0.08 apfu，Mg 值高达 0.09 apfu，OH 值高达 1 apfu，Ce 值高达 0.06 apfu。该样品的镜质组反射率（R_o）平均值为 0.6%（100℃），表明古温度足够高，足以引起裂变径迹的显著退火。这些结果有力地表明，该样品的差异性退火是 AFT 矿物年龄分布不和谐的主要原因。最年轻的两个年龄颗粒具有较低的 Cl 和 D_{par} 值［图 18.3(c)，(d)］，但由于其阳离子含量的变化，具有较高的有效 Cl 值［图 18.3(a)］。这些有效 Cl 值与其 15Ma 的种群年龄不一致，需要异常低的抗退火能力，可能与其过量的氟含量有关。虽然异常高的 F 值可能是电子探针显微分析过程中氟在电子束下的迁移造成的假象（Stormer et al.，1993；Stock et al.，2015），但该地区其他样品中过剩氟的颗粒似乎也具有很低的径迹保持力。

对 Ellice O-14 井中生界—古生界的五个岩心样品进行了上述年龄分析和 AFT 参数与 r_{mr0} 关系图。图 18.4 显示了该井 1000~3000m 6 个岩心样品的 AFT 年龄和平均长度与深度

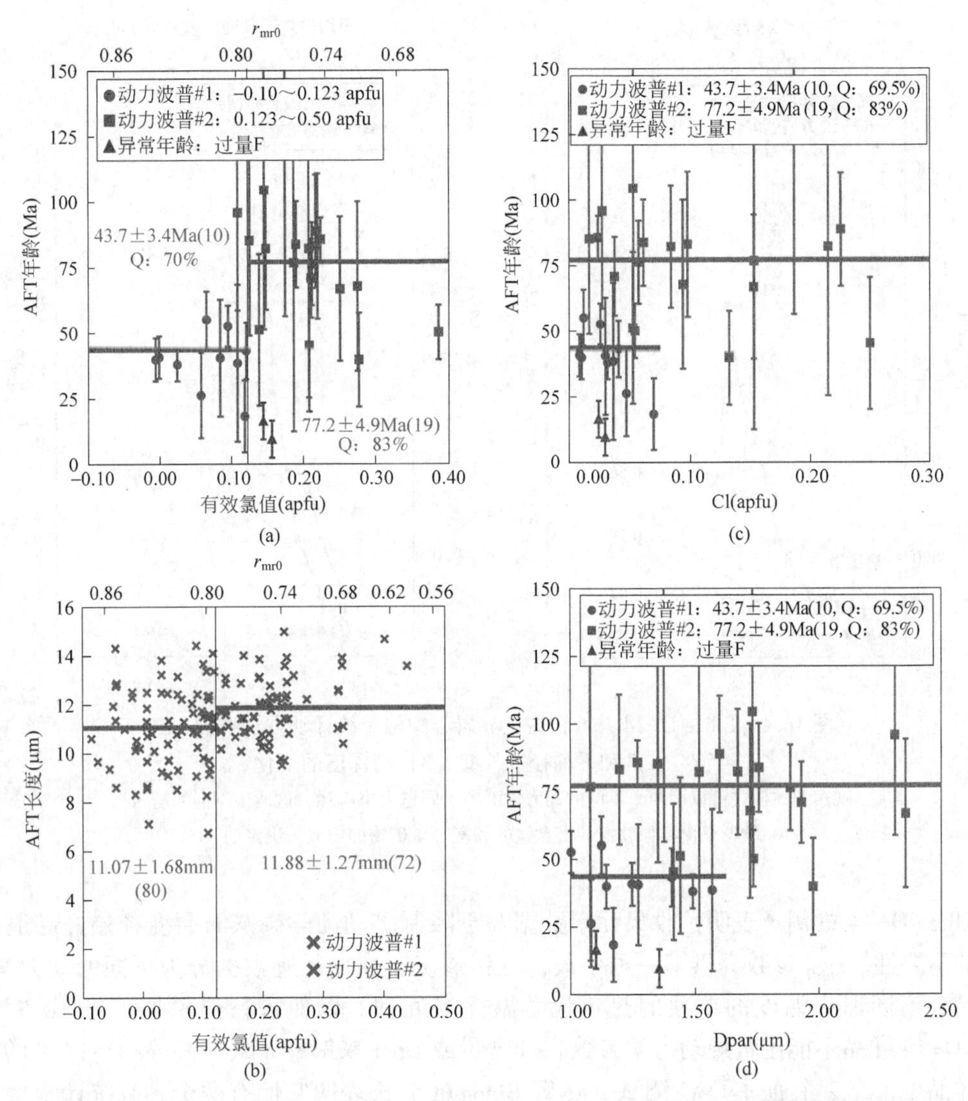

图 18.3　Ellice O-14 井 Aklak 序列核心样品的 AFT 数据与各种动力学参数的关系图

在 AFT 单颗粒年龄（a）和径迹长度与 r_{mr0}（有效 Cl 当量）（b）的关系图上，解析了两个统计动力群。AFT 年龄与测得的 Cl 含量（c）和 Dpar（d）的图上，动力学群重叠。两个年龄段的氟含量表现为高异常

和现今温度的关系。每个样品的有机质成熟度值（R_o=0.49%～0.64%）是通过详细的井下测量得出的（Issler et al.，2012）。有机质成熟度表明，最大古温度比现在的数值高几十度，符合该地新生代晚期抬升的地质认识。利用 r_{mr0} 参数解析了每个样品的两个统计动力学组，一个是低耐退火的氟磷灰石组，一个是高耐退火的富铁组［图 18.4(a)］。在最浅的样品中，两个动力学群的 AFT 年龄相似，这与两个群体在高温下完全热退火，接着物源区迅速冷却，随后沉积后较低程度退火相一致。由于退火程度不同，两个动动力学群的 AFT 年龄随着深度和有机成熟度的增加而出现差异。氟磷灰石群的 AFT 年龄随深度的增加而持续下降，在约 1800m 处变得比地层年龄更小。富含铁的 AFT 群的 AFT 年龄变化较大，反映了物源的影响；2600～2700m 以下的 AFT 年龄比地层年龄更小。根据热模拟的结果，最深样品的氟磷灰石群解释为经历过热重置（见 18.5 节）。

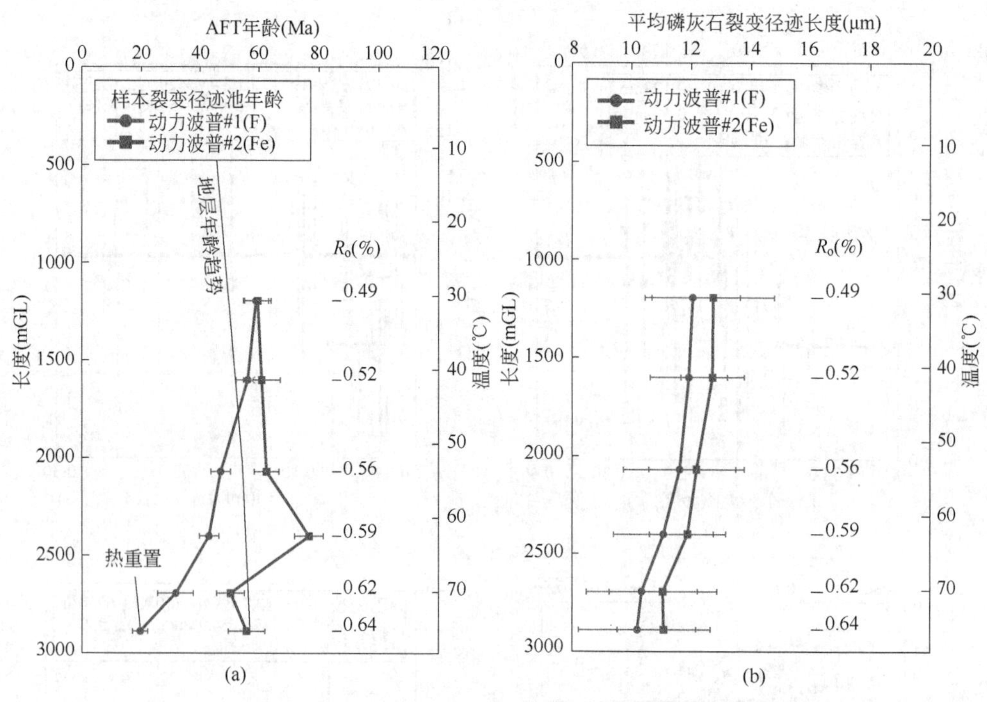

图 18.4　Ellice O-14 井 6 个古生界岩心中两个统计动力学群的 AFT 年龄（a）和平均径迹长度（b）与深度的变化

观察到的模式可以用两个不同的动力学群的不同退火来解释，这两个不同的动力学群是由类似物源的富含铁的和富含氟矿物的组成所决定的

Ellice O-14 的例子表明了收集元素数据对于限制多动力学磷灰石裂变径迹样品退火动力学的重要性。r_{mr0} 参数提供了一种手段，可将磷灰石裂变径迹数据分为不同的动力学群，作为具有不同退火温度的单独的热年代学温标来处理，以便进行热模拟（见 18.5 节）。Ellice O-14 样品不能用常规动力学参数、Cl 含量或 Dpar 来解释。来自 Ellice O-14 井的 6 个 AFT 样品中，有 2 个通过了 χ^2 测试（尽管 Binomfit 分析表明它们有两个具有统计学意义的群），在没有矿物化学数据的情况下，它们可能被错误地作为单一的均匀群处理。未能通过 χ^2 测试的其他 4 个样品可能被认为是无法解释的，因不适合进一步分析而被忽略。

18.2.3　(U-Th)/He 定年

磷灰石（U-Th)/He 定年（Zeitler et al.，1987；Lippolt et al.，1994；Wolf et al.，1996，1998）是一种成熟的热年代学技术，目前已被广泛应用于各种地质研究中。AHe 测年是基于 ^{235}U、^{238}U 和 ^{232}Th（以及较小程度的 ^{147}Sm）通过 α（^{4}He 核）的衰变。虽然 ~70℃ 的 Tc 经常被用于 AHe 系统，但这一概念只适用于从高温迅速冷却的样品（Reiners 和 Brandon，2006）。在大多数情况下，具有长期热历史的磷灰石中的 He 扩散对冷却速度、颗粒尺寸、辐射损伤和晶粒化学的影响很敏感（Stockli et al.，2002；Flowers et al.，2009；Gautheron et al.，2013）。特别是，通过代“有效铀浓度”（eU = [U] +0.235 ∘ [Th]）评估的辐射损伤量与越来越多的 AHe 系统呈正相关（Shuster et al.，2006；Flowers et al.，2009；Gautheron et al.，2009）。实际上，AHe 系统可能对 30~90℃ 之间的温度很敏感，这

取决于对晶格的辐射损伤量（Flowers et al.，2009）。Gautheron 等（2013）使用 r_{mr0} 参数（Carlson et al.，1999；Ketcham et al.，1999）研究 AHe 体系中晶粒化学和辐射损伤退火之间的联系。他们的结果表明，晶粒化学及其对裂变径迹和 α 辐射损伤退火的影响，可能会影响磷灰石中的 He 扩散以及该系统易受影响的温度。该系统在较低的温度范围内比大多数同位素热年代学温标更敏感。假设年平均地表温度为 10℃，地温梯度为 25℃/km，相关温度范围相当于 1~3km 的深度。因此，AHe 系统可用于调查地壳最上层的各种地质过程，使该技术对盆地环境中的油气勘探特别有用（图 18.1）。

锆石（ZHe）中的（U-Th）/He 系统被广泛用作热年代学温标，因为它的 U-Th 浓度高，在广泛的岩石岩性中普遍存在，在升高的热条件下具有耐火性质，并且抗物理和化学剥蚀（见第 7 章，Malusà 和 Garzanti，2018）。一些研究（Kirby et al.，2002；Reiners et al.，2004；Stockli，2005）提出了钾长石 $^{40}Ar/^{39}Ar$ 冷却模型（350~150℃；Lovera et al.，1989，1991，1997）岩石的 ZHe 年龄结果，确认 ZHe 的 T_c 约为 170~190℃（Reiners et al.，2004），PRZ 约为 130~200℃（Reiners 和 Brandon，2006）。虽然在大多数情况下，钾长石模型表明通过 ZHe 封闭温度的冷却速度相对较快，但结果显示，在几乎所有情况下，两种技术之间都有很好的一致性，表明实验确定的锆石 He 扩散参数及其推断的 T_c 适用于自然地质条件。一些样品的 ZHe 年龄通常显示出比分析精度和单一的 He 扩散动力学参数所预期更大的离散度。实际上，这种分散可能有几个来源，包括植入（Spiegel et al.，2009；Gautheron et al.，2012）、各向异性扩散（Farley，2007；Reich et al.，2007；Cherniak et al.，2009；Saadoune et al.，2009）、成分对 He 扩散的影响（即分区，Hourigan et al.，2005）和晶体学缺陷。然而，已知对锆石中 He 扩散性的最重要影响因素之一是辐射损伤。人们认识到高辐射剂量对锆石中 He 扩散的影响已经有一段时间了（Hurley，1952；Holland，1954；Nasdala et al.，2004），但直到最近才将这些影响与 He 扩散模型进行定量整合（Guenthner et al.，2013，2015；Powell et al.，2016）。

18.3 与独立数据整合

地球科学家采用各种技术来评估烃源岩的生烃能力。提取岩石所经历的热最大值的技术包括两大类：对有机物（包括某些化石）的测量和对矿物的测量。测量结果有助于确定可能产生了多少石油和什么类型的石油，确定烃源岩的潜力。有机质热参数的历史悠久，已经发展出了几种技术（图 18.1；最近的文献见 Harris 和 Peters，2012）。其中，最著名的是镜质组反射率和 Rock-Eval 热解参数 T_{max}。岩石热解是指在惰性气体中对岩石样品进行快速加热，从而排出现有的碳氢化合物，并对岩石中的干酪根进行热分解。大多数干酪根热解的温度（称为 T_{max}）已被证明是衡量成熟度的一个敏感和可预测的指标（Peters，1986）。随着样品的逐渐加热，热解温度会产生 T_{max} 峰，对应于油气生成量最大时的热解温度。T_{max} 是在煤油裂解过程中达到的，不应与地质温度相混淆，它可以帮助更好地了解样品的热成熟程度。

镜质组反射率依赖于镜质体的化学变化，镜质体是一种有机质矿物，来自存在于煤油中的植物木质组织。镜质组反射率（称为 R_o）是指从抛光的镜质体颗粒上反射出的入射光的百分比，它取决于样品的最高古温度和在该温度下持续的时间（Senftle 和 Landis，1991）。在沉积盆地中，随着埋藏深度的增加，R_o 往往会增加，通常被用于评价沉积岩中的有机质成熟度（Tissot 和 Welte，1978）。Sweeney 和 Burnham（1990）提出了 R_o 随温度和时间变化的动力学模型，结果表明温度对 R_o 的影响远大于时间。Sweeney 和 Burnham（1990）的 EASY%R_o 动力学模型主要基于热解实验；Nielsen 等（2015；盆地的 R_o）利用约束好的沉积层序对该模型进行了重新校准。Duddy 等（1991）指出 AFT 退火动力学（Laslett 等，1987）与 R_o 的动力学（Burnham 和 Sweeney，1989）相似，磷灰石给定的退火程度将与 R_o 的数值相同。例如，R_o 为 0.7%时大致与 Durango 氟磷灰石标样中所有裂变径迹的总退火有关（Duddy et al.，1994），但根据端员的加热/冷却速率有一些差异。R_o 测量的典型标准偏差为 10%，这取决于材料再循环、测量次数、油污、氧化、黄铁矿等因素。AFT 和 R_o 技术互为补充，因为 R_o 值随着加热历史的变化而变化，可以用来确定最大古温度，当温度大于裂变径迹的退火温度时，这一点特别有用。相比之下，AFT 数据对冷却最为敏感，但这两种技术都能提供样品的热历史信息，主要对中—古生代及更年轻的碎屑沉积物有用。

使用有机质确定热成熟度的其他方法包括孢子染色指数（SCI，Staplin，1969；Marshall，1991）和热蚀变指数（TAI，Batten，1996），它们测量同质多形体的颜色。在这些技术中，化学反应随着温度的升高而发生，导致材料颜色变深。一套标准的颜色已经被开发出来，用来分类样本，标准化为镜质组反射率（R_o）成熟度等级，包括牙形刺蚀变指数（CAI，Epstein et al.，1977）。现场和实验室数据已经证明，牙形刺经历了八种颜色变化的渐进和永久序列（即 CAI），记录的最高温度范围约为 50～550℃（Epstein et al.，1977；Harris，1979）。对牙形刺的扫描电子显微镜研究表明，在渐进的二元化和低级变质过程中，牙形刺可以经历磷灰石结晶尺寸的增大和形态变化（从六面体到四面体）。在 CAI 为 1—5 的情况下，这些变化主要局限于牙形刺表面，但在 CAI 为 5 以上时，可能会发生内部重结晶（Burnett，1988；Helson，1994；Nöth，1998）。值得注意的是，使用牙形刺作为（U-Th）/He 热年代学温标已有一些成功研究实例（Peppe 和 Reiners，2007；Landeman et al.，2016；Powell et al.，2018），与传统热年代学温标相比，牙形刺的优势在于该技术可以在石灰石中用作地温计。虽然 CAI 对牙形刺微观结构特征的作用是明确的，但这些变化如何影响母体同位素的分布和迁移率、He 扩散性和（U-Th）/He 年龄是未知的。其他较少使用的光学成熟度指标包括透射颜色指数（TCI，Robison et al.，2000）、尖晶石荧光（Obermajer et al.，1997）和有孔虫颜色指数（FCI，McNeil et al.，1996；McNeil，1997；Gallagher et al.，2004；McNeil et al.，2010，2015），它们测量有孔虫的有机胶结物的颜色变化。

在矿物内部反应速率的方法中，混合层黏土伊利石—蒙脱石通常被用来帮助确定成岩的程度（图 18.1）。Hower 等（1976）第一个记录了在一定温度范围内蒙脱石与伊利石反应的现象。据报道，伊利石在各种环境中形成，从土壤到深埋的沉积物。有证据表明，温度升高促进了伊利石的自生沉淀或伊利石—蒙脱石混合层（I/S）向伊利石的转化（两者都被称为伊利石化），这些证据来自实验工作以及有充分记录的地热机制（Frey et al.，1980）或深部热液循环导致的局部温度升高的地质研究（Lampe et al.，2001；Meunier 和 Velde，2004；Timar-Geng et al.，2004）。这一技术已得到应用，纳入了同位素地球化学中（Clauer 和 Lehrman，2012）。

18.4　采样策略

取样和样品大小通常受到基岩暴露、在穿越过程中携带样品和将样品运回实验室的物流以及钻探过程中提取的岩屑、岩心的限制。在可能的情况下，基岩样品应该是新鲜的，并在远离山脊顶部、远离雷击易发区，没有任何历史性森林火灾的地区收集，以避免任何热重置的影响（Mitchell 和 Reiners，2003；另见第 8 章，Malusà 和 Fitzgerald，2018）。污染是一个主要的关注点，岩石样品应该是干净的沉积物。对于基岩样品，约 10cm^3、0.5~1.0kg 块体通常足以用于统计热年代和热成熟度分析（镜质组反射率，Rock-Eval）。虽然粗颗粒样品可能会含有更大的副矿物，但小至 60μm 的颗粒大小将产生足够的晶体（见第 7 章，Malusà 和 Garzanti，2018）。对于细粒沉积岩，如页岩和泥岩，可能需要更大体积的样品才能获得足够的测试对象。锆石多见于过渡型岩体或长英质结晶岩，而磷灰石可存在于长英质到镁铁质岩石类型的范围内。石英岩的磷灰石含量通常较低，而多成因岩和富含岩屑的砂岩则更有可能含有磷灰石；在这两种端员中都会发现锆石。石灰岩和白云岩不含磷灰石和锆石，但碳酸盐序列通常与砂质单元交错，会产生这些矿物。膨润土，即火山灰层，对帮助重建盆地历史特别有价值，因为其锆石 U-Pb 结晶年龄提供了明确的地层年代学信息，其 ZHe 和 AHe 年龄，以及 AFT 年龄和长度记录了热演化历史。

从垂直横断面或钻探岩心采集到的样品数量可能受岩心或地质剖面的限制，也受到其他数据的限制。例如，R_o 可以确定最大的古温度，而且是一种成本相对较低的方法，因此建议每隔 250m 左右采样一次，以获得可靠的成熟度梯度，这取决于采样地质界面的厚度。这种采样密度对传统的 AHe 测年也有帮助，根据温度限制采样间隔，但如果还要收集磷灰石化学数据来确定 r_{mr0} 值，那么对于 AFT 分析来说可能会过于昂贵。在这种情况下，确定钻井样品的热成熟度将有助于帮助选择几个经历过显著退火和（或）热重置的典型 AFT 样品（通常 R_o 为 0.6%~0.7%或更高）。虽然从一口井中获得一系列样品是首选，但选择一个经过强烈退火并包括多动力学数据的样品仍然可以获得很多有用的热历史信息。这种样品就像具有不同退火温度的多个热年代学温标，可以提供复杂地质历史地区的多个热事件信息（Issler et al.，2005）。如果研究区域较大，还必须考虑对垂直覆盖与横向覆盖之间的权衡。

岩心是热年代学研究中最理想的钻井样品，因为污染最小，深度控制准确，但岩心在石油勘探过程中很少收集。钻井岩屑很常见，但只有在部分特定深度间隔收集并在钻井后保留，所以为了获得足够的样品，最好在钻井期间收集热年代学样品。钻井后岩屑的取样受地层、岩性和温度变化的影响，矿物颗粒可能要在较大的深度区间内进行组合。此外，钻井过程中钻井液添加剂（如膨润土）和来自不同地层的岩石碎片通过井眼塌陷和钻井过程中的岩屑再循环可能会污染岩屑。AFT 年龄、长度与深度趋势异常的热年代学数据表明钻井液的污染。例如，加拿大 Beaufort-Mackenzie 盆地 Taglu West H-06 井底附近 4100m（110℃）的显生宙岩屑（Issler et al.，2012）中含有一些磷灰石颗粒，其 AFT 年龄为 608Ma，平均长度为 12.9μm。这些 AFT 参数与观察到的该深度富铁磷灰石群的 AFT 年龄（38Ma）和平均长度（11μm）不一致。这两个群具有相似的 r_{mr0} 值，但较老的 AFT 群具有较高的 Ce、Sr、S 和 Na 含量，表明磷灰石的来源不同，很可能是钻井液添加剂。除非涉及明显不同的地层单位，否则由于塌陷和岩屑再循环造成的污染可能更难识别。在 Norman（加拿大西北地区；Issler 和 Grist，2008b）以南的 Mackenzie 山谷地区钻探的一口井，记录了泥盆系岩屑被上覆的白垩系沉积物污染的情况。证据包括白垩系古生物、富含有机物的页岩和砂岩与泥盆系 Imperial 组的细粒砂岩和泥岩混合。对元素数据统计分析表明，泥盆系样品中的一部分磷灰石与上覆的白垩系磷灰石具有相同的化学成分，这些信息可以用来忽略污染矿物颗粒。

磷灰石和锆石通过使用颚式破碎机与筛选交替进行破碎，从整块岩石或碎片中分离出来（见第 2 章，Kohn et al.，2018）。需要注意不要过度粉碎（或重新粉碎）样品，这可能会产生碎粒。另外，SELFRAG©技术允许使用高压电脉冲沿天然矿物边界自然晶界剥离矿物。它还允许在没有污染的情况下进行可控性地粉碎。水可用于提供第一级基于密度的液体分离，然后是磁性和重液密度分离。而裂变径迹定年可以利用整个或部分颗粒进行测年，（U-Th)/He 定年的宽容度要低一些，仔细选择包裹体和无裂缝的完整度较高的晶体是最好的做法。这一点很重要，因为如果整个晶粒内的^{4}He 分布不均匀，由于热扩散导致的部分损失，矿物碎片都会产生彼此不同的年龄和与整个晶粒年龄不同的年龄（Brown et al.，2013）。

磷灰石裂变径迹分析中使用的颗粒数量没有一般的准则，因为它取决于每个样品的性质。虽然 50~100 粒可能是一个理想的情况，但大多数实验室通常分析 20 个年龄粒，并尝试测量 100 个封闭径迹的长度（Donelick et al.，2005；Galbraith，2005）。这对于火成岩常见的单一均匀磷灰石群分析可能是足够的，但对多物质来源的碎屑岩样品，则需要更多的年龄和长度测量。具有丰富裂变径迹分析经验的实验室，如一些大的商业实验室（Apatite to Zircon，Inc.；GeoSep Services，LLC)，一般为每个沉积岩样品提供 40 个 AFT 年龄和 150~200 个封闭径迹长度的测量。这对于具有两个或三个统计动力学群的典型沉积样品来说通常是足够的。裂变径迹胶埋样品可以通过 LA-ICP-MS 或 EMPA 技术进行矿物化学分析。对于（U-Th)/He 方法，热年代学界尚未就可靠数据所需的每块岩石的合适分析次数达成一致。一项研究分析的晶体数量取决于要解决的科学问题，以及为项目分配的时间和预算。对于结晶岩来说，每块岩石 5~6 个单颗粒分析越来越常见，尽管有些调查仍然只报告每块岩石 2~3 个单晶体。对于碎屑岩样品，每块岩石至少应进行 10~15 个单晶体分析，特别是如果样品具有较宽的年龄谱。一些研究已经成功地利用破碎的磷灰石进行 He 定年（Brown et al.，2013；Beucher et al.，2013)。目前面临的挑战是如何采集具有代表性的年龄数据的样品，使研究人员能够评估年龄、化学和大小的相关性，以便为成功模拟提供必要的数据。

18.5　热史模拟

裂变径迹在地质时间内的持续形成和退火意味着观察到的 AFT 年龄和径迹长度分布包含了样品的热历史记录（见第 3 章，Ketcham，2018）。此外，在理解辐射损伤对磷灰石和锆石中 He 保留的影响方面取得的进展表明，来自单个样品的（U-Th)/He 年龄—eU 分散取决于该样品所经历的热历史（Shuster et al.，2006；Flowers et al.，2009；Guenthner et al.，2013；Powell et al.，2016)。因此，He 年龄及-eU 数据的模拟可用于分析可能的热历史范围（Flowers et al.，2009；Guenthner et al.，2013，2014；Powell et al.，2016)。正演模拟涉及从建议的时间—温度路径中，定义模型的参数值，包括基于实验室的 AFT 退火动力学和（或）AHe 扩散和辐射损伤参数，预测 AFT 的年龄、长度和 AHe 年龄。正演模型可用于检查时间—温度路径是否为测量的热年代学数据提供了合理的解释，也是预测和了解热历史对 AFT 年龄和径迹长度分布，或对 He 年龄和 eU 分散的影响的有用方法。虽然正演模型可以受独立地质数据的约束，但它们并不能提供唯一的时间—温度解决方案，只能代表可信的时间—温度候选方案。反演模型涉及使用观测到的时空数据（AFT 年龄、长度、AHe 年龄）来推断模型参数值。在大多数实例下，AFT 退火动力学和 AHe 扩散动力学固定参数，而时间—温度路径则由模型调整，使计算出的 AHe 年龄和 AFT 年龄、长度与测量的热年代学数据相匹配，在规定的统计误差范围内。反演模拟可以更彻底地探索潜在的演化历史，对我们利用测量数据解析温度历史的能力提供了更真实的评估。现今的样品条件和任何已知的独立地质控制因素（如不符合性、埋藏事件、沉积年龄、有机成熟度）也被应用于约束反演模拟过程。通常，利用蒙特卡洛模拟法可以找到最佳的拟合时间—温度路径和一系列良好可接受的温度演化路径（Gallagher，1995；Willett，1997；Issler et al.，2005；Ketcham，2005）。

如同 FT 长度的广泛或双峰分布表明样品在裂变径迹部分退火带内的温度下停留过一样，(U-Th)/He 年龄与 eU 浓度的相关性表明样品在 He 部分保留区内的温度下停留过。这种年龄不能简单地解释为样品通过热年代学温标的封闭温度时所经过的地质时间。数值模拟是分析缓慢冷却的样品或在 PAZ/PRZ 中停留了相当长的时间（相对于其年龄）并具有部分重置年龄的样品热历史的唯一方法。由正演模拟计算出的年龄和由反演模拟确定的时间—温度路径能有助于理解真实的 He 和 FT 年龄，但应谨慎解释。模拟结果取决于制约退火和扩散的动力学参数。虽然正演和反演模拟都基于大量的退火和扩散研究（如 Green et al.，1986；Laslett et al.，1987；Duddy et al.，1988；Green et al.，1989b；Wolf et al.，1998；Ketcham et al.，1999，2007a，b；Farley，2000，2002；Barbarand et al.，2003；Reiners et al.，2004；Shuster et al.，2006；Flowers et al.，2009；Guenthner et al.，2013），但模拟的解决方案并非唯一。虽然模拟可以用来检验给定的地质假设，但对其应用需要谨慎——任何新的假设都应该基于（良好的）数据，对热历史的任何修改和完善都应该满足数据和地质约束条件及基于加热或冷却速率的差异。

早期的反演模拟采用单成分的 AFT 退火动力学，并采用各种随机优化和蒙特卡洛技术从 AFT 数据中获取热历史信息（Corrigan，1991；Lutz 和 Omar，1991；Gallagher，1995；Willett，1997）。然而，这些模型已经被多动力 AFT 退火的新模型所取代。AFTSolve 软件（Ketcham et al.，2000）是广泛使用的 HeFTy 软件（Ketcham，2005）的前身，是第一个为多动能 AFT 数据的正演和反演模拟而开发的计算机软件。较新的 HeFTy 软件（Ketcham，2005）可用于多动力 AFT 和 AHe 数据的正演和反演模拟，并被热年代学界广泛使用（见第 3 章，Ketcham，2018）。AFTINV（Issler，1996）最初是作为 Willett（1997）的反演模型的用户友好版本开发的，现在已经被广泛升级以处理多动力 AFT 数据（Issler et al.，2005）。AFTINV 与 AFTSolve 和 HeFTy 有许多共同点，包括 Ketcham 等（1999）的多动力方案，但在如何构建热历史和如何应用地质约束方面有所不同。QTQt 模型（Gallagher，2012）使用贝叶斯跨维马尔科夫链蒙特卡洛方法从多种类型数据（AFT、U-Th/He、$^{40}Ar/^{39}Ar$）的组合中提取热历史信息，它具有正演和反演模拟的能力。与 HeFTy 不同的是，该模型使用数据来确定模型参数（即时间—温度点、动力学参数），并受到用户的约束。Vermeesch 和 Tian（2014）比较和讨论了 HeFTy 和 QTQt 模型的优缺点。虽然大多数模拟软件都是针对单个样品，但一些模拟已被设计成处理沿垂直剖面收集的多个样品（Gallagher et al.，2005；Gallagher，2012；Ketcham et al.，2016）。Braun 等（2006）讨论了模拟方法，实现了对热年代学数据在不同构造环境下的地球内部传热过程中的准确解释。

18.5.1　多动力学的磷灰石裂变径迹模拟

图 18.5 说明了多动力学磷灰石裂变径迹模拟对石油勘探的应用，该图显示了图 18.2 和图 18.3 所示的 Ellice O-14 岩心样品对应的磷灰石裂变径迹数据的 AFTINV 热模拟结果。在地质约束下随机生成温度历史，以获得一组统计学上可接受的热演化路径，计算出的 AFT 年龄和长度在规定的统计误差内，且与观测到的 AFT 数据相吻合。初始温度约束范围是根

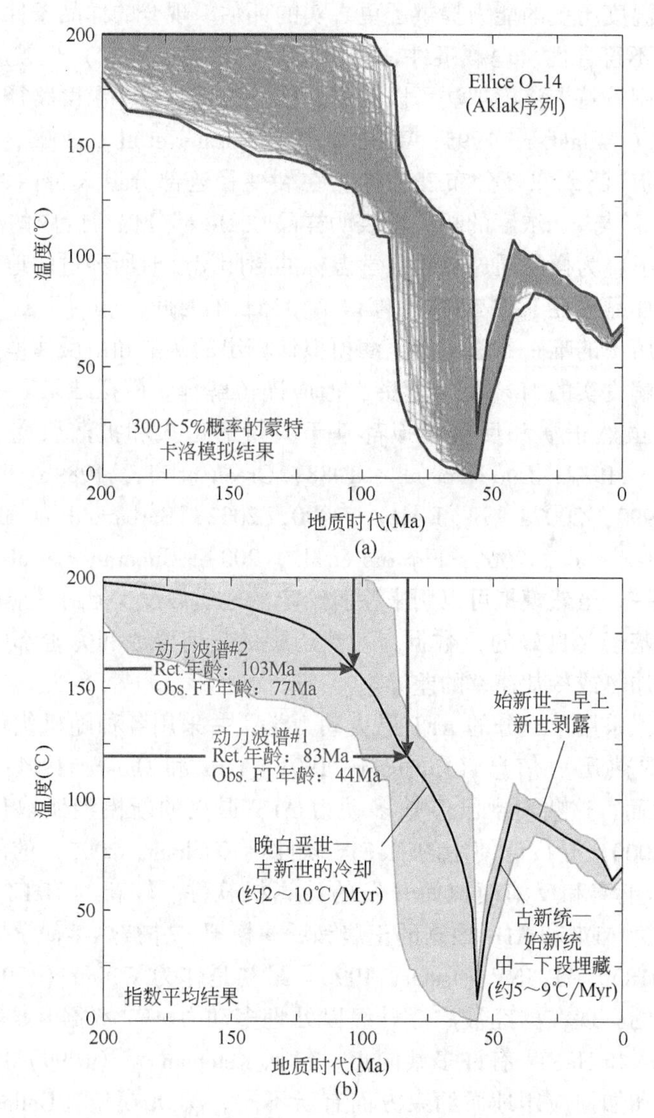

图 18.5 （a）图 18.2 和图 18.3 中 Ellice O-14 样品的 AFTINV 热模拟结果显示了由 300 个蒙特卡洛解确定的可接受热史轨迹范围；（b）指数中值热历史（粗体曲线）为 AFT 数据提供了很好的拟合路径，表现为磷灰石在快速埋藏后经历了快速冷却（受更多的富铁动力群的限制）和较慢的稳定冷却（受 F-磷灰石群的限制），模拟获得的年龄是理论年龄，标志着径迹长度大于 2 μm 时的保留时间

据样品的属性和地质信息（沉积时间、是否存在热异常、热成熟度）来定义的，用户给定适用于这些温度范围内的加热和冷却速率的约束。在时间和温度限制的前提下，通过从随机选择的初始点加热或冷却（到下一个点的角度），向前和向后生成热力历史。根据计算和观测到的 AFT 和 R_o 值之间的不匹配程度，使用 Willett（1997）和 Ketcham（2005）中描述的组合函数方法对模拟结果进行分析。利用 Kolmogorov-Smirnov（KS）统计法（如 Miller 和 Kahn，1962；Press et al.，1992）确定径迹长度分布，计算的 AFT 年龄必须在观测年龄的两个标准差之内。概率为 5%时，提供了对已给定的地质假设的检验，即实测数据和模拟结果

是相同的。当一组统计学上可接受的蒙特卡洛解（通常为 300 个）积累到一定程度时，模型就会收敛［图 18.5(a)］。根据模型的复杂程度，收敛到 300 个可能性结果需要数千到数百万次的迭代。由于数据不是最佳的，而且会随着测量次数的变化而变化，所以没有试图找到与数据的最佳拟合。然而，按照 Willett（1997）的做法，300 个可能性结果的指数平均值被视为具有代表性的良好拟合结果［图 18.5(b)］。

对这两个动力学群的模拟结果与磷灰石源区快速剥蚀和冷却历史是一致的（图 18.5）。热史模拟获得的最佳演化历史路径对应的 AFT 计算年龄表明，当温度在 100Ma 冷却到 160℃以下时，富铁磷灰石群开始保留径迹，而氟磷灰石群在 80Ma 温度低于 120℃时才开始保留径迹。由于径迹的部分退火与持续冷却和随后的再热，这两个群的 AFT 年龄明显年轻。在沉积之后，模拟结果显示古近纪中—晚始新世的快速加热与三角洲沉积物的快速埋藏有关，然后与新生代晚期的剥露有关的较慢稳定冷却（图 18.5）。最后一个阶段的加热尚未明确，因为上新统-更新统地层很薄，而且这一时期北极地区的地表温度变化很快。退火程度较低的富铁 AFT 动力学群保留了沉积前剥露历史的信息，而退火程度较高的氟磷灰石群对沉积后的热历史部分更为敏感。

图 18.6 显示了图 18.4 中 6 个 Ellice O-14 磷灰石裂变径迹岩心样品的模拟结果。虽然每个样品都是独立模拟的，但它们显示出类似的热历史，这些热历史在地层年龄（时间—温度拐点的变化）和温度与成熟度方面是不同的。热历史的一致性可能与统一的约束条件有关，但也与样品一致的动力学参数有关。这表现在氟磷灰石（0~0.05 apfu）和富铁磷灰石（0.19~0.23 apfu）动力学群的有效 Cl 值范围较窄，以及计算出的模拟温度具有一致性（图 18.6）。最深的样品（R_o=0.64%）的氟磷灰石群具有最低的有效 Cl 值（0.005 apfu），该 AFT 群的热重置被年轻的年龄（约 36Ma）所证明。正如预期的那样，最深和退火程度最高的 AFT 样品显示出更好的新生代热峰，提供了对最大埋藏温度的时间和幅度的最佳约束。

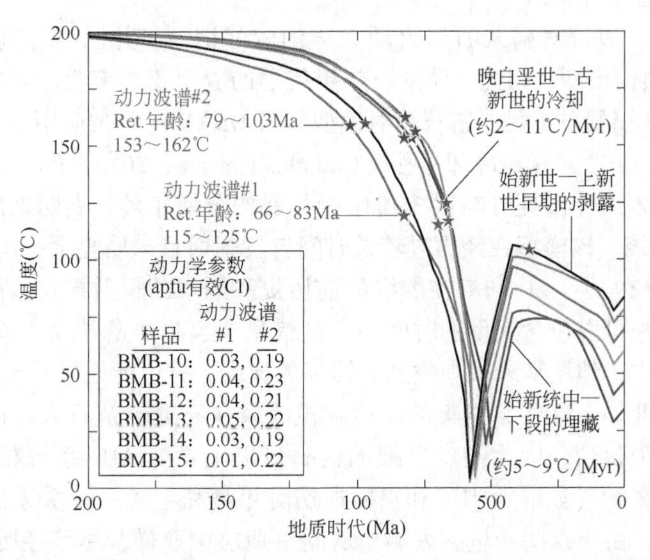

彩图 18.6

图 18.6　图 18.4 中 6 个 Ellice O-14 岩心样品对应的指数平均热历史

虽然是单独建模，但由于动力学参数和地质约束相似，所有样品都产生了相似的热历史。需要注意的是，随着 AFT 退火程度的降低，对最高温度时间的分辨率也会降低

Ellice O-14 的例子清楚地说明了对多动力学 AFT 数据进行适当的解释和模拟的重要性。不同的 AFT 动力学群可以被视为对热历史的不同部分敏感的独立热年代学温标，这对解决复杂地质区的热历史恢复有重要的作用。Issler 等（2005）采用多动力 AFT 热年代学研究了加拿大北部 Mackenzie 走廊地区一口石油探井的热历史，该地区是勘探成功率有限的油气前沿地区。测试的一个钻井样品来自泥盆系，结果显示有两个统计 AFT 群，一个是氟磷灰石（0.055 apfu Cl），一个是较高保留率的磷灰石群（0.21 apfu Cl）。该样品的动力学参数与 Ellice O-14 样品的动力学参数非常相似，说明这两个 AFT 群的退火温度相差几十度。模型结果表明，早三叠世—中侏罗世泥盆纪烃源岩温度峰值（约 125℃），早于晚白垩世—新生代构造圈闭的发育。氟磷灰石群所记录的新生代峰值温度（约 100℃）不足以使泥盆系源岩再次生烃—排烃。中生代加热使氟磷灰石 FT 群热重置，但保留性更强的 AFT 动力学群保留了早期高温事件的记录。

18.5.2 (U-Th)/He 模拟

磷灰石中的 He 扩散是晶体受到辐射损伤的体积函数，这一数量在磷灰石的存在期内会发生变化，并且 He 扩散率随着损伤的增加而降低（Shuster et al.，2006；Flowers et al.，2009；Gautheron et al.，2009；Shuster 和 Farley，2009）。这被解释为 He 在损伤区的优先分区（捕获）的结果，阻碍了扩散。这种关系表现为 AHe 年龄与有效铀（eU）之间的正相关关系，而有效铀（eU）在经历过共同的时间—温度（t-T）历史的样品中，是辐射损伤相对程度的代表。辐射损伤累积和退火模型（RDAAM；Flowers et al.，2009）及其变体损伤增强动力学扩散模型（Gautheron et al.，2009）采用有效的裂变径迹密度作为累积辐射损伤的替代物。该代替方法包含了与 U 和 Th 衰变产生的 α 产物成比例的晶体损伤的产生，以及由 FT 退火动力学控制的这种损伤的消除。它还可以解释至少在某些情况下，(U-Th)/He 年龄实际上比相应的裂变径迹年龄大。

由于其较低的 T_c，以及对磷灰石退火动力学的较好记录，并已延伸到磷灰石在（U-Th)/He 领域的辐射损伤模型，因此，磷灰石热年代学的应用相当广泛。对辐射损伤如何影响锆石中 He 扩散的认识稍显不足。锆石辐射模型（ZRDAAM）已被应用于分析新元古界地层贯穿上地壳的持久（100s/Ma）冷却过程（Guenthner et al.，2013；Powell et al.，2016）。这些较老岩石的单晶 ZHe 年龄拥有高达 350Ma 的样品内分散年龄，表明地层没有被充分加热以完全重置 ZHe 系统。该模型在经历过较长时间自发辐射且未明显退火的样品中最有用。由于锆石群体中的晶粒大小、eU 和潜在的沉积前历史和继承的辐射损伤范围很广，部分到完全重置的碎屑数据集可以包含大量的时间—温度信息。这些变量导致了单一样品中 T_c 的宽频谱，在构造环境中，地层从未被埋藏到足够高的温度，有可能记录下比最近一次的热事件更多的地质信息。此外，这些数据集的模拟在没有磷灰石或磷灰石太小而无法进行 AHe 分析的地层中具有附加价值，因为高度受损的锆石可以记录与 AHe 系统相似的冷却历史。然而，沉积前历史的影响（如继承 4He 和辐射损伤对年龄和年龄—eu 关系的影响）使这些数据的解释变得复杂。由于这些变量的影响，从同一地层中取样，尽管经历了相同的热史，但如果地层具有不同的晶粒大小或物源，就会产生不同的 ZHe 年龄群。基于这些原因，我们认为需要进行详细的热史模拟，以了解数据集所显示的可能的地质历史。我们不建议只从样品中选择最年轻的年龄或平均（U-Th)/He 年龄，因为这些方法没考虑到（U-Th)/He 系统的复杂性，有可能已排除了不明显但可能存在的地质情况。在这个程度上，如果地层没有被埋藏到足够的温度以完全恢复以前的热程度，那么使用垂直剖面法来评估冷却年龄的抬升率会产生不准确的地质结果。作为一种替代方法，分析来自单个样本中更多矿物颗粒和来自统一地质背景的更多样品数据的组合是解决上述问题的最好方法（Guenthner et al.，2013；Powell et al.，2016）。我们认为，这种策略恰当地承认了该技术中的错误和假设，并提供了关于一个地区热历史的有意义的信息。

在一个多动力 AFT 和 AHe 定年的例子中，Powell 等（2017）研究了加拿大西北地区 Mackenzie 平原的上白垩统 Slater River 组地层。由于有机物含量高，且存在适当的岩浆热作用，该组有可能成为区域油气的源岩。该研究考察了一个盆地基底单元，以了解 Slater River 组晚白垩世经历的埋藏时间和规模。此外，还采用 LA-ICP-MS 和 EPMA 方法分析了磷灰石的化学性质，并利用这些数值推导出 AFT 动力学参数 r_{mr0}。AFT 年龄和径迹长度，分别为（201.5±36.9）Ma～（47.1±12.3）Ma 和 16.8～10.2μm，单晶 AHe 年龄为（57.9±3.5）Ma～（42.0±2.5）Ma，eU 浓度为 17.3～35.6ppm。AFT 数据与动力学参数 Dpar 没有数值关系，并且没有通过 χ^2 检验，表明这些数据不属于一个有统计意义的单一群体。然而，当与 r_{mr0} 值作图时，数据被分离成三个具有不同径迹长度分布的统计学意义的动力学群体，即（154.3 ± 10.2）Ma、（89.0 ± 3.7）Ma、（53.5 ± 6.5）Ma。多动力学 AFT 和 AHe 数据集的反演热历史模拟揭示，Slater River 组在马斯特里赫特阶至古新世之间达到约 65～80℃ 的最高埋藏温度，表明烃源岩最多成熟到油气生成的早期阶段。Powell 等（2017）的研究强调了 AFT 热年代学中动力学参数选择的重要性，因为 Dpar 测量值和不进行氟测量而计算的 r_{mr0} 值都无法解释 F-OH 磷灰石数据集中所认识到的 AFT 年龄分散和径迹长度分布。磷灰石的化学性质也会对 AHe 系统中的 He 扩散产生影响，因为它控制了辐射损伤在磷灰石中的退火温度。整合 AFT 和 AHe 热年代的研究应考虑这些影响，否则热历史模型的结果可能与目前对磷灰石退火和扩散动力学的理解不一致。

18.6 小　结

FT 和（U-Th）/He 系统已被证实为盆地热史分析的强大但具有挑战性的工具，因为它们往往具有独特的潜力，可以发现有关温度的地质信息。整合这些低温热年代学温标对了解含油气地区的热结构及其演化有潜在的用途。沉积区钻孔的年龄—深度剖面提供了盆地埋藏和剥露的时间和幅度的信息。如果冷却和剥露与构造直接相关，它们也制约了变形的时间，而变形又可能对油气运移和聚集产生影响。同样明显的是，尽管最近取得了进展，但低温热年代学仍面临着重要的挑战。上面所讨论的两个系统通常都表现出年龄分散性，超出了技术的分析不确定性。如果对样品进行仔细和适当的定性分析，特别是矿物化学和辐射损害方面的定性判断，就可以获得更丰富和有效的数据集。

揭示含油气区域的热历史的工具和手段正在不断增加，并且进展迅速，特别是数值模拟方面。目前不少学者正在开发一些新的低温测年方法，用于沉积盆地，包括方解石（Copeland et al.，2007；Cros et al.，2014；Pagel et al.，2018）和化石，如牙形刺（Peppe 和 Reiners，2007）和海百合类（Copeland et al.，2015）。这些都是特别令人期待的，因为现有的技术手段较难对以碳酸盐岩为主的盆地进行热年代学分析。此外，在获取同位素数据方面的技术也在进步，目前已可以在单晶体上进行原位（U-Th-Sm）/He 和 U-Pb 的综合测年（Evans et al.，2015；本书第 5 章，Danišík，2018），以获得碎屑矿物的双定年数据，这将有利于沉积物来源及其之后循环研究以及油气勘探应用。在数据解释和数值模拟之前，提出适当的科学问题将有助于确定实施哪些技术。虽然本章概述的例子主要针对沉积盆地的常规油气勘探，但低温热年代学方法也同样可以应用于非常规油气系统的勘探工作中。

致谢

感谢编辑撰写本章的邀请，感谢 A. Gleadow 和 M. Zattin 的建设性评论，这有助于更好地表达我们的想法。本研究中涉及的 AFT 分析是由 Dalhousie 大学的 Sandy Grist 博士完成的。Beaufort-Mackenzie 研究受到以下公司的资助：Anadarko Canada Corporation，BP Canada Energy Company，Chevron Canada Limited，ConocoPhillips Canada Resources Corporation，Devon Canada Corporation，EnCana Corporation，Imperial Oil Resources Ventures Limited，MGM Energy Corporation，Petro-Canada（现已更名为 Suncor），Shell Canada Limited，Shell Exploration and Production Company，the Program of Energy Research and Development（PERD），and Natural Resources Canada（资助编号为 20170139）。

第19章　低温热年代学在造山系统地貌学中的应用

Taylor F. Schildgen，Peter A. van der Beek

摘　要

过去几十年来，由于高分辨率数据不断增加和计算能力的提高，以及认识到成因地形在耦合深地和地表过程中发挥着核心作用，成因地貌演变一直是人们重新关注和加速发展的研究主题。低温热年代学在这一学科的复苏中占据了核心地位，因为它使我们能够将定量的地貌学与剥蚀作用的空间和时间模式联系起来。特别是，从热年代学数据中得出的百万年时间尺度的岩石冷却速率已经被用来重建岩石剥蚀历史，检测公里尺度的地貌变化，并记录地貌的横向变化。本章回顾了确定剥蚀历史的经典方法如何促进我们对地貌演变的理解，并强调了过去十年中开发的量化地貌变化的新方法。讨论了如何通过低温热年代学记录侧向吸积成岩的吸积模式，以及如何应用这些数据推断吸积速度的时间变化，为地形发展提供间接约束。随后，回顾了最近的研究，这些研究旨在量化河流切割、冰川对地貌的改变以及与山脉分界线位置的变化有关的地貌发展和改变。本章还指出，对一些数据集的解释是非唯一性的，强调必须了解可能影响地貌形态的所有过程，以及每一个过程如何影响热年代学年龄的空间模式。

19.1　简　介

了解地形的发展不仅有助于重建造成地貌发展的地球动力学和地表过程，也是正确解释地层记录、物种分化模式和区域—全球古气候变化的最重要要求之一（Ruddiman，1997；Crowley 和 Burke，1998）。尽管其重要性显而易见，但一些最常见的重建古地形图的技术，涉及从古植物学或稳定同位素比率的变化重建古温度的变化，其分辨率有限，后者尤其需要详细了解空气循环模式、同位素在空间和时间上的推移率、大陆蒸腾（蒸发）和蒸汽循环（Mulch，2016）。此外，尽管这些方法可以帮助揭示高地形的存在，但它们通常不提供关于整个地貌的海拔分布（即减小）的信息，如可能由河流或冰川创造。低温热年代学是对这些方法的补充，并可能提供一些优势。低温热年代学虽然不能直接制约古高程，但可用于：（1）解决百万年时间尺度上岩石冷却速度的变化，这可以用岩石剥蚀来解释，并可间接制约地形发展（Montgomery 和 Brandon，2002）；（2）探测千米尺度的地势变化；（3）记录地势的横向移动。

低温热年代学在地貌学领域最常见的应用之一是测试侵蚀/剥蚀速率的变化，这通常与气候、抬升率和地形的变化有关。但剥蚀速率的变化通常与地形地势的变化有关，因此很难将两者分开。尽管近几十年来人们已经意识到地势变化对低温热年代学温标的影响（Stüwe et al.，1994；Mancktelow 和 Grasemann，1997)，但只是在过去的十年中才出现了一些量化地势变化的新方法。这些地势变化包括河流切割、冰川对地貌的改造以及与山脉分界线位置有关的变化。由于热年代学温标的空间分辨率通常限于千米级，而时间分辨率则限于百万年级，因此热年代学温标数据对于辨别在成因或成因后环境中发生的地貌长期变化最为有效。

本章回顾了确定剥蚀历史的经典方法如何促进我们对地貌演变的理解，并强调了量化地貌变化的新方法。在每一种情况下，一系列不同的取样方案都提供了有用的信息(图 19.1)：基岩样品是在横断面上采集的，这些横断面以非常陡峭的方式[图 19.1(b)，

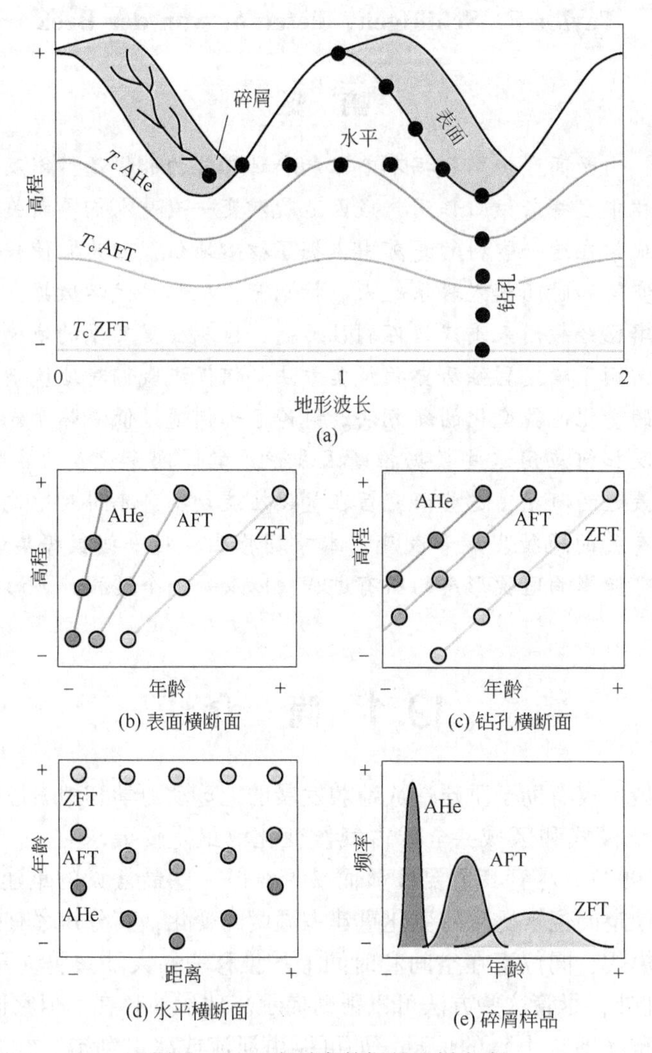

图 19.1　温度时序数据的取样方案

(a) 各种地表和地下取样方案的说明。黑色实心圆圈为采样点。T_c 为相关热时系统的闭合温度。AHe—磷灰石(U-Th)/He；AFT—磷灰石裂变径迹；ZFT—锆石裂变径迹。(b) 陡峭高程地表横断面的年龄—高程图。对于(a) 所示的热结构，ZFT 数据的斜率提供了正确的剥蚀率，而 AFT 和 AHe 数据的斜率则高估了剥蚀率（见19.2.2.2)。(c) 钻孔样品的年龄—高程图，如果热结构随着时间的推移是稳定的，则每个热时系统提供了正确的剥蚀率。(d) 水平横断面样品的年龄—距离图，它反映了样品穿过横断面时 T_c 等温线的倒置形状。(e) 碎屑样品的年龄—频率图，说明了来自源区内一系列高程的材料所产生的年龄分布。注意 PDF 的宽度与 (b) 所示的年龄范围相当。(a)—(d) 部分修改自 Braun 等 (2012)，经 Elsevier 许可转载

(c)] 或以近水平的方式[图19.1(d)] 穿越地形，其距离要么是局部的，要么是横跨一个起源的宽度。从整个地貌中的现代河流沉积物和年代久远的沉积地层断面中收集了碎屑样本[图19.1(e)]。前人的研究（如Braun，2005；Spotila，2005；Braun et al.，2006；Reiners和Brandon，2006）已经为其中许多技术奠定了基础。在此，我们将重点研究利用低温热年代学温标中对过去热结构和侵蚀模式的记录来研究造山系统的地貌发展。

19.2 低温热年代学的剥蚀历史

在挤压造山系统的尺度上，地壳物质涌入系统的构造（增生）导致地壳增厚，地表均衡抬升和地形起伏增加。由于侵蚀速度往往随着坡度的增加而增加（Ahnert，1970），因此地形起伏预计会增加，直到通过侵蚀而离开系统的物质流量与构造涌入量相符为止(Jamieson和Beaumont，1988)。在成因环境中，对这一概念的重要改进是“阈值山坡”的概念，即尽管与滑坡频率有关的侵蚀速度进一步增加，但仍可达到强度受限的最大坡度(Larsen和Montgomery，2012)。这一概念最初由热年代学数据得出的平均坡度和侵蚀率之间的非线性关系（Burbank et al.，1996；Montgomery和Brandon，2002）所说明。此后，这一概念得到了来自宇宙核素的流域平均侵蚀率的支持（Binnie et al.，2007；Ouimet et al.，2009)。

如果增生通量保持不变，地形也可能相对稳定，在岩石抬升速度较快的地区，较陡的坡度使侵蚀速度加快（Willett和Brandon，2002)。在这些条件下，也应达到剥蚀稳定状态，反映岩石剥蚀到地表的速度和途径（Willett和Brandon，2002)，如图19.2所示。因此，地形和剥蚀稳态大概是密切相关的。在下面的例子中，我们将说明从热年代学数据中得出的剥蚀历史如何被用来推断稳态地形或上升速度的变化和地形的演变。

19.2.1 横向堆积型岩浆的剥蚀模式

热年代学温标年龄在整个过程中的空间分布有助于揭示是否已达到剥蚀稳定状态（Batt和Braun，1999；Willett和Brandon，2002)。通过挤压造山系统的物质，其径迹受增生方向和地表侵蚀模式控制（图19.2)。通过吸积通量进入系统的物质将被加热到取决于其径迹深度的温度，然后在接近地表时被冷却。在侧向吸积的造山带中，达到最大深度的物质往往出现在中心附近，或者向造山体的后方偏移（与吸积侧相反；图19.2)。物质途径的这一特征意味着，当一个造山体达到剥蚀稳态（剥蚀速率和模式不变）时，不同的热年代学温标将显示出明显的复位年龄模式，较高温度的热年代学温标只在揭示最深剥蚀途径的区域复位，而较低温度的热年代学温标则显示出较宽的复位年龄区域。总的来说，这形成了高温复位年龄区连续嵌套在低温复位年龄区的模式(图19.2)。

有几项研究利用压缩成因系统的这一特征来测试剥蚀稳态。Batt和Braun（1999）利用新西兰南部阿尔卑斯山的嵌套年龄模式和热建模（另见第13章，Baldwin et al.，2018）来说明物质从西向东穿越造山的情况，并表明该系统接近或处于稳定状态。华盛顿州西北部卡斯卡迪亚楔的年龄嵌套模式(Brandon et al.，1998）被认为存在通量稳态，但还没有达到剥蚀稳态，因为重置年龄区还没有到达造山的东北边缘（Batt et al.，2001)。在台湾也是如此，Liu等（2001）和Willett等（2003）发表的重置锆石（ZFT）和磷灰石（AFT）裂变径迹年龄的模式被用来论证山脉中部处于剥蚀稳态。然而，由于碰撞向南传播，整个山脉尚未

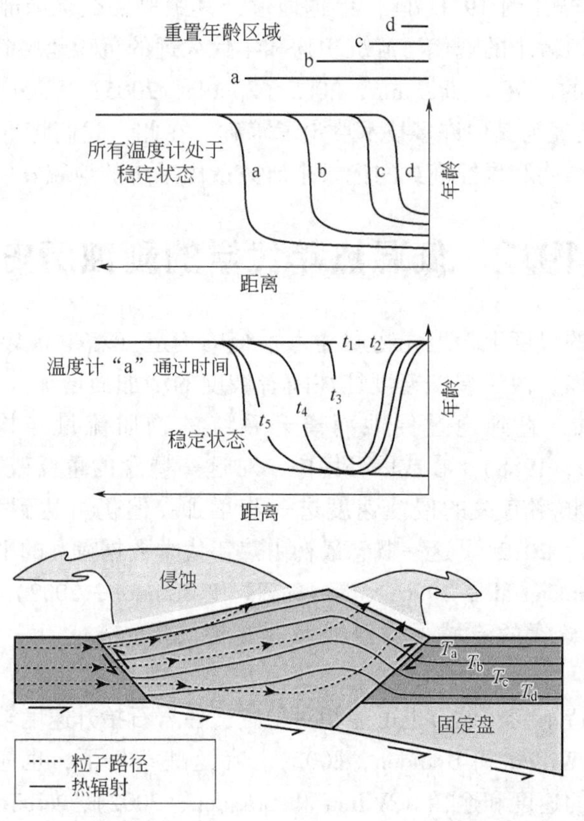

图 19.2　造山带剥蚀与热年代学年龄关系（Brandon，2002）

T_a—T_d 为每个温度计的关闭温度。将样品带到它们各自的闭合等温线以下的折返路径导致了表面的重置年龄，这比没有通过闭合等温线的样品要年轻得多。注意，闭合温度较低的温度计时器显示造山带的重置年龄分布较广，其中嵌套了温度较高的温度计时器的重置区域

达到稳定状态，导致南部的稳定状态区缩小并最终消失（Willett 和 Brandon，2002；Willett et al.，2003）。

在较小的空间尺度上，包括在单个断层—弯曲褶皱上，也证明了侧向岩石平移对形成不对称地形和控制剥蚀历史的重要性（Miller et al.，2007）。Whipp 等（2007）在喜马拉雅山前线展示了侧向岩石挤压与侵蚀速率的空间变化是如何解释 AFT 数据的复杂模式的。此后，许多研究利用喜马拉雅的热时数据重建了跨越单个结构和（或）具有双联结构坡道的剥蚀历史（Robert et al.，2009；2011；Herman et al.，2010；Landry et al.，2016；van der Beek et al.，2016）。

19.2.2　确定剥蚀历史

虽然获得冷却年龄的广泛空间分布对评价一个成因的剥蚀“状态”是有效的，但也可以从空间上更有针对性的样本集中获得有用的信息。在本章中，我们回顾了基于多个热年代学温标和较短期侵蚀率数据、年龄—高程断面、碎/屑热年代学的各种方法推导出剥蚀历史（另见第 9 章，Fitzgerald 和 Malusà，2018；第 10 章，Malusà 和 Fitzgerald，2018b）。需要注意的是，从热年代学得出的剥蚀率不是直接测量的（见第 8 章，Malusà 和 Fitzgerald，2018a），而是通过冷却年龄和假定的地壳热结构推断出来的。因此，我们讨论了几个复杂

的问题，这些问题会使我们在没有热建模的帮助下难以得出准确的剥蚀率。

19.2.2.1　多个热年代学温标的剥蚀历史

如 19.2 节所述，地形稳定状态和剥蚀稳定状态通常被认为是相关联的（Willett 和 Brandon，2002）。因此，从多个热年代学温标得出的剥蚀历史通常被用来测试地形稳定状态。Matmon 等（2003）在研究烟山（美国）时，不仅用低温热年代学温标，而且用宇宙核素和沉积物产量重建了剥蚀历史，以证明在 $10^8 \sim 10^2$ 年的时间尺度上有类似的剥蚀率。据此认为，山脉地形的这种明显的长期性是由于加厚的地壳根部在近 2 亿年的时间里对侵蚀作出了等静力反应的结果（Matmon et al.，2003）。然而，即使在后成因环境中持续稳定的剥蚀，也可能发生地形的变化。在中国东部大别山内，Reiners 等（2003b）利用 AFT、ZFT 和磷灰石（U-Th）/He 数据（AHe）推断出过去约 1.15 亿年内类似的剥蚀率，但这些数据最好的预测方法是假设地形随时间衰减。Braun 和 Robert（2005）将自构造活动停止以来的地壳流失估计值精度细化为 2.5~4.5 倍。

在许多其他情况下，跨越数百万年的剥蚀历史揭示了时间的变化。最早的一些基于多个热年代学温标的剥蚀历史研究被用来推断欧洲阿尔卑斯山（Wagner et al.，1977；Hurford，1986；Hurford et al.，1991）和喜马拉雅山西北部（Zeitler et al.，1982）的隆起和地形发展。然而，将剥蚀历史与地形发展联系起来并不总是直接的。正如下文所说的那样，即使是在类似的剥蚀史的情况下，也会出现不同的古地形图解释。

有几项研究利用多个热年代学温标的剥蚀史推断青藏高原的数千米抬升。在青藏高原东部，Kirby 等（2002）利用黑云母 $^{40}Ar/^{39}Ar$ 热年代学、碱性长石 ^{40}Ar 释放光谱的多扩散域模型、锆石（ZHe）和磷灰石的（U-Th）/He 热年代学，建立了青藏高原内陆，和四川盆地东部高原边缘两个不同研究区域的冷却历史。高原边缘地区的研究结果表明，从侏罗纪到中新世晚期或上新世早期，该地区的冷却速度非常缓慢，然后是快速冷却。高原腹地在同一时期表现出相对缓慢的冷却，仅在古近—新近纪中期开始冷却速度略有增加。Kirby 等（2002）认为高原边缘地区的快速冷却是由该地区的地势发展引起的，这意味着四川盆地附近的高地形是在中新世晚期或上新世早期形成的。

van der Beek 等（2009）在喜马拉雅山西北部使用了类似的方法，以帮助确定高海拔、低地层表面的年龄和起源，这些表面是这一造山地层的一部分。通过将 AFT 与 AHe 和 ZHe 热年代学相结合，他们发现 Deosai 高原，即南迦帕尔巴特以东约 4km 海拔的低地表，至少自新生代中期（约 35Ma）以来经历了相对缓慢的冷却，仅在印度—亚洲碰撞开始后 15~20Myr 经历了快速冷却。因此，他们推断该地区为这一个高原地区的几个残余物之一，该地区在新生代中期已经被抬升。Rohrmann 等（2012）将多温时计方法延伸到西藏中部，他们发现从白垩纪到新生代有中度—快速的冷却，随后自约 45Ma 以来有相对缓慢的冷却。他们认为，快速冷却的早期阶段与印度—亚洲碰撞造成的地壳缩短、增厚和侵蚀有关，而随后延长的缓慢冷却阶段代表着新生代高海拔、低地势高原的建立，这与 van der Beek 等（2009）的解释一致。

与 van der Beek 等（2009）和 Rohrmann 等（2012）的研究类似，Hetzel 等（2011）根据 AFT、ZHe 和 AHe 数据，发现了西藏中南部在约 70~55Ma 之间快速冷却的证据，随后是约 50Ma 以来非常缓慢的冷却阶段。然而，与其他解释不同的是，Hetzel 等（2011）认为，自约 50Ma 以来的缓慢剥蚀代表了低海拔地区河流横向迁移的一个阶段，而上升一定是在印度—欧亚大陆碰撞之后的某个时间发生的，而不会引起任何更快的剥蚀。Rohrmann 等

(2012) 强调了导致这些截然不同的解释的不同假设，认为低沉面可以在高海拔地区形成，对 Hetzel 等（2011）的建议提出质疑。对比鲜明的解释说明了仅从冷却（剥蚀）历史推断抬升和地形发展的潜在困难（另见第 8 章，Malusà 和 Fitzgerald，2018a）。

19.2.2.2　从年龄—高程关系分析剥蚀历史

在地形起伏较大的地区，基岩样品的陡峭高程横断面可用于推算由样品年龄分布所确定的时间范围内的剥蚀率，年龄—高程图上的线的斜率（对单个热年代学温标而言）反映了这一阶段的剥蚀速率。Wagner 和 Reimer（1972）和 Wagner 等（1977）是第一个提出并应用这种方法来确定欧洲阿尔卑斯山几个地点的剥蚀历史的人。这种方法所固有的假设包括：(1) 样品的海拔高度是距离闭合温度（T_c）等温线的准确代表；(2) 在样品的水平距离上，侵蚀率的差异很小；(3) 等温线的位置在剥蚀的时间尺度上没有改变（Reiners 和 Brandon，2006)。第一个假设对于低温系统来说是最有问题的，因为与高温系统相比，它们相关的 T_c 等温线更接近于地形（Stüwe et al.，1994），如图 19.1(a) 所示。Braun (2002a) 指出，在这些情况下，直接从年龄—海拔关系估计的剥蚀率会被高估，因为从一个样本到下一个样本的海拔变化大于从 T_c 等温线走过的距离变化 [图 19.1(a)，(b)]。第二种假设在样品之间的水平距离最小的情况下可能是有效的（Braun，2002a；Valla et al.，2010），这将在 19.3.1.2 中更详细地讨论。第三个假设对于以恒定速度进行剥蚀的地区可能是合理的。

一般来说，加速剥蚀开始会产生一个区域，在这个区域内，年龄—高度关系的斜率会发生变化，因为热年代学温标往往会显示出一个区域，在这个区域内，子产物（或裂变径迹）只被部分保留（或退火）（Gleadow 和 Fitzgerald，1987；Baldwin 和 Lister，1998；Wolf et al.，1998)。在 AHe 热年代的情况下，这种"部分保留区"（PRZ）发生在约 40~80℃的典型冷却速率之间，确切的界限取决于颗粒的化学成分、冷却速率以及影响 He 扩散的任何累积辐射损伤（Reiners 和 Brandon，2006）。在 AFT 热年代学的情况下，产生的径迹将在 110℃以上的温度下瞬间退火，并在约 60~110℃之间的"部分退火区"（PAZ）内缓慢退火（Reiners 和 Brandon，2006），确切的温度同样取决于磷灰石成分和冷却速度。因此，即使在剥蚀率突然增加的情况下，年龄—海拔关系也往往呈现出弯曲或双结区，中间或变化的斜率区代表了 PAZ/PRZ 的宽度（详见第 9 章，Fitzgerald 和 Malusà，2018）。

根据年龄—高程关系直接推断剥蚀率的另一个复杂问题是，等温线往往随着剥蚀速度的加快而向上推移。因此，快速冷却（涉及岩石穿越等温线）的开始将被推迟。Moore 和 England（2001）研究表明，对于逐级增加的剥蚀率，冷却年龄最初将反映出剥蚀率的逐渐增加。Reiners 和 Brandon（2006）估计了在较快的剥蚀速度开始后，每个等温线达到稳定位置所需的时间：当剥蚀速度从 0km/Myr 增加到 1km/Myr 时，磷灰石中 He 扩散的 T_c 等温线在约 2.4Myr 后减缓到其初始（上升）速度的 10%，而白云母中 Ar 的 T_c 等温线减缓到其初始速度的 10%需要约 7.5Myr。

地形的变化也会影响年龄—高程关系。Braun（2002a）利用从有限元热运动模型 Pecube（Braun，2003）中提取的合成数据，说明了地势增加会导致地块的坡度变浅，而地势减小会导致坡度变陡。在极端情况下，地势减小甚至可能导致斜率倒置，年龄随海拔升高而减小（见第 9 章，Fitzgerald 和 Malusà，2018）。虽然低温热年代学温标对地势变化最为敏感，但 Braun（2002a）说明 T_c<300℃的所有热年代学温标的年龄—地势图都受其影响。这些发现带来的一个复杂问题是，年龄—海拔关系中斜率的变化可能来自于地势的变化、剥蚀

率的变化，或者两者都有。在一项合成建模研究中，Valla 等（2010）研究了如何从年龄—海拔关系中量化剥蚀速率和地貌坡度的变化。他们说明了多个热年代学温标如何最有效地解决这两个问题，但在 AHe 和 AFT 数据（年龄和径迹长度）的情况下，为了量化和精确解决这些问题，地貌减轻增长速度必须比背景剥蚀率高 2~3 倍。来自西阿尔卑斯山 La Meije 峰的实地数据说明了这一局限性。在那里，由于背景剥蚀率相对较高，ZFT、AFT 和 AHe 数据的组合可以有效地制约剥蚀率的时间变化，但不能约束地形变化（van der Beek et al.，2010）。

这些与 PRZ/PAZ、热反应时间和地势变化有关的复杂情况，使得直接从年龄—高程关系推断剥蚀历史变得非常困难。只有在发展了 ·维热模型（Brandon et al，1998；Ehlers et al.，2005；Reiners 和 Brandon，2006）、光谱分析（Braun，2002b）、三维热运动学模型（Braun，2003）和线性反演方法（Fox et al.，2014）之后，才有可能更准确地重建剥蚀历史。然而，在阿拉斯加 Denali 的一个密集采样横断面中，Fitzgerald 等（1995）将 AFT 年龄和径迹长度分布相结合，以推导出准确的剥蚀历史，而无需热建模（见第 9 章，Fitzgerald 和 Malusà，2018）。由于裂变径迹在约 60~110℃之间（在 PAZ 中）缓慢退火（缩短），但在 110℃以上的温度下迅速（瞬间）退火，径迹长度分布的模式可以用来重建岩石 PAZ（110℃等温线）的剥蚀基地的位置。事实上，Fitzgerald 等（1995）除了发现 4500m 海拔以下（从约 6Ma 开始）年龄—海拔关系的斜率急剧变陡外，还发现 4500m 以上的径迹长度分布较宽（13.2μm±2.4μm），表明通过 PAZ 的冷却和退火相对缓慢；而 4500m 以下的径迹长度分布较窄（14.6μm±1.4μm），表明通过 PAZ 的冷却迅速，退火极少。因此，他们将坡度的急剧断裂和径迹长度分布的变化确定为岩石 PAZ 的剥蚀基底，标志着快速隆升开始前的 110℃等温线。Fitzgerald 等（1995）根据假设的地温梯度，利用独立的（沉积）古地形图约束，重建了 110℃等温线的当前深度，从而能够推断出岩石总抬升量、地表抬升量以及快速抬升开始后发生的剥蚀量。

19.2.2.3　残余沉积物滞后时间和年龄分布情况

来自现代河流网络或沉积岩的碎屑物质，也可用于限制整个物源区的剥蚀率。一个常见的应用是将冷却年龄和沉积年龄之间的差异（“滞后时间”）转换为剥蚀率（Brandon 和 Vance，1992；Brandon et al.，1998；Garver et al.，1999）。这种方法所依据的假设在第 10 章中讨论（Malusà 和 Fitzgerald，2018b）。然而，在一个单一的碎屑样本中有一系列的年龄，这记录了整个贡献区域和（或）地形地貌的剥蚀率的空间变化，其典型特点是即使是均匀的剥蚀率，在较高海拔地区的年龄也会增加［Garver et al.，1999，图 19.1(e)］。因此，根据贡献区最低海拔点下的 T_c 等温线深度，可以确定样本中最年轻年龄群体的最大剥蚀率。在一个地层剖面有多个样本的情况下，可以评估滞后时间或剥蚀率是如何随时间演变的（见第 15 章，Bernet，2018）。这些模式与物源区的地形演变有关，滞后时间减少代表物源区增长，滞后时间稳定代表稳定状态，滞后时间增加代表地形衰减（Bernet 和 Garver，2005）。

在对欧洲阿尔卑斯山的早期研究中，Bernet 等（2001）发现，过去 15Ma 的地层剖面中的 ZFT 颗粒年龄分布显示出恒定的滞后时间，表明至少从 15Ma 开始就处于稳定的剥蚀状态。然而尚不清楚的是，这种方法能多大程度地解决可能已经发生的剥蚀率变化。在最近对西阿尔卑斯山的研究中，Glotzbach 等（2011b）发现自 10Ma 以来 AFT 滞后时间不变。他们基于 Pecube 三维热模型的敏感性分析表明，这些数据应该能够解决 5Ma 时剥蚀率增加两倍的问题，但不能解决最近 1Ma 时的剥蚀率增加问题。

在另一种方法中，Brewer 等（2003）和 Ruhl 和 Hodges（2005）利用现代碎屑样本的年龄分布和现代集水区地势的测量结果，来确定尼泊尔喜马拉雅地区的集水区平均侵蚀率。实质上，他们利用碎屑数据来预测冷却年龄的垂直分布。两项研究都指出了这种方法所固有的一系列假设，包括垂直剥蚀途径、在碎屑年龄所代表的 T_c 区间内稳定而均匀的侵蚀，以及与现在相比集水区的地势没有变化。这种方法还受到不同原岩中可变的矿物丰度的影响，即不同的母岩在暴露于侵蚀时产生特定矿物的碎屑的可变倾向（Malusà et al.，2016；另见第 7 章，Malusà 和 Garzanti，2018）。Brewer 等（2003）使用建模方法，探索何种平均侵蚀速度能提供与集水区湿度最相似的年龄分布，并发现对于缓慢侵蚀的集水区可以获得良好的匹配。侵蚀较快的集水区得到的结果较差，他们认为这是年龄较小的不确定性较高、年龄—高程关系较陡峭（导致预期年龄分布较小）以及侵蚀速率不均匀的结果。Ruhl 和 Hodges（2005）简单地将现代高程范围除以年龄范围以确定平均侵蚀率，但将年龄分布与集水区湿度形状进行比较，作为稳态假设的一阶检验。在他们所研究的三个集水区中，只有一个集水区的年龄分布和集水区的形状相似，表明在样本的年龄范围（11~2.5Ma）内发生了稳定、均匀的侵蚀。对于其他的集水区，Ruhl 和 Hodges（2005）认为，单一的碎屑样本不可能完全描述源区的时间和空间瞬时侵蚀。

最近的研究对这些方法进行了重大改进。例如，Brewer 和 Burbank（2006）使用运动学和热学模型更好地预测尼泊尔中部喜马拉雅山前线的基岩冷却年龄，在那里，岩石横向平流是剥蚀路径的重要组成部分。此外，Avdeev 等（2011）说明了如何利用贝叶斯统计学和马尔科夫链蒙特卡洛算法反演侵蚀速率变化的时间。Duvall 等（2012）将这一方法应用于青藏高原东南缘大河的单粒 AFT 和 AHe 年龄时，发现所有河流在 11~4Ma 之间都出现了剥蚀率的增加。

19.3　地形地貌的发展与变化

虽然测试活动造山中的剥蚀率变化是间接制约古地形或古地貌的一种方法，但热年代学中的一些新方法对地貌变化的时间和幅度提供了更直接的制约。这些方法大多利用了近地表等温线模仿地形形状的趋势，地表形态的变化导致等温线形状的强烈变化，如图 19.1 所示（Stüwe et al.，1994；Mancktelow 和 Grasemann，1997）。由于这些效应对于最接近表面的等温线来说是最强的，因此这些研究大多采用了 T_c 很低的系统，如 AHe 或 $^4He/^3He$ 温度测定法。下面将探讨一些不同的方法，用来研究不同背景下的地貌变化，如河流地貌、冰川地貌和沿排水分界线的变化。正如这些例子所显示的那样，（非常）低温的热年代学数据具有以下潜力。

19.3.1　河流地貌中的地形变化

千米级河谷切变的时间和规模可以提供关于气候或构造力量对地貌影响的关键信息，或者可以记录一个河网的重大变化，如大型地质事件。在下面的例子中，我们阐述了已经成功限制了河流地貌、单个山谷或河道单个河段的减弱历史的各种方法。

19.3.1.1　从次水平横断面衍生出的地貌

House 等（1997，1998，2001）在加利福尼亚内华达山脉开展的工作，是最早应用单一热年代学温标来确定河流雕刻地貌内地形地貌的规模和年龄的方法之一。在他们的方法中，沿着整个山脉的长度在类似的海拔高度采集样品［类似于图 19.1(c) 所示的取样方法］，假设年龄的变化将反映样品通过 T_c 等温线的偏移，从而反映古地貌。内华达山脉北段（国王河谷和圣华金河谷）的年龄从 40~70Ma 不等。有趣的是，年龄的变化与山脉的大范围地形成反比：年龄较大的出现在宽阔的河谷，年龄较小的出现在山峰周围。因此，House 等（1997，1998，2001）推断，约 70~40Ma 时一定存在千米级的地形地貌。

虽然 House 等（1998，2001）的 AHe 数据很好地证明了重大古地貌的存在，但后来的工作修改了原来解释的一些细节。Braun（2002b）通过对现有数据的光谱分析发现，自 70~80Ma Laramide Orogeny 结束以来，地貌变化至少减少了约 50%，尽管他指出，数据点的间距并不理想，无法准确重建地貌变化。相反，Clark 等（2005a）认为，在晚白垩世期间，古生界的山峰高度只有约 1.5km（即小于现今约 4km 的山峰高度）。他们的理由是，河流剖面以及 2.7~1.4Ma 之间的河流切口率增加（Stock et al.，2004），表明自 32Ma 以来，有两个时期有新的抬升和地貌起伏。McPhillips 和 Brandon（2012）利用 Pecube 热运动学模型对热年代数据进行了更详细的解释，提出了另一种可能解决争论的解释。他们的结果表明，在晚白垩世，地形和海拔可能很高，在整个古生代有所下降，然后在新生代再次上升。这项工作很好地说明，虽然对地势发展的直接调查可能会对古地形图提供更好的限制，但往往需要热模型来探索所有可能的解释。

19.3.1.2　峡谷切口

在更局部的范围内，已经使用了许多方法来确定单个峡谷的切口历史，包括确定火山流和石灰岩沉积物的年代（Pederson et al.，2002；Thouret et al.，2007；Karlstrom et al.，2007；Montero-López et al.，2014）、洞穴河流沉积物（Stock et al.，2004；Haeuselmann et al.，2007）和碳酸盐沉积物（Polyak et al.，2008）。火山流是有用的地貌标志，但它们的年龄只提供了一个最低限度的约束，即从峡谷被切割到水流保存的深度的时间；地貌起伏可能更早被刻画，而水流本身可能还没有到达峡谷的最低海拔。搁浅在蚀变河流岸边的洞穴沉积物主要受限于以下要求：人们必须对该地区的水文（和古水文学）有清晰的了解，才能准确地将碳酸盐或河流沉积物的结束与河流蚀变联系起来（Polyak et al.，2008；Karlstrom et al.，2008）。最后，沉积物学可以非常有效地揭示起源的变化和河流流态的潜在变化，这在某些情况下可以记录捕获事件或切口（Wernicke，2011），但不能直接重建切口规模或速度。

低温热年代学在一些地区提供了一种有效的替代（或补充）方法。原则上，千米级的河谷切口将局部压低近地表等温线，可记录为低温热年代学的局部快速冷却［Schildgen et al.，2007；图 19.3(a)］。这种方法最早应用于西藏东部，河流在低沉区域地表下切开了 2km 以上［图 19.3(b)］。Clark 等（2005b）从几个短高程横断面中收集了 AHe 数据，并在绘制了冷却年龄与区域地表下深度的关系图后对切口历史进行了解释，这种方法比将所有样品绘制在年龄—高程图上更可取，因为考虑了它们的广泛空间分布，T_c 等温线在区域尺度上的形状最好由大范围地形，即区域低沉面来表示。因此，与海拔高度相比，离低沉面的距离可以更好地代表 T_c 等温线的距离，因为海拔高度本身就假定等温线是水平的。在此工作的基础上，Ouimet 等（2010）在西藏东部边缘的大渡河、雅砻江和长江上游的 AHe 和 ZHe 数据，均揭示了自 10~15Ma 以来相对快速的切变，其发生的变化被认为与当地上地壳变形模式大范围叠加、异源抬升有关［图 19.3(b)］。Yang 等（2016）在西南更远的湄公河和萨尔温江发现了6Ma或之后的类似切变脉冲［图19.3(b)］。他们认为，侵蚀史的时空变化，特别是萨尔温江沿线最大侵蚀速率的北移，可能与印度大陆一角北移的变形有关。

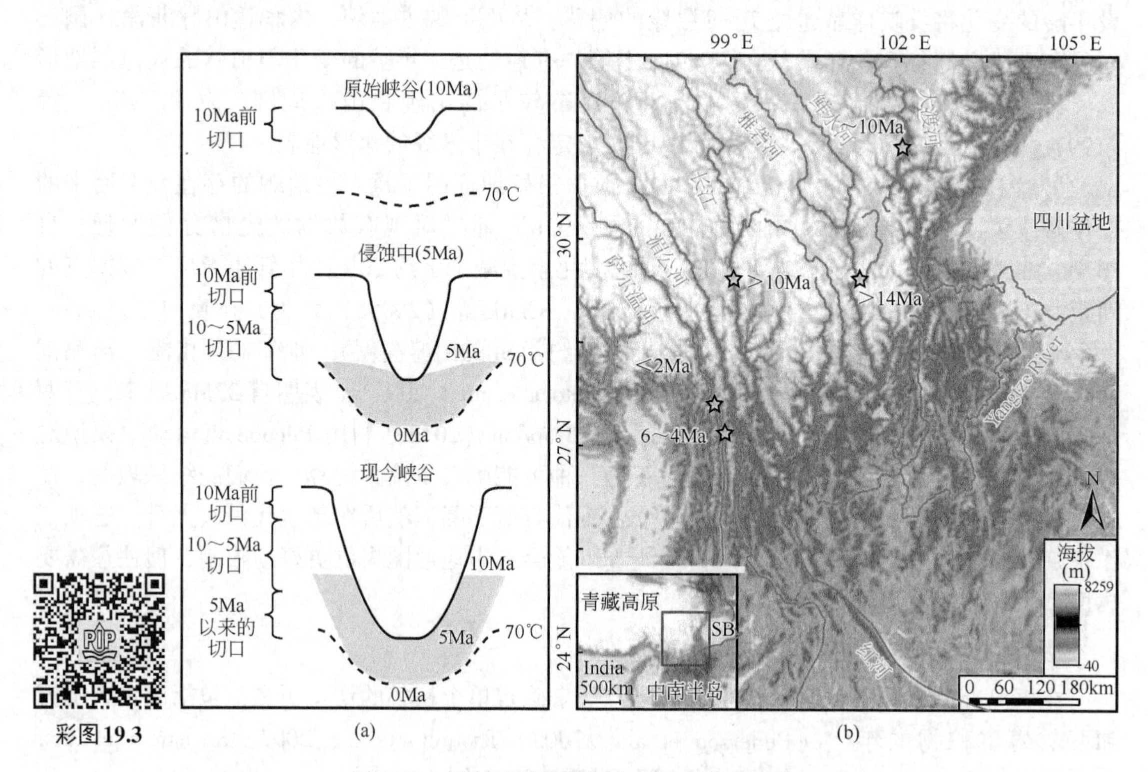

图19.3 限制峡谷切割历史的热年代学方法

地形变化示意图，AHe系统（70℃）的T_c等温线位置，以及峡谷下快速冷却区的发展（阴影）。图中说明了一种情况，即在10Ma之前存在中度缓解，在10Ma时开始快速切开，并一直持续到现在（修改自Schildgen et al.，2007，经美国地质学会许可复制）。(b) 根据Clark等（2005b）的热年代学数据和模型，西藏东部不同地点河流开始快速切割的时间（Ouimet et al.，2010；Yang et al.，2016）

在秘鲁南部采取了类似的方法，以确定安第斯高原中部西缘的科塔瓦西—奥科尼亚峡谷的切口历史（Schildgen et al.，2007；2009）。在这种情况下，在先前存在的低地形表面以下的年龄与深度图上绘制样本是至关重要的，因为样本是在沿山谷底部非常有限的海拔范围内收集的，但在区域低地形表面以下的大范围内收集的（Schildgen et al.，2007）。事实上，后来从峡谷壁上的高程横断面采集的样品在年龄深度图上显示了与谷底横断面相似的模式（Schildgen et al.，2009）。三维热运动学建模指出，切口的起始时间在约为8.5～11Ma（Schildgen et al.，2009）。

科罗拉多河大峡谷是另一个基于热年代学的河流切割研究的主要目标。Flowers等（2008）利用来自高原表面和峡谷内部样品的AHe数据，试图区分区域性的无顶化和峡谷切裂事件。在大峡谷的东端，冷却年龄范围约从25～20Ma，论证了现代高原表面以下的峡谷切口处于新生代晚期（后6Ma）阶段（Flowers et al.，2008）。然而，在同一地区，从海拔和地层位置相隔1500m的样品中得到的新生代早期热历史非常相似。这一发现意味着当时一定有千米级的地形起伏，很可能被刻画成单元，而这些单元后来通过区域性的疏通被移除；否则，与浅层样品相比，深层样品会经历更高的温度（Flowers et al.，2008）。后来使

用磷灰石 $^4He/^3He$ 热年代学对峡谷样品进行分析，证实了东部大峡谷的这种多相冷却历史，这与大多数（70%～80%）西部大峡谷的单相冷却历史的证据形成鲜明对比（Flowers 和 Farley，2012）。早期的 AFT 研究从大峡谷西部出口（Fitzgerald et al.，2009）和沿大峡谷村附近的峡谷东端（Dumitru et al.，1994）也发现了 Laramide 快速冷却的证据。尽管如此，大峡谷西部大部分地区的 Laramide 切口观点还是受到了争议。Fox 和 Shuster（2014）指出，由于埋藏再加热如何影响磷灰石中 He 扩散动力学存在不确定性，不可能使用 Flowers 和 Farley（2012）的数据来区分不同的切口方案。其他人曾认为，西部峡谷的大部分切口发生在更晚的时候，指向 6Ma 后切口的证据包括年代久远的火山流、其他热年代学数据，以及在其西部出口处缺乏发现的 6Ma 之前的大峡谷沉积物（Karlstrom 等，2008）。但重要的是，从火山流和矛形石推断出的高切口率代表了最大的切口率，而 6Ma 之前西部沉积物的缺乏可以通过对 6Ma 时的排水逆转（从东流到西流）来解释（Wernicke，2011）。虽然该地区一些拉 Laramide 古地层的观点似乎已经确立，但峡谷可能只是在过去的 5～6Ma 才完全整合至现今地层体系中（Karlstrom et al.，2014）。尽管这些解释似乎在一个与现有数据一致的地貌演化上趋于一致，但围绕这个问题的争议说明了理解每种制约地貌演变的方法的局限性十分重要。

19.3.1.3　Knickpoint 迁移

当试图在外力的背景下解释河流切口数据时，必须考虑切口开始的潜在滞后性。在一个简单的区域性地貌倾斜的情况下，一条河流的整个长度可能在类似的时间开始切口，这个时间接近倾斜的时间［图 19.4(a) 情景 1；Braun et al.，2014］。然而，在上升速率均匀增加或基底水位下降后，一条河流可能不会立即沿其全长开始切口。取而代之的是，切口将从下游末端开始，并随着时间的推移向上蔓延，以一个节点将下游的切口与上游的残余河段分开［Whipple 和 Tucker，1999；图 19.4(a) 方案 2］。基岩河流阶地可用于重建河流切口（Burbank et al.，1996）和潜在的节点迁移（Harkins et al.，2007），但当考虑千米级的切口波或跨越数百万年的切口历史时，低温热年代学可能提供更多的见解。

对于这一特殊应用而言，磷灰石 $^4He/^3He$ 热年代学温标是一种有前途的技术，因为它能够解决 He T_c 及以下的冷却历史（Shuster 和 Farley，2004；2005）。Schildgen 等（2010）从沿峡谷长度的 4 个不同样品的磷灰石 $^4He/^3He$ 数据的逆向建模中推导出冷却历史，以解读每个样品中快速冷却的起始时间。通过对时间—温度路径的比较，说明了快速冷却开始的时间渐变性；与上游样品相比，下游样品的冷却开始时间提前了 1～2Myr，这很可能代表了一个主要节理点的上游迁移［Schildgen et al.，2010；图 19.4(b)］。

19.3.2　冰川地貌的地势变化

河谷的冰川侵蚀是地势发展的一个特例。由于在这种类型的地貌改变过程中，沿河谷下侧的局部侵蚀［从 V 形到 U 形的河谷形态，图 19.5(a)］，侵蚀速率的时空变化都是可预期的。然而，这些变化可能只能用最低温度的热年代学温标来解决。

在不列颠哥伦比亚省大面积冰川化的海岸山脉，Shuster 等（2005）利用磷灰石 $^4He/^3He$ 热计时技术，测定了沿谷壁陡峭横断面样品中与切口有关的冷却的起始时间。不仅所有的样品在约 1.8Ma 时都显示出冷却速率的增加，而且最高的样品显示出冷却的开始时间略早于低海拔样品，说明了山谷加深的渐进性。此外，由于山谷东侧的样品与西

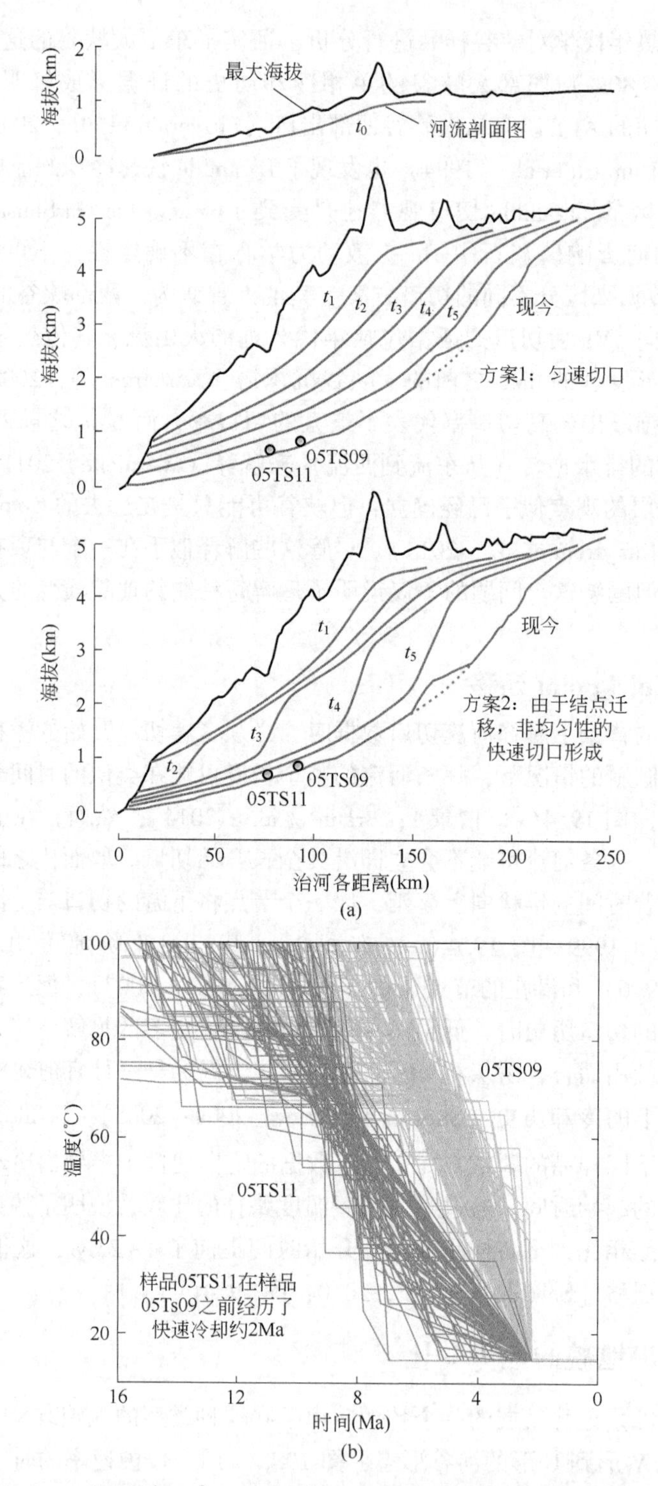

图 19.4 磷灰石^{4}He/^{3}He 温度测定法在科塔瓦西峡谷（秘鲁西南部）的节点传播（Schildgen et al.，2010，经 Elsevier 许可转载）

（a）地表抬升后河流剖面如何随时间变化的示意性说明，可以是单斜面翘曲后的均匀切口开始（情景 1），也可以是块状抬升后节点的上游传播（情景 2）；（b）与^{4}He/^{3}He 数据良好拟合的温度—时间路径（详见 Schildgen et al.，2010）说明了沿谷底收集的不同样品快速冷却开始的时间渐变性，表明情景 2 更有可能

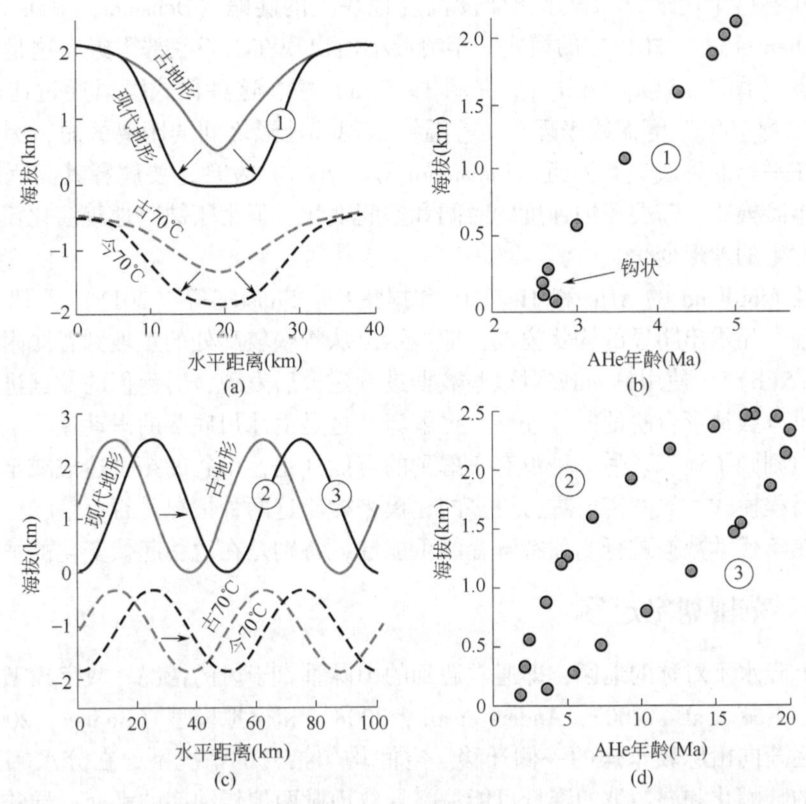

图 19.5　地形变化地区的年龄—海拔横断面（据 Olen et al.，2012，有修改）

（a）地形变化和 AHe T_c 等温线位置变化与山谷宽度增加有关的示意性说明，特别是山谷从 V 形到 U 形的变化；（c）说明地形和 T_c 等温线位置的变化与地形的横向移动有关，例如与不对称降水有关的变化

侧相似海拔的样品相比，冷却开始的时间较晚，Shuster 等（2005）推断山谷的拓宽是向东进行的。在同一地区，Ehlers 等（2006）利用 AHe 数据说明，剥蚀量的增加似乎已经伸展到了一个广泛的区域，由于广泛的冰川侵蚀覆盖和侵蚀山脊线，主要地形分界线的位置明显发生了变化。

Glotzbach 等（2011a）在西阿尔卑斯山采用了一种稍有不同的方法，将逆向数字热运动模型应用于一套密集的 AFT 和 AHe 数据，这些数据横跨和穿过（通过一条隧道）勃朗峰地块。在最初的三维热运动模型中，他们假设地势没有变化，发现在相对缓慢的剥蚀期之后，数据与 1.7Ma 开始的快速剥蚀阶段最为一致。然而，这种情况并不能有效地从隧道样品中预测年龄。第二种情况，与隧道和地表样品一致，包括在 0.9Ma 时由于山谷加深而导致地势上升，很可能与阿尔卑斯山冰川有关。来自瑞士罗纳河谷的 AHe 和 $^4He/^3He$ 数据与热运动学模型相结合，揭示了类似的模式，甚至更详细，表明约 1~1.5Ma 开始的冰川 U 形谷加深了约 1~1.5km（Valla et al.，2011），自那时以来，山谷地形大约增加了一倍。阿尔卑斯山冰川谷切口的时间约为 1Ma，这与独立的沉积和宇宙同位素数据一致（Muttoni et al.，2003；Haeuselmann et al.，2007），并表明冰川侵蚀只是在更新世中期气候转变后才成为一种有效的地貌转变剂。

在某些情况下，仅从年龄高度横断面就可以检测到山谷的扩大。在不列颠哥伦比亚省的海岸山脉，低温热年代学温标显示出年龄高度地块上的陡峭（Densmore et al.，2007），甚至是钩状（Olen et al.，2012）的模式，年龄最小值出现在山谷底部附近，这是由下侧的集中侵蚀造成的［图 19.5(a)，(b)］。在图 19.5(a) 中，这种模式可以通过比较“现代地形”和“古生物 70℃”等温线来理解。等温线与现代地形之间的距离最短，因此，最年轻的冷却年龄在平坦的谷底边缘附近。Densmore 等（2007）发现，要解释其高程剖面中的热年代学温标年龄模式，需要侵蚀速度的时间和空间变化，但由于缺乏地貌演化模型，只能定性地制约已发生的地形变化。

在新西兰 Fiordland 的 AHe 和^{4}He/^{3}He 数据集中，Shuster 等（2011）发现了一系列年龄—高程关系，显示出明显的钩状模式，即显示出从谷壁较高处的正坡到谷底附近的负坡的变化［图 19.5(b)］。使用 Pecube 对这些数据进行建模后发现，对他们的数据进行最佳拟合的模型包括千米级地形台阶的向外迁移。据解释，这是由冰川底部的滑动速率依赖性侵蚀所促成的，冰川刻画了地貌。另一种没有考虑到的可能性是，山谷的拓宽造成或至少促成了独特的年龄—高程模式。虽然需要进行更多的建模来检验这两种情况是否可信，但这个例子突出说明了对热年代学数据进行非独特解释的可能性，特别是在地貌起伏变化的情况下。

19.3.3　范围划定迁移

在山脉上降水不对称的地区，即通常遇到的山脉垂直于风的情况，数字模型（Beaumont et al.，1992；Roe et al.，2003；Anders et al.，2008）和模拟模型（Bonnet，2009）都预测排水鸿沟会逐渐向山脉较干燥的一侧迁移。空间均匀抬升的情况下，在分水岭迁移的过程中，干边坡的陡峭化和湿边坡的降低可能最终导致山脉两侧侵蚀率的平衡，导致稳定的、不对称的地形（Roe et al.，2003）。当岩石平移出现水平成分时，排水分界线也会倾向于沿着构造运动的方向迁移（Beaumont et al.，1992；Willett，1999；Willett et al.，2001），如图 19.2 所示。最终可能会达到剥蚀和地形稳定状态，较快的构造变形和剥蚀发生在较湿润的一侧或后缘（非增生）一侧（Willett，1999；Willett et al.，2001）。在前一种情况下（均匀抬升），地形稳定状态的特点是整个范围内的对称冷却年龄，而在后一种情况下（抬升有水平成分），地形稳定状态的特点是整个范围内的不对称年龄。

然而，如果在整个范围内发现了不对称的年龄，解释可能是不唯一的。在稳态地形条件下，不对称的年龄模式并不反映构造变形和气候/侵蚀之间的耦合，而是反映了空间上均匀的抬升和迁移的排水分界线。Olen 等（2012）在他们的模型研究中指出，在空间均匀抬升和不对称侵蚀的情况下，退缩（湿）的一侧，在分水岭迁移过程中更快地侵蚀到地貌中，与前进（较干燥）和较慢侵蚀的一侧类似海拔的样品相比，预计产生更年轻的年龄［图 19.5(c)，(d)］。此外，潮湿一侧的年龄模式［图 19.5(d) 中的横断面“a”］可能会被错误地解释为由于低海拔地区年龄—高程关系的陡峭化而导致剥蚀率增加。

在华盛顿瀑布［美国西北部，图 19.6(a)］，Reiners 等（2003a）认为，在山脉西侧的 AHe 数据中，地形降水峰值和最快的剥蚀速度之间的空间巧合表明，气候和侵蚀之间有很强的耦合性。他们指出，如果地形处于或接近稳定状态，这些数据也可以证明气候、侵蚀和构造变形之间的耦合。然而，来自宇宙成因的剥蚀率为 10Be，在过去几千年的平均水平，比百万年的时间尺度高出约 4 倍，这意味着地形并不处于稳定状态（Moon et al.，2011）。Simon-Labric 等（2014）的研究也强调了该地区地形的瞬变性：风口的存在、与分水岭平行的排水盆地，以及与排水分水岭偏移的地形峰值，都表明排水系统的重组相对较晚。此外，

Simon-Labric 等（2014）强调了 AHe 数据如何揭示与渐进式分水岭迁移一致的模式：年龄—海拔图显示出相似的坡度，但与较干燥的一侧相比，在给定的海拔上，较湿润的一侧的年龄始终较年轻［图 19.6(b)—(d)］。他们的研究表明，在对热年代学数据的解释可能是非唯一的情况下，对地貌进行独立的地貌解释非常重要。

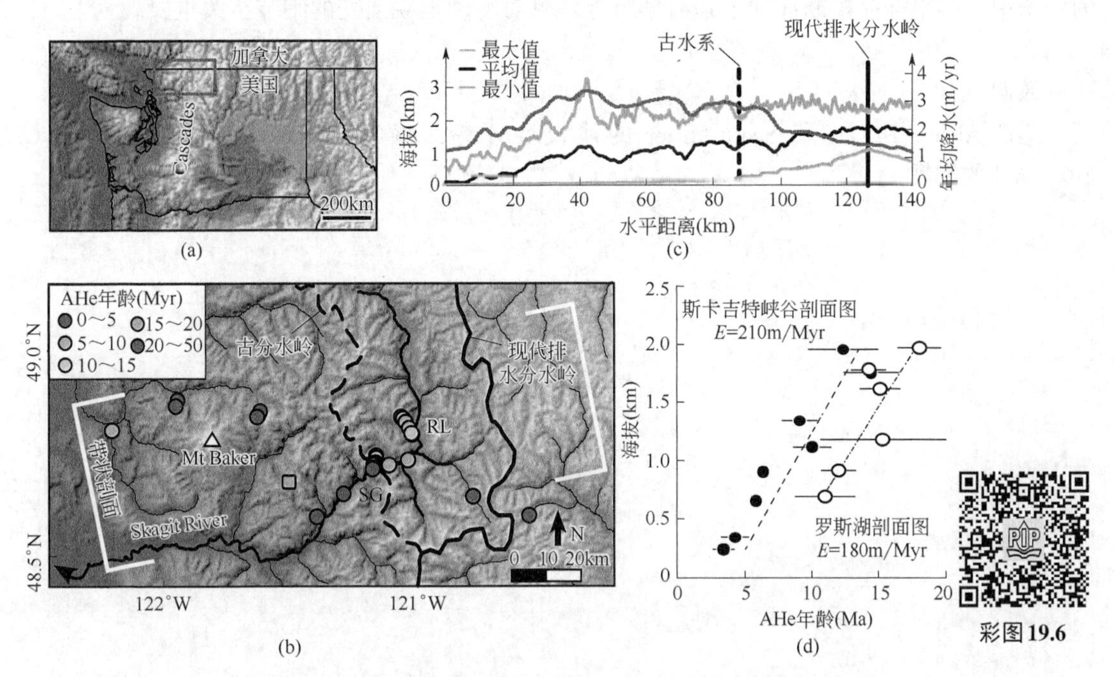

图 19.6　美国华盛顿州瀑布在年平均降水量范围内收集的热时数据

（a）Cascades 地区概况，红框勾勒出（b）所示的区域。Skagit 峡谷（SG）高程剖面的样品来自古水系西侧的湿润地区，而 Ross Lake（RL）剖面的样品则来自古排水分界线东侧。（c）剖面图［（a）中白色括号内显示的位置］显示了沿剖面的平均、最小和最大地形以及平均年降水量。需注意，无论是在地图上还是在两个样本剖面的年龄高度图（d）中，古排水沟较湿润的一侧（西侧）的年龄都比较年轻。*E* 为出土率。（b)—(d）修改自 Simon-Labric 等（2014），经美国地质学会授权转载

19.4 小　结

过去几十年来，热年代学已被证明是地貌研究的一个重要工具。随着热运动学模型和高分辨率低温热时系统的出现，我们已经从间接推断古地形和地貌发展转向对地貌形态进行更精确和定量的限制。热运动学模型的加入可以极大地改善对热年代学数据的解读，包括年龄—海拔关系，它可以帮助分清部分滞留/退火区、等温线在剥蚀率变化后的瞬时运动，以及可能的减轻变化与剥蚀率变化对年龄形态的影响。开发诸如 AHe 和磷灰石 $^4He/^3He$ 等极低温热年代学温标，对于提供必要的分辨率，以量化地形变化，并有效区分它们与剥蚀率的变化至关重要。

事实证明，热年代学对确定侵蚀率的特点，特别是在重点解释滞后时间（冷却年龄与沉积年龄之间的时间间隔）时，是有效的。然而，在探测地貌变化方面，由于对复杂（不同的岩性、不均匀的侵蚀率）源区的特征描述不足，这种方法受到了阻碍。因此，它似乎

不太适合研究地貌地貌的长期变化，特别是对于大型、异质的集水区。

最后，仅凭热年代学数据可能不足以解决地形的各种变化，在山谷拓宽和范围分界线偏移的情况下，将会导致年龄—海拔样带底部的模式变陡。因此，单一横断面的热年代学数据可能不足以区分山谷拓宽或山脉分界线迁移和区域剥蚀率的增加。在这种地貌地貌重大变化的例子中，多组样品横断面加上地貌学野外观测对解读地貌演变的细节至关重要。

致谢

感谢 Alison Duvall 和 Scott Miller 的建设性评论，感谢 Marco G. Malusà 和 Paul G. Fitzgerald 的编辑。

第 20 章 裂变径迹热年代学应用于被动大陆边缘的演变

Mark Wildman, Nathan Cogné, Romain Beucher

摘 要

被动大陆边缘（PCM）形成于离散板块边界，是对大陆断裂和随后形成的新海洋盆地的响应。被动大陆边缘的陆上地形是理解延伸环境演变的关键要素。PCM 的经典命名来自于早期的研究，这些研究表明，在裂缝和断裂的初始阶段之后，PCM 具有明显的构造稳定性。然而，PCM 的地质和地貌多样性需要更复杂的裂隙和断裂后演化模型。裂变径迹（FT）热年代学提供了适当的工具，以解读多结构地貌的长期发展，更好地解决相邻近海盆地的大陆侵蚀和沉积物堆积之间的时空关系。FT 数据集揭示了一些多生质海床复杂的空间和时间剥蚀历史，并表明在裂谷后，可能从陆壳剥蚀几千米的物质。将这些数据与地质和地貌观测数据相结合，并结合数值模型的预测，表明多生质海床可能经历了重大的断裂后活动。本章介绍的案例包括非洲东南部的多金属体以及北大西洋和南大西洋的共轭多金属体。

20.1 简 介

大陆的破碎涉及大陆内裂缝、断裂和海底扩张的序列，新大陆的边缘称为被动大陆边缘（PCMs），如图 20.1 所示（Péron-Pinvidic et al.，2013）。大量的被动大陆边缘与主要的含油气省和（或）重要的矿藏（坎波斯盆地、加蓬和安哥拉大陆架、尼日尔和密西西比三角洲）有关，并已被石油行业广泛记录下来（Katz 和 Mello，2000；Groves 和 Bierlin，2007）。与 PCM 相邻的千米厚沉积盆地意味着陆上和近海领域之间的直接联系（Whittaker et al.，2013）。陆上地形和地貌形态控制着物质的生成和向盆地的转移，对整个边缘的发展具有关键作用。然而，由于边缘抬升和侵蚀的破坏性，PCM 发展早期阶段的陆上地层记录一般没有保存下来。

低温热年代学技术，特别是磷灰石裂变径迹（AFT）和（U-Th)/He（AHe）分析，提供了岩石在向地球表面剥蚀时的热历史制约因素（Gallagher et al.，1998；Gleadow et al.，2002）。这些技术已被成功应用于约束整个 PCM 的剥蚀历史，补充了近海沉积记录所产生的信息，并为验证 PCM 演化的概念和数值模型提供了独立的约束条件（Braun，2018）。本章概述了围绕 PCM 演化的现代观点和辩论，并探讨了 FT 分析和其他低温热年代学方法可用于阐明 PCM 结构复杂性和地貌演化的框架。

20.2　PCM的地球动力学与地貌学

20.2.1　PCMs 的地形图

PCM 是通过岩石圈在延伸应力场的作用下拉伸和变薄而形成的（Watts，2012）。多生质机制的陆上区域表现出多种多样的地貌形态（图 20.1）。高海拔被动边缘（巴西东南部、非洲西南部、印度西部）的特点是低洼的海岸带，向陆地延伸约 50～200km，由一个主要的、向海的悬崖与高耸的高原相隔（Summerfield，1991）。沿海地带和高架高原的特点可能是低到中等的地势，往往是高原向崖口方向缓缓上移（Gilchrist 和 Summer-field，1990）。悬崖（或悬崖区）以高地势和陡峭的山坡为特征（Brown et al.，2002；van der Beek et al.，

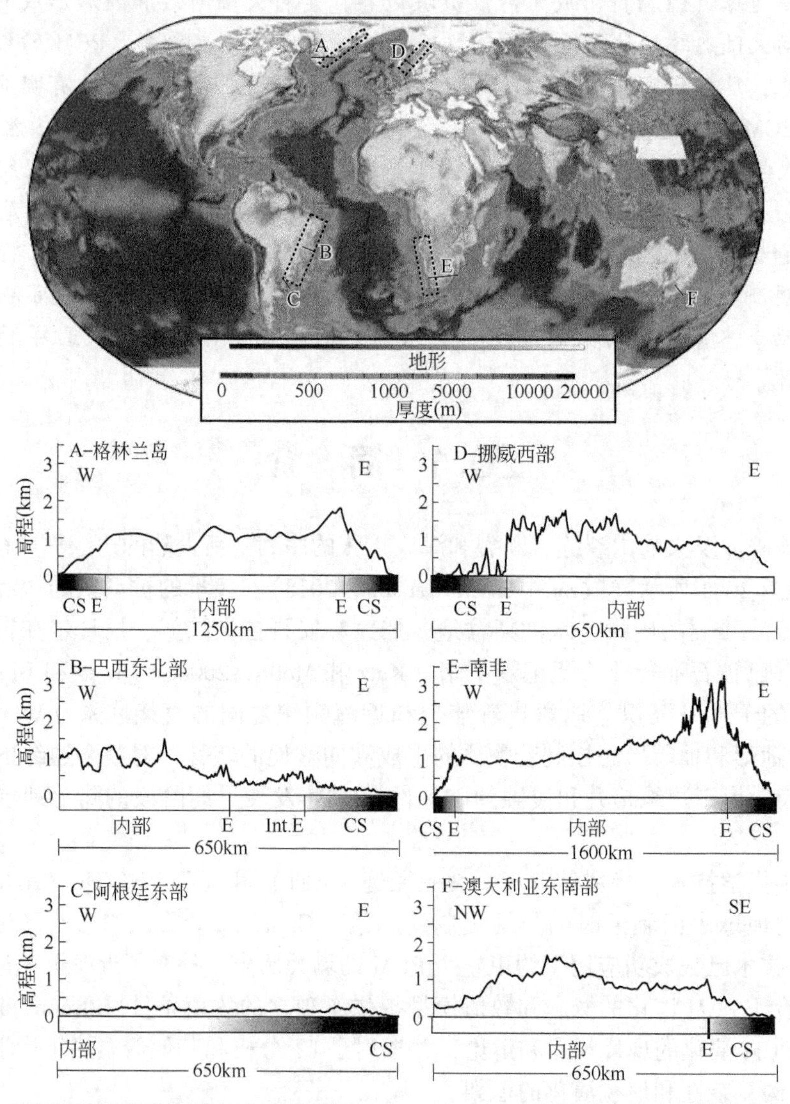

图 20.1　显示近海沉积物厚度的全球高程图（Divins，2003）和被动大陆边环境的地形剖面位置

图中标示了沿海带（CS）和将沿海带与大陆内部分开的悬崖（E）。虚线框表示图 20.5 和图 20.6 中的地图区域

2002；Persano et al.，2005）。低海拔的多金属矿床通常表现为低地势的沿海平原，在离海岸几百千米的地方，海拔上升幅度不大（几百米），如澳大利亚中部南部、阿根廷东部和非洲中西部。金属矿区的高架地形的形成和保存受到破裂前和破裂后的热、构造和表面过程的控制。正是这些过程的相对重要性随着时间的推移决定了陆上区域的演变。

20.2.2　岩石圈破裂的类型

裂缝和岩石圈断裂的地球动力学模型已经从假设纯剪切和整个岩石圈均匀延伸的模型（McKenzie，1978），发展到涉及简单剪切（Wernicke，1985；Lister et al.，1986）和岩石圈流变学和地幔对流发挥重要作用的更复杂模型（Braun 和 Bcaumont，1989；Keen 和 Boutilier，1995；Kusznir 和 Karner，2007；Huismans Beaumont，2011）。由层状岩石圈流变学控制的深度依赖性扩展的一个结果是，在共轭边缘上观察到隆起和沉降、岩浆作用和变形的不对称模式（Lemoine et al.，1986；Péron-Pinvidic 和 Manatschal，2009；Malusà et al.，2015）。上下地壳对岩石圈缩颈和变形的等静力反应可引起下沉（对于浅地壳缩颈）或区域性弯曲上扬（对于亚地壳缩颈）（Braun 和 Beaumont，1989）。由于构造卸载作用，同步裂谷期也可能发生弯曲隆起（Kusznir et al.，1991）。

20.2.3　PCM 演化的概念模型

虽然地球动力学模型已经验证了在裂谷侧面产生隆起的几种可能的机制，但挑战之一是在离主裂谷区几百千米之外产生和保持高海拔地形，正如在世界许多 PCMs 中所观察到的那样（Weissel 和 Karner，1989；Gilchrist 和 Summerfield，1990）。地表过程模型已经解决了这一问题，这些模型研究了岩性、气候和均衡作用对 10~100Myr 时间尺度的高海拔裂谷侧翼崖壁演化和保存的影响（Kooi 和 Beaumont，1994；Gilchrist et al.，1994；Tucker 和 Slingerland，1994；van der Beek et al.，2002；Sacek et al.，2012）。

早期的工作表明，许多 PCM 的阶梯状地形，其特点是低起伏面和陡峭的悬崖（非洲南部和澳大利亚东南部），是平行悬崖退缩的结果。这个过程包括根据某种形式的区域隆起将河流切割到底部，以产生宽阔、低角度的凹面（King，1962）。然而，地表过程模型强调了均衡回弹造成逐渐地表抬升和侵蚀过程中的重要性。数值模型结合热年代学推导出的剥蚀估计表明，涉及断裂前基底变形（图 20.2 中的情况 Ⅰ 和陡崖退缩成高地的模型是不可能的情况（Ollier 和 Pain，1997；Seidl et al.，1996）。一些裂谷肩部（阿曼南部）明显的矮化形态被归因于断裂后侵蚀和近海沉积期间的岩石圈弯曲（Gunnell et al.，2007）。下倾方案的替代方案要求最初的悬崖通过大范围上移或在同步断裂正断层处形成。对初始裂隙以及后来的陆上剥蚀和近海沉积的挠曲均衡响应，导致了陡坡水系分水岭的高原内陆隆升，而河流侵蚀和现存水系控制着边缘悬崖的演化、形态和持久性。随着时间的推移（Braun，2018），悬崖式退缩模型（图 20.2 中的Ⅱ）预测，原本位于海岸的悬崖通过河流侵蚀向内陆现今位置传播，直到内陆集水区被捕获（Kooi 和 Beaumont，1994；Weissel 和 Seidl，1998；Braun，2018）。高原下冲（或退化）情况（图 20.2 中的Ⅲ）考虑高于热上升流的地幔羽流可能引入额外的应力，可能通过预先存在的岩石圈结构传播，并预测海岸线和内分水岭之间的区域会被快速侵蚀，导致分界线位置形成悬崖（Gallagher 和 Brown，1999）。在这种情况下，断裂后（数千万年），悬崖在靠近其现今位置的地方形成，此后缓慢后退（Kooi 和 Beaumont，1994；van der Beek et al.，2002；Cockburn et al.，2000；Persano et al.，2005；Braun，2018）。

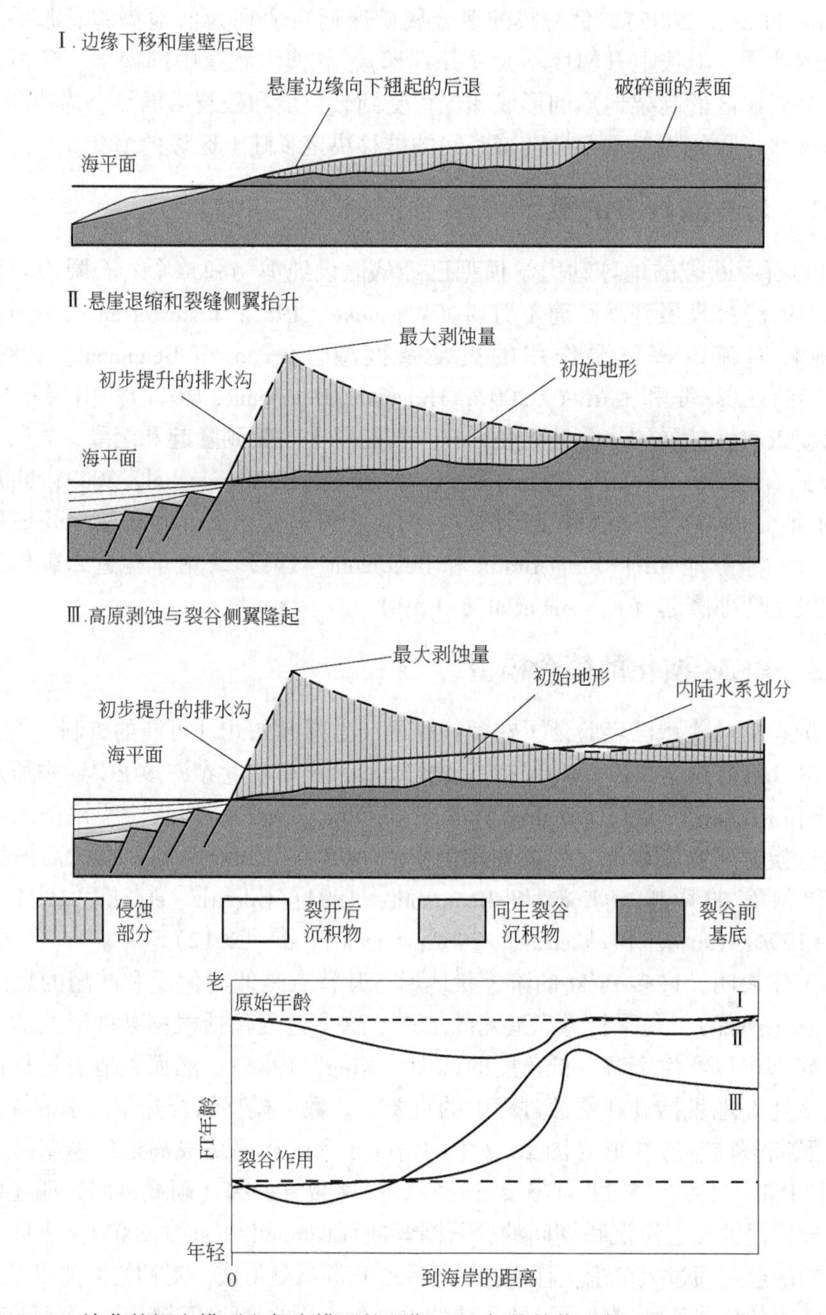

图 20.2　PCM 演化的概念模型和每个模型的预期 AFT 年龄趋势（据 Gallagher 和 Brown，1999）
Ⅰ—矮化边缘的陡崖退缩；Ⅱ—柔性裂缝侧面上翘的陡崖退缩；Ⅲ—断裂前内陆排水沟的高原下冲

20.2.4　深层过程和构造继承的作用

裂谷侧翼地形和相邻沉积盆地裂谷后发育的主要控制因素是地表过程和岩石圈挠曲之间的耦合，以响应陆上剥蚀卸荷和近海沉积物装载（Burov 和 Cloeting，1997；Rouby et al.，2013）。地幔对流、板块应力和岩石圈强度之间的耦合可能驱动小范围（10~100km）和大范围（100~1000km）的构造抬升（Cloeting et al.，2008），瞬时隆起阶段可能受小规模地幔对流控制（Moucha et al.，2008；Sacek，2017）。

已有结构的重新激活对主裂隙带的定位非常重要，也可能影响断裂后的变形（Ziegler 和 Cloetingh，2004）。Redfield 和 Osmundsen（2013）提出，地壳厚度梯度、排水网络、高程地形和脆性结构之间存在几何关系。沉积物通过侵蚀和沉积在变薄的地壳部分重新分布，可导致边缘的挠性隆起，并可能诱发侧向应力，引发断层再活化和下盘隆起（Redfield et al.，2005；Redfield 和 Osmundsen，2013）。由于区域板块运动的变化（Torsvik et al.，2009；Pérez-Díaz 和 Eagles，2014）和岩石圈对板块旋转的阻力（Bird et al.，2006）引发断层再活动，可能会发生板块内应力引发变形的变化。在热上涌地幔羽流上的上扬会带来额外的应力，这些应力可能会通过先前存在的岩石圈结构传播（Burov 和 Gerya，2014；Koptev，2017）。

20.2.5　动态地貌模型与多周期地貌演变模型的比较

在创造和保护 PCM 地形的背景下，多周期地貌演化模型（Green et al.，2013；Lidmar-Bergström et al.，2013）为动态地貌模型提供了一种替代方法，在动态地貌模型中，侵蚀和对卸载的弯曲等静压反应可以解释在 PCM 处观察到的主要地形特征（Bishop，2007）。多周期地貌演化模型通常涉及隆起和侵蚀的周期，以形成区域性的笔状平原——低起伏侵蚀面，使其磨损到一个明显和共同的基本水平（海平面）（Phillips，2002）。然而，从这一概念中产生的构造影响一直处于激烈争论中（如 Phillips，2002；van der Beek et al.，2002；Nielsen et al.，2009；Green et al.，2013；Lidmar-Bergström et al.，2013）。多环地貌演化方法涉及根据区域平面地表的形态、剥蚀剖面、与其他平地表的空间关系和额外的地质约束条件对区域平地表进行约束（Green et al.，2013）。对这些表面进行关联，是假设它们曾经在低海拔地区形成一个单一的平面。如果这些地表随后被抬升并被河流切割，那么残余地表（即它们的现今形态）可以根据它们的地形一致性或类似的剥蚀剖面进行相关性分析（Partridge 和 Maud，1987；Ollier 和 Pain，1997；Burke 和 Gunnell，2008；Japsen et al.，2012a；Green et al.，2013；Lidmar-Bergström et al.，2013）。然而，利用侵蚀面来推断上升和侵蚀的周期性事件充满了不确定性，例如，残余表面的初始相关性（Summerfield，1985；van der Beek et al.，2002；Burke 和 Gunnell，2008），以及一个更根本的问题，一个演变的地貌是否允许时间和构造稳定成为一个准平原（Phillips，2002）。已经提出了低地表形成的其他解释，如蚀刻平移、侧流侵蚀、受岩性和（或）结构控制的局部排水变化以及冰川地区的冰川侵蚀（Pavich，1989；Summerfield，1991；Mitchell 和 Montgomery，2006；Steer et al.，2012；Gunnell 和 Harbor，2010；Yang et al.，2015）。

20.3　FT 热年代学在 PCM 中的应用

20.3.1　FT 分析的采样策略

PCM 地貌演化的数字模型意味着沿裂谷侧翼的主要侵蚀，而在更远的内陆地区侵蚀较小。侵蚀的总量以及崖壁退缩的速度和风格取决于断裂前的地形、挠性等静力裂隙侧翼抬升量，以及岩性和气候对地形演化的额外控制（Gilchrist et al.，1994；Braun，2018）。由 AFT 年龄和平均径迹长度（MTL）数据组成的横断面，在垂直于海岸线的内陆运行，穿过悬崖到大陆内陆，并结合海岸平行采样，应提供有关 PCM 区域热演变的信息（Braun 和 van der Beek，2004）。FT 分析的结果可以与数字地貌演变模型所做的侵蚀预测一起解释，以更好地理解产生 PCM 一阶地形特征的大规模过程。

除了区域取样方法外，越来越多的证据表明，存在断裂后的边缘抬升阶段和（或）局部断层重新活动，这就要求利用低温技术和对更局部的地质和结构复杂性进行取样，进一步研究 PCM。在高地势地区，山坡和倾斜断层块上的高程剖面对剥蚀的时间和速度提供了高度的信息，而在已知结构上的高空间分辨率取样可能会揭示在断裂后的同步期间是否有重要的再活化。采样还应该设法利用年代久远的地质和地貌标志，这些标志可能为热史建模提供独立的制约因素。

20.3.2　区域 AFT 横断面

从区域横断面采集的样品，从不同的古温度中剥蚀出来，会经历不同程度的热退火。在这种情况下，AFT 年龄和 MTL 形成明显的凹上（或“回弹”）模式（Green，1986；Gallagher et al.，1998；另见第 10 章，Malusà 和 Fitzgerald，2018b）。已经在澳大利亚东南部和非洲东北部的裂隙边缘以及红海沿岸观察到这些“回弹”式的关系（图 20.3）。图 20.3 的右侧，较老的 AFT 年龄具有相对较长的 MTL，对应于在初始（较老的）冷却事件后在温度低于 60℃的地方存在的样品。在这些较低的温度下，裂变径迹在初始（较早）冷却后尚未退火，并保留了与这一较早事件相对应的热信息。AFT 年龄和 MTL 在图的中央部分减少，反映了在较高温度存在的样品，并在后来（年轻）的冷却事件之前经历了部分退火区（PAZ）的退火。在图的左侧，随着 AFT 年龄变小，MTL 逐渐变长。当 MTL 非常长（约 15μm）时，AFT 年龄近似于快速冷却开始的时间（图 20.3）。

下坡模型、岩壁退缩模型和下冲模型都意味着向崖壁陆地的侵蚀有限（图 20.2）。内陆地区的 AFT 年龄比裂缝年龄大得多，反映了断裂前冷却事件的保存（如 Gallagher 和 Brown，1999）。如果存在内部排水分水岭，可能会发生一些高原的剥蚀，但剥蚀的程度通常太低，无法剥蚀出裂隙后完全重置的 AFT 年龄的岩石。由于 PCM 演化的样式不同，在悬崖边的海面上能明显观察到 AFT 年龄的差异（图 20.2）。在向下弯曲的情况下（图 20.2 中的Ⅰ），断裂前的基底不规则地层被反冲刷侵蚀。这在海岸线上产生了一个老 AFT 年龄的模式，它从内陆逐渐发展到现在的悬崖的底部。除非高原断裂前高度很高（>2km），否则这个模型所预测的侵蚀程度可能不足以完全剥蚀任何退火的样品（van der Beek et al.，1995）。在这种情况下，悬崖外海沿岸地带的 AFT 年龄通常比裂缝年龄大（图 20.2），而且不会出现回弹模式。在崖壁退缩和高原下沉的情况下（图 20.2 中的Ⅱ和Ⅲ），海岸的剥蚀程度最高，可达数千米，取决于最初的崖壁高度和对侵蚀的等静力反应。对于悬崖退缩，当总的剥蚀量减少到现今悬崖之上的最小值时，AFT 年龄逐渐增加。如果存在内陆排水鸿沟，由于水系分水岭，海岸带上的 AFT 年龄大约是同步断裂和均匀的，如图 20.2 所示（Gallagher et al.，1998）。

20.3.3　垂直剖面图和钻孔样品

对垂直剖面和钻孔剖面进行取样，可使人们更深入地了解一个地区的冷却历史。从垂直剖面的样品中获取 AFT 数据，这些样品在冷却前已居住在不同的古温度下（无论是从钻孔还是高程剖面），将揭示 AFT 年龄和 MTL 随深度/高程的明显趋势（见第 9 章，Fitzgerald 和

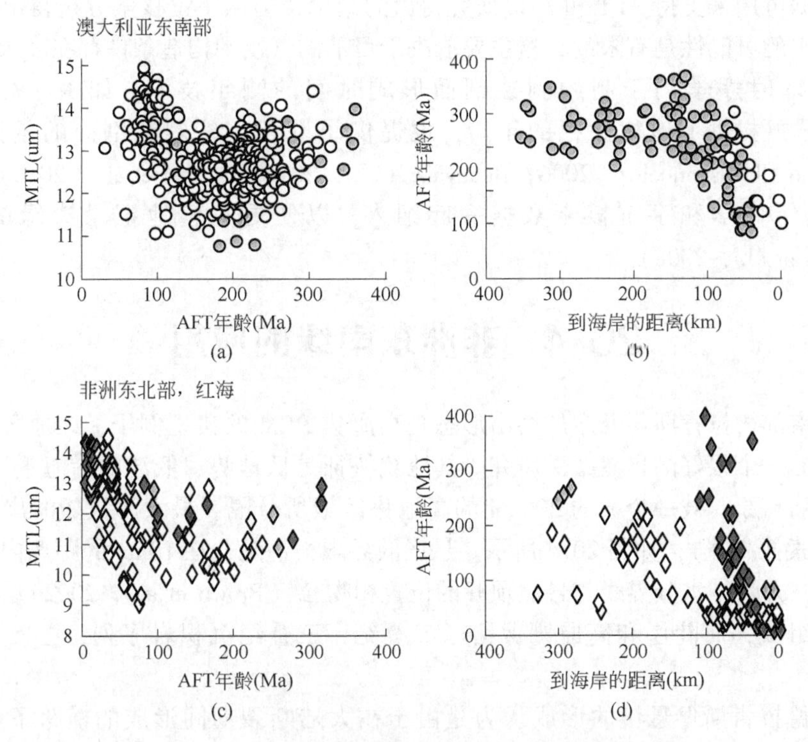

图20.3　AFT年龄与平均径迹长度、海岸距离关系图

（a）和（c）AFT年龄与平均径迹长度的关系图，显示出回弹形状，在80～100Ma（澳大利亚东南部）和<40Ma（非洲东北部）具有长（>13μm）平均径迹长度的年龄有一个明显的峰值。（b）和（d）AFT年龄与海岸距离的关系表明，年龄较小的在靠近海岸的地方发现，年龄较大的在内陆发现。数据集来自：Moore 等（1986）（灰色圆圈）；Persano 等（2002，2005）（白色圆圈）；Omar 和 Steckler（1995）（白色菱形）；Abbate 等（2002）和 Ghebreab 等（2002）（深灰色钻石）；Balestrieri 等（2009）（浅灰色菱形）

Malusà，2018）。通过对这些数据进行建模，热历史可能会得到更好的解决，并可能消除通过单独建模样品引入的不合理的复杂性（Gallagher et al.，2005）。此外，垂直剖面和深孔取样可以为上地壳的古地温梯度提供特定地点的约束（Gallagher，2012；另见第8章，Malusà 和 Fitzgerald，2018a），可用于将热史更可靠地转换为剥蚀史。

20.3.4　AFT与其他方法的整合

磷灰石（U-Th）/He 磷灰石（U-Th）/He（AHe）热年代学已成为一种流行的技术，以获得低于AFT数据灵敏度更严格的侵蚀程度约束（见第5章，Danišík，2018）。虽然AHe系统理论上较低的闭合温度（T_c）使其使用成为一种合理的选择，但有几个因素可以影响单个磷灰石晶粒的 T_c（Brown et al.，2013）。在历时长久的和相对缓慢的冷却设置下，如PCM和板块内部，这可能会得到样品中分散的单颗粒年龄。虽然这些数据在热史建模过程中很难解释和重现，但许多数据集的自然分散也可能包含额外的热史信息（Fitzgerald et al.，2006；Hansen 和 Reiners，2006；Ksienzyk et al.，2014；Wildman et al.，2016）。

宇宙核素年代测定对许多PCM近期的侵蚀进行了限制（Fleming et al.，1999；Bierman 和 Caffee，2001；Cockburn et al.，2000），一般预测侵蚀和岩壁退缩的速度为中等至低速。

虽然这些数据可用来支持 AFT 和 AHe 研究得出的结论，但从宇宙核素分析得出的侵蚀率推断到地质历史的可能性是有限的，这主要取决于目前的气候和构造条件存在多久。

剥蚀地球时序学用于制约剥蚀剖面形成时间的测年技术，如 K－Mn 氧化物上的$^{40}Ar/^{39}Ar$，既提供了地貌保存的年龄，也提供了基于这些剥蚀剖面的侵蚀估计（de Oliveira Carmo 和 Vasconcelos，2006；Beauvais et al.，2016；Bonnet et al.，2016）。这些制约因素可与热年代学和宇宙核素数据一起纳入，以便更完整地记录边缘的侵蚀历史（Vasconcelos et al.，2008）。

20.4　非洲东南缘的应用

非洲东南部德拉肯斯堡悬崖的突出形态是高海拔 PCM 的典型例子，该地区已证明是长期地貌演变的一个很好的自然案例研究。其地貌特征是低地势、低洼的沿海平原和低地势、高海拔的内陆高原，被一个宽约 200km 的高地势区域所分隔，最大海拔随海岸线的距离而增加（即莱索托高原），如图 20.4 所示。悬崖的界限很清楚，在 10km 的距离内，海拔迅速上升约 1km，大陆排水分界线与悬崖顶峰的位置相吻合（Brown et al.，2002）。沿海地质由古生代基岩组成，而陡崖和高原则保留了二叠纪—三叠纪沉积岩序列，上覆下侏罗统玄武岩。

最初，德拉肯斯堡悬崖的形成认为是由于在大陆断裂期间形成的横跨下斜单线的平行悬崖退缩所致的（King，1962；Ollier 和 Marker，1985；Partridge 和 Maud，1987）。最近，从沿非洲东南部 PCM 横断面的剥蚀样品和两个钻孔中收集了 AFT 数据：一个位于悬崖的内陆，一个位于悬崖的海上（Brown et al.，2002）。研究目的是测试不同的多生结构貌演变模型。在海岸线上，剥蚀样品的 AFT 年龄约为 95～115Ma，在海岸带上略显年轻，在悬崖上随着海拔的升高而逐渐变老，在高原上达到约 200Ma 的年龄［图 20.4(a)］。沿海地区的 MTL 一般较长（13.5～14.5μm），而内陆地区则较短［11.5～12.5μm；图 20.2(b)］，这些剥蚀数据表明，自 130Ma 以来，沿海平原至少发生了 4.5km 的剥蚀作用（Brown et al.，2002）。这些数据表明，AFT 年龄随着深度的增加而减小［图 20.4(d)］，但是 MTL 与深度的关系比较复杂，因为每个样品由于古温度不同，都会出现退火现象。这些样品的热模型预测，晚白垩世的第二轮剥蚀影响了崖壁附近的海区和腹地（Brown et al.，2002）。

Brown 等（2002）研究的一篇文献（van der Beek et al.，2002）分析了地表过程和等静止回弹在产生与观测到的 FT 数据和宇宙核素分析（Fleming 等，1999）一致的侵蚀历史中的作用。地表过程模型的结果支持这样一种情况：最初升高的高原在断裂数千万年后经历了快速退化，在内陆排水分界处形成了一个悬崖，此后经历了最小的退缩（约 20～30km）。沿着非洲东南部边缘预测的断裂后剥蚀的空间和时间模式提供了反对下倾模型的有力证据。然而，van der Beek 等（2002）制作的地表过程模型预测了整个白垩纪期间恒定的剥蚀率，而没有如钻孔数据的热模型所显示的晚白垩纪剥蚀脉冲。来自南部非洲的 Apatite FT 钻孔数据（Tinker et al.，2008a）也记录了这一晚白垩世的剥蚀事件，表明在断裂后阶段，区域抬升和剥蚀可能比通常与“经典”崖壁演化模型相关的过程更为重要。

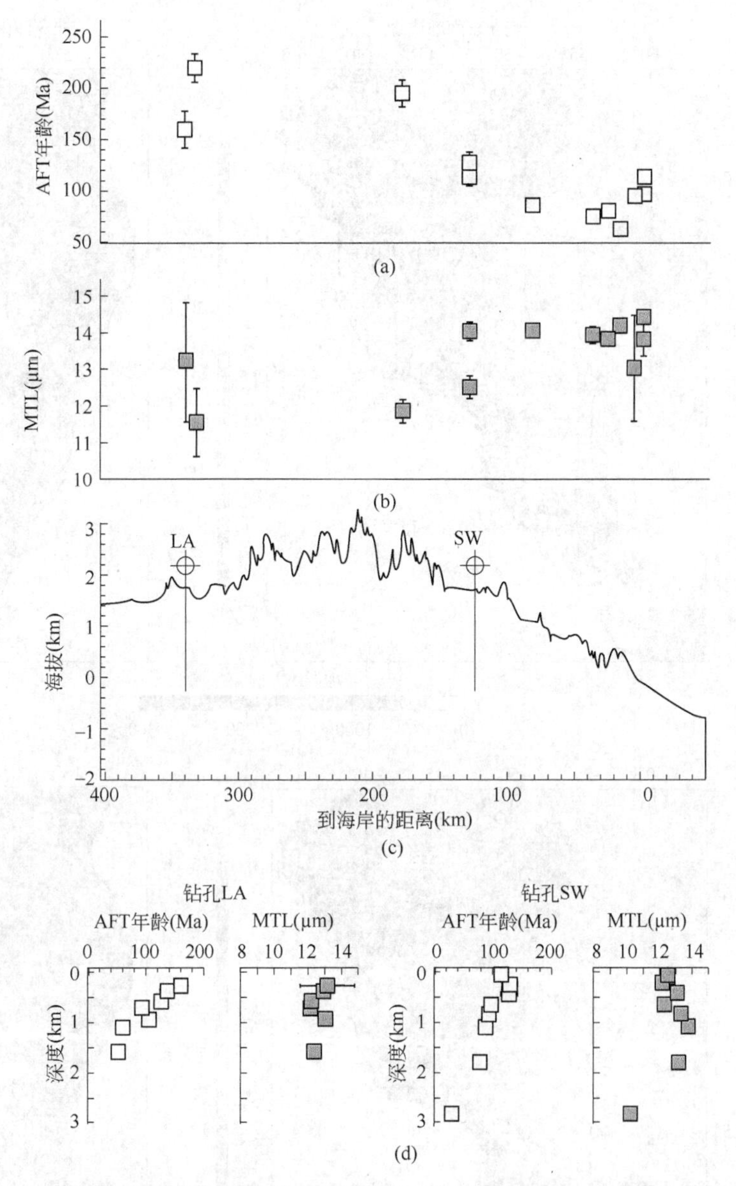

图20.4　横跨非洲东南部的海岸垂直横断面的AFT年龄（a）、平均径迹长度（MTL）（b）和地形（c）。（d）两个钻孔（LA和SW）的AFT数据与深度的关系，见（c）中的位置（据Brown et al.，2002）

20.5　南大西洋被动边缘

沿着南美洲东部边缘和南部非洲西部边缘现在有一个广泛的AFT数据集（图20.5）。该数据集提供了中生代以来大西洋两岸地形发展的时间和风格。西部冈瓦纳的断裂和南大西洋的开辟发生在晚侏罗世，并向北传播，南美洲和非洲的完全分离发生在晚白垩世中期（Macdonald et al.，2003；Heine et al.，2013）。沿着这两个边缘，悬崖边向海的AFT年龄明显小于裂谷年龄。从图20.5可以得出的一个普遍性观察是，较年轻的AFT年龄通常与较长的

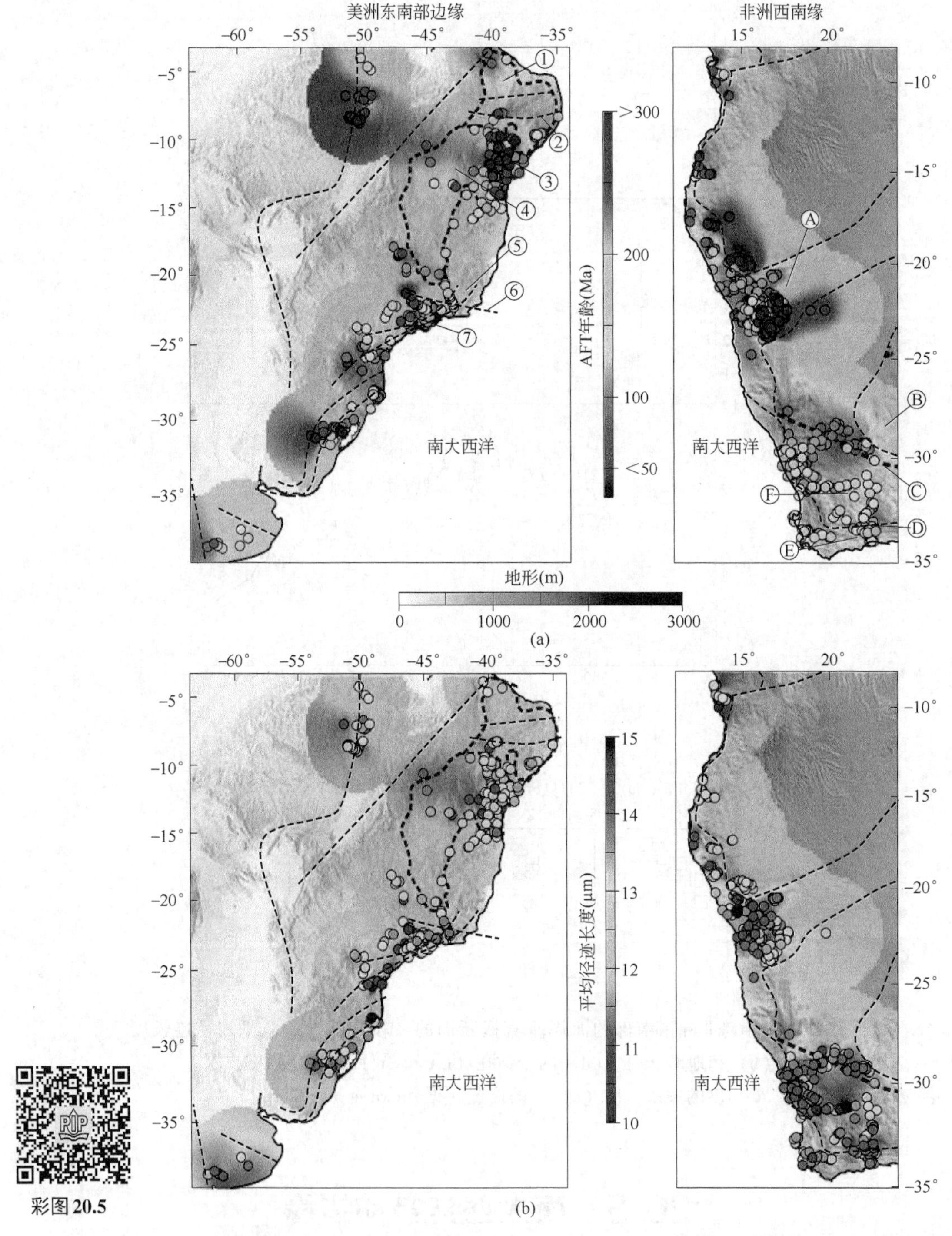

彩图20.5

图 20.5　美洲东南部边缘和非洲西南部边缘的 AFT 年龄（a）和平均径迹长度（b）图

虚线代表主要结构特征和构造边界：1—博尔博雷马高原；2—伯南布哥剪切带；3—雷孔卡沃—图卡诺—雅托巴盆地；4—圣弗朗西斯科克拉通；5—曼蒂克拉山脉；6—卡博弗里奥线条；7—塞罗杜马；A—达马拉带；B—卡普瓦尔克拉通；C—多棱堡—哈特比斯断裂带；D—坎戈断裂；E—卡普褶皱带；F—南非高原。美洲东南部的数据来源：Gallagher 等（1994，1995）；Amaral 等（1997）；Harman 等（1998）；Tello Saenz 等（2003）；Turner 等（2008）；Morais-Neto 等（2009）；Cogne 等（2009）；Cogne 等（2011，2012）；Karl 等（2013）；Franco-Magalhaes 等（2014）；Jelinek 等（2014）；de Oliveira 等（2016）；Kollenz 等（2016）。非洲西南部的数据来源：Haack（1983）；de Wit（1988）；Brown 等（1990，2014）；Raab 等（2002，2005）；Jackson 等（2005）；Tinker 等（2008a）；Kounov 等（2009，2013）；Wildman 等（2015，2016，2017）；Green 等（2017）；Green 和 Machado（2017）

MTL 相关，而较老的年龄与较短的 MTL 相关。详细而言，这些数据揭示了比概念模型所预测的更为复杂的地壳剥蚀模式，这与共轭边缘不同的断裂后演化模式有关。

20.5.1　南美洲的大西洋沿岸地区

在巴西东南部，第一个区域 AFT 数据集（Gallagher et al.，1994）与理论上的断裂后峭壁退缩的地貌演变模型基本一致（图 20.2）。低洼的海岸带表现出比裂缝更年轻的年龄，而高耸的内陆高原则表现出更老的年龄。然而，以两个不同的悬崖（Serra do Mar 和 Serra da Mantiqueira）为特征的地貌学、断裂后活动的地质学证据和最近的热年代学数据表明，由于不太可能发生裂缝，因此是一种简单的演变。

除了目前巴西东南部存在的大型 AFT 数据库（图 20.5），磷灰石和锆石的 ZFT 和 U-Th/He 定年提供了更详细的热历史约束，并支持断裂后的再活化。沿着巴西东南边缘，模拟的热历史意味着在晚白垩世、古生代和新生代期间至少发生了三个快速冷却阶段（Tello-Saenz et al.，2003；Hiruma et al.，2010；Cogné et al.，2011，2012；Franco - Magalhaes et al.，2014）。尽管推断出的新近纪冷却脉冲可能是建模的假象（Dempster 和 Persano，2006；Redfield，2010），但有几条证据支持巴西的新近纪冷却阶段。首先，冷却与进入近海盆地的沉积通量增加的时期是同时发生的（Assine et al.，2008；Contreras et al.，2010）。其次，结构证据表明，新生代陆上盆地（Cobbold et al.，2001；Riccomini et al.，2004；Cogné et al.，2012）和近海 Campos 盆地（Fetter，2009）存在换位变形。最后，Modenesi-Gauttieri 等（2011）认为，气候变化和古新世隆升在 Serra da Mantiqueira 产生了剥蚀剖面。推断的白垩纪冷却事件与碱性岩体的移位（Riccomini et al.，2005）和近海快速沉积期（Assine et al.，2008）同时发生。古新世的降温集中在新生代盆地周围，并与盆地的形成同时发生（Cogné et al.，2013）。总的来说，在巴西东南部的 Serro do Mar 地区，主要的断裂后冷却事件与平行于海岸的古老剪切带的重新激活有关。在 25°S 以南（图 20.5），也发现了类似的冷却事件（Karl et al.，2013；De Oliveira et al.，2016），并且也与近海盆地的主要沉积脉冲是同时代的。Karl 等（2013）确定了三个不同的区块，这些区块被裂缝遗留的断裂带所分隔，在古近纪和新近纪被重新激活，这与晚白垩世的重新激活类似（Riccomini et al.，2005；Cobbold et al.，2001）。

与巴西东南部相反，阿根廷东北部是一个相对低海拔的多金属矿床，地势低洼（<1000m），垂直于海岸（图 20.1）。在这里，AFT 年龄比裂缝年龄大，没有断裂后重新活动的迹象（图 20.5）。相反，边缘的地貌特征更好地反映了冈瓦纳构造历史（Kollenz et al.，2016）。另一方面，里约热内卢以北的巴西边缘也呈现出低矮的沿海平原和高耸的内陆地区。Harman 等（1998）表明，他们的一些样品，在圣弗朗西斯科克拉通以北，其年龄比裂隙更年轻，在伯南布哥剪切带附近可能是晚白垩世。虽然他们的大多数样品表明在大陆断裂期间发生了一次冷却，但年轻的年龄表明在晚白垩世期间旧结构的重新活动。

最近，Turner 等（2008）和 Japsen 等（2012b）研究了 Recôncavo-Tucano-Jatobá 裂谷，从裂谷盆地基岩和沉积岩中采集样品（图 20.5）。通过热年代学和地貌学分析，他们得出结论，在晚白垩世、始新世和中新世发生了三个阶段的再活化驱动冷却。晚白垩世（坎帕阶）和始新世的隆升阶段导致早白垩世断裂以来沉积物的侵蚀，从而形成了准平原。准平原随后被沉积物覆盖，在中新世隆升阶段又被侵蚀。这个侵蚀期产生了第二个低洼准平原。来自东部边缘的数据（Morais-Neto et al.，2009；Jelinek et al.，2014）也提供了 Mantiqueira 山脉和 Borborema 高原在白垩纪晚期和新近纪期间发生两次冷却的证据。然而，虽然 Jelinek 等（2014）认识到了隆升的阶段，但他们不认可中间的沉积作用。事实上，他们的数据并不要求加热作用，并且在同一所谓的古地表之间显示出变异性。与巴西东南部一样，主要的冷却阶段与近海盆地的沉积阶段同时发生（Jelinek et al.，2014）。

在区域范围内，热年代学数据表明，巴西边缘在晚白垩世和新近纪期间分别经历了至少两次断裂后加速冷却的重大事件，这在继承结构附近比在内部克拉通更为显著。在局部地区推断出可能的第三阶段，如南帕拉伊巴谷（Cogné et al.，2012）和雷孔卡沃—图卡诺—雅托巴裂缝系统（Japsen et al.，2012b）。这三个阶段的边缘规模与近海盆地的沉积记录一致。这些冷却事件与安第斯山脉建设的主要阶段的同步性导致一些学者（如 Cogné et al.，2012；Japsen et al.，2012b）将冷却事件与传递应力下的结构再活化联系起来。然而，正如 Jelinek 等（2014）所描述的那样，将这种变形传递给 PCM 的能力在很大程度上取决于岩石圈流变学，可能需要地幔中的热异常。根据 Jelinek 等（2014）和 Morais-Neto 等（2009）的研究，古新世的剥蚀事件可能是由于向侵蚀性更强的气候转变所致。

20.5.2　非洲南部的大西洋边缘地区

沿着南非西部和南部边缘的样本产生的 AFT 年龄属于三叠纪中期至白垩纪晚期（约 230~65Ma），与 MTL 没有任何显著的相关性，MTL 主要在 12~15μm 之间。非洲西南部的 AFT 数据最吸引人的特点之一是，断裂后年龄和长 MTL 远远延伸到崖壁内陆（约 500~600km），如图 20.5 所示。尽管来自不同研究的样本产生了类似的 AFT 数据，但不同的建模和解释热历史的方法导致了对整个边缘冷却的时间、规模和分布的不同结论。然而，一个一致的结论是，自中生代开始以来发生了多次冷却事件。

沿着南非西部边缘，Kounov 等（2009）将 160~138Ma 的冷却归因于 180Ma 的卡鲁岩浆活动后的热松弛，但承认早白垩世裂谷相关构造也可能发挥了作用。Wildman 等（2015，2016）表明，在沿海岸带和崖壁陆地的样品中可以观察到 150~130Ma 冷却的开始，这表明冷却是裂隙相关地形侵蚀驱动的剥蚀结果。Green 等（2017）认为，这段时间沿南缘的降温可以用非洲裂隙和分离过程中的差异块状抬升（以及随后的差异侵蚀）来解释。然而，Tinker 等（2008a）预测 140~120Ma 处的冷却归因于浮力地幔上方的区域隆升引发的剥蚀。

南非各地的所有热年代学研究都描述了白垩纪中晚期的断裂后冷却事件。然而，白垩纪中晚期冷却的空间和时间性质仍有争议。Kounov 等（2009）和 Wildman 等（2015）提出的 AFT 数据和 Wildman 等（2016）的 AFT 和 AHe 数据所得出的热历史表明，在 110~90Ma 期间，非洲西南边缘经历了与基底结构断裂后重新活化有关的异质性地壳剥蚀模式。Green 等（2017）还提出，中白垩世（约 120~100Ma）沿开普褶皱带的坎戈断层重新活化，导致断层以北有更大的剥蚀。在南非高原上，AFT 钻孔数据（Tinker et al.，2008a）、来自剥蚀样品的 AFT 和 AHe 联合数据（Kounov et al.，2013；Wildman et al.，2016，2017）、来自白垩纪金伯利岩侵入体的 AHe（Stanley et al.，2013；2015）和 Kaapvaal Craton 东部的 AHe（Flowers 和 Schoene，2010）显示了白垩纪中期冷却的区域范围，并表明几千米的物质已经从高原上移走。有人提出了由于地幔浮力增加（Tinker et al.，2008a）、等静力或“动态”地幔来源的上升（Kounov et al.，2013）或岩石圈的热化学变化（Stanley et al.，2015）而引起的区域性上升。然而，Wildman 等（2017）提出，沿克拉通移动带边界的 Doringberg-Hartbees 断层带的块状隆升也可能是在区域水平应力的作用下发生的。来自该地区的年轻年龄可能记录了与 Etendeka 岩浆作用相关的加热之后的冷却，因为来自该地区的样本取自 Etendeka 玄武岩或紧密下伏的岩性。较老的年龄是从太古宙基底岩石中获得的，可能记录了自石炭纪以来的重新埋藏和随后在晚白垩世的剥蚀后部分重置的“混合年龄”。在纳米比亚北部和中南部观察到的 AFT 数据中的空间关系是这样的：现今的悬崖位置大体上界定了年轻的断裂后年龄（在悬崖边）和前冈瓦纳断裂年龄（在高原上）之间的边界（图 20.5a）。这可能是由于沿海地区的样品在裂缝后从比内陆更深的地方剥蚀出来（即由于更大的侵蚀），或者是由于沿海地区的样品在 130Ma 时被 Etendeka 熔岩的沉积所重置（Raab et al.，2002）。然而，在纳米比亚中部的 Damara 带，一个晚白垩世（60~80Ma）AFT 年龄的 NE-SW 趋势区，带有长的 MTL，向内陆延伸 400km，意味着该区块的快速冷却。这种冷却被认为是由于沿 Damara 带的东北—西南剪切带的重新激活（Raab et al.，2002；Brown et al.，2014）。

Green 等（2017）提出了南部非洲晚白垩世和新生代演化的另一种模式。他们对沿开普褶皱带收集的样本的 AFT 数据和热史的解释是，断裂后的沉降和埋藏，可能延伸到足够远的内陆，以覆盖卡鲁盆地南部，在晚白垩世（85~75Ma）和新生代晚期（30~20Ma）期间，先于区域剥蚀。这段时间内沉积和剥蚀的盖层总量约为 1.2~2.2km。他们还提出，在渐新世，沿西南角的沉积盆地和高耸的悬崖地形被埋在约 1km 的覆盖层之下。他们认为，与其说大峭壁是与大陆断裂有关的残余特征，不如说它是由晚新生代区域隆升的强化剥蚀期产生的（Burke 和 Gunnel，2008）。虽然新生代 1km 的剥蚀与其他研究的热模型结果一致（Tinker et al.，2008a；Stanley et al.，2013；Wildman et al.，2015），但这些模型预测：这些物质在整个新生代以较低的速度被清除，与宇宙核素研究预测的过去几百万年侵蚀的区域估计一致（Kounov et al.，2007；Decker et al.，2011；Scharf et al.，2013）。

西部和南部近海盆地的沉积记录显示，堆积高峰出现在白垩纪中晚期，而新生代的沉积量则低得多（Guillocheau et al.，2012；Tinker et al.，2008b），支持白垩纪中晚期剥蚀阶段的重要性。白垩纪中晚期的泥砂化认为是由于整个次大陆隆起后侵蚀作用增强所致。由于非洲大陆在深地幔中的大型浮力“超隆起”上运动，南非高原的动态隆起或倾斜经常被认为是一个可能的原因（Lithgow-Bertelloni 和 Silver，1998；Gurnis et al.，2000；Braun et al.，2014）。然而，相对于岩石圈地幔中的化学和密度对比导致均衡响应，来自深地幔的动态垂直力对上升的贡献仍然存在争议（Molnar et al.，2015；Stanley et al.，2015；Artemieva 和 Vinnik，2016）。此外，水平板块运动认为与断裂后的上扬有关（Colli et al.，2014），Moore 等（2009）认为挠性上扬与板块重组和岩石圈中的张力应力有关。无论这些解释如何，根据热年代学数据预测，整个非洲西南部的冷却模式不均匀，这意味着复杂的构造历史、区域抬升机制与沿边缘和主要板块内基底结构的重新活化之间存在相互作用。

20.5.3　南大西洋各地的类比和差异

在南大西洋中脊的对面观察到了构造和岩浆的不对称性，在美洲东南部和非洲西南部边缘都有结构和岩浆变化的描述（Blaich et al.，2013）。复杂的不对称裂隙历史可能是由于构造继承、裂隙迁移和梅漂相互作用造成的（Becker et al.，2014；Brune et al.，2014），并可能导致共轭边缘不同的抬升和下沉模式。由于断裂后构造事件的叠加和局部结构的再活化，确定和比较美洲东南部和非洲西南部边缘的共轭断裂地形侵蚀的规模和空间模式是一个挑战。在南美洲和非洲的断裂和分离过程中，板块运动学改变了大陆内应力场，可能诱发板块内变形（Moulin et al.，2010；Pérez-Díaz 和 Eagles，2014）。除了板块运动有关的应力认识的分歧外，南美洲和非洲在其后断裂阶段还受到不同的区域构造和地幔过程的影响，它们对边缘的构造和地貌发展的影响仍有争议。在美洲东南部，安第斯山下俯冲带传播的远场应力可能推动了断裂后边缘的隆起，而在南非，地幔“超隆起”可能导致了整个次大陆的大范围隆起。尽管每个大陆的区域机制不同，但热年代学数据显示了空间上不同的断裂后冷却事件，并表明当地构造结构对冷却模式的主要控制。

20.6 北大西洋被动边缘

PCM 是自二叠纪—三叠纪开始的长期、多阶段裂缝历史的结果（Péron-Pinvidic et al.，2013）。裂陷在古生代达到顶峰，大陆断裂导致新的大洋地壳的形成和北大西洋的开放。尽管进行了广泛的调查，但斯堪的纳维亚半岛西部和格陵兰岛东部边缘高海拔地形的起源仍有争议。虽然来自不同研究的 AFT 数据大致相似，但它们的建模和解释却被用来支持关于现今地形有效年龄的不同假设。一方面，地形被解释为是相对年轻的全新世事件的结果，涉及隆升和随后的侵蚀；另一方面，地形的形成被解释为基本上是一个古老的（喀里多尼亚）事件，现今的形态反映了喀里多尼亚的持续缓慢侵蚀和相关的均衡反弹。

20.6.1 北大西洋的 Scandinarian 海疆

来自 Scandinarian 半岛西部 PCM（图 20.6）的最早一组 AFT 数据（Rohrman et al.，1994，1995）被解释为与边缘抬升有关的两个快速剥蚀阶段。第一个三叠纪—侏罗纪事件认为是由于基底水平降低和裂隙侧翼抬升导致的边缘侵蚀。后一个新近纪事件认为是由于地幔对流引起的穹窿状隆升而发生的。长期以来，近海沉积物中的不整合现象表明，在渐新世至中新世期间发生了抬升和侵蚀，但抬升的机制和时间仍有争议（Japsen 和 Chaumers，2000；Mosar，2003）。通过将 AFT 数据（图 20.6）与一致侵蚀面的地貌观测和近海不规则地貌推断结合起来，认为是北大西洋边缘的阶段性演化（Green et al.，2011；Japsen et al.，2012a）。使用这种方法得出的热历史意味着多次冷却—加热事件，涉及侵蚀地貌，在海平面形成准平原，然后是埋藏、隆起。

围绕低地形面的构造和地貌意义的争论对 Scandinavian 边缘的演变尤为重要（Schemer et al.，2017）。一个主要的评论涉及表面缺乏年龄限制以及它们是否被侵蚀到海平面。在挪威，由于地表上缺乏可追溯的沉积物，缺乏对地表的局部地层年龄约束，导致年龄信息从广泛分布的地层序列中推断出来（Nielsen et al.，2009）。更基本的问题是，对可能产生这些地表的其他机制提出了质疑，一个地貌是否具有构造和气候稳定性，可以被侵蚀成区域性的平地表（Phillips，2002）。例如，对严重冰川化地区的侵蚀分析有助于对地形的相关研究（Mitchell 和 Montgomery，2006；Steer et al.，2012；Egholm et al.，2009），排水重组可能导致在不同时间和高度形成低凹地表（Gunnell 和 Harbor，2010；Yang et al.，2015）。在斯堪的纳维亚半岛西部等可能经历过区域性构造和等静力抬升、局部断层再活化和小规模地幔驱动的抬升的 PCM 中，将年代较差的地表关联起来也是一个挑战（Redfield et al.，2005；Praeg et al.，2005；Osmundsen 和 Redfield，2011）。尽管在斯堪的纳维亚边缘（Green et al.，2013）和全球地形演化（Whipple et al.，2017）的背景下，对产生高位低沉面的替

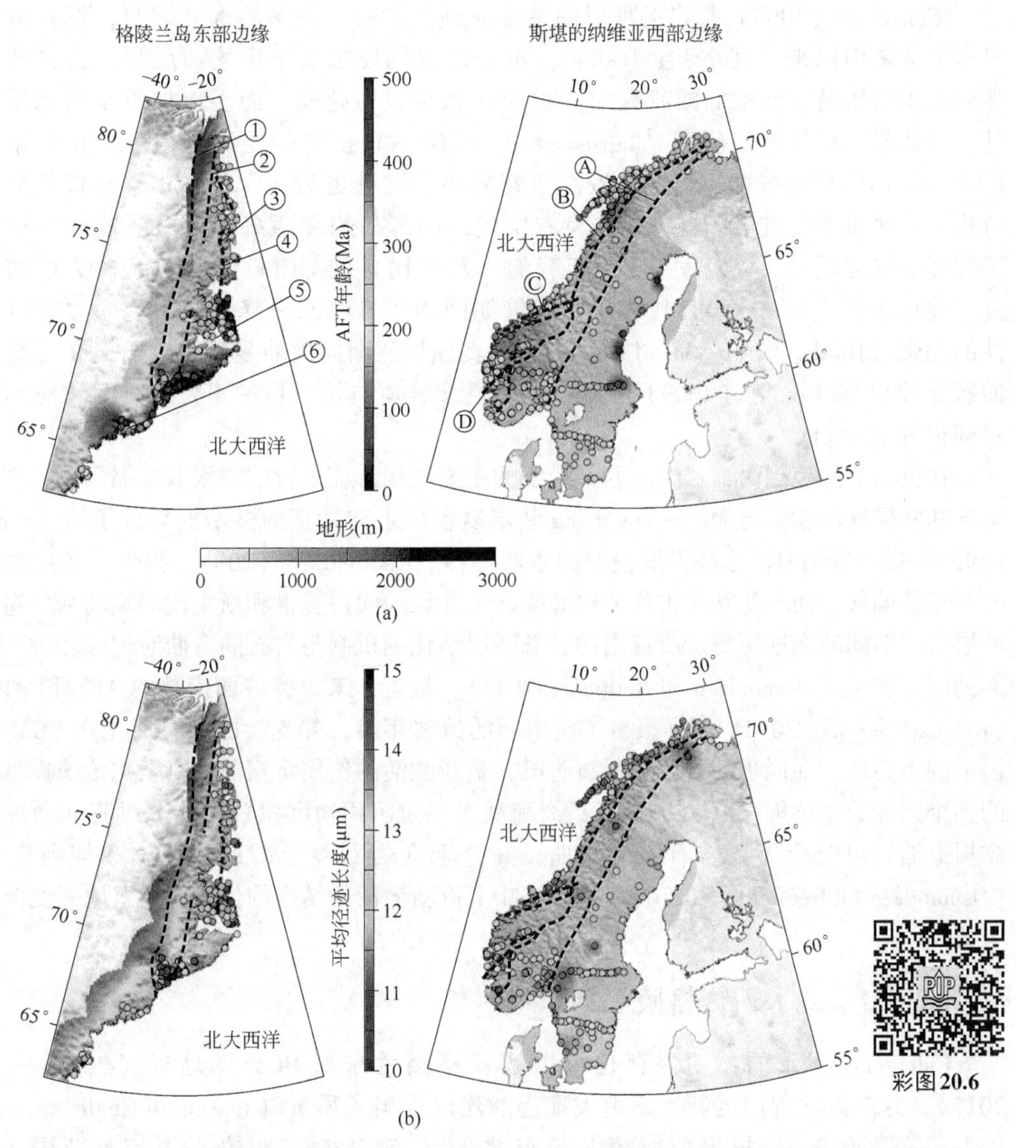

图 20.6　格陵兰岛东部边缘和斯堪的纳维亚半岛西部共轭边缘的 AFT 年龄（a）和平均径迹长度（b）图

虚线代表主要结构特征和构造边界：1-Caledonian Deformation Front；2-Storstrommen Shear Zone；3—Western Fault Zone；4—SW Clavering Ø；5—Scoresby Sund；6—Kangertittivatsiaq；A—Caledonian Deformation Front；B—Inner Boundary Fault；C—Møre Trøndelag Fault Complex；D—Hardangerfjord Shear Zone；E—Fennoscandian Shield。格陵兰东部的数据来源：Gleadow 和 Brooks（1979）；Hansen（1992）；Thomson 等（1999）；Johnson 和 Gallagher（2000）；Mathiesen 等（2000）；Hansen 等（2001）；Hansen 和 Brooks（2002）；Pedersen 等（2012）；Japsen 等（2014）。斯堪的纳维亚西部的数据来源：van den Haute（1977）；Andriessen 和 Bos（1986）；Andriessen（1990）；Gronlie 等（1994）；Rohrman 等（1994，1995）；Hansen 等（1996）；Cederbom 等（2000）；Hendriks 和 Andriessen（2002）；Hendriks（2003）；Huigen 和 Andriessen（2004）；Redfield 等（2004，2005）；Hendriks 等（2010）；Davids 等（2013）；Ksienzyk 等（2014）

代机制仍有争议，但地壳中构造、气候和结构继承之间的复杂耦合似乎意味着，很少能获得产生区域准平原所需的稳定性。然而，了解这些低地壳表面是如何形成的，可能会对认识多金属硫化物地貌的总体发展有所帮助（Schermer et al.，2017）。

Nielsen 等（2009）提出的斯堪的纳维亚地形的另一种解释模式表明，挪威南部自喀里多尼亚造山以来一直处于上升状态，由于缓慢的侵蚀而出现均衡反弹，这将使地形自那时起得以维持。在他们的研究中，对 AFT 数据进行建模，而不增加假设的地质约束条件，导致热历史比其他研究（Japsen et al.，2012a）提到的要简单得多，并意味着通过 PAZ 的长期冷却与缓慢的剥蚀一致。尽管采用了这种更为保守的方法来模拟数据，但仍解决了一些重要的细节问题，如在晚古生代，西部岛屿和西海岸比内陆地区更早地开始了缓慢的剥蚀活动，以及发生了更年轻的（新生代）冷却事件，从而将 PAZ 内的样品带到了地球表面。前一个事件代表了在裂缝期间由于基底水平降低而引起的边缘侵蚀性剥蚀的加强（Dunlap 和 Fossen，1998），这种剥蚀性逐渐向内陆蔓延。由于 AFT 系统对温度的敏感性和 Nielsen 等（2009）使用的区域性多样本方法，后一事件的时间和规模都没有得到很好的限制。

在更局部的范围内，对挪威西部沿线的主要结构特征进行的详细取样揭示了局部的垂直运动和断层再活动。与 Møre-Trøndelag 断层复合体走向垂直的横断面导致了对 Rohrman 等（1995）提出的两阶段边缘发展模型的重新解释。Redfield 等（2005）报告了各主要断层的 AFT 年龄偏移，而不是新元古代的穹窿隆起，并认为晚白垩世和新生代的重新活化造成了各断层区块不同的剥蚀历史。所提出的驱动断层活化的机制与岩石圈弯曲对边缘剥蚀和载荷引起的应力有关（Osmundsen 和 Redfield，2011）。最近，来自挪威西南部的 AFT 和 AHe 数据（Ksienzyk et al.，2014）同样报告了断层间的偏移年龄，并支持断层再活化在 PCM 地形发展中的重要性。在同步断裂或后断裂阶段，重新激活的作用将扭曲和复杂化传统模型所预测的整个边缘的年龄模式(图 20.2)。近海荷载（通过沉积物沉积）和陆上载荷（通过侵蚀和冰川退缩）可能会导致岩石圈的弯曲，并分别在岩石圈上部产生压缩和伸展应力机制（Osmundsen 和 Redfield，2011）。挪威 PCM 上重新激活的结构的位置与近海地壳变薄的梯度有关。

20.6.2　北大西洋格陵兰岛东缘

Caledonian 地形的长期保存也可以解释格陵兰东部 PCM 的地形（Pedersen et al.，2012），这对以前提出的新近纪重大隆起的建议提出了质疑（Japsen 和 Chalmers，2000）。Pedersen 等（2012）提出的格陵兰岛东北部（75°~80°N）的 AFT 年龄范围为 191~358Ma，并没有显示出“典型”被动边缘的 AFT 年龄或 MTL 随海岸距离变化的特征（图 20.6）。Pedersen 等（2012）的结论是，他们的数据可以被解释为自二叠纪—三叠纪加里东造山带运动以来的缓慢折返。这个模型的含义是，现今相对沉降的地形是原始喀里多尼亚地形的残余，由于卸荷的均衡响应而得以维持。由于裂谷侧翼隆升和基面变化引起的剥蚀，与裂谷作用相关的冷却速度应达到 250Ma。与此相反，Japsen 等（2013）认为格陵兰岛东北部在加里东造山后被埋没，之前在地表的基底岩石被埋在 1~2km 的沉积物下。随后在中侏罗世，上冲和侵蚀形成了低洼的低起伏面，随后在侏罗纪以来，在剥蚀前又被掩埋在 1~2km 的沉积物下。Pedersen 等（2012）采用的 AFT 数据和逆地球动力学建模方法意味着，中生代和新生代的再热在整个格陵兰岛东北部并不明显，任何沉积物覆盖都会导致没有足够的埋藏物将样品再热到 60℃ 以上。如同前文所述的其他边缘的情况一样，格陵兰东部边缘的埋藏（再热）事件的性质以及低温时序学数据对此的制约能力是许多争论的根源。上述两种最终情景之间的冲突，很大程度上源于对整个陆上边缘保存的断裂后沉积物的根本不同解释。Japsen 等（2013）认为这些沉积物是更广泛的沉积覆盖层的遗迹，而 Pedersen 等（2012）则主张这些沉积物是在小型断层盆地中沉积的。这种小型的陆上断层与后喀里多尼亚大陆裂缝有关，而这种断层主要限于近海领域（Osmundsen 和 Redfield，2011）。

在格陵兰岛中部和东南部边缘 72°～65°N 之间记录到的 AFT 年龄比 Pedersen 等（2012）报告的格陵兰岛东北部（即晚三叠世）的 AFT 年龄更小，如图 20.6 所示（Johnson 和 Gallagher，2000；Bernard et al.，2016）。数据普遍显示 AFT 年龄随着海拔和距离海岸的增加而增加。然而，裂谷后边缘的构造、热力和冰川历史是复杂的，在将地形演化与 AFT 数据预测的热力历史联系起来时需要谨慎。内陆腹地的 AFT 年龄表明，自中生代早期以来，该地区的温度一直低于 100～120℃（图 20.6）。从克拉夫林西南部冰川谷两侧的高程剖面图中获得的 AFT 数据显示，随着海拔的升高（最高达 1000m），AFT 年龄不断增加（151～226Ma；Johnson 和 Gallagher，2000）。将这些样品的 AFT 年龄和径迹长度共同倒置，以获得热史，预测早侏罗世和中白垩世的两次中生代冷却事件。然而，本研究中白垩纪的热史解析能力较差，其他的 FT 研究表明，白垩纪的冷却是缓慢的（Hansen et al.，2001；Hansen 和 Brooks，2002），或涉及再加热。由于邻近裂谷盆地中沉积物的积累和古新世熔岩下的侵蚀不整合，部分解决了剥露和埋藏历史。这些熔岩的堆积是造成新生代前热史保存不足的部分原因。广泛的玄武岩火山活动是古新世期间北大西洋裂谷和海底扩张的最后阶段的特征（Skogseid et al.，2000）。古新世和更年轻的 AFT 年龄表明，这些样品中的磷灰石被埋在厚厚的熔岩堆下面，并部分重置。这种加热的一部分也可能是由于来自玄武岩的传导热效应（Gallagher et al.，1994；Hansen et al.，2001；Bernard et al.，2016）或热流体流动（Hansen et al.，2001）的轻微和短暂的热效应。来自边缘的 AFT 年龄预测了反映玄武岩侵蚀的新近纪冷却（Hansen 和 Brooks，2002；Bernard et al.，2016）。来自 Kangertittivatsiaq 的 AHe 年龄（图 20.6）解释了其颗粒大小和海拔的相关性，并被初步解释为记录了新近纪 1.5km 的冰川切口（Hansen 和 Reiners，2006）。Hansen 和 Reiners（2006）描述了 AFT 数据所预测的热历史与 AHe 数据所预测的热历史之间明显的不一致。然而，对来自 68°～76°N 之间更北的次垂直剖面的 AFT 和 AHe 数据进行联合建模，揭示了 30Ma 的冷却事件，归因于冰川侵蚀的开始（Bernard et al.，2016）。

Japsen 等（2014）提出，格陵兰东南部边缘的 AFT 数据与边缘后隆起和侵蚀三个阶段相一致。第一次推断的隆升事件发生在晚新生代，随后边缘地形被完全侵蚀，产生了接近海平面的区域平面。在晚中新世，该地表又被抬升，并被切开，在海平面上形成一个较低的平坦面。第三次抬升阶段，即上新世，导致低平面以下的山谷和峡湾被切开。这种解释是基于映射被解释为同世纪平面构造的三个平面表面的残余，并推断它们各自海拔高度的构造意义。这三次上升事件将与地幔对流和板块运动变化的结合有关。这种联系尚未经过定量测试，不能仅从 AFT 数据和地表形态来判断。

20.6.3　北大西洋 PCM 的多周期与单调冷却

虽然 AFT 分析已在斯堪的纳维亚半岛边缘广泛应用，以建立地貌演变模型，但仍然存在大量的争论，这往往是由于从热年代学数据中得出的热历史模型的非唯一性。此外，关于对热史的物理机制的性质的解释和推测可能与原始 AFT 数据相去甚远。对北大西洋 PCM 假定的地质历史的不同看法，也会以限制热史模型的形式回传到对热史数据的解释中。由于多种时间—温度路径可能会在模型中复制，观察到的 AFT 数据、地质约束条件的选择、退火模型和拟合数据的统计标准至关重要（见第 3 章，Ketcham，2018）。

一方面，对复杂的地质历史，包括埋藏和剥蚀周期，以及寻找受 AFT 数据约束的古热最大值，将导致复杂的热历史，包括几次重新加热和冷却事件（Green et al.，2011；Japsen et al.，2014）。另一方面，由于缺乏年代久远的地质信息，不施加（或有限的）约束会导致单调的冷却历史（Nielsen et al.，2009），但仍可能充分解释数据。在后一种方法中，数据及其不确定性最终控制了热历史推断的复杂性。因此，在缺乏合理的地质约束条件的情况下，只有通过使用更可靠的 FT 数据（包括单粒年龄、径迹长度和成分信息）、多个样本的联合建模（如钻孔/高程剖面）、多个热年代学温标（如 AHe）以及适当的取样技术才能解决更多细节问题。关于这些相互对立的模型对北大西洋 PCM 发展的研究以及 AFT 热年代学在其中的作用的更完整阐述，见 Lidmar-Bergström 和 Bonow（2009）、Nielsen 等（2009）、Pedersen 等（2012）、Japsen 等（2013）以及 Green 等（2013）。

20.7　结束语

过去几十年来，人们一直努力整合构造和地貌过程，以便更全面地了解 PCMs 的演变。通过实地观测以及数字和模拟模型的研究，揭示了对断裂前、同步和后阶段所涉及的构造过程的重要认识，并显示了边缘地形是如何随着时间的推移而被雕刻和保存的。FT 热年代学对岩石的热历史提供了独特的见解，在限制与这些过程有关的侵蚀时间和速度方面发挥了关键作用。

许多研究表明，在 PCM 中存在着“经典”的 AFT 趋势，其中来自海岸带的数据记录了因裂缝侵蚀而导致的冷却，而来自大陆内部的数据则反映了破碎前的过程。然而，越来越多的 AFT 数据和最近的 AHe 数据表明，在几个 PCM 中，断裂后的侵蚀和空间上局部的冷却事件，与结构重新激活和地貌发展有关。断裂后侵蚀的驱动机制仍有争议，可能反映了地幔对流、板内应力和岩石圈特性之间复杂的相互作用所驱动的地表对变形的反应。

从区域剥蚀样品中获取高质量的 FT 数据，仍然是获取整个多金属环境中的热历史信息的一种非常有参考价值的方法。然而，显然区域性的 FT 数据集往往不能用一个单一的概念模型，甚至是几个 PCM 演化的“最终成员”模型来解释。因此，应该考虑到不同的结构、地貌和岩性因素，这些因素可以控制或扰动特定的地貌演化风格。为了进一步探究热力、构造和地貌历史，还应考虑扩大空间分辨率（垂直/钻孔剖面、结构区高密度取样）和（或）时间分辨率（高温热测定、宇宙核素分析）也应得到考虑。仔细选择的采样策略，加上初步的模型研究，以确定区分假设的首选区域，可能比随机取样方法更有参考价值，特别是在研究较充分的区域。热年代学数据可以直接提供关于岩石热历史的信息，尽管推断的热历史取决于建模方法和在热建模过程中的假设。由于对构造和地球动力学过程的推断通常是根据热模型的结果进行的，因此应仔细考虑和说明所使用的方法。这样，可以将热年代学数据与其他地质年代学和地质学数据结合起来，以便更全面地了解 PCM 的物理过程和机制。

致谢

感谢 Roderick Brown、David Chew、Kerry Gallagher、Cristina Persano 和 Fin Stuart 分享了他们在低温热年代学分析、热史建模和 PCM 演变方面的知识和经验。感谢 Kerry Gallagher 对这项工作提出的额外的建设性意见，感谢 Peter van der Beek 和 Marco G. Malusà 有价值的详细评论。感谢 Bart Hendriks 分享 AFT 数据数据库，感谢 Lauren Wildman 整理其他来源的数据，感谢 Andrea Licciardi 制作图 20.5 和图 20.6。

第21章　低温热年代学在克拉通演化中的应用

Barry Kohn，Andrew Gleadow

摘　要

有关板块是构造和地貌上惰性的大陆碎片的观点，与部分基于低温热力学（LTT）研究的证据不一致。这些研究表明，大面积的板块可能经历了区域性的新近纪和/或泛纪加热的不连续事件，并从适度升高的古温度中冷却。冷却往往是由于上覆的低传导性沉积物的千米级侵蚀，而不是由于大面积结晶基底的剥离。沉积埋藏的独立证据包括异常值的保存、克拉通内盆地的沉积记录、以及金伯利岩中的沉积岩，这些沉积捕掳体周期性地排入克拉通。此外，一些克拉通近端基底沉积物的地层和同位素数据载有被清除的碎屑，这些碎屑可在时间上与推断的克拉通源区的冷却事件相联系。根据低温热年代学数据（长期）和宇宙同位素和化学剥蚀研究（短期）重建的陨石坑基底所报告的剥蚀率的差异，反映了被移走后的盖层沉积物与保留的结晶岩之间在侵蚀性潜力方面的强烈对比。陨石坑加热和冷却的基本过程可能包括以下几种复杂的相互作用：接近形成广泛前陆盆地的高位正温体的沉积源、由活跃板块边界的远场水平应力传递的结构变形以及由垂直地幔应力驱动的动态地形的发展。动态地形也可以解释在一些没有明显变形的陨石坑中观察到的海拔变化。本章列举了对Fennoscandia、澳大利亚西部、非洲南部和加拿大等典型克拉通的低温热年代学研究，重点是后期演化方面的不同。

21.1　简　介

克拉通是地壳最古老区域的零星遗迹，直接记录了地球早期的历史。传统上，它被定义为作为相对惰性的地壳碎片而保持长期构造和地貌稳定的大陆地壳区域（Fairbridge 和 Finkl，1980；de Wit et al.，1992；Lenardic 和 Moresi，1999），大体上能抵抗内部变形，构造重组仅限于其边缘（Lenardic et al.，2000）。克拉通一词通常适用于太古宙（>2.5Ga）地壳的稳定区段，但克拉通的定义没有严格的年龄含义，因为许多这些地层可能只是在元古宙才达到最后的合并和稳定（Bleeker，2003）。

太古代克拉通（图21.1）占大陆面积的15%（Bowring 和 Williams，1999），主要特征是地形相对较低（地势低于1000m）。它们的稳定性被认为部分是由于它们较厚的岩石圈（高有效弹性厚度大于100千米），其特征是上地幔的龙骨相对较冷，但成分上有浮力（O'Neill et al.，2008）。除了在其边缘发生一些构造重组外，克拉通化通常被视为大陆岩石圈演化的终点，过了这个点就进入相对静止的状态。

彩图21.1

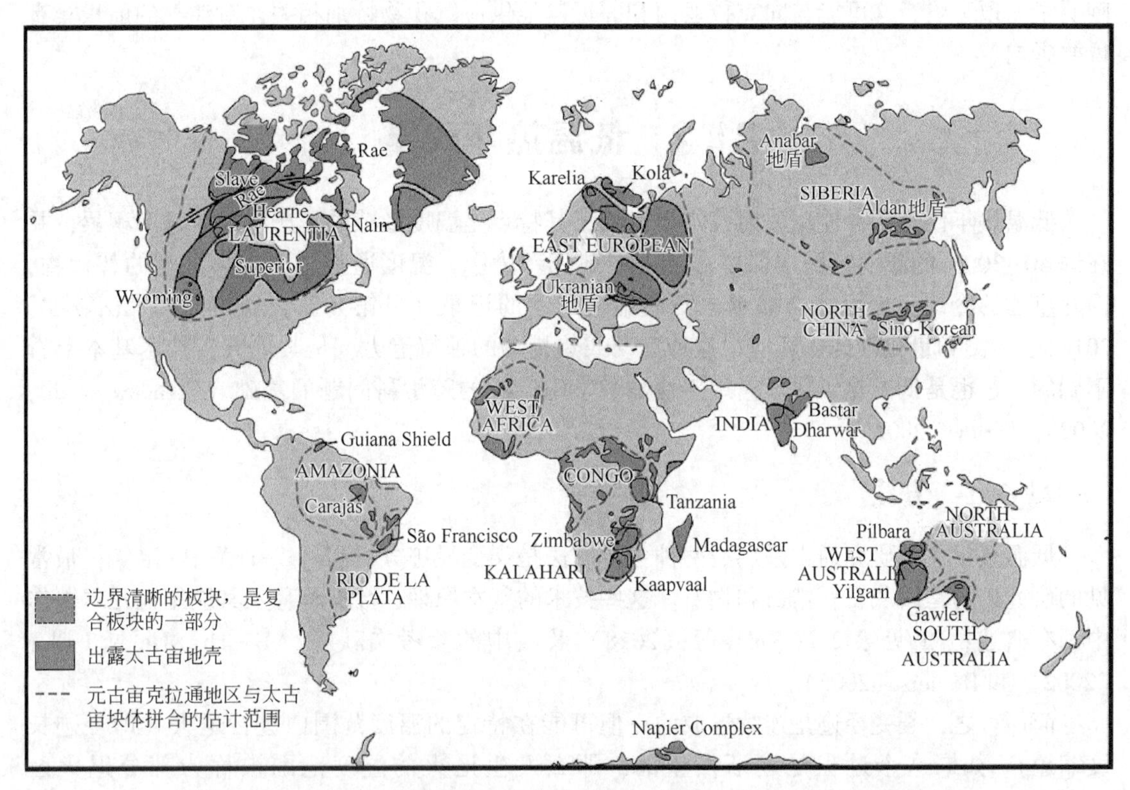

图 21.1　世界范围内暴露的太古宙地壳分布（据 Bleeker，2003，有修改）

太古宙克拉通和地盾区的名称用小写字母标注，在元古代聚集的复合陨石坑的轮廓用大写字母标示

然而，一些证据表明，克拉通环境的周期性扰动是最近才出现的。这些证据包括：分散集中的低层地震活动，特别是在克拉通边缘（Mooney et al. 2012）存在显生宙沉积序列，包括保存着区域沉降和隆升记录的克拉通内盆地（Sloss 和 Speed，1974；Allen 和 Armitage，2012）；零星岩浆活动（金伯利岩，Heaman et al.，2004）；从碰撞板块相互作用向克拉通传递的远场变形（Pinet，2016）；以及流体运动和古气候对热流的证据（Popov et al.，1999；Mottaghy et al.，2005）。然而，关于在地球历史的最后几亿年中，克拉通在多大程度上参与了大陆的地球动力学和形态学变化的认识并不完整。这种不完整的认识受到许多常规地质调查所依据的记录（保存完好的地层记录）稀少以及缺乏任何结构控制的强烈影响。

正是在这种背景下，低温热年学（LTT）在帮助解释可能的地球动力学和/或气候相互作用方面发挥了越来越重要的作用，这些相互作用可能塑造了克拉通岩石圈的上层。越来越多的数据，主要是基于不同克拉通的磷灰石裂变径迹和（U-Th)/He 研究，揭示了许多克拉通的特点是区域规模的古生代加热和（或）冷却，古温度适度升高（Brown，1992；Harman et al.，1998；Kohn et al.，2002；Lorencak et al.，2004；Danišk et al.，2008；Flowers 和 Schoene，2010；Ault et al.，2013；Japsen et al.，2016；Kasanzu，2017）。这些发现与长期以来对克拉通稳定性的看法不一致，并引发了进一步的调查，旨在更全面地了解克拉通演化的后期历史。在某种程度上，这是因为 LTT 的研究可能为保存克拉通所拥有的一些世界上最有价值的矿产资源提供信息，并提供关于它们作为放射性物质储存场所潜力的基本信息。此外，这种研究往往阐明了无顶历史，这可能与向克拉通内和邻近盆地供应沉积物特别相关，对油气的前景具有重要影响。

21.2　低温热年代学

低温热年代学涉及使用放射性定年方法，其特点是温度敏感的子产物在矿物中积累，并在约 40~300℃的温度范围内保留。在上层地壳环境中，温度通常可以作为深度的替代物，因此重建的冷却历史可能会揭示岩石向地表运动的记录（见第 8 章，Malusà 和 Fitzgerald，2018）。检测和量化近地表环境中这种运动或热扰动的独特能力，是其他分析技术基本上看不到的，这也是低温热年代学应用于地球科学中广泛的跨学科问题的基础（Gleadow et al.，2002a；Farley，2002）。

21.2.1　方法

低温热年代学研究通常采用的两种主要方法是裂变径迹分析和（U-Th)/He 定年，最常见的研究矿物是磷灰石、锆石和榍石。这些技术的基本原理、数据解释及其应用在几本著作中都有概述；FT 见第 2 章 Kohn 等（2018）及其中的参考文献，（U-Th)/He 见 Farley（2002）和 Reiners（2005）。

简而言之，裂变径迹是连续形成的，但可能在特定的温度范围内进行退火（即径迹长度缩短）。如果这个过程是逐渐发生的，那么发生退火的温度范围被称为部分退火区（PAZ）。对于磷灰石裂变径迹（AFT），这是人们最了解也是最常用的矿物系统，在加热时间为 10Myr 的情况下，发生部分退火的温度范围通常在 60~110℃之间，但这也可能随着化学成分的变化而变化。对于锆石裂变径迹（ZFT）而言，在加热时间为 10Myr 时，PAZ 在 180~350℃之间变化（Tagami，2005），但这个范围会随着辐射损伤程度而变化，而对于榍石（TFT）而言，在相同的加热时间内，PAZ 在 265~310℃之间变化（Coyle 和 Wagner，1998）。在这些区域的较高温度极限之上，任何形成的径迹都会被完全退火，因此没有子产品的物理记录留下，年龄被重置为零。

近年来，低温热年代学的一个重要进展是（U-Th)/He 温度测定法的恢复和发展（Zeitler et al.，1987；Farley，2002）。在（U-Th)/He 系统中，部分保留区（PRZ）是一个与 PAZ 相当的概念。但在这种情况下，PRZ 与 ^{4}He 的保留有关，而 ^{4}He 很容易在一定温度范围内通过体积扩散逐渐消失。在相对较短的加热时间内，磷灰石（U-Th-Sm)/He 系统提供的温度信息要比 AFT 系统提供的温度范围要低，PRZ 通常是 35~85℃（Farley 和 Stockli，2002）。对于锆石和榍石的（U-Th)/He 测试，PRZ 的温度范围分别为 130~200℃（Reiners，2005；Wolfe 和 Stockli，2010）和 100~180℃（Stockli 和 Farley，2004）。在 PRZ 的较高温度范围以上，不保留氦气，年龄完全被重置。因此，在 FT 和（U-Th)/He 热时测定系统中，磷灰石、锆石和榍石中子产物保留敏感性的温度范围是提供与大陆地壳最上层约 10km 有关的补充热史信息的理想选择。

在样品通过 PAZ 或 PRZ 后冷却较快的情况下，可以使用闭合温度（T_c）的概念（Dodson，1973）。虽然这个概念对于比较不同的热年代学系统的结果非常有用，但它基于这样的假设：自从通过 T_c 后，样品在 PAZ 或 PRZ 中逐渐冷却。然而，这一假设在克拉通环境中并不总能成立，因为在克拉通环境中，样品可能已经在这些区域停留了很长时间，这为数据解释提供了复杂性（Reiners，2005；Guenthner et al.，2013）。此外，T_c（以及子产物保留区的温度范围）可能会因辐射破坏、矿物化学、晶粒体积和冷却速度等不同因素而变化（Gleadow et al.，2002a；Reiners，2005；Shuster et al.，2006；Guenthner et al.，2013；本书第 9 章，Fitzgerald 和 Malusà，2018）。

21.2.2 常见问题

21.2.2.1 磷灰石

原则上，AHe 系统应提供 AFT 分析的补充数据，根据其预测的相对衰变产物保留特性，在大多数地质情况下，AFT 年龄预计会产生较老的年龄。然而，AHe 年龄数据可能会产生难以复制的结果，而且这些结果比更一致的 AFT 数据更老，这种差异在克拉通样品中可能会变得更加明显（Lorencak，2003；Belton et al.，2004；Green 和 Duddy，2006；Kohn et al.，2009）。

有几个因素可以导致看似异常或分散的样本内 AHe 年龄（Wildman 等，2016 中的表 3）。对于克拉通环境来说，特别值得关注的是，发现累积的 α 辐射损伤会逐渐增加磷灰石的^{4}He 保留率（捕集模型），从而增加从缓慢冷却的岩石中获得的有效 T_c 和表观年龄（Shuster et al.，2006）。这种现象导致了一系列与^{4}He 浓度和有效 U 浓度（eU）相关的表观年龄，用［U ppm + 0.235 Th ppm］表示，进而对母体的衰变进行加权及相应的分析。在 α 辐射损伤积累的情况下，^{4}He 保留的增强，往往导致粒龄和 eU 之间的正相关。这样，积累辐射损伤较大的颗粒可能比 eU 较低、损伤较小的颗粒具有更高的 T_c。这种效应以及辐射损伤退火对^{4}He 缓释性的影响被放大，特别是在基底岩缓慢冷却或再热的条件下，正如在克拉通环境中可能预期的那样（Gautheron et al.，2009），这也与 Green 和 Duddy（2006）和 Kohn 等（2009）报告的共存磷灰石 FT 和 He 年龄之间的经验观察结果一致。

21.2.2.2 锆石

对于 ZFT 和 ZHe 系统来说，辐射损伤是评价来自克拉通的锆石是否有可能定年的一个关键因素。辐射损伤是 U 和 Th 同位素含量、堆积时间以及退火和内部失调修复程度作为热历史的函数。由于其年代久远，母体同位素浓度相对较高，在保留外貌晶型的同时，克拉通锆石中积累的辐射损伤可能会逐步转变结构有序的晶型状态，最终成为变质晶（无定形或非晶态），同时保留外部晶形。如果晶粒破坏得太厉害，那么由于母体同位素和（或）子产物的损失，它们可能对地质—热年代学测量没有用处。这对裂变径迹（Kasuya 和 Naeser，1988；Tagami，2005）和 He（Reiners，2005；Guenthner et al.，2013）的保留都有根本性的影响。样本内的 ZFT 年龄可能会显示出不同年龄或年龄种群的广泛谱系（特别是在碎屑样本中），反映出不同的来源和（或）辐射破坏程度，这需要仔细解释（Bernet 和 Garver，2005；另见第 16 章，Malusà，2018）。关于常见于碎屑岩中的老锆石和（或）高 U 锆石的 ZFT 测年技术问题，见 Kohn 等（2018）的 2.7 节。

关于辐射损伤对 ZHe 系统的深远影响，对于经历过低度至中度辐射损害的锆石，年龄可能与 eU 呈正相关，并产生一些具有直接地质—热年代学意义的信息。与此相反，受损程度较高的晶粒显示出明显的负 eU 年龄相关性（Reiners，2005；Guenthner et al.，2013）。这种分散的年龄谱在经历过长期热历史的样品中更为明显。然而，Guenthner 等（2013）的一种方法结合了锆石辐射损伤和退火模型（遵循锆石 FT 退火动力学的 ZRDAAM），计算了为

(U-Th)/He 分析测量的单个锆石的扩散动力学。这是通过整合自锆石冷却到 ZFT 部分退火温度以下的时间内的 eU 来实现的，允许从克拉通环境中的 ZHe 数据集量化热历史（Orme et al.，2016；Guenthner et al.，2017）。eU 年龄图的一个显著特征是，一些受损较严重的锆石颗粒年龄可能会形成一个准平台或台阶，而在 eU 值的广泛范围内没有明显的年龄分散（Orme et al.，2016）。这表明在一个相对较低的闭合温度范围内相对快速的冷却，伴随着 He 损失和破坏积累的“同时”闭合。定义这些相对不变的 eU 年龄图的年龄也可能与同时存在的 AFT 和 AHe 数据有关，在这些情况下，ZHe 的封闭温度仅略高于或在 AFT PAZ 甚至 AHe PRZ 的范围内（Johnson et al.，2017；Mackintosh et al.，2017）。最近的工作进一步强调了 ZHe 系统学的复杂性，特别是在缓慢冷却的岩石中（Danišík et al.，2017；Anderson et al.，2017；Mackintosh et al.，2017）。

21.2.3　采样

碎屑岩地层包括主要由火成岩和变质岩组成的大片区域。本书第 2 章概述了低温热年代学研究的首选岩性和一些采样策略。重要的是跨越主要结构或岩石圈边界并从深层钻井（如果有的话）取样，因为后者也能收集任何可用的井下温度数据。对附近具有对比性岩石学的岩石（花岗岩和辉绿岩）进行取样也很有用。这些岩石中的矿物，如磷灰石，通常表现出不同的化学成分和子产物保藏性，这可能会使更详细的热历史出现。收集非基底样品总是有用的，因为从这些样品中获得的地层/地球年代学或有机物成熟度数据可为热史模型提供重要的地质约束（见下文）。这可能包括沉积覆盖层或剥蚀风化层的离群值，在这种情况下，这种材料和下层基底都应取样。从克拉通化后岩浆活动（包括对堆积深度的估计）或撞击结构的样本中获得的地球热年代学数据也可作为热史模型的有用时间标记。在有金伯利岩的地方，如有可能，应收集原生物质和夹在其中的任何地幔或沉积捕掳体。低温热年代学数据以及对后者的热成熟度研究可能产生有用的信息，用于估计上覆沉积物侵蚀前的埋藏深度，提供进一步的热历史控制。

21.2.4　热历史模型

正向和反向热史建模通常用于提取与所获低温热年代学数据最匹配的地质解释。热年代学界使用的两个主要软件程序是 HeFTy（Ketcham，2005）和 QTQt（Gallagher，2012；另见第 3 章，Ketcham，2018；第 6 章，Vermeesch，2018）。Vermeesch 和 Tian（2014）评估了这两种方法，他们的评估引起了激烈的争论（Gallagher 和 Ketcham，2018；Vermeesch 和 Tian，2018）。最近的低温热年代学克拉通研究已经使用这两种协议（连同地质约束）来生成热历史模拟，例如，HeFTy（Flowers et al.，2012；Ault et al.，2013；Guenthner et al.，2017）都主要使用 He 数据或 QTQt（Kasanzu，2017；Mackintosh et al.，2017）同时使用 AFT 和 He 数据。

由于 He 系统的复杂性，在可能的情况下，应使用多个热年代学温标为生成热历史模型提供额外的约束条件，特别是在古老的、缓慢冷却的岩石中（Anderson et al.，2017）。在此背景下，Mackintosh 等（2017）在津巴布韦克拉通的研究具有启发意义，提出了在这种环境下为大型、复杂的低温热年代学数据集（AFT、AHe 和 ZHe）生成热历史模型的策略。该研究选择了 QTQt，因为来自破碎磷灰石颗粒的（U-Th-Sm）/He 数据（保留了一个或两个晶体端点）可以使用 Brown 等（2013）的碎裂模型。此外，由于样本内 AHe 和 ZHe 的年龄往往显示出较大的离散度，在应用表观年龄的同时，对于精度较低的数据，可考虑引入比例系数代表不确定性（Gallagher，2012）。目前对 AFT 系统的理解可以说是更加清晰，所以每个样本首先只用 AFT 数据进行建模。以 AFT 为基线，然后用 AHe 数据对 AFT 进行建模，最后加入相应的 ZHe 数据，这样就可以对所有模型输出进行比较，以确保可靠性。图 21.2 为利用上述方法结合输入参数及现有的地质约束条件确定的一个津巴布韦克拉通的例子。

彩图 21.2

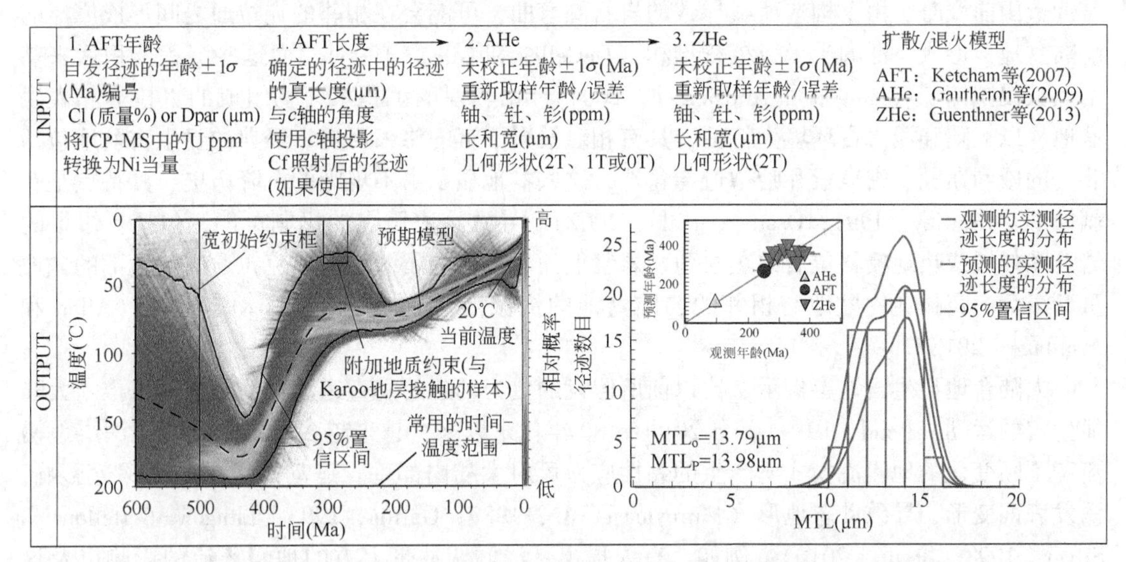

图 21.2　津巴布韦克拉通北部花岗岩片麻岩的 AFT、AHe 和 ZHe 数据的 QTQt 热历史反演示例

上图板：输入单颗粒低温热年代学数据和相关扩散/退火模型，用于生成热历史 1—3，箭头指示数据用于创建反演的顺序。2T、1T 和 0T 是指分析晶粒中晶体终末的数量。左下图板：接受的热历史和使用的约束的模型输出，显示为一个彩色地图，指示模型历史的后向分布。期望模型（后验分布加权平均值）被认为是最具代表性的热历史，显示了 95%的置信区间。右下图板：使用观测年龄与预测年龄的关系图（重新取样的误差值）评估数据拟合度。比较观测（o）和预测（p）平均径迹长度（MTL）值和分布的数据拟合，以及相关的不确定性（据 Mackintosh，2017，有修改）

21.3　显生宙克拉通岩石圈动力学证据

岩石学研究，特别是对岩浆捕虏体和异晶体的研究，表明一些岩石圈地幔部位自太古代以来在组成上经历了周期性的和不可逆转变化（O'Neill et al.，2008）。与俯冲或岩浆作用有关的流体对克拉通岩石圈的这种作用导致岩石圈变薄、变热和化学交代，导致其密度（克拉通根部黏度降低）和地温梯度发生变化，例如中韩克拉通（Xu，2001；Wenker 和 Beaumont，2017）。这可能导致克拉通地幔岩石圈强度的降低，使其更容易对板块边界力作出反应，并产生重大的热效应和构造后果，这应在近地表环境的低温热年代学记录中检测到。

金伯利岩，常见于侵入克拉通，已被广泛研究，因为它们是钻石的主要来源，也偶尔包括下地壳和大陆岩石圈地幔岩浆捕掳体和异晶体（Heaman et al.，2004；Stanley et al.，2015）。这些为理解地幔演化提供了丰富的资源，并引用了一系列构造和地球动力学过程来解释其时空关系。来自几个克拉通的金伯利岩包含二叠纪沉积捕掳体，表明沉积物在其形成

时覆盖了克拉通，但在大多数情况下，这种沉积覆盖物后来被侵蚀掉了（Stasiuk et al.，2006）。Ault 等（2015）报告了主要基于低温热年代学数据建模的沉积埋藏阶段之间的同步性模式，以及一些加拿大和澳大利亚克拉通的金伯利岩记录的空白。其含义是，在埋藏阶段侵入的金伯利岩可能存在一定的偏差。

地球表面的水平构造板块运动之间的相互作用可能会将远场平面内应力传递给克拉通区域，导致地壳褶皱、古老构造的重新活化、基底的抬升和沉积盆地的反转（Pinet，2016）。靠近造山前线时，由于构造荷载导致的岩石圈弯曲，可能会在相邻的克拉通之间形成广泛的前陆盆地，形成广泛的千米级沉积堆积（DeCelles 和 Giles，1996），而这些沉积堆积后来基本上被侵蚀掉了（Huigen 和 Andriessen，2004）。由较厚的沉积填充物组成的克拉通和表生盆地，以大陆和浅海古环境为特征，具有相对缓慢下沉的悠久历史。经典的显生宙盆地包括北美的威利斯顿、密歇根和哈德逊湾盆地，这些盆地显示出不规则的沉降历史，其特点是有剥蚀期（Crowley，1991；Osadetz et al.，2002）。导致这些历史的机制可能，包括：缓慢的岩石圈伸展或热地幔移位后的热松弛、岩浆上涌、古老的裂缝结构或克拉通内盆地下的盆地重新激活、克拉通内盆地与相邻的前陆盆地的机械耦合或地幔对流和动态地形（Allen 和 Armitage，2012）。

大陆台地显生宙地层揭示了比以前所假设的更为动态的垂直运动史，并被用来推断大陆显生宙的运动（Bond，1979）。自 20 世纪 80 年代末以来，越来越多的证据表明，深层地幔流和不断变化的地幔流模式所产生的黏性应力可对大陆内部垂直运动的历史产生深远影响，诱发表面变形，导致动态地形（Mitrovica et al.，1989；Gurnis，1993；Lithgow-Bertelloni 和 Silver，1998；Braun，2010）。例如，有人提出，浅倾俯冲带上方的地幔环流的影响以及这种流动产生的地球表面的相关垂直位移，可以解释整个北美克拉通看似神秘的显生宙沉积序列的分布和倾斜（Mitrovica et al.，1989；Burgess et al.，1997）。动态地形也有助于解释为什么一些地层序列在时间上与世界范围内的古生代海平面变化所预测的大陆海平面变化模式不一致（Moucha et al.，2008）。然而，在动态地形形成的大陆上，沉积在大范围洼地（反映几百到几千千米的地幔过程的长度尺度）的地层，幅度一般为 1km，其保存潜力较低。这是由地形的短暂性造成的；因此，与俯冲相关的动态地形有关的沉积记录通常很可能是由不规则地形所代表的（Burgess et al.，1997），而且不太可能用常规方法检测到。

来自克拉通的低温热年代学数据表明，尽管它们的寿命很长，但它们的特征大多是相对年轻的年龄（<500Ma；Brown et al.，1994；Harman et al.，1998；Feinstein et al.，2009；Flowers 和 Schoene，2010；Ault et al.，2013；Kasanzu et al.，2016）。然而，也有一些例外，有报道称年龄达到 1Ga，如北美地盾（Crowley et al.，1986；Flowers et al.，2006；Kohumann，2010）和 Fennoscandian 地盾（Hendriks et al.，2007；Kohn et al.，2009；Guenthner et al.，2017）。

如上所述，从磷灰石低温热年代学数据重建的热历史表明，许多陨石坑记录了显生宙加热和冷却的事件。由于大多数太古宙克拉通的平均热流极低［平均为（41±12）mW/m^2；Rudnick et al.，1998］，纯粹的结晶基底的侵蚀将意味着不准确的剥蚀厚度（Brown et al.，1994）。然而，在许多克拉通地区观察到的热历史模式往往与上覆地层的埋藏和去顶有关，而不是与大面积结晶地盾岩的移除有关（Harman et al.，1998；Kohn et al.，2002；Ault et al.，2013）。

然而，对覆盖层厚度的估计取决于所使用的技术的稳健性、冷却时普遍存在的古地温梯度以及任何被移除的覆盖层材料的导热性（Braun et al.，2016；Luszczak et al.，2017）。此外，Braun 等（2013）证明，大范围（宽度为 1000km）和幅度（约 1km）的动态地形的河流侵蚀可能达到足够的深度，以暴露其中磷灰石 FT 和（U-Th-Sm）/He 系统已经完全重置的岩石。

在某些情况下，克拉通上的沉积覆盖层是由相邻的成因带形成的广泛前陆盆地的一部分（Huigen 和 Andriessen，2004；Kohn et al.，2005）。在一些克拉通的边缘（偶尔在克拉通上）仍然保存着沉积序列，加上近岸和近海沉积物的地层和同位素证据，携带着被清除的碎屑的记录，这些碎屑可以在时间上与源区的冷却事件联系起来（Kohn et al.，2002；Patchett et al.，2004；Kasanzu et al.，2016）。然而，从 AFT 对克拉通的研究中得出的长期剥蚀率（10^7～10^8；Kohn et al.，2002）似乎与地貌学的论点（Fairbridge 和 Finkl Jr，1980；Gale，1992）以及从宇宙成因同位素测年（如 Bierman 和 Caffee，2002；Belton et al.，2004）和化学剥蚀研究（如 Edmond et al.，1995）中得出的极低的侵蚀率不一致。因此，有人认为，这种基于大幅缩短时间尺度的研究更符合关于克拉通相对构造和热稳定性的传统观点。然而，对于 AFT（和 He）的研究，重要的是要考虑到，所测量的基底冷却速度通常与去除较易侵蚀的上覆地层有关，而不是与相当一部分克拉通基底有关。

从古地层中报告的锆石和榍石低温热年代学数据较少，Enkelmann 和 Garver（2016）已对其中一些数据进行了回顾。然而，这些年龄也大多比其主岩的结晶年龄或变质年龄要年轻。据报道，加拿大西部地盾的 ZHe 年龄约为 1.58～1.7Ga（Flowers et al.，2006），北美洲西部的怀俄明省太古宙岩（Orme et al.，2016）和 Fennoscandian 地盾（Guenthner et al.，2017）的 ZHe 年龄接近 1Ga。据报道，Fennoscandian 地盾最古老的 ZFT 和 TFT 年龄约在 560～930Ma 之间（Rohrman，1995；Larson et al.，1999），Kaapvaal Craton 的 THe 年龄高达 1.2Ga 左右（Baughman et al.，2017），Fennoscandian 地盾达 940Ma 左右（Guenthner et al.，2017）。

21.4　实　例

LTT 数据旨在评估克拉通和其他地质单元的近期热史。本节讨论了一些更广泛研究的原型克拉通的例子，说明 LTT 数据如何被用来重建最近热历史。

21.4.1　Fennoscandian 地盾

Fennoscandian 地盾（又称波罗的海盾）包括暴露的前寒武纪结晶基底，形成东欧克拉通的西北地层（图 21.1）。新生代加里东期奥陶纪标志着西部边界，而俄罗斯地台的新生代盖层则标志着东部剥蚀边界［图 21.3(a)］。地盾在地质年代上可分为三个主要的地壳区域，每个区域都与远古至中生代的连续成因事件有关（Gaál 和 Gorbatschev，1987）。这些地壳域促进了大陆的生长，并显示出向西南方向年轻化的趋势［图 21.3(a)］。在合并之后，Fennoscandian 地盾在 Sveconorwegian Grenvillian（约 1.25～0.9Ga）和 Caledonian（约 0.43～0.39Ga）造山期间发生了实质性的改造（Gorbatschev 和 Bogdanova，1993；Gee 和 Sturt，1985）。

瑞典南部和芬兰南部结晶基底的 TFT 和 ZFT 年龄约在 560～930Ma 之间（平均为 850Ma；Larson et al.，1999）。这些年龄被解释为反映了由斯维科诺尔根大岩层形成的前陆盆地下的沉积埋藏导致的部分退火［图 21.3(a)］。沉积物堆积的厚度估计至少为 8km，在为 100km 处保存下来的奥陶纪以东，覆盖了瑞典和芬兰的大片地区（Larson et al.，1999）。这些地层中的大部分被侵蚀掉了，到了元古宙末期，现今地表的大片区域暴露出来或暴露至接近现今地表（Lidmar-Bergström，1996）。Rohrman（1995）和 Guenthner 等（2017）分别从深孔样品中报告的 ZFT、ZHe 和 THe 数据［图 21.3(a) 和图 21.4］也与这一结论一致。由此形成的亚寒武纪准平原［图 21.3(a)］随后被几百米的寒武纪至志留纪（约 540～420Ma）平台沉积物覆盖（Lidmar-Bergström，1996）。在 Fennoscandian 地盾上，除了波的尼亚湾的寒武纪—奥陶纪序列外，只保存了零星的该序列的残余物，主要在芬兰南部。准平原是热史建模的一个重要地质制约因素，因为在元古宙末期，现今的地表肯定已经暴露或处于近地表水平，而在显生宙的大部分时间里，沉积层将其保存下来。

彩图 21.3

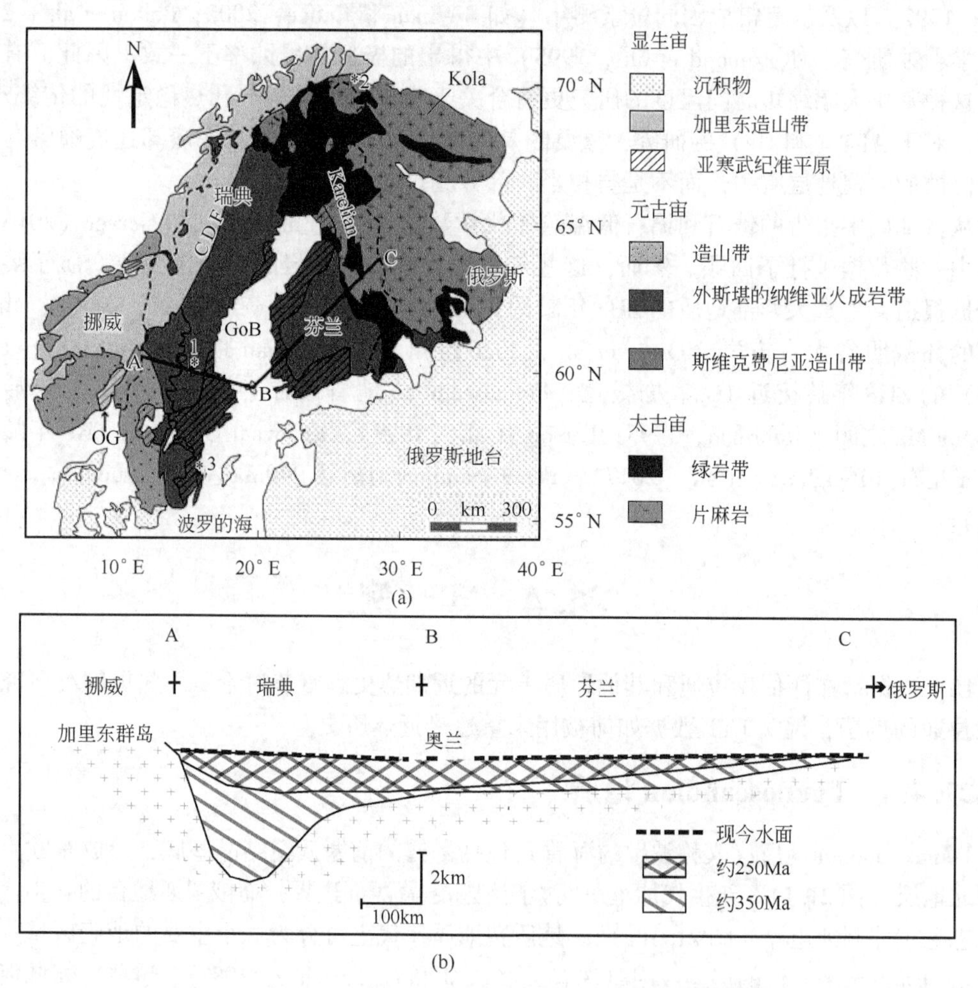

图 21.3　Fennoscandian 地盾地质概况（a）和沿加里东前陆盆地 A—b—C 线的横截面示意图（b）（据 Tullborg et al.，1995；Larson et al.，1999）

亚寒武纪准平原 CDF—加里东期变形锋，OG—奥斯陆地堑，GoB—波的尼亚湾。低温热年代学研究用的深孔位置编号及相关参考文献：1—Granberg-1（Rohrman，1995）；2—Kola 深钻孔（Rohrman，1995；Kohn et al.，2004；另见图 21.4）；3—Oskarshamm KLX01 和 KLX02，Laxemar 地区（Söderlund et al.，2005；Guenthner et al.，2017）

晚志留纪—早泥盆世加里东造山运动的特点是在 430～390Ma 之间发生陆—陆碰撞

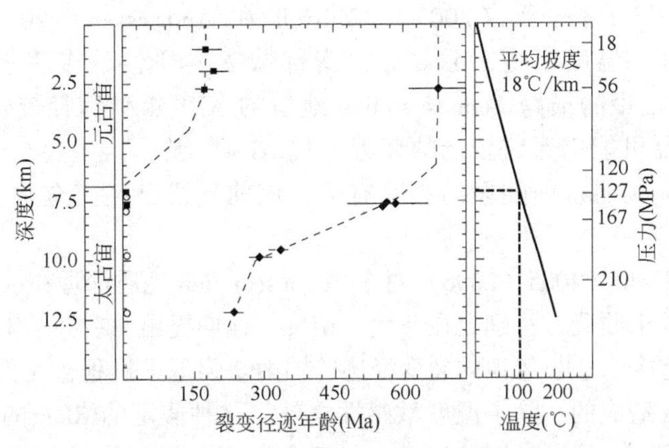

图 21.4　超深 Kola SG3 钻孔的磷灰石和锆石裂变径迹年龄、地质断面、地温梯度和原位有效压力

实心符号表示 Rohrman（1995）的数据，圆圈表示 Kohn 等（2004）的数据

（Gee 和 Sturt，1985）。由此形成的山脉被认为在规模上可与现代喜马拉雅山相媲美（Streule et al.，2010）。挪威西海岸的断层控制盆地充满了长达数十千米的晚志留世—泥盆纪砾岩，近海的奥斯陆 Graben 地区［图 21.3(a)］在下断层区块中保存了约 4~6km 的寒武纪—志留纪沉积物（Steel et al.，1985）。然而，瑞典或芬兰陆上基本上没有志留纪或泥盆纪地层。然而，有人提出，造山运动导致芬诺斯卡地盾弯曲，在造山运动因隆升和侵蚀而导致重力崩塌后，形成了一个广泛的前陆盆地。这个盆地向东延伸了几百千米，逐渐变薄，并逐渐在斯堪的纳维亚半岛东南部重新沉积［图 21.3(b)］。Larson 等（2006）总结了瑞典中部和南部存在这种前陆盆地的地质论证，包括不同 AFT 研究的证据。这也包括从地盾瑞典段到芬兰西南部奥兰群岛的结晶基底岩中锆石放射性铅流失的证据（Larson 和 Tullborg，1998）。瑞典各地横断面的 AFT 数据表明，从加里东变形前线向东延伸到波的尼亚湾［图 21.2(a)］，与加里东前陆盆地的不对称埋藏历史相吻合，认为该盆地在变形前线附近至少有约 3.5km 的厚度，在波的尼亚湾海岸附近减薄到约 2.5km（Zeck et al.，1988；Larson 和 Tullborg，1998；Larson et al.，1999；Cederbom et al.，2000；Huigen 和 Andriessen，2004；Japsen et al.，2016），另见图 21.3(b)。

在芬兰南部，Hendriks 等（2007）和 Kohn 等（2009）报告了 AFT 年龄约为 310~1030Ma。南部和西南部的年龄较小，但大多在 600Ma 以上，包括任何地方报告的一些最古老的 AFT 年龄。年龄差异的范围，有时是相对较小的距离，不能仅仅归因于沉积覆盖层的变化。相反，它们可能是由于不同因素的组合，如磷灰石化学成分的变化，特别是辉绿岩，其中磷灰石通常显示出较高的 Cl 含量，再加上最古老的 AFT 年龄（Kohn et al.，2009）。此外，热流、岩石传导性的变化或辉绿岩中相对较低的产热也可能导致热历史的显著差异（Kukkonen，1998；Łuszczak et al.，2017）。在这方面，覆盖前寒武纪基底的现代前陆盆地（加拿大西部沉积盆地）内多变且普遍较高的热流具有启发意义（Weides 和 Majorowicz，2014）。

芬兰南部的热历史模型显示了晚侏罗世冷却的主要阶段，这被认为是斯维科诺尔挪造山的板块内应力传播所致（Murrell 和 Andriessen，2004）。报告的径迹长度测量结果大多表明了不同程度的部分退火。Larson 等（1999）还介绍了芬兰南部 3 个约 1000m 深钻孔的 AFT 数据，并估计斯堪的纳维亚卡里多尼德沉积碎屑将芬兰大部分地区掩埋了 0.5~

1.5km。这些估计与 Lorencak（2003）、Murrell 和 Andriessen（2004）以及 Kohn 等（2009）提出的时间—温度模型一致。芬兰南部缺乏实质性的卡里多尼德埋藏（另见 Hendriks 等 2007 年拍摄的横跨 Fennoscandian 地盾的 AFT 年龄和径迹长度模式的图像），这表明该地区的样品可能仍保留较老的新近生代 AFT 年龄，这主要与瑞典东部西南地区以前很厚的 Sveconorgwegian 前陆段的去除有关，该前陆段已经完全重置了锆石和榍石的 FT 和 He 年龄。

Hendriks 和 Redfield（2005，2006）对东 Fennoscandian 地盾深埋在区域性广泛的加里东前陆盆地下的概念提出质疑，特别是在芬兰。相反，他们提出，在芬兰南部等热力学长期稳定的地区，有一个迄今为止被忽视的裂变径迹的辐射增强退火过程，在低温（<60℃）下运行，主要是^{238}U 衰变造成的。除了温度敏感性之外，这种假定的 REA 的影响还意味着，使用传统的热退火模型对克拉通环境（以及一般富含 U 和/或 Th 的磷灰石）中的 AFT 数据进行建模，可能会导致高估古温度，从而高估被移除的部分数量。

REA 的假设部分是基于来自芬兰南部和中部样本的 AFT 颗粒年龄和 U 含量之间的负相关关系。Donelick 等（2006）也报告了来自芬兰和加拿大的样本中 AFT 年龄和发射体光化物之间的一系列反比关系（弱到中强），来自芬兰的较老颗粒显示出最强的负相关性。然而，Kohn 等（2009）利用芬兰南部和中部以及加拿大南部和西澳大利亚地盾的新老 AFT 数据，无法再现 Hendriks 和 Redfield 提出的一致的反相关关系。此外，尽管 U 含量范围很大，有时样本内颗粒之间的 U 含量相差 3~6 倍（Cl 含量范围有限），但芬兰南部的 AFT 年龄产生的卡方检验值大于 5%，这与数据作为单一年龄组处理是一致的。

此外，Hendriks 和 Redfield（2005）还认为，REA 可以解释这样的观察结果：与预期相反，大量来自芬诺斯卡地盾的 AHe 年龄大于其共存的 AFT 年龄。然而，从芬兰南部和中部样本报告的许多 AHe 数据（Murrell，2003；Lorencak，2003；Kohn et al.，2009）显示出年龄分散和再现性差。在克拉通中，缓慢的冷却、HePRZ 的长期停留、埋藏导致的 α 损伤退火、可变的 eU 和野火等效应可以增强单个颗粒之间的样本内 He 年龄变化。这些因素中的一些因素（见 21.2.2.1）是在 Hendriks 和 Redfield（2005）发表后才被认识到的。这使得很难直接比较一个 AFT 年龄与一些共存、分散的单粒 AHe 年龄之间的关系（见 21.2.4）。假定的 REA 对 AFT 研究的适用性引起了相当多的争论（Green 和 Duddy，2006；Larson et al.，2006；Hendriks 和 Redfield，2006；Donelick et al.，2006；Kohn et al.，2009），目前仍有争议。

深孔样品中裂变径迹参数的变化对于将实验室退火实验推断到地质环境中至关重要。在这方面，位于东北芬诺斯卡地盾的超深科拉井（SG3）的 FT 研究［图 21.3(a)］，钻探深度为 12262m（当时地球上最深的钻井），也提供了地质退火约束的重要信息（Rohrman，1995），如图 21.4 所示。该井的底孔温度约为 216℃，尽管地温梯度是变化的，在上部 2km，由于流体的运动和冰川后的均衡调整导致深层断层的压力降低（Popov et al.，1999）。该井的 ZFT 数据表明，加热时间为 100Myr 的 ZFT PAZ 约为 200~310℃。从约 7060~12150m 深度的样品的 AFT 数据基本上显示年龄为零。这表明，近似于 AFT PAZ 底部的全径迹退火发生在约 110~115℃ 的温度下（Rohrman，1995；Kohn et al.，2004），或者可能发生在没有样品的更高层次的稍低温度下，这与其他地方的油井所报告的温度相同（Gleadow et al.，2002a）。在井中的这个温度下，深度相当于约 127MPa 的压力（Morrow et al.，1994），表明对 AFT 退火没有明显的压力影响。这里值得注意的是，在几乎所有的自然地质环境中，高达 127MPa 的压力范围涵盖了 AFT PAZ 的整个范围。综上所述，井中的 FT 数据被解释为在 600Ma 时快速剥蚀的证据，与更南边描述的亚寒武纪半平原的形成相吻合，以及在 180~250Ma 时开始的大量冷却（Rohrman，1995），与该地表后来的重新剥蚀相一致。

21.4.2 西澳大利亚地盾

西澳大利亚地盾是由两个太古宙克拉通（Pilbara，60000km^2；Yilgarn，657000km^2）和几个元古宙盆地与台地合并而成，周围是显生宙盆地（图 21.5）。上覆的元古宙盆地掩盖了两个克拉通之间的缝隙，这两个克拉通主要由太古宙的花岗岩—绿岩带组成，由几个较小的台地组成，具有不同的地质历史和地球化学特征（Myers，1993）。这些克拉通包含地球上一些最古老的保存完好的岩石和叠层石化石，并拥有丰富的贵金属和贱金属矿藏，以及主要的带状铁建造。在 Narryer Gneiss 地层的 Jack Hills（图 21.5），变质石英砾岩的锆石的年代已被确定为早于 4Ga（Harrison，2009）。

利用 AFT 热年代学对西澳大利亚地盾的显生宙冷却历史进行了研究（Gleadow et al.，2002b；Kohn et al.，2002；Weber，2002；Weber et al.，2005）。AFT 年龄高达 450Ma 左右（向东克拉通边界），但大多在 200~375Ma 之间，平均水平径迹长度为 11.5~14.3μm。值得注意的是，这些 AFT 参数在克拉通的许多地区，以及大部分的元古宙基底（如 Gascoyne 复合体）和盆地（如 Hamersley 盆地）、中生代 Albany-Fraser Orogen 和新生代—寒武纪 Leeuwin 复合体中的范围相似（图 21.5）。来自伊尔加恩西南部的热历史模型表明，在晚石炭世—早二叠世，从温度大于 110℃ 开始出现区域性降温，并持续到晚侏罗世—早白垩世（Kohn et al.，2002；Weber et al.，2005）。从西南部 Yilgarn Craton 和相邻的元古宙基底获得的 AHe 和 ZHe 数据大多在类似于 AFT 数据报道的年龄范围内（Lu，2016）。

Yilgarn Craton 目前基本上没有沉积物覆盖。然而，在位于珀斯东南方向约 150~180km 处 Yilgarn Craton 内的 Collie、Wilga 和 Boyup 盆地内保存有二叠纪和白垩纪地层的残余物（图 21.5）。最大的 Collie 盆地包含约 1.4km 长的二叠纪泥岩、页岩和煤层（Le Blanc Smith，1993）。镜质组反射率数据（R_o = 0.41~0.61）和地层表明，煤的最高埋藏温度可达 95~100℃。根据 Le Blanc Smith（1993）的研究，这些“盆地”是以前更广泛的覆盖序列的断层内残余物，其中有几千米在二叠纪被移除，后来的侵蚀周期又移除了二叠纪和早白垩世之间的部分。

珀斯盆地位于伊尔加恩克拉通以西（图 21.5），在主要的凹陷区有长达 15km 的地层，年龄从奥陶纪到第四纪不等但大部分是二叠纪到晚白垩世（Baillie et al.，1994）。沉积物显示出以中生代碎屑岩 U-Pb 锆石年龄为主，相对较少的太古宙颗粒（如 Cawood 和 Nemchin，2000），这表明尽管距离很近，但广泛的 Yilgarn Craton 本身并不是盆地沉积物的主要来源。此外，二叠纪 Collie 盆地煤炭措施和珀斯盆地北部晚三叠世岩石中的 U-Pb 锆石年龄在 1200Ma 处达到峰值，表明南部可能有一个 Albany-Fraser 省的来源（Veevers et al.，2005）。其他可能的克拉通沉积覆盖物来源是位于 Darling 断层以西的中生代—寒武纪 Pinjarra 造山岩（Fitzsimons，2003），如图 21.5 所示。Killick（1998）计算了奥陶纪早期至白垩纪晚期之间在西部地盾边缘盆地（Yilgarn 和 Pilbara 克拉通以及其间的元古宙盆地）沉积物的体积，此后碎屑

彩图 21.5

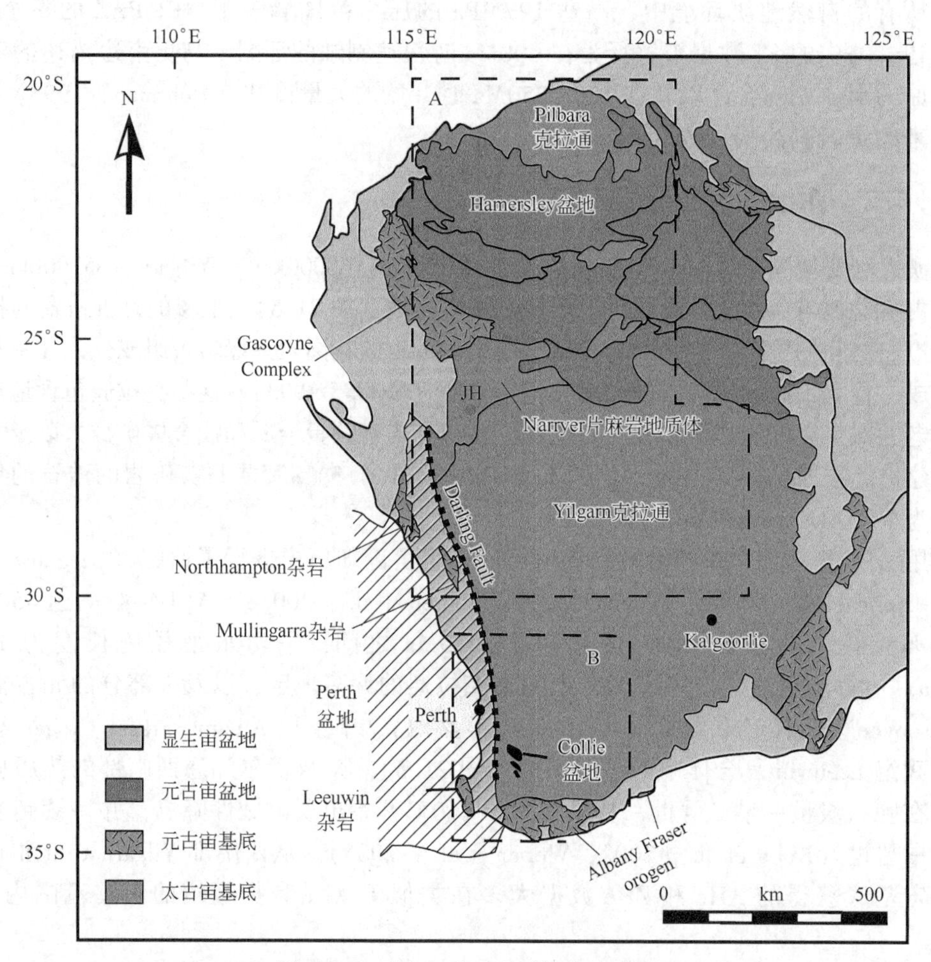

图 21.5　西澳大利亚地盾简化地质图

显示了克拉通和之前低温热年代学研究覆盖的区域。A—Weber（2002）、Kohn 等（2002）、Gleadow 等（2002b）、Weber 等（2005）。所有 AFT 和 B—Kohn 等（2002）、Gleadow 等（2002b）和 Lu（2016）。JH = Jack Hius

沉积有效地停止了。据此估计，自盆地开发和沉积开始以来，为 4.1km 的物质被从西澳大利亚地盾上移走，平均剥蚀率为 8.87m/Myr。这一估计以及 Kohn 等（2002）提出的估计都大大高于 Fairbridge 和 Finkl（1980）、Gale（1992）先前分别根据地貌学得出的 Yilgarn 克拉通 0.1～0.2m/Myr 和 0～2m/Myr 的速度，尽管这种低速度很可能是克拉通基底后白垩纪时期典型的剥蚀速度。

西澳大利亚地盾的现今热流数据范围为 30～50mW/m^2，但测量结果既稀疏又分布不均（Cull，1982）。然而，尽管古地温梯度存在不确定性，但镜质组反射率和低温热年代学数据表明，古生代—中生代上层沉积物的厚度在克拉通的大部分地区都有延伸，Collie 和邻近盆地是该堆积的保留遗迹。

古生代—中生代晚期冷却在西澳大利亚州西南部地盾上开始的诱因尚不清楚，但可能与潘塔拉萨边缘的碰撞导致的整个冈瓦纳的压缩事件有关的远场效应有关（如 Harris，1994）。还注意到，在晚石炭世—二叠纪时期，大陆冰层覆盖了西澳大利亚盾的大部分地区。在所有西澳古生代盆地，包括地盾外围的盆地，都发现了大面积的冰川痕迹和沉积物（Mory et al.，2008），以及 Yilgarn 本身的 Collie 盆地。对地盾大面积厚冰层的蜡化和消融的等静力反应及其对剥蚀的影响尚未得到充分评估。

21.4.3　Kalahari 克拉通

Kaapvaal 和 Zimbabwe 克拉通由非洲东南部的 Limpopo 移动带缝合而成，是卡拉哈里克拉通的一部分，包括一些保存最完好的早期太古宙结晶核（图 21.6）。构成南部非洲高原的一部分的克拉通是异常的，与世界上所有其他克拉通地区（除坦桑尼亚克拉通外）相比，它们的高度（平均为 1.0~1.15km，但在莱索托增加到 2.5km）多了 0.5~0.7km（Artemieva 和 Vinnik，2016）。此外，非洲东南部的克拉通以“大悬崖”（图 21.6）为界，该悬崖位于距离海岸约 50~250km 的内陆，将高耸的内陆与更多高度退化的沿海平原分隔开来（见第 20 章，Wildman et al.，2018）。南部非洲高原位于一个重要的低震速地幔异常之上，通常被称为“非洲超涡”，它被认为是动态浮力的可能来源（Lithgow-Bertelloni 和 Silver，1998）。南部非洲地形异常的时间和原因一直是科学界相当关注和争论的主题（Burke 和 Gunnell，2008；Moore et al.，2009；Zhang et al.，2012；Stanley et al.，2015；Artemieva 和 Vinnik，2016）。

彩图 21.6

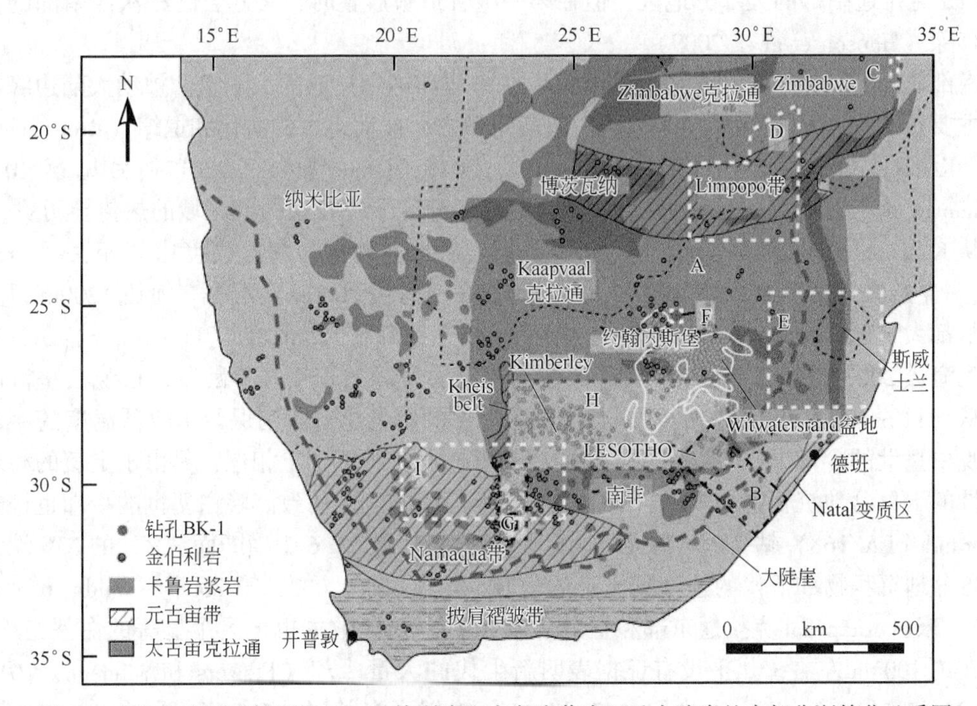

图 21.6　卡拉哈里克拉通地区、金伯利岩和卡鲁岩浆岩以及大陡崖的南部非洲简化地质图

概述的区域是指先前低温热年代学研究所涵盖的区域，其中也包括来自太古宙克拉通的样品。A—Brown（1992）；B—Brown 等（2002）；C—Belton（2006）；D—Belton（2006）、Belton 和 Raab（2010）；E—Flowers 和 Schoene（2010）；F—Gallagher 等（2005）、Beucher 等（2013）；G—Stanley 等（2013）；H—Stanley 等（2015）；I—Wildman 等（2017）。没有概述的是 Mackintosh 等（2017）对津巴布韦克拉通的低温热年代学研究

Kaapvaal 克拉通和 Zimbabwe 克拉通的太古宙岩层主要是花岗岩—片麻岩—绿岩。在

Kaapvaal 克拉通上，大部分的阿卡普岩剥蚀在东北部和东部，而 Zimbabwe 克拉通则有更多的剥蚀。整个南部非洲高原的新元古代至古元古代构造活动主要局限于克拉通附近的移动带和台地。晚石炭世至早侏罗世卡鲁超级群地层、卡鲁的侏罗纪火山岩和白垩纪埃登德卡大岩浆区（LIP）以及 Kalahari 超级群的晚白垩世—新生代沉积物主导了南部非洲的显生宙记录。卡鲁盆地的沉积物厚度达数千米，记录了 Kalahari 克拉通大部分地区从海洋冰川到陆地沉积的几乎连续序列（Catuneanu et al.，2005）。卡鲁沉积随着早侏罗世卡鲁 LIP 熔岩的喷发而终止，它与费拉尔 LIP 的广泛分布同时发生，延伸至南极洲（见第 13 章，Baldwin et al.，2018）至塔斯马尼亚。在西部，早白垩世离火山带 Etendeka LIP 火山岩与南美洲巴拉那洪积基底岩的喷发是同时发生的。这两个喷发阶段都与刚开始的冈瓦纳断裂有关，也与克拉通上的金伯利岩浆活动有关。

在元古宙至新生代之间，许多金伯利岩和相关的碱性岩浆在非洲南部沉积，如图 21.6 所示（Jelsma et al.，2009）。最著名的显生宙金伯利岩在两个时期喷发，每个时期都有独特的成分；第二组在 200～110Ma 之间（高峰期在 140～120Ma 之间），第一组在 100～80Ma 之间喷发（Jelsma et al.，2009）。在喷发时，捕掳体块从上覆地层下移到许多南非金伯利岩的剥蚀地层中，但此后被侵蚀掉，为了解金伯利岩成矿时的地层提供了宝贵的见解（Stanley et al.，2015）。地壳捕掳体表明，当第二组管道喷发时，卡鲁沉积物和洪积玄武岩覆盖了 Kaapvaal 克拉通南部的大部分地区，但在第一组管道被放置时，玄武岩已经从西南部的克拉通中移除（Hanson et al.，2009）。

南部非洲的低温热年代学研究主要集中在南非和纳米比亚的大峭壁和被动大陆边缘的采样，主要是 AFT 的研究集中在冈瓦纳断裂期间和之后被动边缘的演化和退缩（Brown et al.，2002；Kounov et al.，2013；Wildman et al.，2016；Green et al.，2017；另见第 20 章，Wildman et al.，2018）。然而，只有少数研究专门研究了克拉通内部区域的热传导历史。

从 Kaapvaal 克拉通（东北地区）报道的最早 AFT 数据与海拔高度密切相关（Brown，1992），年龄大约从 90Ma（海拔 500m）到 450Ma（海拔 2000m）不等（海拔 1200m 以上所有年龄都大于 300Ma）。平均径迹长度从 14μm 减少到海拔 1250m 的（11.0± 0.5）μm，然后增加到海拔 2000m 的 12～13μm。此外，位于克拉通边缘的较年轻年龄段，自晚白垩世以来至少从（110±10）℃开始冷却，而来自克拉通内部的较老年龄段则保留了较低温度的冷却记录。晚白垩世的冷却事件与上述较年轻的冷却事件在年龄范围上相似，是由于上覆的相对低传导性的卡鲁盆地沉积物和火山岩的抬升和千米尺度的剥蚀所致。晚白垩世的冷却也记录在 Ladybrand（LA/168）钻孔的 AFT 数据中，该钻孔位于图 21.6 中横断面“B”的 NW 端，穿透卡鲁盆地沉积物和下伏的志留纪石英岩（Brown et al.，2002；第 20 章，Wildman et al.，2018）。来自 Kaapvaal 克拉通东部和整个东部悬崖的 AHe 数据也记录了显著的白垩纪冷却，聚集在约 100Ma 左右，几乎没有证据表明新生代的大量冷却（Flowers 和 Schoene，2010）。来自 BK－1（Bierkraal）钻井的 AFT 和 AHe 数据，海拔约 1500m（图 21.6），在侵入 Kaapvaal 克拉通的古生代 Bushveld 复合体中，表明 AFT PAZ 在 400～100Ma 之间长期存在，随后是相对快速的晚白垩世冷却（Gallagher et al.，2005；Beucher et al.，2013）。来自 Kaapvaal 克拉通西南部的 AFT 和 AHe 数据也表明，该区域存在在近地表温度下。

Limpop 带和 Zimbabwe 南部克拉通外围的 AFT 数据（Belton 和 Raab，2010）以及克拉通东部高地的两个垂直剖面（Belton，2006；图 21.6 中的 C 区）也记录了早白垩世和晚白垩世离散冷却阶段的证据。其中一个垂直剖面的海拔高度大于 1000m 的样品，以及 Zimbabwe

南部和北部克拉通外围地区的一些样品（图 21.6 中未显示的区域），也记录了从晚石炭世开始穿过 PAZ 的长期冷却历史，并被认为自晚侏罗世以来一直存在在地表附近（Noble，1997；Belton，2006）。然而，Mackintosh 等（2017）对 Zimbabwe 克拉通进行的一项更全面的低温热年代学研究揭示了两个冷却事件，推断为对地表抬升的剥蚀反应。最重要的是与冈瓦纳合并期间泛非造山的应力传递有关。第二个小幕始于古近纪，仅由 ZHe 数据记录（比其共存的 AFT 和 AHe 年龄更年轻），并消除了千米尺度的卡鲁沉积覆盖。

Stanley 等（2013，2015）和 Wildman 等（2017）提出，基于低温热年代学数据的南部非洲空间变化的剥蚀模式可能是对中晚白垩纪板块运动变化放大的克拉通边缘水平板块构造应力和当时的岩石圈热异常的反应。浮力地幔上涌产生的垂直地幔应力可能推动了强克拉通内部的大范围上扬，而克拉通边缘周围的弱化岩石圈可能发生了短波长变形。因此，南部非洲地貌的演化可能是由这些水平和垂直力量之间复杂的相互作用造成的。

21.4.4　西加拿大地盾

加拿大地盾是由古生代板块和增生的幼弧地形和沉积盆地拼贴形成的，这些板块和盆地在元古宙逐渐合并（图 21.7）。大部分的增生和生长发生在古生代跨哈德逊造山期间（Schneider et al.，2007）。地盾构成了北美古代地质核心的大部分（也称为 Laurentia），并形成了任何地方最大的太古宙岩石暴露区（图 21.1），Slave 克拉通拥有地球上最古老的年代岩石（Acasta Gneiss）。对地盾的低温热年代学研究主要集中在南苏必利尔克拉通（Kohn et al.，2005）和西部地盾，特别是 Slave 克拉通，以及克拉通内密歇根盆地和哈德逊湾盆地以及上克拉通威利斯顿盆地的结晶基底岩（见图 21.7 中引用的参考文献）。这里的讨论将集中在加拿大西部的地盾上。

加拿大西部地盾中对低温热年代学研究最深入的地区是 Slave 克拉通（图 21.7 中的 E 区）。古生代沉积物和西南部从克拉通地区结晶基底剥蚀的 AFT 数据表明，在泥盆纪碳酸岩沉积后出现了加热现象（Arne，1991）。加热的原因是埋藏，样品在晚白垩世期间达到 85～100℃的最高古温度（注意：这一近似值是基于对数据的直接解释），然后估计为 2.0～2.5km 的隆升和剥蚀。这些古温度与之前对泥盆纪碳酸盐岩中有机物成熟度和内生生物蚀变指数的研究，以及与克拉通边缘相邻的碳酸盐岩中铅锌矿体的流体包裹体数据一致（Arne，1991）。

Kohlmann 等（2007）、Kohlmann（2010）报告了来自 Slave 克拉通广泛覆盖的基底和金伯利岩的 AFT 数据。基底年龄范围约为 130～855Ma，年龄较大的位于克拉通北部和内部，年龄较小的则在西部边缘更为普遍。然而，有一些年龄分散，甚至在空间分布相邻的样品之间，在这些情况下，年龄较大的磷灰石几乎无一例外地显示出较高的 Cl 含量。整个克拉通的热历史模型显示了一个明显的泥盆纪到宾夕法尼亚纪的加热过程，在所有样品中，最高古温度足以使部分或完全退火的裂变径迹。冷却是从最近的古生代开始记录的，样品在三叠纪到侏罗纪时达到近地表温度。在一些样品中，模型表明在白垩纪时期有一个轻微的再热阶段，但由于样品几乎没有达到 60℃的温度，这被认为是难以明确的。

Slave 克拉通的高温数据得出的平均年龄在 382～210Ma 之间，整个克拉通的年龄从东向西年轻化（Ault et al.，2009，2013）。当与地质和地层约束相结合时，特别是来自不同年龄的金伯利岩的约束，热历史模拟与 AFT 数据得出的数据大致相似，表明磷灰石在古生代中后期经历了完全的 He 损失。

彩图 21.7

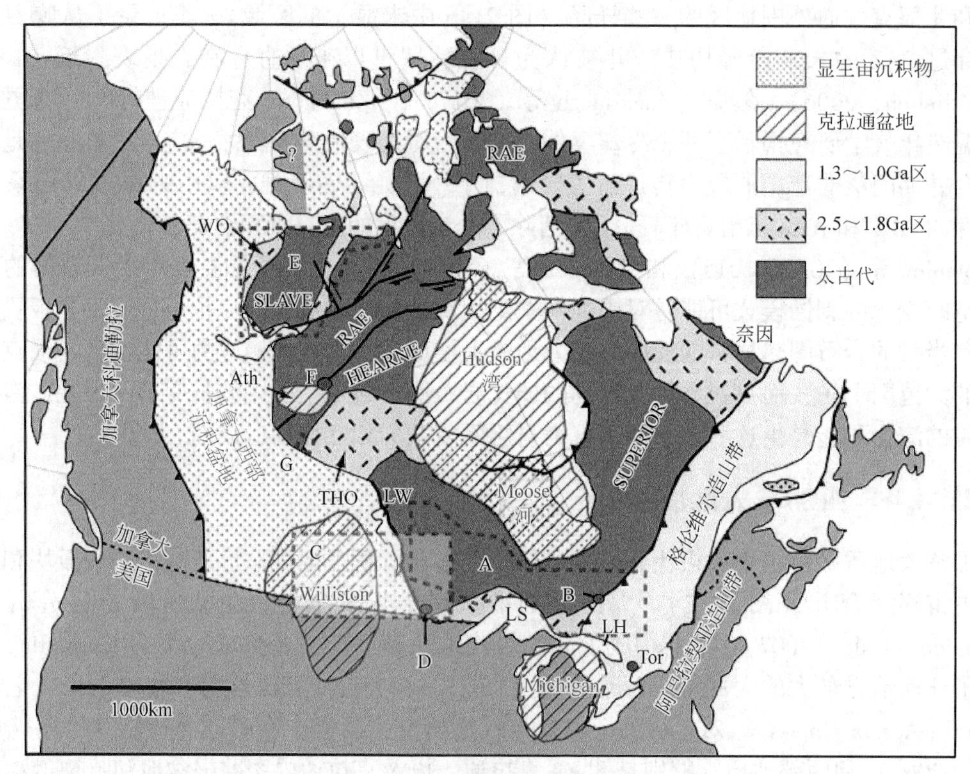

图 21.7 加拿大地盾简化地质图

显示了太古宙克拉通和一些克拉通内盆地。概述的区域是指先前低温热年代学研究所涵盖的区域，其中也包括来自太古宙克拉通的样品。A—Crowley（1991）（主要是密西根盆地基底和结晶基底，以北至麋鹿河流域，东北至格伦维尔省）、Lorencak（2003）、Kohn 等（2005）；B—Sudbury 深孔，Lorencak 等（2004），来自威利斯顿盆地的 C—基底和邻近结晶岩 Crowley 等（1985），Crowley 和 Kuhlman（1988），Kohn 等（1995），Osadetz 等（2002）；D—URL Pinawa 深孔，Feinstein 等（2009）；E—Arne（1991）、Kohlmann 等（2007）、Kohlmann（2010）、Ault 等（2009，2013）；F—Flowers 等（2006）、Flowers（2009）；G—Flowers 等（2012）。Pinet 等（2016）所覆盖的区域没有概述，包括克拉通内哈德逊湾盆地基底和西部相邻地盾露头样品。WO—沃普迈造山带；Ath—阿萨巴斯卡盆地；TH—横贯哈德逊造山带；LW—温尼伯湖；LS—苏必利尔湖；LH—休伦湖；Tor—多伦多

随后，大部分古生代地层在晚侏罗世被移除，然后是一个较小的再热阶段，期间最高古温度在 50~70℃之间。来自 Wopmay Orogen 的年轻年龄在 212~231Ma 之间（Ault et al.，2009），尽管在统计上与最西部的 Slave 克拉通的结果无法区分，但这可能是由于较高的热流或在所研究的地层西部的冷却时间略显年轻。

Slave 克拉通南部阿萨巴斯卡盆地东北部邻近的基底（图 21.7 中的 F 区）的 ZHe 和 AHe 数据分别得出相对较老的年龄，即 1.73~1.58Ga 和 0.95~0.12Ga（Flowers et al.，2006，Flowers，2009）。AFT 年龄在 1.02~0.63Ga 之间（D_{par} 值均大于 1.87，表明 Cl 含量相对较高）。时间—温度低温热年代学模型与显生宙再热一致，表明在 62~95℃的峰值温度下有部分甚至全部的 He 损失。从 G 区西南部基底岩层的 AFT 和 AHe 数据可以看出类似的热史模式(图 21.7)，但峰值温度略低（Flowers et al.，2012）。

在加拿大西部地盾的低温热年代学研究中出现了一致的显生宙热史模式。峰值温度是在中古生代—早古生代加热的主要阶段实现的，在此期间，AHe 系统完全复位，AFT 系统部分或完全复位。从区域上看，从克拉通—沃普迈大岩体的加热程度最高，并向南降低。这些

数据表明，从约450Ma开始，大部分地盾被古生代海洋沉积层淹没和覆盖。格陵兰岛Slave克拉通以北和加拿大北极群岛的志留纪至泥盆纪卡里多尼亚—弗兰科利尼亚造山（Andresen et al.，2007）与这些毯状地层的形成有关。Patchett等（2004）根据对加拿大碎屑岩层的Sm—Nd同位素研究，认为这一造山活动为加拿大地盾上沉积的主要泥盆纪海洋页岩提供了来源。然而，Flowers等（2012）指出，在加拿大西部地盾的广大地区观察到的埋藏和剥蚀历史与海平面年表所预期的历史不相吻合，并指出垂直大陆位移可能是推断的沉积和侵蚀历史的重要控制因素。他们提出，一个能够在大陆内部区域引起大范围（>1000km以上）高程变化而不发生显著地壳变形的过程，如动态地形，可能是解释垂直运动的一个可行机制。因此，古生代的显著埋藏可能是由于潘吉拉组合时冷地幔下涌时的下沉，随后由于潘吉拉破裂时暖地幔上涌引起的低幅度垂直运动而解除了埋藏（另见Zhang et al.，2012）。因此，有人认为这些特征可能在很大程度上消除了板块边缘构造作用作为所观察到的加热-冷却历史的基本机制的必要性。

虽然加拿大西部地盾目前基本上没有寒武纪地层，但重建表明，奥陶纪和泥盆纪地层的厚度为1~4km之间（Ault et al.，2009；Kohumann，2010）。地盾上广泛的古生代沉积盖层的进一步证据包括：晚奥陶世早古生代石灰岩异种岩以及从属地西南部其他4个金伯利岩中夹带的早古生代石灰岩捕掳体（Pell，1997；Heaman et al.，2004），从属地中北部中侏罗世杰里科金伯利岩中的中泥盆世化石石灰岩块（Cookenboo et al.，1998），变形的离群值（Ault et al.，2009；Kohumann，2010）。跨哈德逊大岩系中变形奥陶纪白云岩的离群值（Elliott，1996），Wopmay大岩系以西的加拿大西部沉积盆地北部存在着一段很厚的下古生界地层保存（Hamblin，1990），在克拉通内哈德逊湾盆地存在着约2.5km厚的上奥陶统—上泥盆统（Pinet et al.，2013）。

白垩纪内的第二阶段温和再热，在AFT数据中几乎无法辨别，最好的办法是通过Slave克拉通的AHe数据来确定。这可能与加拿大科迪勒拉向西演化的前陆盆地（仍部分保存在西加拿大沉积盆地）发育过程中1.6km的沉积埋藏有关。这些地层被侵蚀后，在显生宙出现了陆相沉积，后来被清除（Ault et al.，2013）。白垩纪—古近纪海相泥岩和页岩碎屑，在白垩纪至显生宙的Lac de Gras金伯利岩中对其进行了有机成熟度测量（Stasiuk et al.，2006），提供了证据表明，这时的沉积覆盖层比前陆盆地的保存界限至少向东延伸了300公里（Ault et al.，2009）。再往南，Williston盆地的上Zuni序列（晚白垩世—古近纪）是拉拉米亚（科迪勒兰）前陆盆地的证据（Osadetz et al.，2002；图21.7中的C区）。

21.5 结论

尽管形成很早，但大多数克拉通产生的AFT和AHe年龄小于500Ma，一些克拉通的年龄可能高达1Ga，偶尔有年龄较大的锆石和榍石低温热年代学年龄。高年龄值磷灰石通常显示较高的Cl含量或D_{par}值（AFT）或较高的eU（AHe）。根据克拉通磷灰石低温热年代学数据重建的热历史往往显示新生代和（或）显生宙的加热和冷却事件。这些事件大多与广泛的千米级沉积埋藏有关，随后是无顶化，这在很大程度上抹去了这种沉积记录。埋藏的证据包括：保存在克拉通上的沉积离群值或相邻盆地中的相关物，对震旦系或震旦系内盆地中的沉积物和基岩（钻井）的研究，以及夹在金伯利岩中的沉积捕掳体。此外，来自一些克拉通近岸或近海基底沉积物的地层和同位素来源数据（U-Pb锆石碎屑颗粒年龄），可能载有被清除的碎屑记录，这些碎屑的堆积可在时间上与克拉通源区的冷却事件相联系。

克拉通环境的特点是低热流，这导致对完全重置或甚至部分重置 AFT 和 AHe 系统所需的覆盖层厚度的估计似乎很高。然而，对被移除的覆盖层厚度的评估取决于所使用的技术的稳健性、冷却时的古地温梯度以及任何早期被移除的覆盖层的导热性。

基于低温热年代学数据的陨石坑剥蚀率（较长时期的平均值）似乎与地貌学的论点以及宇宙同位素测年和化学剥蚀研究得出的比率不一致。然而，将这种短期速率推断到深层地质时间有一个固有的偏差，因为它们是在目前暴露的基底上测量的，而模型模拟的历史往往与更早时期清除沉积覆盖物期间确定的速率有关。因此，需要考虑基底和沉积物之间强烈的侵蚀潜力对比，以及所测量的剥蚀时间的差异。

根据低温热年代学数据重建的克拉通加热和冷却事件的基本机制是复杂的，在任何区域都可能有一个以上的因素在起作用。这些因素包括：相邻的大岩体向广泛的前陆盆地提供大量的沉积物；活动板块边界应力的水平远场传输，导致脆性变形，通常是沿着继承的结构；垂直地幔应力在大范围上产生的动态地形的影响。动态地形还可以解释在一些克拉通中观察到的海拔变化程度的差异，特别是在没有明显地表变形的地方。

最近在了解锆石和榍石（U-Th)/He 系统中辐射损伤和 He 扩散之间的关系方面取得的进展，为 FT 数据增加了相当大的价值，可以在比以前更大的温度范围内解释克拉通环境中的热历史路径。未来的研究还可以结合^{40}Ar/^{39}Ar 钾长石和 U-Pb 磷灰石数据进行，以提供更多的系统内校准，并进一步探索对锆石 U-Pb 年龄的解释。

致谢

感谢墨尔本大学多位博士生和热年代学研究组的研究人员：David Belton、Rod Brown、Fabian Kohμmann、Matevz Lorencak、Song Lu、Vhairi Macintosh、Wayne Noble、Paul O'Sullivan、Himansu Sahu 和 Ursula Weber，以及包括 Richard Everitt、Shimon Feinstein、Becky Flowers、Kerry Gallagher、Iμmo Kukkonen、Sven åke Larson、Kirk Osadetz 和 Peter Sorjonen-Ward 在内的其他外部研究人员，感谢他们对不同克拉通环境下的低温热年代学研究和围绕这一主题的讨论作出的贡献。墨尔本大学低温热年代学克拉通研究得到了以下机构的资助：澳大利亚研究委员会（ARC）、澳大利亚核科学与工程研究所（AINSE）、澳大利亚地球动力学合作研究中心、加拿大地质调查局、能源研究与开发办公室（加拿大）以及国家合作研究基础设施战略（NCRIS）的 AuScope 计划。Danielle Majer-Kielbaska 对本章内容亦有帮助。感谢 Mark Wildman、Ulrich Glasmacher 和 Paul Fitzgerald 的宝贵建议。

本书参考文献